“十二五”职业教育国家规划教材

经全国职业教育教材审定委员会审定

计算机电路基础

（第三版）

主　编　何　超

副主编　江　骏　李卫星　李云平

中国水利水电出版社
www.waterpub.com.cn

内 容 提 要

本书深入浅出，通俗易懂，逻辑清晰，科学严谨，概念准确。强调图形的直观解释作用，注重实际电工计算能力、分析及解决实际问题能力的提高；在内容取舍上，强调基本理论以“必需够用”为度，贯彻少而精、启发式原则，培养学生独立思考、富于联想、触类旁通的发散思维能力；在联系实际上，要求基本理论的自然延续、有机结合，也以“必需够用”为度。

本书共分 12 章。主要讲解最基本的电路知识，了解磁现象和电磁相互作用及其应用（如仪用电机、磁存储等），学习最基本的模拟电子电路知识，学习和掌握数字电路的基本知识，特别注重在计算机科学技术方面的应用。为进一步学习计算机硬件课程，如计算机组装与维护、微机原理、单片机、接口技术以及计算机控制技术等课程打下良好的基础。

本书是为高等学校计算机类和信息类各专业编写的电工技术教材，读者对象主要是高职高专和应用型本科的计算机类和信息类专业的学生，以及其他高等院校非电类相关专业的本科学生，本书也可供高等教育自学者参考。

本书配有选学资料、名章习题及免费电子教案，可以从中国水利水电出版社网站以及万水书苑下载，网址为：http://www.waterpub.com.cn/softdown/或 http://www.wsbookshow.com。

图书在版编目（CIP）数据

计算机电路基础 / 何超主编. -- 3版. -- 北京 : 中国水利水电出版社, 2015.1（2017.11 重印）
“十二五”职业教育国家规划教材
ISBN 978-7-5170-2995-3

Ⅰ. ①计… Ⅱ. ①何… Ⅲ. ①电子计算机－电子电路－高等职业教育－教材 Ⅳ. ①TP331

中国版本图书馆CIP数据核字(2015)第038477号

策划编辑：祝智敏　责任编辑：宋俊娥　加工编辑：夏雪丽　封面设计：李　佳

书　名	“十二五”职业教育国家规划教材 经全国职业教育教材审定委员会审定 计算机电路基础（第三版）
作　者	主　编　何　超 副主编　江　骏　李卫星　李云平
出版发行	中国水利水电出版社 （北京市海淀区玉渊潭南路 1 号 D 座　100038） 网址：www.waterpub.com.cn E-mail：mchannel@263.net（万水） sales@waterpub.com.cn 电话：（010）68367658（发行部）、82562819（万水）
经　售	北京科水图书销售中心（零售） 电话：（010）88383994、63202643、68545874 全国各地新华书店和相关出版物销售网点
排　版	北京万水电子信息有限公司
印　刷	三河市鑫金马印装有限公司
规　格	184mm×260mm　16 开本　21.5 印张　554 千字
版　次	2002 年 4 月第 1 版　2002 年 4 月第 1 次印刷 2015 年 1 月第 3 版　2017 年 11 月第 2 次印刷
印　数	3001—6000 册
定　价	40.00 元

第三版前言

从第一版到第二版，眨眼就是六年；从第二版到第三版，转瞬又是七年。感谢广大读者的关心与支持，本书相继被评为“普通高等教育‘十一五’国家级规划教材”和“‘十二五’职业教育国家规划教材”。

岁月催人老，科技日日新。电工电子技术的迅猛发展和广泛应用，促进相应学科的教学体系和教学内容的更新，给本书第三版的修订带来巨大的压力和挑战。

本书作者思虑再三，认为新版必须坚持以下几点：

1．明确读者对象，严格遵守教学大纲。

本书是为高职高专和应用型本科的计算机、信息技术类相关专业编写。计算机电路基础是一门综合性革新的课程，依据减少内容重复、精简课程门类的原则，针对计算机、信息技术等相关专业学习计算机硬件知识方面的需求，有机地融合了电路与磁路、模拟电子技术及数字电子技术等三门课程所包含的内容，使总学时大大缩短，让学生有时间学习更多更专业的知识，如微机原理与接口技术、单片机和嵌入式电路技术、PLC 控制技术、以及计算机控制技术等课程，并为此打下良好的基础。

严格遵守教学大纲，注重实际计算能力和分析解决实际问题能力的提高；贯彻少而精、启发式原则，培养学习者独立思考、善于联想、触类旁通的发散思维能力。

2．选材精当，简明扼要。

知识体系完整，逻辑线索清晰顺畅；行文力图深入浅出、通俗易懂；概念准确，科学严谨。加强定性分析，重视从物理现象和物理过程的描述和分析上，浅显易懂地说明道理。注重图形的直观解释作用，精选图形，图文互助。

3．依据高等职业和应用型本科教育的特点，强调理论与实际的有机结合。特别是在计算机科学技术方面的应用。

4．注意以知识的逻辑线索来统筹相关的知识内容，帮助学习者从整体上把握知识体系、领会知识间的相互联系。如每章后面有本章小结和本章知识逻辑线索图，同时设计了一些口诀帮助记忆。

5．本书注意追踪信息技术的飞跃发展和时代进步，将教学内容和技术发展相结合。还适当安排了一些选学内容，以符号※为标志。

6．本书电路、元气件符号及文字表述、插图，多数采用国家标准，并有相关说明。为了扩大读者视野，便于读者查看国内旧资料和国外资料，也有意保留了一些非国家标准。

本书篇章结构沿用第二版，共分 12 章。全书由何超和何翔等部分原编著者共同修订，另外江骏参与了第 3、4 章的编写，李卫星参与了第 2、8 章的编写，李云平参与了第 6、9 章的编写，李健参与了第 7、10、11 章的编写，黄贻彬、郭志勇对全书的修订提出了宝贵的建议。

在本书的编写过程中，得到了清华大学教学仪器厂、武汉理工大学、中国人民解放军第二炮兵指挥学院和武汉市软件学院、广东技术师范学院天河学院、广东白云学院等单位的大力支持和帮助，在此一并表示感谢。

为了不断提高本书的编写质量，编著者真诚地欢迎广大读者和各界人士批评指正本书的错误和不妥之处，并提出宝贵的建议。

编 者

2014 年 12 月

第二版前言

从第一版到现在，转瞬已是六年。感谢广大读者的支持，本书被评为“普通高等教育‘十一五’国家级规划教材”。

计算机电路基础是一门综合性革新的课程，它依据减少内容重复、精简课程门类的原则，针对计算机、信息技术等相关专业学习硬件知识方面的需求，有机地融合了电路与磁路、模拟电子技术及数字电子技术等三门课所包含的内容，总学时由原来的三门课总共 180~200 学时缩短到 90~100 学时，腾出时间让学生学习更新更专业的知识，本课程的任务是：让学生学习最基本的电路知识，了解磁现象和电磁相互作用及其应用（如仪用电机、磁存储等），学习最基本的模拟电子电路知识，学习和掌握数字电路的基本知识，为进一步学习计算机硬件课程，如计算机组装与维护、微机原理、单片机、接口技术以及计算机控制技术等课程打下良好的基础。

本书第二版是在作者六年的教学实践以及广大读者的意见反馈的基础上修改的，降低了数学难度（如在相量的讲解上回避了复数），纠正了第一版中的错误；引入了一些新的科技成果。

《计算机电路基础（第二版）》是为高职高专和应用型本科的计算机、信息技术类相关专业编写的电工技术（含电子技术）教材，可作为其他高等院校非电类相关专业的本科教材，本书也可供高等教育自学者参考。

本书按照高职高专及应用型本科的教学大纲的要求和教学特点进行编写。

在编写中，本书第二版保持了第一版的以下几条编写原则：

1．内容精选，基本理论以“必需够用”为度。在联系实际上，要求是基本理论的自然延续、有机结合，也以“必需够用”为度。还适当安排了一些选学内容，以符号※为标志。

2．依据高等职业教育的特点，本书强调理论与实际的有机结合，特别是在计算机科学技术方面的应用。

3．本书在结构上强调逻辑简明、清晰、合理；在叙述上力图做到深入浅出、通俗易懂，概念准确，科学严谨。本书注重图形的直观解释作用，注重实际计算能力和分析解决实际问题能力的提高；贯彻少而精、启发式原则，培养学生独立思考、富于联想、触类旁通的发散思维能力。

4．本书给出了较丰富的例题和参考题，帮助学生理解和消化教学内容。部分章后面有小结和本章逻辑线索图，帮助学生从整体上把握知识体系、领会知识间的相互联系，同时便于学生记忆。

5．本书文字、电路、元气件符号及插图，多数采用国家标准，并有相关说明。为了扩大读者视野，便于读者查看国内旧资料和国外资料也有意保留了一些非国家标准。

本书共分 12 章。第 1 章为电路的基本概念和基本定律；第 2 章为正弦交流电路和电磁现象；第 3 章为半导体器件基本知识；第 4 章为基本放大电路；第 5 章为几种常用的放大电路；第 6 章为集成运算放大器；第 7 章为正弦波振荡电路；第 8 章为脉冲与脉冲电路；第 9 章为数字变量与逻辑函数；第 10 章为组合逻辑电路；第 11 章为时序逻辑电路；第 12 章为数字信息采集与处理。

其中第 1、2、8 章由何超、郭明理、何翔、阳玉秋、易达宏等共同编写；第 3 章至第 7 章由余席桂和周永海编写；第 9、10 章由何超和杨兰芝编写；第 11 章由张曙晖和陈吹信编写；第 12 章由何超和陈吹信编写；何超教授任主编，余席桂任副主编。

在本书第二版出版之际，我们沉痛悼念为本书作出了重大贡献的副主编——武汉理工大学余席桂先生。

编者诚挚地欢迎广大读者和各界人士批评指正本书的错误和不妥之处，提出宝贵的建议，以不断提高本书的编写质量。

在本书的编写过程中，得到了武汉理工大学、中国人民解放军第二炮兵指挥学院和武汉市国家软件示范学院、广东技术师范学院天河学院、广东白云学院等单位的大力支持和帮助；另外，吴保权、邝金海、蔡国铖、钟权峰、黄默涵、邓永敏、梁健智、陈志聪和刘颂健等为本书电子绘图、制作 PPT 课件和计算机录入做了大量的工作，在此一并表示感谢。

编　者

2007 年 12 月

第一版前言

计算机电路基础是一门综合性革新的课程，它依据减少内容重复、精简课程门类的原则，针对计算机、信息技术等相关专业学习硬件知识方面的需求，有机地融合了电路与磁路、模拟电子技术及数字电子技术等三门课所包含的内容，总学时由原来的三门课总共 180～200 学时缩短到 90～100 学时，腾出时间让学生学习更新更专业的知识，本课程的任务是：让学生学习最基本的电路知识，了解磁现象和电磁相互作用及其应用（如仪用电机、磁记录等），学习最基本的模拟电子电路知识，学习和掌握数字电路的基本知识，为进一步学习计算机硬件课程，如计算机组装与维护、微机原理、单片机、接口技术以及计算机控制技术等课程打下良好的基础。

本书是为高等学校计算机、信息技术类相关专业编写的电工技术（含电子技术）教材，也可供高等教育自学的读者参考。在编写中，努力贯彻以下几条原则：

1．内容精选，基本理论以“必需够用”为度。在联系实际上，要求是基本理论的自然延续，有机的结合，也以“必需够用”为度。还适当安排了一些选学内容，以符号※为标志。

2．依据高等职业教育的特点，本书强调理论与实际的有机结合，特别是在计算机科学技术方面的应用。

3．在结构上强调逻辑线索简明、清晰、合理。在叙述上力图做到深入浅出、通俗易懂，物理概念明晰，内容科学严谨。本书注重图形的直观解释作用，注重实际计算能力和分析解决实际问题能力的培养。贯彻少而精，启发式原则，培养学生独立思考、富于联想、触类旁通的发散思维能力。

4．本书给出了较丰富的例题和参考题，帮助学生理解和消化教学内容。部分章后面有小结和本章逻辑线索图，帮助学生从整体上把握知识体系、领会知识间的相互联系，同时便于学生记忆。

本书共分 12 章。第 1 章电路的基本概念和基本定律；第 2 章正弦交流电路和电磁现象；第 3 章半导体器件基本知识；第 4 章基本放大电路；第 5 章几种常用的放大电路；第 6 章集成运算放大器；第 7 章正弦波振荡电路；第 8 章脉冲与脉冲电路；第 9 章数字变量与逻辑函数；第 10 章组合逻辑电路；第 11 章时序逻辑电路；第 12 章数字信息采集与处理。

其中第 1、8、9、12 章由何超同志和郭明理、何翔、阳玉秋及易达宏等同志共同编写；第 2 章由罗海庚同志和何超同志编写；第 3 章到第 7 章由余席桂同志编写；第 10 章由何超同志编写；第 11 章由张曙晖同志编写；何超同志任主编，余席桂同志任副主编。

编者诚挚地欢迎广大读者和各界人士批评指正本书的错误和不妥之处，提出宝贵的建议，以不断提高本书的编写质量。

在本书的编写过程中，得到了武汉科技大学工贸学院、武汉理工大学、中国人民解放军第二炮兵指挥学院和武汉市成人教育学院暨广播电视大学等单位的大力支持和帮助；另外，蔡志军、毛国敏、阳小兰、杨锐、谢琦等同志为本书电子绘图和计算机录入做了大量的工作，在此一并表示感谢。

编 者

2002 年 3 月

目　录

第 1 章　电路的基本概念和基本定律

本章是入门篇，介绍电路的基本概念和基本定律。包括电路的组成和常见的电路元件模型；讲解电路的基本物理量，如电压、电流、功率和电能；并介绍电路结构的约束条件——基尔霍夫定律。

计算机是由各种各样的电路组成的。因此，学习计算机硬件的基础就是电路。19 世纪末期，电机、电话和电灯这三大发明使人类社会走上了电气化的道路。到如今，电能已成为最主要的能源，电能的使用已广泛深入到人们生活的各个方面。电能可以在发电站集中生产，通过电网实现瞬时远方传输；可以方便地提供动力；可以对信息进行变换、处理；并且控制方便、操作简单省力。电气自动化的水平已成为现代化社会进步的重要标志。

1.1　电路

1.1.1　电路的组成和电路图

电流的通路称为电路，也称为电网络。它是由电路元件按一定方式组合而成的。

有两种常用的电路：一种是电力电路；另一种是信号电路。

无论哪一种电路，都有电源、负载和中间环节三个基本部分。电源提供电能，用来把其他形式的能量转换成电能；负载是用电设备，通常指将电能转换成其他形式的能量而做功的器件。但从广义上来说，人们往往也把后一级电路称作前一级电路的负载，而前一级电路又往往被看成后一级电路的电源。连接电源和负载的导线、开关、变压器等电器设备就是中间环节。它们起着传输、分配和控制电能的作用。

电路由一个个电路元件组成。电路元件通常用电路符号表示，再用电路符号构成电路图。电路图有原理图和实际接线图之分，实际接线图更接近于实际的电路元件的连接方式。大家在中学里学过，电路的基本连接方式有串联和并联，这里定义：凡是能简化为由串联和并联方式组成的电路，统称为简单电路，否则，称为复杂电路。

1.1.2　电路的基本物理量

电路的基本物理量通常指电流、电压、功率和电能。这里约定，以小写英文字母后带括号(t)，如$i(t)$、$u(t)$表示随时间变化的物理量，而以大写字母，如I、U表示不随时间变化的量。

为行文简便，如无特别声明，各表示式及文中单位均取我国法定计量单位及国际单位制，并采用相应的表示大小单位关系的词冠。如以 k 表示千倍；M 表示兆倍（10^6）；m 表示 10^{-3} 倍，中文读作“毫”；μ 表示 10^{-6} 倍，中文读作“微”，如 μF 表示“微法拉”；n 表示 10^{-9} 倍，中文读作“纳”，如 nA 表示“纳安培”；p 表示 10^{-12} 倍，中文读作“皮”，如 pF 表示“皮法拉”等。

1. 电流

电荷有规律的运动，称为电流。

无论金属导体中的自由电子，电解液中的正负离子，还是气体中的带电质点，导体中的带电质点，在电场作用下有规律地移动就形成电流。

电流的强弱用电流强度 $i(t)$表示。电路中各点的电流强度不一定相等。电路中某点处的电流强度，在数值上等于单位时间内穿过该点处导体横截面的电荷数量，如果在时间 t 内，穿过该点处导体横截面的电荷数量为 q，则电流强度的大小就是

$$i(t)=\frac{q(t)}{t} \tag{1-1a}$$

这是一个平均值，显然，时间越短，这个平均值越接近于真实值。

严格地说，电流强度的大小就是通过导体横截面的电量 q 对时间 t 的变化率，即在极短的时间 $\mathrm{d}t$ 内，穿过该点处导体横截面的电荷数量为 $\mathrm{d}q$，则电流强度的大小就是

$$i(t)=\frac{\mathrm{d}q(t)}{\mathrm{d}t} \tag{1-1b}$$

式中，电量的单位是库仑（C），时间的单位是秒（s），则电流强度的单位是安培（A），较大的电流强度用千安（kA）表示，较小的电流强度用毫安（mA）、微安（μA）、纳安（nA）等表示。

电流强度常简称为“电流”。这样，“电流”一词就有双重含义，它既表示电荷定向运动的物理现象，同时又表示“电流强度”这样一个物理量。

在电场中，正负电荷的移动方向是相反的，在历史上，已规定采用正电荷运动的方向作为电流的实际方向；显然，负电荷移动的方向是电流的反方向。

例 1-1 1.5C 的电荷在导线中由 a 向 b 转移，时间为 0.5min，求电流强度的大小和方向。

解
$$I=\frac{q}{t}=\frac{1.5}{0.5\times 60}=0.05\,\mathrm{C/s}=0.05\,\mathrm{A}$$

如果移动的是正电荷，电流方向由 a 到 b；如果移动的是负电荷，电流方向则相反，由 b 到 a。因为电流的方向是正电荷移动的方向。

电流按波形可分为以下几类：大小和方向都不随时间变化的电流称为稳恒电流，也常称为直流电流，用大写字母 I 表示；大小和方向同时随时间作周期性变化的电流，称为交流电，如正弦交流电；仅大小随时间变化的电流称为脉动电流（图 1-1）。通常用 $i(t)$表示大小随时间变化的电流。

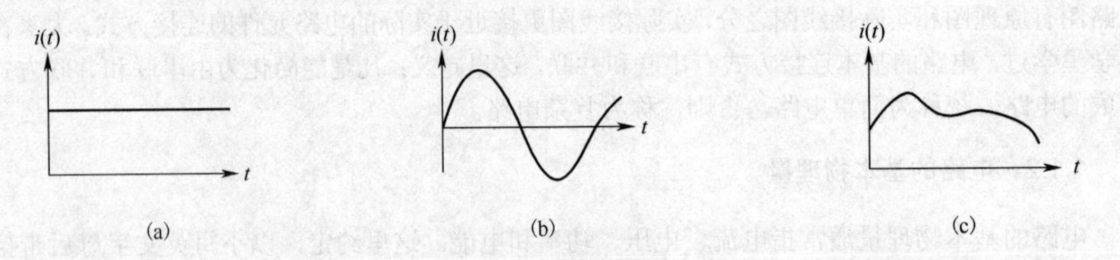

图 1-1 各种形式的电流

（a）直流电流；（b）交流电流；（c）脉动电流

测量电流的方法和仪表众多，最基本的方法是用电流表。测量直流电流强度的仪表是直流电流表，简称电流表，以符号 —(A)—，—(mA)— 和 —(μA)— 表示，分别叫做安培计、毫安表和微安表。测量交流电流的仪表，叫做交流电流表，通常在仪表上加“～”符号表示，如 —(A~)—，

—(mA)— 和 —(μA)— 等。电流表只能串联于被测电路中。

2. 电压和电位

既然电流是带电粒子在电场作用下定向移动形成的，电场力必然对带电粒子做功。为了衡量电场力做功的大小，引入电路分析的第二个基本物理量——电压。

电压的定义是：如果电场力把一定数量的电荷 q 从 a 点移到 b 点所做的功为 W_{ab}（理论和实验证明，W_{ab} 与路径无关），则电场中 a 点到 b 点的电压 u_{ab} 定义为

$$u_{ab}=\frac{W_{ab}}{q} \tag{1-2}$$

电压又称为电位差。实际上，为了便于分析和比较电场中不同点的能量特性，总是在电场中指定某一点为参考点 O，令其电位为零，$U_O=0$，而把任意点 a 相对于参考点 O 之间的电压称为 a 点的电位，$U_a=U_{ao}$。在物理学中，电位参考点选在无穷远处；在电力工程上常选大地作为参考点；在电路分析，特别在电子工程上，电位参考点选用一条特定的公共线，这条公共线是该电路中很多元件的汇集处，而且常常是电源的一个极。这个点一般和机壳相连，用接机壳的符号“⊥”表示。这条公共线虽不一定真正接地，有时也称为“地线”。在电路分析中，选中了参考点以后，谈论电位才有意义。

从式（1-2）可知，u_{ab} 与路径无关，否则对不同的路径 ab，将有不同的电压值 u_{ab}。这样，对于同一电位参考点 O，有

$$u_{ab}=\frac{W_{ao}}{q}-\frac{W_{bo}}{q}=u_{ao}-u_{bo}=U_a-U_b \tag{1-3}$$

可见，电压 u_{ab} 就是 a、b 两点间电位差。这就是电压又称为电位差的道理。

通常，我们记高电位点为电压的“正极”，低电位点为电压的“负极”，因而，电压也就有了极性。为了分析电路的方便，我们按照电压的极性规定电压的方向：从正极指向负极，即规定电压的方向为电场力移动正电荷的方向。在图 1-2 中，我们标注了通过电路元件的电流方向，以及其上两端的电压的极性和电压的方向。

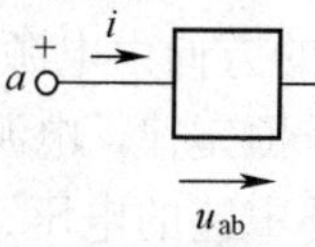

图 1-2　通过电路元件的电流方向及其上两端的电压的极性和电压的方向

从式（1-2）可知，电场力移动电荷，电场力总做正功，电场能量减少。如果移动的是正电荷，电位降低，起点 a 电位比终点 b 电位高；如果移动的是负电荷，则电压 u_{ab} 为负值，表示电位升高，起点 a 电位比终点 b 电位低，见图 1-3（a），图中 F 表示电场力。

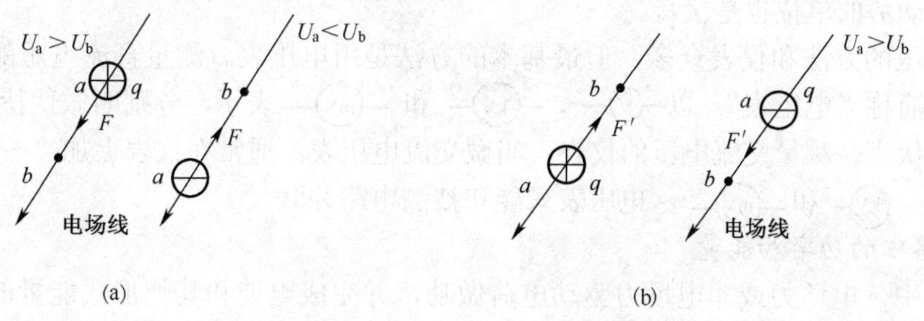

图 1-3　电场力做功与非电场力克服电场力做功两种情况下电位的升降

（a）电场力做功与电位的升降；（b）非电场力克服电场力做功与电位的升降

实际上，在电路中，除了电场力做功，还有非电场力做功。在非电场力作用下，带电粒

子将逆着它所受电场力的方向移动，也就是克服了电场力做了功，而把其他形式的能量转变为电场能量储存起来。如果非电场力克服电场力做功，即电场力做负功，$W_{ab}<0$，电场能量增加。如果移动的是正电荷，则电压 u_{ab} 为负值，表示电位升高，起点 a 电位比终点 b 电位低；如果非电场力移动的是负电荷，则电压 u_{ab} 为正值，表示电位降低，起点 a 电位比终点 b 电位高，见图 1-3（b），图中 F'为非电场力。

综上所述，正电荷移动时，电场能量的得失体现为电位的升降（二者一致）。我们规定正电荷在电场力作用下移动的方向为电流的方向，也就使分析电路中能量的得失、电位的升降有了比较简明的标准。

3. 电源的电动势

下面讨论电源的电动势及其方向。

若电流通过元件时，电场能量减少，则该元件吸收（或消耗）电场能量，并把它转换为其他形式的能量，如热能和光能等。该元件称为“负载”。反之，若电流通过某种元件时，电场能量增加（即得到电场能量），则该元件是产生（或提供）电场能量的元件。电源就是这样一种能够产生电场能量的元件。在电源内部，非电场力 F'对电荷做功，使正（负）电荷不断地从低（高）电位向高（低）电位移动，将正负电荷分开，保持在电源的两端的极板上总有一定的电量积累，从而保持电源两极间一定的电位差 U_{ab}，这个电位差维持着电路中的电场，保证电路接通时的电流流动。这个非电场力常称为“电源力”。电源上正电荷积聚的一端称为电源的“正极”，负电荷积聚的一端称为电源的“负极”。这样，在电源外部的电路——外电路中，电流的方向从正极流向负极，而在电源的内部——内电路中，电流的方向从负极流向正极，整个电路构成电流的封闭通路。

在内电路中，电源力将单位正电荷从电源负极移到正极所做的功，称为电源的电动势 E。电动势 E 的方向由电源的负极指向电源的正极，即从电位低端指向电位高端。这样，根据能量转化与守恒定律，电源的电动势（在电源内电路上，电源力对单位正电荷所做的功）等于电源两端对外电路的电压 $U_{外}$（在外电路上，电场力对单位正电荷所做的功），加上内电路上的电压损耗 $U_{内}$（在电源内电路上，除了克服电场力之外，电源力搬运单位正电荷时克服原子晶格或其他原子的阻碍作用所多做的功）。

即

$$E=U_{外}+U_{内} \tag{1-4}$$

我们把不随时间变化的电压称为恒定电压 U，或直流电压 U，而把大小和极性（方向）都随时间变化的电压称为交变电压 $u(t)$。类似地，有直流电动势 E 和交变电动势 $e(t)$，在国际单位制中，电动势的单位也是伏特。

测量电压的方法和仪表众多，但最基本的方法是用电压表。测量直流电压的仪表，叫直流电压表，简称“电压表”，以—Ⓥ—，—(kV)— 和 —(mV)— 表示，分别叫做伏特表、（千伏）电压表、毫伏表。测量交流电压的仪表，叫做交流电压表，通常在仪表上加“～”符号表示，如—(V～)—，—(kV～)— 和 —(mV～)—。电压表只能和被测电路并联。

4. 电路中的功率和能量

在电路中，电场力或非电场力驱动电荷做功，并完成电能和其他形式能量的相互转换。而电荷移动形成电流，故常说电流做功。电流做功的功率称做电流的功率。

由式（1-2）可知，在电路中，电流的功 $W=uq$，那么在时间 t 内电流流过一段电路或元件的平均功率 P 可以用平均电压 U 和平均电流 I 表示，即

$$P=\frac{W}{t}=\frac{W}{q}\cdot\frac{q}{t}=UI \tag{1-5}$$

如在直流电流做功的情况下，功率表示为直流电压和直流电流的乘积，即用式（1-5）表示。

当时间 t 趋于 0 时，平均功率 P 的极限称其为瞬时功率 $p(t)$：

$$p=\frac{\mathrm{d}W}{\mathrm{d}t}=\frac{\mathrm{d}W}{\mathrm{d}t}\cdot\frac{\mathrm{d}q}{\mathrm{d}t}=u(t)\cdot i(t) \tag{1-6}$$

瞬时功率 $p(t)$等于瞬时电压 $u(t)$和瞬时电流 $i(t)$的乘积。式中，电压单位是伏特，电流单位是安培，功率单位是瓦特，能量单位是焦耳。

注意：式（1-5）和式（1-6）中已包含了电压和电流同方向的要求，这一点从式（1-2）的定义可以看出。

由图 1-4 可知，对于电源，若记其两端电压为 $U_s=U_{ab}$，其产生的功率为 $P=-U_sI$（负号表示电流 I 和电压 U_s 的方向相反）。但电动势 $E=+U_s$，所以有

$$-EI=-U_sI \tag{1-7}$$

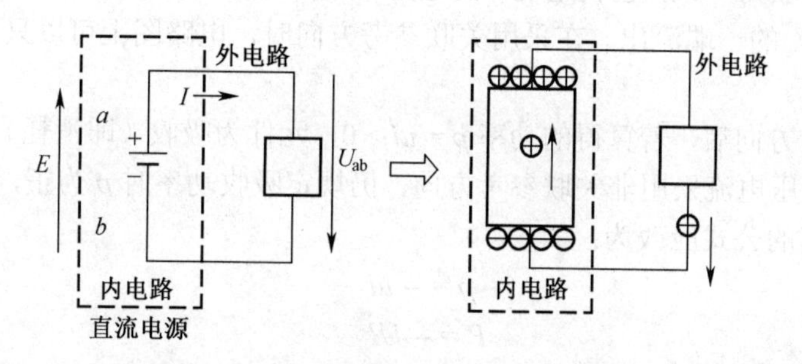

图 1-4　电源电动势的含义

对于外电路，电流 I 和电压 U_{ab} 的方向相同，电流 I 在外电路消耗的功率 $P=U_{ab}I$。

由式（1-5）或式（1-6）可知，在一段时间 t 内，电流通过一段电路或元件，所吸收（或产生）的电能为

$$W=P\cdot t=U\cdot I\cdot t \tag{1-8a}$$

或

$$W(t)=\int_0^t p\mathrm{d}\tau \tag{1-8b}$$

式（1-8b）也可写作：

$$W(t)=\int_0^t u\cdot i\mathrm{d}\tau \tag{1-9}$$

于是，在一段时间 t 内的平均功率 P，可按下式计算：

$$P=\frac{W}{t}=\frac{1}{t}\int_0^t p(\tau)\mathrm{d}\tau=\frac{1}{t}\int_0^t u(\tau)i(\tau)\mathrm{d}\tau \tag{1-10}$$

顺便指出，在电工学中，电能的单位也常用千瓦时（kW·h）表示，1kW·h 就是指 1kW 功率的设备使用 1h 所消耗的电能；同样，100W 的灯泡，工作 10h 所消耗的电能也就是 1kW·h。1kW·h 俗称 1 度电，即

$$1\mathrm{kW}\cdot\mathrm{h}=1000\mathrm{W}\times3600\mathrm{s}=3.6\times10^6\mathrm{J}$$

5. 电流、电压和电动势的参考方向

在分析较复杂的电路时，很难事先判断其各处电流的真实方向，以及各段电路两端的电压的真实极性，有时电流的实际方向和电压的真实极性还在不断改变。因此，往往先假设一个电

流方向或电压极性，称为电流或电压的“参考方向”。当实际方向与参考方向一致时，相应的电流或电压为正值，反之为负值（参见图 1-5 和图 1-6）。

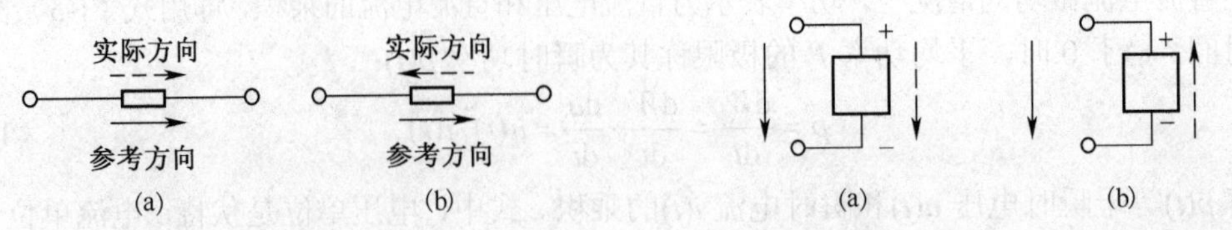

图 1-5 电流的参考方向与实际方向的关系（a）$I>0$；（b）$I<0$

图 1-6 电压的参考方向（实线箭头表示）与实际方向（虚线箭头表示）的关系（a）电压为正；（b）电压为负

对于电动势来讲，同样可以选定它的参考方向，以此来确定电源电动势的正负。

为了使电路的分析更为简便，常采用“关联参考方向”，即把电路元件上电压的参考方向和电流的参考方向取为一致，也就是说，使电流从元件上电压的参考极性为“+”的一端流入，从参考极性为“−”的一端流出。在采用关联参考方向时，电路图上可以只标出电压、电流中任一参考方向即可。

采用关联参考方向后，若算得的功率 $p=ui>0$，元件为吸收（即消耗）功率；若 $p<0$，则为产生功率。若电压电流采用非关联参考方向，仍规定吸收功率时 p 为正，元件产生功率时 p 为负，则计算功率的公式应改为：

$$p=-ui \tag{1-11}$$

或

$$P=-UI \tag{1-12}$$

可见，采用关联参考方向，计算公式的形式和使用要简便得多。

对于电路分析，参考方向是十分重要的，必须养成分析电路时先标参考方向的习惯。

例 1-2 计算图 1-7 中各元件的功率。

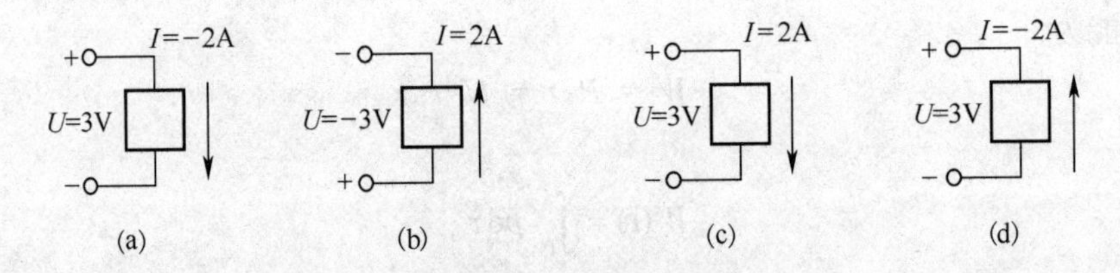

图 1-7 电压电流参考方向与功率的计算

解 图 1-7（a）中，电压电流采用关联参考方向，可以只标出一个。由 $p=UI$，得

$p=3\times(-2)=-6\text{W}$ p 为负，实际上该元件产生功率。

图 1-7（b）中，电压电流亦为关联参考方向，故

$p=(-3)\times2=-6\text{W}$ p 为负，实际上该元件产生功率。

图 1-7（c）中，电压电流亦为关联参考方向，故

$p=3\times2=6\text{W}$ p 为正，实际上该元件吸收功率。

图 1-7（d）中，电压电流为非关联参考方向，故

$p=-UI=-3\times(-2)=6\text{W}$ p 为正，实际上该元件吸收功率。

图 1-7（c）、图 1-7（d）中电压电流的实际情况是完全一样的，实际电位都是上高下低，实际电流方向都是从上到下，所以元件吸收功率，但图 1-7（c）采用的是关联参考方向，图 1-7（d）为非关联参考方向，因此二者计算公式不同，差一个负号。这样，最后算得的结果才

是相同的。

思考题

1-1　在图 1-8 所示的电压 u 和电流 i 的参考方向下，对元件 A、B 而言，哪一个元件的 u、i 参考方向是关联的？分别写出元件 A 和 B 吸收功率的表达式。

1-2　在图 1-9 所示电路中，U 和 U' 各等于什么？a、b 两点哪点电位高？c、d 两点呢？

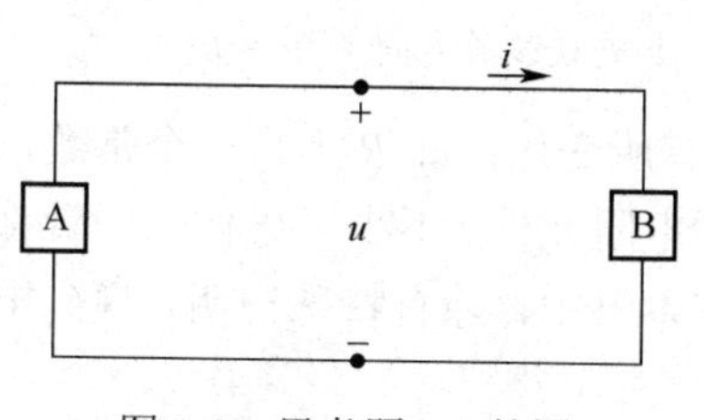

图 1-8　思考题 1-1 的图

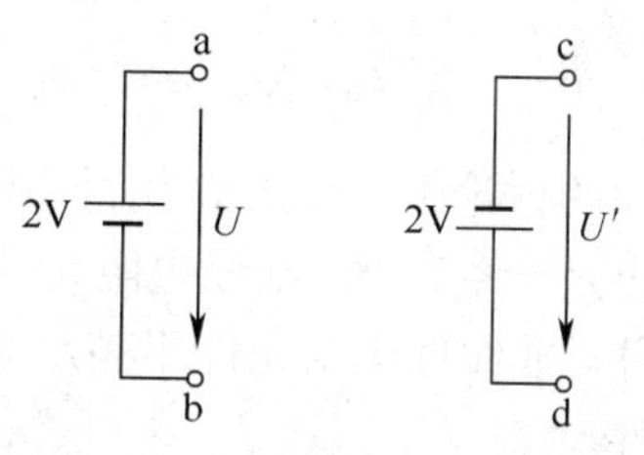

图 1-9　思考题 1-2 的图

1.1.3　负载

将电能转换为其他能量的电路元件叫做负载，也叫负荷。正如本书开头所讲的，负载是用电设备，电阻器、电灯和电动机等都是最常见的负载。电源被充电时，也成为负载。最常见的最基本的负载是无源元件，如电阻、电容和电感。

1. 负载的性质

负载的性质按流过的电流的形式而有区别：当负载上流过直流电时，主要呈现电阻的性质；当负载上流过交流电时，就会呈现复杂的性质，既有电阻的性质，还有电容和电感的性质，统称为阻抗的性质。

下面分别讨论电阻、电容和电感的性质。

（1）电阻元件。电阻元件是从物理现象中抽象出来的模型。物理学的研究发现，电流在物体中流动时，运动的电荷（自由电子或正负离子）与原子晶格或其他原子的相互作用阻碍了电荷的移动，外观表现为电能转化为热能而消耗，并产生了电压降落。物体对电流的阻碍作用，称为电阻。严格说来，任何导电的物体对电流均有一定的阻碍作用。通常把其主要特性呈现为电阻特性的元件称为电阻元件，简称为电阻。电阻元件是最重要的电路元件之一，它是实际的碳膜电阻器、金属膜电阻器、线绕电阻器甚至某些半导体器件的一种抽象。

电阻元件是一个二端元件。为了形象地描述二端元件上的电压 $u(t)$ 和流过该元件的电流 $i(t)$ 的关系，人们常采用 $u(t)$，$i(t)$ 平面坐标系上的函数曲线，称作伏安特性。

如果加在一个二端元件上的电压 $u(t)$ 和流过该元件的电流 $i(t)$ 成正比，比例系数设为 R，即伏安特性表现为 u，i 平面的一条直线，元件满足物理学上的部分电路欧姆定律，则此二端元件称为线性电阻元件，见图 1-10。当此元件上的电流电压取关联参考方向时，有关系式

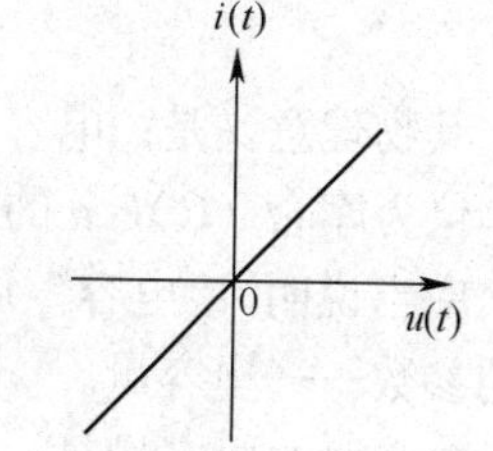

图 1-10　线性电阻的伏安关系曲线

$$u(t) = Ri(t) \tag{1-13}$$

若电流电压取非关联参考方向时，则关系式（1-13）变为

$$u(t) = -Ri(t) \tag{1-14}$$

上述两式中的比例系数 $R\left[R=\pm\frac{u(t)}{i(t)}\right]$ 是联系电阻中电流和其两端电压的一个电气参数。这个电气参数就是该电阻元件的电阻，参见图 1-11。

图 1-11 线性电阻的伏安关系

（a）关联参考方向下 $u = Ri$；（b）非关联参考方向下 $u = -Ri$

在上面的讨论中，如果 R 相对不同的 u，i 值有所变化，即 R 不是一个常数，则其伏安特性曲线不再是一条直线，则该电阻元件称为非线性电阻元件。不少半导体二极管都可看成非线性电阻元件。非线性电阻元件不满足欧姆定律。在本书中，除有特殊声明，说到电阻时均指线性电阻元件。

电阻的倒数称为电导，记作

$$G = 1/R \tag{1-15}$$

电阻的单位是欧姆（Ω），电导的单位是西门子（S）。1Ω=1V/1A，1S=1/Ω。

电阻功率的计算公式

$$p(t) = u(t)\cdot i(t) = Ri^2(t) = i^2(t)/G \tag{1-16}$$

由上述两式可见，p 总是正值，说明电阻总是消耗（即吸收）功率，将电能转换为热能或光能的电路元件。

电阻器的主要技术参数：电阻值和额定功率。

（2）电容元件。电容元件又称电容器，是储存电荷和电能（电势能）的容器，常简称为“电容”。电容元件是实际电容器的理想化模型，表征电容器的主要物理特征。

两个任意形状的靠得很近（使周围其他离得较远的导体的影响可以忽略不计）的导体，就组成了一个电容器。通常，电容器是由两片极为靠近的、相互平行的、大小形状相同的金属板构成，中间填充电介质（例如空气、蜡纸、云母片、涤纶薄膜、陶瓷等），两金属板作为电容器的极板，分别用金属导线引出。

电容器的基本功能是充电和放电，同时储存或释放电场能量。电容器的主要物理特性就是具有储存电荷和电场能量的能力。

电容器充电后，其两个极板总带有异号等量电荷 q，在两极板间建立起电压 u。

为了表征电容器储存电荷的能力，我们定义电容器的电容量 C，有

$$C = \frac{q}{u} \tag{1-17}$$

其物理意义是：电容器两极板间电压为 1 单位时，每一极板上所储存的电荷量。上式中 q 的单位为库仑（C），u 的单位为伏特（V），则 C 的单位为法拉（F），简称“法”。

应当说明，“电容”这个术语及其代表符号，一方面表示电容器元件，另一方面指电容元件的参数——电容量。

电容器的电容量是一个由电容器的结构（极板形状、面积、介质等）决定的常数。

电容器有两个主要参数：标定电容量和额定工作电压，超过额定工作电压使用时，电容器的介质可能损坏或击穿。

如图 1-12 所示，采用关联参考方向，根据电流的定义式（1-1b）

$$i(t)=\frac{\mathrm{d}q(t)}{\mathrm{d}t}$$

将上式中的 q 用式（1-17）代入，得到流过电容的电流为

$$i(t)=C\frac{\mathrm{d}u(t)}{\mathrm{d}t} \tag{1-18}$$

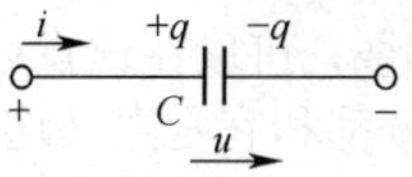

图 1-12　电容符号及其 u，i 关联参考方向

上式表明，当电容电压升高时，$\frac{\mathrm{d}u(t)}{\mathrm{d}t}>0$，电容充电，极板上电荷增多；当电容电压降低时，$\frac{\mathrm{d}u(t)}{\mathrm{d}t}<0$，电容放电，极板上电荷减少。任一时刻通过电容的充放电电流 $i(t)$ 的大小取决于该时刻电容两端电压的变化率 $\frac{\mathrm{d}u(t)}{\mathrm{d}t}$，而与电容两端电压的大小和极性无关。换言之，只有在电容电压处于动态（变化）条件下，才有电容电流。所以，电容是动态元件。把未充电的电容迅速接到电源两端，会产生很大的充电电流；把已充电的电容迅速“短路”，会产生很大的放电电流；当电容电压不变时，不管其上电压多么大（不超过其击穿电压），通过电容器的电流为零。所以电容有隔直流通交流的作用。换句话说，若电容器不充放电，通过电容器的电流为零，则电容电压不变，$u(t)=u(t_0)$，其上储存的电荷量 $q(t_0)$ 也不变，$q(t)=q(t_0)$。故电容有记忆初始电荷量 $q(t_0)$ 和电容初始电压 $u(t_0)$ 的作用，又称为记忆元件。

由数学推导可知：电容器储存的总的电场能量为

$$W_{\mathrm{c}}(t)=\frac{1}{2}Cu^2(t) \tag{1-19}$$

这个能量是由外部供给的，并且在任意时刻，电容上只要有电压存在，它就储存电场能量，电容储能的多少，与电容电压的平方成正比。

（3）电感元件。电感元件是实际电感器的理想化模型。电流的周围有磁场，为了得到更强的磁场，人们用金属导线（如漆包线、纱包线或镀银导线等）绕成线圈，制成电感器。为了适应不同的使用需要，往往在线圈内部装上导磁材料（如铁氧体、硅钢片等），构成各种各样的电感器、电磁铁及电机绕组等。它们形态各异，作用不同，但只要通电，就会在其周围激发磁场。电感元件的基本特征就是储存和释放磁场能量。

图 1-13 显示了三种电流的磁场分布，磁场可以形象地用磁感应线来描绘。

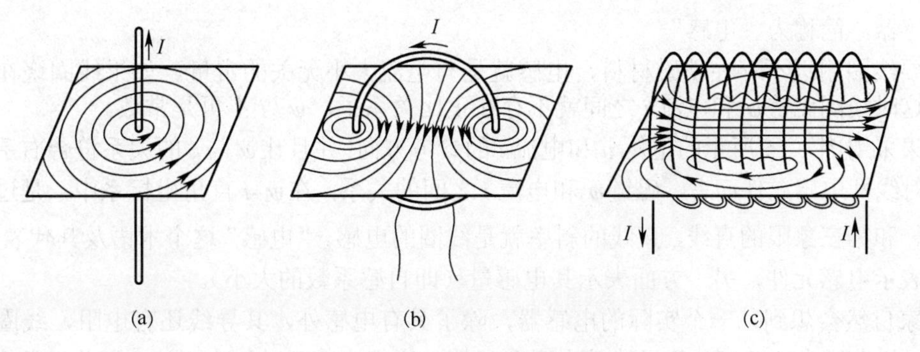

图 1-13　电流磁场中的磁感应线

（a）直电流；（b）圆电流；（c）螺线管电流

从图 1-13 可看出：电流方向决定电流磁场的方向，用磁感应线的方向表示，二者关系遵从右手螺旋法则。和电场线不同，磁感应线都是环绕电流的无头无尾的封闭曲线。并用磁感应

线的密度表示磁场的强弱，即让磁场较强的地方磁感应线的密度大。为了确定磁场空间中某点的磁场强弱，可以在该点处选择一个很小的曲面元 dS，使穿过此很小的曲面元 dS 的所有的磁感应线 dϕ 都和它垂直（这是容易办到的），那么该点的磁感应线的密度 B 就是：

$$B=\frac{\mathrm{d}\phi}{\mathrm{d}S} \tag{1-20}$$

式中，dϕ 就是垂直穿过 dS 的磁感应线的数目，通常称作磁通量，其单位为韦伯（Wb）。dS 的单位是平方米（m^2），则 B 的单位就是特斯拉（T）。

如前所述，实际的电感器多做成螺线管状，称为“线圈”，见图 1-14。其磁场主要集中在线圈内部，磁感应线是平行的均匀分布的直线，所以，线圈内部是匀强磁场，其磁感应强度（即磁通密度）为

$$B=\frac{\phi}{S} \tag{1-21}$$

式中，ϕ 为穿过线圈的全部磁感应线的数目，也就是通过线圈横截面 S 的磁通量。但在线圈外部，磁场都比内部弱，并且是非匀强磁场，一般线圈两端附近磁场强，其他地方弱。

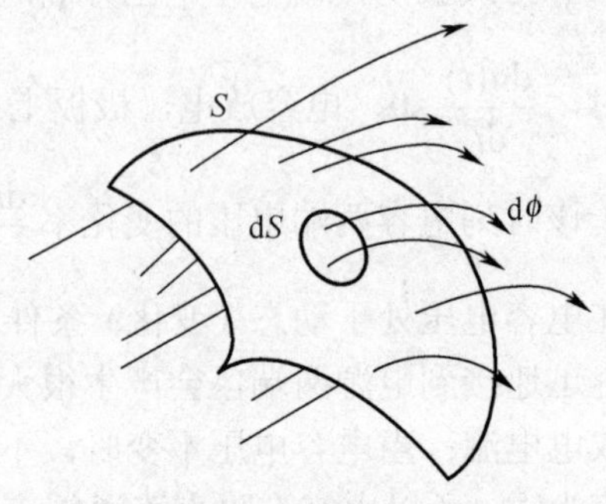

图 1-14 磁感应线和磁感应线密度

由式（1-21）可知

$$\phi=BS \tag{1-22}$$

设线圈有 N 匝，则此线圈的总磁通 ψ 是

$$\psi=N\cdot\phi \tag{1-23}$$

也称为磁链或全磁通。

由于这个磁通是由线圈本身的电流产生的，所以称为自感磁通或自感磁链。一般说来，ϕ 和 ψ 是电流 i 的函数。如果 ψ 与 i 成正比关系，则可用下式表示这种关系：

$$L=\frac{\psi}{i} \tag{1-24}$$

其中 L 是一个常量，称为线圈的自感系数，简称“自感”或“电感”。式中，电流的单位是安培（A），磁链的单位是韦伯（Wb），电感的单位是亨利，简称亨（H）。

在电路理论中，电感一方面表示通过电流 i 的线圈的 ψ 与 i 的关系，另一方面也表示线圈，称为电感器，简称为“电感”。

只要线圈附近不存在铁磁材料，电感就是与电流大小无关的常量。如果线圈绕在铁磁材料上，这时线圈磁链 ψ 和电流 i 之间就不存在正比关系了，ψ/i 不再是常数。

如果采用图 1-15 所示的电压 u 和电流 i 的参考方向，并且让 ψ 与 i 的关系符合右手螺旋法则，则对线性电感元件而言，磁链 ψ 和电流 i 之间的关系，在 ψ-i 直角坐标系中，是过原点且位于第一和第三象限的直线，直线的斜率就是线圈的电感。“电感”这个术语及其代表符号 L，一方面表示电感元件，另一方面表示其电感量（即自感系数的大小）。

大家自然会想到，一个实际的电感器，除了具有电感外，其导线还有电阻，线圈匝间还有电容，但在通常情况下，其导线的电阻和匝间电容很小，可以忽略不计。因此，常将实际电感器当作理想电感元件处理。

现在讨论通过电感的电流 i 的变化与其两端电压 u 的关系。在电感中通过随时间变化的电流 $i(t)$时，磁链 $\psi(t)$也随之变化。根据法拉第电磁感应定律和楞次定律，电感中就有感应电动

势 e 产生。如果在时间 d t 内磁链增加 dψ，那么感应电动势 e 为

$$e=-\frac{\mathrm{d}\psi(t)}{\mathrm{d}t} \tag{1-25}$$

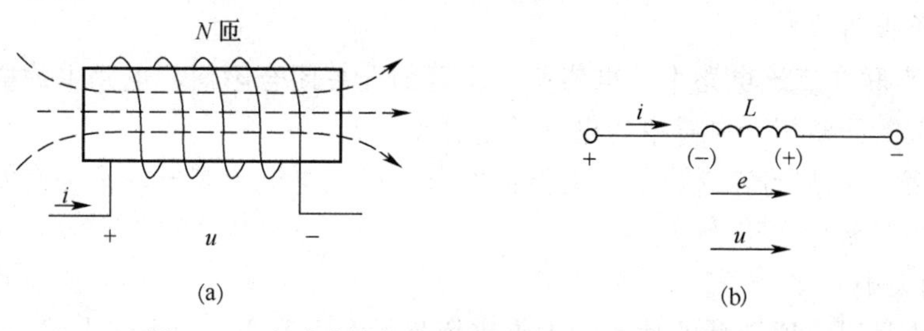

图 1-15　电感线圈和电感线圈的 u、i、e 参考方向

（a）电感线圈；（b）电感线圈的 u、i、e 参考方向

由式（1-24），得

$$e=-L\frac{\mathrm{d}i(t)}{\mathrm{d}t} \tag{1-26}$$

负号表示自感电动势的实际方向总是企图阻止电流的磁链（或电流）的变化。这是楞次定律告诉我们的。如图 1-15 所示，e 的方向是从“−”到“+”，而外加电压 u 的方向是从“+”到“−”，有

$$u=-e=L\frac{\mathrm{d}i(t)}{\mathrm{d}t} \tag{1-27}$$

在图 1-15 中，电流的方向用箭头表示，这样，u、i、e 三者取一致的参考方向。

式（1-26）和（1-27）告诉我们，电感元件是动态元件，任一时刻的电感的自感、电动势和电感电压仅正比于该时刻的电流变化率，而与电感电流本身的大小无关。所以电感有通直流隔交流的作用。稳恒的直流流入电感，其电流变化率为零，电流没有变化，不管电流大小如何，都不会在电感两端产生电压降落，$u=0$，电感相当于短路。当电感中电流剧变时，$\frac{\mathrm{d}i}{\mathrm{d}t}$ 很大，则电感两端会感应出很高的电压，这个电压阻碍电流的变化，相当于对交流起隔绝作用。这一点和电阻是十分不同的。在图 1-16 中的开关断开瞬时，会在线圈两端间感应出很高的电压，甚至使得开关的空气隙击穿而产生火花或电弧。

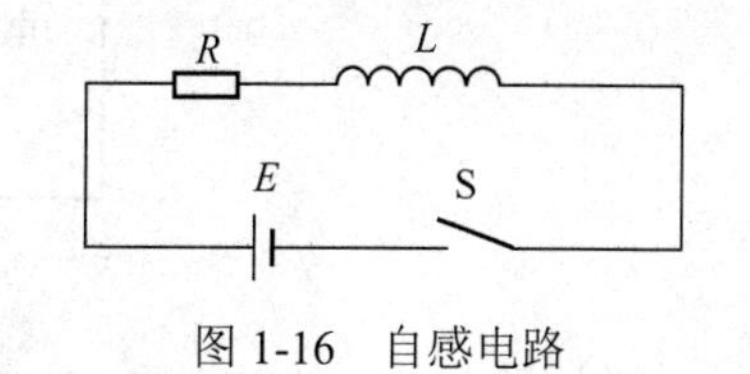

图 1-16　自感电路

从前面的讨论可知，自感电动势阻碍电感线圈上电流的变化，所以说，电感有记忆初始电流 $i(t_0)$的作用，故又称为记忆元件。

在 $u(t)$、$i(t)$为关联参考方向的条件下，输入电感的瞬时功率为

$$p(t)=u(t)i(t) \tag{1-28}$$

$p(t)$ 为正值时，表示电感从电路中吸收功率，储存于磁场中；$p(t)$ 为负值时，表示电感向电路释放功率，但电感本身不消耗功率。

由数学推导可知：电感储存的总的磁场能量公式为

$$W_{\mathrm{L}}(t)=\frac{1}{2}Li^2(t) \tag{1-29}$$

这个能量是由外部供给的。可见电感储能与电压 $u(t)$ 和它的“历史状况”无关，只决定于该时刻的电感电流值。

思考题

1-3 若一个电容器通过的电流为零，是否有储能？若一个电容器的电压为零，其储能为多少？电流是否也为零？

1-4 电感串联在直流电路中，电感所在支路的开关闭合瞬间，电感中的电流怎样变化？在该支路的开关断开瞬间，电感中的电流又怎样变化？

1-5 若电感上电压为零时，是否有储能？若电感上电流为零时，是否有储能？此时电感上电压也为零吗？为什么？

2. 负载的大小

负载的大小是以它所消耗的功率的大小来衡量的，决不能认为电流大就是负荷大。220V，40W 的电灯当然比 2.5V，0.75W 的小电珠负荷大，但电灯的灯丝电流只有 0.182A，而小电珠的电流却高达 0.3A。

但对同一电压下的几个用电器而言，哪个电流大哪个负荷就大，因此，在工厂中，人们常以电流大小衡量负荷的大小。但请记住，衡量负荷大小最终看用电设备消耗电功率的大小。

1.1.4 电源

前面已讨论过电源的电动势。电源是电路中提供电能的元件，是形成电路中电流的基本条件。干电池、蓄电池、光电池、发电机、电子稳压器、电子稳流器和各种信号发生器都属于电源之列。这些实际电源对外电路所呈现的特性，可以用电压源或电流源模型来表示。实际电源的特性多接近于电压源。

1. 电压源

一个实际的电源，无论是电池、发电机还是各种信号源，当它和外电路相连，就构成一个最简单的单回路（此时，把整个外电路看成一个负载，其上有电压降落 $U_{外}$，如图 1-17 所示）。

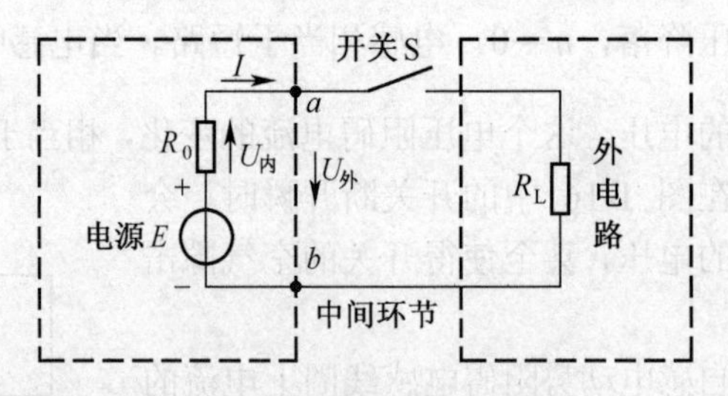

图 1-17 最简单的电路模型

单回路只有一个电流 I，它在通过电源内电路时，也会产生电能损耗，也会产生电压降落 $U_{内}$，根据能量转化与守恒定律，电源提供的电能消耗在内外电路上，转化为其他形式的能。于是由式（1-4），有

$$EI = U_{内}I + U_{外}I$$

即

$$E = U_{内} + U_{外}$$

而 $U_{外}$也就是电源的端电压。又依据部分电路欧姆定律，若记 R_0 为电源内电路的电阻，则 $U_{内} = IR_0$，设 R_L 为外电路上的电阻，电源端电压 $U_{外}$ 为

$$U_{外} = E - IR_0 = IR_L \tag{1-30}$$

由此式可看出，一个实际的电源可以等效为一个电动势 E 和内阻相串联而成的元件模型（见图 1-17 虚线框）。这样的电源模型（电路元件模型之一）称为电压源。

根据电源所带负载的不同，可以得出电路的三种基本工作状态：空载状态、短路状态和负载状态。

空载状态：空载状态又称断路或开路状态。当图 1-17 中电路开关断开或连接导线折断、松脱，就会发生这种状态。由式（1-30）可知，

$$U_{外}=E$$

表明，空载时电源的端电压 $U_{外}$等于电源的电动势 E，通常记作 U_S，以取代空载时的 $U_{外}$。稍后我们就会看到，U_S 代表理想电压源的端电压。

短路状态：当图 1-17 中电路的电源两输出端组 a 和 b 由于某种原因（如电源线绝缘损坏，或操作不慎）相接触时，造成直接相连的情况。此时，外电路（负载）被短路线所取代，电阻 R_L 为零。短路时，电路具有如下特征：

外电路（负载）的端电压 $U_{外}=IR_L=0$，即电源的端电压为零，并且电源中电流为短路电流 I_S：

$$I_S=E/R_0 \tag{1-31}$$

在一般的供电电路中，内阻 R_0 很小，故短路电流 I_S 很大，有可能烧毁电源及其他电器设备，甚至引起火灾等严重事故，或由于此时的短路电流产生强大的电磁力而造成机械上的损坏。

负载状态：当图 1-17 中的电路的开关 S 闭合时，电源就带上负载，处于负载状态。这时的电路叫闭路或通路。负载通过电流时，会发热，温升随电流的增大而增大。为防止用电设备过热而损坏，所以规定了用电设备的电流限额，即额定电流 I_N。额定电流就是电气设备在规定的运行条件下（如室温 40℃，室内清洁），能长期（在设计使用寿命范围内）安全运行时的最大电流。与之相应的，就有额定电压 U_N 和额定功率 P_N。

在负载状态下，电路具有下列特征：

首先，电路中的电流 I 由负载电阻 R_L 的大小而定。

$$I=E/(R_L+R_0) \tag{1-32}$$

式（1-32）称为全电路欧姆定律。

其次，电源的端电压总是小于电源的电动势 E，电源输出功率 P 为电源电动势发出的功率 P_E 减去内阻上的消耗 R_0I^2，再减去连接导线上的能量损耗 $R_{导线}I^2$，才是供给外电路的功率。

在内阻 $R_0=0$ 的理想状况下，电压源的端电压不受输出电流波动（实际上是负载变化）的影响。$U_{外}=U_S=E$。具有这种特性的电压源称为理想电压源（也称恒压源）。其符号如图 1-18 所示。

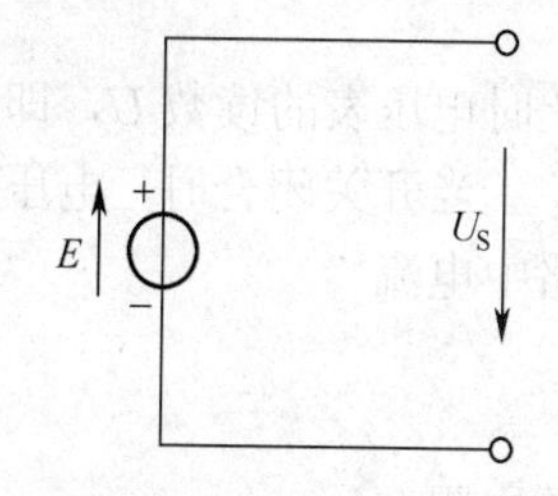

图 1-18　理想电压源模型

真正的理想电压源是不存在的，当 $R_0<<R_L$ 时，实际电压源接近于理想电压源。

2. 电流源

电源的电路模型也可以用电流源来表示。由式（1-30）$U_{外}=IR_L$，则式（1-32）可改写为

$$I=\frac{E}{R_0}-\frac{U_{外}}{R_0}=\frac{U_S}{R_0}-\frac{U_{外}}{R_0}=I_S-\frac{U_{外}}{R_0} \tag{1-33}$$

式中，$I_S=\dfrac{E}{R_0}=\dfrac{U_S}{R_0}$是电源的短路电流，$I$ 是电源的输出电流，$U_{外}$是电源的端电压，R_0 为电源的内阻。

与式（1-33）对应的实际电流源模型如图 1-19 中虚线框所示，由一个电流为 I_S 和电阻为 R_0 并联的理想元件组成。这种电源的电路模型称为电流源。

由式（1-33）可知，当 $R_0 \to \infty$时，不管外电路（负载）如何变化，电流源的输出电流恒等于电源的短路电流，即 $I=I_S$，与电源端电压无关。这种电流源称作理想电流源（有时也称为恒流源），其符号如图 1-20 所示。

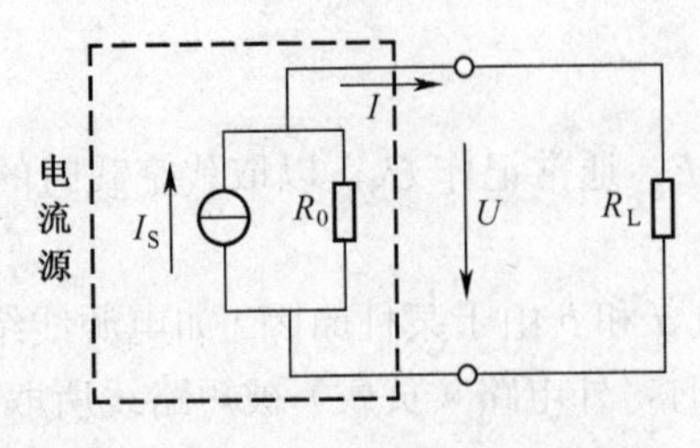

图 1-19 电流源与外电路的连接

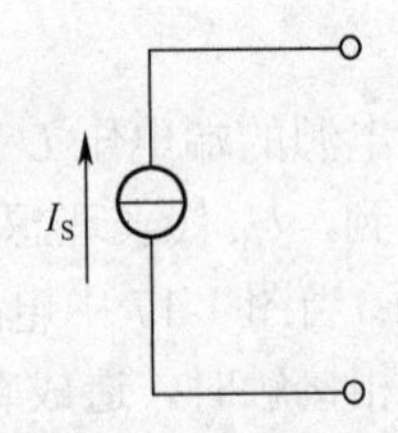

图 1-20 理想电流源模型

理想电流源的端电压 U_S 决定于外电路的 R_L 大小，有

$$U_S = R_L I_S \tag{1-34}$$

理想电流源也是不存在的，但在电源的内阻 R_0>>外电路负载电阻 R_L 时，由式（1-32），可知

$$I \approx I_S$$

输出电流基本恒定，近似于理想电流源。此时，电流源输出的电流几乎全部送到外电路。通常，恒流电源（或称为稳流器）、光电池和在一定条件工作的晶体三极管等都可近似看作理想电流源。

例 1-3 图 1-21 是一个可供测量电源电动势 E 和内阻 R_0 的电路，其中电压表的内阻 R_V>>R_0，可视为无限大。若开关 S 闭合时，电压表的读数为 5.8V，负载电阻 R=10Ω；开关 S 断开时，电压表的读数为 6V，试求电动势 E 和内阻 R_0。

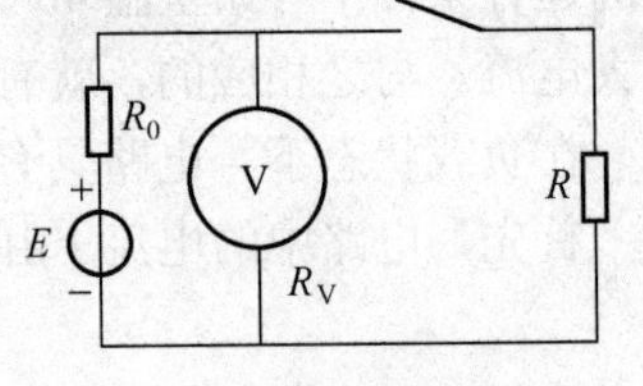

图 1-21 测量电源电动势 E 和内阻 R_0 的电路

解 当开关断开时，由式（1-32），知

$$I = \frac{E}{R_0 + R_V} \approx 0$$

再由式（1-30），有

$$U = E - R_0 I \approx E$$

此时电压表的读数 U，即电源的电动势 $E = 6$V。

当开关闭合时，电压表支路中 R_V 很大，可视为断路，电路等效为图 1-17 所示单回路，电路中电流

$$I = \frac{U}{R} = \frac{5.8}{10} = 0.58\text{A}$$

故内阻

$$R_0 = \frac{E - U}{I} = \frac{6 - 5.8}{0.58} = 0.345\Omega$$

例 1-4 在图 1-17 中，如果负载电阻 R_L 可以调节，其中直流电源的额定功率 P_N=200W，额定电压 U_N=50V，内阻 R_0=0.5Ω，试求

（1）额定状态下的电流及负载电阻；

（2）空载状态下的电压；

（3）短路状态下的电流。

解　（1）额定电流　$I_N = \dfrac{P_N}{U_N} = \dfrac{200}{50} = 4\text{A}$

负载电阻　$R_N = \dfrac{U_N}{I_N} = \dfrac{50}{4} = 12.5\Omega$

（2）空载电压　$U_0 = E = (R_0 + R_N)I_N = (0.5 + 12.5) \times 4 = 52\text{V}$

（3）短路电流　$I_S = \dfrac{E}{R_0} = \dfrac{52}{0.5} = 104\text{A}$

短路电流是额定电流的 26 倍。如果无短路保护装置，发生短路后，电源会被烧毁。

思考题

1-6　电路如图 1-22 所示，当 R 增加时，下列说法是否正确：（1）I_1 增加；（2）I_2 减少；（3）I_3 不变。

1-7　电路如图 1-23 所示，当 R 增加时，下列说法是否正确：（1）U_1 增加；（2）U_2 减少；（3）U_3 不变。

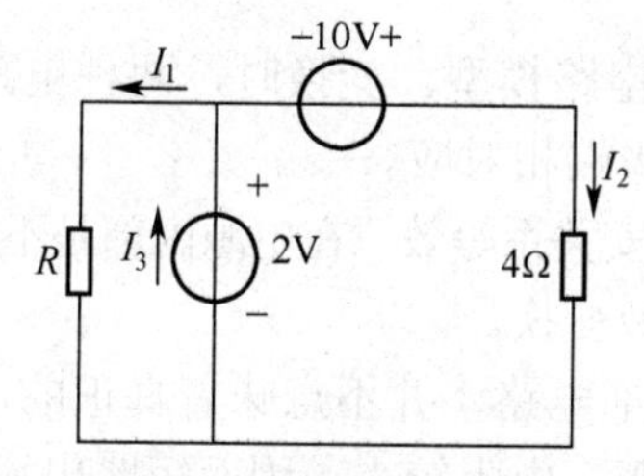

图 1-22　思考题 1-6 电路图

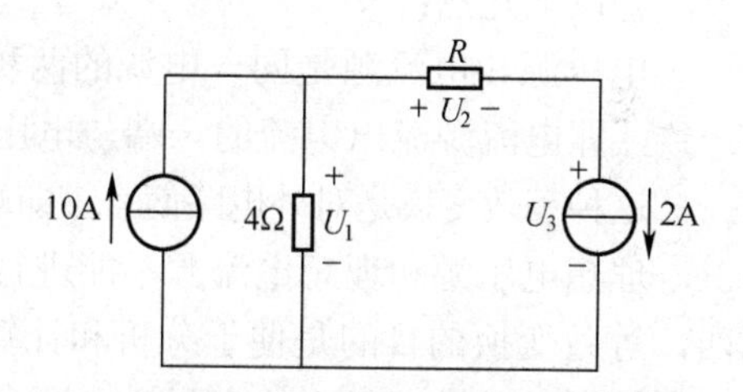

图 1-23　思考题 1-7 电路图

1-8　求图 1-24 所示电路的电流 I 和电压 U。

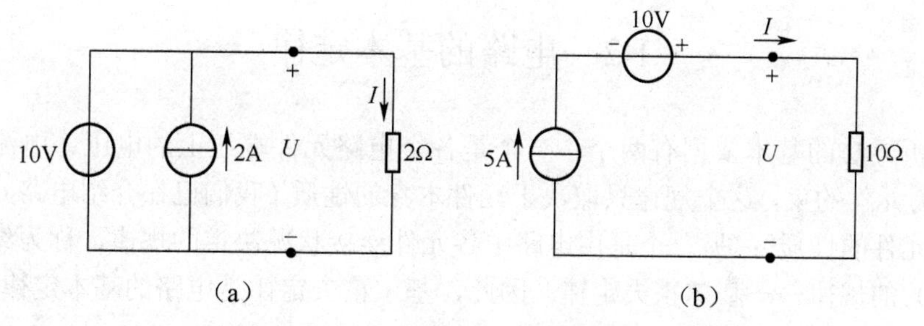

图 1-24　思考题 1-8 电路图

3. 实际电压源和实际电流源的等效互换

比较式（1-31）和式（1-33）可得出实际电压源和实际电流源的等效互换的公式。再对比图 1-17 和图 1-19 中左边虚线框部分，可得出两种电源的互换电路。二者等效互换的条件是内阻 R_0 相等，并且

$$I_S = \frac{E}{R_0} = \frac{U_S}{R_0}$$

例 1-5　在图 1-17 中，设 E=10V，R_0=0.5Ω，R_L= 4.5Ω，分别用电压源和电流源的两种表示方法求负载的电流和电压。

解　（1）用电压源计算。

$$I=\frac{E}{R_0+R_L}=\frac{10}{0.5+4.5}=2\text{A}$$

$$U=IR_L=(2\times4.5)=9\text{V}$$

（2）用电流源计算。

根据式（1-34）作出图 1-19，其中

$$I_S=\frac{E}{R_0}=\frac{10}{0.5}\text{A}=20\text{A}$$

于是由式（1-33）

$$I=I_S-\frac{U}{R_0}=20-\frac{U}{0.5}$$

又 $U=IR_L=4.5I$

两式联立，得

$$I=2\text{A},\ U=9\text{V}$$

从计算结果可知，两种方法等效。

必须注意以下几点：

第一，电压源和电流源是同一电源的两种不同的电路模型。变换时，两种电路模型的极性必须一致，即电流源流出电流的一端与电压源的正极端相对应。

第二，这种等效变换是对外电路而言，即端口上伏安关系等效。在电源内部是不等效的。

第三，理想电压源和理想电流源不能进行这种等效变换。

第四，等效变换的目的是便于分析和计算电源外部电路，并不意味着真正的电压源和真正的电流源都可以互换。真正的实际的电源多为电压源，内阻较小。因而短路电流 I_0 通常比额定电流大得多，所以电压源绝不允许短路，而真正的电流源则不然。电流源的内阻很大，而负载多为低阻，这样，电流源输出的电流才近似保持恒定。

1.2 电路的基本定律

电路分析方法的基本依据有两个：一个是各个电路元件端纽上的电压、电流关系应服从的规律，称为元件约束，这个规律只取决于元件本身的性质（我们已在介绍电路元件模型时讲过不同电路元件的性质）；另一个是由电路中各元件连接状况决定的规律，称为结构约束（也称拓扑约束）的规律——基尔霍夫定律。因此，基尔霍夫定律是电路的基本定律。

1.2.1 有源支路欧姆定律

图 1-25 所示的电路是一条具有两个端点并含有电源和电阻（用电器）的支路，图中四个量的关系由有源支路欧姆定律决定。在图 1-25 所示的正方向条件下，有

$$U_{ab}=-E+IR$$

即

$$I=\frac{U_{ab}+E}{R} \tag{1-35}$$

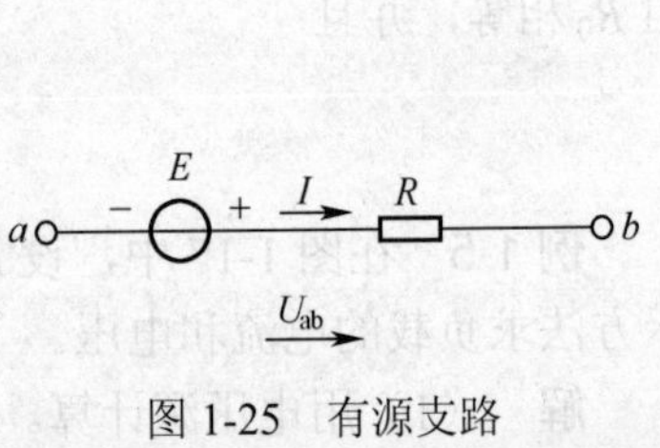

上式为有源支路欧姆定律。注意：式中符号是根据图 1-25 中所示的正方向条件下决定的，沿电流方向的，电位降取正号，电位升取负号。

图 1-25 有源支路

1.2.2　基尔霍夫定律

基尔霍夫定律是电路的基本定律之一，它包含有两条定律，分别称为基尔霍夫电流定律（KCL）和基尔霍夫电压定律（KVL）。

在讲述基尔霍夫定律之前，先介绍几个有关的名词，参见图 1-26。

（1）支路：每一个二端元件就是一条支路，但为了方便，常把流过同一电流的部分电路称为一条支路，如图 1-26 中，有四条支路：$a1b$，$a23b$，$a4b$，$a567b$。图 1-26（b）是图 1-26（a）的另一种画法。

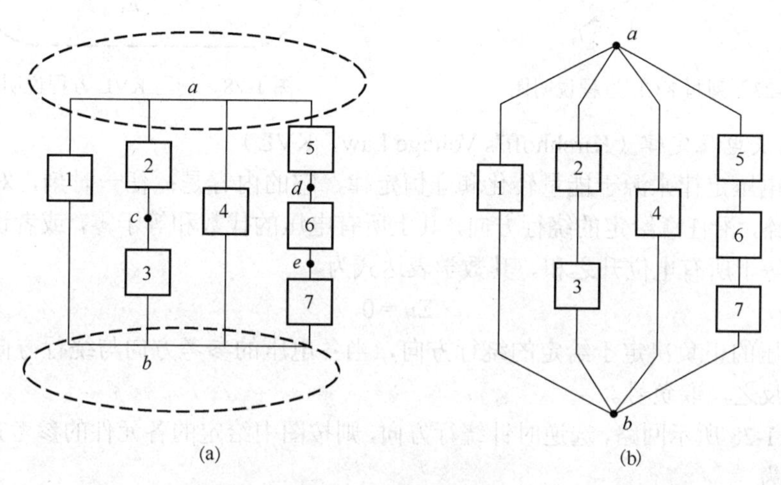

图 1-26　支路、节点、回路、网络的说明

（2）节点：一般而言，支路的连接点称为节点。但为了方便，通常把三个或三个以上的支路的连接点称为节点，这样，图 1-26（a）中的五个节点 a、b、c、d、e 简化为图 1-26（b）中的两个节点 a、b。

（3）回路：电路中由若干条支路组成的闭合路径称为回路，图 1-26 中有六条回路，即 123、234、4567、14、1567 和 23567。其中回路 123、234、4567 又可称为“网孔”。

1. 基尔霍夫电流定律（Kirchhoff's Current Law，KCL）

基尔霍夫电流定律来源于电荷守恒定律，它的内容是：任一时刻，通过任一电路中任一节点，流入电流的总和等于流出电流的总和。

若事先规定电流的参考方向，比如假定流出节点的电流方向为正，则流入节点的电流就为负。则基尔霍夫电流定律又可叙述为：在任一时刻，对于任一电路的任一节点，所有支路的电流的代数和恒等于零。KCL 的数学表达式为

$$\Sigma i = 0 \tag{1-36}$$

以图 1-27 为例，对于节点 A，有 $i_1+i_3=i_2+i_4$ 或者 $i_1-i_2+i_3-i_4=0$，若已知 $i_1=5\text{A}$，$i_2=4\text{A}$，$i_3=-3\text{A}$，可求出 $i_4=-2\text{A}$，说明 i_4 的真实电流方向和图中所示的相反。

由此可看出，运用基尔霍夫电流定律要涉及到两套符号，一套是 KCL 方程中各项电流 i 的正负号，一套是各支路电流 i 本身的正负号，这一点请读者注意。

应该指出基尔霍夫电流定律可以扩展到任一假想闭合曲面 S，即对于任一电路中任一假想闭合面 S，在任一时刻，流出（或流入）该闭合面的电流之和恒等于零。例如对图 1-28 中所示闭合面 S（虚线所示）而言，有

$$-i_1+i_2+i_3-i_4=0$$

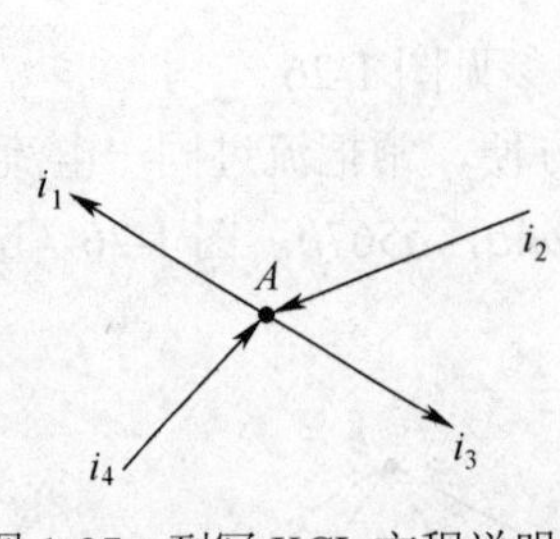

图 1-27 列写 KCL 方程说明图

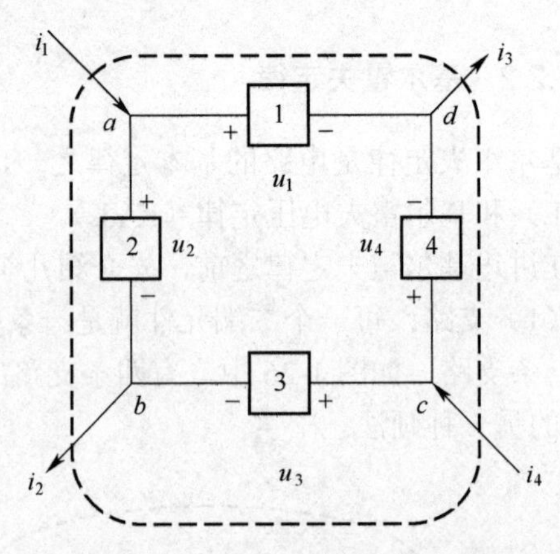

图 1-28 列写 KVL 方程说明图

2. 基尔霍夫电压定律（Kirchhoff's Voltage Law，KVL）

基尔霍夫电压定律来源于能量转化和守恒定律，它的内容是：任一时刻，对于任一电路中任一闭合回路，沿任意给定的绕行方向，其上所有电压的代数和等于零，或者说沿此回路所有电位降之和等于所有电位升之和。其数学表达式为

$$\Sigma u = 0 \tag{1-37}$$

式中各电压的正负决定于给定的绕行方向，当各电压的参考方向与绕行方向一致时，该电压取正号，反之，取负号。

例如对图 1-28 所示回路，选逆时针绕行方向，则按图中给定的各元件的参考方向，依 KVL 列出电压方程为

$$-u_1 + u_2 - u_3 + u_4 = 0$$

或

$$u_1 + u_3 = u_2 + u_4$$

上式也可写作

$$u_1 = u_2 - u_3 + u_4$$

此式左边表示沿 a 到 d 的路径上的电位降，右边表示沿 $abcd$ 路径上的电位降，二者相等。这表明：沿不同路径得到的两节点间的电压值相等。所以基尔霍夫电压定律实质上反映了电压的计算与路径无关这一性质。今后计算电路中两节点间的电压时，可以选择不同的路径，其结果应该是相等的。这也启发了我们，在列写电压方程时，可以选择最简便的路径。

在图 1-28 中，若 $u_1 = 5\text{V}$，$u_2 = 4\text{V}$，$u_3 = -3\text{V}$，则可求得 $u_4 = -2\text{V}$。负号说明元件 4 上的电压的真实极性与其参考极性相反。

运用基尔霍夫电压定律也会涉及到两套符号，一套是依据 KVL，各项电压 u 的正负号；一套是各电压 u 本身数值的正负号。前者要看各电压 u 的参考极性与绕行方向是否一致，后者取决于各电压的真实极性与其参考极性是否相同。这一点要十分注意。

基尔霍夫电压定律可以由真实回路扩展到任一虚拟回路，而不论虚拟回路实际的电路元件是否存在。

例 1-6 确定图 1-29 中的开口回路的端电压 u_{AB}。

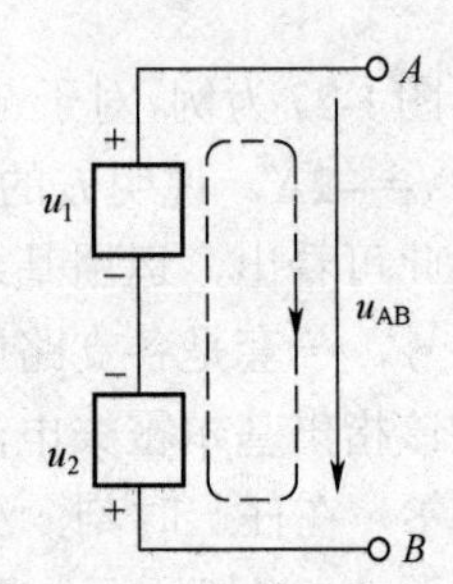

图 1-29 KVL 应用于虚拟回路

解 补充电压 u_{AB} 构成图中虚线所示虚拟回路，应用 KVL，有

$$u_{AB} = u_1 - u_2$$

思考题

1-9　试分析并确定图 1-30 所示的晶体三极管的基极电流 I_b，发射极电流 I_e 和集电极电流 I_c 之间的关系，以及电压 U_{bc}、电压 U_{be} 和电压 U_{ce} 三者的关系。

1-10　用 KCL 和 KVL 求图 1-31 中的 I、U_{bc} 及 U_{cd}。

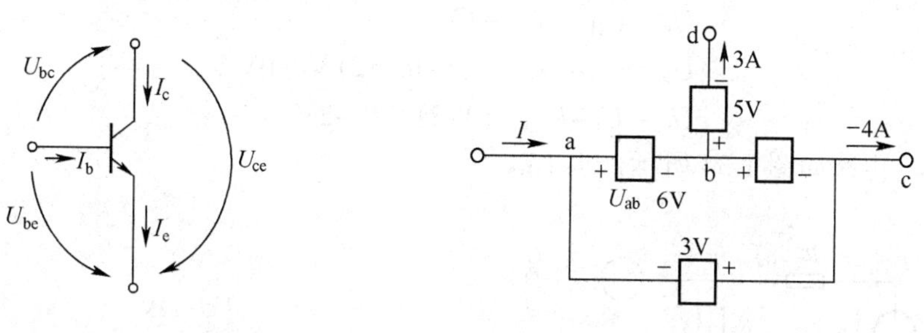

图 1-30　思考题 1-9 图　　　图 1-31　思考题 1-10 图

3. 电路中各点电位的计算

本章 1.1 节中讨论过电位的概念。在分析较复杂的电路，特别在电子电路中，会经常用到这个概念。因为这对简化电路画法和分析电路带来方便。在电子电路中，通常选一个公共“地”的点为电位参考点。这个“地”有时画出，有时不画出。电源的符号不再出现，而只标出电源的一个极的端钮及其数值，另一个极一定是接地的，但不画出。例如图 1-32 中的（a)、(c）电路可分别改画成（b)、(d）电路。

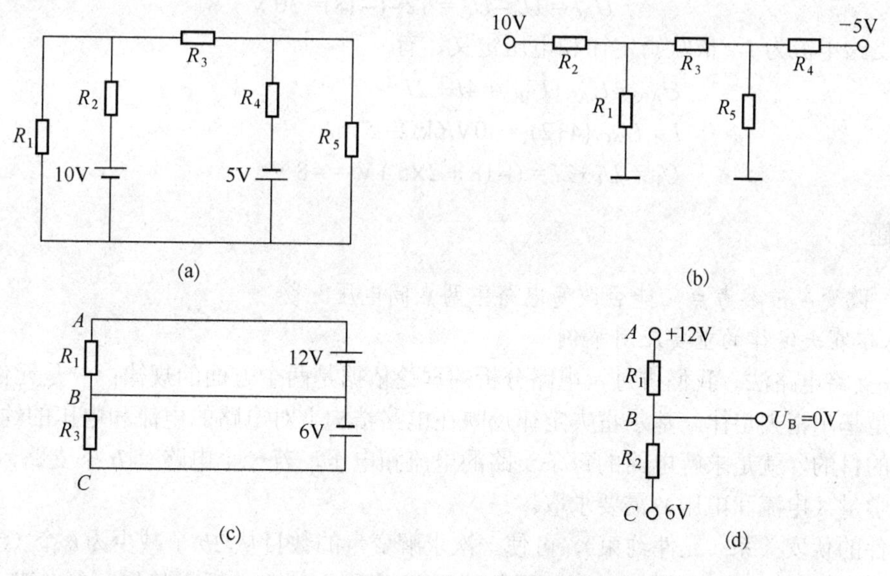

图 1-32　采用电位表示电路画法的转换

“电位”概念的引出，给电路分析带来方便。如某电路有 4 个节点，考虑到任两节点间都有电压，就会涉及到 6 个不同电压值。但改用电位讨论问题时，选取任一节点为参考点，则只需讨论其余 3 个节点的电压即可。

例 1-7　图 1-33 是某复杂电路中的一部分电路，其中 $U_{S1}=10V$，$U_{S2}=5V$，$I_1=2A$，$I_2=0.5A$，$I_3=1.5A$，$I_4=0.5A$，$I_5=1A$，$R_1=2\Omega$，$R_2=2\Omega$，$R_3=12\Omega$，求图中各点电位。

解 设接地点 A 为参考点，即

$$U_A = 0V$$

$$U_B = U_A + U_{S1} = (0+10)\ V = 10V$$

$$U_C = U_B - I_1R_1 = (10-2\times2)\ V = 6V$$

$$U_D = -U_{S2} + U_C = -5+6 = 1V$$

$$U_E = U_H = U_C = 6V$$

$$U_F = U_D - I_2R_2 = (1-0.5\times2)\ V = 0V$$

$$U_G = U_F - U_{S3} = (0-2)\ V = -2V$$

例 1-8 电路如图 1-34 所示，求 U_B。

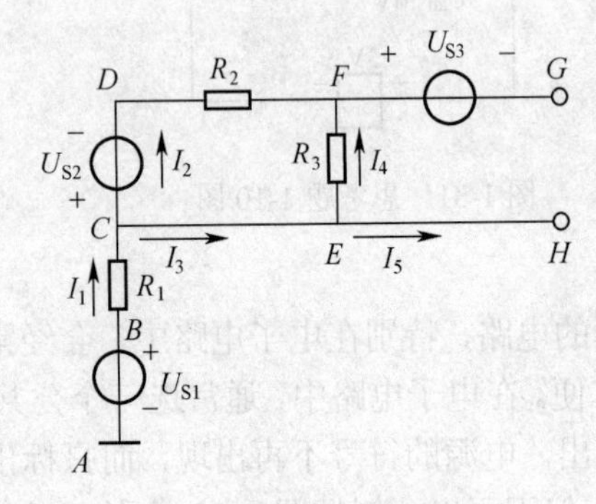

图 1-33 例 1-7 题图

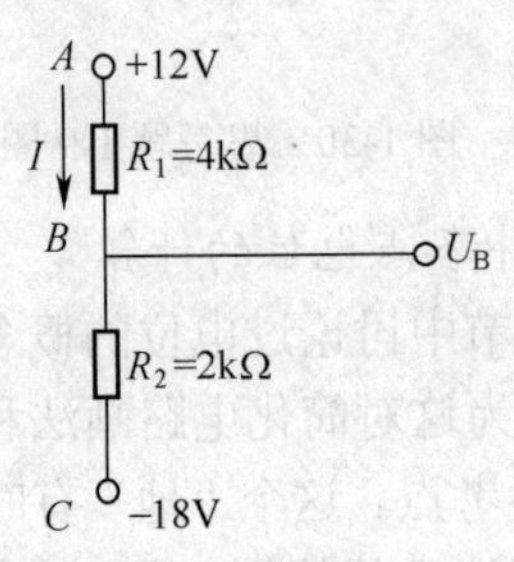

图 1-34 例 1-8 图

解 B 点开路，从 A 到 C 只有一条支路。

$$U_{AC} = U_A - U_C = 12-(-18) = 30\ V$$

设该支路电流为 I，依欧姆定律和电压定义，有

$$U_{AC} = U_{AB} + U_{BC} = 4I + 2I$$

$$I = U_{AC}/(4+2) = 30V/6k\Omega = 5\ mA$$

$$U_B = U_C + 2I = (-18 + 2\times5)\ V = -8\ V$$

思考题

1-11 改变电位参考点，能否改变电路中两点间电压？

4. 基尔霍夫定律的重要应用举例

（1）支路电路法。我们讲过，电路分析的理论依据是两个方面的规律：一是元件的伏安关系，一是基尔霍夫定律。基尔霍夫定律反映在电路结构上对电路的电流和电压的约束关系。电路分析的目的，就是求解电路的每条支路的电流和电压，若一个电路有 b 条支路，就有 $2b$ 个未知电学量（电流和电压）需要求取。

由元件的伏安关系（元件约束），可使一次求解变量的数目从 $2b$ 个减少为 b 个（当然，待求解变量的总数目还是 $2b$ 个），这就需要 b 个独立方程。独立方程由基尔霍夫定律（KCL，KVL）提供。若已知电路的结构和参数，可以用支路电流法求解电路，这是最基本的方法。支路电流法是以 b 个支路电流为待求量，利用基尔霍夫两定律列出电路的方程式，从而解出支路电流的方法。

因为支路电流法以支路电流为未知量，故当电路有 b 条支路时，从而需要 b 个与未知电流有关的独立方程式联立求解。那么怎样列独立方程式呢？

对于 b 条支路、n 个节点的电路，应先列 $n-1$ 个节点的 KCL 方程外，再列独立的回路电

压方程，个数为 $b-(n-1)=b-n+1$。

下面举例 1-9 说明。

例 1-9　在图 1-35 中，$E_1=120V$，$R_1=2\Omega$，$E_2=100V$，$R_2=2\Omega$，$R_3=54\Omega$，用支路电流法求各支路电流 I_1、I_2 和 I_3 及 U 和两电压源的功率。

解　选 B 点为参考节点，列 KCL 方程，对节点 A：

$$I_1+I_2=I$$

对网孔 I 和 II，列 KVL 方程，假定沿顺时针方向电压为正。

对网孔 I：　$2I_1-2I_2+100-120=0$

对网孔 II：　$2I_2+54I-100=0$

三式联立求解，得

$$I_1=6A,\ I_2=-4A,\ I=2A$$

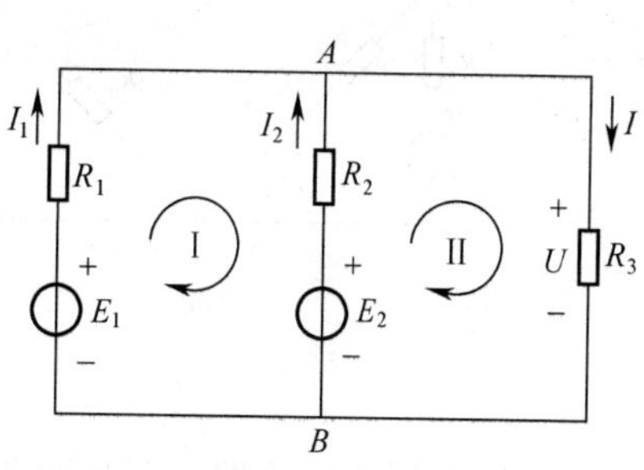

图 1-35　三支路电路

因此

$$U=54\times2=108V$$

120V 电压源的功率（注意电流和电压为非关联参考方向）

$$P_{100}=-120\times6=-720W\text{（产生）}$$

100V 电压源的功率（注意电流和电压为非关联参考方向）

$$P_{100}=-100\times(-4)=400W\text{（消耗或吸收）}$$

从此例可看出，用支路电流法的解题步骤如下：

1）任意设定 b 个支路电流的正方向。

2）用 KCL 列 $n-1$ 个节点电流方程式。

3）用 KVL 列 $b-(n-1)$ 个独立的（最好是网孔的）回路电压方程式。

4）将所得 b 个方程式联列求解，求出 b 个支路电流。若解出的电流为负值，说明该电流的实际方向与假定的正方向相反。

5）可再依据元件的伏安关系，求各支路的电压和功率。

另外，请注意以下事项：若某支路中含电流源，可分下列几种情况讨论：①若含电流源支路在电路边界上，则该支路电流是已知的，可少列一个回路方程。②若含电流源支路在两网孔公共边上，这时本可以少列一个方程（因少了一个未知量），但在列网孔方程时，对于含电流源支路的网孔会发生困难，因为含恒流源支路的电压 U 是一个新未知量。为了避开这个问题，可选这两网孔的公共回路列回路方程。

下面再举例 1-10 作进一步说明。

例 1-10　写出求解图 1-36（a）所示电路的各支路电流、电压的 $2b$ 个方程式，其中 R_1~R_5、U_{S1}、U_{S2} 和 U_{S4}、I_{S6} 均为已知量。

解　先标出各支路电流电压的方向，如图 1-36（b）所示。依 KCL，列两个节点方程（选 C 点为参考节点）。

对节点 A：$I_1-I_2+I_5+I_{S6}=0$

对节点 B：$I_3+I_4-I_5-I_{S6}=0$

再依 KVL，列回路方程。对 U_{S1}、R_1、R_2、U_{S2} 网孔，有

$$I_1R_1+I_2R_2=U_{S1}+U_{S2}$$

对 R_3、U_{S4}、R_4 网孔，有

$$I_3R_3+U_{S4}-I_4R_4=0$$

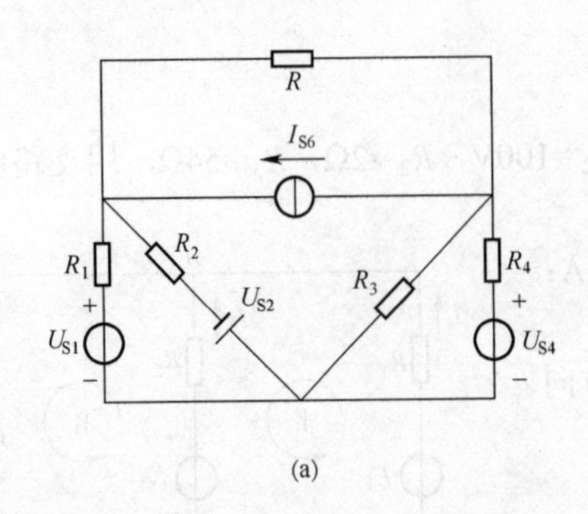

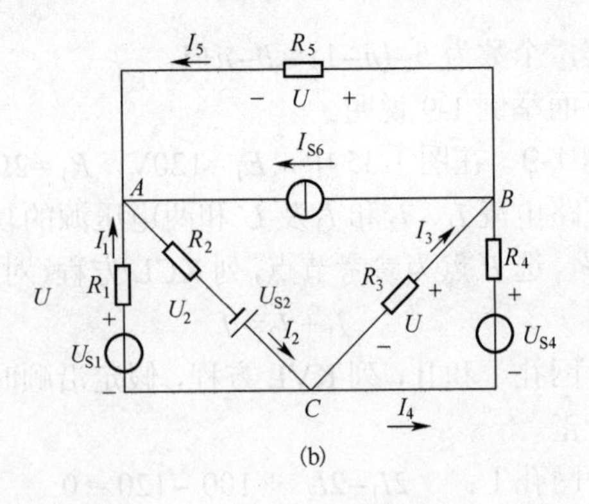

图 1-36 例 1-10 题图

对含电流源 I_{S6} 支路，不列网孔方程，而改对 U_{S2}、R_2、R_5、R_3 列回路方程

$$U_{S2}-I_2R_2-I_5R_5-I_3R_3=0$$

这样，五个未知量，五个方程，都已列出，联立可求五个支路电流（另一个是已知的 I_{S6}）。

下面再列出六个支路电压方程：

支路 1：$U_{AC}=U_{S1}-I_1R_1$ 由此可求 U_{R1}

支路 2：$U_{AC}=-U_{S2}+I_2R_2$ 由此可求 U_{R2}

支路 3：$U_{BC}=-I_3R_3$ 由此可求 U_{R3}

支路 4：$U_{BC}=U_{S4}-I_4R_4$ 由此可求 U_{R4}

支路 5：$U_{AB}=-I_5R_5$ 由此可求 U_{R5}

支路 6：$U_{AB}=U_{I_{S6}}$ 由此可求 $U_{I_{S6}}$（电流源 I_{S6} 端电压）

（2）网孔法（网孔电流法）。所谓“网孔法”就是用网孔电流代替支路电流作待求量，因为在任何情况下，电路网孔数

$$l=b-(n-1)<b \tag{1-38}$$

l 总小于支路数 b，这样，求解电路的网孔方程数总少于支路方程数，当然，欲求“支路电流” I 还要补充网孔电流与支路电流关系的方程，共 $l-1$ 个。因为支路电流要么等于网孔电流（此支路在电路边界），要么等于相邻网孔电流之差（此支路为两孔的公共支路）。这样，网孔法比支路法的方程数目不会少，并包含了支路电流的全部信息，但网孔法把支路法的第一步求解过程拆成了相对简单的两步求解过程：先求网孔电流，再求支路电流。

紧接着的问题就是：怎样列网孔方程？请先看一例。

例 1-11 用网孔法求图 1-37 中各支路电流。

解 在电路中，选好网孔，按顺时针方向标出网孔电流 I_1、I_2、I_3 以及各支路电流 I_a、I_b、I_c、I_d、I_e、I_f 的方向，再依 KVL 列网孔方程如下：

沿网孔 1：$10I_1+20(I_1-I_2)+30(I_1-I_3)=0$

沿网孔 2：$20I_2+20(I_2-I_1)+25(I_2-I_3)=0$

沿网孔 3：$30(I_3-I_1)+25(I_3-I_2)+3I_3=11$

整理得

沿网孔 1：$(10+20+30)I_1-20I_2-30I_3=0$

沿网孔 2：$-20I_1+(20+20+30)I_2-25I_3=0$

沿网孔 3：$-30I_1-25I_2+(30+25+3)I_3=11$

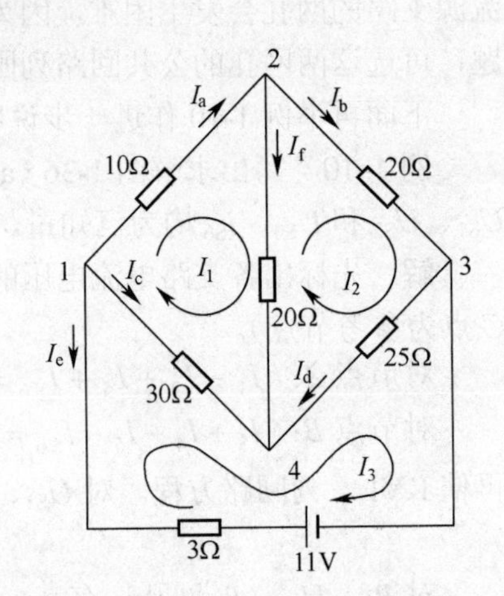

图 1-37 例 1-11 电路

化简得

$$60I_1 - 20I_2 - 30I_3 = 0$$
$$-20I_1 + 65I_2 - 25I_3 = 0$$
$$-30I_1 - 25I_2 + 58I_3 = 11$$

联立求解，最好用行列式法，得

$$I_1 = 0.35\text{A}，I_2 = 0.30\text{A}，I_3 = 0.50\text{A}$$

最后再补充网孔电流与支路电流的关系的方程，求出各支路电流：

$$I_a = I_1 = 0.35\text{A}，I_b = I_2 = 0.30\text{A}，I_c = -I_1 + I_3 = 0.15\text{A}，$$
$$I_d = I_2 - I_3 = -0.2\text{A}，I_e = -I_3 = -0.5\text{A}，I_f = I_1 - I_2 = 0.05\text{A}$$

从此例可归纳出网孔法的步骤和注意事项。

网孔法的步骤：

1）选定网孔，并沿顺时针方向设定网孔电流。

2）根据 KVL 列写网孔电压方程。

3）求解。

4）依据支路电流与网孔电流的关系列补充方程，求出各支路电流。

注意事项：对于含电流源支路的情况，可作如下处理：①如果该电流源并联有电阻，可先把电流源及其并联电阻用一个与之等效的电压源与电阻串联的支路来替换，变成只含电压源的电路，如图 1-38 所示。②如果电流源无直接与它并联的电阻，又在电路的边界上，那么这个电流源的电流就是它所在网孔的电流。也就是说，这个网孔的电流是已知的，这样可少列一个网孔方程。其实情况①也可以这样处理。③如果电流源无直接与它并联的电阻，并且含电流源的支路在两网孔的公共支路上，怎么办？办法是假定该电流源支路电压为新未知量U，作为网孔方程中的一项。这样，网孔方程中便多出一个未知量U，再补充一个与该电流源相连的两网孔电流关系方程。

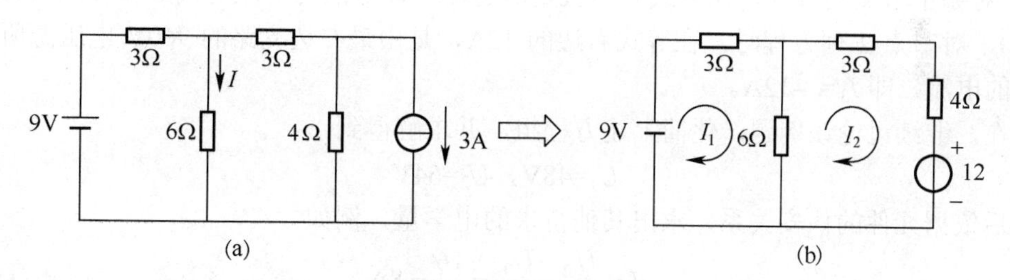

图 1-38　含电流源支路的电路求解的网孔法图示

（3）节点电位法。节点电位法（简称节点法）是求解电路的又一种简便实用的分析方法，它不像网孔法只能应用于平面网络，也可以应用于立体网络之中。节点法还被广泛地用于电路的计算机辅助分析（CAA）之中。

节点法采用“节点电位”为未知量，依据 KCL 列写$n-1$（n为电路节点数）个节点电流方程，求出$n-1$个节点电位，然后再根据节点电位和元件的伏安关系，求出其他欲知的各个电学量。所谓“节点电位”，是电路中各个节点相对于已选为参考节点之间的电位差。在列写节点方程时必然涉及到各支路上的电流和各元件的伏安关系，也就包含了电路的全部信息，故节点方程组是完备的各个独立的方程。

例 1-12　在图 1-39 中，电路由 5 条支路，3 个节点组成。试依各节点的电位为未知量列写方程组，求电流I。

解 首先，选节点 0 为参考节点。并设节点 1 和 2 对参考点的电压为 U_1 和 U_2，各未知电流支路的电流分别为 I_1 、I_2 、I_3，如图 1-39 所示。

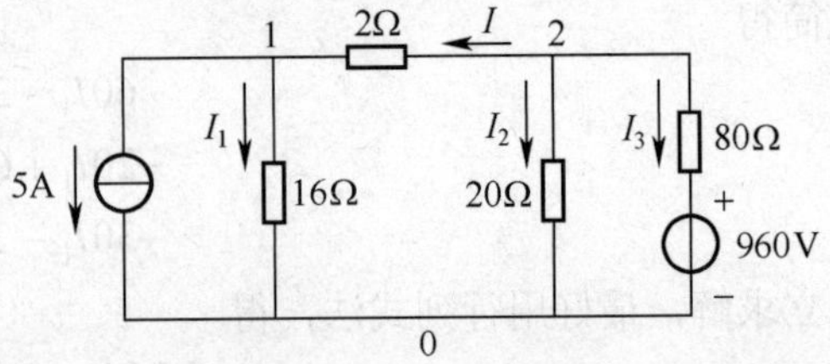

图 1-39 例 1-12 题图

再根据 KCL，对节点 1 和 2 列节点电流方程：

对节点 1： $I - I_1 = 5$

对节点 2： $I = -(I_2 + I_3)$

将以上二式转换为用节点电位表示的式子

$$\begin{cases} \dfrac{1}{2}(U_2 - U_1) - \dfrac{1}{16}U_1 = 5 \\ \dfrac{1}{2}(U_2 - U_1) = -\dfrac{1}{80}(U_2 - 960) - \dfrac{1}{20}U_2 \end{cases}$$

即对节点 1： $\left(\dfrac{1}{16} + \dfrac{1}{2}\right)U_1 - \dfrac{1}{2}U_2 = -5$

即对节点 2： $-\dfrac{1}{2}U_1 + \left(\dfrac{1}{2} + \dfrac{1}{20} + \dfrac{1}{80}\right)U_2 = 12$

分析上式，有如下特点：

1）等式左边的未知量，只有未知（两个）节点电压 U_1、U_2，对节点 1 列方程时，U_1 的系数是其所连支路的电导的代数和，称为自电导；U_2 的系数是节点 1 和 2 之间支路的电导，称为互电导，并取负号。对节点 2 列方程时，U_2 的系数是其所连支路的电导的代数和，称为自电导；U_1 的系数是节点 1 和 2 之间支路的电导，称为互电导，并取负号。显然，两节点的互电导是一个量。注意，不含电导的支路的节点电压不出现。

2）对哪个节点列方程，在等式右边就是所有流入该节点的电流的代数和（流入为正，流出为负），对节点 2 列方程时，在等式右边的 12A，是由最右边支路的 960V 电压源所等效的电流源的电流，即 $I_3 = -12\text{A}$。

现在，继续讨论该例题，化简上述方程组，并求解得到

$$U_1\text{=48V}，U_2\text{=64V}$$

最后依据元件的伏安关系，求出其他待求的电学量，例如

$$I = \frac{U_2 - U_1}{2} = \frac{16}{2} = 8\text{A}$$

至此，本例题解完。

从此例可归纳出运用节点法解题的一般步骤和注意事项如下。

解题的一般步骤：

1）选择参考节点，依据 KCL，分别以其他各节点电压为未知量，一一列写节点电流方程（要特别注意方程中各项的正负号，千万不要出错）。

2）求解，得到各节点电压。

3）对于每一支路，依据元件伏安关系，求出支路电流或其他电学量。

注意事项：

1）由于节点方程的右边是以电流源形式出现的电流，所以在碰到含电压源支路时，要根据电路的具体情况进行处理。

2）如果电压源支路上串有电阻，可将该支路转换成与此电阻并联的电流源，在列写方程时注意作电源的等效变换，见例 1-12。

3）对于理想电压源（不含电阻）支路的处理分两种情况：若此支路有一端是参考节点，另一节点的电位可知（就等于该理想电压源的端电压），则自动减少一个方程；若此支路任何一端都不是参考节点，则首先假设该电压源支路有一电流，作为新出现的未知量，放在节点方程右边，然后补充一个电压方程（说明该电压源电压等于其支路两端的节点电压之差），使方程式数和未知量数相等，方程组有唯一解。

4）凡是和电流源串联的电阻，均不计入自电导和互电导之列，不在节点方程中出现。因为无论此电阻多大，都不影响该电流源支路电流的大小。但此电阻占有该支路上一部分电压，即此支路上电流源两端电压等于此支路两端电压减去此电阻上的电压。

节点法也适用于交流电路，不过节点电压和电流改用相量表示。自电导改用自导纳，互电导改用互导纳表示。

节点方程的一般形式可概括为：

自导纳×本节点电压−互导纳×相邻节点电压=

与该节点相连接的所有电流源流入本节点的电流的代数和

1.2.3　叠加定理

叠加定理是分析复杂电路的很重要的定理，很多解题法（如 1.2.4 节要讲的戴维南定理）要用它来证明，周期非正弦交流电路要用它进行计算。但真正用来解题往往却嫌烦琐。因此，仅要求读者理解、记忆叠加定理，并会用（而不要求熟悉）来解复杂电路。

1. 叠加定理

在线性电路中，有多个激励（理想电压源或理想电流源）共同作用时，在任一支路所产生的响应（电压或电流），等于这些激励单独作用时在该支路所产生的响应的代数和。

叠加定理的证明比较复杂，这里只就特例给以验证，不予证明。现以例 1-13 来验证叠加定理。

例 1-13　电路如图 1-40（a）所示，求电流 I，并验证叠加定理的正确性。

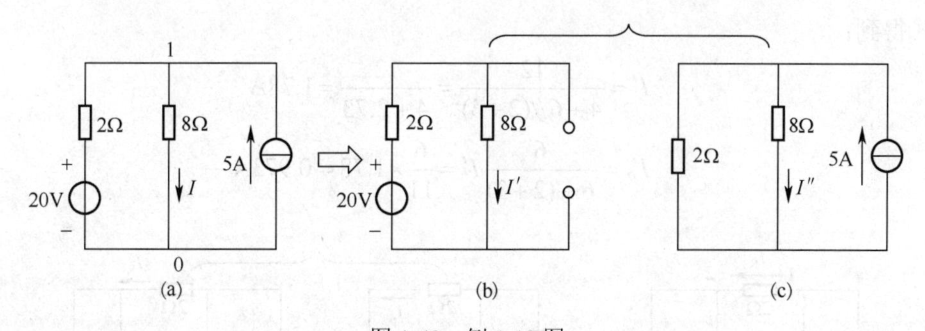

图 1-40　例 1-13 图

解　先用节点电位法，求解此电路中的 I，对节点 1，有

$$\left(\frac{1}{2}+\frac{1}{8}\right)U=5+\frac{20}{2}=15$$

所以

$$U=15\times\frac{8}{5}=24\text{V}$$

由欧姆定律 $$I=\frac{U}{8}=3\text{A}$$

再来验证叠加定理，看用叠加定理求解的结果是否和用其他方法（如节点电位法）求解的结果相同。

先将图 1-40 中的电路（a）等效于电路（b）和电路（c）。图 1-40（b）是电压源单独作用时的电路，此时，电流源不起作用，即不提供电流，视为开路；图 1-40（c）是电压源不起作用，即不提供电压，则电位差为零，即电压源视为短路。

由图 1-40（b），$I'=\frac{20}{2+8}=2\text{A}$；由图 1-40（c），$I''=\frac{2}{2+8}\times 5\text{A}=1\text{A}$，两者叠加结果，有

$$I=I'+I''=3\text{A}$$

这和用节点法所求结果一致。于是验证了叠加定理对图 1-40（a）电路是正确的。

2. 运用叠加原理的步骤和注意事项

（1）运用叠加原理的步骤。

1）设定各支路电流、电压的参考方向，标示于电路图中。

2）分别作出每一独立源单独作用时的电路，这时其余所有独立源置零，即电压源短路，电流源开路。

3）分别求解每一独立源单独作用时待求支路的电流与电压，这时，它们的参考方向均应不变。

4）进行叠加：将步骤 3）所求结果叠加（求代数和），即得待求的各支路电流和电压。

（2）注意事项。

1）叠加原理仅适用于线性电路，并且只限于求解电流和电压，不适用于求解功率和能量，因线性电路中的功率和能量是与电流、电压成平方关系，是非线性关系。

2）叠加定理是反映电路中理想电源所产生的响应，当实际电源转化成“内阻和理想电压源串联”或“内阻与理想电流源并联”的形式后，运用叠加定理将独立源置零时，须保留内阻。

例 1-14 在图 1-41 电路中，调节电压源的电压 E_1 为多少时，能使流过 2Ω 电阻的电流 I_R=0。

解 由叠加原理，分别画出 E_1 和 3 A 电流源单独作用时的电路如图 1-41（b）和图 1-41（c）所示。当 E_1=12V 单独作用时，流过 2Ω 的电流为 I_R'，其数值可由混联电路运算公式和分流公式得到：

$$I'=\frac{12}{4+6//(2+3)}=\frac{12}{4+2.73}=1.78\text{A}$$

$$I_R'=\frac{6}{6+(2+3)}I'=\frac{6}{11}\times 1.78=0.973\text{A}$$

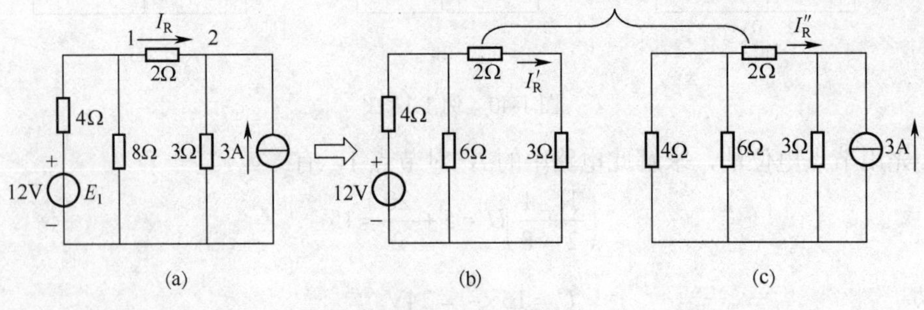

图 1-41 例 1-14 图

当 3A 电流源单独作用时，12V 电压源不作用（短路）。由分流公式求出流过 2Ω 电阻上的电流 I''_R（注意 I''_R 与 3A 电流源反向）为：

$$I''_R = -\frac{3}{(4//6+2)+3} \times 3 = -1.22\text{A}$$

由叠加定理得到 $$I_R = I'_R + I''_R = 0.973 - 1.22 = -0.247\text{A}$$

现在，我们讨论调节电压源的电压 E_1 为多少时，能使流过 2Ω 电阻上的电流 I_R= 0。若调整电压源 E_1，使其单独作用时产生的电流 I'_R 刚好和 I''_R 等值反号，则可使 I_R = 0，又对于线性电路，当 E_1 单独作用时，I'_R 和 E_1 成正比，由于 1.22/0.973 = 1.25 倍，所以当 E_1= 12×1.25 = 15V 时，可使 I'_R = 1.22A，从而得到 I_R = 0。

例 1-15　若在例 1-14 中，E_1 =12 V，验证功率不满足叠加定理的结论。

解　根据上面运算结果，我们选 2Ω 电阻来验证：

$$P' = (I'_R)^2 \times 2 = (0.973)^2 \times 2 = 1.89\text{W}$$

$$P'' = (I''_R)^2 \times 2 = (-1.22)^2 \times 2 = 2.98\text{W}$$

$$P = I_R^2 \times 2 = (-0.247)^2 \times 2 = 0.122\text{W}$$

可见 $P \neq P'+P''$，验证了功率不满足叠加定理的结论。

1.2.4　戴维南定理

当需要计算较复杂的线性电路中的某一条支路的电压或电流就没有必要对所有支路进行分析，这就需要运用戴维南定理将要求解的支路当作外电路，而把其余部分简化为等效电源，最后利用结构简单的等效电路解决问题，所以戴维南定理又称为等效电源定理。戴维南（M.L.Theaviness）是法国的一位电报工程师，戴维南定理是他在 1883 年发表的。

1．*戴维南定理*

戴维南定理又称“等效发电机原理”，其内容如下：任一线性有源二端网络，对其外电路而言，均可等效为理想电压源 U_0 和内阻 R_0 相串联的支路，如图 1-42（a）所示。这条有源支路的电压源的电压 U_0 是该网路的开路电压，所串电阻 R_0 是该网络所有独立源置零（电压源短路，电流源开路）后的等效电阻，如图 1-42（b）所示。

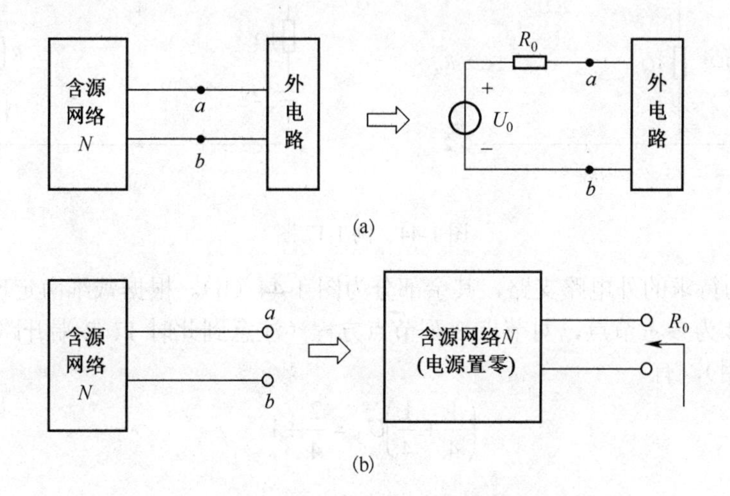

图 1-42　戴维南定理图

戴维南定理也适用于交流正弦稳态电路，定理中的 U_0 和 R_0 应选用相应的相量 $\dot{U}_0$ 和 Z_0

代替。戴维南定理的证明从略。

例 1-16 如图 1-43（a）所示的有源二端网络 N，用内阻为 1MΩ 的电压表去测量网络的开路电压时，为 30V；用 500kΩ 的电压表去测量时为 20V，试将该网络用有源支路来代替。

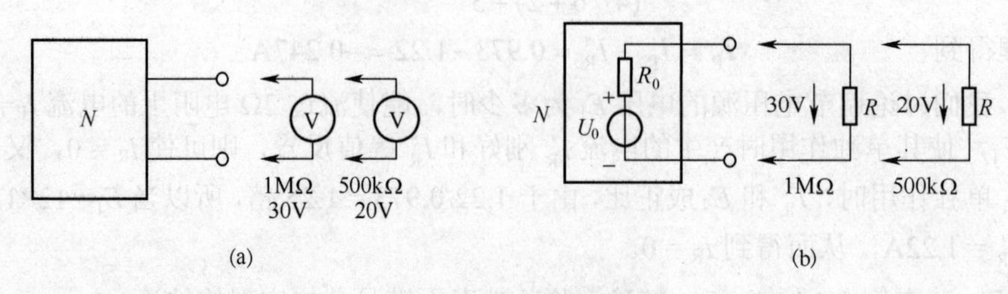

图 1-43 例 1-16 电路

解 用电压表测量某电网络的开路电压的等效电路如图 1-43（b）所示。由图可知

$$\frac{U_0}{R_0+1000}\times 1000=30$$

$$\frac{U_0}{R_0+500}\times 500=20$$

联立解之得

$$U_0=60\,\mathrm{V}$$

$$R_0=1\mathrm{M\Omega}$$

例 1-17 试用戴维南定理求图 1-44 所示电路中的电阻 R 支路上的电流。R 的数值依次取 2Ω、6Ω 和 14Ω。

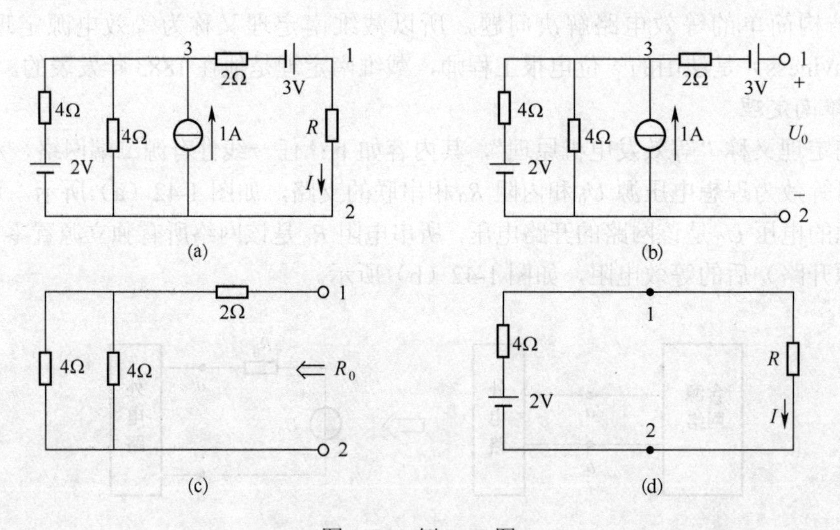

图 1-44 例 1-17 图

解 选 R 为待求的外电路支路，其余部分为图 1-44（b）。根据戴维南定理，先求开路电路 U_0，以节点 2 为参考节点，对节点 3 列节点方程（注意到此时 1、2 端开路，2Ω 和 3V 电源对 U_3 不起作用），有

$$\left(\frac{1}{4}+\frac{1}{4}\right)U_3=\frac{2}{4}+1$$

解出

$$U_3=3\mathrm{V}$$

由于 1、2 端开路，所以有

$$U_0=3+U_3=6V$$

再求内阻 R_0，将图 1-44（b）中各独立源置零，有图 1-44（c）。易得

$$R_0 = 4 // 4 + 2 = 4\Omega$$

由此得到简化的图 1-44（d）所示的戴维南等效电路。这样，可方便求得

$$I = \frac{U_0}{R + R_0} = \frac{6}{4 + R}$$

当 $R=2\Omega$ 时，$I=1A$；当 $R=6\Omega$ 时，$I=0.6A$；当 $R=14\Omega$ 时，$I=0.33A$。

2. 用戴维南定理注意事项

（1）应用等效电源（戴维南定理）的首要步骤，就是把原电路分成两部分：一部分是待求量所在部分，即所谓“外电路”，另一部分是可化为等效电源的电路。这一部分是线性网络，可以是定常的，也可以是时变的。至于当作“外电路”的部分，可以是线性的，也可以是非线性的。然而这两部分之间不允许存在耦合（如控制与被控制）关系，若存在耦合关系，则要设法将控制量转移成等效电源部分的端口电压或端口电流。

（2）等效电压源的电压极性要和其原电路的开路电压极性一致。

1.2.5　最大功率传输条件

在电子电路中，接在一个含源的二端网络两端的负载，常常要求能够从含源二端网络中获得最大的功率。这个含源的二端网络可以用它的戴维南等效电路来表示，称为等效电源电路，其开路电压为 U_0，即等效电源的电压；所串联的阻抗 R_0 称为等效电源电路的内阻。将此等效电源电路和负载 R_L 联结起来，得到如图 1-45 所示的功率传输电路。

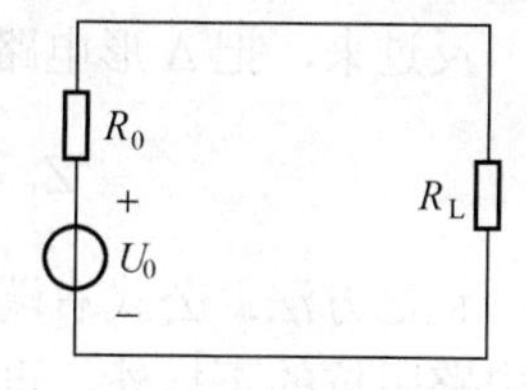

图 1-45　功率传输电路

下面讨论负载 R_L 获得最大功率的传输条件。

由图 1-45 可知

$$I = \frac{U_0}{R_0 + R_L}$$

负载获得的功率为

$$P = I^2 R_L = (\frac{U_0}{R_0 + R_L})^2 R_L = \frac{U_0^2}{(R_0 - R_L)^2 + 4R_0 R_L} R_L$$

当 R_L 变化时，如果 $R_L = R_0$ 时，负载可以获得最大功率值 P_{Lmax}，有

$$P_{L\max} = \frac{U_0^2}{4R_0} \tag{1-39}$$

可见，在负载固定的条件下，可以通过调整电源的内阻抗 R_0 使负载获得最大的功率。

当电源的内阻抗 R_0 以及负载阻抗 R_L 都不能调整时，电源输出功率会有较大损失。为了尽量满足匹配条件，在电源与负载之间常加入一个阻抗匹配的装置。例如在正弦稳态电路中，常使用变压器或互感器来实现匹配条件，使电源的输出功率被更有效地传递。

※1.3　Y-Δ 变换

对于利用串并联方法不能简化的复杂电路，本节将要讲授的 Y–Δ 变换具有重要意义，特别对于三相电路的分析更为有用。

根据等效变换概念，对于图 1-46（a）和图 1-46（b）所示的电路，对应的从电路其他部

分流入三个节点 1、2、3 的电流和节点间的电压应该分别相等。由此可得出 Y–Δ 变换的计算公式（推导过程从略）。

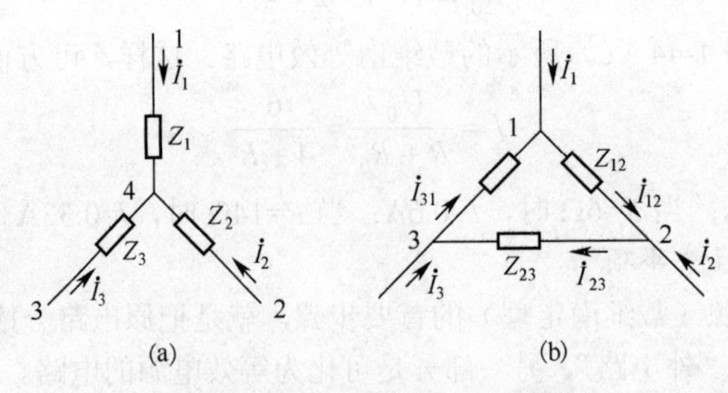

图 1-46　Y–Δ 电路及相互变换

Δ 形电路中 Z_{12}、Z_{23}、Z_{31} 与 Y 形电路中 Z_1、Z_2、Z_3 之间的关系（Y⇒Δ）：

设 $Z = Z_1Z_2+Z_2Z_3+Z_3Z_1$，则

$$Z_{12}=\frac{Z}{Z_3}\qquad Z_{23}=\frac{Z}{Z_1}\qquad Z_{31}=\frac{Z}{Z_2} \tag{1-40}$$

依此式，可把 Y 形电路的 Z_1、Z_2、Z_3 转换成 Δ 形电路中的 Z_{12}、Z_{23}、Z_{31}。

记忆方法：公式左端 Δ 形阻抗的双下标中缺少 1、2、3 中的那个数字，恰好就是公式右端分母中 Y 形阻抗的下标。例如 $Z_{23}=Z/Z_1$ 中 Z_{23} 下标中缺少的 1，恰好是公式右端分母中阻抗 Z_1 的下标。

反过来，把 Δ 形电路变为 Y 形电路（Δ⇒Y），设 $Z' = Z_{12}+Z_{23}+Z_{31}$，那么

$$Z_1=\frac{Z_{12}Z_{31}}{Z'}\qquad Z_2=\frac{Z_{23}Z_{12}}{Z'}\qquad Z_3=\frac{Z_{31}Z_{23}}{Z'} \tag{1-41}$$

记忆方法：公式右端分子中为 Δ 形相邻两阻抗之积，其下标为双下标，除去公式左端 Y 形电路阻抗的下标外，再把该下标在 1、2、3 中所缺的数字各补一个。例如公式左端为 Z_1，则公式右端分子上的阻抗的下标为双下标。除去 1 外，再各补上 2 和 3，于是有 $Z_1=Z_{12}Z_{31}/Z'$。

注意：Y 形电路变为 Δ 形电路，消失公共节点；反之，Δ 形电路变为 Y 形电路时，要增加一个中心节点。经过 Y–Δ 变换后，可将复杂电路化成串并联的简单电路。

为了方便记忆，有口诀如下（括号中不念）：

星换角，端相连，两两积之和，去除缺（少的那个）点；

角换星，顶连心，周长作分母，分子夹边（阻抗相）乘。

例 1-18　求图 1-47 电路中的电流 I。

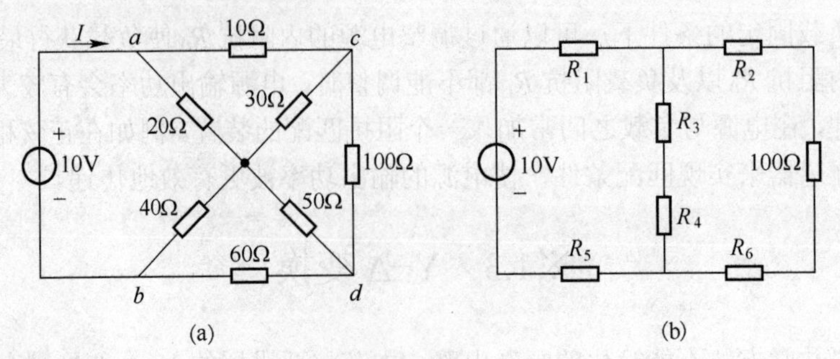

图 1-47　例 1-18

解　图 1-47（a）不是一个简单的串并联电路，由于 10Ω、20Ω、30Ω 电阻以及 40Ω、50Ω、

60Ω 电阻分别形成两个 Δ 形电路，若将它们变换成 Y 形电路，见图 1-47（b），则已化成可由串并联方法计算的简单电路。

应用 Δ⇒Y 公式，有

$$R_1=\frac{10\times20}{60}=\frac{10}{3}\Omega$$

$$R_2=\frac{10\times30}{60}=5\Omega$$

$$R_3=\frac{20\times30}{60}=10\Omega$$

$$R_4=\frac{40\times50}{150}=\frac{40}{3}\Omega$$

$$R_5=\frac{60\times40}{150}=16\Omega$$

$$R\;=\frac{60\times50}{150}=20\Omega$$

根据图 1-47（b），利用串并联关系，得

$$R_{\mathrm{ab}}=(100+R_2+R_6)//(R_3+R_4)+R_1+R_5=(100+5+20)//\left(10+\frac{40}{3}\right)+\frac{10}{3}+16=38.97\Omega$$

所以

$$I=\frac{U}{R_{\mathrm{ab}}}=\frac{10}{38.97}=0.26\mathrm{A}$$

本章小结

本章讲述电路的基础知识，包括电路的基本概念和基本物理量，以及线性电路的几个基本定律和重要定理。主要内容如下：

1．电路和电路的三种基本状态。

2．理想电路元件模型。主要讲了电阻、电容、电感、电压源、电流源等模型。

3．电路的四个基本物理量：电压、电流、功率和能量。它们的定义式分别是

$$i=\mathrm{d}q/\mathrm{d}t，u=\mathrm{d}w/\mathrm{d}q，p=ui，\quad w=\int_{t_0}^{t}p\mathrm{d}\tau$$

当电压、电流取关联参考方向时，才有 $p=ui$，并且 $p>0$，吸收功率；$p<0$，产生功率。

在分析电路时，必须首先标出电流、电压、电动势的参考方向。为了方便，通常取关联参考方向。此时，谈论电学量的正负才是有意义的。

在选择求解方法上，可以先分析一下各种方法所需求解的步骤，每一步求解未知量的数目以及适用条件，大约估计一下求解的繁难程度，然后确定。不可盲目从事，乱闯瞎碰，即使碰巧解决了，也难以有真正的提高。在列写方程并求解时，特别要注意正负号的使用，别以为是小问题，往往一个符号之差，答案相去甚远。

4．元件约束和结构约束是电路分析的基本依据。元件约束是约束元件的两端电压和通过它的电流关系；结构约束是电路结构对各支路电流、电压的约束条件，即基尔霍夫第一、第二定律（KVL、KCL）。可推广应用于任一广义节点（封闭曲面）和任一虚拟回路。

5．在任一电路中，只能选一个电位参考点，通常是公共电源的负极。这样做往往可以简化电路的分析。

6．线性电路的几个基本定律和重要定理表述了线性网络的性质。这些定律和定理是：有源支路欧姆定律、基尔霍夫电压定律、基尔霍夫电流定律以及叠加原理、戴维南定理和最大功率传输定理。掌握这些定律和定理，不仅可以加深对电路的认识，还提供了电路分析的基本方法。如根据有源支路欧姆定律、基尔霍夫电压定律、基尔霍夫电流定律，给出了支路电流法、网孔电流法和节点电流法等电路分析的基本方法。又如在许多特殊的场合（如只求某一条支路的电流或电压时），利用戴维南定理往往可以大大减少电路分析的工作量。本章是学习的重点，除了理解理论知识之外，多做些练习，是真正掌握知识的关键。

本章知识逻辑线索图

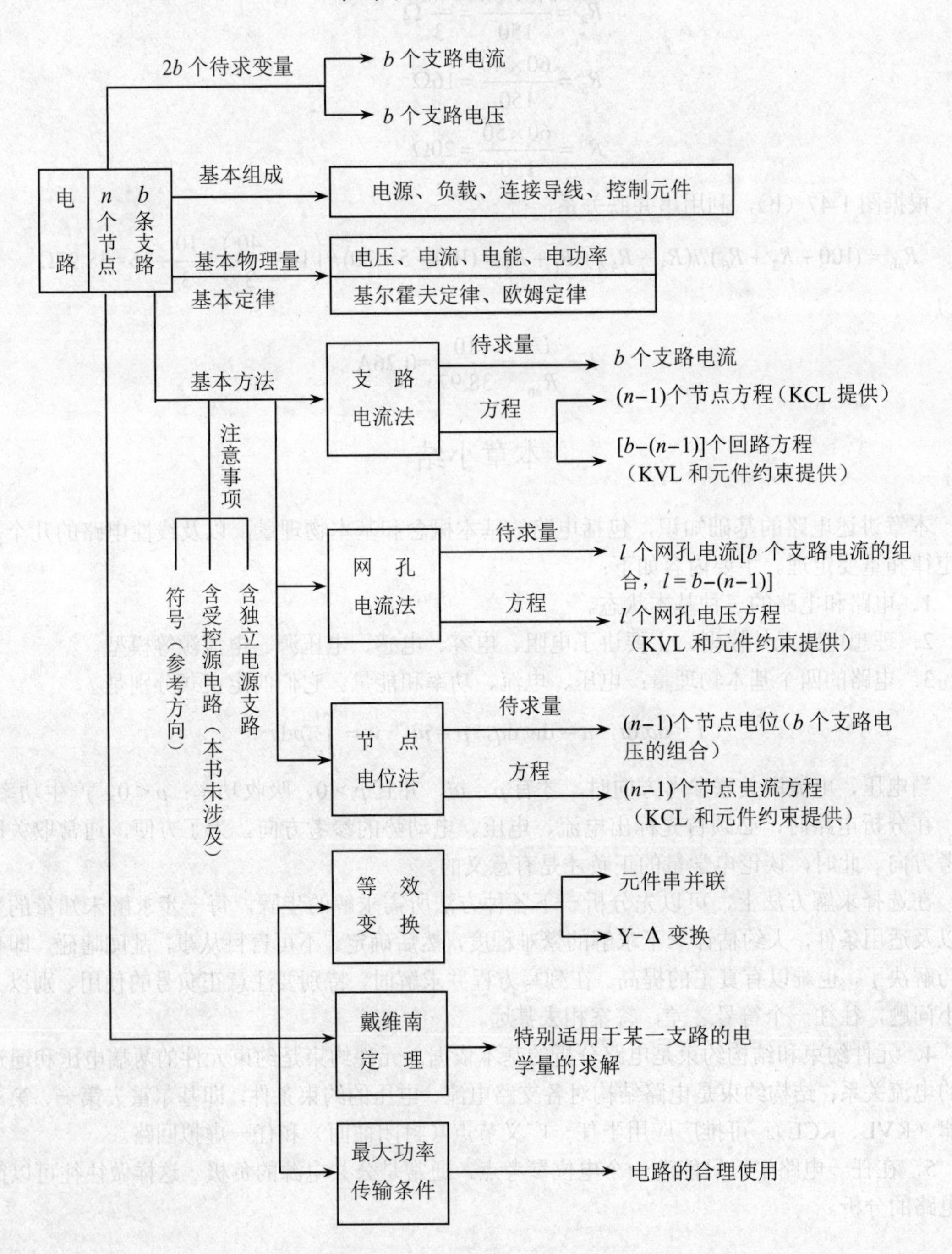

习题 1

1-1　指出图 1-48 中电流测量的几点错误。

1-2　流入某元件的电流 $i(t)$随时间变化曲线如图 1-49 所示。求 0～4s 内进入元件总电荷。仅从这一时段来看，该电流是不是直流电？

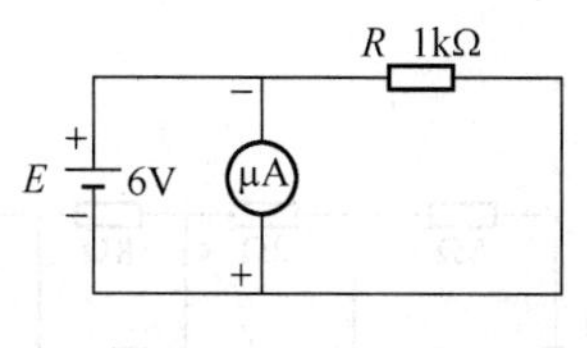

图 1-48　题 1-1 图

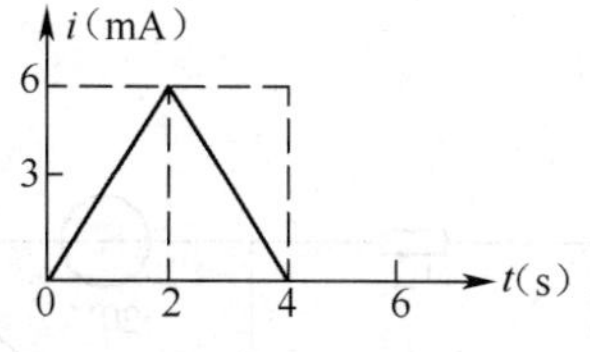

图 1-49　题 1-2 图

1-3　空间有 a、b、c 三点，已知电压 U_{ab}= 4V，U_{ac}=2V，若选 b 点为参考点，求 a、b、c 点的电位及 U_{cb}、U_{ba}、U_{ab}。

1-4　2C 电荷由 a 到 b 通过元件时，能量变化为 6J。若①电荷为正，且能量减少；②电荷为正，且能量增加；③电荷为负，且能量减少；④电荷为负，且能量增加，求 U_{ab}。

1-5　图 1-50 中标出了电压的参考极性和电流的参考方向，试确定图中元件哪些是电源，哪些是负载。对应的电压、电流数据为：

（a）$U = 2V$，$I = 2A$；　　（b）$U = -2V$，$I = 2A$；

（c）$U = 3V$，$I = -3A$；　　（d）$U = -5V$，$I = -5A$。

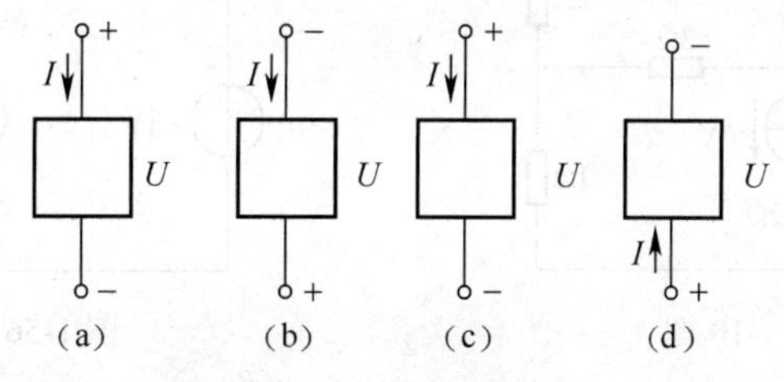

图 1-50　题 1-5 图

1-6　图 1-51 所示电路是计算装置中用来作加法求和的最简单电路，图中三个电源 E 是一样的，三个电阻 R 也是一样的，试证明开路电压 U 与可变电阻 R_1、R_2、R_3 三者之和成正比。

1-7　求图 1-52 电路中的电流 I_{AB} 和电压 U_{CD}。

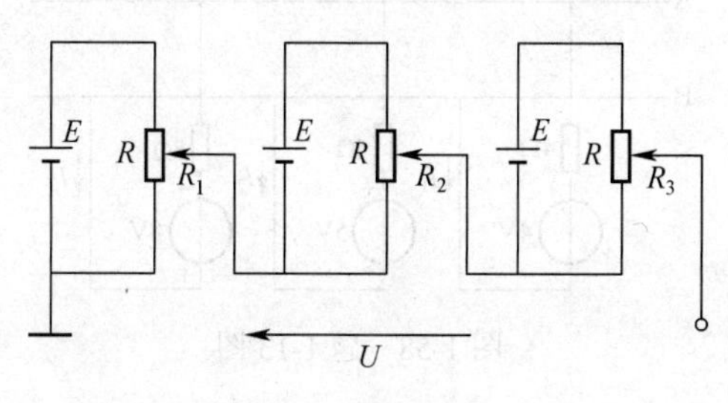

图 1-51　题 1-6 图

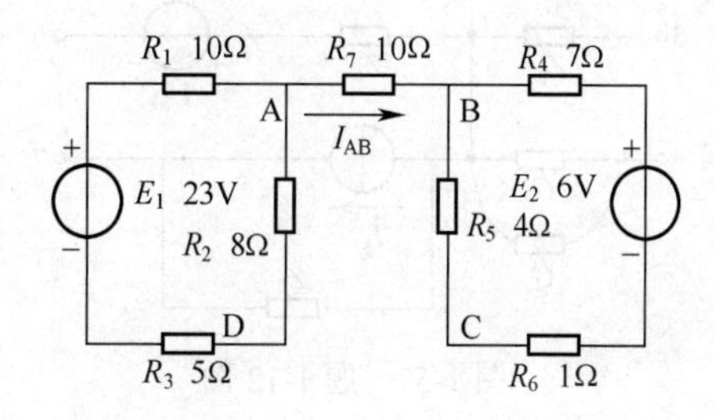

图 1-52　题 1-7 图

1-8　求图 1-53 中电路 ab 端之间的等效电路。

1-9　电路如图 1-54 所示，求 I_0（提示：用电源互换简化）。

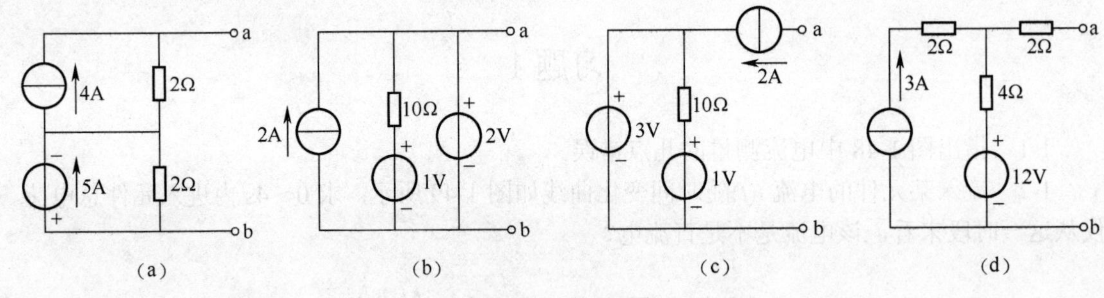

图 1-53　题 1-8 图

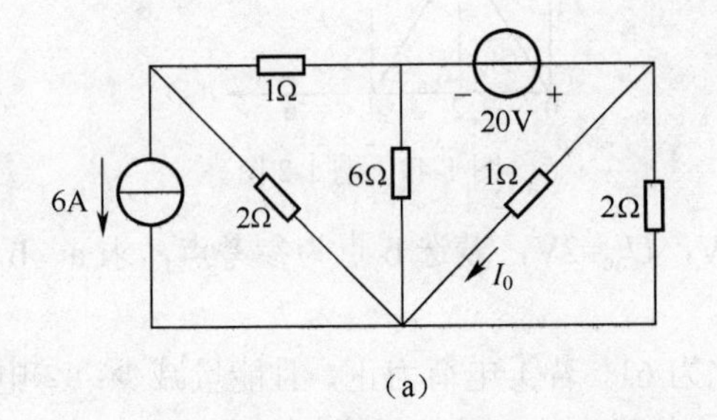

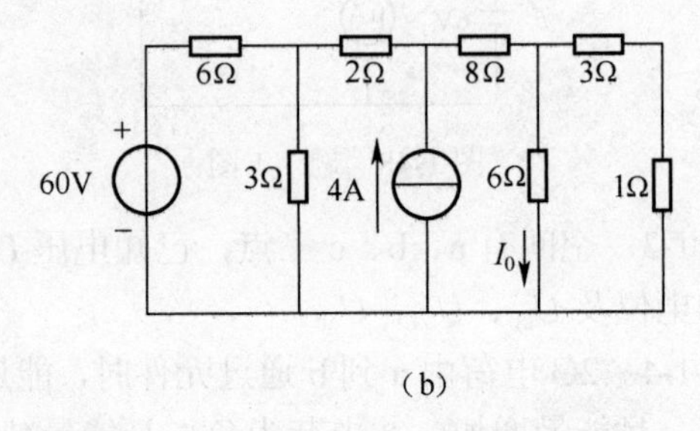

图 1-54　题 1-9 图

1-10　用支路电流法求图 1-55 中的电压 U。

1-11　用网孔法求图 1-56 电路中的 U_o。

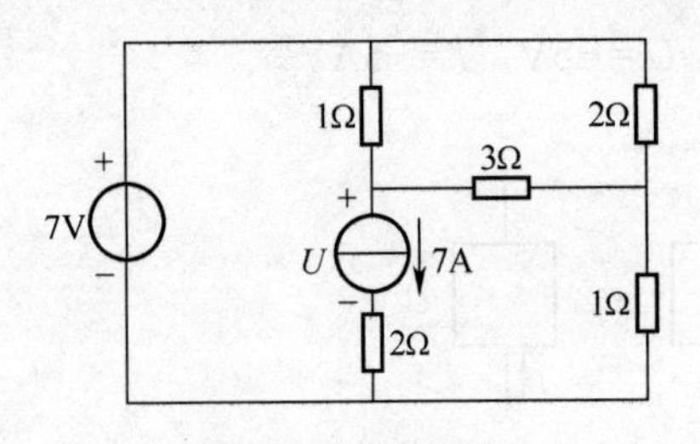

图 1-55　题 1-10 图

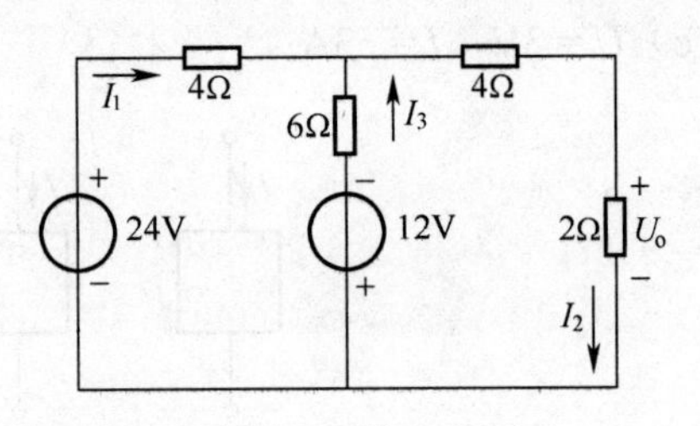

图 1-56　题 1-11 图

1-12　列出图 1-57 电路中节点 2 的节点方程。

1-13　用节点法求图 1-58 电路中的电流 I_1，I_2。

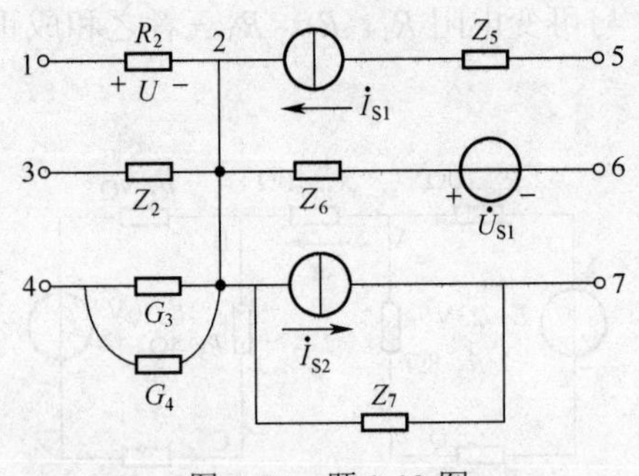

图 1-57　题 1-12 图

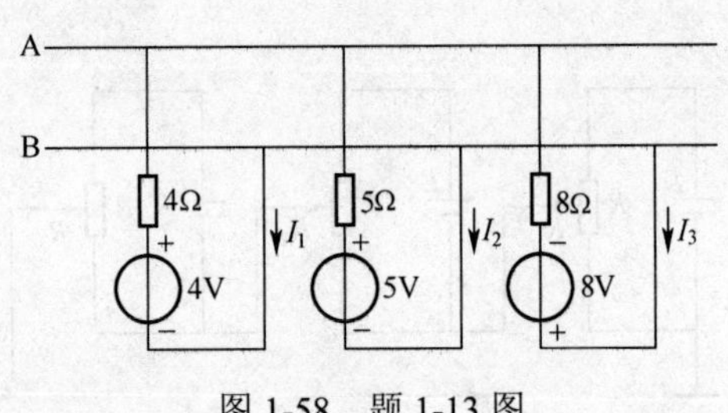

图 1-58　题 1-13 图

1-14　在图 1-59 电路中，若电流 $I = 0.7\text{A}$，求电压源 E 的数值。

1-15　用戴维宁定理求图 1-60 中 1kΩ电阻中的电流 I。

1-16　用戴维宁定理求图 1-61 中的 U。

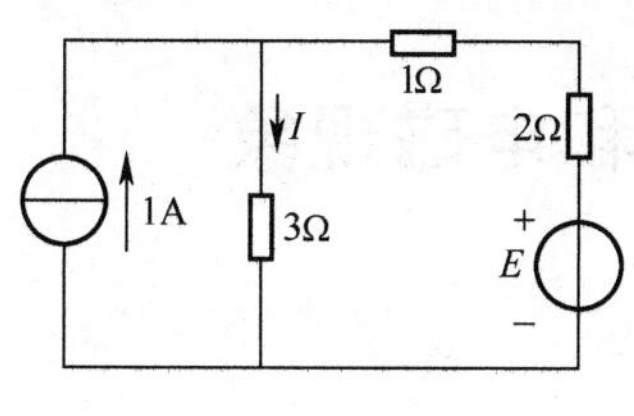

图 1-59　题 1-14 图

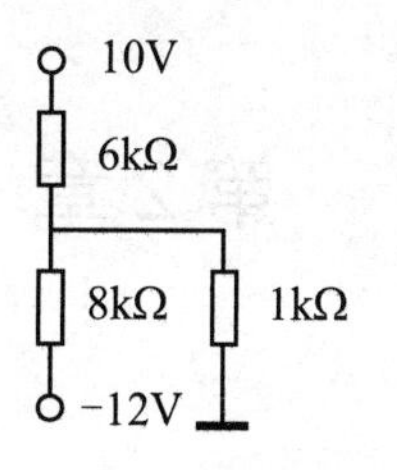

图 1-60　题 1-15 图

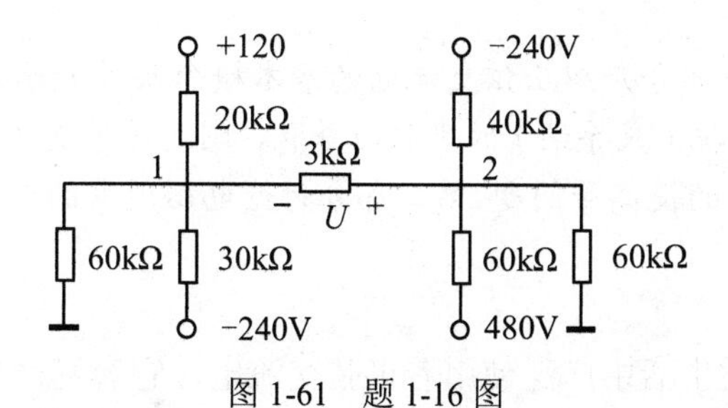

图 1-61　题 1-16 图

1-17　电路如图 1-62 所示，求：

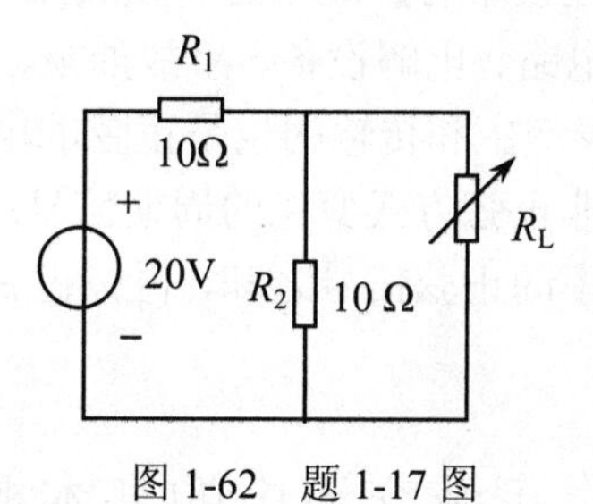

图 1-62　题 1-17 图

（1）R_L 获得最大功率时 R_L 的值，其最大功率是多少？20V 电源提供的功率是多少？

（2）R_1 和 R_2 消耗的功率又是多少？

（3）此电路的传输效率 η 是多少？

第 2 章　正弦交流电路和电磁现象

本章分两部分：第一部分介绍正弦交流电的基本概念及其表示方法，重点讲解相量表示方法及运算规则；分析阻抗（或导纳）的串联与并联，阐述简单交流电路的分析方法；讨论交流电路的谐振和功率因数的提高等问题。第二部分讨论电磁现象的变化规律及其在电工电子和计算机方面的应用。

在工农业生产和日常生活中广泛使用着正弦交流电，它容易产生，并能用变压器改变电压，便于远距离传输、分配和使用。交流电机比直流电机结构简单，工作可靠，成本低廉，维护方便。特别是近年来，交流调速技术有长足进展，使交流电机的性能直追直流电机。再者，必须使用直流电的地方（如电子电路、电解设备、事故油泵、电车等）大多是通过整流设备把交流电变成直流电。很多仪器仪表产生和传输的也是正弦的电流或电压信号。通信等电子电路以及自动控制电路的信号往往是非正弦方式变化的周期信号或非周期信号，但总可以通过傅里叶分析把这类信号分解为多种频率的正弦信号之和，再按正弦信号处理。因此，对正弦交流电路的研究具有重要的意义。

2.1　正弦交流电的基本概念

大小和方向随时间作周期性变化的电压、电流和电动势统称作交流电。如果这个周期性变化的规律是正弦的，则称为正弦交流电；否则称为非正弦交流电，如图 2-1 所示。

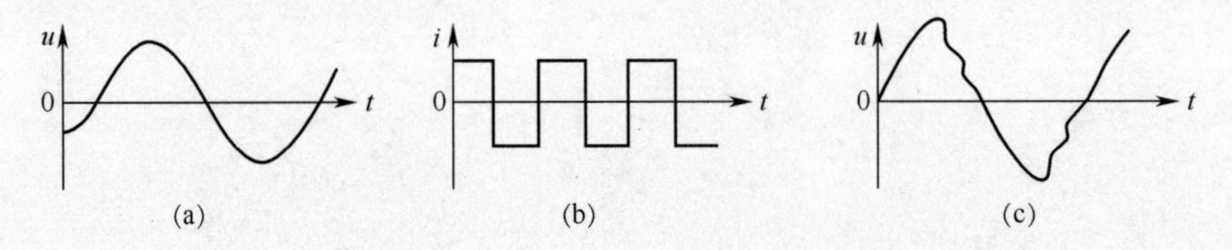

图 2-1　交流电的变化规律的波形表示

（a）正弦交流电；（b）非正弦交流电；（c）非正弦交流电

与非正弦交流电相比，正弦交流电具有损失小、设备低廉、对电信线路干扰小等优点，所以，常用的交流电是正弦交流电。正弦交流电产生的方法很多，在电力（强电）工程中，是用交流发电机产生的；在电子工程中，是用振荡器产生的。

在下面的行文中，为了简便，我们约定：凡称“正弦交流”的有关概念和结论仅适用于正弦交流电的场合；凡称“交流”的有关概念和结论则对正弦和非正弦交流电均适合。

2.1.1　正弦交流电的表示方法——三角函数式

正弦交流电的表示方法很多，其中最常用的是三角函数式，它是正弦交流电的瞬时值的表

示式，因为正弦交流电的大小和方向是随时间不断变化的。以电流为例（电压、电动势类似），正弦交流电电流的表示式可写成

$$i(t)=I_{\mathrm{m}}\sin(\omega t+\varphi) \tag{2-1}$$

式中，i 为交流电的瞬时值，I_{m} 为其最大值（也称幅值）。t 为时间，单位为秒（s），ω 称为正弦交流电变化的角频率，单位为弧度/秒（rad/s）。φ 为初相位。最大值 I_{m}（如果是交流电压，则取 U_{m}）、角频率 ω 和初相位 φ 称为正弦交流电的三特征。如果这三特征确定了，对应的正弦交流电也就确定了。下面分别叙述三特征的意义及有关概念。

2.1.2 表示正弦交流电变化快慢特征的物理量——频率

图 2-2 是式（2-1）所示正弦交流电的波形。横坐标可以用 t，也可以用 ωt，如图 2-2 所示。

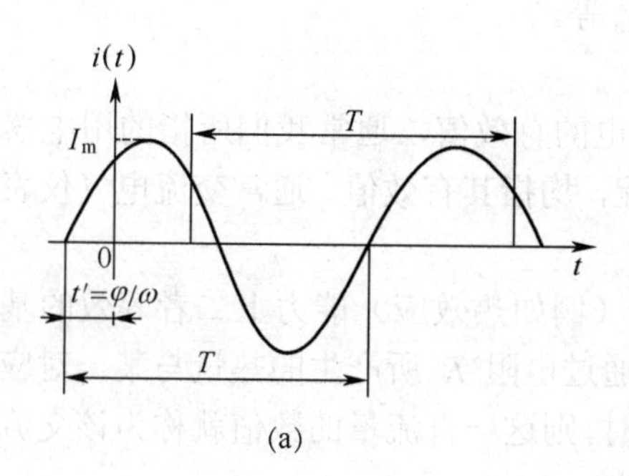

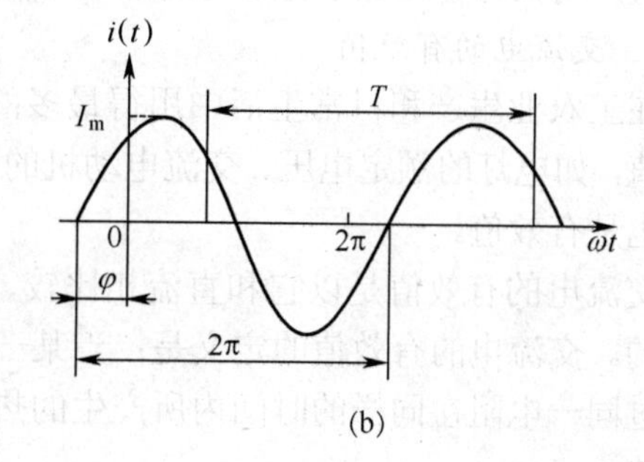

图 2-2 正弦交流电的波形

（a）i–t 波形；（b）$i(t)$–ωt 波形

1. 周波和周期

交流电变化一个全循环叫一个周波，交流电变化一个周波所经过的时间叫一个周期，如图 2-2（a）所示。周期用符号 T 表示，它的单位是秒（s）。

2. 频率

交流电在一秒内变化的周期数称为频率，用符号 f 表示，单位为赫兹（Hz），即 1/秒（1/s）。频率与周期的关系是

$$f=\frac{1}{T} \tag{2-2}$$

我国电力系统用的频率为 50Hz，周期为 0.02s。另一些国家（如美、日、加拿大等）则为 60Hz。通常称 50Hz 和 60Hz 的交流电为工频交流电。在电子工程中，音频信号发生器输出的频率为 20Hz～20kHz。

3. 角频率（圆频率，角速度）

描绘正弦交流电的波形，如图 2-2 所示，（a）图的横坐标是 t，（b）图的横坐标是 ωt。正弦交流电变化一个周期 T 相当于正弦函数变化 2π 弧度（即 360°），故当 $t=T$ 时，

$$\omega t=2\pi$$

所以，我们把

$$\omega=2\pi/T=2\pi f \tag{2-3}$$

称为角频率，也称圆频率。

可见，我国工频交流电的圆频率为 100π = 314。将式（2-3）代入式（2-1）中，则可将正弦交流电的瞬时值函数式写成以下三种不同的形式：

$$\begin{cases} i\,(t) = I_{\rm m}\sin(\omega t+\varphi) \\ i\,(t) = I_{\rm m}\sin(2\pi\ \ t/T+\varphi) \\ i\,(t) = I_{\rm m}\sin(2\pi f t+\varphi) \end{cases} \tag{2-4}$$

2.1.3 表示交流电大小的物理量——瞬时值、最大值、有效值

1．瞬时值和最大值

研究瞬间变化的规律（如暂态）时，交流电的瞬时值是很重要的。式（2-1）为交流电的瞬时值 $i\,(t)$的表示式，由此可计算出各个瞬间的数值。交流电的瞬时值用小写字母表示，如 $i\,(t)$、$u\,(t)$、$e\,(t)$、$p\,(t)$等。

研究绝缘体的击穿和晶体管的击穿时，主要考虑交流电的最大值。最大瞬时值称为最大值或幅值，用大写字母加下标 m 表示，如 $I_{\rm m}$、$U_{\rm m}$、$E_{\rm m}$ 等。

2．交流电的有效值

在工农业生产和日常生活中用得最多的是交流电的有效值，通常我们所指的用电器件的额定值，如电灯的额定电压、交流电动机的额定电流，均指其有效值。通常交流电气仪表的测量值也是有效值。

交流电的有效值是以它和直流相比较，在作功（例如热效应）能力上二者等效的基点上规定的。交流电的有效值的定义是：当某一交流量通过电阻 R 所产生的热量与某一对应直流量通过同一电阻在同样的时间内所产生的热量相等时，则这一直流量的数值就称为该交流量的有效值。

交流电的有效值和最大值的关系是：

$$I = \frac{I_{\rm m}}{\sqrt{2}} \approx 0.707 I_{\rm m} \tag{2-5}$$

或

$$I_{\rm m} = \sqrt{2} I = 1.414 I \tag{2-6}$$

式（2-5）也适用于其他交流量，如

$$U = \frac{U_{\rm m}}{\sqrt{2}} \approx 0.707 U_{\rm m} \qquad E = \frac{E_{\rm m}}{\sqrt{2}} \approx 0.707 E_{\rm m} \tag{2-7}$$

交流电的有效值又称为均方根值。

2.1.4 表示交流电变化位置的物理量——相位

1．相位

由式（2-1）可知，正弦交流电用正弦函数表示，而正弦函数是以角度 θ 为自变量的，也就是以 θ 表示交流电变化的位置的。通过式（2-1），$\theta=\omega t+\varphi$，可以把交流电变化的角位置转化成时间 t，这就是图 2-1 中，横轴可以为 ωt，也可以为 t 的来由。我们称 $\theta=\omega t+\varphi$ 为交流电的相位，而该相位是随时间变化的。在 $t=0$ 的时刻，$\theta=\varphi$，是计时起始时刻的相位，称为初相位。在图 2-2 中，初相位 $\varphi>0$；而在图 2-1（a）中，初相位 $\varphi<0$（当然，这是约定 φ 在 $0<\varphi<\pi$ 的范围内的结果。在图 2-2 中，初相位也可以写成$-(2\pi-\varphi)$，在图 2-1（a）中，初相位也可以写成$+(2\pi-|\varphi|)$，这是因为正弦函数以 2π 为周期的结果。

2．相位差

在电工和电子技术中，常常要研究两个正弦量的相位间的相互关系。我们定义两个正弦量的相位之差为相位差，相位差以 $\Delta\theta$ 表示。如果这两个正弦交流量是 $i_1\,(t)$和 $i_2\,(t)$（电压、电

动势等其他交流量，也可仿此讨论）

$$i_1(t)=I_{1m}\sin(\omega_1 t+\varphi_1)$$
$$i_2(t)=I_{2m}\sin(\omega_2 t+\varphi_2)$$

它们的相位差即是

$$\Delta\theta=\varphi_1-\varphi_2=\ (\omega_1 t+\varphi_1)-(\omega_1 t+\varphi_1)=(\omega_1-\omega_2)+(\varphi_1-\varphi_2)$$

当 $\omega_1=\omega_2$ 时，即两个正弦交流量频率相同时，其相位差等于其初相位之差：

$$\Delta\theta=\varphi_1-\varphi_2 \tag{2-8}$$

3. 超前、滞后、同相和反相

当两个正弦交流量 1 和 2 的相位差为正值时，$\Delta\theta>0$，我们说正弦量 1 的相位比正弦量 2 的相位超前 $\Delta\theta$，也可以反过来说正弦量 2 的相位比正弦量 1 的相位滞后 $\Delta\theta$，这时，相位差 $\Delta\theta=\varphi_2-\varphi_1<0$，为负值。按照习惯，相位差 $\Delta\theta$ 不应超过 180°。所以，若正弦交流量 u_1 的相位超前 u_2 200°，就应该说 u_1 滞后 u_2 160°，此时，$\Delta\theta$ 应当写成 $\Delta\theta=-160°$。

当两个正弦交流量的相位差为零（或 2π）时，则称二者同相。当两个正弦交流量的相位差为 π（或 180°），则称二者反相。当两个正弦交流量的相位差为 π/2（或 90°），则称二者正交。以上情况见图 2-3。

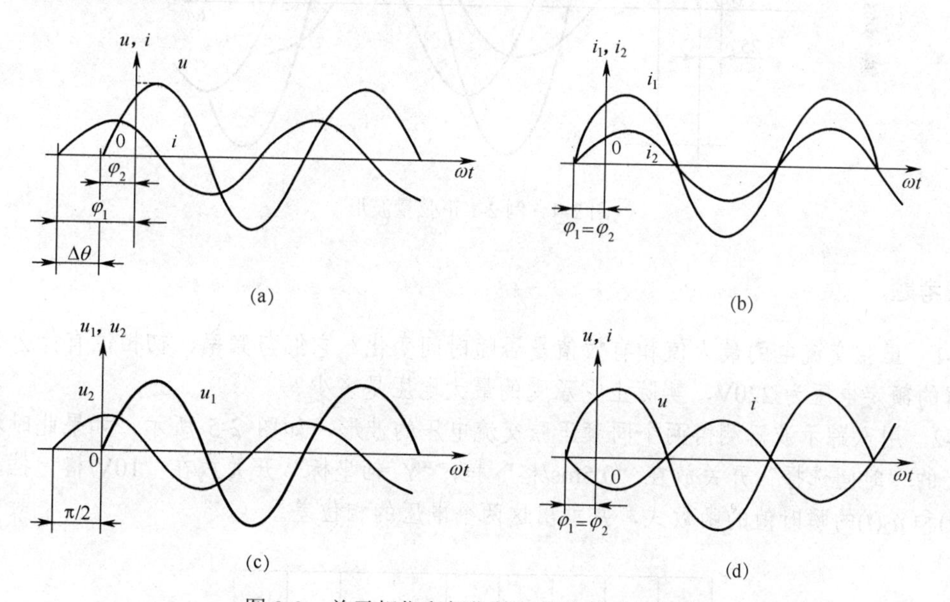

图 2-3　关于相位和相位差及相位关系的说明

（a）正弦量 u 和 i 的波形与相位差；（b）正弦量 i_1 和 i_2 的波形与相位差（i_1 和 i_2 同相）；（c）正弦量 u_1 和 u_2 的波形与相位差（u_1 和 u_2 正交）；（d）正弦量 u 和 i 的波形与相位差（u 和 i 反相）

在交流电路中，常需研究多个同频率的正弦交流量的关系。为了方便起见，可以选其中某一正弦量作为“参考正弦量”，令它的初相位 $\varphi=0$，其他各正弦量的初相位，即为各正弦量与参考正弦量的初相差。

例 2-1　已知三个正弦交流量

$$u(t)=310\sin(\omega t-45°)\ \text{V}$$
$$i_1(t)=14.1\sin(\omega t-20°)\ \text{A}$$
$$i_2(t)=28.2\sin(\omega t-90°)\ \text{A}$$

试以电压 u 为参考正弦量重新写出电压 u、电流 i_1 和 i_2 的瞬时值的表示式，画出波形图，并说明其相位关系。

解 若以电压 u 为参考量，则电压 u 的表达式为

$$u(t)=310\sin\omega t \quad \text{V}$$

由于 i_1 与 u 的相位差

$$\Delta\theta=\varphi_{i_1}-\varphi_u=-20°-(-45°)=25°$$

故电流 i_1 的瞬时值表示式为

$$i_1(t)=14.1\sin(\omega t+25°)\ \text{A}$$

同理，电流 i_2 的瞬时值表示式为

$$i_2(t)=28.2\sin(\omega t-45°)\ \text{A}$$

可见 i_1 超前 u 25°，反之 u 滞后 i_1 25°；i_2 滞后 u 45°，反之 u 超前 i_2 45°。

其波形图如图 2-4 所示。

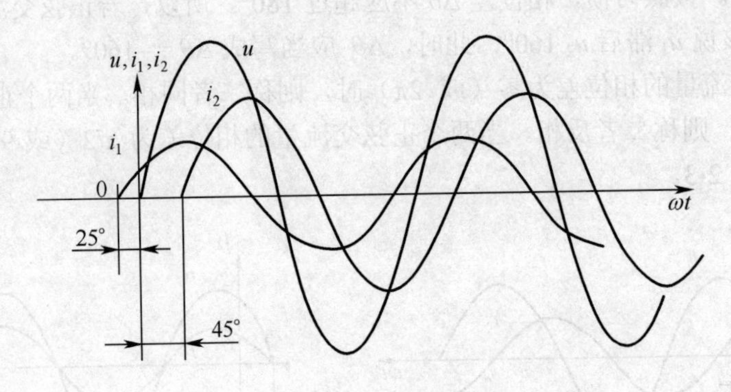

图 2-4 例 2-1 正弦量波形

思考题

2-1 正弦交流电的最大值和有效值是否随时间变化？它们与频率、初相位有什么关系？用电器的额定电压为 220V，实际上它承受的最大电压是多少？

2-2 用双踪示波器测得两个同频正弦交流电压的波形，如图 2-5 所示。如果此时示波器面板上的“时间选择”开关放在“0.5ms/格”挡，“Y 轴坐标”开关放在“10V/格”挡，试写出 $u_1(t)$和 $u_2(t)$的瞬时值的函数式，并求出这两个电压的相位差。

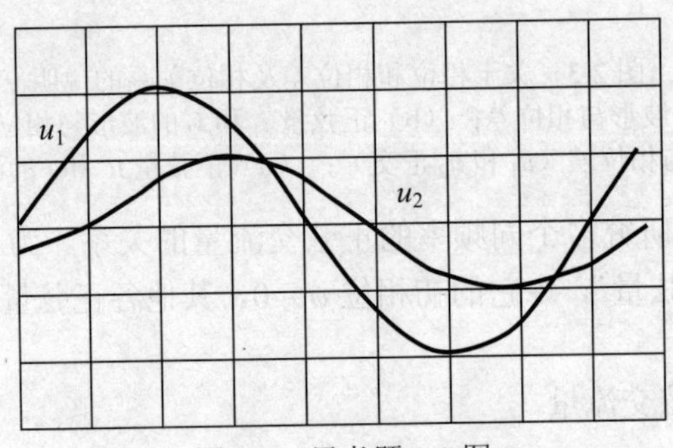

图 2-5 思考题 2-2 图

2.2 正弦量的相量表示

已经看到，正弦交流电可以用三角函数式表示，也可画出它的波形图来表示。但是，这两

种表示法都不能方便地直观地进行分析和运算。为此，人们联想到正弦函数的旋转矢量表示，引入了相量表示法。

2.2.1 正弦交流电的相量表示

1. 正弦交流电的相量表示

下面讨论正弦交流电的相量表示。无论哪种表示方法，都必须能表示正弦交流电的三特征。旋转矢量法可以简单地做到这一点：过直角坐标的原点 0 作一矢量，其长度正比于正弦交流量的最大值（或有效值），它与水平横轴正向的夹角等于相位角 $\theta=\omega t+\varphi$，该旋转矢量逆时针旋转，旋转的角速度 ω 等于正弦量的角频率，在 $t=0$ 起始时刻，旋转矢量与横轴的夹角 φ 就是初相位。在任一时刻，旋转矢量在纵轴上的投影即为正弦交流电的瞬时值。由于在实际电路中，各交流量的频率相同，故各自的矢量的旋转速度相同，各矢量相对静止，其相对关系不会随时间而变化，因而其角速度可以省略，只留下初相位即可。进一步将旋转矢量在平面上表示出来，如图 2-6 所示。这样，就又引入了正弦交流量 $i(t)=I_m\sin(\omega t+\varphi)$ 的相量 $\dot{I}_m$ 表示：

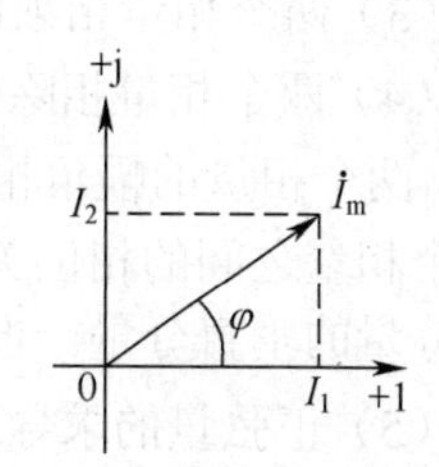

图 2-6 正弦交流电的相量表示法

$$\dot{I}_m=I_m\angle\varphi \tag{2-9}$$

相量符号是在大写字母上加黑点“·”来表示。式（2-9）中，I_m 称为相量的模，表示正弦量的幅值，$\angle\varphi$ 称为相量的幅角，表示正弦量的初相位，逆时针方向为正，顺时针方向为负。$\angle\varphi$ 又可以看作一个运算符，它表示相量的幅角为“φ”。

由此规定：若 $\dot{I}_m=I_m\angle\varphi$，则

$$\dot{I}_m\angle\psi=I_m\angle\varphi\ \angle\psi=I_m\angle(\varphi+\psi) \tag{2-10}$$

特别地，规定

$$\angle 90°=\mathrm{j},\quad \angle 180°=\mathrm{j}^2=-1,\quad \angle 270°=\mathrm{j}^3=-\mathrm{j},$$

$$\angle 360°=\mathrm{j}^4=(-1)^2=1,\quad \angle -90°=\frac{1}{\mathrm{j}}=-\mathrm{j} \tag{2-11}$$

和

$$I_m\angle 90°=\mathrm{j}\,I_m,\ I_m\angle 180°=-I_m,\ I_m\angle 270°=-\mathrm{j}\,I_m,\ I_m\angle 360°=I_m \tag{2-12}$$

由式（2-11）不难发现图 2-6 中横轴以“+1”标记，纵轴以“+j”标记的理由。

式（2-9）表示的相量称为最大值相量。为了方便，人们也常采用有效值相量 $\dot{I}$，它的旋转矢量的幅值等于正弦交流电的有效值。其表达式如下：

$$\dot{I}=I\angle\varphi \tag{2-13}$$

由图 2-6 可知，仿照矢量的分解，可将相量 $\dot{I}_m$ 分解为基准分量 I_R，以及垂直于基准分量 I_R 的垂直分量 I_j，并由式（2-10）和式（2-11），得相量的代数表示：

$$\dot{I}=I_R+\mathrm{j}I_j$$

而

$$I=\sqrt{I_R^2+I_j^2}\qquad \varphi=\arctan\frac{I_j}{I_R} \tag{2-14}$$

这里 $I_R=I\cos\varphi$，$I_j=I\sin\varphi$，分别是相量 $\dot{I}$ 的基准分量和垂直分量，φ 是相量的相位角。

由此，得出相量的三角函数表示：

$$\dot{I}=I\cos\varphi+\mathrm{j}I\sin\varphi \tag{2-15}$$

请注意：$$i = I\sin(\omega t + \varphi) \neq \dot{I}$$

相量只是正弦交流电的一种表示，它并不等于正弦交流量。

2. *相量运算法则*

因为相量是仿照矢量而得，故相量运算法则可以仿矢量运算法则规定如下：

（1）相量求和（加减）的运算法则：分别写出每一个相量的基准分量和垂直分量，再分别求出这两个分量的代数和，作为总相量的基准分量和垂直分量；然后用式（2-14）求出总相量的模及幅角，最后写出与“总相量”对应的正弦量。详见例 2-2。

（2）常数 k 乘以相量后的新相量，它的模扩大 k 倍，幅角不变。

（3）两个相量相乘比较复杂，这里不予讨论。

（4）两个相量相除的商是一个特别的数，包括两部分：两个相量的模相除的结果作为商的模，两个相量的幅角相减作为商的幅角。商的模反映两个相量的模之间的关系，商的幅角反映两个相量之间的相位关系。因此，相量的商也类似相量，可以分解为基准分量，以及垂直于基准分量的垂直分量。但是，请注意，相量的商不是相量。

（5）正弦量的求导运算可以转换为其相量乘以 $\mathrm{j}\omega$ 的代数运算。说明如下：

假如有一正弦量

$$i\,(t) = I\sin\,(\omega t + \varphi)$$

那么

$$\frac{\mathrm{d}i}{\mathrm{d}t} = \omega I \sin\,(\,\omega t + \varphi + 90°)$$

显然，若 $i\,(t) = I\sin\,(\omega t + \varphi)$ 的相量是 $\dot{I}$，而 $\omega I\sin\,(\omega t + \varphi + 90°)$的相量是 $\mathrm{j}\omega\,\dot{I}$。

正弦交流电的相量表示方法简单，准确，并能方便地进行加减乘除的代数运算，还能将正弦交流电路中的微分方程和积分方程转化为代数方程。不仅如此，采取正弦交流电的相量表示方法，还可把直流电路的解题方法用于正弦交流电路。由此可见，正弦交流电的相量表示方法具有十分重要的意义。但请注意，只有同频率的几个正弦量才能用相量法进行运算，并且，所有的相量要么都是最大值相量，要么都是有效值相量。

2.2.2 相量图

研究多个同频率正弦交流量的关系时，可按各正弦量的大小和初相位，用相量图画在同一坐标的平面上，称为相量图。画相量图时，要注意以下几点：

（1）有共同单位的各相量，其模（长度）要按同一比例尺画，如两个电流相量的模分别为 $I_1 = 10\mathrm{A}$，$I_2 = 20\mathrm{A}$，那么 I_2 的长度必须为 I_1 长度的两倍。而不同量纲（指单位）下的各相量间则无此要求，其长度间不存在比例关系，只要看起来方便，1A 电流的相量可以画得比 10kV 的相量还长，但 10kV 电压的相量的长度却必须是 2kV 电压的相量的长度的 5 倍。

（2）同一相量图中，各相量的长度不允许有的为有效值，有的为最大值，要统一。

（3）画相量图时，要注意各相量间的相位关系，可先确定一个相量作为参考相量，画在横轴方向上，再按各相量间的相位差的大小、正负画出其他相量。

利用相量图可以作相量的几何运算，具体作法可参见后面有关相量运算中的各例。

2.2.3 用相量法求同频率正弦量的和与差——导出“基尔霍夫定律的相量形式”

不加证明地引入正弦函数的两个基本规律：

（1）任意个同频率的正弦量的代数和以及任意个这类正弦量的同阶导数的代数和，仍为同频率的正弦量。

（2）任意个同频率的正弦量的代数和的相量，等于各正弦量的相量的代数和。

依此为据，可以用相量法求同频率的正弦量的和与差，并且得到基尔霍夫定律的相量形式：

$$\sum_{k=1}^{n}\dot{I}_{\mathrm{k}}=0 \qquad \sum_{j=1}^{m}\dot{U}_{\mathrm{j}}=0 \tag{2-16}$$

在下一节，将会讲到元件伏安关系的相量形式。这些就为用相量法分析正弦交流电路提供了理论依据。

例 2-2　已知图 2-7（a）的电路中，$i_1=8\sqrt{2}\sin(\omega t+60°)\mathrm{A}$，$i_2=6\sqrt{2}\sin(\omega t-30°)\mathrm{A}$，求总电流 I。

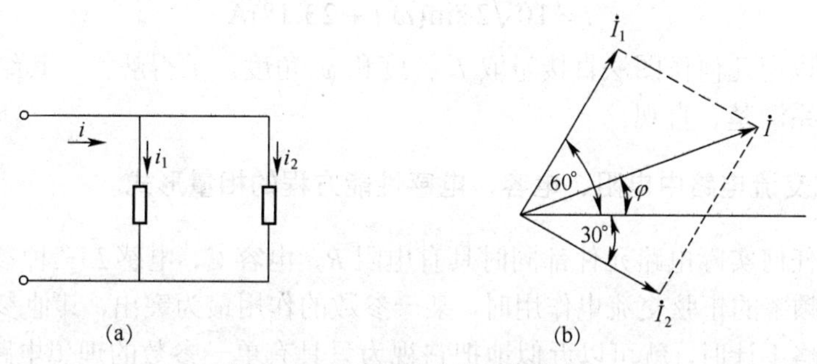

图 2-7　例 2-2 的电路及相量图

（a）电路；（b）相量图

解　依据基尔霍夫电流定律，总电流为：$i=i_1+i_2$，可用以下三种方法求总电流。

（1）直接计算三角函数之和。

$$\begin{aligned}i=i_1+i_2&=8\sqrt{2}\sin(\omega t+60°)+6\sqrt{2}\sin(\omega t-30°)\\&=(4+3\sqrt{3})\sqrt{2}\sin\omega t+(4\sqrt{3}-3)\sqrt{2}\cos\omega t\end{aligned}$$

令

$$\begin{cases}A\cos\varphi=4+3\sqrt{3}\\A\sin\varphi=4\sqrt{3}-3\end{cases}$$

求得

$$A=10,\quad \varphi=\arctan\frac{4\sqrt{3}-3}{4+3\sqrt{3}}=23.1°$$

从而有

$$i=10\sqrt{2}\sin(\omega t+23.1°)\mathrm{A}$$

计算包括三角函数展开，合并同类项，再变为单一正弦量的过程，比较麻烦。

（2）变换为相量求和。

先写出 i_1 和 i_2 的相量形式

$$\dot{I}_1=8\underline{/60°},\ \dot{I}_2=6\ \underline{/-30°}$$

然后，根据基尔霍夫定律的相量形式和相量的运算法则，求总电流的相量形式。

$$\begin{aligned}\dot{I}=\dot{I}_1+\dot{I}_2&=8\underline{/60°}+6\ \underline{/-30°}\\&=(8\cos60°+\mathrm{j}\,8\sin60°)+(6\cos(-30)°+\mathrm{j}\,8\sin(-30°))\\&=(4+\mathrm{j}4\sqrt{3})+(3\sqrt{3}-\mathrm{j}3)=(4+3\sqrt{3})+\mathrm{j}(4\sqrt{3}-3)=10\underline{/23.1°}\end{aligned}$$

最后按和相量写出总电流 i 的正弦函数形式

$$i=10\sqrt{2}\sin(\omega t+23.1°)\mathrm{A}$$

（3）用相量图求几何解。

画出 i_1，i_2 的相量 $\dot{I}_1$ 和 $\dot{I}_2$，如图 2-7（b）所示，仿照矢量运算的平行四边形法则（注意公式的运用）

$$I = \sqrt{I_1^2 + I_2^2 + 2I_1I_2\cos(60° + 30°)} = \sqrt{8^2 + 6^2} = 10\text{A}$$

$$\varphi = \arctan\frac{I_1\sin 60° + I_2\sin(-30°)}{I_1\cos 60° + I_2\cos(-30°)} = 23.1°$$

由此得到

$$\dot{I} = 10\underline{/\ 23.1°}$$

写出总电流的瞬时表达式

$$i = 10\sqrt{2}\sin(\omega\ t + 23.1°)\text{A}$$

当然，也可以用几何作图法直接量取 I 长度和 φ 角度，求得解答。其结果不一定精确，但各相量间的关系清楚、直观。

2.2.4 正弦交流电路中电阻、电容、电感性能方程的相量形式

严格地说，任何实际电路元件都同时具有电阻 R、电容 C、电感 L 三种参数。然而在一定条件下，如某一频率的正弦交流电作用时，某一参数的作用最为突出，其他参数的作用微乎其微，甚至可以忽略不计时，就可以近似地把它视为只具有单一参数的理想电路元件。例如：一个线圈，在稳恒的直流电路中可以把它视作电阻元件，在交流电路中，当其电感的特性大大超过其电阻的特性时，就可以近似地把它看作一个理想的电感元件。但如果交流电的频率较高，则该线圈的匝间电容就不能忽略，也就不能只看作一个理想的电感元件，而应当作电感和电容两个元件的组合。大量实例表明，各种实际电路都可以用这些单一参数电路元件或它们组合而成的电路模型来模拟。这就是我们研究单一参数电路元件的意义所在。

这里讨论的起点，是在第 1 章中已经得到的在关联参考方向下电阻、电容和电感元件上的电压、电流的瞬时关系式：

$$u(t) = Ri(t) \qquad i_\text{C}(t) = C\frac{\text{d}u_\text{c}(t)}{\text{d}t} \qquad u_\text{L}(t) = L\frac{\text{d}i_\text{c}(t)}{\text{d}t}$$

1. 电阻元件上伏安关系的相量形式

由相量的运算法则可得：

$$\dot{U} = R\cdot\dot{I} \quad \text{或} \quad \dot{I} = \frac{\dot{U}}{R} \tag{2-17}$$

电阻上的电压、电流关系的相量图和波形图如图 2-8 所示。

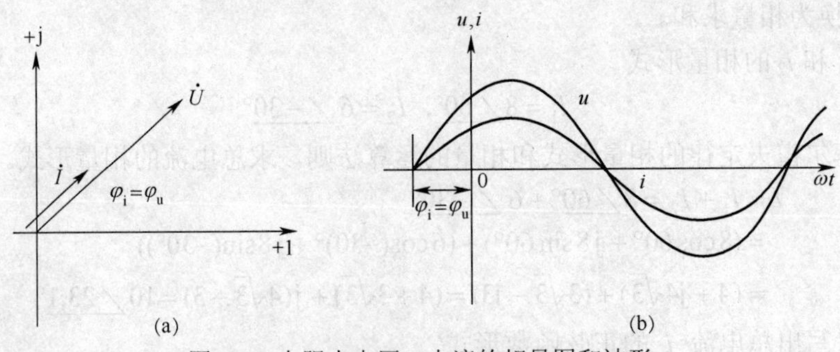

图 2-8 电阻上电压、电流的相量图和波形

（a）相量图；（b）波形

2. 电容元件上伏安关系的相量形式

由相量的运算法则，知

$$\dot{I}=\omega C\dot{U}\angle 90^{\circ}=\mathrm{j}\omega C\dot{U}=\frac{\dot{U}}{\frac{1}{\mathrm{j}\omega C}}=\frac{\dot{U}}{-\mathrm{j}\frac{1}{\omega C}} \tag{2-18}$$

因此，必有

$$I=\omega CU,\quad \varphi_{\mathrm{i}}=\varphi_{\mathrm{u}}+90^{\circ} \tag{2-19}$$

电容上电压、电流的波形和相量图，如图 2-9 所示。

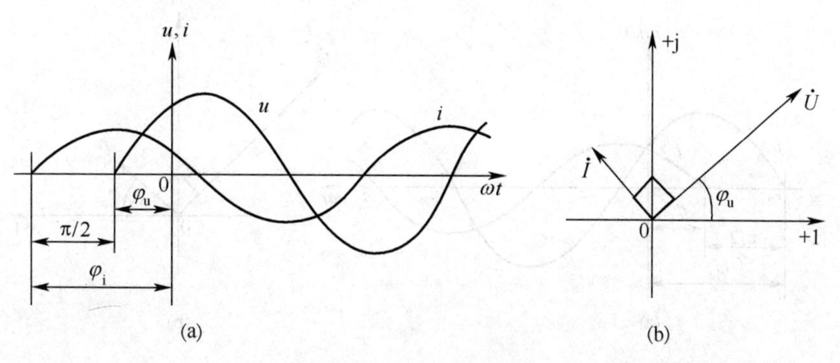

图 2-9　电容上电压、电流波形和向量图

（a）波形；（b）向量图

从以上的讨论可以看出，电容上电流、电压为同频率的正弦量，电流相量超前电压相量 90°，电流有效值是电压有效值的 ωC 倍。我们定义电压有效值和电流有效值之比为电容的电抗 X_{C}：

$$X_{\mathrm{C}}=\frac{U}{I}=\frac{1}{\omega C} \tag{2-20}$$

简称容抗，它反映电容阻碍正弦交流电通过的能力，其单位与电阻相同，也是欧姆。容抗与频率成反比，高频时，容抗小，当频率 $\omega\to\infty$ 时，$X_{\mathrm{C}}\to 0$，电容相当于短路；低频时，容抗大，当 $\omega\to 0$ 时，$X_{\mathrm{C}}\to\infty$，电容相当于开路，这就是电容“隔直通交”的作用。X_{C} 的倒数称为容纳，记为

$$B_{\mathrm{C}}=\frac{1}{X_{\mathrm{C}}}=\omega C \tag{2-21}$$

3. 电感元件上伏安关系的相量形式

由相量的运算法则，知

$$\dot{U}=\omega L\dot{I}\angle 90^{\circ}=\mathrm{j}\omega L\dot{I} \tag{2-22}$$

因此，必有

$$U=\omega LI,\quad \varphi_{\mathrm{u}}=\varphi_{\mathrm{i}}+90^{\circ} \tag{2-23}$$

电感上电压、电流的波形和相量图，如图 2-10 所示。

从以上的讨论可以看出，电感上电流、电压为同频率的正弦量，电压相量超前电流相量 90°，电压有效值是电流有效值的 ωL 倍。我们定义电压有效值和电流有效值之比为电感的电抗 X_{L}：

$$X_L = \frac{U}{I} = \omega L \tag{2-24}$$

简称感抗，它反映电感阻碍正弦交流电通过的能力，其单位与电阻相同，也是欧姆。感抗与频率成正比，高频时，感抗大，当频率 $\omega \to \infty$ 时，$X_L \to \infty$，电感相当于开路；低频时，感抗小，当 $\omega \to 0$ 时，$X_L \to 0$，电感相当于短路，这就是电感“隔交通直”的作用。X_L 的倒数称为感纳，记为

$$B_L = \frac{1}{X_L} = \frac{1}{\omega L} \tag{2-25}$$

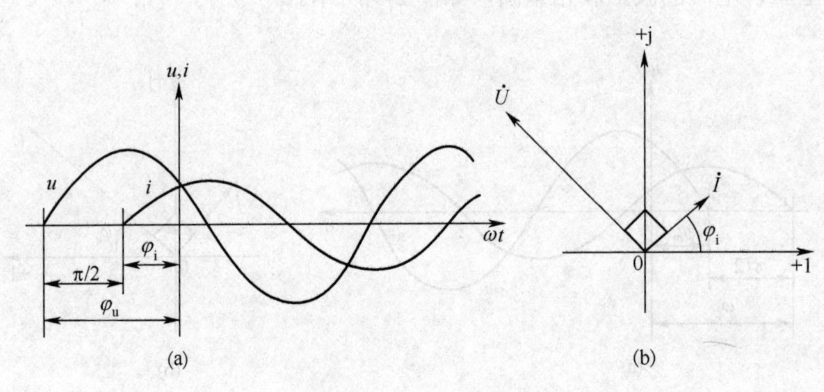

图 2-10 电感上电压、电流波形和向量图

（a）波形；（b）向量图

2.2.5 统一的伏安关系——欧姆定律的相量形式——阻抗和导纳的引入

归纳三种基本元件伏安关系的相量形式（2-17）、（2-18）和（2-22），即

$$\dot{U} = R\dot{I} \qquad \dot{U} = \frac{1}{j\omega C}\dot{I} \qquad \dot{U} = j\omega L\dot{I}$$

我们可以得到统一的基本元件的伏安关系——欧姆定律的相量形式：

$$\dot{U} = Z\dot{I} \tag{2-26}$$

式中，Z 为基本元件对正弦交流电流的阻抗，定义为正弦交流电路中元件的电压相量 $\dot{U}$ 与电流相量 $\dot{I}$ 之比：

$$Z = \frac{\dot{U}}{\dot{I}} \tag{2-27}$$

显然，电阻、电容和电感的阻抗分别是：

$$Z_R = R \qquad Z_C = \frac{1}{j\omega C} = -j\frac{1}{\omega C} \qquad Z_L = j\omega L \tag{2-28}$$

把阻抗的倒数定义为导纳，记为 Y，即

$$Y = \frac{1}{Z} \tag{2-29}$$

亦即

$$Y = \frac{\dot{I}}{\dot{U}} \tag{2-30}$$

于是，电阻、电容和电感的导纳分别为：

$$Y_{\mathrm{R}}=\frac{1}{R} \qquad Y_{\mathrm{C}}=\mathrm{j}\omega C \qquad Y_{\mathrm{L}}=\frac{1}{\mathrm{j}\omega L}=-\mathrm{j}\frac{1}{\omega L} \tag{2-31}$$

导纳的单位为西门子（S）。

2.2.6　正弦交流电路的相量分析方法

已经得到了电压、电流以相量形式表示的基尔霍夫定律和欧姆定律，引进了与电阻（或电导）对应的阻抗（或导纳）的概念，于是，分析和计算电阻电路的一套方法，就可以完全用到正弦交流电路中来。如由阻抗（或导纳）串并联构成的电路；如下一章中许多电路分析方法就既可以用于直流电路，又可以用于交流电路。

要注意的是：在用相量法时，首先要建立电路的相量模型，并且，最后结果的相量形式要转化为正弦交流电的形式。

首先讨论阻抗（或导纳）的串并联。

1．阻抗的串联

阻抗 $Z_1, Z_2, \cdots, Z_k, \cdots, Z_n$ 串联时，各阻抗在同一支路，流过的是同一电流，如图 2-11 所示。依据基尔霍夫电压定律的相量形式，有

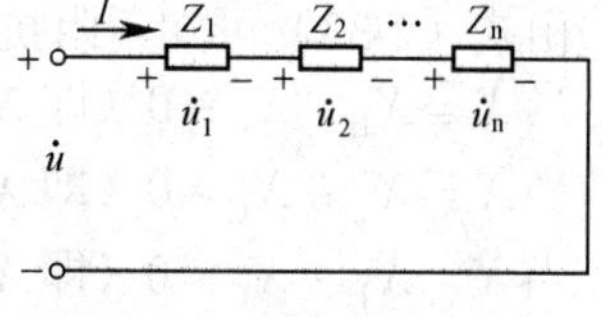

图 2-11　阻抗的串联

$$\dot{U}=\dot{U}_1+\dot{U}_2+\cdots+\dot{U}_{\mathrm{n}}=Z_1\dot{I}+Z_2\dot{I}+\cdots+Z_{\mathrm{n}}\dot{I}=(Z_1+Z_2+\cdots+Z_{\mathrm{n}})\dot{I}=Z\dot{I}$$

于是得到，总阻抗（也称等效阻抗）

$$Z=\frac{\dot{U}}{\dot{I}}=Z_1+Z_2+\cdots+Z_{\mathrm{n}}=\sum_{k=1}^{n}Z_{\mathrm{k}} \tag{2-32}$$

作为例子，讨论如图 2-12（a）所示的 RLC 串联电路。已知电源电压

$$u_{\mathrm{S}}(t)=\sqrt{2}U_{\mathrm{S}}\sin(\omega T+\varphi_{\mathrm{u}}) \quad \mathrm{V}$$

试求其稳态电流。

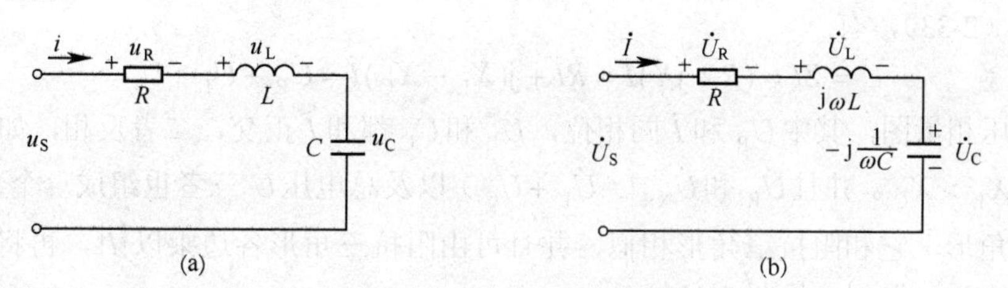

图 2-12　RLC 串联电路

（a）原电路；（b）相量模型

作出原电路的相量模型，如图 2-12（b）所示，由基尔霍夫定律的相量形式和式（2-17）、式（2-18）和式（2-22）可知：

$$\dot{U}=\dot{U}_{\mathrm{R}}+\dot{U}_{\mathrm{C}}+\dot{U}_{\mathrm{L}}=\left(R+\frac{1}{\mathrm{j}\omega C}+\mathrm{j}\omega L\right)\dot{I}=Z\dot{I}$$

知

$$Z=\frac{\dot{U}}{\dot{I}}=Z_{\mathrm{R}}+Z_{\mathrm{L}}+Z_{\mathrm{C}}=R+\mathrm{j}\left(\omega L-\frac{1}{\omega C}\right)=R+\mathrm{j}X \tag{2-33}$$

可见，阻抗 Z 有两个分量，基准分量 R 和垂直分量 X。其中 R 为串联电路总电阻，X 是该电路的总电抗。电抗 X 等于感抗 $X_{\mathrm{L}}=\omega L$ 与容抗 $X_{\mathrm{L}}=\dfrac{1}{\omega C}$ 之差，其原因是：在串联电路中，

电感上的电压$\dot{U}_L = j\omega L\dot{I}$与电容上的电压$\dot{U}_C = -j\dfrac{1}{\omega C}\dot{I}$相位相反，见图 2-13（b）。求两者电压相量之和实际上是求其模值之差，所以串联电路的电抗等于感抗与容抗之差。

$$X = X_L - X_C \tag{2-34}$$

设$|Z|$是阻抗的模，φ是阻抗的幅角，称为阻抗角。

于是，有

$$|Z| = \sqrt{R^2 + \left(\omega L - \frac{1}{\omega C}\right)^2} \tag{2-35}$$

$$\varphi = \arctan\frac{X}{R} = \arctan\frac{X_L - X_C}{R} \tag{2-36}$$

$$R = |Z|\cos\varphi, \qquad X = |Z|\sin\varphi, \tag{2-37}$$

由式（2-33）可知，阻抗由电阻和电抗两部分组成，

当$X = X_L - X_C = 0$（即$X_L = X_C$）时，$\varphi=0$，电路呈电阻性，称电阻性电路；

当$X = X_L - X_C > 0$（即$X_L > X_C$）时，$\varphi > 0$，电路呈感性，称电感性电路；

当$X = X_L - X_C < 0$（即$X_L < X_C$）时，$\varphi < 0$，电路呈容性，称电容性电路。

电阻是电抗为零的阻抗，当n个电阻串联时，由式（2-32），知其等效电阻

$$R = \sum_{k=1}^{n} R_k$$

应该注意，阻抗不是相量，其符号Z上不加圆点。

由此可见，阻抗的模$|Z|$与R、X之间符合直角三角形的关系，如图 2-13（a）所示，称为阻抗三角形。由 $\dot{U} = Z\dot{I} = |Z|\dot{I}\angle\varphi$可知：在串联电路中，电压相量和电流相量的相位差就是阻抗角φ。当$\varphi > 0$，则$\dot{U}$超前$\dot{I}$ φ角；当$\varphi = 0$，则$\dot{U}$和$\dot{I}$同相位；当$\varphi < 0$，则$\dot{U}$滞后$\dot{I}$ φ角。

$$\dot{U}_C = -jX_C\dot{I} \qquad \dot{U}_L = jX_L\dot{I}$$

根据式（2-33），有

$$\dot{U} = Z\dot{I} = (R + jX)\dot{I} = R\dot{I} + j(X_L - X_C)\dot{I} = \dot{U}_R + \dot{U}_L + \dot{U}_C$$

也可画出电压相量图，其中$\dot{U}_R$和$\dot{I}$同相位，$\dot{U}_L$和$\dot{U}_C$都和$\dot{I}$正交，二者反相，如图 2-14（b）所示，此时$X_L > X_C$。并且$\dot{U}_R$和$\dot{U}_X$（$=\dot{U}_L + \dot{U}_C$）以及总电压$\dot{U}$三者也组成一个直角三角形，称为电压三角形，它和阻抗三角形相似，并且可由阻抗三角形各边乘以$|\dot{I}|$，再将各边转换成相量（加上箭头）得到，见图 2-13（c）。

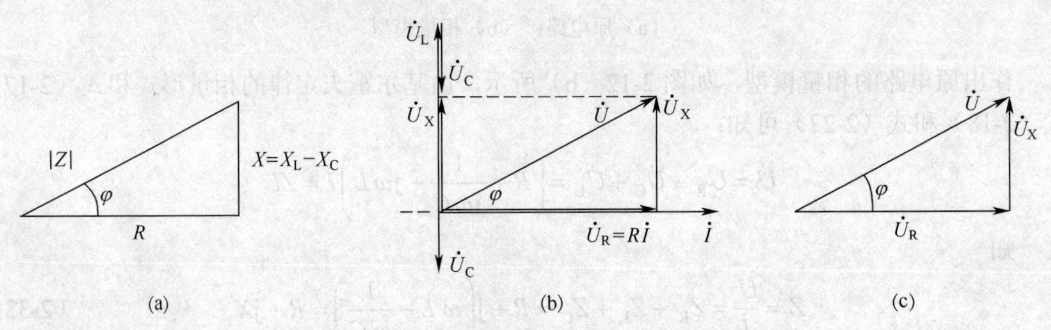

图 2-13 关于串联电路阻抗和电压、电流相量图

（a）阻抗三角形；（b）电压、电流相量图；（c）电压三角形

例 2-3 已知 RLC 串联电路如图 2-12（a）所示。其中R=20Ω，L=0.1H，C=50μF，电源

电压 $u = 220\sqrt{2}\sin 314t$ V，试求电路中的电流和各元件电压的相量形式和瞬时值表示式，并画出相量图。

解　电源电压的相量形式

$$\dot{U} = 220\angle 0^\circ \quad \text{V}$$

串联电路的阻抗为

$$Z = R + \mathrm{j}\left(\omega L - \frac{1}{\omega C}\right) = 20 + \mathrm{j}\left(314\times 0.1 - \frac{1}{314\times 50\times 10^{-6}}\right) = 20 - \mathrm{j}32.29 = 37.98\angle -58.23^\circ$$

注意，在求 Z 及相量的幅角时，分子和分母的正负号保留在原位置，不要拿到分数前面去，这样易于判断幅角所在象限，如

$$\varphi = \arctan\frac{-32.29}{20} = -58.23^\circ$$

此式中基准分量为正，垂直分量为负，可判断幅角在第四象限。

依欧姆定律的相量形式，求得电路的电流相量

$$\dot{I} = \frac{\dot{U}}{Z} = \frac{220\angle 0^\circ}{37.98\angle -58.23^\circ} = 5.793\angle 58.23^\circ$$

各元件上的电压相量

$$\dot{U}_{\mathrm{R}} = R\dot{I} = 20\times 5.793\angle 58.23^\circ = 115.86\angle 58.23^\circ \quad \text{V}$$

$$\dot{U}_{\mathrm{L}} = \mathrm{j}\omega L\dot{I} = \mathrm{j}\,314\times 0.1\times 5.793\angle 58.23^\circ = 181.9\angle 148.23^\circ \quad \text{V}$$

$$\dot{U}_{\mathrm{C}} = -\mathrm{j}\frac{1}{\omega C}\dot{I} = -\mathrm{j}\frac{1}{314\times 50\times 10^{-6}}\times 5.793\angle 58.23^\circ = 368.98\angle -31.77^\circ \quad \text{V}$$

最后写出对应的瞬时值形式分别为

$$i = 5.793\sqrt{2}\sin(314t + 58.23^\circ)\ \text{A}$$

$$u_{\mathrm{R}} = 115.86\sqrt{2}\sin(314t + 58.23^\circ)\ \text{V}$$

$$u_{\mathrm{L}} = 181.9\sqrt{2}\sin(314t + 148.23^\circ)\ \text{V}$$

$$u_{\mathrm{C}} = 368.98\sqrt{2}\sin(314t - 31.77^\circ)\ \text{V}$$

该电路的电流、电压相量图如图 2-14 所示。

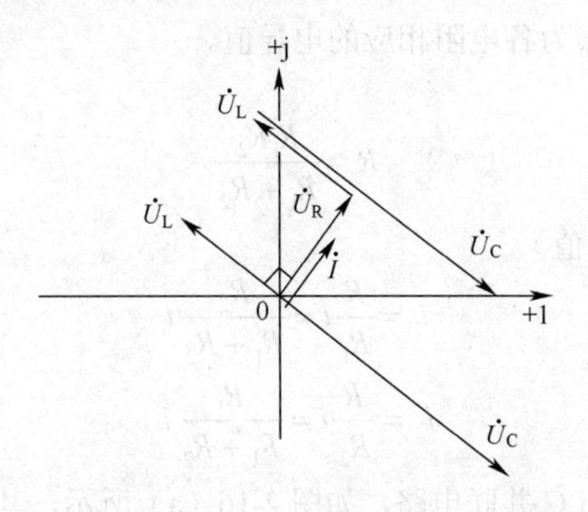

图 2-14　例 2-3 的相量图

请读者思考一下：

（1）为什么电容电压会大于电源电压？

（2）为什么 $U \neq U_{\mathrm{R}}+U_{\mathrm{L}}+U_{\mathrm{C}}$（$U_{\mathrm{R}}$，$U_{\mathrm{L}}$，$U_{\mathrm{C}}$ 是各相量的幅值）？

（3）本电路的阻抗是感性的，还是容性的？

2. 阻抗的并联

阻抗并联时，各元件两端接到同一个电压上，如图 2-15 所示。

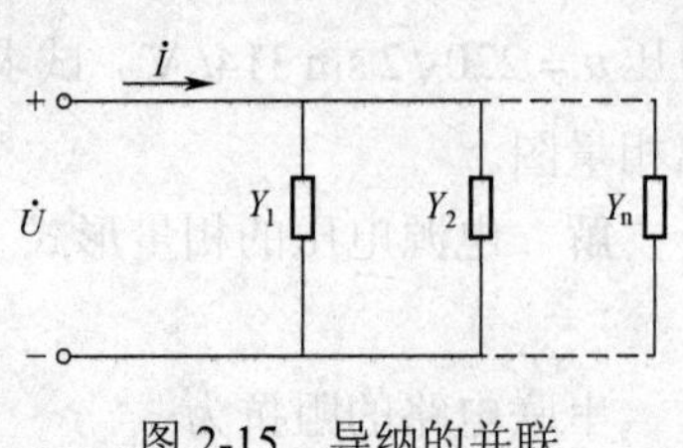

图 2-15　导纳的并联

图 2-15 中电压、电流也用相量表示，Y_1、Y_2、…、Y_n 代表各阻抗的导纳，根据基尔霍夫电流定律的相量形式，有

$$\begin{aligned}\dot{I} &= \dot{I}_1 + \dot{I}_2 + \cdots + \dot{I}_n \\ &= Y_1\dot{U} + Y_2\dot{U} + \cdots + Y_n\dot{U} \\ &= (Y_1 + Y_2 + \cdots + Y_n)\dot{U} \\ &= Y\dot{U}\end{aligned}$$

式中

$$Y = \dot{I}/\dot{U} = Y_1 + Y_2 + \cdots + Y_n = \sum_{k=1}^{n} Y_k \tag{2-38}$$

称为并联导纳的总导纳或等效导纳。将上式转换成阻抗表示，有

$$\frac{1}{Z} = \sum_{k=1}^{n} \frac{1}{Z_k} \tag{2-39}$$

对于两个阻抗并联的情况，则上式可简化为

$$Z = \frac{Z_1 Z_2}{Z_1 + Z_2} \tag{2-40}$$

并有分流公式（由并联后各支路两端电压均相等导得）

$$\begin{cases}\dot{I}_1 = \dfrac{Z}{Z_1}\dot{I} = \dfrac{Z_2}{Z_1 + Z_2}\dot{I} \\ \dot{I}_2 = \dfrac{Z}{Z_2}\dot{I} = \dfrac{Z_1}{Z_1 + Z_2}\dot{I}\end{cases} \tag{2-41}$$

若是几个电阻并联，其总电导（也称等效电导）为

$$G = G_1 + G_2 + \cdots + G_n = \sum_{k=1}^{n} G_k$$

式中，G_1、G_2、…、G_n 为各电阻相应的电导值。

当两个电阻并联时，有

$$R = \frac{R_1 R_2}{R_1 + R_2}$$

和分流公式（可过渡到瞬时值）

$$i_1 = \frac{R}{R_1} i = \frac{R_2}{R_1 + R_2} i$$

$$i_2 = \frac{R}{R_2} i = \frac{R_1}{R_1 + R_2} i$$

作为例子，我们讨论 RLC 并联电路，如图 2-16（a）所示，其相量模型如图 2-16（b）所示。根据基尔霍夫电流定律和欧姆定律，有

$$\dot{I} = \dot{I}_R + \dot{I}_L + \dot{I}_C = \frac{\dot{U}}{R} - j\frac{\dot{U}}{\omega L} + j\omega C\dot{U} = \left(\frac{1}{R} - j\frac{1}{\omega L} + j\omega C\right)\dot{U} = Y\dot{U}$$

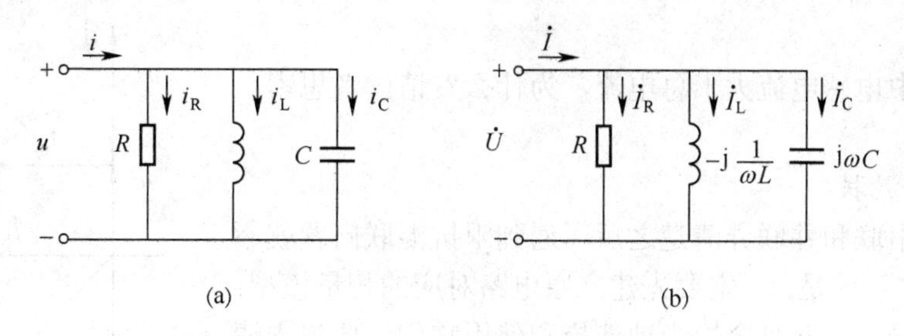

图 2-16　RLC 并联电路

于是，并联电路的总导纳

$$Y=\frac{\dot{I}}{\dot{U}}=\frac{1}{R}+\mathrm{j}\left(\omega C-\frac{1}{\omega L}\right)=G+\mathrm{j}(B_{\mathrm{C}}-B_{\mathrm{L}})=G+\mathrm{j}B \tag{2-42}$$

这里总电导 G 是总导纳的基准分量。$B=B_{\mathrm{C}}-B_{\mathrm{L}}$ 是总导纳的垂直分量，是该电路的电纳。因为并联电路中电感的电流与电容的电流相位相反，所以并联电路的电纳是容纳与感纳之差，即 $B=B_{\mathrm{C}}-B_{\mathrm{L}}$。

总导纳的三角函数形式为

$$Y=Y(\varphi)=|Y|\cos\varphi+j|Y|\sin\varphi \tag{2-43}$$

$|Y|$是导纳 Y 的模，幅角 φ 称为导纳角，G、B 与 Y、φ 之间的关系为

$$|Y|=\sqrt{G^2+B^2} \tag{2-44}$$

$$\varphi=\arctan\frac{B}{G}=\arctan\frac{B_{\mathrm{C}}-B_{\mathrm{L}}}{G} \tag{2-45}$$

或

$$G=|Y|\cos\varphi \qquad B=|Y|\sin\varphi \tag{2-46}$$

例 2-4　已知 RLC 并联电路及其相量模型如图 2-16 所示，其中 $R=50\Omega$，$L=0.1\mathrm{H}$，$C=50\mu\mathrm{F}$，正弦电压源 $\dot{U}=50\angle 0^\circ\mathrm{V}$，频率 $f=50\mathrm{Hz}$，（1）求该并联电路的总导纳及总电流；（2）求各元件中的电流和；（3）画出相应的电压、电流相量图。

解　（1）电路电导　$G=1/R=1/50=0.02\mathrm{S}$

电路感纳

$$B_{\mathrm{L}}=\frac{1}{\omega L}=\frac{1}{2\pi\times50\times0.1}=0.03185\mathrm{S}$$

电路容纳

$$B_{\mathrm{C}}=\omega C=2\pi\times50\times50\times10^{-6}=0.0157\mathrm{S}$$

电路的总导纳

$$\begin{aligned}Y&=G+\mathrm{j}B=G+\mathrm{j}(B_{\mathrm{C}}-B_{\mathrm{L}})=0.02+\mathrm{j}(0.0157-0.03185)\\&=0.02571-\mathrm{j}0.01615=0.02571\angle-38.92^\circ\mathrm{S}\end{aligned}$$

电路总电流

$$\dot{I}=Y\dot{U}=0.02571\angle-38.92^\circ\times50\angle0^\circ=1.2855\angle-38.92^\circ\mathrm{A}$$

（2）各元件中的电流：

$$\dot{I}_{\mathrm{R}}=G\dot{U}=0.02\times50\angle0^\circ=1\angle0^\circ\mathrm{A}$$

$$\dot{I}_{\mathrm{L}}=-\mathrm{j}B_{\mathrm{L}}\dot{U}=-\mathrm{j}0.03185\times50\angle0^\circ=1.5925\angle-90^\circ\mathrm{A}$$

$$\dot{I}_{\mathrm{C}}=\mathrm{j}B_{\mathrm{C}}\dot{U}=\mathrm{j}0.0157\times50\angle0^\circ=0.785\angle90^\circ\mathrm{A}$$

（3）相应的电压、电流相量图如图 2-17 所示，由图可见，$\dot{I}_{\mathrm{R}}+\dot{I}_{\mathrm{L}}+\dot{I}_{\mathrm{C}}=\dot{I}$，这说明计算

结果的正确性。

注意本题中电感电流大于总电流，为什么？请读者思索，自己给出解答。

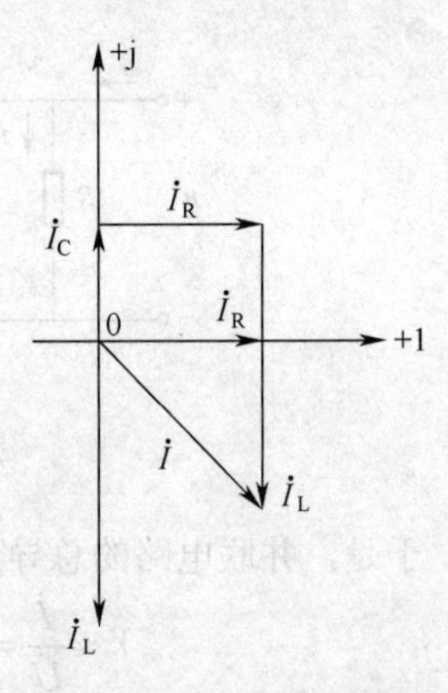

图 2-17 例 2-4 的相量图

3. 阻抗的混联

在阻抗的串联和并联弄清楚之后，遇到阻抗混联问题就不难解决了。要注意的是：一定要先建立原电路对应的相量模型；要分清阻抗和导纳，并且会恰当地选择和使用它们；要先弄清元件的串并联关系。

例 2-5 已知 RLC 混联电路，如图 2-18 所示，其中 R_1=50Ω，L=400mH，R_2=100Ω，C=20μF，$\dot{U}=220\angle 0^\circ$ V，频率 ω=314 rad/s，求各处电流，并画出相量图。

解 绘出其电路的相量模型，如图 2-18（b）所示。C 与 R_2 并联后再和 R_1、L 串联。宜先求并联电路等效阻抗 Z'，而后求出总阻抗 Z。

$$Z'=\frac{R_2\left(-\mathrm{j}\dfrac{1}{\omega C}\right)}{R_2+\left(-\mathrm{j}\dfrac{1}{\omega C}\right)}=\frac{-\mathrm{j}R_2}{R_2\omega C-\mathrm{j}}=\frac{-\mathrm{j}100}{100\times 314\times 20\times 10^{-6}-\mathrm{j}}$$

$$=84.74\angle -32.13^\circ=71.16-\mathrm{j}45.06\ \Omega$$

$$Z=R_1+\mathrm{j}\omega L+Z'=20+\mathrm{j}314\times 0.4+71.16-\mathrm{j}45.06=122.09\angle 41.27^\circ$$

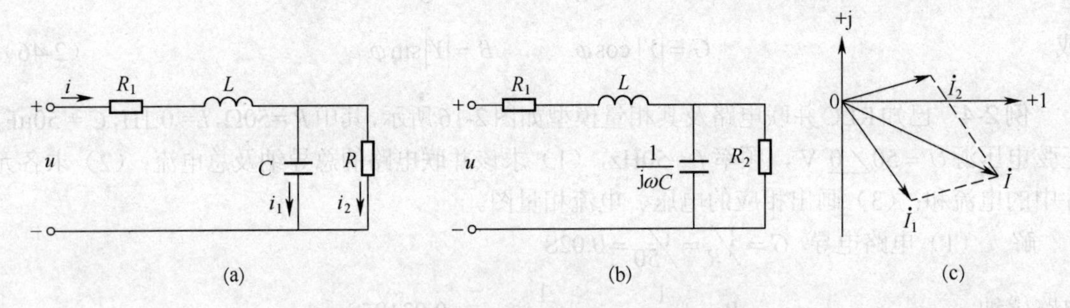

图 2-18 例 2-5 的电路、相量模型和相量图

（a）原电路；（b）相量模型；（c）相量图

总电流

$$\dot{I}=\frac{\dot{U}}{Z}=\frac{220\angle 0^\circ}{122.09\angle 41.27^\circ}=1.8\angle -41.27^\circ$$

依分流公式

$$\dot{I}_1=\frac{-\mathrm{j}\dfrac{1}{\omega C}}{R_2+\dfrac{1}{\mathrm{j}\omega C}}\dot{I}=\frac{-\mathrm{j}}{R_2\omega C-\mathrm{j}}\times 1.8\angle -41.27^\circ=1.525\angle -79.44^\circ$$

$$\dot{I}_2=\dot{I}-\dot{I}_1=1.8\angle -41.27^\circ-1.525\angle -79.44^\circ=1.118\angle 16.21^\circ$$

电路的相量模型如图 2-18（c）所示。由图可见

$$\dot{I}=\dot{I}_1+\dot{I}_2$$

讨论　当 ω 扩大 1000 倍，其他元件参数不变时，重做此题，可以发现，并联阻抗接近于零，串联阻抗扩大了一千多倍。当 $\omega\to\infty$时，容抗→0，电容相当于短路；电感相当于开路。由此可见，正弦交流电电路中的电压、电流不仅与电路结构及电路元件 RLC 的数值有关，而且与电路频率有关。电路输出（响应）与输入（激励）之比随频率变化的规律称为频率特性。电路的频率特性是分析电子电路经常使用的工具。

思考题

2-3　下列表示式中，哪些正确？哪些不正确？

$$i=\frac{U}{R} \qquad I=\frac{U}{\omega L} \qquad \dot{I}=\omega CU$$

$$I=\frac{U}{R} \qquad i=\frac{u}{R} \qquad i=\frac{u}{X_{\mathrm{c}}}$$

$$\dot{I}=\frac{\dot{U}}{\mathrm{j}\omega L} \qquad I=\frac{U}{L} \qquad i=\frac{u}{\omega C}$$

2-4　电阻器、电容器和电感器在交流电路中的作用有何不同？在直流电路中，其电阻、容抗和感抗各为多少？为什么？为什么高频电流容易通过电容，而不易通过电感？

2-5　如图 2-19 所示，C_{e}是交流旁路电容。试说明它具有稳定发射极电位 u_{e} 的作用（提示：发射极电流同时具有交流和直流成分）？

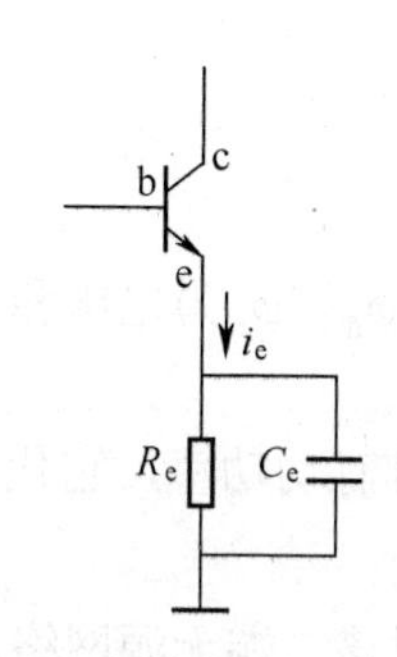

图 2-19　思考题 2-5 电路

2.3　正弦交流电路的功率

现在讨论一般正弦交流电路的功率问题。

2.3.1　一般正弦交流电路的功率

一般的正弦交流电路限于一个仅由电阻、电感和电容等类元件组成的，有一对端纽与外电路相连的无源二端网络。讨论一般的二端网络处于正弦稳态时的功率问题。因为总可以将一个复杂的无源二端网络等效为一个阻抗 Z（或导纳 Y）。所以，此问题的讨论就可以转化为一个阻抗 Z（或导纳 Y）在正弦交流信号输入时的功率问题。

若二端网络端纽上的电压、电流采用关联参考方向，其表示式分别为

$$u=\sqrt{2}U\sin(\omega t+\varphi_{\mathrm{u}})$$

$$i=\sqrt{2}I\sin(\omega t+\varphi_{\mathrm{i}})$$

则该二端网络吸收的瞬时功率为

$$p=ui=2UI\sin(\omega t+\varphi_{\mathrm{u}})\sin(\omega t+\varphi_{\mathrm{i}})=UI[\cos(\varphi_{\mathrm{u}}-\varphi_{\mathrm{i}})-\cos(2\omega t+\varphi_{\mathrm{u}}+\varphi_{\mathrm{i}})] \qquad (2\text{-}47)$$

图 2-20 给出了电压 u、电流 i 和瞬时功率 p 的波形图。从波形图可见，瞬时功率 p 有正有负。在电压 u 或电流 i 为零的瞬间 p=0，一般情况下，$\varphi_{\mathrm{u}}\neq\varphi_{\mathrm{i}}$。在一个周期内有两段时间 u 和 i 方向相反，这时 p<0，表示该二端网络将能量送回含电源的外部电路。还有两段时间 u 和 i 方向一致，这时 p>0，表示该二端网络消耗能量。即瞬时功率有正有负，表明二端网络与含电源的外部电路间有能量交换。

图 2-20 中瞬时功率的平均值 P 与式（2-47）中的常数项 $UI\cos(\varphi_u-\varphi_i)$ 相对应（因 $\cos(2\omega t+\varphi_u-\varphi_i)$ 在一周期中平均值中平均值为零），它代表了二端网络中的能量消耗。即

$$P=\frac{1}{T}\int_0^T p\mathrm{d}t=\frac{1}{T}\int_0^T UI[\cos(\varphi_u-\varphi_i)-\cos(2\omega t+\varphi_u+\varphi_i)]\mathrm{d}t=UI\cos(\varphi_u-\varphi_i)$$

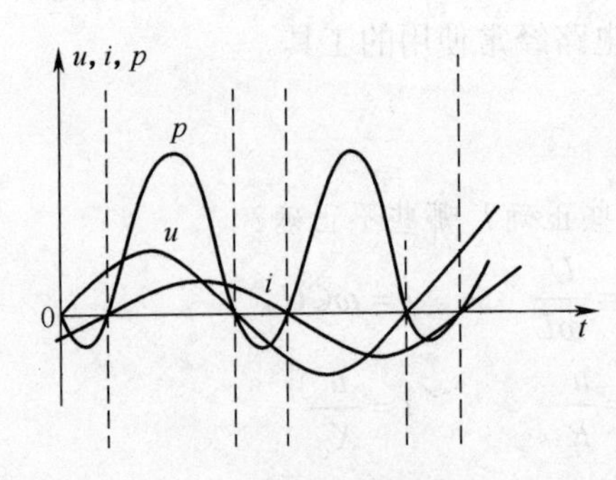

图 2-20　瞬时功率的波形

记 $\varphi=\varphi_u-\varphi_i$ 为电压和电流的相位差，即

$$P=UI\cos\varphi \tag{2-48}$$

P 又称有功功率，它代表电路实际消耗的平均功率。式中，$\cos\varphi$ 称为功率因数，φ 称为功率因数角。

对该二端无源网络，依据欧姆定律的相量形式。有

$$\dot{U}=Z\dot{I}$$

即

$$Z=\frac{\dot{U}}{\dot{I}}=|Z|\angle\varphi_z$$

此处的 φ_z 称为阻抗角，显然，它就是电压与电流的相位差，也就是功率因数角。

二端网络端纽电压和电流有效值的乘积称为视在功率（或表观功率），用大写字母 S 表示。即

$$S=UI \tag{2-49}$$

视在功率不像平均功率 P，它不表示实际消耗的功率，但它反映电气设备的容量，以发电机为例，发电机是按照一定的额定电压和额定电流值来设计和使用的，超过额定值，发电机就可能遭到损坏。为了区别有功功率，视在功率的单位不用瓦（W）而用伏安（VA）表示，这也反映了容量的特点。

综合式（2-48）和式（2-49）可见，功率因数 $\cos\varphi$ 表明有功功率与视在功率的比例。

下面对这个问题作深入讨论。

利用正弦交流电流和电压的解析表达式，以及在电阻 R、电感 L 和电容 C 上的正弦交流电流和电压关系，可求得在电阻 R、电感 L 和电容 C 上的功率分别为

$$p_R=u_R i=\sqrt{2}U_R\sin\omega t\cdot\sqrt{2}I\sin\omega t=2U_R\cdot I\sin^2\omega t$$

$$p_L=U_L I\sin 2\omega t$$

$$p_C=-U_C I\sin 2\omega t$$

显然，p_L 和 p_C 符号相反，形式相同，表明二者是相互补偿的，电感吸收能量时，电容释放能量，反之亦然。总功率 p 为

$$p=p_R+p_L+p_C=2U_R I\sin^2\omega t+(U_L-U_C)I\sin 2\omega t$$

考虑到

$$U_{\mathrm{R}}=RI,\quad U_{\mathrm{L}}=X_{\mathrm{L}}I,\quad U_{\mathrm{C}}=X_{\mathrm{L}}I,\quad U=|Z|I$$

所以

$$U_{\mathrm{R}}=\frac{R}{|Z|}U=U\cos\varphi$$

$$U_{\mathrm{L}}-U_{\mathrm{C}}=\frac{(X_{\mathrm{L}}-X_{\mathrm{C}})}{|Z|}U=U\sin\varphi$$

得到

$$\begin{aligned}p&=2UI\cos\varphi\sin^2\omega t+UI\sin\varphi\sin2\omega t\\&=UI\cos\varphi(1-\cos2\omega t)+UI\sin\varphi\sin2\omega t\end{aligned}\tag{2-50}$$

上式中前项即为电阻分量上消耗的功率，其平均值为有功功率 P，即式（2-48），后项是电抗（电感和电容）分量上的功率，定义其最大值为无功功率 Q，单位为乏（var）。

$$Q=UI\sin\varphi\tag{2-51}$$

由于 $\sin 2\omega t$ 的周期性，其平均值为零，它表示电抗分量不消耗能量而只和外界进行能量交换的速率，对于纯电阻电路，$Q=0$；对于纯电感电路，$Q=U_{\mathrm{L}}I_{\mathrm{L}}$；对于纯电容电路，$Q=U_{\mathrm{C}}I_{\mathrm{C}}$。

综合式（2-48）、式（2-49）和式（2-50），得到有功功率 P、无功功率 Q 以及视在功率 S 三者的关系（参看图 2-21）：

$$\begin{cases}S=\sqrt{P^2+Q^2}\\\tan\varphi=\dfrac{Q}{P}\end{cases}\tag{2-52}$$

或

$$Q=P\tan\varphi$$

例 2-6　图 2-22 是用电压表、电流表和功率表测量一个线圈参数的电路。已知电压表读数为 90V，电流表读数为 1.5A，功率表读数为 45W。求线圈的电阻 R 和电感 L，以及它的功率因数。电源频率为 50Hz。

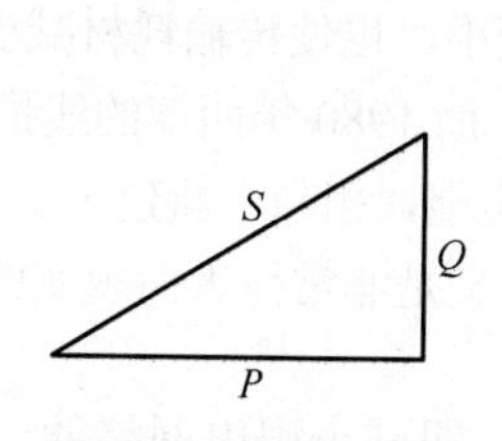

图 2-21　功率三角形

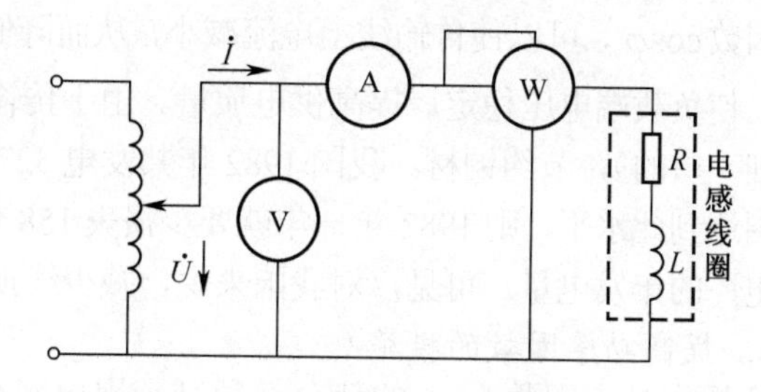

图 2-22　例 2-6 电路

解　用电阻 R 和电感 L 的串联电路表示待测线圈，已知 U 和 I，可求其阻抗 Z，

$$Z=\frac{U}{I}=\frac{90}{1.5}=60\,\Omega$$

再由 $P=I^2R$，求 R：

$$R=\frac{P}{I^2}=\frac{45}{1.5^2}=20\,\Omega$$

故等效的串联电抗

$$X_{\mathrm{L}}=\sqrt{Z^2-R^2}=\sqrt{60^2-20^2}=56.57\,\Omega$$

对应的电感 $L = X_L / \omega = 56.57/(2\pi \times 50) = 0.1801\text{ H}$

该电感电路的功率因数

$$\cos\varphi = \frac{P}{UI} = \frac{45}{90 \times 1.5} = 0.3333$$

2.3.2 提高功率因数的意义和方法

功率因数 $\cos\varphi$ 是交流电网络的重要技术指标。提高功率因数是电力网中的一项重要的技术措施。为什么要提高功率因数呢？主要有以下两个原因。

1. 充分利用电气设备的容量

通常交流电源设备（发电机、变压器等）都是根据其额定电压和额定电流的乘积——额定容量（即额定视在功率）进行设计的，它与电气设备的体积、材料、结构等有关。例如，电机的额定电流、额定电压就与电机的用铜量、用铁量、绝缘材料消耗量和体积等有关。那么交流电源对外输送的有功功率是多少呢？这就决定于负载的功率因数的大小，只有负载的功率因数等于额定值（一般为 0.8～0.9）时，电源才能对外输出额定的有功功率 P_N

$$P_N = U_N I_N \cos\varphi_N = S_N \cos\varphi_N$$

若负载的功率因数低于额定值，电源就发不出足够的额定的有功功率 P_N，无功功率 $Q = S_N \sin\varphi_N$ 的分量变大，这部分能量空返于电源和负载之间，占据了发电机的一部分容量。例如一台额定容量为 356MVA 的大型发电机，其额定负载功率因数为 0.9，则发电机发出的有功功率为 320MW；若负载的功率因数提高到 1.0，则它可发出 356MW 的有功功率；若负载的功率因数只有 0.8，则发电机只能发出 284.8MW 的有功功率，低于额定值，它的原动机（例如水轮机和汽轮机）、锅炉和附属设备容量都得不到充分的利用。

2. 减少输电线上的能量损耗和电压损失

提高功率因数的另一个意义，就是可以降低输电线路的损耗和线路上电压损失。输电线上的损耗为 $P_L = I^2 R_L$（R_L 为输电线电阻），线路上电压降落为 $U_L = R_L I$，而线路电流 $I = \dfrac{P}{U\cos\varphi}$，提高功率因数 $\cos\varphi$，可以使传输线上电流减小，从而降低传输线上的功率损耗和电压损失，提高传输效率，使负载端电压稳定，提高供电质量。由于传输线上电流变小，也使传输耗材减少（导线可以选细一些的），节约铜材。我国 1982 年共发电 3277 亿 kW·h，而 1980 年西德的线损仅 4.1%，若我国达到此水平，则 1982 年一年就要少损失 158 亿 kW·h 的电能，相当于新建一个 300 万 kW 的大电厂的年发电量。可见，对我国来说，减少线损的意义的意义是非常巨大而现实的。

3. 提高功率因数的措施

要提高功率因数 $\cos\varphi$ 的值，必须减小用电网络的阻抗角，即减小用电网络的无功功率。常用的方法有：

（1）减少轻载和空载负荷（如空载变压器和异步电动机等）。

（2）适当选用电动机容量，避免大马拉小车。尽量使电动机的功率等于或接近负载功率。

（3）在感性负载两端并联电容器，这是提高 $\cos\varphi$ 的主要措施。

※2.4 正弦交流电路的谐振

在有电感和电容的正弦交流电路中，电路中的端电压和电流一般是不同相的，因电路的阻抗 Z 不仅有电阻 R，还包含有电抗 X，即

$$Z = \frac{\dot{U}}{\dot{I}} = R + jX$$

如果调节电路的参数或电源的频率使电压与电流同相，使电路的等效阻抗变为纯电阻，这时就说电路中发生了谐振。

电路发生谐振时，往往产生一些特殊的现象。人们认识和掌握谐振现象的客观规律，已在电工和电子工程技术中获得广泛的应用，如信号发生器中的振荡器、选频网络等。但谐振又可能破坏电路和系统的正常工作状态，甚至造成电路严重的损害，因此，研究电路的谐振现象有重要的实际意义。

以上已给出了谐振的定义和条件：电压与电流同相，等效阻抗变为纯电阻。这是分析电路谐振的关键。

作为例子，首先分析串联谐振及并联谐振。

2.4.1　串联电路的频率特性和谐振现象

1. 串联谐振的条件和谐振频率

在一般情况下，如图 2-12 所示 RLC 串联电路，在正弦交流电压作用下，其等效阻抗 Z 为

$$Z = R + jX = R + j(X_L - X_C) = R + j\left(\omega L - \frac{1}{\omega C}\right)$$

由于有电抗 X 存在，电路中的电流与电压的相位是不同的，通过调节电路参数（L，C）或改变外加电压频率，可以使电抗

$$X = X_L - X_C = 0$$

即

$$\omega L - \frac{1}{\omega C} = 0 \tag{2-53}$$

于是阻抗 Z 变为纯电阻 R，此时，电流与电压同相位，电路发生了谐振，式（2-53）即为串联谐振条件，由此可得谐振角频率为

$$\omega_0 = \frac{1}{\sqrt{LC}} \tag{2-54}$$

谐振频率为

$$f_0 = \frac{\omega_0}{2\pi} = \frac{1}{2\pi\sqrt{LC}} \tag{2-55}$$

2. 串联谐振的特征

串联电路的谐振有以下特征：

（1）阻抗 Z 呈现电阻性，为最小值 R，阻抗角 $\varphi = 0$。因为此时感抗和容抗等值反号，电抗为零。

（2）电路中电流达到最大值：$I_m = U/R = I_0$，且与电压同相位。在图 2-23 中分别画出了阻抗和电流随频率变化的曲线。注意：图中感抗减去容抗。

（3）电感上电压 $\dot{U}_L$ 与电容上电压 $\dot{U}_C$ 大小相等相位相反，互相抵消，对整个电路不起作用，外加电压 $\dot{U}$ 全部降落在电阻上，即 $\dot{U} = \dot{U}_R = \dot{I}R$，其相量图如图 2-24 所示。并且电感或电容上的电压远高于外加电压，是外加电压的 Q 倍，有

$$Q = \frac{U_L}{U} = \frac{X_L}{R} = \frac{\omega_0 L}{R}$$

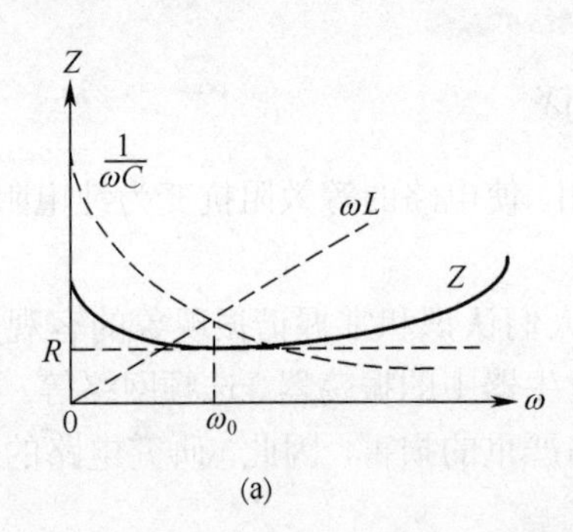

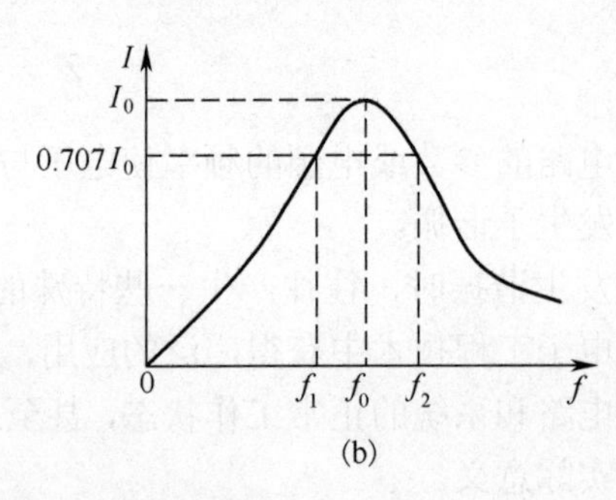

图 2-23 阻抗与电流随频率变化的曲线

（a）Z～f 关系曲线；（b）I～f 关系曲线

或

$$Q=\frac{U_{\mathrm{C}}}{U}=\frac{X_{\mathrm{C}}}{R}=\frac{1}{\omega_0 CR}$$

故

$$Q=\frac{\omega_0 L}{R}=\frac{1}{\omega_0 CR}=\frac{1}{R}\sqrt{\frac{L}{C}}$$

称为电路的品质因数，其数值一般为几十至几百，因此串联谐振也称为电压谐振。

（4）串联谐振时，电路吸收（消耗）的有功功率为

$$P=UI\cos\varphi=UI=I^2R$$

而无功功率 Q 为零。因电感与电容之间只进行能量交换，形成周期性的电磁振荡。

3. 串联谐振的应用

下面讨论串联谐振的应用。

（1）在电力工程中，谐振时电容或电感上电压过高，可能会使电容击穿或烧坏电感，所以要避免产生串联谐振。

（2）在电子工程中，串联谐振电路常用来构成选频电路、带通电路和振荡器等。图 2-25 是无线电接收机中的输入选频电路，图中 R、L 为次级线圈的等效电阻和电感。

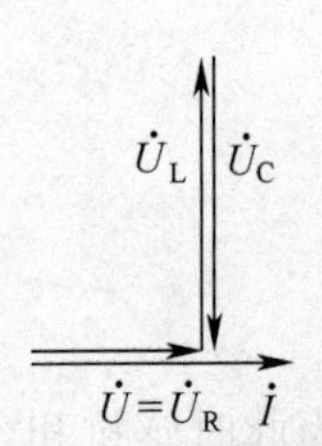

图 2-24 串联谐振时的电流电压相量图

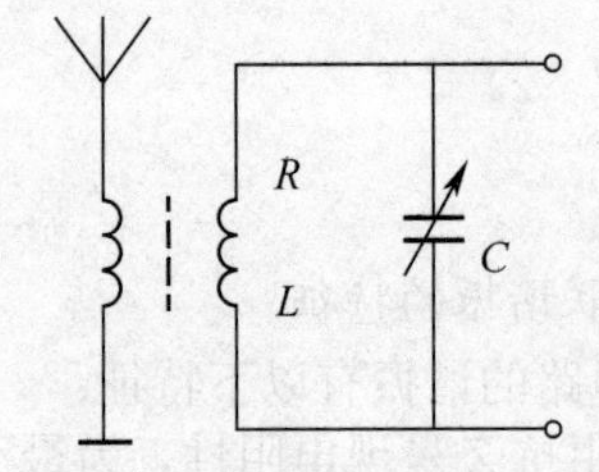

图 2-25 串联谐振电路构成无线电接收机的输入选频电路

其工作原理如下：从天线接收到的各种频率的信号都在 RLC 谐振电路中感应出电动势，只有接近或等于谐振频率的信号产生的电流最大，在电容器两端得到这种频率的电压才最高，就可以实现选频（调台）的目的。图 2-23（b）显示了 RLC 电路中的电流 I 随频率 f 变化的情况。改变电容器的容量，也就改变了谐振频率，改变了所选的信号（换台）。通常我们希望被选中的信号越少越好，才不致于出现被接收下来的信号相互干扰的情况。我们把谐振电路这种“选频”的能力称为选择性。定量说明选择性好坏的物理量是通频带。我们把电流等于最大值

的 0.707（即 $1/\sqrt{2}$）处的频率上下限 ω_2 和 ω_1 之间的宽度称为通频带 BW。

$$BW = \omega_2 - \omega_1 = 2\pi(f_2 - f_1) = 2\pi\Delta f \tag{2-56}$$

往往也直接称Δf为通频带。

Δf越小，图 2-23（b）中曲线越尖锐，I_0的相对值越大，于是 U_L 和 U_C 越大，由式（2-56）可知，Q 也越大，表明通频带越窄，选择性越好。所以品质因数 Q 的大小，表明了电路选择性的好坏。

由品质因数 Q 的表达式可知，为了提高电路的选择性，就必须减小电阻 R，除了减少电感线圈的电阻，还要设法减少电路中的各种损耗，包括线圈的铁芯损耗或磁芯损耗和电容器的介质损耗等。

2.4.2 并联电路的频率特性和谐振现象

正弦交流并联电路如图 2-16 所示。其等效导纳为

$$Y = G + \mathrm{j}\left(\omega C - \frac{1}{\omega L}\right) = G + \mathrm{j}(B_C - B_L) = G + \mathrm{j}B$$

当在某一频率正弦信号作用下，使得容纳与感纳相等，即电路电纳为零时，电路形成纯电导电路，其电流和电压同相位，产生谐振，称为并联谐振。显然，其谐振频率和串联谐振时的计算公式一样，仍为 $\omega_0 = 1/\sqrt{LC}$。此种谐振电路在工程中见得较少，常用的是含有电阻和电感参数的线圈与电容器并联的电路的谐振问题。分析如下。

1. RL 和 C 并联电路发生谐振的条件与谐振频率

如图 2-26（a）所示的 RL 和 C 并联电路的相量模型，此时 RL 支路中的电流

$$\dot{I}_L = \frac{\dot{U}}{R + \mathrm{j}X_L} = \frac{\dot{U}}{R + \mathrm{j}\omega L}$$

电容 C 支路的电流

$$\dot{I}_L = \frac{\dot{U}}{-\mathrm{j}X_L} = \frac{\dot{U}}{-\mathrm{j}\dfrac{1}{\omega L}} = \mathrm{j}\omega C\dot{U}$$

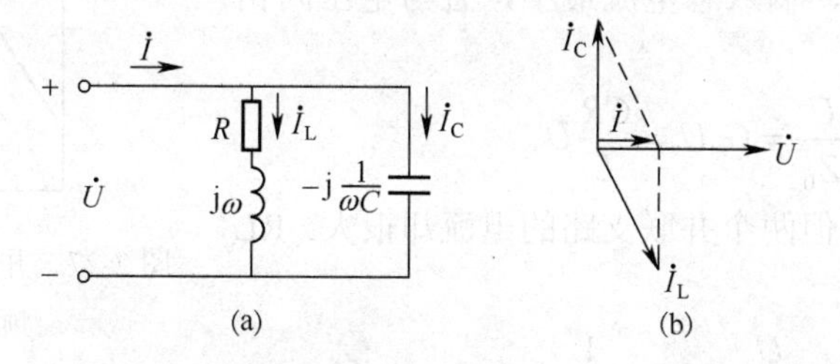

图 2-26 并联谐振电路的相量模型和相量图

（a）并联电路的相量模型；（b）并联谐振相量图

故总电流

$$\dot{I} = \dot{I}_L + \dot{I}_C = \frac{\dot{U}}{R + \mathrm{j}\omega L} + \mathrm{j}\omega C\dot{U} = \left[\frac{R}{R^2 + (\omega L)^2} + \mathrm{j}\left(\omega C - \frac{\omega L}{R^2 + (\omega L)^2}\right)\right]\dot{U} \tag{2-57}$$

此式表明若要使电路中的电流 $\dot{I}$ 与外加电压 $\dot{U}$ 同相位，则相量 $\dot{I}$ 的垂直分量为零，即电路为纯电导。那么要求谐振条件为

$$\omega C=\frac{\omega L}{R^2+(\omega L)^2}$$

由此得 RL 和 C 并联电路的谐振频率为

$$f_0=\frac{\omega_0}{2\pi}=\frac{1}{2\pi}\sqrt{\frac{1}{LC}-\frac{R^2}{L^2}}=\frac{1}{2\pi\sqrt{LC}}\sqrt{1-\frac{CR^2}{L}} \tag{2-58}$$

可见并联电路的谐振频率也是由电路参数决定的，不仅与 L、C 有关，而且与 R 有关。从式(2-58)可见，当 $R>\sqrt{L/C}$，则 f_0 为虚数，不存在谐振问题；只有当 $R\leqslant\sqrt{L/C}$ 时，f_0 为实数，电路才有可能谐振。

在实用中，RL 和 C 并联谐振电路的损耗很小，即电阻 $R<<\omega_0 L$ 或 $R<<\sqrt{L/C}$，因此 RL 和 C 并联电路的谐振频率可近似为

$$f_0=\frac{1}{2\pi\sqrt{LC}} \tag{2-59}$$

这与串联电路的谐振频率公式相同。

RL 和 C 并联谐振电路有以下特征：

（1）导纳呈纯电导性，电纳分量为零。导纳为最小值

$$Y=G_0=\frac{R}{R^2+\omega^2L^2} \tag{2-60}$$

考虑到 $\omega=2\pi f$，将式（2-58）代入式（2-60），得

$$G_0=\frac{CR}{L} \tag{2-61}$$

自然，谐振时，阻抗为最大值，性质为纯电阻 R_0（注意，R_0 不是 R），有

$$Z_0=R_0=\frac{1}{G_0}=\frac{L}{RC} \tag{2-62}$$

因电阻 R 很小，故并联谐振呈现高阻抗特性。若 $R\to 0$，则 $Z_0\to\infty$，则电路不允许频率为 f_0 的电流通过。阻抗随频率变化的曲线见图 2-27。

（2）并联谐振时，输入总电流最小，且与电压同相位。故

$$I_0=\frac{U}{Z_0}=G_0U=\frac{CR}{L}U$$

当 $R\to 0$，则 $I_0\to 0$，但两个并联支路的电流却很大。RL 支路的电流

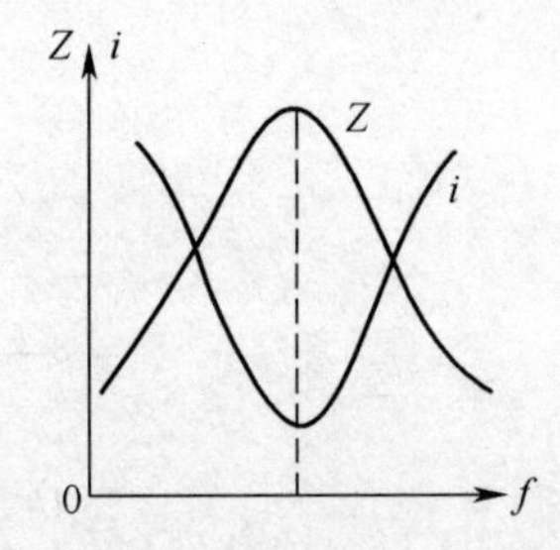

图 2-27　并联电路的阻抗和电流与频率的关系曲线

$$I_{\mathrm{L}}=\frac{U}{\sqrt{R^2+\omega_0^2L^2}}\approx\frac{1}{\omega_0 L}U$$

电容 C 支路的电流

$$I_{\mathrm{C}}=\frac{U}{\dfrac{1}{\omega_0 C}}=\omega_0 CU$$

当 $R<<\sqrt{L/C}$ 时，$I_{\mathrm{L}}\approx I_{\mathrm{C}}>>I_0$，而相位近似相反，且远大于总电流。并联谐振时电压、电流的相量图见图 2-26（b）。谐振时两支路电流与总电流的比值为

$$\frac{I_{\mathrm{L}}}{I_0}\approx\frac{U}{\omega_0 L}\Bigg/\frac{U}{\dfrac{L}{RC}}=\frac{1}{\omega_0 CR}=\frac{1}{R}\sqrt{\frac{L}{C}}=Q$$

$$\frac{I_{\mathrm{C}}}{I_0}=\frac{\omega_0 CU}{U\Big/\dfrac{L}{RC}}=\frac{\omega_0 L}{R}=\frac{1}{R}\sqrt{\frac{L}{C}}=Q$$

这就是谐振电路的品质因数 Q，与串联谐振时的品质因数表示式完全相同。说明并联谐振时，通过电感和电容支路的电流是总电流的 Q 倍，Q 值一般可达几十至几百，所以并联谐振又称为电流谐振。这实际上是大的无功电流（$\dot{I}_{\mathrm{C}}$ 和 $\dot{I}_{\mathrm{L}}$）在线圈与电容器组成的回路中往返流动，形成电磁振荡而很少流回电源所致。图 2-27 显示了总电流随频率 f 变化的情况。

（3）并联谐振时电压的特点。

两支路并联，其各支路电压及总电压均相等，并与总电流 $\dot{I}$ 同相位，但比 $\dot{I}_{\mathrm{C}}$ 滞后 90°，超前 $\dot{I}_{\mathrm{L}}$ 近乎 90°，参见图 2-26（b）相量图。电压随频率而变化，对于频率等于谐振频率的信号，该电路呈现出最大的阻抗，从而电路两端电压也最大；而对其他频率的信号，阻抗小，电路两端电压也最小。因此可以在并联谐振电路两端把所需频率的信号选出来，实现了“选频”的作用。选频性能的好坏决定于 Q 值的大小。

（4）并联谐振时功率的特点。

谐振时，$\dot{U}$、$\dot{I}$ 同相，$\varphi=0$，故与串联谐振相同，也有如下关系式：

$$\cos\varphi=1$$

$$P=UI\cos\varphi=UI=S\qquad\text{有功功率等于视在功率}$$

$$Q=UI\sin\varphi=0\qquad\text{无功功率等于零}$$

即谐振电路只从电源吸收少量电能维持电感与电容间的电磁振荡（补充电磁振荡中的能耗），而与电源间没有能量交换。

2. 并联谐振的应用

在电子工程中应用并联谐振阻抗高的特点来选择信号或消除干扰。

例 2-7　并联谐振常用于收音机中的中频放大器，来选择 465kHz 的信号，设线圈 L=150μH，电阻 R=5Ω，谐振时的总电流 I_0= 1mA。试求：

（1）选择 465kHz 的信号应选配多大的电容。

（2）谐振时的阻抗。

（3）电路的品质因数。

（4）电感器和电容器中的电流和两端电压。

解　（1）要选择 465kHz 的信号，必须使电路的固有频率 f_0= 465kHz。即谐振时的感抗为

$$\omega_0 L=2\pi f_0 L=2\pi\times465\times10^{-3}\times150\times10^{-6}=438\Omega$$

而线圈电阻 R=5Ω，符合 $\omega_0 L<<R$，可近似认为 $\omega_0 L=\dfrac{1}{\omega_0 C}$，即

$$C=\frac{1}{\omega_0^2 L}=\frac{1}{(2\pi f_0)^2 L}=\frac{1}{(2\pi\times465\times10^{-3})^2\times150\times10^{-6}}=780\mathrm{pF}$$

（2）谐振阻抗

$$|Z_0|\approx\frac{(\omega_0 L)^2}{R}=\frac{438^2}{5}=38.4\mathrm{k\Omega}$$

（3）品质因数

$$Q=\frac{\omega_0 L}{R}=\frac{438}{5}=88$$

（4）电感与电容中的电流

$$I_{\mathrm{L}}=I_{\mathrm{C}}=QI_0=88\times 1=88\mathrm{mA}$$

此时电感与电容上的电压相等，并为最大值

$$U_{\mathrm{L}}=U_{\mathrm{C}}=I_0|Z_0|=1\times 10^{-3}\times 38.4\times 10^{3}=38.4\mathrm{V}$$

思考题

2-6 如图 2-28 所示电路，外加电压 u 是一直流电压与一频率为 f 的正弦交流电压之和，LC 串联或并联的固有频率为 f_0，试问当 $f_0=f$ 时，在通过负载 R 的电流中可有直流或一频率为 f 的正弦交流成分？（电感 L 的电阻不计）。

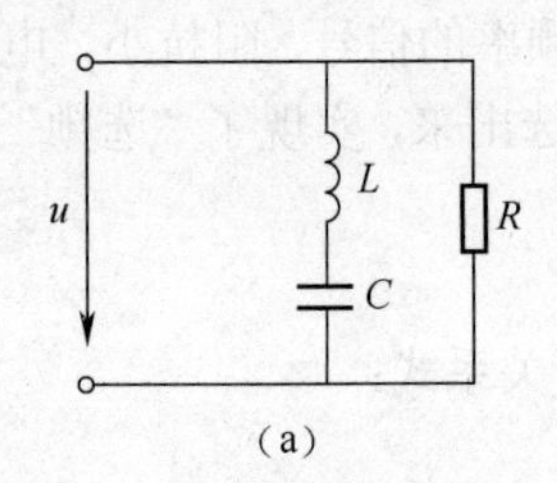

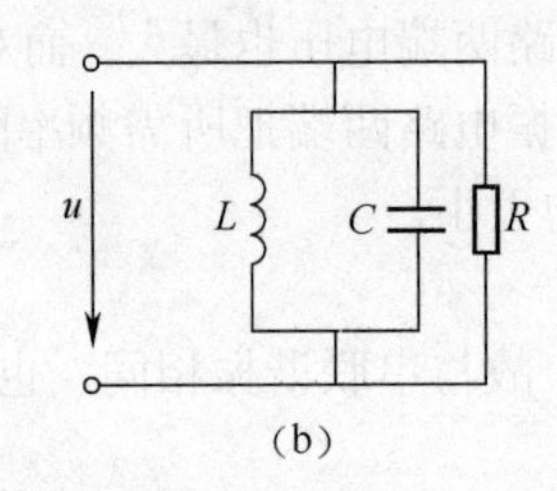

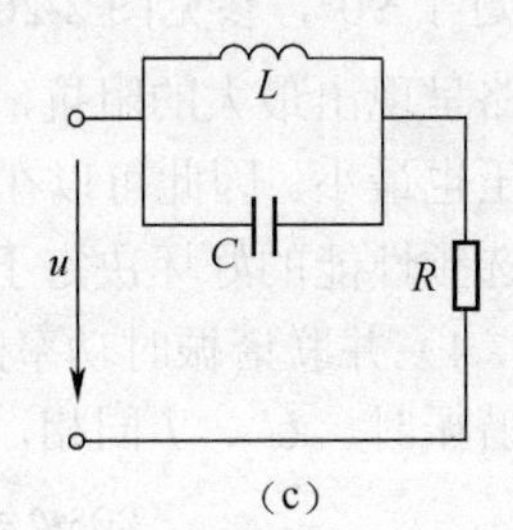

图 2-28 思考题 2-6 的电路图

2-7 当通过调节串联谐振电路的电容实现串联谐振时，怎样才能知道电路中发生了谐振？

2-8 如图 2-29 所示电路，当外加电压的频率由 0 逐渐增大到∞时，电路能否在 L 和 C_2 发生串（并）联谐振的同时又发生并（串）联谐振？为什么？如果不能，是先发生串联谐振，还是先发生并联谐振？为什么？

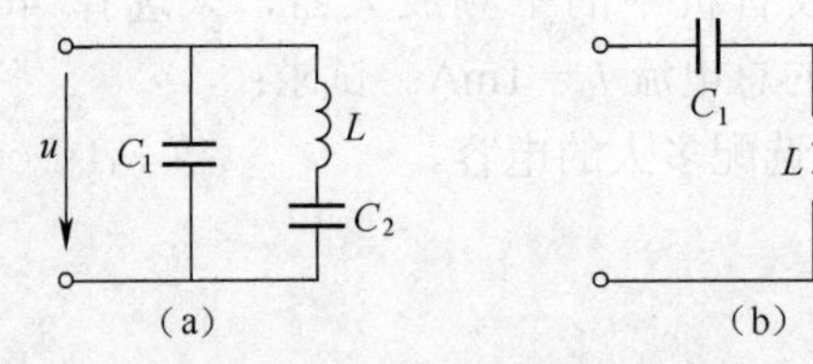

图 2-29 思考题 2-8 的电路图

2-9 当调节并联谐振电路的电容以实现并联谐振时，怎样才能知道电路中发生了谐振？

2.5 电磁现象及其应用

前面几章介绍了电路的基本概念、基本定律和基本分析方法。事实上，只要有电流，其周围必然有磁场，电与磁是紧密联系在一起的物理现象，电动机、变压器以及诸多电气电子设备和磁记录装置都是通过电磁相互联系和相互作用来完成机电之间能量和信号的转换与传递的。为此，本节从常见的电磁现象和磁场基本规律出发，介绍磁记录的基本原理和主要性能，简单分析直流电动机和变压器的工作原理，并对计算机的输入输出接口作一简单介绍。

2.5.1　常见的电磁现象

人们在实践中发现，一种含有四氧化三铁（Fe_3O_4）的矿石能够吸引铁、钴、镍等物质片，并将这种能够吸引铁、钴、镍等物质的性质叫做磁性。具有磁性的物质叫做磁铁。使原来不带磁性的物体具有磁性，叫做磁化。磁铁有天然存在的（如磁铁矿），叫做天然磁铁；也有用磁化方法制成的，叫做人造磁铁。常见的人造磁铁，一般有条形、马蹄形和针形等几种。天然磁铁和人造磁铁都叫永磁铁，永磁铁的主要特性如下：

（1）不论磁铁的形状如何，总是表现出两极的磁性最强，而且一端是南极（S 极），另一端是北极（N 极）。

（2）两个磁铁互相靠近时，总是同性的磁极互相排斥，异性的磁极互相吸引。因为地球就是一个巨大的磁体，它同样有 N 和 S 两极，由于地球北极显示的磁性是 S 极，它吸引指南针的 N 极，所以指南针的 N 极总是停在指北的位置。

（3）永磁体不存在单独的 N 极或 S 极。无论将永磁体分为多少小块，每一小块仍有一对 N、S 极，如图 2-30 所示。因此永磁体不存在单独的 N 极或 S 极，这是电和磁的基本区别之一。

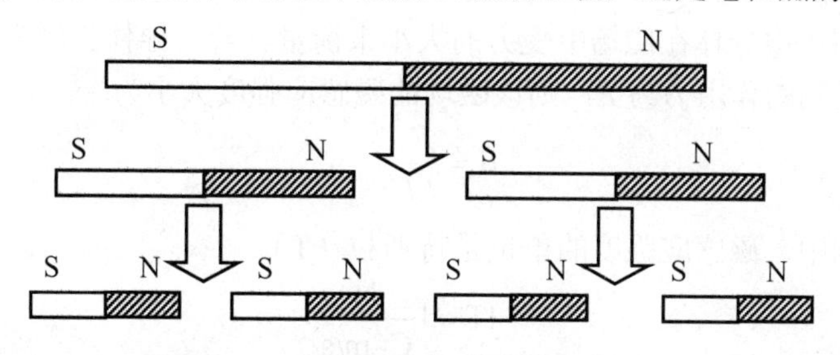

图 2-30　分割后的磁体总存在 N、S 极

1820 年，丹麦科学家奥斯特发现了电流的磁效应，第一次揭示了磁与电存在着联系，从而把电学与磁学联系起来，使电磁学进入一个迅速发展的阶段。

将一可以自由转动的磁针，平行放置于南北取向的直导线上方（或下方），然后给直导线通以电流，磁针将受到作用力而偏转（图 2-31）。电流反向，磁针的偏转方向也随之反过来，这表明电流周围存在一种特殊的物质，电流通过它给周围的磁体以作用力。这种特殊的物质称为磁场。置于磁场中的小磁针北极的指向就是该处的磁场方向，磁场方向和电流方向满足右手螺旋关系：若以右手握导线，拇指伸直代表电流方向，则弯曲四指就指向磁场围绕的方向（如图 2-32 所示）。

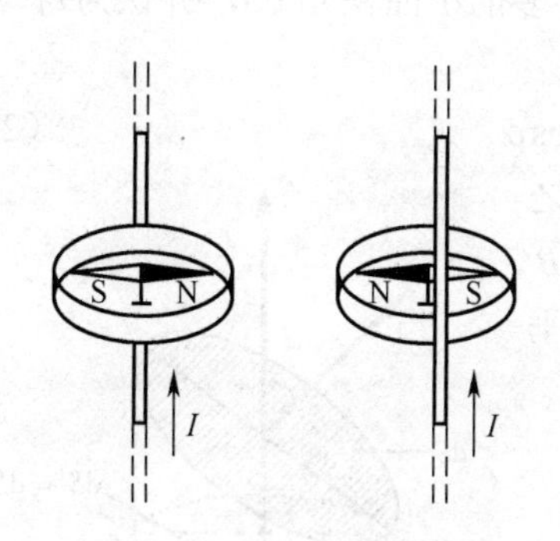

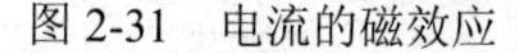

图 2-31　电流的磁效应

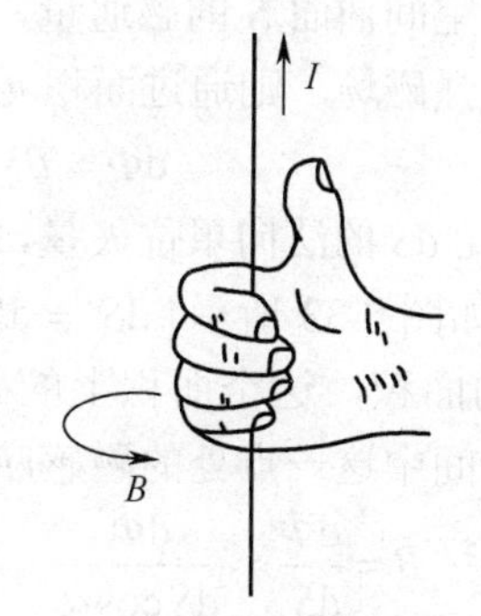

图 2-32　确定通电直导线周围磁场方向的右手螺旋法则

不仅电流产生磁场，而且置于磁场中的电流要受到该磁场的力的作用，这个力称为安培

力，以纪念发现这一现象的物理学家安培。例如，两平行直导线通一同向电流，两者互相吸引，若电流方向相反，则互相排斥；永磁体给附近的载流导体以作用力。电动机、电动式扬声器就是根据这个原理制成的。

一切电磁现象都起因于电荷及其运动。我们知道，电荷在其周围激发电场，电场给场中电荷以作用力；而运动电荷在其周围激发磁场，磁场给场中运动电荷以作用力，这是磁现象的本质。载流导体之间、永磁体之间以及电流与永磁体之间的相互作用，都起源于运动电荷（通过磁场）的相互作用。从本质上讲，磁现象与电现象是紧密地联系在一起的。

2.5.2 磁场的基本物理量和基本规律

在任何电流回路和磁极周围都存在着磁场，磁场的特性可用几个物理量表示。

1. *磁感应强度*

磁感应强度 $\vec{B}$ 是表示磁场内任一点磁场强弱和方向的物理量，它是一个矢量。由上一节可知，磁场是由电流产生的，磁感应强度和电流之间符合右手螺旋关系。

如果磁场内各点的磁感应强度 $\vec{B}$ 的大小相等，方向相同，则称该磁场为匀强磁场。

$\vec{B}$ 的大小可用通电导体在磁场中受力的大小来衡量。若一导体长度为 l，所载电流为 I，置于匀强磁场中受到的作用力为 F，则该磁场的磁感应强度大小为

$$B = \frac{F}{I\,l} \tag{2-63}$$

在国际单位制中，磁感应强度的单位是特斯拉（T）。

$$1\mathrm{T} = 1\frac{\mathrm{N}}{\mathrm{C \cdot m/s}}$$

在实用上还有一种较小的单位，称为高斯（Gs）。高斯与特斯拉之间的关系是

$$1\mathrm{T}=10^4\mathrm{Gs}$$

应用式（2-63），若已知 B、I、L，还可以计算出电流所受磁场力的大小，可用左手定则判别电流 I 所受电磁力 F 的方向。这在中学物理中已讲过。

2. *磁通量*

为了形象地描绘磁场在空间的分布情况，人们引进了磁感应线，用磁感应线的疏密（磁通密度）表示磁场中空间各点磁感应强度的大小（磁场的强弱），用磁感应线上各点的切线方向表示磁场的方向。

首先，定义磁通量。穿过磁场空间中某一曲面的磁感应线数目就是通过该曲面的磁通量。

要计算通过空间曲面 S 的磁通量，可以把 S 分为足够多的小面积元 $\mathrm{d}S$，并认为每一面积元上的磁场是匀强磁场，则通过面积元 $\mathrm{d}S$ 的磁通量为

$$\mathrm{d}\Phi = \vec{B}\cdot\vec{n}\mathrm{d}S = B\mathrm{d}S' = B\mathrm{d}S\cos\alpha \tag{2-64}$$

式中，$\vec{n}$ 是面积元 $\mathrm{d}S$ 的法向单位矢量，它与磁感应强度 $\vec{B}$ 之间的夹角为 α，如图 2-33 所示。$\mathrm{d}S' = \mathrm{d}S\cos\alpha$ 是面积元在 $\vec{B}$ 方向上的投影的面积，这个面积上的磁感应线处处与它垂直。于是磁场空间中这一点处的磁感应强度 $\vec{B}$ 的大小为

$$B = \frac{\mathrm{d}\Phi}{\mathrm{d}S'} = \frac{\mathrm{d}\Phi}{\mathrm{d}S\cos\alpha} \tag{2-65}$$

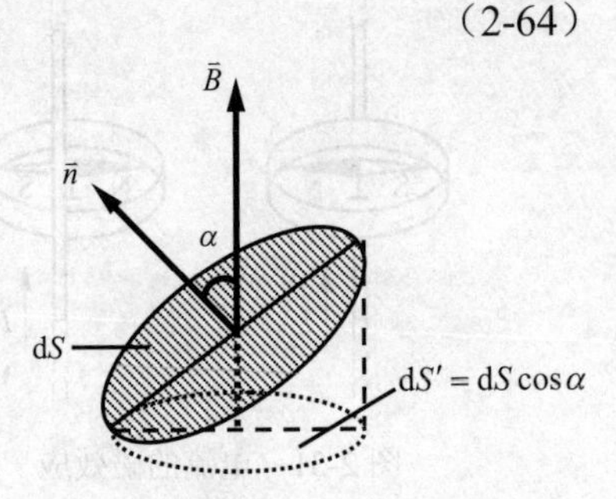

图 2-33 面元ΔS 的磁能量的计算

可见 $\vec{B}$ 在数值上等于通过垂直于 $\vec{B}$ 的单位面积的磁通量。因此 B 也称为磁通密度。在国际单位制中磁通量的单位

为韦伯（Wb），有

$$1\text{Wb} = 1\text{T}\cdot\text{m}^2$$

由式（2-64）可知通过磁场空间中某一曲面 S 的总磁通量为

$$\Phi = \sum \mathrm{d}\Phi = \int_S \mathrm{d}\Phi = \int_S \vec{B}\cdot\vec{n}\mathrm{d}S = \int_S B\cos\alpha\,\mathrm{d}S$$

3. *磁导率*

在磁场作用下能发生变化并反过来影响磁场的媒质叫做磁介质。磁场的分布不仅取决于电流的大小及载流导体的形状，而且与磁介质的性质有关。

由实验结果知道，各种物质对磁场的影响是不同的。在其他条件相同的情况下，某些磁介质中的磁感应强度要比真空中强一些，而另一些磁介质中的磁感应强度要比真空中弱一些，这是由于各种物质的导磁性质不同的缘故。为此引入一个表征物质导磁能力的物理量，即磁导率。磁导率用符号 μ 表示，单位为亨/米（H/m）或欧·秒/米（Ω·s/m），大小由实验确定。真空中的磁导率用 μ_0 表示，其值为

$$\mu_0 = 4\pi\times10^{-7}(\text{H/m})$$

由于这是一个常数，所以将其他磁介质的磁导率与它对比是很方便的。任一磁介质磁导率与真空磁导率的比值叫做该磁介质的相对磁导率，用 μ_r 表示。因此

$$\mu_r = \frac{\mu}{\mu_0} \text{ 或 } \mu = \mu_r\mu_0$$

相对磁导率 μ_r 没有单位，是一个纯数，它表明在其他条件相同的情况下，介质中的磁感应强度是真空中的多少倍。

实验和理论研究表明，磁介质可按其磁特性分为三类：①顺磁质；②抗磁质；③铁磁质。$\mu_r<1$ 的物质叫抗磁质，也就是说，在这类物质中所产生的磁场要比真空中弱一些，石墨、银、锌、铜等属于这类物质。$\mu_r>1$ 的物质叫顺磁质，如空气、锡、铝、铂等，在这类物质中所产生的磁场要比真空中强一些。铁磁质的 $\mu_r>>1$，且 μ_r 不是常数，在其他条件相同的情况下，这类物质中所产生的磁场往往比真空中产生的磁场要强几千甚至几万倍以上，因而在电工技术方面得到了广泛的应用。铁、钴、镍及某些铁的合金都属于这一类。

4. *磁场强度与安培环路定律*

由于磁场的分布与磁介质的性质有关，导致磁场的计算比较复杂。为了使磁场的计算简化，我们引入一个辅助的物理量，即磁场强度。磁场强度也是一个矢量，用符号 $\vec{H}$ 表示。在均匀的磁介质中，磁场强度的数值只与产生磁场的电流大小和载流导体的形状有关，而与磁介质的性质无关。在各向同性非铁磁质中同一点的 $\vec{B}$ 与 $\vec{H}$ 之间关系为

$$\vec{B} = \mu\vec{H} \approx \mu_r\mu_0\vec{H} \tag{2-66}$$

在磁场的计算中，通过磁场强度建立了磁场与电流之间的关系，这就是安培环路定律，其数学表达式为

$$\oint_L \vec{H}\cdot\mathrm{d}\vec{l} = \sum I \tag{2-67}$$

上式可以表述为：磁场强度矢量沿任意闭合路径的线积分等于该路径所包围的全部电流的代数和。其中电流的正负由该电流与所选闭合回路的绕行方向是否符合右手螺旋法则来确定，符合时，电流为正，否则为负。安培环路定理是磁场和磁路计算的基本公式之一。

在国际单位制中，磁场强度的单位是安/米（A/m），在电磁学单位制中，磁场强度的单位是奥斯特（Os），简称奥。两种单位制的关系为

$$1\text{A/m} = 4\pi \times 10^{-3}\text{Os}$$

例 2-8 在一无限长细直导线中通以直流电 I，试计算距导线 r 处的磁感应强度。

解 假设直导线垂直于纸面，"•"表示电流方向向外，如图 2-34 所示。根据对称性可知，以导线为圆心，r 为半径的圆周上各点的磁场强度有相同数值，磁场强度的方向为圆周的切线方向，并与电流方向成右手螺旋关系。

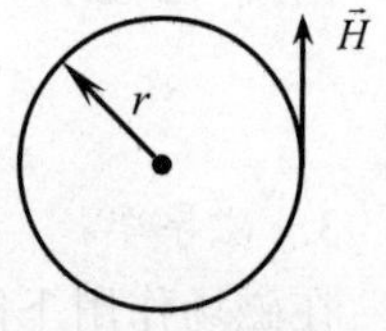

图 2-34 例 2-8 图

将安培环路定理用于图中圆周上有

$$\oint_L \vec{H} \cdot \mathrm{d}\vec{l} = 2\pi r H = I$$

故

$$B = \mu_0 H = \frac{\mu_0 I}{2\pi r} \tag{2-68}$$

5. *法拉第电磁感应定律*

（1）电磁感应现象。电磁感应现象是法拉第于 1831 年发现的。法拉第把他的实验发现归纳为：只要导体回路中的磁通量起变化，就会在导体回路中感应出电流。法拉第的伟大发现，使发电机得以实现，从而让人类跨入了使用电能的新时代。

激起感应电流的电动势叫感应电动势。在任何回路中，只要回路中的磁通量起变化，就会在该回路中产生感应电动势。

1832 年楞次明确给出了确定感应电流方向的表述：闭合回路中感应电流的方向，总是使它所激发的磁场去阻止引起感应电流的磁通量的变化。这个结论称为楞次定律。

（2）法拉第电磁感应定律。法拉第通过大量实验发现：不论采取什么方式，只要穿过闭合回路的磁通量发生变化，就会在该闭合回路中激起感应电动势 ε_i，感应电动势的大小与磁通量 Φ 对时间的变化率 $\frac{\mathrm{d}\Phi}{\mathrm{d}t}$ 成正比，感应电动势的方向与磁通量的变化方向相反。在国际单位制（SI 制）中，感应电动势 ε_i 可表示为

$$\varepsilon_i = -\frac{\mathrm{d}\Phi}{\mathrm{d}t} \tag{2-69}$$

上式就是法拉第电磁感应定律。其中的负号包含着楞次定律的内容。如果回路有 N 匝，每匝的磁通量及其变化率相同，式中的 Φ 可以用 $N\Phi$ 代替。$N\Phi$ 叫做磁链。

法拉第电磁感应定律是能量守恒定律在电磁感应中的具体形式。

2.6 磁记录原理与电磁波及其应用

磁记录是现在使用得非常广泛的一种信息技术。它利用了铁磁材料的特性与电磁感应的规律。用来记录信息（如声音、图像等）的铁磁材料常制成粉状而用粘结剂涂敷在特制的带、圆柱或圆盘的表面，而称为磁带、磁鼓或磁盘。磁记录可以分为模拟记录和数字记录两类，它们的记录原理简述如下。

2.6.1 模拟磁记录原理

录音（录像）和放音（放像）是最常见的模拟磁记录过程。录音（录像）时需要一个磁头，它实际上是一个具有微小气隙的电磁铁，如图 2-35 所示。录音时使磁带靠近磁头的气隙走过。磁头的线圈内此时通入由声音或图像转化成的电信号，即强弱和频率都在改变着的电流。

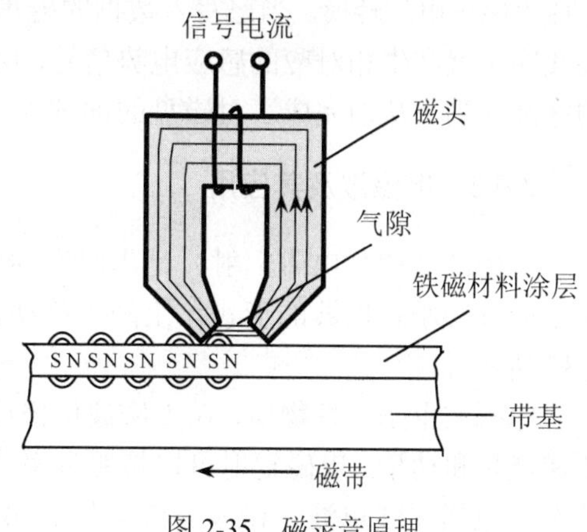

图 2-35　磁录音原理

这电流将使铁芯的磁化状态以及缝隙中的磁场发生同步变化。这变化着的磁场将使在附近经过的磁带上的磁粉的磁化状态发生同步的变化，从而使磁粉离开磁头后，它的剩磁的强弱和极性变化对应于输入磁头的电流的变化，也就是对应于声音或图像信号的变化。这样就在磁带上记录下了声音或图像。

放音（放像）是录音（录像）的逆过程。当录音磁带在磁头的气隙下面通过时，磁带上铁粉的剩磁强弱和极性的变化将引起铁芯内的磁通的变化。这变化将在线圈内产生同步变化的感应电流。很明显，只要此时磁带移动的速度和录音时磁带移动的速度相同，线圈中产生的感应电流的变化将和录音（录像）时输入信号电流的变化相同。将此电流放大再经过电－声转换或电－像转换就可以得到原来记录的声音或图像。

要想把已录的声音（图像）抹去，只要在磁带通过时在磁头的线圈内通以等幅振荡电流就可以了，这就是消音。

录音磁粉和磁头铁芯所用的材料应根据功能的不同进行选择。磁粉要记录声音或图像并要加以保存，所以应具有较大的剩磁和矫顽力。因此，磁粉应选用硬磁材料。对磁头铁芯来说，要求它能及时准确地与信号发生同步变化，所以要求它具有很小的剩磁和较大的磁导率。因此，铁芯要选用磁导率大的软磁材料。

2.6.2　数字磁记录原理

磁记录除了记录声音或图像这种模拟记录外，还有数字记录。它记录的是二进制数字“1”“0”，因此磁粉只能处于正或负两种磁化状态之一。这样，磁粉只能选用矩磁（指其磁化曲线呈矩形，磁化状态只有正向饱和及反向饱和两种）材料。这种记录方法广泛用于计算机的数据存储系统中。

数字磁表面记录分为读和写两个过程，其基本原理与模拟记录类似。写过程就是数据脉冲序列经过磁头线圈时，产生与数据相对应的磁场，磁化磁头缝隙下磁盘表面的磁层，完成“电－磁”转换。当磁盘在磁头下作恒速运动，输入的二进制数据脉冲序列不断改变磁头中电流的方向，也就是不断改变磁场的方向，则在磁盘的表面（磁介质）就刻下了一串与输入脉冲序列相对应的有规律的小的磁化单元，这就是磁盘记录数据的过程，见图 2-36。

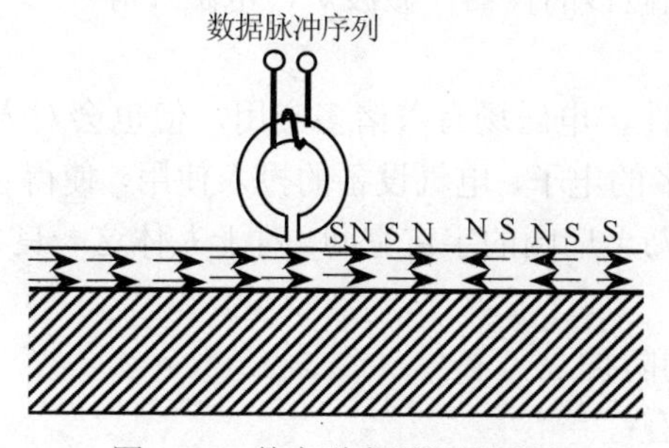

图 2-36　数字磁表面记录原理

读磁盘（或读数据）就是把对应于二进制数据序列的阶跃脉冲系列从磁盘中还原出来，

完成“磁－电”转换。当已写入数据的磁盘恒速经过磁头下方时，磁头线圈切割磁力线，在磁头线圈中就产生相对应的感应电势信号，这个信号经电路放大和处理后，就还原成原来写进去的脉冲序列，从而完成了对磁盘的读过程。

2.6.3 电磁波及其应用

电磁波（或称电磁辐射）是由时变的电场和磁场相互激发而产生的同相振荡，且二者振动平面互相垂直以波的形式在空间中移动，其传播方向垂直于电场与磁场构成的平面。如图2-37所示。

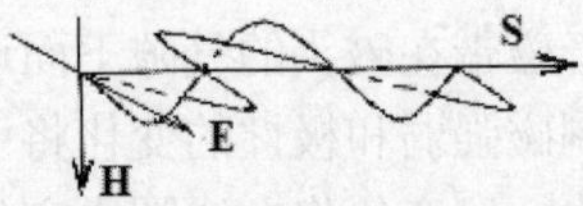

图 2-37 电磁波的传播

电磁波也是一种物质，在电磁波传播过程中，也会有效的传递能量和动量。电磁辐射可以按照频率分类，从低频率到高频率，包括无线电波、微波、红外线、可见光、紫外光、X-射线和伽马射线等。人眼可接收到的电磁辐射，波长大约在380至780纳米之间，称为可见光。只要是本身温度大于绝对零度的物体，都能发射电磁辐射，而世界上并不存在温度等于或低于绝对零度的物体。

1. *电磁波波长*

电磁波按波长来分，有无线电波波长为3000米～0.3毫米。传真（电视）用的波长是3～6米；雷达用的波长更短，3米到几毫米。红外线波长为0.3毫米～0.75微米（其中：近红外为0.76～3微米，中红外为3～6微米，远红外为6～15微米，超远红外为15～300微米）。可见光波长为0.7微米～0.4微米，紫外线波长为0.4微米～10毫微米，X射线波长为10毫微米～0.1毫微米，γ射线波长为0.1毫微米～0.001毫微米，高能射线波长小于0.001毫微米。

2. *电磁波应用*

（1）可见光是所有生物用来观察事物的基础。

（2）在军事上，除了人们熟知的雷达、通信、导航、红外制导导弹等武器外，高功率微波武器等定向能武器和电磁脉冲弹及超宽带、强电磁辐射干扰机出现，使战场的电磁环境十分复杂。电磁环境效应，直接影响着武器装备战斗效能的发挥和战场的生存能力。因此，有效地运用电磁频谱，控制电磁环效应，夺取并保持电磁优势，是打赢现代高技术战争的至关重要因素。

（3）无线电波用于通信，如电报、传真、广播电视、无线电话（大哥大、手机）等。

（4）医疗卫生，如紫外线消毒，伽玛射线放射治疗，X射线透视身体，CT照相等。

（5）工程应用，如红外线遥控，热成像仪，测距仪，工业探伤，使原子发生跃迁从而产生新的射线等。

（6）生活中，如验证假钞的仪器，微波炉，电磁灶等。

3. *电磁场波防护*

任何事物都具有两面性，电磁场有着诸多应用，但也会对人和环境带来污染。随着现代科技的高速发展，越来越多的电子、电气设备的投入使用，使得各种频率的不同能量的电磁波充斥着地球的每一个角落乃至广阔的宇宙空间。对于人体这一良导体，电磁波不可避免地会构成一定程度的危害。

（1）工业电磁辐射的防护。

工业电磁辐射的来源有：

广播电视发射设备和中转台、通信雷达及导航发射设备（如短波发射台、微波通信站、地面卫星通信站、移动通信站）。

高频炉、塑料热合机、高频介质加热机等。医疗用高频理疗机、超短波理疗机、紫外线理疗机等。科学研究用电子加速器及各种超声波装置、电磁灶等。

交通系统的电气化铁路、轻轨及电气化铁道、有轨道电车、无轨道电车等。

电力系统电磁辐射，高压输电线包括架空输电线和地下电缆，变电站包括发电厂和变压器电站。

工业电磁辐射的防护措施如下：

电磁辐射的防护对于不同的电磁辐射污染源，其防护方法是很多的，只要能降低辐射源的辐射，达到国家标准的要求，就可以使用。

新建或新购置的电磁辐射体运行后，必须实地测量电磁辐射场的空间分布。必要时以实测为基础划出防护带，并设立警戒符号。

所有从事电磁辐射体生产的厂家或个人，必须加强电磁辐射体的固有安全设计。工业、科学和医学中应用的电磁辐射设备，出厂时应定期检查这些设备的漏能水平，不得在高漏能水平下使用，并避免对居民日常生活的干扰。长波通讯、中波广播、短波通讯及广播的发射天线，离开人口稠密区的距离，必须满足相关规定安全限值的要求。

电磁辐射水平超过国标规定限值的工作场所必须配备必要的职业防护设备。对伴有电磁辐射的设备进行操作和管理的人员，应施行电磁辐射防护训练。

（2）微波的防护。

微波是高频电磁波，也称射频电磁波，微波波长为 1 米～1 毫米。所对应的频率范围大约在 300M～300000MHz。在整个电磁波谱中，微波的低频端和天线电波的超短波段相连，其高端与红外线的远红外段相接。其波长比中短波长短得多，又比可见光波长长得多。微波的频率比中短波的频率高得多，而比可见光的频率低得多。微波具有一系列不同于短波和光波的特点。

微波广泛应用于通信，日常生活（如广泛使用的家用电器，包括计算机、显示器、电视机、微波炉、无线电话（手机）等）和医疗，给人们的生活带来很多方便，但微波辐射对人体健康也会有不良影响。作为微波设备总离不开部件、馈线和外壳，由于各种原因都会造成微波信号的泄漏，造成主传输通道能量减少和对环境的污染。对工作人员造成额外辐射，对身体造成危害。我国规定，微波设备出厂前，进行鉴定时规定，距设备 5cm 处，外泄能量强度不得超过 $1mW/cm^2$。对微波电磁场防护的标准分两类，一类是职业照射标准，一类是居用环境标准。职业照射标准即早期美国标准，是根据斯开文（Schwan）提出的数据定为 $10mW/cm^2$，后来考虑到共振现象和热效应的吸收率。并在不同的频段规定不同限值，频率在 300～1500MHz 时，为 $300mW/cm^2$，高于 1500MHz 时约为 $5mW/cm^2$。世界上技术发达国家制定的保护居民环境的卫生标准，其阈值强度一般为职业辐射的 1/3～1/10，美国规定在频率大于 1500MHz 以后，职业辐射标准为 $5mW/cm^2$，但居民安全标准为 $0.5mW/cm^2$。

正确使用家用电器，如使用手机最好用耳机接听，远离微波发射源建筑物；连续使用微型计算机时间不要超过 1 个小时，中间休息最少一刻钟；离电视机显示器等视听设备的距离应在 0.6 米以上；荧光屏的亮度和对比度的调节要适中，不宜太强，以免加重刺激。少使用微波炉、电磁灶。

2.7　直流电动机

电动机是一种最常用的电力机械，它能将电能转化为机械能，带动机床、起重机、水泵、造纸机、碾米机等生产机械运转，为人类提供巨大的动力资源。根据电源性质的不同，电动机分为直流电动机和交流电动机两种。

直流电动机虽然结构比较复杂，制造成本和维修工作量比较大，但是在起动、制动和调速等方面性能优越。例如龙门刨床、轧钢机对调速要求较高，起重机、电力牵引车要求起动转矩较大，这些场合常常使用直流电动机。在计算机及其外设系统中，小容量的特殊直流电机应用非常广泛。因此，本节只介绍直流电动机。

2.7.1 直流电机的基本结构

直流电机由静止部分（定子）和转动部分（转子）组成。定子和转子之间由空气隙分开。图 2-38 是直流电机各部分的结构图。

图 2-39 为两极直流电机的剖面图。静止部分用铸铁或铸钢制成圆筒形铁轭，内部固定着由硅钢片叠成的磁极（也可以是永久磁铁）。

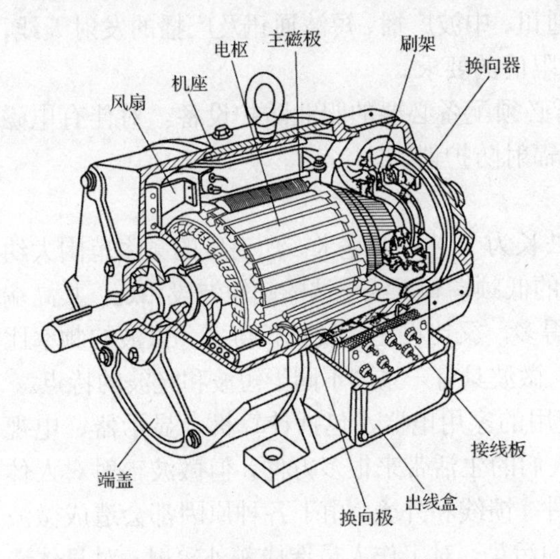

图 2-38 直流电动机的结构

1. 机座；2. 励磁绕组；3. 轴承端盖；
4. 换向器；5. 摇环与刷握；6. 风扇；
7. 主磁极；8. 电枢铁芯；9. 电枢绕组

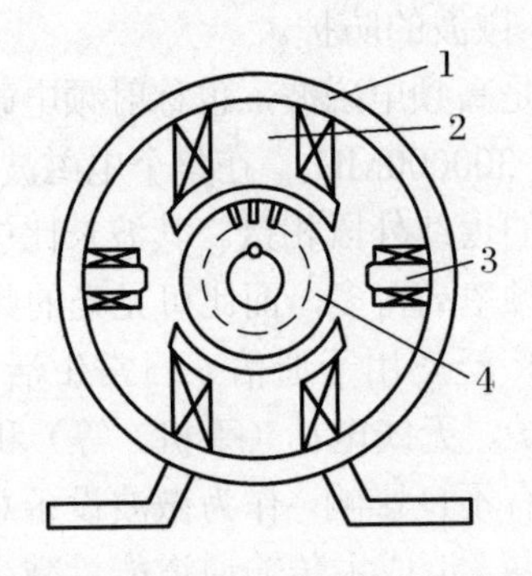

图 2-39 直流电动机的内部截面

定子部分：1. 磁极；2. 主磁极；3. 换向极；
转子部分：4. 电枢铁芯

2.7.2 直流电动机的工作原理

图 2-40 为直流电动机的工作原理图。电刷 A 接直流电源的正极，电刷 B 接负极。

故电流总是从电刷 A 流入，经绕组后再由电刷 B 流出。由图 2-40 可见，电枢绕组有效边 ab 与 cd 无论处于哪个磁极面的下方，根据左手定则，它们都受到电磁力的作用，且在电磁力所产生的转矩的推动下，电枢将沿顺时针方向旋转。电枢转过 180°时，电枢绕组 ab 边和 cd 边互换了位置，因与之相连的换向片也随着转动，所以各边的电流方向也改变，这就是换向片的换向作用。借助换向器的换向作用，使电枢绕组各边到达同一磁极下时具有相同的电流方向，从而使电动机产生固定方向的电磁转矩，仍然驱动电枢沿顺时针方向继续旋转，如此循环往复。这就是直流电动机的工作原理。实际的电动机不止一组绕组，而是多组绕组，每组绕组都有一对换向片，这许多换向片就组成了一个换向器。

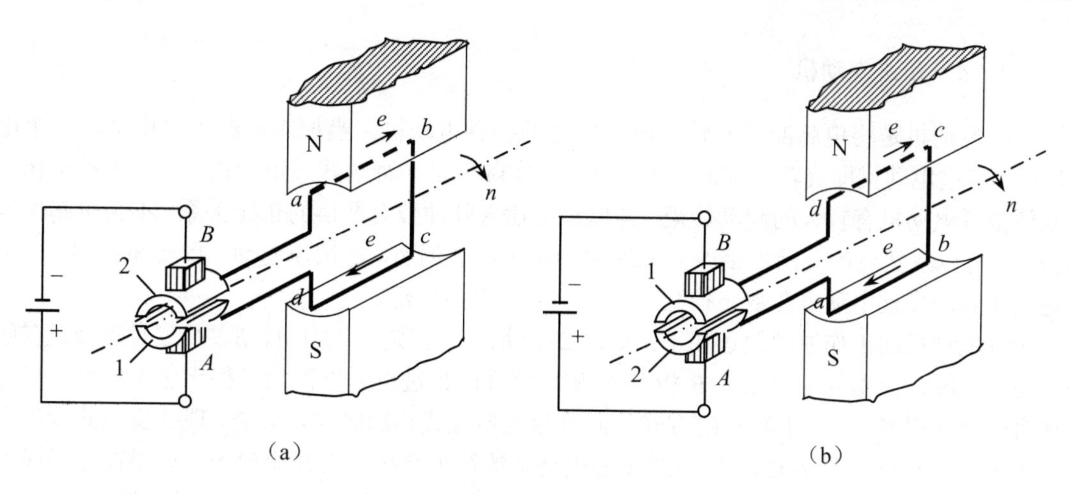

图 2-40　直流电动机的工作原理图

2.7.3　直流电动机的励磁方式

前面所讲，直流电动机主磁极上装有励磁绕组，在它里面通入直流电流后产生的磁场叫励磁磁场。励磁绕组的供电方式称为励磁方式。按励磁方式的不同，可将直流电动机分为以下四类。

（1）他励直流电动机。励磁绕组 L_f 由其他直流电源供电，与电枢绕组无任何电的联系，如图 2-41（a）所示。图中 I_f 为励磁电流，通过的线圈为励磁绕组。

（2）并励直流电动机。励磁绕组 L_f 与电枢绕组并联起来，接在同一个直流电源上，如图 2-41（b）所示。

（3）串励直流电动机。励磁绕组 L_f 与电枢绕组串联后接直流电源，如图 2-41（c）所示。

（4）复励直流电动机。见图 2-41（d），从图上看出，绕在主磁极上靠近电枢的绕组 L_{f1} 是与电枢绕组串联的。靠近定子外壳的绕组 L_{f2} 是与电枢绕组相并联的，称这种励磁方式为复励直流电动机。

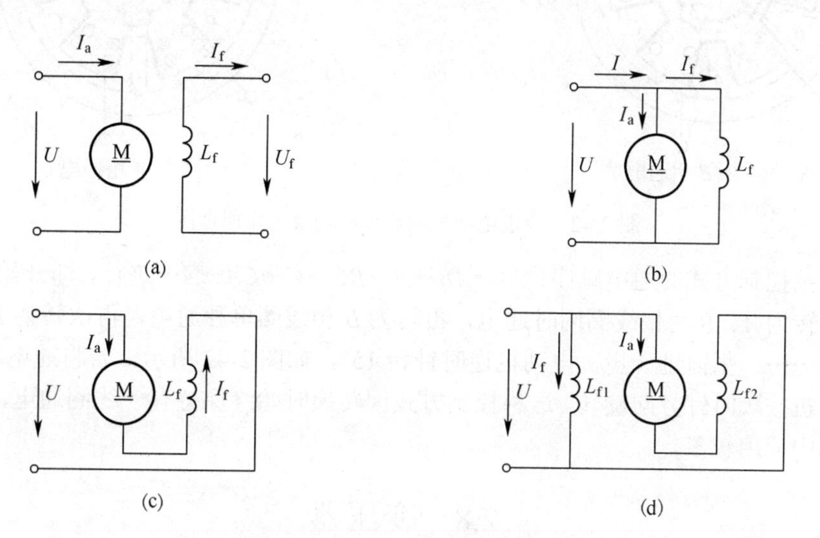

图 2-41　直流电动机的励磁方式

（a）他励电动机；（b）并励电动机；（c）串励电动机；（d）复励电动机

※2.7.4 步进电动机

步进电动机是将电脉冲信号转换成角位移的一种电动机。当控制电源供给电动机一个电脉冲时，步进电动机即旋转一定的角度，所以它实际上是一种脉冲式电动机。步进电动机相对于其他微型电动机有较大的起动转矩，其位移与输入脉冲数有严格的正比关系，不会引起误差的积累，可以在宽广的范围内借改变脉冲的频率来实现调速，能快速起动、反转和制动。由于有这些优点，步进电动机在数字控制系统中的应用日益广泛。

步进电动机的工作原理简述如下：如图 2-42 所示，在定子上有 *A*、*B*、*C* 三对磁极，在磁极上绕有线圈，分别称为 *A* 相、*B* 相及 *C* 相。这样的步进电动机称为三相步进电动机。步进电动机的型式很多，按产生转矩的方式不同可分为反应式和励磁式两大类。现就反应式步进电动机作进一步介绍。图 2-42 是反应式步进电动机的简单结构及工作原理图。如果在定子线圈中通以直流电流就会产生磁场，转子是一个带齿的铁芯，若设法使三对磁极的线圈依次通电，则 *A*、*B*、*C* 三对磁极就依次产生磁场吸引转子转动。控制转子转动的方式也有多种，现仅介绍“三相六拍”控制方式。

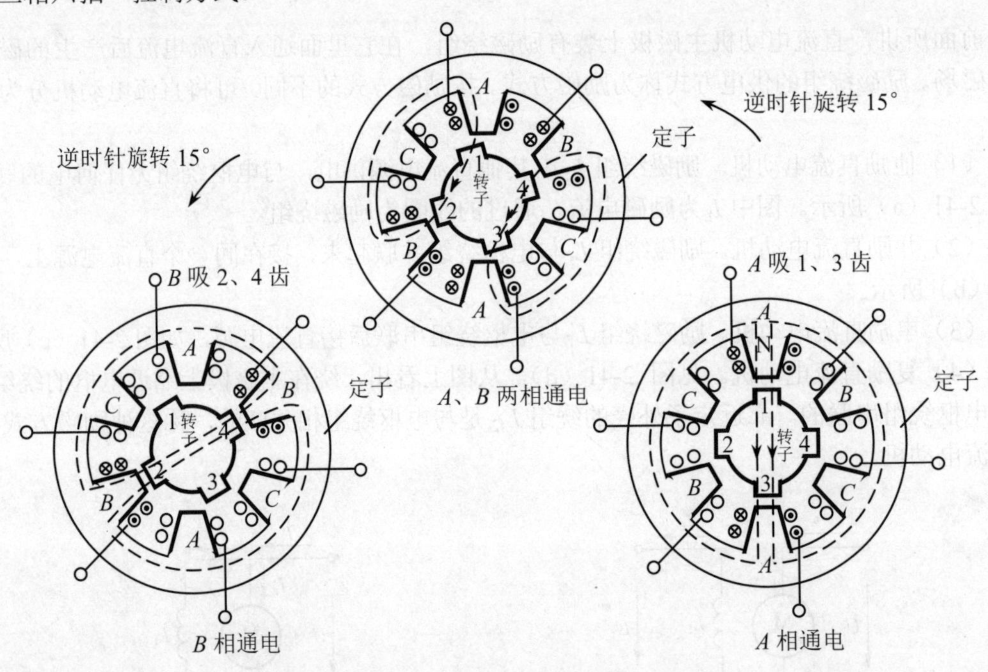

图 2-42 步进电动机的简单结构及工作原理图

三相六拍控制方式的通电顺序是 $A \to AB \to B \to BC \to C \to CA \to A \cdots$ 进行，即开始由 *A* 相线圈通电，而后转为 *A*、*B* 两相线圈同时通电，再转为 *B* 相线圈单独通电，再次转为 *B*、*C* 两相线圈同时通电……。每前进一步，电动机逆时针转 15°，如图 2-42 所示。若将通电顺序反过来，则步进电动机按顺时针方向旋转。这种控制方式因转换时始终保持有一线圈通电，故工作较稳定，在实际中应用较多。

2.8 变压器

变压器是将某一数值的交流电压转变成同频率的另一种或几种不同数值交流电压的常用电器设备，广泛应用于城乡电力系统以及各种电子设备中，通常可分为电力变压器和特殊变压器两大类。

电力变压器是电力系统中的关键设备之一。由于发电厂大都集中在煤炭和水力资源丰富的地区，要将电能输送到各地的用电户，必须通过电线进行远距离输电，这样，在输电过程中电能损失不可避免。在视在功率相同的情况下，输电的电压越高，则电流越小，在线路电阻一定时损耗就越少，因此高压输电比低压输电经济。一般情况下，输电距离越远、输送功率越大，要求输电电压越高。例如，输电距离在 200～400km，输送容量在 20～30 万 kW 的输电线，输电电压需要 220kV，我国从葛洲坝水力发电厂到上海的输电线路电压高达 500kV。电力变压器有单相和三相之分，容量从几千伏安至数十万伏安。按其作用可以分为升压变压器、降压变压器和配电变压器。

特殊变压器是指除电力系统应用的变压器以外，其他各种变压器的统称。其品种繁多，常见的有电压可调的自耦变压器，测量用的电压互感器、电流互感器，工程技术中专用的焊接变压器、整流变压器、电炉变压器，变换相位用的脉冲变压器，电子线路中变换阻抗用的输入变压器、输出变压器，因此变压器又是电工与电子测量以及其他许多电子设备中不可缺少的电器设备。变压器的结构和性能虽然各有特点，但是基本工作原理都是相同的，即都是以线圈间的电磁感应原理为基础的。

2.8.1　变压器的基本结构

变压器因使用场合、工作要求不同，其结构形式是多种多样的，但是，最基本的结构都是由铁芯与绕在铁芯上而又相互绝缘的线圈（绕组）所构成，图 2-43 是它的示意图及符号。

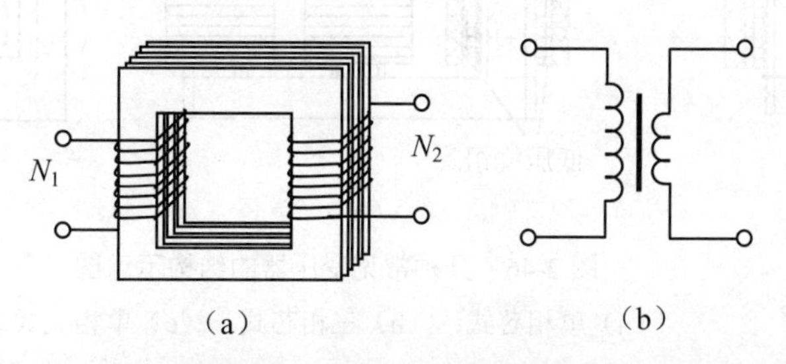

图 2-43　变压器示意图及符号

铁芯是变压器的磁路部分。一般采用表面涂有绝缘漆膜、厚度为 0.35mm 或 0.5mm 的硅钢片交错叠成，使磁路具有较高的磁导率和较小的磁滞涡流损耗。图 2-44 是几种常见的铁芯形状。在自动控制和电子设备中的某些变压器，要求铁芯有更高的磁导率，因此常用坡莫合金（铁和镍的合金或铁、镍和其他金属元素的合金）。高频变压器的铁芯，既要求在高频下铁芯损耗很小，又要求有较高的磁导率，因此常用高频软磁铁氧体（也称铁淦氧，是铁的氧化物和其他金属氧化物的粉末，按陶瓷工艺方法加工出来的合金）。

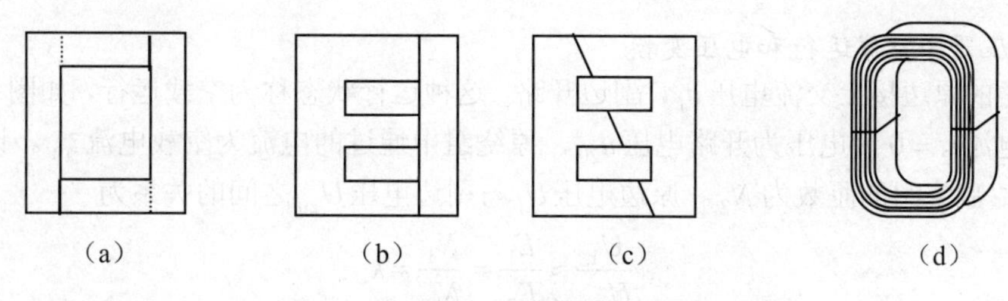

图 2-44　变压器的铁芯

（a）口型；（b）EI 型；（c）F 型；（d）C 型

绕组是变压器的电路部分，通常用涂有绝缘漆的铜线或铝线绕制而成。与电源连接的绕组称为原绕组，简称原边或初级；与负载连接的绕组称为副绕组，简称副边或次级。绕组的形状有筒形和盘形两种，如图 2-45 所示。筒形绕组又称同心式绕组，原、副绕组相套在一起；盘形绕组又称交叠式绕组，分层交叠在一起。图 2-44 中把原、副绕组分开画在两边是为了方便分析。根据实际需要，一个变压器可以只有一个绕组，如自耦变压器；也可以有多个副绕组以输出不同的电压。

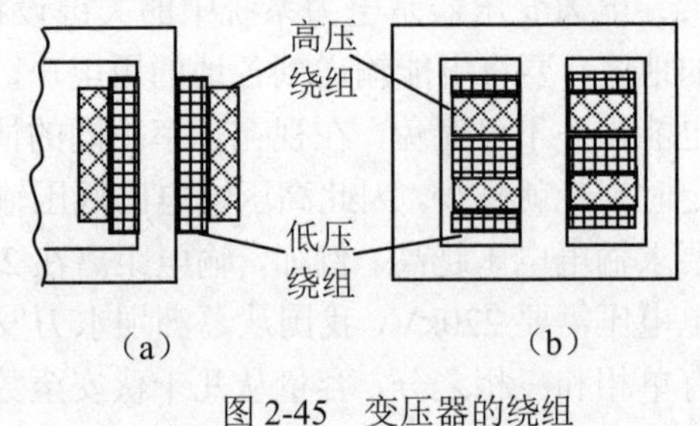

图 2-45 变压器的绕组

（a）筒形；（b）盘形

按铁芯和绕组的组合结构，变压器有芯式和壳式两种。芯式变压器的绕组环绕铁芯柱，如图 2-46（a）和图 2-46（b）所示，其铁芯结构比较简单，绕组的安装和绝缘也比较容易，是应用最多的结构形式；壳式变压器的绕组除中间穿过铁芯外，还部分地被铁芯所包围，见图 2-46（c），这种变压器可以不要专门的变压器外壳，仅用于小功率的单相变压器和特殊用途的变压器。

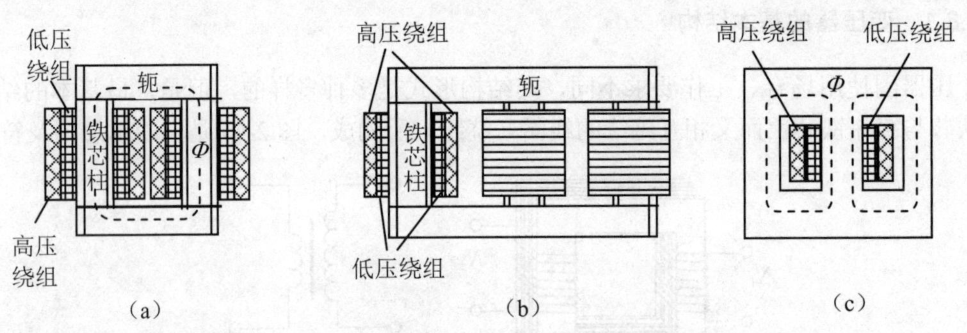

图 2-46 几种常见变压器的结构示意图

（a）单相芯式；（b）三相芯式；（c）单相壳式

变压器工作时铁芯和绕组都要发热，为了防止变压器过热而损坏绝缘材料，必须采用适当的冷却方式。对于小容量变压器，通常采用空气自冷，依靠空气的自然对流把铁芯和绕组的热量散发到周围的空气中。对容量较大的变压器，通常采用油浸自冷、油浸风冷或强迫油循环冷却等方式，把变压器的铁芯和绕组全部浸在盛有变压器油的油箱内，铁芯和绕组的热量通过油的对流传给箱壁而散发到周围空气中，同时变压器油还能增强变压器内部的绝缘性能。油箱的外壳有油管，用以促进油的对流、扩大散热面积、加快散热速度。

2.8.2 变压器的基本原理

1. 变压器的空载运行和电压变换

变压器的原边接上交流电压 u_1，副边开路，这种运行状态称为空载运行，如图 2-47 所示。这时副边电流 $i_2=0$，电压为开路电压 u_{20}，原绕组中通过的电流为空载电流 i_{10}。设原绕组的匝数为 N_1，副绕组的匝数为 N_2。原边电压 U_1 与副边电压 U_{20} 之间的关系为

$$\frac{U_1}{U_{20}} \approx \frac{E_1}{E_2} = \frac{N_1}{N_2} = k \qquad (2\text{-}70)$$

上式表明，变压器空载运行时，原、副绕组的电压比等于它们的匝数比，这个比值 k 称为变压

器的变比，是变压器的一个重要参数，当 $k>1$ 时为降压变压器，$k<1$ 时为升压变压器。

2. 变压器的负载运行和电流变换

变压器原边接交流电源 u_1，副边接负载 Z_L，这种运行状态叫做负载运行，如图 2-48 所示。变压器原、副边电流有效值间的关系为：

$$I_1 = \frac{N_2}{N_1} I_2 = \frac{1}{k} I_2 \tag{2-71}$$

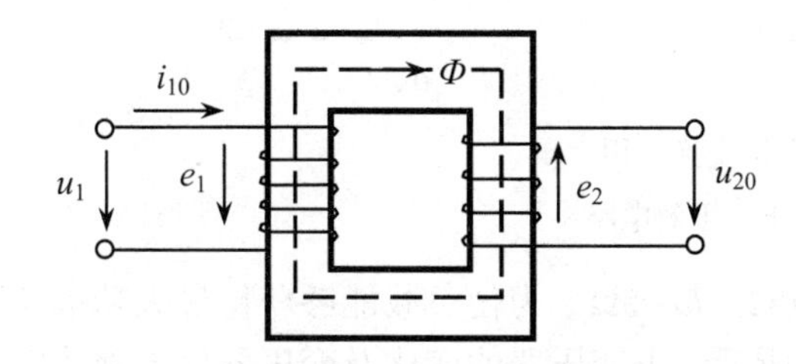

图 2-47　变压器的空载运行

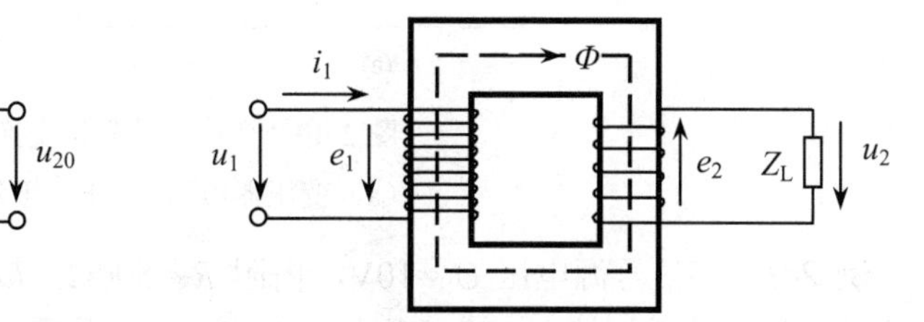

图 2-48　变压器的负载运行

在理想情况下，变压器副边接负载后的电压 U_2 等于空载电压 U_{20}，由式（2-70）可得

$$\frac{U_1}{U_{20}} = \frac{U_1}{U_2} = k \tag{2-72}$$

于是，由式（2-71）和式（2-72）得到：在理想情况下，变压器输入、输出功率间的关系

$$P_1 = U_1 I_1 = kU_2 \frac{I_2}{k} = U_2 I_2 = P_2 \tag{2-73}$$

上式表明：①在理想情况下，变压器不耗能，输出功率等于输入功率。实际上，$P_1>P_2$，能量传输是有损耗的，变压器工作时会发热。②当变压器副边电流增加时，变压器输出功率增加，通过铁芯内磁通的联系使变压器原边输入电流 I_1 按变比相应增加，电源输送给变压器的电功率增大，这是能量守恒原理的必然要求。

3. 阻抗变换

变压器除了能够改变交流电压和交流电流的大小以外，还能变换阻抗，这个功能广泛应用于电子技术领域。

在电子技术中，总是希望负载能获得最大功率，而负载获得最大功率的条件是负载阻抗与信号源内阻相等，即阻抗匹配。但是，在实际电路中负载阻抗与信号源内阻往往是不相等的，如果把负载直接接在信号源上就不能获得最大功率。这时就可以利用变压器实现阻抗匹配，以获得最大的输出功率。

图 2-49（a）所示变压器，其原边加上正弦交流信号源 $\dot{U}_S$，阻抗为 $|Z_S|$，副边与负载阻抗 $|Z_L|$ 串联，对于信号源来说，图中虚线框内的电路可用阻抗 $|Z'_L|$ 来等效代替。所谓等效，就是二者从电源吸取的电流和功率相等。当忽略变压器的漏磁和损耗时，等效阻抗为

$$|Z'_L| = \frac{U_1}{I_1} = \frac{kU_2}{\frac{1}{k} I_2} = k^2 |Z_L| \tag{2-74}$$

式中，$|Z_L| = U_2/I_2$ 为变压器副边的负载阻抗的大小。上式表明，当变压器副边负载阻抗的大小为 $|Z_L|$ 时，原边的等效阻抗的大小为 $k^2|Z_L|$，只要选择合适的变比 k，就可以使 $k^2|Z_L| = |Z_S|$，从而实现阻抗匹配，使电路的输出功率最大。

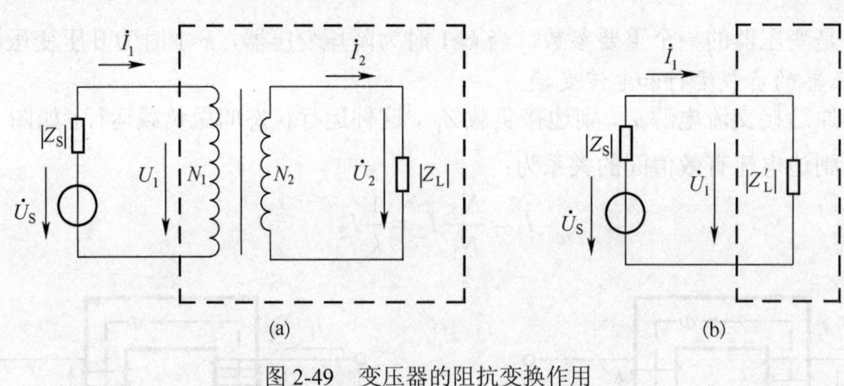

图 2-49 变压器的阻抗变换作用

（a）变压器电路；（b）等效电路

例 2-9 某信号源电压 U_S=10V，内阻 R_S=500Ω，R_L=5Ω。为使负载能够获得最大功率，在信号源与负载之间接入一个变压器，如图 2-50 所示。求变压器的变比及变压器原、副边电压、电流有效值和负载 R_L 的功率。

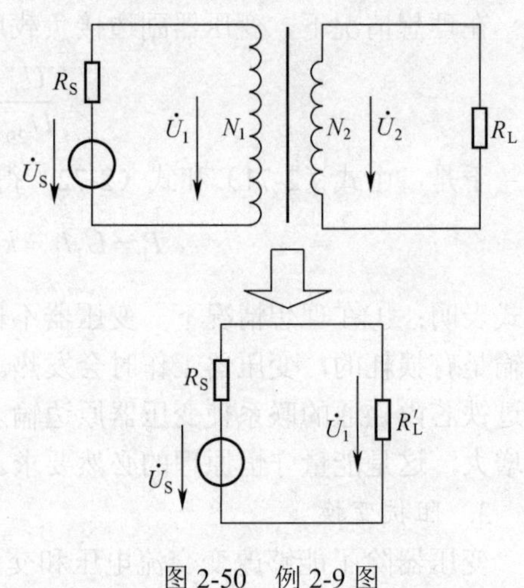

图 2-50 例 2-9 图

解 根据式（2-74），负载 R_L 获得最大功率的条件是

$$R_S = R'_L = k^2 R_L$$

所以变比

$$k = \sqrt{\frac{R_S}{R_L}} = 10$$

根据等效电路可得原边电压

$$U_1 = \frac{U_S}{R_S + R'_L} R'_L = \frac{1}{2} U_S = 5\text{V}$$

因此副边电压

$$U_2 = U_1 / k = 5/10 = 0.5\text{V}$$

副边电流

$$I_2 = U_2 / R_L = 0.5/5 = 0.1\text{A}$$

原边电流

$$I_1 = I_2 / k = 0.01\text{A}$$

负载功率

$$P_L = U_2 I_2 = 0.5 \times 0.1 = 0.05\text{W}$$

2.8.3 电子电路中常用变压器

在电子电路中，根据工作频率不同可将变压器分为以下几类：高频变压器、电源变压器、中频变压器、低频变压器和脉冲变压器，图 2-51 均为它们的外形图。

1. 高频变压器

图 2-51（a）为收音机的磁性天线，它是一种高频变压器，匝数多的为原边，匝数少的为副边。其作用是完成阻抗变换，以获得尽可能高的灵敏度和足够的选择性。通常原边匝数为 60～80 匝，副边为原边的 1/10 左右。

2. 中频变压器

图 2-51（c）为低频变压器，中频变压器简称中周，用在收音机、电视机的中频放大级，

其主要特点是磁芯和线圈都置于金属屏蔽罩中，磁芯上有可上下调节的磁帽，以改变电感量。

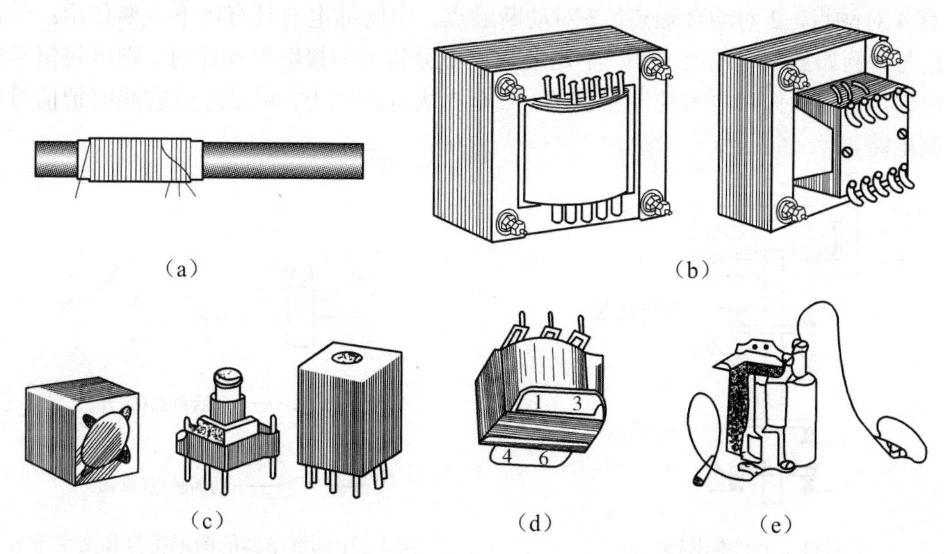

（a）　（b）　（c）　（d）　（e）

图 2-51　电子电路常用变压器外形

（a）高频电压器；（b）电源变压器；（c）中频变压器；（d）低频变压器；（e）脉冲变压器

3. 低频变压器

图 2-51（d）为低频变压器，在电子技术中，低频变压器一般包括收音机的输入、输出变压器和容量在 1000VA 以下的电源变压器，其结构特点和工作原理与电力变压器相似。在低频变压器中加入静电屏蔽层，以防止静电干扰，特别对于计算机等高精度的电子设备，电源变压器要多层屏蔽（或全屏蔽）。图 2-52 是一种全屏蔽变压器，它的原、副边间加了屏蔽层，原、副绕组也分别进行了屏蔽，原绕组屏蔽层接设备的金属外壳，级间屏蔽层和副绕组屏蔽层都接到直流工作地上，这样能更有效地减小分布电容的影响。

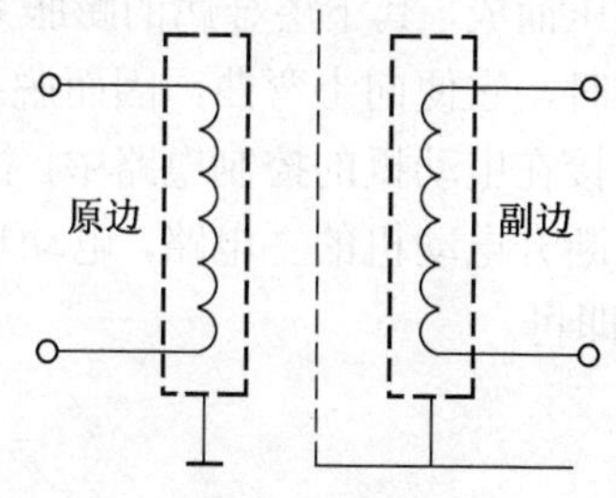

图 2-52　全屏蔽变压器

4. 脉冲变压器

图 2-51（e）为脉冲变压器，电视机中行输出变压器就是一种脉冲变压器。它接在电视机的行扫描输出级，将行逆程反峰电压升压，然后经整流、滤波，为显像管提供各种直流电压。

2.9　继电器

继电器和接触器是自动化装置中常用的开关元件，继电器受输入的物理量的控制，有电压继电器、电流继电器、功率继电器、时间继电器、温度继电器等。接触器用来频繁地远距离通断交直流主电路或大容量的控制电路，如电动机、电焊机、电容器等。

※2.9.1　电磁式控制继电器

电磁式继电器是利用电磁铁的动作原理制成的，主要有电压继电器、电流继电器、中间继电器和时间继电器四类。图 2-53 是中间继电器的结构示意图，线圈通电后铁芯磁化将衔铁吸引，并牵引机构动作，此时，动合触点闭合，而动断触点断开；线圈断电后，铁芯磁力消失，复位弹簧将系统复位。图 2-53 是它的文字符号和图形符号。中间继电器的触点数目较多，图 2-54 中有 4 对触点，2 对动合触点，2 对动断触点。中间继电器具有以下主要作用：一是作中间传递信号，例如当信号电流太小，不足使工作电流较大的接触器动作时，则可将信号先传给中间继电器，待它动作后再来控制接触器；二是扩大控制能力，可以通过它同时把信号传递给几条控制电路。

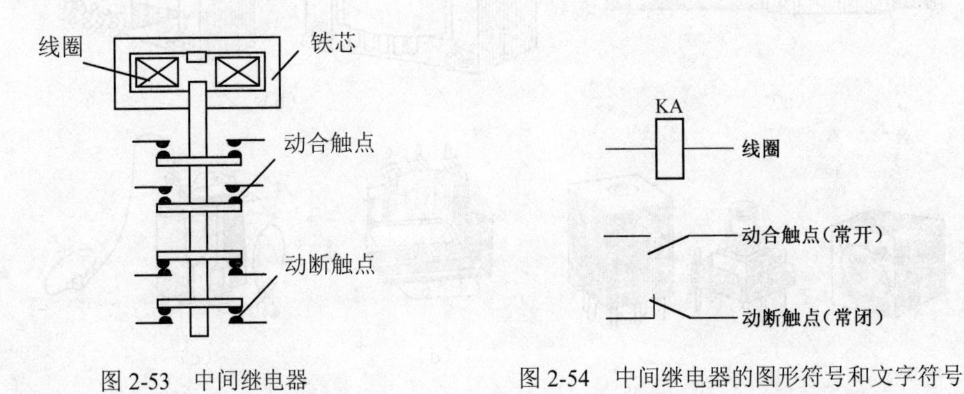

图 2-53 中间继电器　　图 2-54 中间继电器的图形符号和文字符号

※2.9.2 热继电器

热继电器是利用电流的热效应来切断电路的起保护作用的电器，它在控制电路中用作电动机的过载保护。图 2-55 是热继电器的工作原理图。图 2-55 中，1 是发热元件，它是一段阻值不大的电阻丝，接在电动机的主电路中。2 是双金属片，由两种具有不同线膨胀系数的金属碾压而成，其下层金属的膨胀系数大，上层的小，当主电路中电流超过容许值而使双金属片受热时，它便向上弯曲，因而脱扣，扣板 3 在弹簧 4 的拉力作用下将常闭触点 6 断开。触点 6 是接在电动机的控制电路中。控制电路断开而使接在电动机主电路上的接触器的线圈断电，从而断开电动机的主电路，电动机便脱离电源受到保护。如果要热继电器复位，则按下复位按钮 5 即可。

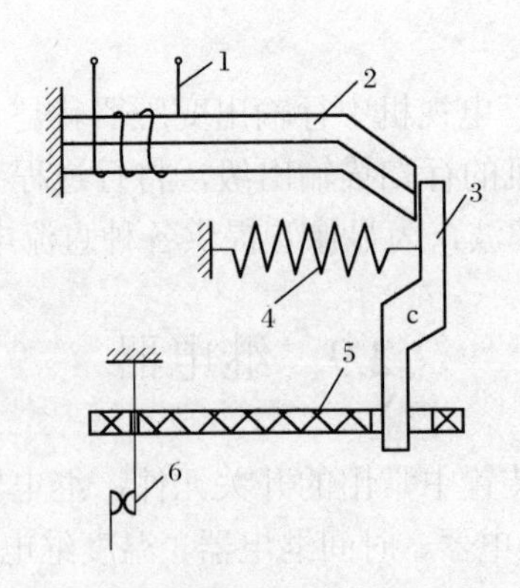

图 2-55 热继电器的工作原理图

由于电动机从过载到温度升高使双金属片变形有一个热量积累的过程，所以在短时间内热继电器不会动作，这是允许的，因为引起过载的某些因素有时很快就消失，并不需要停机。因此，热继电器只能用作过载保护，不能用作短路保护。

热继电器在电路中的符号如图 2-56 所示。

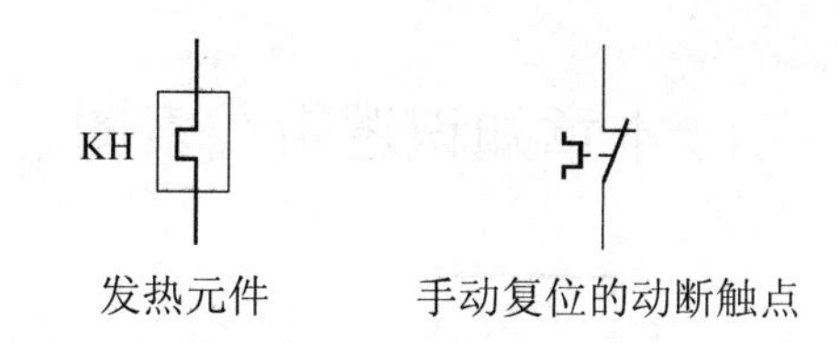

图 2-56　热继电器在电路中的符号

本章小结

大小和方向随时间作周期性变化的电流、电压和电动势统称交流电。变化规律可表示为正弦函数的称为正弦交流电，它是研究其他交流电的基础。

正弦交流电有三种表示法：解析式（指代数形式和三角函数形式）、曲线图和相量。无论哪种方法，都要表示出正弦交流电的三特征：频率、初相和最大值。只有同频率的交流电，其相位差才等于初相差，并为恒量。

正弦交流电的有效值与最大值的关系是

$$I=\frac{1}{\sqrt{2}}I_{\mathrm{m}},\quad U=\frac{1}{\sqrt{2}}U_{\mathrm{m}},\quad E=\frac{E_{\mathrm{m}}}{\sqrt{2}}$$

正弦交流电的相量表示非常重要，它为分析单一频率正弦交流电路带来了极大的方便，使得适用于直流纯电阻电路的一套分析方法都能用于正弦交流电路的相量模型，都能运用欧姆定律和基尔霍夫定律等电路定理和定律。但要注意二者的对应关系和不同之处。并注意正弦交流电的相量表示不是正弦交流电，求出结果后，要把其相量还原成正弦量。

由于正弦交流电的电流和电压之间存在相位差，使得交流电的瞬时功率有正有负。功率可分为有功功率、无功功率，还有表示容量的视在功率。提高功率因数可以提高电气设备的利用率，并减小线路损耗。

谐振是交流电路中的特殊现象。分析方法的关键是把握谐振条件。请注意它的实际应用。

电与磁的相互作用和相互转换，是人类的重大发现，全面改变了人类的生活。研究磁场的基本量有磁感应强度、磁通量、磁场强度、磁导率等。研究电磁相互作用的规律有安培定律、安培环路定律、法拉第电磁感应定律等。

电磁现象获得了广泛应用，磁记录、电动机、发电机以及变压器都是生动的例证。而继电器、接触器以及各类电磁开关则是把电磁现象用于控制方面，大大提高了机械设备的自动化水平。电磁现象又是众多电子器件的工作原理，开辟了电话、广播、电视以及计算机的广泛应用的新领域，使人类进入了信息化社会。

本章知识逻辑线索图

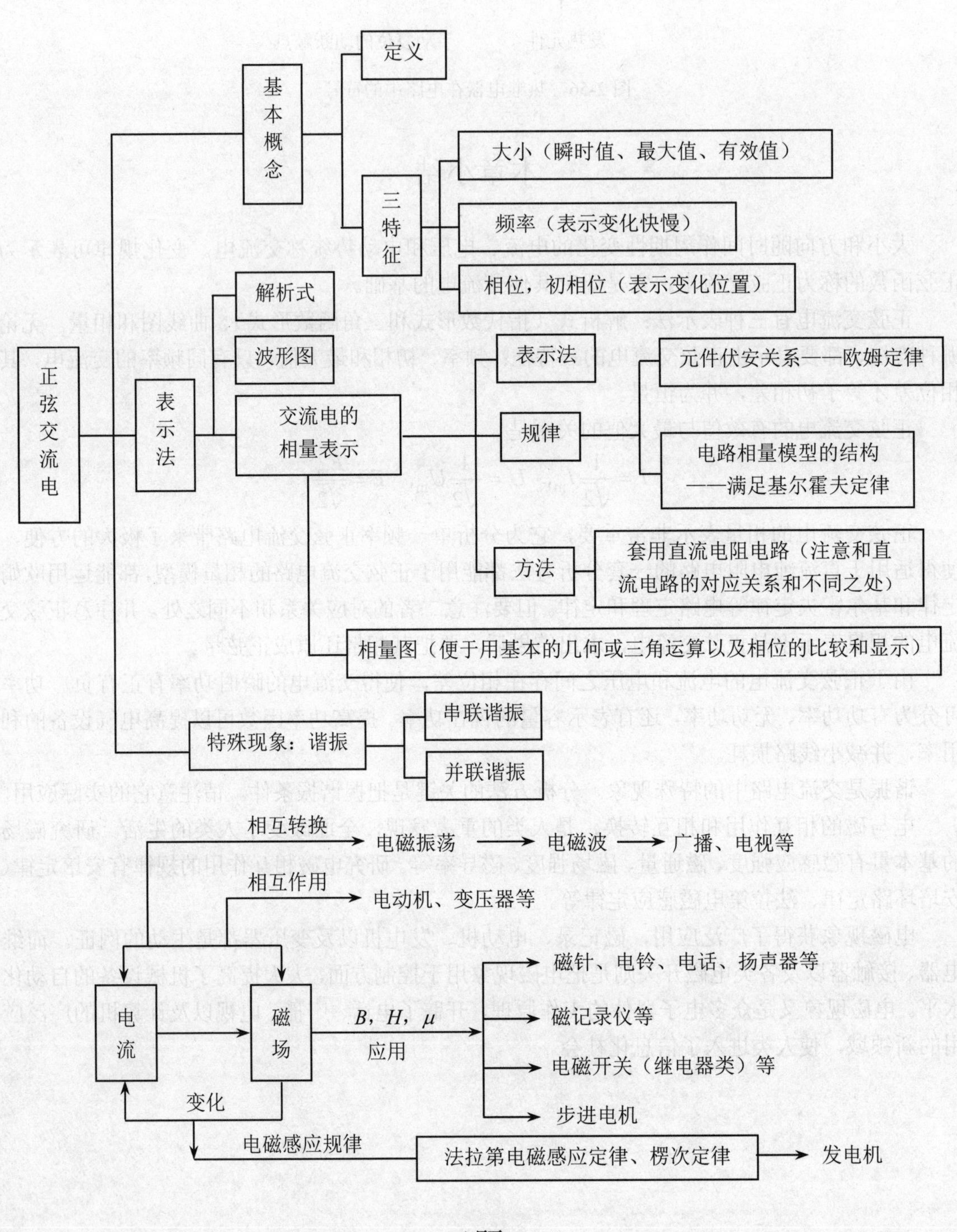

习题 2

2-1　某正弦交流电流 $i = 36\sin(314t+30°)$A，则其最大值为__________，频率 f 为__________，相位为__________，初相位为__________。在 $t = 0.05$s 时，其瞬时值为__________。

2-2　某正弦交流电流的频率为100 Hz，最大值为20 A，在 t=0.0025s 时的瞬时值为15A，且此时刻电流在增长，则其周期 T=__________，ω=__________，初相=__________，其瞬时值表达式为__________。试绘出其波形。

2-3　指出下列各正弦波的振幅、周期、频率和初相角。

（1）$5\sin(314t+30°)$　　　　（2）$6\cos(10t+45°)$

（3）$220\sin(4\pi t-\pi/3)$　　　　（4）$2\sin(5t+\pi/3)+\cos(5t-\pi/6)$

2-4　确定下列各组电压、电流的相位差。

（1）$u_1=220\sqrt{2}\sin(314t+\pi/3)\text{V}$　　　　$u_2=380\sqrt{2}\cos 314t\ \text{V}$

（2）$i_1=10\sqrt{2}\cos(50\pi t+30°)\text{A}$　　　　$i_2=7.07\sin(50\pi t+30°)\text{A}$

（3）$u=110\sqrt{2}\sin(100t+\pi)\text{V}$　　　　$i=5\cos(100t-\pi/4)\text{A}$

2-5　已知 $u_1(t)=220\sqrt{2}\sin(314t-\pi/3)$，$u_2(t)$幅值为 $u_1(t)$的幅值的$\sqrt{3}$倍，$u_2(t)$到达最大值的时刻落后于 $u_1(t)$到达最大值的时刻 0.01s，试写出 $u_2(t)$的表达式。

2-6　用相量法求下列各组电压或电流之和，并将结果写成瞬时值形式（设各量频率均为ω）。

（1）$\dot{U}_1=220\angle 45°\ \text{V}$，$\dot{U}_2=150\angle -30°\ \text{V}$

（2）$\dot{I}_1=2\angle 33°\text{A}$，$\dot{I}_2=3\angle -50°\ \text{A}$，$\dot{I}_3=4\angle 90°\text{A}$

2-7　试将下列各相量用对应的时间函数（角频率ω）来表示。

$$\dot{I}=10\angle 30°\ \text{A}\ ;\qquad \text{j}\dot{I}\ ;\qquad \frac{\dot{I}}{\text{j}}$$

2-8　用电压表测量图 2-65 串联电路中各元件的电压，画出测量电路图；并由已知的各元件电压值，求电路的端电压。

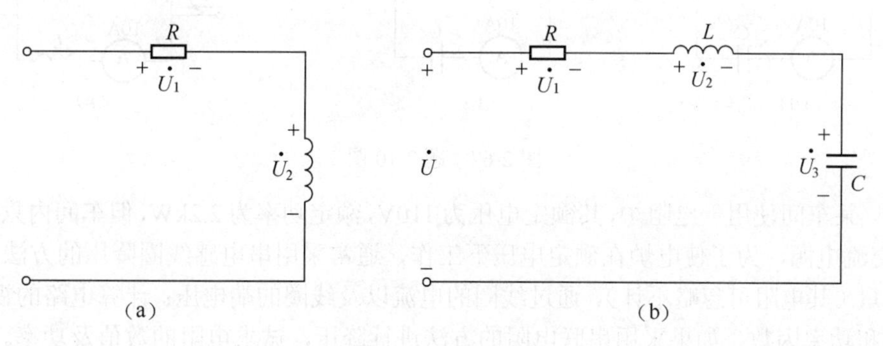

图 2-65　题 2-8 图

（1）已知图 2-65（a）中$\dot{U}_1=50\ \text{V}$，$\dot{U}_2=100\ \text{V}$。

（2）已知图 2-65（b）中$\dot{U}_1=40\ \text{V}$，$\dot{U}_2=60\ \text{V}$，$\dot{U}_3=50\ \text{V}$。

2-9　用电流表测量图 2-66 并联电路各元件电流。画出测量电路图，并由这些电流值求电路的总电流。

（1）已知图 2-66（a）中 $I_1=2\ \text{A}$，$I_2=2\ \text{A}$。

（2）已知图 2-66（b）中 $I_1=3\ \text{A}$，$I_2=5\ \text{A}$，$I_3=4$。

2-10　图 2-67 所示各电路中，电压表和电流表的读数已知，试求电压 u 或电流 i 的有效值。

2-11　日光灯电源的电压为 220V，频率为 50Hz，灯管相当于 300Ω的电阻，与灯管串联的镇流器的感抗为 500Ω（电阻忽略不计），试求灯管两端的电压和工作电流，画出相量图。

2-12　为了测出某线圈的电感，可先用万用表测出它的电阻 R=16Ω，再把它接到 110V，50Hz 的电压上，测得电流 I=5A，试由这些数据确定线圈的电感。

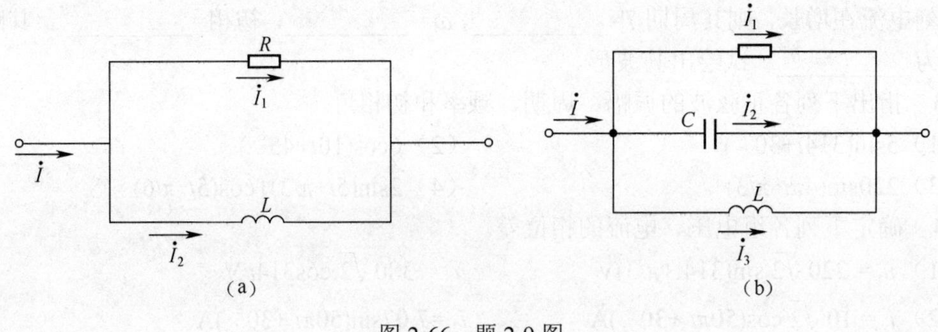

图 2-66　题 2-9 图

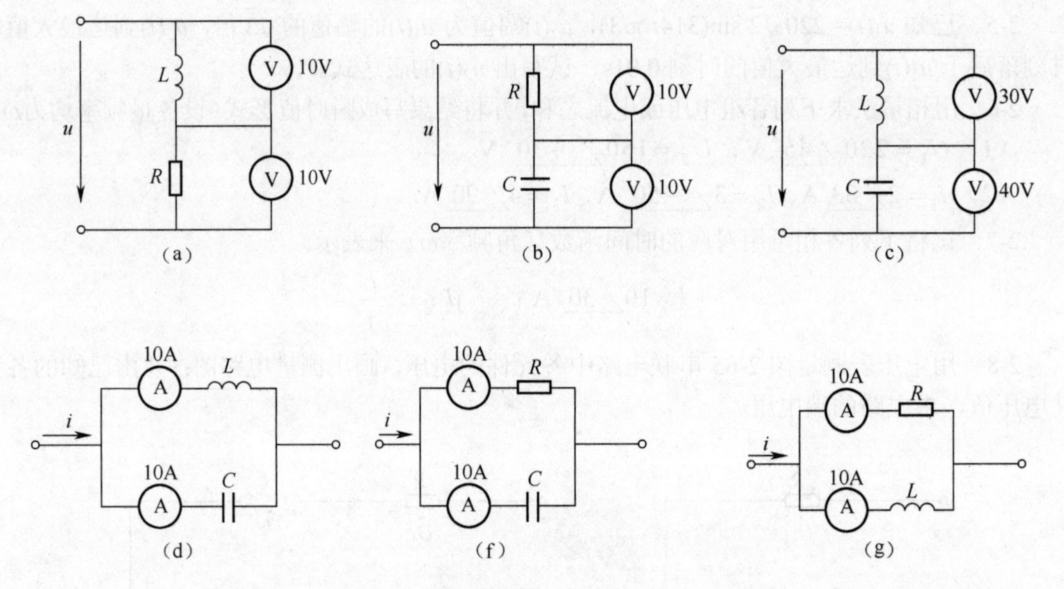

图 2-67　题 2-10 图

2-13　某车间使用一电阻炉，其额定电压为 110V，额定功率为 2.2kW，但车间内只有 220V、50Hz 的交流电源，为了使电炉在额定电压下工作，通常采用串电感线圈降压的方法，试求线圈的电感量（其电阻可忽略不计），通过线圈的电流以及线圈的端电压；计算电路的视在功率、有功功率和功率因数；如果采用串联电阻的方法进行降压，试求电阻的数值及功率。

2-14　一台电动机功率为 1.1kW，接在 220V 工频电源上，工作电流为 10A，试求：

（1）电动机的功率因数。

（2）如果在电动机两端并联一只 C=79.5μF 的电容器，再求整个电路的功率因数。

2-15　某单相 50Hz 的交流电，其额定容量 S_N = 40kVA，额定电压 U_N =220V，供给照明电路。若负载都是 40W 的日光灯（可以认为是 RL 串联电路），其功率因数为 0.5，试求：

（1）日光灯最多可点多少盏？

（2）用并联电容将功率因数提高到 1，这时电路的总电流是多少？需并联多大的电容？又可多供给多少盏 40W 的白炽灯用电？

2-16　有一 220V，50Hz，50kW 的感应电动机，可看成是一电感性负载，功率因数较低，只有 0.5，问：

（1）在使用时，电源供给的电流是多少？无功功率 Q 是多少？

（2）为提高功率因数到 1，需并联多大的电容？此时电源供给的电流是多少？

2-17　有一 R、L、C 串联电路，已知 R=10Ω，L =0.13mH，C=558PF，外加电压 5mV，试求电路在谐振时的电流、品质因数及电感和电容上的电压。

2-18　如图 2-68 所示，已知信号源的电动势 E=12V，内阻 R_0=1kΩ，负载 R_L=8Ω，变压器的变比 k=10，求负载上的电压。

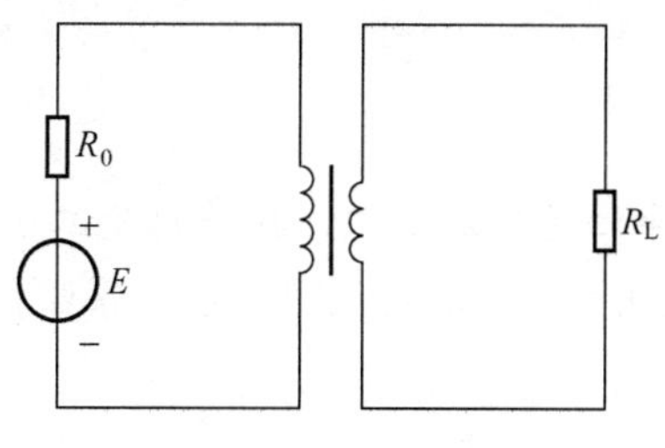

图 2-68　题 2-18 图

2-19　某单相变压器的额定电压为 3kV/220V，负载是一台 220V、25kW 的电阻炉，试求原、副绕组的电流各为多少？

2-20　一台单相变压器额定容量为 1000VA，额定电压为 380/36V，问：

（1）副边接入电阻 R=200Ω时，原、副边电流各是多大？

（2）变压器额定负载时负载电阻应为多大？

2-21　有一额定容量 S_N=2kVA 的单相变压器，原绕组额定电压 U_{1N}=380V，匝数 N_1=1140 匝，副绕组 N_2=108 匝，求：

（1）该变压器副边额定电压 U_{2N} 及原、副绕组的额定电流 I_{1N}、I_{2N}？

（2）若在副边接入一个负载电阻，消耗功率为 800W，则原、副绕组的电流 I_1、I_2 是多少？

2-22　某机修车间的单相变压器，原边额定电压为 220V，N_1=500 匝，额定电流为 4.55A，副边额定电压为 36V，试求副边可接 36V、60W 的白炽灯多少盏？

2-23　设图 2-69 中变压器为理想变压器，其变比 k=5，原边电流 i_1=105+100sinωt mA，负载电阻 R_L=10Ω，求负载所获得的功率。

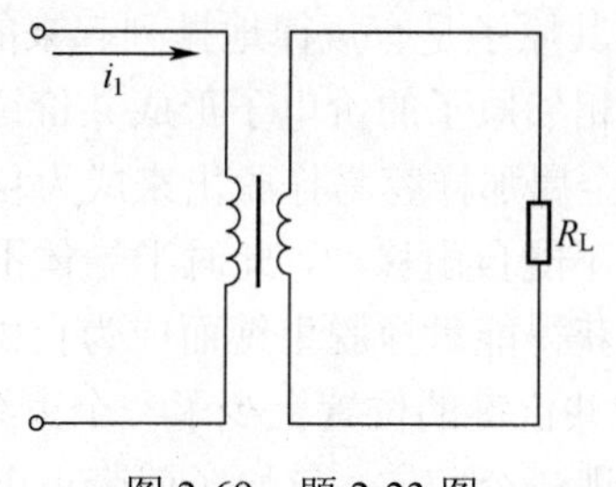

图 2-69　题 2-23 图

2-24　某扩音机的单相变压器，原绕组 N_1=500 匝，副绕组 N_2=100 匝，副边接等效阻抗为 16Ω的扬声器。今副边改接阻抗为 8Ω的扬声器，问此时副绕组的匝数 N_2 应为多少？

第3章　半导体器件基本知识

本章是入门篇，先介绍半导体的基本知识，接着讨论二极管、三极管、场效应管等半导体器件的结构、性能、参数和选用方法。着重说明其基本原理和由它们组成的基本电路的基本分析方法。

半导体器件由于其重量轻，使用寿命长，输入功率小和功率转换效率高而得到广泛应用，成为各种电子电路的重要组成部分。随着半导体材料技术的迅速发展，有力地促进了大规模和超大规模集成电路的发展，使得各种工业自动化设备和电子设备在微型化和可靠性等方面有了重大进步。

3.1　半导体的导电特性

3.1.1　本征半导体与本征激发

我们知道，金属导体之所以容易导电，是由于它的内部存在大量的自由电子。而半导体与它不同，它的主要导电形式有两种：电子导电和空穴导电。

在电子器件中，常用的半导体材料是硅（Si）和锗（Ge），其导电性能介于导体和绝缘体之间。

人们为了有效地利用半导体，通常先制成单晶硅、锗，即完全纯净的半导体，称为“本征半导体”。它们都是四价元素，其原子是有规律地排列起来的，最外层原子轨道上的电子（价电子）数均为四个，而且极易与相邻原子的价电子形成共价键，如图3-1所示。在共价键的束缚下，其原子的最外层电子不像金属那样容易挣脱出来成为自由电子。在外界条件为热力学零度和无外界激发时，这些价电子不能自由移动，此时半导体不能导电，相当于绝缘体。但在受到热和光的激发时，少数价电子获得能量挣脱束缚而成为自由电子。显然，这些自由电子是能够参与导电的。另外，由于原来共价键的位置上少了一个束缚电子，形成“空穴”。一般情况下，原子本来是中性的，如果出现一个空穴，该原子就带正电，因此，也可以认为空穴是带正电的。而形成的空穴又可能被相邻原子中的价电子填补，这就构成了束缚电子的导电形式。这种导电形式和日常剧院中出现的下述情况很相像：如果前面座位走了一位观众，出现了一个空位，后面的人就会依次递补空位向前就座，这样座位上的人依次向前了，而空位子却从前面移到了后面。不难理解，束缚电子的运动，就相当于空穴向相反的方向运动，因此这种导电又称为空穴导电。电子和空穴统称为载流子，电子带负电荷，空穴呈现为正电荷。

在本征半导体中，每激发出一个自由电子，就留下一个空穴，故电子与空穴总是成对出现的。另外，当自由电子填补了空穴，它们又成对消失，称为复合。在一定条件下，电子、空穴对的产生、复合虽然总在进行，但最终处于平衡状态。可见，对本征半导体而言，电子、空穴数总是相等，而且与金属中的自由电子数目相比，其数量很少，这就是其导电率低于金属的原因。当温度升高或受到光照影响时，其载流子数目将有所增加。于是人们便可利用这一特性将半导体制成热敏电阻和光敏器件等。

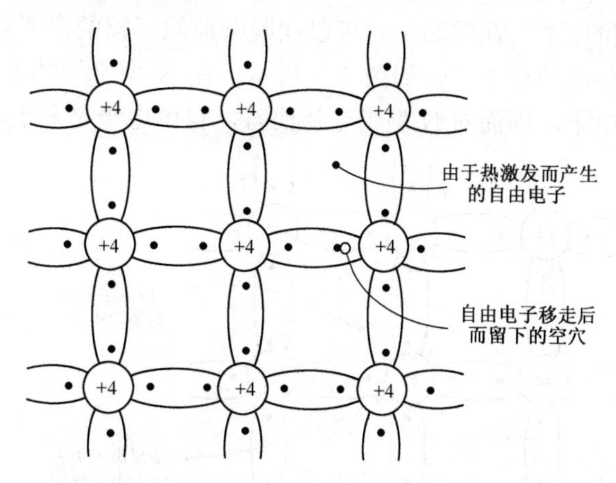

图 3-1 电子、空穴对的产生

3.1.2 P 型半导体和 N 型半导体

在本征半导体中掺入合适的其他元素，称之为“杂质半导体”。虽然所掺杂质的数量只不过是沧海之一粟，但它却可使半导体的导电能力极大地增加。根据掺入杂质元素的不同，杂质半导体又可分为 P 型（也叫“空穴型”）半导体和 N 型（也叫“电子型”）半导体两大类。

在硅（或锗）晶体内掺入少量的三价元素杂质，如硼（或铟）等，就成为 P 型半导体。在 P 型半导体中，杂质原子的三个价电子与周围的四个硅原子形成共价键时，未能饱和，留有一个空位，形成空穴。请注意，这个空穴是掺杂产生的。

考虑到原来本征本导体中原有的少量电子-空穴对，P 型半导体中的空穴数就会远大于自由电子数，破坏了本征半导体原来的稳定结构。控制掺入杂质的多少，就可以控制空穴的数量。

在 P 型半导体中出现空穴的地方，相邻硅原子的价电子受到常温的热激发或其他激发而获得能量时，就很容易脱离原子核的束缚并跑过来填补这个空位，又在本身处产生了一个新的空穴，如此连续下去，就会形成空穴导电。杂质原子数量少，外层电子也少，更容易吸收电子形成共价键的稳定结构，变成难以移动的带负电的离子，如图 3-2 所示。

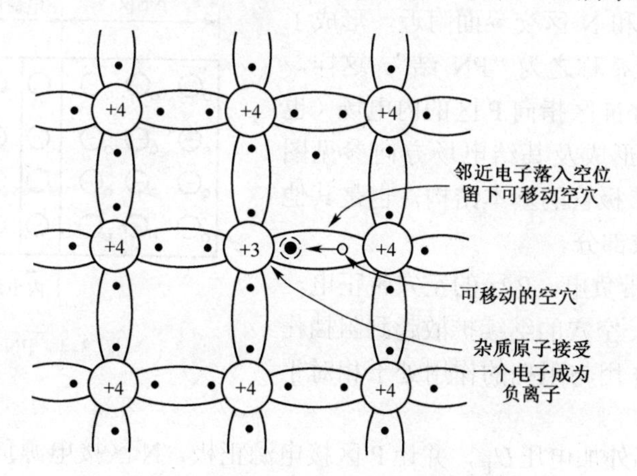

图 3-2 P 型半导体的共价键结构

这种半导体以空穴导电为主，空穴为多数载流子（简称“多子”），自由电子为少数载流子。

仿照 P 型半导体的讨论可知，在硅（或锗）晶体内掺入少量的五价元素杂质，如磷（或锑）等，就成为 N 型半导体。杂质元素的五个价电子中有四个与周围硅原子的四个价电子形成共价键。多余的一个价电子，在常温下就可以摆脱杂质原子核的微弱束缚而成为自由电子。杂质原子则变成不能够移动的正离子，如图 3-3 所示。在 N 型半导体中，电子数远大于空穴数目，导电主要靠自由电子，因而对 N 型半导体而言，自由电子是多子，空穴则为少子。

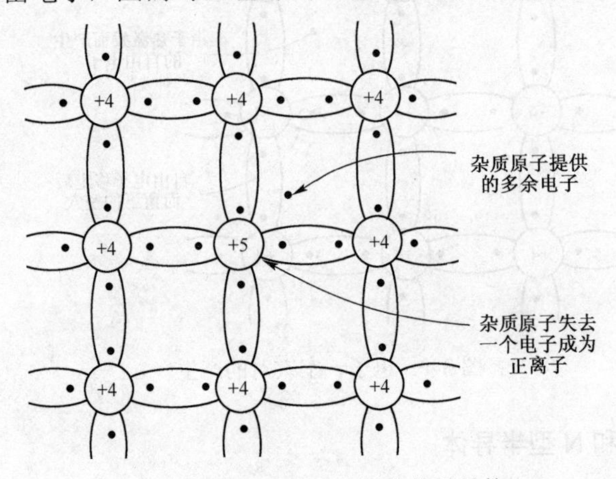

图 3-3 N 型半导体的共价键结构

3.2 PN 结与半导体二极管

3.2.1 PN 结及其单向导电性

单纯的一个 P 型或 N 型半导体，在电路中的作用仅相当于一个电阻。但若在同一块本征半导体中，根据不同的掺杂工艺，使之一部分为 P 型，另一部分为 N 型，则由于 N 型区内电子为多子，P 型区内空穴为多子，这样，电子和空穴都要从浓度高的地方向浓度低的地方扩散，于是交界面 N 区一侧因失去电子而留下了一些不能自由移动的带正电的杂质离子，P 区一侧因失去空穴而留下了一些带负电的杂质离子。这些不能移动的带正电或负电的离子通常称为“空间电荷”，它们集中在 P 区和 N 区交界面附近，形成了一个很薄的空间电荷区，称之为“PN 结”。这样，空间电荷区构成一个由 N 区指向 P 区的内电场（也称结电场）。PN 结的形成及其结电场方向参见图 3-4。PN 结是半导体二极管的基本结构，也是其他半导体器件的基本组成部分。

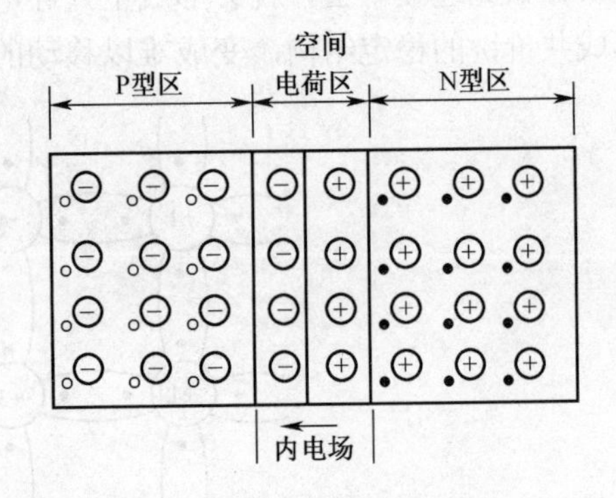

图 3-4 PN 结的形成

因为 N 区的电子带负电，P 区的空穴带正电，PN 结的结电场对电子、空穴的继续扩散起到阻挡作用，稳定时，扩散的作用与阻挡的作用处于相对平衡的状态。

如果在 PN 结两端外加电压 U_F，并让 P 区接电源正极，N 区接电源负极，如图 3-5 所示，称为正向连接，又叫正向偏置（正偏）。此时，外电场与 PN 结内电场方向相反，削弱了内电场，也就削弱了阻挡作用，使 PN 结变窄（从原来未加电压时的 11′线变到 22′线），从而使扩散占了优势，多数载流子顺利越过 PN 结，导致外电路上形成一个较大电流 I_F，称为正向电流。也就是说 PN 结的正向电阻很小。

如果在 PN 结两端外加的电压 U_F 为反向偏置（简称“反偏”），即 P 区接电源负极，N 区接电源正极，如图 3-6 所示。则由于外电场与 PN 结内电场方向一致，叠加的结果是增强了阻挡作用，使 PN 结变宽（从原来未加电压时的 11′线变到 22′线），于是多子（P 区的空穴和 N 区的电子）难于越过 PN 结，仅有少子（P 区的电子和 N 区的空穴）可以在外电场的作用下越过 PN 结，在外电路上形成一个微弱电流 I_R，称为反向饱和电流。由于少子数目有限，在反向电压不是很大时，反向饱和电流通常很小，也就是说 PN 结的反向电阻很大。

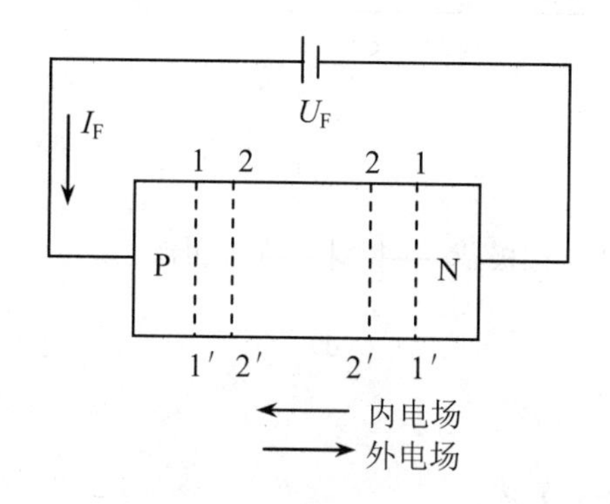

图 3-5　PN 结加正向电压

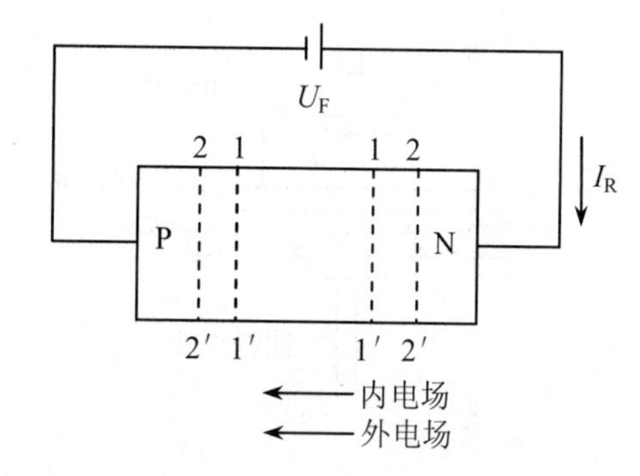

图 3-6　PN 结加反向电压

综上所述，PN 结就好像一个特殊的阀门一样，加正向电压时，其电阻很小，电流几乎可以畅通无阻；而加反向电压时，其电阻很大，电流就很难通过。可见，PN 结只允许电流单方向通过，也就是说，PN 结具有单向导电性。

3.2.2　半导体二极管

1. 二极管的类型和结构

半导体二极管实际上就是以一个 PN 结为基础制成的器件。不言而喻，它具有单向导电性能，常用于整流、滤波。

半导体二极管按所用材料不同，分为锗二极管和硅二极管两类；按其内部结构的不同，又可分为点接触型和面接触型两类。

点接触型二极管的结构如图 3-7（a）所示。它是由一根很细的金属丝（如三价元素铝）与一块 N 型锗晶片的表面相接触，然后从正方向施加很大的瞬时电流，使触丝与锗晶片牢固地熔接在一起而构成 PN 结，接出相应的电极引线，并以外壳封装而成。与金属丝接在一起的引出线为二极管的阳极，从晶片支架引出的线为阴极。

点接触型二极管由于其金属丝很细，形成的 PN 结面积很小，所以极间电容很小，适宜在高频下工作，但它不能承受高的反向电压和大的电流。因此，这类二极管常用作高频检波和脉冲数字电路里的开关元件，也可用来作小电流整流。市面上的 2AP1～10 系列二极管均属点接触型锗管，而常用的 1N4148（国外型号）则属点接触型硅二极管。

面接触型二极管的结构如图 3-7（b）所示。其 PN 结是用合金法或扩散法做成的，其特点是 PN 结面积大，可承受较大的电流。但极间电容也大，因而不宜用于高频场合，常用作频率在 3kHz 以下信号的整流。市面上的 2CP 系列二极管均属面接触型二极管。

图 3-7（c）所示是硅工艺平面型二极管的结构图，是集成电路中常见的一种形式。

二极管的符号如图 3-7（d）所示，P 区一侧为阳极 a，N 区一侧为阴极 k。

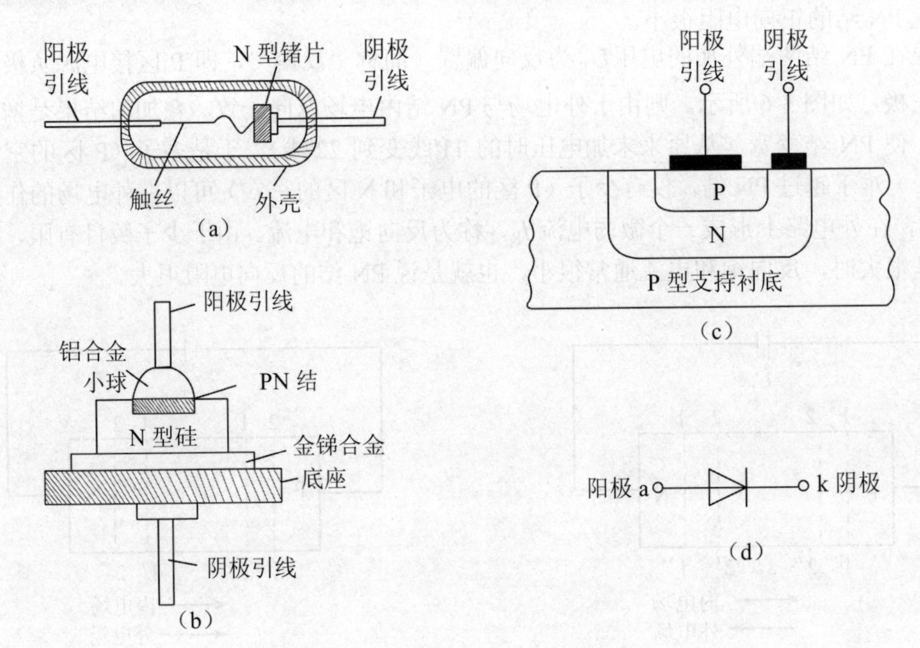

图 3-7 半导体二极管的结构及符号

（a）点接触型；（b）面接触型；（c）平面型；（d）符号图

2. 二极管的特性

二极管的特性主要用伏安特性曲线表示。它反映了通过二极管的电流随外加电压变化的规律。曲线形状如图 3-8 所示，分析曲线可以看出如下特点：

（1）正向电压较小时，外电场还不足以克服 PN 结的内电场，因而正向电流几乎为零。只有在外加正向电压超过一定数值后，才有明显的电流，该电压称为“门限电压”（也称为“死区电压”），室温下硅管的门限电压约为 0.5V，锗管约为 0.1V。当正向电压大于门限电压以后，电流迅速增长，二极管处于导通状态，曲线如图 3-8 中的①段。其正向导通电流为

$$i_{\mathrm{D}} = I_{\mathrm{s}}\left(e^{\frac{u_{\mathrm{D}}}{U_{\mathrm{T}}}} - 1\right) \tag{3-1}$$

式中，I_{S} 为 PN 结反向饱和电流，U_{T} 为温度的电压当量，当 $T = 300\mathrm{k}$ 时，$U_{\mathrm{T}} = \frac{kT}{q} = 26\mathrm{mV}$，$k = 1.38 \times 10^{-23}\,\mathrm{J/K}$，是玻尔兹曼常数。$T$ 为热力学绝对温度，q 为电子电荷（1.6×10^{-19}C）。正向导通后，硅二极管压降约为 0.7～0.8V，锗二极管压降约为 0.2～0.3V。

（2）在反向电压作用下，少子很容易通过 PN 结，形成反向饱和电流。但由于少子数目很少，所以反向电流也很小，其值在室温下锗管约十几微安，硅管则小得多，小于 0.1μA。二极管处于截止状态，曲线如图 3-8 中的②段。即式（3-1）中的指数项$\ll 1$，$i_{\mathrm{D}} \approx I_s$。

（3）当反向电压增加到一定数值时，反向电流剧增，称为二极管反向击穿，如图 3-8 中的③段。击穿时的电压称为“反向击穿电压”。普通二极管不允许在击穿状态下工作。

（4）当温度升高时，上述曲线将发生变化，其变化趋势是正向特性曲线左移，反向特性曲线下移，如图 3-9 所示。这是由于温度升高会激发出更多的载流子的缘故。由此可见，在任何电压下，通过二极管的电流都要随温度的升高而增大。不过，温度对反向特性的影响更为明显，这是因为反向导电是由热激发的少子作定向运动而形成的。

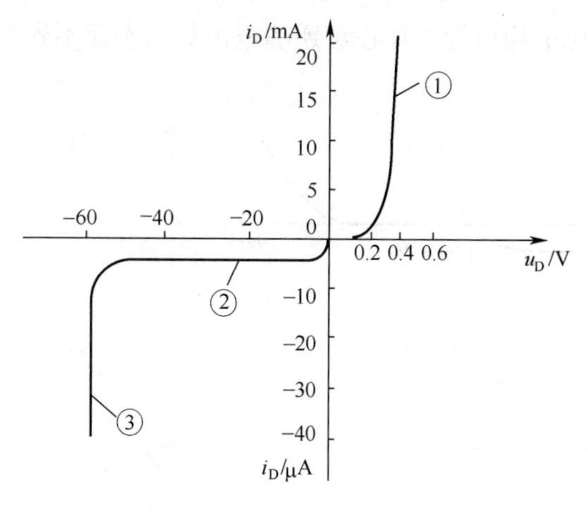

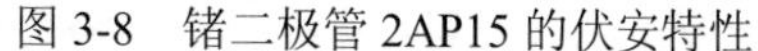

图 3-8　锗二极管 2AP15 的伏安特性

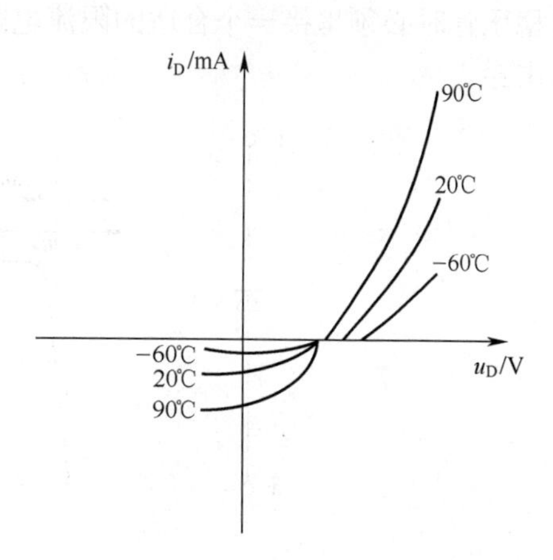

图 3-9　温度对二极管伏安特性的影响

3. 二极管的主要参数及选用方法

（1）最大整流电流 I_F。这是指二极管在长期运行时所允许通过的最大正向平均电流。因为电流通过 PN 结要引起管子发热，故在选用二极管时，应注意其通过的实际工作电流不要超过此值，并要满足其散热条件，否则会烧坏二极管。

（2）最高反向工作电压 U_R。这是指二极管在工作时允许承受的最高反向电压，为确保二极管长期运行的安全，通常取值为反向击穿电压的一半。

（3）最大反向电流 I_R。这是指在一定环境温度条件下，让二极管承受反向工作电压、尚未反向击穿时的反向电流值。这个值愈小，表明管子的单向导电性愈好。此值与少子浓度有关，所以受温度影响较大。经验值是，温度每升高 10℃，反向电流约增大一倍。故使用时要注意温度的影响。

（4）最高工作频率 f_M。加到二极管上的信号源或电压源一般都是交流电。由于二极管结构的原因，两电极之间存在电容，称为“极间电容”。该电容与 PN 结并联，在工作时，信号除通过 PN 结的正常渠道外，还被此电容分流一部分。工作频率越高，分流的部分越多。工作频率高到不能忽略极间电容的影响时的频率称为最高工作频率。换言之，在使用二极管时，若施加信号的频率大于 f_M，则二极管的单向导电作用会明显退化。

以上所列出的只是二极管的一些主要参数，还有一些参数必要时可查阅手册。它们都是正确使用和合理选择器件的依据。二极管在使用时，要特别注意其电流、电压不要超过 I_F、U_R 值，否则管子容易损坏。另外，由于温度对半导体性能影响较大，在温度变化大的情况下，选择二极管应当留有适当的余地。

3.2.3　稳压二极管

稳压二极管是一种工作在反向击穿区并且当反向电压撤除后其性能仍恢复正常的特殊二极管。它的电气符号和典型的伏安特性如图 3-10 所示。由图可知，稳压管的正向特性曲线与普通二极管相似。在反向特性曲线上，当反向电压较小时，其反向电流很小，如曲线 OA 段；而当反向电压加大到某一数值时，反向电流急剧增大，稳压管被反向击穿。进入击穿区后，u_Z 的微小变化 Δu_Z 就会引起 i_Z 的很大变化 Δi_Z，如曲线 AC 段。也就是说，在击穿区当反向电流大范围变化时，反向电压 u_Z 几乎不变，如图 3-10 所示。这个电压值称为稳定电压，以 u_Z 表示，是稳压管的第一个参数（见下文）。

当然，这种击穿不能是破坏性的，如果反向电流太大，管子会因过热而烧坏。为此，使用稳压管时必须串接一个合适的限流电阻，以保证稳压管工作在可逆的电击穿状态而不致产生热击穿。

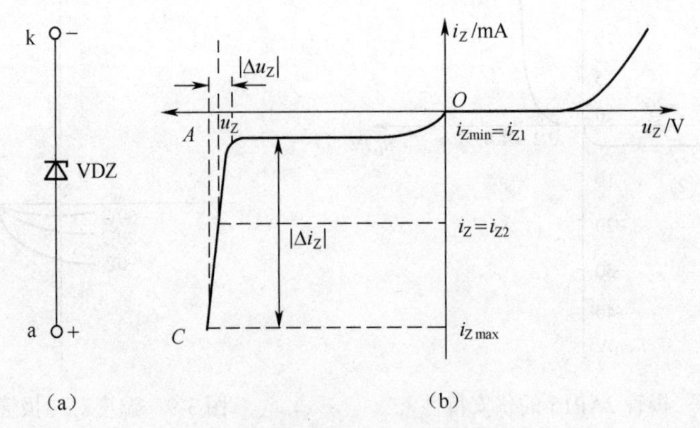

图 3-10 稳压管的电气符号与伏安特性

（a）符号；（b）伏安特性

稳压管的参数主要有：

（1）稳定电压 U_Z。指稳压管在正常工作时管子的端电压。低的为 3V，高的可达 300V，一般在 3～25V。

（2）稳定电流 I_Z。指稳压管正常工作时（即保持稳定电压 u_Z 时）的参考电流。手册上给出的稳定电流通常是指稳压时对应的最小稳定电流 i_{Zmin}；对应额定功耗时的电流叫最大稳定电流 i_{Zmax}。实际工作电流应取最小稳定电流 i_{Zmin} 和最大稳定电流 i_{Zmax} 之间的某个值（见图 3-10）。

（3）最大耗散功率 P_{ZM}。最大耗散功率也叫“额定功耗”，是指稳压管不至于产生过热损坏时的最大功率损耗值。它等于稳定电压与最大稳定电流的乘积。

（4）动态电阻 r_Z。稳压管端电压的变化量Δu_Z与对应电流变化量Δi_Z之比叫稳压管的动态电阻。它反映稳压管的稳压性能，r_Z 越小，稳压效果越好。r_Z 的值一般在几欧至几十欧之间。

（5）稳定电压的温度系数。指稳压管的稳定电压 u_Z 随工作温度变化影响的系数。一般 u_Z 低于 5.7V 的稳压管具有负温度系数，u_Z 高于 5.7V 的稳压管具有正温度系数，而 u_Z 在 5.7V 左右时，温度系数最小。

稳压管在直流稳压电源中有着广泛应用。图 3-11 所示就是一个简单的由稳压管组成的稳压电路。图中，R 是限流电阻，R_L 为负载，VDZ 是稳压管，它必须反向连接。显然有 $i_R=i_Z+i_L$。

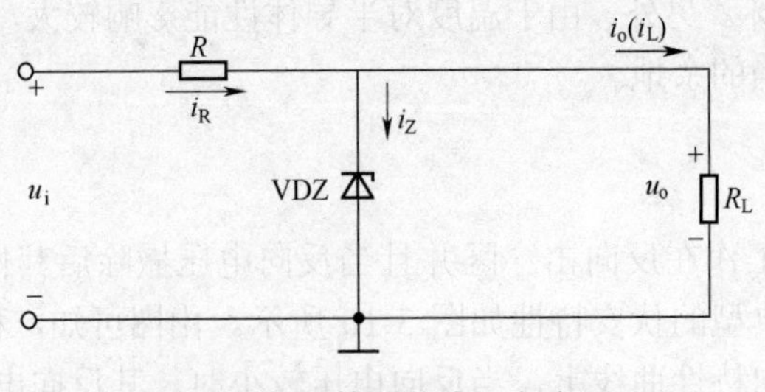

图 3-11 简单的稳压电路

现假定负载不变，而输入电压变化。若 u_i 增加，它会引起输出电压 u_0 略微增加，u_0 的增加也就是稳压管的工作电压增加，即 i_Z 也增加。由于 $i_R=i_Z+i_L$，因而流过限流电阻 R 的电流也增加，结果在 R 上的压降随之增加，使输出电压下降，从而保证了输出电压基本稳定。反之，若 u_i 减小，其稳压过程与前述相反，也能保证输出电压基本稳定。

假定输入电压不变，而负载变化。若 R_L 减小，它会使 i_L 增加，由于 $i_R=i_Z+i_L$，R 上的压降随之增加，使输出电压下降，但 u_0 的下降会同时使 i_Z 也下降，当然也就使 R 上流过的电流连同在它上面的压降也跟着下降，结果就使输出电压有所回升，即保持输出电压基本稳定。反之，若 R_L 增大，结果亦然。

3.3　半导体三极管（晶体管或 BJT）

3.3.1　半导体三极管的结构与符号

半导体三极管简称三极管，通常又称为晶体管或 BJT，它的种类很多，按其所用的基片材料不同，可分为硅三极管和锗三极管。按其工作频率可分为低频三极管、高频三极管、超高频三极管。按其额定功率的不同可分为小功率三极管、中功率三极管、大功率三极管。按其结构又可分为 PNP 型三极管和 NPN 型三极管。

半导体三极管的结构，顾名思义，PNP 管就是在两个 P 型半导体中夹一个 N 型半导体；而 NPN 型管则是在两个 N 型半导体中夹一个 P 型半导体。因此，无论哪种三极管都是由两个 PN 结的三层半导体组成。图 3-12（a）是 NPN 型管的结构示意与电路符号图。从三块半导体上各自接出一根引线就是三极管的三个电极，分别称为发射极 e、基极 b 和集电极 c，对应的半导体区域称为发射区、基区和集电区。虽然发射区和集电区都是 N 型半导体，但发射区比集电区掺的杂质多，即多子（自由电子）浓度较高，而集电区的面积则比发射区的大。基区通常做得很薄而且掺杂浓度低。由此可见，三极管的内部结构并不是对称的。发射区与基区交界处的 PN 结称为发射结，集电区与基区交界处的 PN 结则称为集电结。

PNP 型三极管的示意与电路符号如图 3-12（b）所示。两种管子的工作原理相同，只不过各电极端的电压极性和电流流向不同而已。图中，发射极的箭头方向表示发射结加正向电压时，发射极的电流方向。二者是反向的。

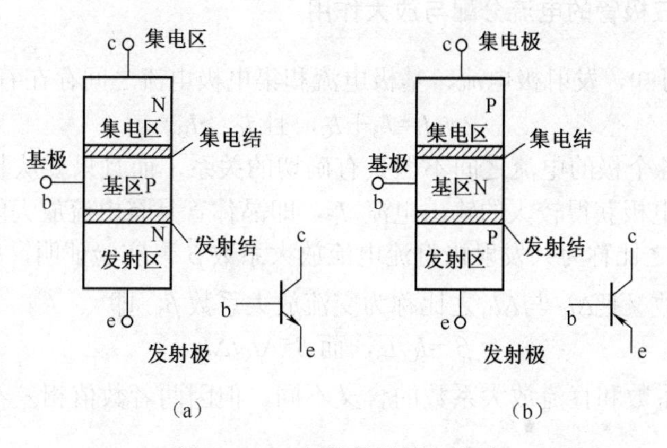

图 3-12　三极管的结构与符号

（a）NPN 型 BJT 结构示意图及电路符号；（b）PNP 型 BJT 结构示意图及电路符号

3.3.2　半导体三极管的连接方法

三极管的基本功能就是能对微小信号起到放大作用。由于它有三个极，因而在放大电路中有三种连接方式（或称为三种组态），即共基极、共发射极和共集电极，如图 3-13 所示。所谓共基极，就是其输入回路和输出回路的公共端为基极，其余类推。

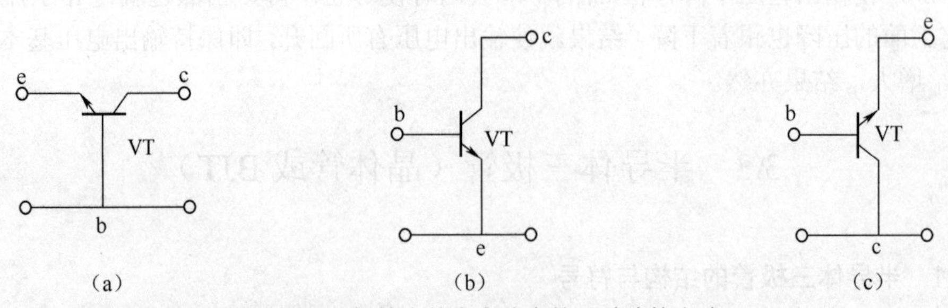

图 3-13　三极管在放大电路中的三种连接方式

（a）共基极组态；（b）共发射极组态；（c）共集电极组态

三极管内部结构的不对称是其能对微小信号起放大作用的内因，而三极管的电路接法则是其能起放大作用的外因。上面提到有三种接法，但无论是哪种接法，其基本原则是让发射结处于正向偏置，集电结处于反向偏置。下面以 NPN 型管的共发射极接法为例加以讨论。

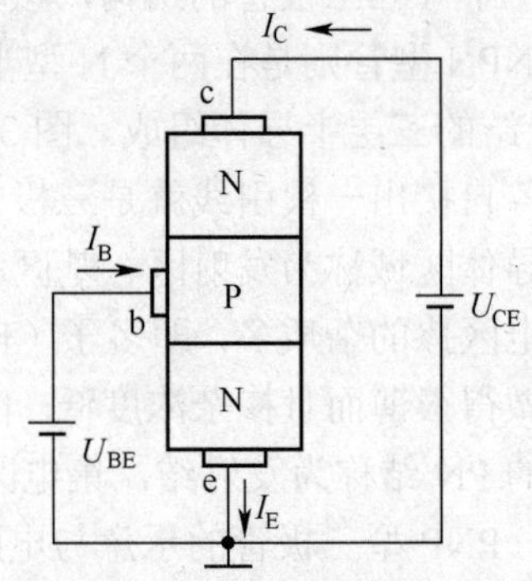

图 3-14　NPN 管共射电路接法

在图 3-14 所示的共发射极电路中，由于发射结外加正向电压 U_{BE}，发射区的多子（自由电子）很容易在外电场作用下不断越过发射结而进入基区，形成发射极电流 I_E。同时，由于集电结加的是反向电压，即 $U_{CE}>U_{BE}>0$，电子要继续向集电区方向扩散。在扩散的过程中，电子有可能与基区的空穴相复合。这就形成了基极电流 I_B。由于基区的空穴浓度低且厚度很薄，复合的机会很少，所以基极电流 I_B 很小，大部分电子均可扩散到集电结边缘。被集电结所加反向电压加速，从而越过集电结，形成集电极电流 I_C。

3.3.3　半导体三极管的电流分配与放大作用

由上面的分析可知，发射极电流、基极电流和集电极电流之间存在着如下关系：

$$I_E=I_B+I_C，且 I_C>>I_B \tag{3-2}$$

这表明晶体管各个极的电流之间不但具有确切的关系，而且只要从基极输入较小的控制电流 I_B，就能从集电极获得较大的输出电流 I_C，即晶体管具有电流放大能力，是电流控制器件。我们把 I_C 与 I_B 之比称为共发射极直流电流放大系数 $\overline{\beta}$。实验证明，I_B 的微小变化也会引起 I_C 的很大变化，故又把ΔI_C与ΔI_B之比称为交流放大系数 β。即

$$\overline{\beta}=I_C/I_B，而 \beta=\Delta I_C/\Delta I_B \tag{3-3}$$

虽然交流放大系数和直流放大系数的含义不同，但因两者数值相差不大，故通常不作严格区分。

综上所述：

（1）三极管之所以能放大输入信号，其外部条件是发射结正偏，集电结反偏。

（2）放大作用的实质是用一个微小的电流变化ΔI_B 去控制较大的电流变化ΔI_C。

（3）PNP 管与 NPN 管的工作原理相同，只是在电路连接时，要注意其电压极性和电流流向的不同，如图 3-15 所示。

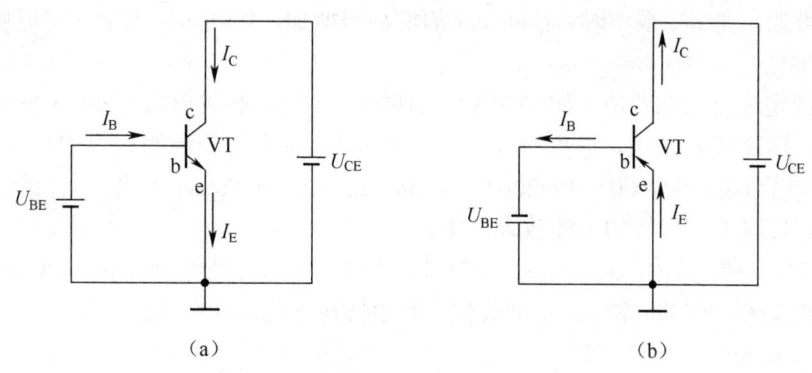

图 3-15　两种晶体管电路接法的区别

（a）NPN 型管；（b）PNP 型管

3.3.4　半导体三极管的特性曲线

为了能正确使用三极管，还必须了解其特性曲线。工程上常用的是三极管的输入特性和输出特性曲线，它们可以用晶体管特性图示仪测得。由于三极管在不同组态时具有不同的端电压和电流，它们的特性曲线各不相同。在工程中，共发射极电路（简称共射电路）应用最为广泛。下面就以 NPN 管的共发射极特性曲线为例进行讨论。

图 3-16（a）所示电路中，左边的闭合回路称为输入回路，右边的闭合回路称为输出回路，放大后的信号由 R_C 取出。该电路的输入与输出回路以发射极为公共端，故叫共发射极电路。

三极管的输入特性是以输出电压 u_{CE} 为参考变量，输入回路中的输入电流 i_B 与输入电压 u_{BE} 之间的关系曲线，即：$i_B=f(u_{BE})|\ u_{CE=常数}$。由于输入回路中，发射结是一正向偏置的 PN 结，因此，输入特性在 $u_{CE}=0$ 时，与二极管的正向伏安特性相似，当 $u_{CE}>0$ 后，输入特性曲线右移，且 u_{BE} 接近 0.7V 时（对于锗管，为 0.3V），特性曲线基本重合，如图 3-16（b）所示。

输出特性是以输入电流 i_B 为参变量，输出电流 i_C 与输出电压 u_{CE} 之间的关系曲线，即：$i_C=f(u_{CE})|\ i_{B=常数}$。特性曲线如图 3-16（c）所示。

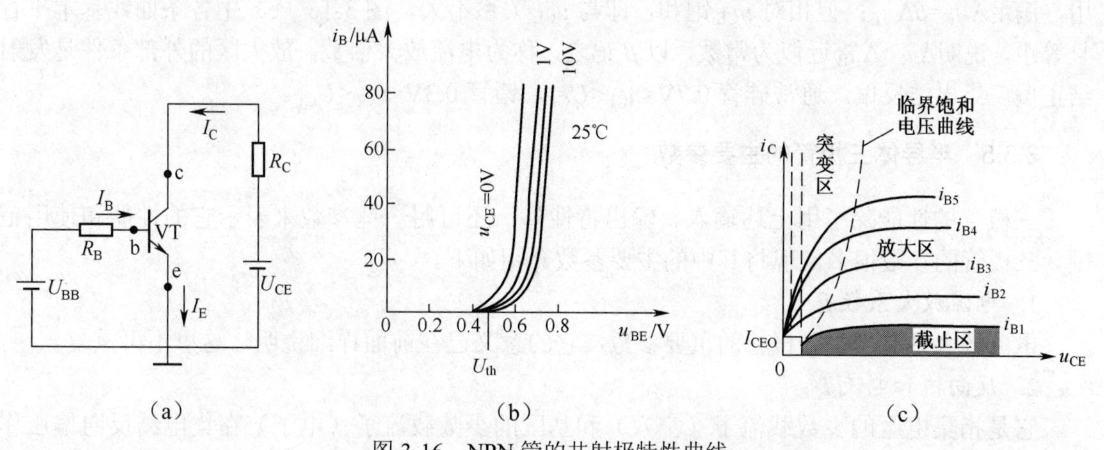

图 3-16　NPN 管的共射极特性曲线

（a）电路图；（b）输入特性曲线；（c）输出特性曲线

理解输出特性曲线对初学者来说比较复杂一些，但今后用到的地方不少。因此，下面较详细地分析一下曲线的含义。

首先分析其中的一条曲线，如 i_B=40μA 的曲线。这是维持 i_B 不变，改变 u_{CE} 而绘出的曲线。

从这条曲线可知，在 u_{CE} 很小时，i_C 随 u_{CE} 的增加而增加，但当 u_{CE} 大于一定值后，i_C 就几乎不再改变。

如果 i_B 固定于更大的数值（如=60μA），当增大 u_{CE} 时，曲线形状与 40μA 的相似，只不过位置上移了。这说明 i_B 增大，i_C 也增大了。这说明在 u_{CE} 大于一定值（如 1V）后，由 i_B 可以控制 i_C。从数值分析：Δi_B=60－40=20μA，而Δi_C=2.3－1.5=0.8mA，可见 i_C 的变化要比 i_B 的变化大得多，它反映了三极管的电流放大作用。

在 u_{CE} 值很小的区域内，$u_{CE}<u_{BE}<$（0.7～1）V 时，不管 i_B 是 40μA、60μA 还是 80μA，对应的 i_C-u_{CE} 曲线都有一些共同特点：i_C 增长快，开始挤在一起，以后逐渐分开，表明 i_B 对 i_C 无控制作用。

在 i_B=0 时，i_C 很小（几微安），这个值就是 ce 极间的穿透电流 I_{CEO}。当发射结加反向电压后，i_B 为负值，表示与上面正向时电流方向相反，此时 i_C 更小，趋近于零（在 i_B=0 的曲线之下）。在这种情况下，ce 极间电阻很大，相当于一个断开的开关，也就是说三极管处于截止状态。

综上所述，三极管的工作范围可分三个区域：

（1）截止区。它对应 i_B=0 以下的区域。为了可靠截止，常取发射结反偏。因此三极管位于截止区的外部条件是发射结和集电结均加反向电压。特点是 $i_B\leqslant 0$，$i_C=I_{CEO}$，$u_{CE}\approx U_{CE}$，由于穿透电流 I_{CEO} 的存在，集电极电流并未真正截止；对硅管而言，$u_{BE}<0.5$V 时截止，锗管 $u_{BE}<0.1$V 时截止，这两个值以符号 U_{th} 标记，称之为门限电压。

（2）突变区（也有称为“饱和区”）。在特性曲线上，靠近纵轴且 i_C 趋于直线上升的部分。三极管位于突变区的外部条件是发射结正偏，集电结也正偏。因为 $u_{CE}>0$，故集电极对从发射区扩散到基区的电子有一定的争夺能力。但由于集电结正偏，对基区中自由电子向集电区漂移不利，所以 i_C 随 u_{CE} 增大而突升，但 i_C 不与 i_B 成比例。特点是 $u_{BE}>u_{CE}$，$i_C\neq\beta\ i_B$。当 u_{CE} 增大到一定值后，i_C 不再增大并逐渐趋于一稳定值，称 i_C 相对于 u_{CE} 饱和。临界饱和时的 u_{CE} 值称为临界饱和压降，用 U_{CES} 表示，小功率硅管的临界饱和压降约为 0.3V，锗管约为 0.1V。

（3）放大区。对应于输出特性曲线的平坦部分，其特征是 i_C 由 i_B 决定，i_C 对 i_B 有放大作用，满足$\Delta i_C=\beta\Delta i_B$；但相对 u_{CE} 饱和，即与 u_{CE} 关系不大。图 3-16（c）中各条曲线基本平行且等距，说明$\Delta i_C/\Delta i_B$ 近似为常数，以 β 记之，称为电流放大倍数。放大区的外部条件是发射结正偏，集电结反偏。通常硅管 $0.7\text{V}<u_{CE}<U_{CE}$，锗管 $0.3\text{V}<u_{CE}<U_{CE}$。

3.3.5 半导体三极管的主要参数

三极管的性能除了用上述输入、输出特性外，还可用一些参数来表示它的性能和使用范围。三极管的参数很多，现将其中的主要参数介绍如下。

1. 电流放大系数 β

电流放大系数 β 是三极管的重要参数，它的意义已在前面详细说明，这里不再重复。

2. 反向饱和电流 I_{CBO}

它是指集电区的少数载流子（空穴）和基区的少数载流子（电子）在集电结反向偏压作用下，通过漂移运动而形成的反向电流。它与二极管的反向饱和电流在本质上是一致的，即指的是发射极开路时集电极的电流值。I_{CBO} 值越小，集电结质量越好。小功率硅管 I_{CBO} 值约为几微安，锗管约为几十微安。此值虽小，但受温度影响很大，这是三极管工作不稳定的主要原因。

3. 穿透电流 I_{CEO}

它是指基极开路（I_B=0）时，集电极与发射极之间的反向电流。与集电结反向饱和电流 I_{CBO}

有如下关系

$$I_{CEO}=(1+\beta)I_{CBO} \tag{3-4}$$

穿透电流也是影响三极管工作稳定性的重要参数，其值越小越好。但由于 I_{CEO} 比 I_{CBO} 大得多，测量起来比较容易，所以常常把测量 I_{CEO} 作为判断管子质量的重要依据。应当注意，I_{CEO} 与 I_{CBO} 一样受温度的影响很大。

4. 极限参数

通常三极管只允许在极限参数值内使用，否则将引起工作不正常，甚至引起三极管损坏。主要的极限参数有：

I_{CM}——最大允许集电极电流。基极电流 i_B 快速增长，引起集电极电流 i_C 快速增长，若不能适时转入“饱和”状态，进入放大区，则会使 i_C“过饱和”，此现象也能发生在 i_B 突增、i_C 不能随之进入新的饱和状态时。当集电极电流超过一定值时，三极管的 β 值就要下降，严重时会烧坏管子。I_{CM} 是指当 β 下降到额定值的 2/3 时所对应的集电极电流。

P_{CM}——最大允许集电极耗散功率。与 I_{CM} 密切相关，其值的大小与环境温度有关，温度越高，此值越小。因此，使用时不能超过温度限制，而且要注意散热条件。

$U_{(BR)CEO}$——基极开路时，集电极、发射极间的反向击穿电压。

$U_{(BR)CBO}$——发射极开路时，集电极、基极间的反向击穿电压，通常为几十伏，有些甚至高达几百伏。

$U_{(BR)EBO}$——集电极开路时，发射极、基极间的反向击穿电压，对于小功率管，一般为几伏，并且 $U_{(BR)CBO} > U_{(BR)CEO}$。

3.4 场效应管（FET）

场效应管是一种利用电场效应来控制电流变化的放大元件。它与晶体管相比，具有输入电阻高（可高达 $10^{15}\Omega$）、噪声小、热稳定性能好，制造工艺简单等优点。因而得到了迅速发展，特别是在大规模集成电路中更是得到了广泛的应用。

场效应管按其结构的不同，可分为结型场效应管（简称 JFET）和绝缘栅型场效应管（简称 IGFET）两类，每一类又分 N 沟道和 P 沟道两种，P 沟道场效应管是 N 沟道场效应管的对偶型，类似于三极管中 NPN 和 PNP 管的对偶型。

3.4.1 结型场效应管的结构、符号与工作原理

1. 结构

结型场效应管的结构如图 3-17（a）所示，它是在一块 N 型半导体的相对应的两侧制造两个 P 型区，形成两个 PN 结，由于 PN 结区（空间电荷区）载流子很少，在这里也称为耗尽层。把两个 P 型区连在一起引出的电极称为栅极 g，从 N 型半导体两端各引出一个电极，分别称为源极 s 和漏极 d。g、s、d 分别相当于晶体三极管的基极、发射极和集电极。夹在两个 PN 结中间的 N 型区域是载流子通过漏源两极的路径，称为 N 型导电沟道。这种管子称为 N 沟道结型场效应管。它的代表符号如图 3-17（b）所示。箭头方向表示栅极正偏时，栅极电流方向由 P 区指向 N 区。

如果在一块 P 型半导体两侧制造两个 N 型区，则可构成 P 沟道结型场效应管，其代表符号如图 3-17（c）所示。

简言之，结型场效应管由一沟道（N 或 P 沟道）、二结（P、N 结）、三电极（栅极、源极、漏极）组成。

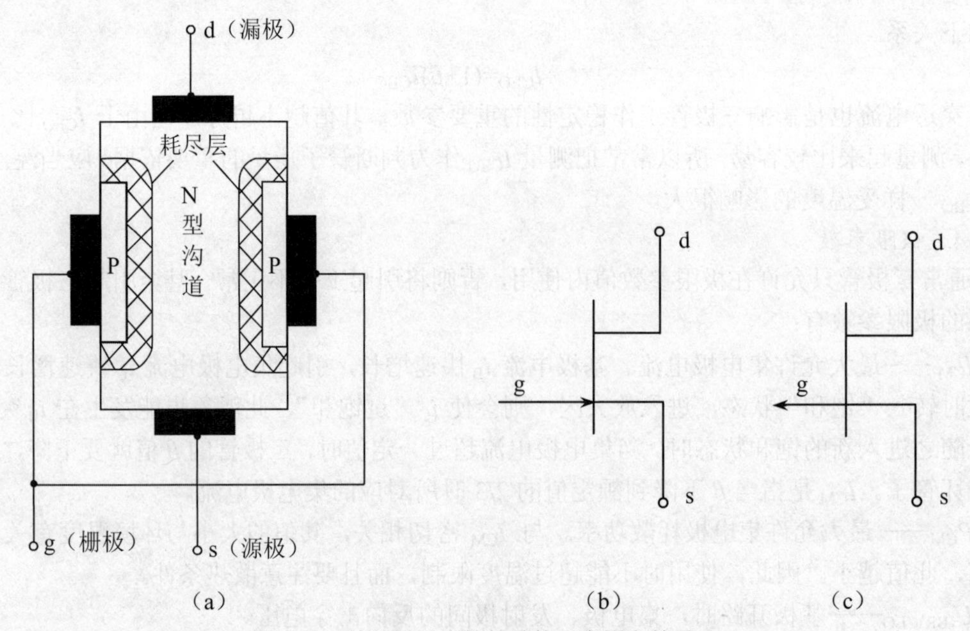

图 3-17 结型场效应管的结构示意图和符号

（a）N 型结型场效应管的结构；（b）N 型的符号；（c）P 型的符号

2. 基本工作原理

将 N 沟道场效应管接成如图 3-18（b）所示电路，即源极 s 为公共端，漏极 d 与源极 s 之间加接漏极电阻 R_D 和正向电源 U_{DD}，栅极 g 与源极 s 之间加接反向电源 U_{GG}。这样，栅极相对于漏极和源极是处于低电位，使得 N 沟道两侧的 PN 结均承受反向偏置电压。

下面讨论当漏源（漏极与源极之间）电压 u_{DS} 为一定值时，改变栅源（栅极与源极之间）电压 u_{GS} 会对漏极电流 i_D 产生什么影响。

当 u_{GS}=0 时，电路如图 3-18（a）所示。因栅极与源极等电位，PN 结不承受外电场，仅仅在 P 区和 N 区交界处形成一层很薄的空间电荷区。也就是说这时耗尽层很窄，导电沟道最宽。由于 N 型半导体内存在大量的自由电子，所以此时的漏极电流 i_D 最大，称之为漏极饱和电流 I_{DSS}，I_{DSS} 下标中的第二个 S 表示栅源极间短路的意思。

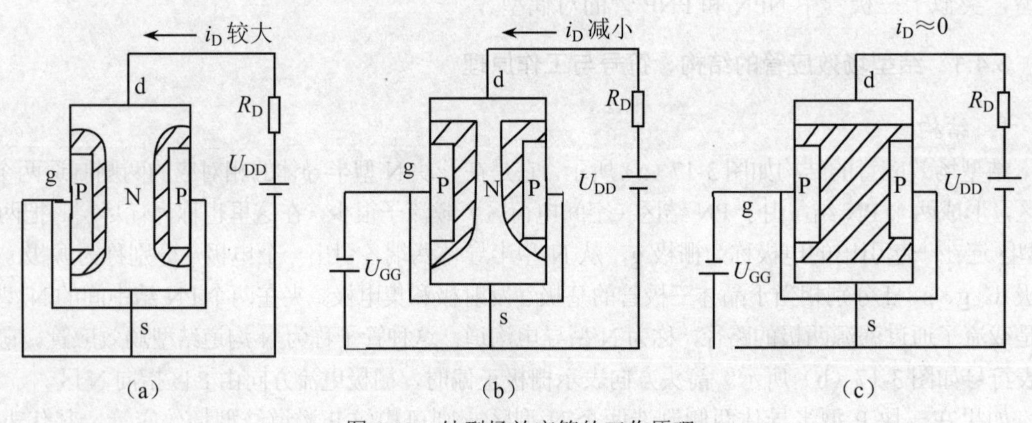

图 3-18 结型场效应管的工作原理

（a）u_{GS}=0 时；（b）u_{GS}<0 时；（c）u_{GS} 为某一负值时，导电沟道被“夹断”

当 u_{GS}<0 时，则栅极 g 相对于电位更高的漏极 d 更负，即 $u_{gd}<u_{gs}<0$，电路如图 3-18（b）

所示。由于 PN 结承受反向偏置电压，外电场与结电场方向一致，增强了阻挡作用。也就是说，会使得耗尽层整体加宽，但在漏极端最宽，在源极端最窄，N 沟道变成一个上窄下宽的倒漏半状，漏极电流 i_D 减小。且负电源 U_{GG} 愈大，耗尽层愈宽，导电沟道愈窄，漏极电流 i_D 愈小。

图 3-18（c）所示为栅源极负电压值增大到某一定值时的情况。此时两耗尽层在漏端相遇，称为“预夹断”，由于有 u_{DS} 虽然增大了电阻，i_D 仍存在，但减少了。u_{GS} 再负，沟道夹断部分更多，i_D 更小，直到沟道全部夹断，漏极电流 i_D 为零。此栅源电压 u_{GS} 称为夹断电压 $U_{GS(off)}$。

由上面的分析可知：

（1）改变栅、源极间负电压（电场）的强弱，可以控制漏极电流 i_D 的大小。

（2）结型场效应管的栅、源极间的 PN 结加反向电压，故输入电阻很大，基本上不从信号源取用电流可以认为无栅流。

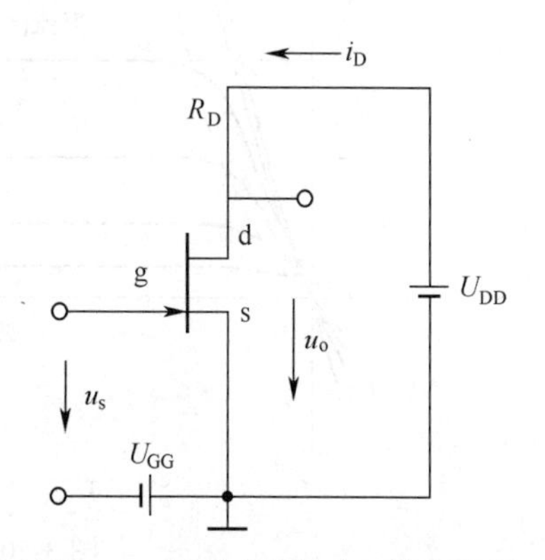

图 3-19　场效应管的电压放大作用

（3）场效应管是电压放大元件。在如图 3-19 所示电路中，将一个小信号电压 u_i 加于栅极上，栅源电压 u_{GS} 必然会随之变化，i_D 又会在 u_{GS} 的控制下相应地发生变化，于是可在漏极电阻 R_D 上得到较大的电压变化作为输出。这就是场效应管进行电压放大的原理。例如：若信号电压 u_i 从 0V 变到−0.5V，对应的 i_D 由 5mA 降为 2.1mA，即变化了 2.9mA；如果电路中 R_D=10kΩ，则在 R_D 上的电压变化为 $2.9\times10^{-3}\times10000=29$V。该电路把输入信号电压放大了 29÷0.5=58 倍。

注意：场效应管中只有一种载流子（如 N 沟道场效应管为自由电子）导电，而晶体三极管则是两种载流子（电子和空穴）导电。因此，场效应管也称为单极型晶体管，而通常的晶体三极管称为双极型晶体管。

3.4.2　结型场效应管的特性曲线

JFET 的工作性能通常用输出特性和转移特性两组特性曲线来描述。

1. 输出特性曲线

输出特性曲线有时也叫漏极特性曲线，如图 3-20（a）所示。它是以栅源电压 u_{GS} 为参变量时，漏极电流 i_D 与漏源电压 u_{DS} 之间的关系曲线。可分为三个不同的区域。

（1）可变电阻区。靠近纵轴，管子在预夹断前的特性曲线区域。在该区域内，栅源电压愈负，输出特性愈倾斜，漏源间的等效电阻愈大。在该区域内，结型场效应管可看作一个受栅源电压 u_{GS} 控制的可变电阻。也因此而得名为可变电阻区。

（2）恒流区。管子预夹断后，特性曲线近似水平部分的区域。由于耗尽层电阻远大于沟道电阻，所以在管子出现预夹断后，尽管再增大漏源电压 u_{DS}，但增加的电压几乎全部降落在夹断区，故 i_D 随 u_{DS} 增加而增加很少，输出特性曲线趋于水平。该区域中 i_D 大小仅受 u_{GS} 控制，u_{GS} 愈负，则 i_D 愈小，与 u_{DS} 基本无关。JFET 作为电压放大器件工作时，就是工作在这个区域，故此区域称为恒流区，又称为线性放大区。

输出特性曲线的可变电阻区与恒流区之间并无明显的界线。通常就把曲线上 u_{DS} 出现预夹断的各点连接起来作为两个区域的分界线，这条连线称为预夹断轨迹。由图可见，u_{GS} 愈负时，在漏极出现预夹断所需电压 u_{DS} 愈小。在 u_{GS}=0 时，其预夹断电压 u_{DS} 的值与夹断电压的绝对值 $|U_{GS(off)}|$ 相等。

（3）夹断区。当 $u_{GS}<U_{GS(off)}$ 时，沟道被夹断，$i_D\approx0$，输出特性曲线表现为接近横轴，故

靠近横轴的区域称为夹断区，也叫截止区。

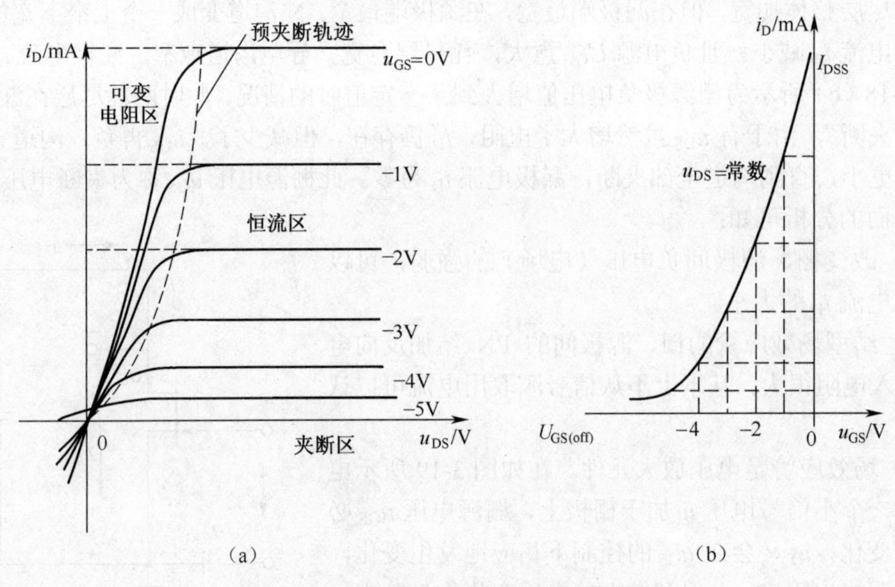

图 3-20 N 沟道结型场效应管的特性曲线

（a）输出特性曲线；（b）转移特性曲线

2. 转移特性曲线

转移特性曲线如图 3-20（b）所示。它是以漏源电压 u_{DS} 为参变量时，漏极电流 i_D 与栅极电压 u_{GS} 之间的关系曲线。在该特性曲线上，集中反映出栅极电压 u_{GS} 对漏极电流 i_D 的控制规律。转移特性曲线可以根据输出特性曲线（图 3-20（a））用作图法绘出。在恒流区中，由于 u_{DS} 对 i_D 的影响很小，故不同的 u_{DS} 对应的转移特性曲线基本上是重合的。实验还表明，i_D 可以近似地表示为：

$$i_D = I_{DSS}\left(1-\frac{u_{GS}}{U_{GS(off)}}\right)^2,\quad U_{GS(off)}<u_{GS}<0 \tag{3-5}$$

这样，只要给出 I_{DSS} 和 $U_{GS(off)}$，就可以把转移特性曲线中的其他点近似计算出来。

3.4.3 结型场效应管的主要参数

结型场效应管的参数是反映其性能的指标，也是选用场效应管的依据。现将其主要参数归纳如下。

1. 直流参数

（1）夹断电压 $U_{GS(off)}$。是指在 u_{DS} 为某一固定值（通常取 10V）时，使 i_D 为某一微小电流（例如 50μA，为便于测量）所需的 u_{GS} 值。

（2）饱和漏电流 I_{DSS}。是指在 u_{GS}=0 时，使管子出现预夹断时的漏极电流 i_D。通常令 u_{DS}=10V，u_{GS}=0V 时测出的 i_D 就是 I_{DSS}。对于 JFET 来说，饱和漏电流也就是管子所能输出的最大电流。

（3）直流输入电阻 R_{GS}。是指在漏源之间短路的条件下，栅源之间加一定电压时，栅源电压与栅极电流之比值。JFET 一般都大于 $10^7\Omega$。

2. 极限参数

（1）最大漏源电压 $U_{(BR)DS}$。是指在 u_{DS} 增大过程中，使 i_D 出现急剧增加时的电压。管子使用时，不允许超过此值，否则管子将损坏。

（2）最大栅源电压 $U_{(BR)GS}$。对于 JFET，是指栅极与沟道间 PN 结的反向击穿电压。击穿后将出现短路，使管子损坏。

（3）最大耗散功率 P_{DM}。JFET 的耗散功率等于 u_{DS} 与 i_D 的乘积，这些耗散在管子中的功率将变为热能，使管子的温度升高。为了限制管子的温升，必须限制它的耗散功率不能超过最大数值 P_{DM}，否则管子会因过热而损坏或引起性能变坏。

3. 交流参数

（1）低频互导（跨导）g_m。是指场效应管在恒流区工作时，栅源电压对漏源电流控制能力大小的参数。其定义为：在 u_{DS} 为某一固定值时，i_D 的微小变化量和引起它变化的 u_{GS} 微小变化量之比。即

$$g_m = \frac{di_D}{du_{GS}}\Big|_{u_{DS}=\text{常数}} \tag{3-6}$$

互导相当于转移特性曲线上管子工作点的斜率，其单位为西门子（S），由于场效应管互导的数值较小，故常用 mS 或 μS 作为其单位，g_m 一般在十分之几至几 mS 之间，特殊的可达 100mS 甚至更高。

（2）低频噪声系数 N_F。场效应管的噪声是由管子内部载流子的不规则运动而引起的，它会使得一个放大电路在没有输入信号时，输出端出现不规则的电压或电流变化。噪声系数的单位为分贝（dB），场效应管的 N_F 一般为几个分贝。

此外，还有高频参数、极间电容等参数。

3.4.4　绝缘栅场效应管

绝缘栅场效应管也有三个电极（栅极、源极和漏极），但它的栅极与源极和漏极之间均无电接触，故称为绝缘栅极，并以此而得“绝缘栅场效应管”之名。

绝缘栅场效应管也有 N 沟道和 P 沟道两类，每一类又分增强型和耗尽型两种。增强型在 $u_{GS}=0$ 时，没有导电沟道，即 $i_D=0$，只有当 $u_{GS}>0$ 时，才有 i_D。耗尽型则是当 $u_{GS}=0$ 时，存在导电沟道，即 $i_D\neq0$。

1. 增强型绝缘栅场效应管

图 3-21（a）所示是 N 沟导增强型绝缘栅场效应管的结构示意图，它以一块低掺杂的 P 型半导体为衬底，衬底两边制成两个高掺杂 N^+区，并在这两个 N^+区表面安置两个铝电极，分别为源极 s 和漏极 d。再在两个 N^+区中间的 P 型半导体衬底的上表面覆盖一层薄的二氧化硅（SiO_2）绝缘层，并在绝缘层表面再造一层金属铝作为栅极 g。它的代表符号如图 3-21（b）所示，符号中的箭头方向表示由 P（衬底）指向 N（沟道）。

这种管子的衬底（B）和源极（s）通常是接在一起的。从图 3-22（a）可以看出，增强型绝缘栅场效应管的漏极 d 与源极 s 之间有两个背靠背的 PN 结，当栅源之间短接（$u_{GS}=0$）时，无论 u_{DS} 的极性如何，总有一个 PN 结处于反偏状态，漏源极间没有导电沟道，$i_D=0$。

若在栅源极间加上正向电压 u_{GS}，则栅极 g 和衬底 B 之间相当于一个以 SiO_2 为介质的平板电容器，在正向 u_{GS} 作用下，介质中便产生了一个垂直于半导体表面的由栅极指向 P 型衬底的电场。这个电场是排斥空穴而吸引电子的，因此在该电场作用下，排斥了 P 型衬底靠近栅极一侧的多数载流子（空穴），留下了不能够移动的负离子，形成耗尽层，同时 P 型衬底中的少子电子被吸引到衬底表面。在 u_{GS} 较小时，吸引电子的能力不强，漏源极间仍无导电沟道，但当 u_{GS} 增大到某一数值时，被吸引的电子便在栅极附近的 P 型硅衬底表面形成一个 N 型薄

层导电沟道，将两个N^+区连通。通常把这个在P型硅表面形成的N型薄层导电沟道称为“反型层”，由于它是栅源正电压感应产生的，所以也称为“感生沟道”，如图3-22（b）所示。显然，栅源正电压愈高，则作用于半导体表面的电场就愈强，吸引到P型硅表面的电子就愈多，感生沟道（反型层）将愈厚，沟道电阻将愈小。

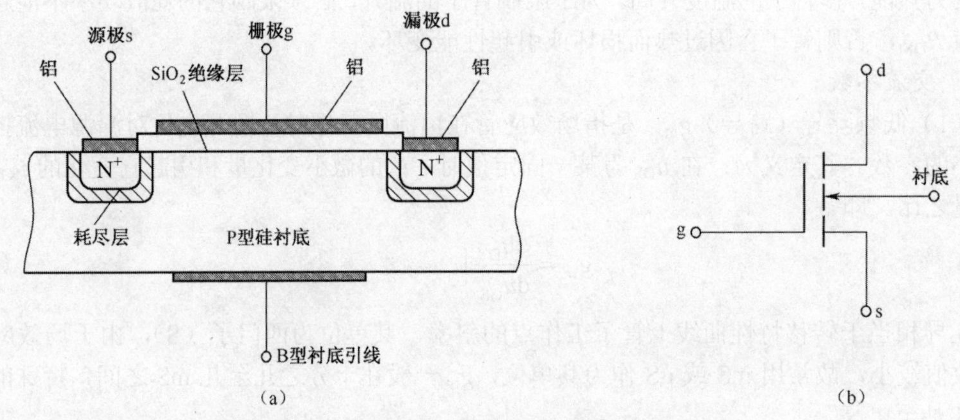

图3-21　N沟道增强型绝缘栅场效应管结构和符号

（a）结构示意图；（b）符号

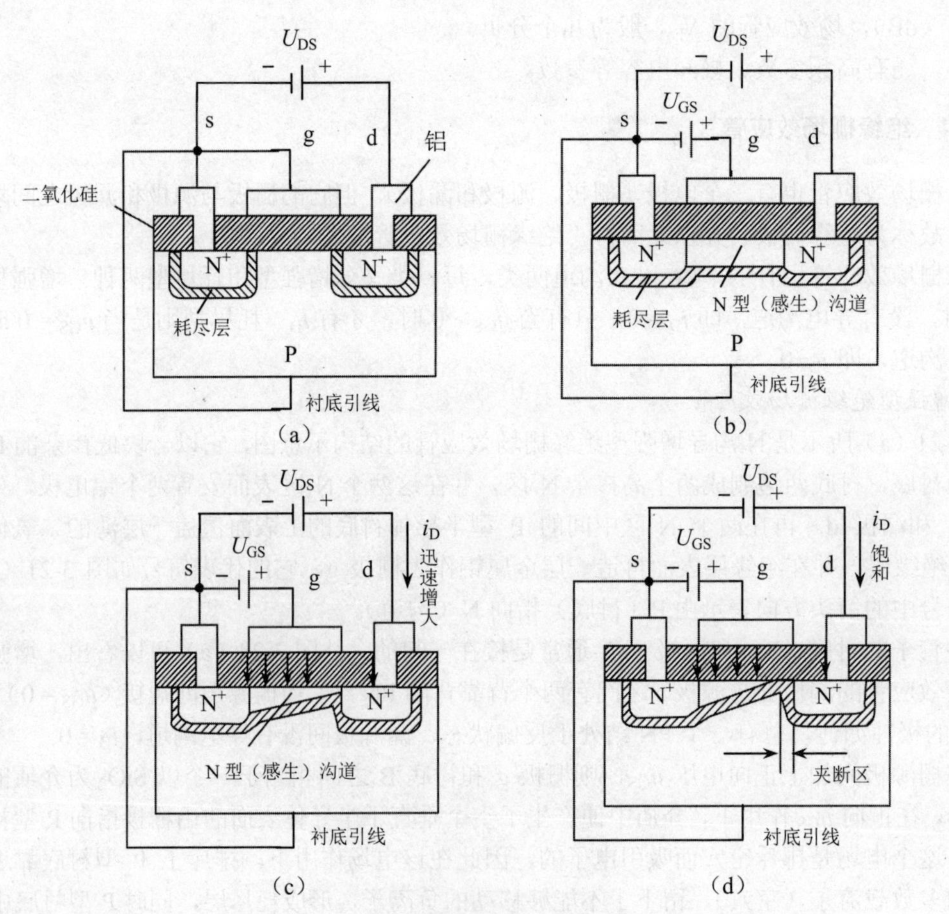

图3-22　N沟道增强型绝缘栅场效应管的基本工作原理示意图

（a）$u_{GS}=0$时，没有导电沟道；（b）$u_{GS}>V_T$时，出现N型沟道；

（c）u_{DS}较小时，i_D迅速增大；（d）u_{DS}较大出现夹断时，i_D趋于饱和

一旦出现了感生沟道，原来被 P 型衬底隔开的两个 N^+型区就被感生沟道连在一起了。此时若在漏源极间加电源 u_{DS}，则将有漏极电流 i_D 产生。把在漏源电压作用下开始导电时的栅源电压 u_{GS} 称为开启电压，用 V_T 表示。当 $u_{GS} \geqslant V_T$，且 u_{DS} 较小时，i_D 将随 u_{DS} 上升迅速增大，但由于沟道存在电位梯度，因此沟道厚度是不均匀的：靠近源端厚，靠近漏端薄，如图 3-22（c）所示。当 u_{DS} 增大到一定数值后，靠近漏端被夹断，u_{DS} 继续增加，将形成一夹断区，如图 3-22（d）所示。与结型场效应管相似，沟道被夹断后，u_{DS} 上升，i_D 趋于饱和。

这种管子的特性曲线如图 3-23 所示。

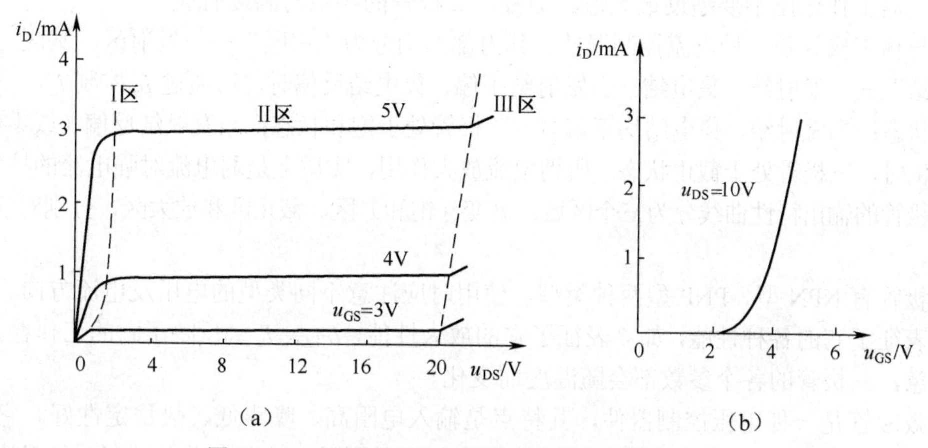

图 3-23　N 沟道增强型绝缘栅场效应管的特性曲线

（a）输出特性曲线；（b）转移特性曲线

2. 耗尽型绝缘栅场效应管

前述增强型场效应管只有在 $u_{GS} \geqslant V_T$ 后才有导电沟道产生。耗尽型绝缘栅场效应管是在制造过程中在 SiO_2 绝缘层中掺入大量正离子。于是，在这些正离子的作用下，即使 $u_{GS}=0$，也会和增强型接入正栅源电压并使 $u_{GS} \geqslant V_T$ 时相似，能在 P 型衬底上靠近栅极的表面感应出 N 型薄层（反型层），将漏区和源区连通起来，如图 3-24 所示。因此，这种管子在 $u_{GS} = 0$ 时，在 u_{DS} 的作用下，也有较大的 i_D 由漏极流向源极，若所加栅源电压 u_{GS} 为负，则导电沟道变窄，i_D 减小，这与结型场效应管相类似。所不同的是，JFET 在 $u_{GS} > 0$ 时不能对 i_D 起控制作用，而耗尽型绝缘栅场效应管当 $u_{GS} > 0$ 时，导电沟道加宽，i_D 加大，仍然能对 i_D 起控制作用。

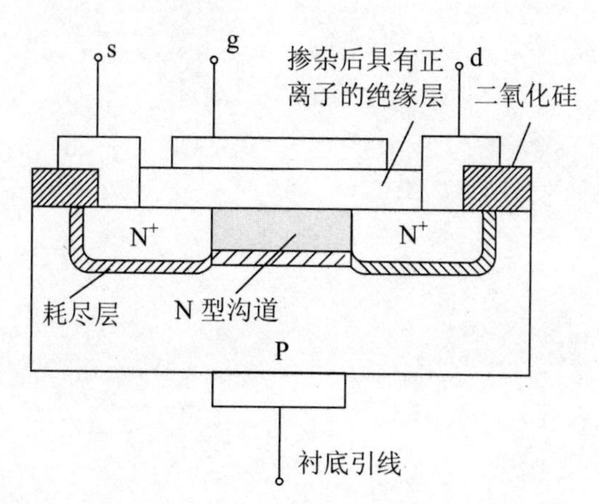

图 3-24　N 沟道耗尽型绝缘栅场效应管结构示意图

本章小结

半导体元件中有两种载流子：电子和空穴。将P型、N型半导体接触在一起时，交界处形成一稳定的PN结。PN结加正向电压时，正向电阻很小，呈导通状态；加反向电压时，反向电阻很大，呈截止状态。

二极管核心是一个PN结，单向导电性是二极管的基本特性。使用二极管时，应注意整流电流和反向工作电压不要超过最大值。另外，二极管的参数与温度有关。

半导体三极管是一种电流控制器件。其内部结构分为“三区”——发射区、基区、集电区与“两结”——发射结、集电结。当发射结正偏、集电结反偏时，可通过 i_B 控制 i_C，三极管处于放大状态；当发射结、集电结均正偏时，三极管处于饱和状态；当发射结反偏（或零偏）、集电结反偏时，三极管处于截止状态。所谓电流放大作用，实质上是弱电流对强电流的控制作用。

三极管的输出特性曲线分为三个区域：突变（饱和）区、截止区和放大区，分别对应上述三种状态。

三极管有NPN型、PNP型两种类型，使用时应注意不同类型的电压及电流方向。三极管的参数表征了它的各种性能，如 β 表征了它的放大性能，I_{CBO}、I_{CEO} 反映了它的工作稳定性等。还应注意，三极管的各个参数都会随温度而变化。

场效应管是一种电压控制器件，其特点是输入电阻高、噪声低、热稳定性好。它是通过改变 u_{GS} 的大小来改变导电沟道的宽窄，达到控制 i_D 的目的。导电沟道中只有一种载流子起导电作用。场效应管根据其结构的不同，分为结型和绝缘栅型两类，绝缘栅型按 $u_{GS}=0$ 时有无 i_D 又分为增强型和耗尽型。场效应管的输出特性曲线也分为三个区域。

本章知识逻辑线索图

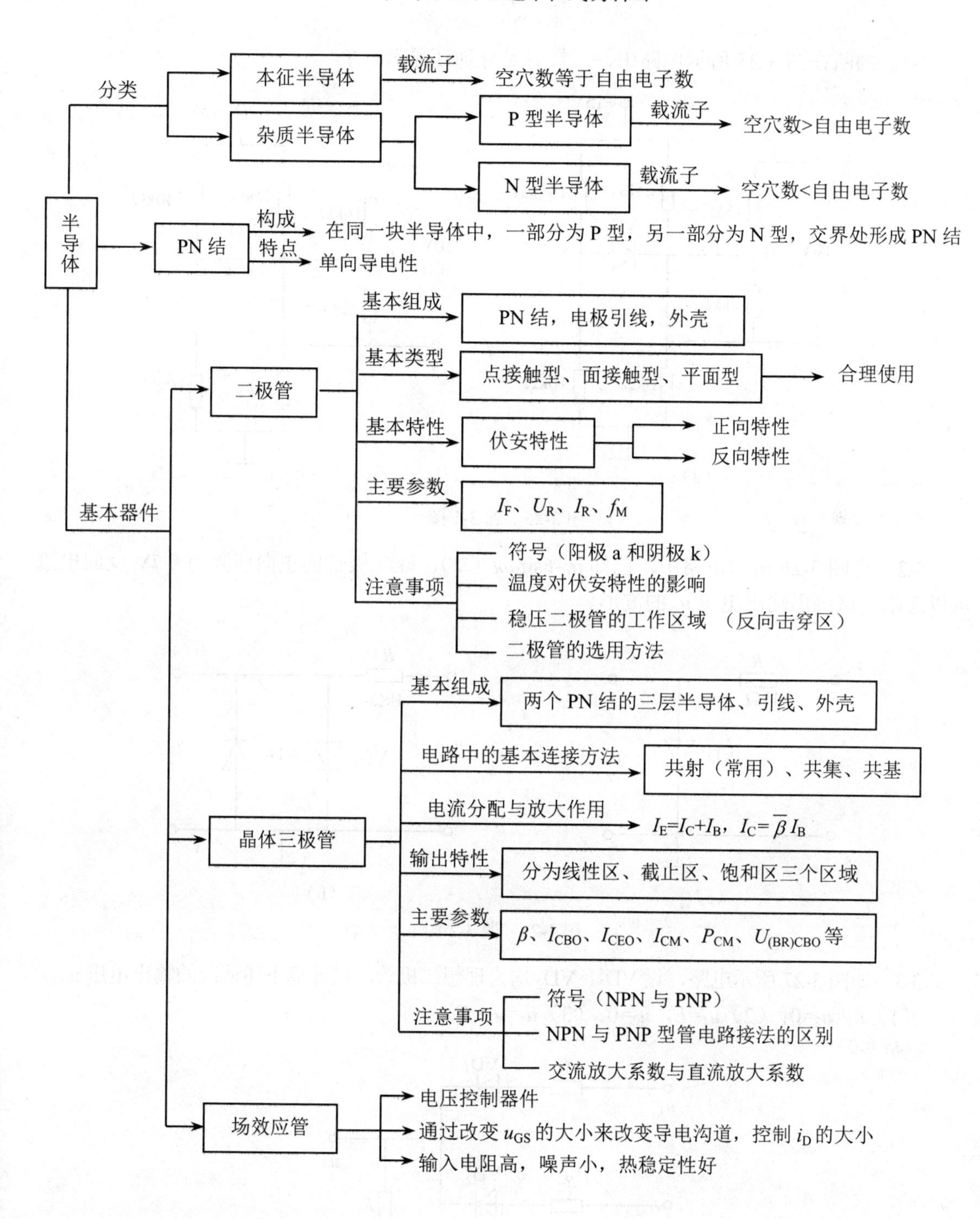
半导体
分类
本征半导体
载流子
空穴数等于自由电子数
杂质半导体
P 型半导体
载流子
空穴数>自由电子数
N 型半导体
载流子
空穴数<自由电子数
PN 结
构成
在同一块半导体中，一部分为 P 型，另一部分为 N 型，交界处形成 PN 结
特点
单向导电性
基本器件
二极管
基本组成
PN 结，电极引线，外壳
基本类型
点接触型、面接触型、平面型
合理使用
基本特性
伏安特性
正向特性
反向特性
主要参数
I_F、U_R、I_R、f_M
注意事项
符号（阳极 a 和阴极 k）
温度对伏安特性的影响
稳压二极管的工作区域 （反向击穿区）
二极管的选用方法
晶体三极管
基本组成
两个 PN 结的三层半导体、引线、外壳
电路中的基本连接方法
共射（常用）、共集、共基
电流分配与放大作用
$I_E=I_C+I_B$，$I_C=\overline{\beta} I_B$
输出特性
分为线性区、截止区、饱和区三个区域
主要参数
β、I_{CBO}、I_{CEO}、I_{CM}、P_{CM}、$U_{(BR)CBO}$等
注意事项
符号（NPN 与 PNP）
NPN 与 PNP 型管电路接法的区别
交流放大系数与直流放大系数
场效应管
电压控制器件
通过改变 u_{GS} 的大小来改变导电沟道，控制 i_D 的大小
输入电阻高，噪声小，热稳定性好

习题 3

3-1 判断在图 3-25 所示电路中，二极管是导通还是截止？

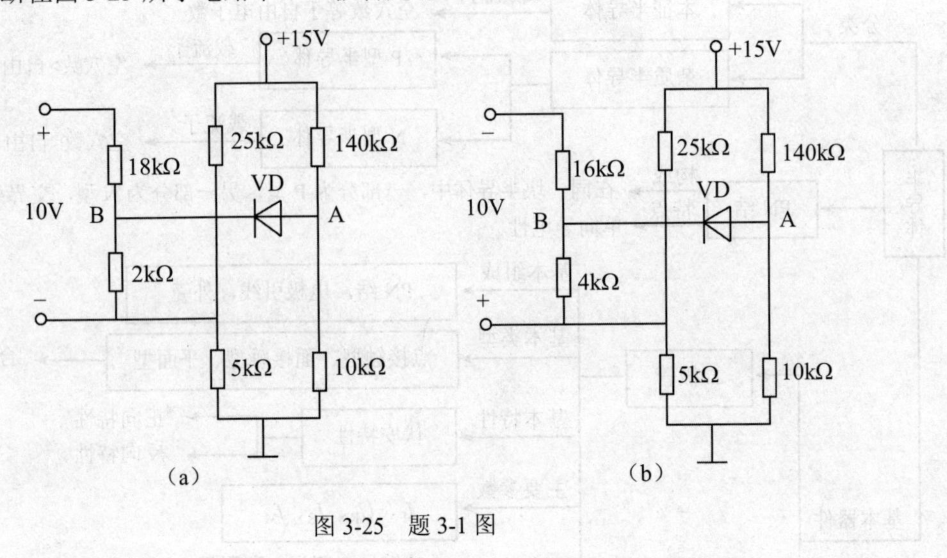

图 3-25 题 3-1 图

3-2 在图 3-26 所示电路中，已知 $u_i=6\sin\omega t$（V），硅二极管的正向压降为 0.7V 反向电流可以忽略，试画出输出电压 u_o 的波形。

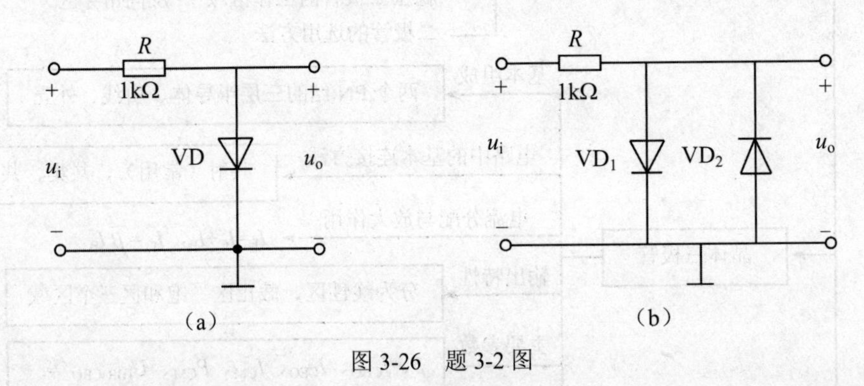

图 3-26 题 3-2 图

3-3 如图 3-27 所示电路，设 VD_1、VD_2 均为理想二极管，试计算下述情况的输出电压 u_o。

（1）$u_1=u_2=0$；（2）$u_1=E$，$u_2=0$；（3）$u_1=u_2=E$。

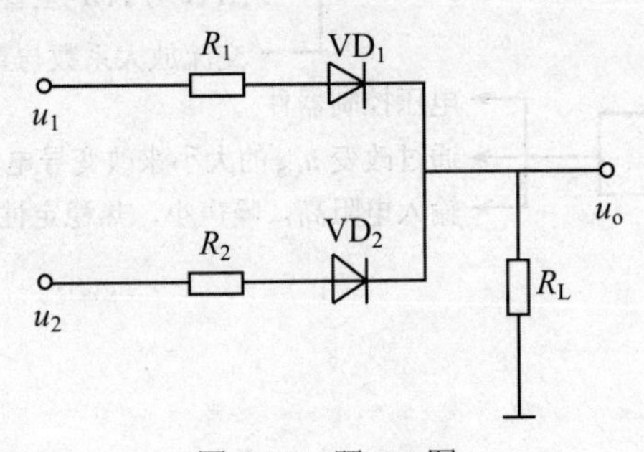

图 3-27 题 3-3 图

3-4 普通晶体二极管和稳压管有何异同？普通晶体二极管有稳压性能吗？

3-5　用直流电压表测得某放大电路中正常工作的三极管 VT_1、VT_2、VT_3 的三个电极电位 V_A、V_B、V_C，分别如图 3-28 所示，试判断它们是 NPN 还是 PNP 型？是硅管还是锗管？并确定 e、b、c 三个电极。

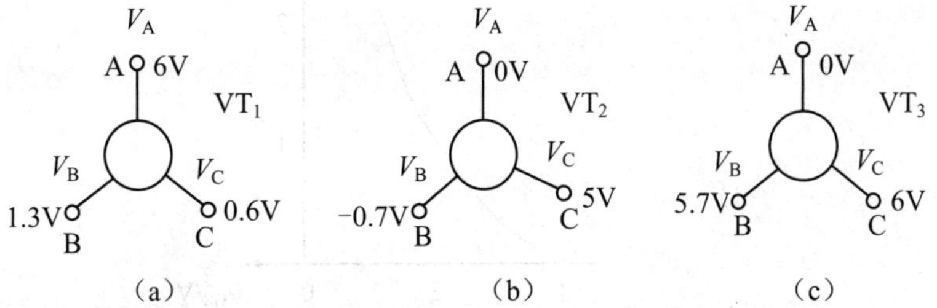

VA
A 6V
VT1
VB
VC
1.3V B
0.6V C
(a)
VA
A 0V
VT2
VB
VC
5V C
−0.7V B
(b)
VA
A 0V
VT3
VB
VC
5.7V B
6V C
(c)

图 3-28　题 3-5 图

3-6　某放大电路中三极管三个电极 A、B、C 的电流如图 3-29 所示，用万用表直流电流挡测得 I_A=−2mA，I_B=−0.04mA，I_C=2.04mA，试分析 A、B、C 中哪个是基极、发射极、集电极，并说明该管是何类型，计算 $\overline{\beta}$。

A
IA
IC
IB
C
B

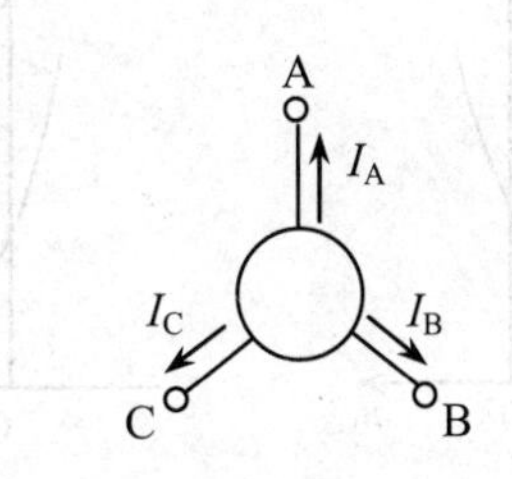

图 3-29　题 3-6 图

3-7　已知一晶体管 3DG100A 的 P_{CM}=100mW，$U_{(BR)CEO}$=20V，I_{CM}=20mA，如果取 u_{CE}=1.5V，管子是否允许 I_C 工作在 50mA？

3-8　已知两三极管 VT_1 和 VT_2 中，VT_1 的 β=200，I_{CEO}=200μA；VT_2 的 β=50，I_{CEO}=10μA，其他参数相同。当用于放大时，应该选哪一个管子？

3-9　在如图 3-30 所示电路中，已知 U_{CC}=10V，U_{BB}=5V，R_C=3kΩ，R_B=250kΩ，β=100，求 I_B，I_C，并验算其是否处于放大状态？若 R_B 减为 100kΩ，管子是否还处于放大区？

IC
RC
RB
b
c
VT
e
IB
UBB
UCC

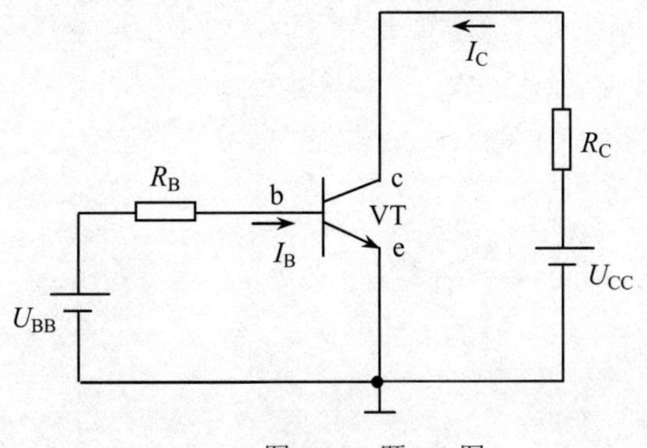

图 3-30　题 3-9 图

3-10　一个结型场效应管的转移特性曲线如图 3-31 所示。试问：

（1）它是 N 沟道还是 P 沟道的场效应管？

（2）它的夹断电压 U_P 和饱和漏极电流 I_{DSS} 各是多少？

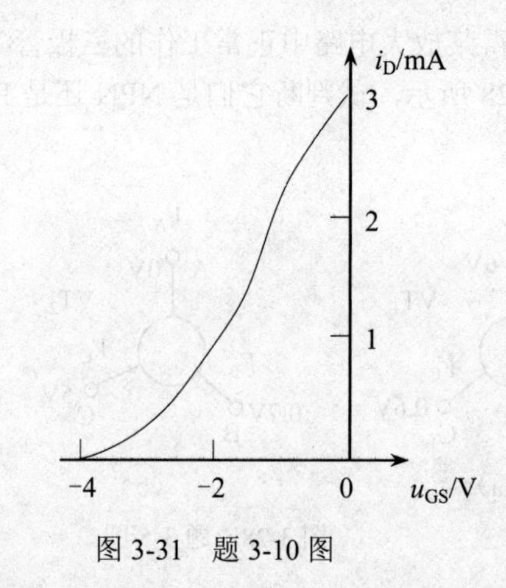

图 3-31　题 3-10 图

3-11　4 个场效应管的转移特性如图 3-32 所示，其中漏极电流 i_D 的方向是它的实际方向。试问它们各是哪种类型的场效应管？

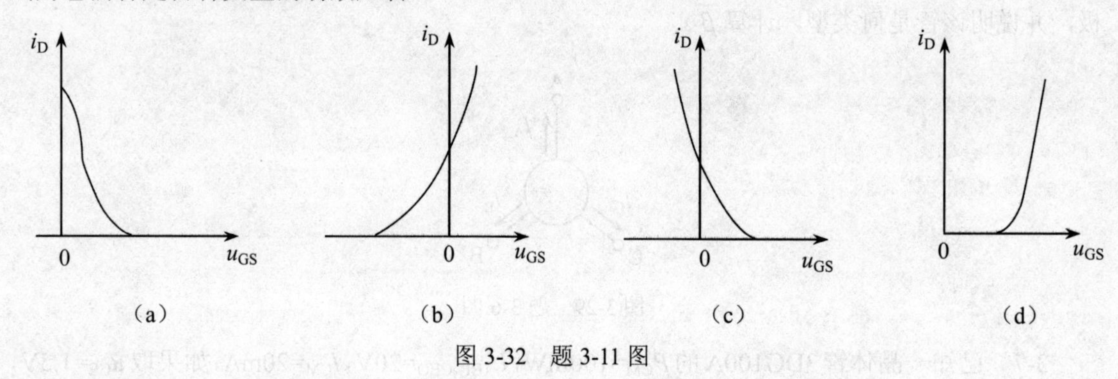

图 3-32　题 3-11 图

第 4 章　基本放大电路

在电子电路中，放大电路的应用是非常广泛的。本章主要介绍基本放大电路的结构、工作原理及性能指标的分析计算方法。

本章首先介绍放大电路的主要性能指标，接着重点讨论工程中应用最为广泛的共射放大电路的结构，再对场效应管放大电路和多级放大电路作简要介绍。

4.1　放大电路的主要性能指标

放大电路放大的是输入信号，为了确定一个放大电路的性能好坏，必须了解它的性能指标。放大电路的主要性能指标如下。

1. 增益

增益定义为输出量与输入量之比，即输出量对输入量的放大倍数。通常有三种表示方法：

（1）电压增益 $A_u=U_o/U_i$

（2）电流增益 $A_i=I_o/I_i$

（3）功率增益 $A_p=P_o/P_i=A_u \cdot A_i$

由以上定义可知，A_u、A_i、A_p 没有单位（无量纲）。在工程应用上增益也常用分贝（dB）表示，它定义为

电压增益 A_u（dB）$=20\lg A_u$

电流增益 A_i（dB）$=20\lg A_i$

功率增益 A_p（dB）$=10\lg A_p$

需要说明的是：放大信号的能量是由电源提供的，因此，放大过程实质上是一种能量转移过程。

2. 输入电阻 R_i

当放大器的输入端加上信号电压 u_S，放大器就相当于信号源的一个负载电阻 R_i。这个负载电阻也就是放大器本身的输入电阻，如图 4-1 所示。由图有

$$R_i=u_i/i_i;\quad u_i=\frac{R_i}{R_i+R_S}u_S \tag{4-1}$$

R_i 越大，放大器从信号源吸取的电流 i_i 越小，u_i 就越接近 u_S。所以，R_i 是衡量放大器对信号源电压衰减程度的重要指标。

3. 输出电阻 R_o

从输出端往左看整个放大器可看成为一个内阻为 R_o，大小为 u_o' 的电压源。这个内阻 R_o 就是放大器的输出电阻。当放大器带负载时，其输出电压 u_o 将比空载（$R_L=\infty$）时的输出电压 u_o' 有所下降，即

$$u_o = \frac{R_L}{R_o + R_L} u_o' \tag{4-2}$$

可见，R_o越小，带负载前后输出电压u_o变化也越小，即带负载能力强。

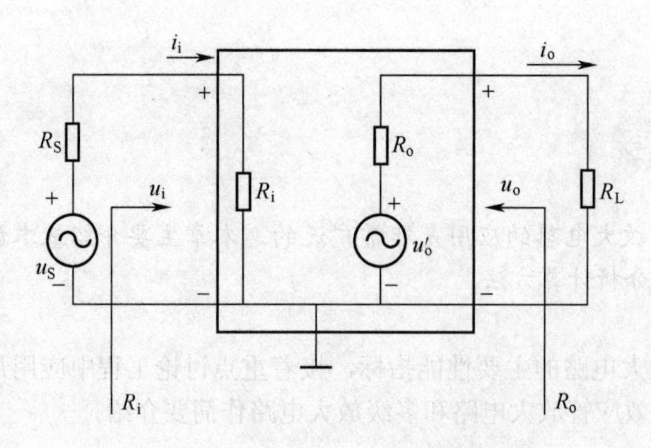

图 4-1　放大器的输入电阻和输出电阻

4. 通频带

放大器的输入信号往往不是单一频率的正弦信号，而是由许多频率成分组合而成的复杂信号。例如，人能听到的语言和音乐信号一般在 20Hz～20kHz 的频率范围。人们还发现，放大器的增益会随输入信号频率的不同而变化，其输出波形的相位也会随频率而变化。通频带就是用来反映放大器对于不同频率信号的适应能力的一个指标。

在保持输入信号幅值不变的情况下，所获得的输出信号幅值随频率变化的关系曲线（即放大器的增益随输入信号频率变化的关系曲线）称为幅频特性曲线，如图 4-2 所示。图 4-2 中，当信号频率升高使增益下降到中频增益 A_0 的 0.707 倍时所对应的频率称为上限截止频率 f_H。同样，使增益下降到中频增益 A_0 的 0.707 倍时的低频信号频率称为下限截止频率 f_L。f_L 与 f_H 之间形成的频带称为通频带 BW，即

$$BW = f_H - f_L \tag{4-3}$$

通频带越宽，表明放大电路对信号频率的适应能力越强。

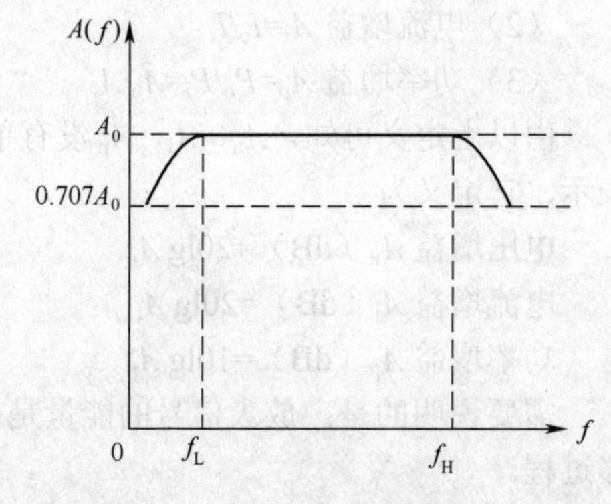

图 4-2　放大电路的幅频特性

5. 非线性失真

由于半导体三极管等器件都具有非线性特性，所以当输入信号的幅度大到一定限度时，放大器的输出信号不再是与输入信号成正比的变化，输出波形将出现失真。也就是说，实际放大器的输入、输出信号的最大值是受限制的。

4.2　晶体管共射极放大电路

4.2.1　放大电路的组成及各元件的作用

晶体管放大电路利用三极管的电流放大作用，可将一个微弱的、一般为毫伏级的信号不

失真地放大。图 4-3 是共发射极放大电路的原理图，它由三极管、电阻、电容等元件组成。

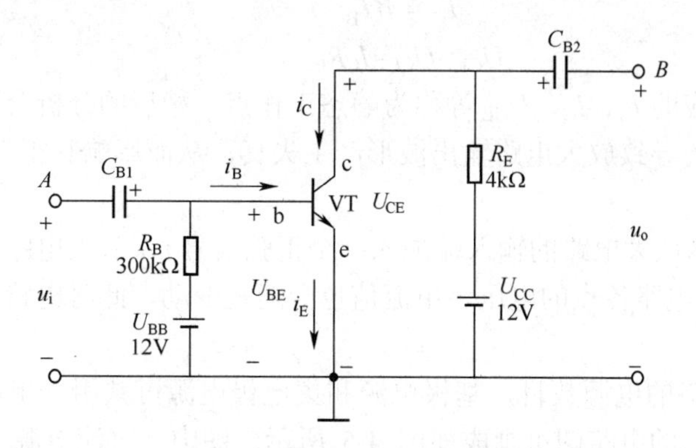

图 4-3　共射极基本放大电路

图 4-3 中晶体管以 NPN 型硅管为例，它是整个放大电路的核心元件，起放大作用。晶体管的基极为信号输入端，它与发射极共同组成输入回路；集电极为放大信号的输出端，外接负载或下一级放大电路的输入端，它与发射极共同构成输出回路。因输入回路与输出回路的公共端为发射极，故称该电路为共发射极放大电路。

直流电源 U_{BB} 通过基极偏置电阻 R_B 为三极管发射结提供正向偏置电压，并为基极提供合适的偏置电流（简称偏流）i_B。直流电压 U_{CC} 为三极管集电结提供反向偏置电压，保证集电结反偏，U_{CC} 还是整个放大电路的能源。集电极电阻 R_C 的作用是将电流的变化转化为电压的变化。

电容 C_{B1}、C_{B2} 称为耦合电容，利用电容器隔直流传交流的作用，一方面使交流信号尽量不衰减地传给放大器或负载；另一方面，又可使晶体管的输入端与信号源 u_i 之间，输出端与负载之间的直流电压互不影响。这样，三极管的静态工作点就不致因接入信号源和负载而发生变化。

4.2.2　静态与动态工作情况

1. 静态工作情况

如图 4-3 所示的电路中无信号输入（u_i=0）时，晶体管中只有直流电流通过，称为直流工作状态或静止工作状态，简称静态。由于电容器的隔直作用，可把图 4-3 中的 C_{B1}、C_{B2} 看成开路，与直流工作过程无关，故作静态分析时可把它们去掉，得到如图 4-4 所示的直流通路。由图 4-4 可得

$$I_B = \frac{U_{BB} - U_{BE}}{R_B} \tag{4-4}$$

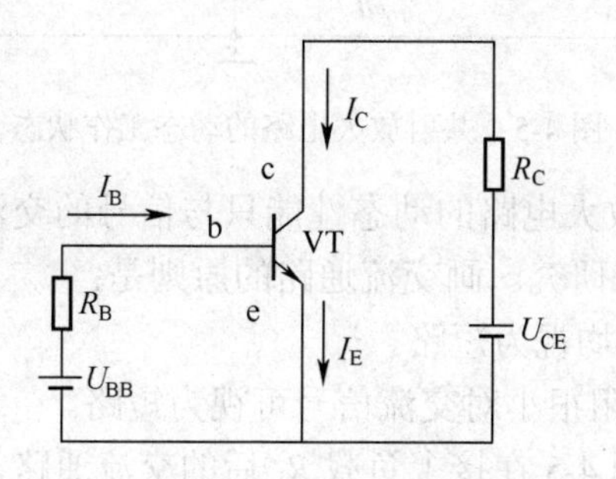

图 4-4　图 4-3 的直流通路

对于硅管，U_{BE} 为 0.7V 左右；锗管 U_{BE} 为 0.2V 左右。

$$I_C = \bar{\beta} I_B \tag{4-5}$$

$$U_{CE}=U_{CC}-I_C R_C \tag{4-6}$$

静态工作时，对应的 I_B、I_C、U_{CE} 等称为静态工作点。稍后的分析会告诉我们静态工作点如果选择不合适，将会导致放大电路输出波形产生失真，从而影响其正常工作。

2. 动态工作情况

如果在图 4-3 所示放大电路的输入端加入一个正弦信号 u_i，放大电路就会在上述静态的基础上对 u_i 进行放大，电路各点的电压、电流值也会随之变动，此时电路处于动态工作状态，简称动态。

为了减少放大电路的电源数目，基极电源和集电极电源可共用一组电源，基于此，共射放大电路动态工作状态的电路图可画成如图 4-5 所示。图中，直流电源 U_{CC} 既通过基极电阻 R_B 给三极管发射结提供正向偏压，同时又通过集电极电阻 R_C 给集电结提供反向偏压，使管子处于放大状态。而且在画电路图时，习惯上不画出电源的符号，因为电源的一端总是与“地”相连，所以我们只需标出另一端点的电位和极性即可。还应指出，这里所说的“地”实际上并不一定接到大地上，而是在电路分析中以“地”作为零电位点。在合适静态工作点的基础上，再输入信号 $u_i=U_{im}\sin\omega t$（V），则由于耦合电容 C_{B1}、C_{B2} 取值较大，其容抗很小，可视为短路，u_i 将无衰减地加到三极管的基极和发射极之间，因此，u_{BE} 变成为原来的直流电压再叠加上交流输入电压，即 $u_{BE}=U_{BE}+u_i$，引起基极电流随之变化，即 $i_B=I_B+i_b$；又使集电极电流随之变化，$i_C=I_C+i_c$。集电极电压 $u_{CE}=U_{CC}-i_C R_C$，当 i_C 增大时，u_{CE} 减小，即 u_{CE} 的变化与 i_C 相反，所以经过耦合电容 C_{B2} 传送到输出端的电压 u_o 与 u_i 反相。只要电路参数选择合适，u_o 的幅值将比 u_i 的大得多，从而达到放大的目的。该电路各关键点对应的电流、电压波形也示于图 4-5 中。

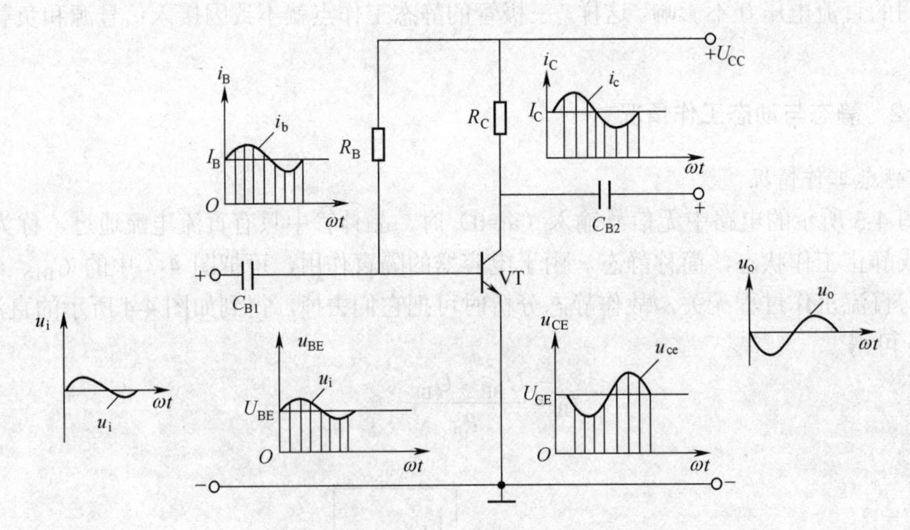

图 4-5 共射放大电路的动态工作状态

从以上分析可以看出，放大电路的动态性能只与信号的交流成分有关。故放大电路的动态性能通常用它的交流通路来研究。画交流通路的原则是：

（1）耦合电容 C_{B1}、C_{B2} 均视为短路。

（2）直流电源 U_{CC} 的内阻很小对交流信号可视为短路。

根据以上原则，可画出图 4-5 在接上负载 R_L 后的交流通路，如图 4-6 所示。

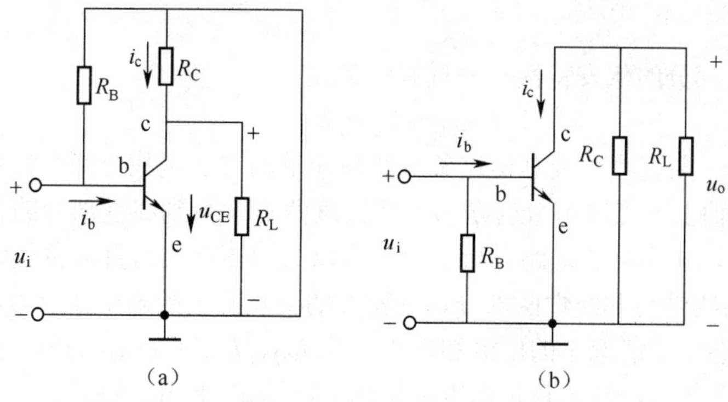

图 4-6　放大电路输出端接有负载 R_L 时的交流通路

（a）交流通路；（b）交流通路的习惯画法图

4.3　共射极放大电路的分析方法

电子电路的分析计算有两大特点：一是要处理的电流、电压通常都是交流和直流的混合量，因此在分析时要分别画出其直流通路和交流通路；二是在电路中存在非线性器件。综合这两点，现在通常采用图解法和微变等效电路法来分析电路。下面分别加以介绍。

4.3.1　放大电路的图解分析法

1. 用图解法确定静态工作点

在分析放大电路静态工作情况时，只需研究其直流通路即可。图解步骤如下：

（1）把放大电路分成非线性和线性两部分。非线性部分包括非线性元件——晶体三极管、基极电阻 R_B 和直流电源 U_{BB}，如图 4-7（a）中虚线 AB 以左部分。线性部分包括电源 U_{CC} 和集电极电阻 R_C 的串联电路，如图 4-7（a）中虚线以右部分。

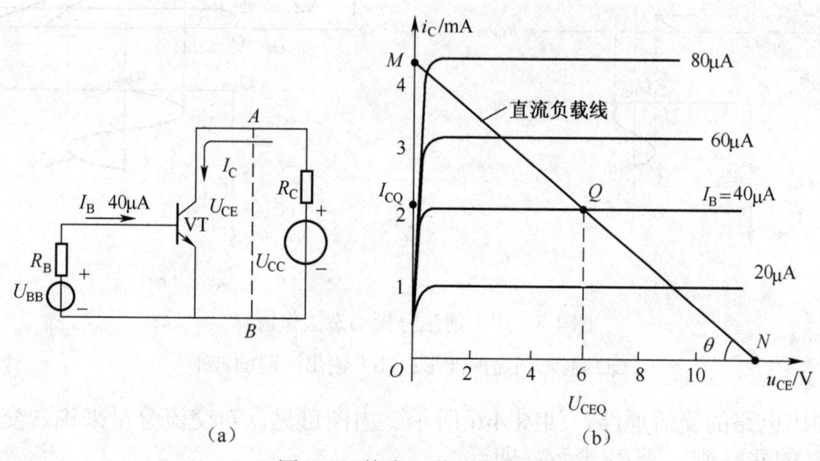

图 4-7　静态工作点的图解

（a）直流通路；（b）图解分析

（2）作出电路非线性部分的伏安特性——三极管输出特性，通常可查三极管手册得到：

$$i_C = f(u_{CE})\big|_{i_B=\text{常数}} \tag{4-7}$$

这里，i_B=常数，$I_B=(U_{BB}-U_{BE})/R_B$，所以 i_C 和 u_{CE} 的关系就是三极管对应于此 I_B 的一条输

出特性曲线。

（3）作出线性部分的伏安特性——直流负载线：

$$u_{CE}=U_{CC}-i_CR_C \tag{4-8}$$

式（4-8）表示一条直线。要画出这条直线最简单的方法是找出两个特殊点，即横轴上一点（U_{CC}，0）和纵轴上一点（0，U_{CC}/R_C）。连接这两点就得到线性部分的伏安特性。由于该直线的斜率为$-1/R_c$，是由直流通路分析而得，所以又叫该直线为直流负载线。

（4）由电路的线性与非线性两部分伏安特性的交点确定静态工作点 Q。Q 点所对应的电流、电压值就是静态工作情况下的电流和电压，即 I_{BQ}、I_{CQ} 和 U_{CEQ} 的值。静态工作点确定以后，是不允许发生变化的，这一点是由电路结构加以稳定的。详见后述。

2. 用图解法分析动态工作情况

动态工作情况的图解分析是在静态图解分析的基础上进行的，即只分析输入和输出变化的那部分，为讨论问题方便起见，不妨把动态部分分析的坐标原点移到静态工作点 Q 上面，事实上，输入正弦信号 u_i，在变化过程中必有一个瞬时值为零的时刻，此时电路就工作在静态。为方便起见，我们以 I_B、I_C、U_{BE}、U_{CE} 记稳态量，以 i_b、i_c、u_{be}、u_{ce} 记交变量，以 i_B、i_C、u_{BE}、u_{CE} 记实际量，即交直流叠加量。其步骤如下：

（1）根据 u_i 的波形在三极管输入特性上求 i_B 和 i_b。设输入信号 $u_i=U_{im}\sin\omega t$，则有 $u_{BE}=U_{BE}+u_i$，并引起基极电流作相应变化，即 $i_B=I_B+i_b$。根据已知 I_B 在输入特性上找到 Q 点，并对应画出 u_{BE} 和 i_B 的波形图，如图 4-8（a）所示。由图可求出 u_i 对应的基极电流 i_B 和 i_b 的变化范围。

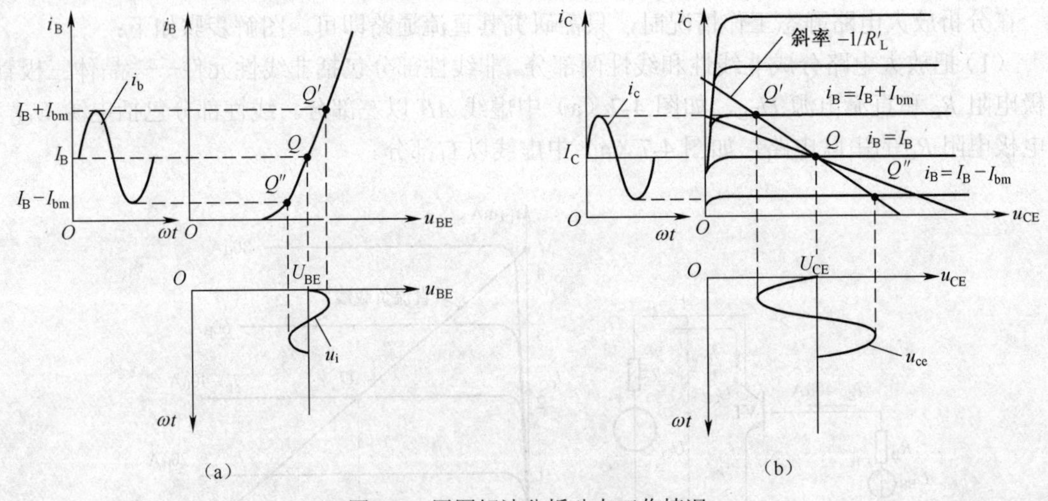

图 4-8 用图解法分析动态工作情况

（a）输入回路的波形；（b）输出回路的波形

（2）画出电路的交流通路，如图 4-6 所示。由图可见，对交流分量来说，交流负载电阻应是 R_C 和 R_L 的并联值，用 R'_L 表示，即

$$R'_L=R_C//R_L=\frac{R_CR_L}{R_C+R_L} \tag{4-9}$$

（3）画出交流负载线。由于三极管的电流控制作用，i_B 的变化将引起 i_C 和 u_{CE} 作相应变化，都在静态值的基础上叠加一个交流分量，即

$$i_C=I_C+i_c \tag{4-10}$$

$$u_{CE}=U_{CE}+u_{ce} \tag{4-11}$$

由交流通路（见图4-6（a））可知

$$u_{ce}=u_o=-i_c R_L' =-(i_C-I_C) R_L' \tag{4-12}$$

式中的负号表示 u_{ce} 的实际方向与假定的正方向相反。

将式（4-12）代入式（4-11），并令 $U_{CC}' = U_{CE} + I_C R_L'$ = 常量

$$u_{CE}=U_{CE}-(i_C-I_C) R_L' = U_{CC}' - i_C R_L' \tag{4-13}$$

这是一条直线，斜率为 $-1/R_L'$。我们把这条直线称为交流负载线。交流负载线必然经过静态工作点 Q，这样，在输出特性曲线上通过 Q 点作一条斜率为 $-1/R_L'$ 的直线，即连接横轴上（U_{CC}，0）和纵轴上（0，U_{CC}/R_L'）两点作直线，再过 Q 点作此直线的平行线，就可得到交流负载线，如图4-8（b）所示。也可直接连接（U_{CC}'，0），（0，U_{CC}'/R_L'）两点，作直线即得。

（4）由输出特性曲线和交流负载线求 i_C 和 u_{CE}。由图4-8可以看出，在输入信号 u_i 的正半周，基极电流 i_B 由 I_B 增到最大值时，放大电路的工作点将由静态 Q 点沿交流负载线移到 Q'点，相应的集电极电流 i_C 由 I_C 增大到最大值，而 u_{CE} 由 U_{CE} 减小到最小值。然后，i_B 由最大值减小到 I_B，工作点由 Q'回到 Q 点，i_C 由最大值回到 I_C，u_{CE} 由最小值回到 U_{CE}。在 u_i 的负半周，对应 I_B 的变化，工作点先由 Q 点移到 Q''点，再由 Q''点回到 Q 点。这样，就可画出对应的 i_C 和 u_{CE} 的波形，如图4-8（b）所示。u_{CE} 中的交流量 u_{ce} 的波形也就是输出电压 u_o 的波形。

（5）求电压增益。由定义

$$A_u = \frac{u_o}{u_i} = \frac{U_{om}}{U_{im}} \tag{4-14}$$

式中，负号表示单管共射放大电路的输出信号电压与输入信号电压的相位相反（相差180°）。

3. 静态工作点对波形失真的影响

对放大电路来说，最基本的要求有两点：一是能放大信号；二是输出波形不失真。输出波形是否失真与静态工作点 Q 的位置密切相关。

从图4-8可以看出，当 Q 点位置太低时，Q''点将可能不在三极管输出特性的放大区（线性区）而进入其截止区，结果将造成 i_b、i_c 和 u_{ce} 都严重失真，即 i_b、i_c 的负半周和 u_{ce} 的正半周出现削顶现象，称之为截止失真。显然，要避免截止失真，就需要增大 I_B，即提高 Q 点位置。

若 Q 点位置太高时，Q'点就有可能进入饱和区，同理，将造成 i_b、i_c 的正半周和 u_{ce} 的负半周出现削顶现象，称之为饱和失真。显然，要避免饱和失真，就需要减小 I_B，即降低 Q 点位置。

综上所述，静态工作点 Q 最好应选在负载线的中点附近，并保证 Q'和 Q''两点都落在放大区内，这样才不致产生波形失真现象。

4.3.2 放大电路的微变等效电路分析法

图解分析法直观，但作图烦琐，而且仅在分析大输入信号时才比较适用。若分析小输入信号，则更适宜采用微变等效电路分析法。因为当小信号输入时，放大器仅运行在静态工作点邻近，在这个小范围内，晶体管的特性曲线近似为直线，这就可把非线性电路当作线性电路来处理，从而导出微变等效电路（即小信号电路模型），便于分析计算。这里所说的大、小信号，是相对于静态工作点的直流偏压值或偏流值而言的，当信号电压、电流的幅值接近静态工作点的直流量时，属于大信号。

1. 晶体管的微变等效电路

由晶体管的输入特性曲线可知，当输入小交变信号时，基-射极之间的电压在静态工作点 Q

附近的变化量为 Δu_{BE}，对应此电压变化而产生基极电流的变化量为 Δi_B，于是 $\Delta i_B/\Delta u_{BE}$ 就代表输入特性曲线在 Q 点的切线的斜率，如图 4-9（c）所示。在 Δu_{BE} 很小时，此比值可认为是常数，即晶体管的输入特性在 Q 点附近可用一段直线表示，其斜率就称为晶体管的输入电导，即

$$\frac{\Delta i_B}{\Delta u_{BE}}=\frac{i_b}{u_{be}}=\frac{1}{r_{be}} \tag{4-15}$$

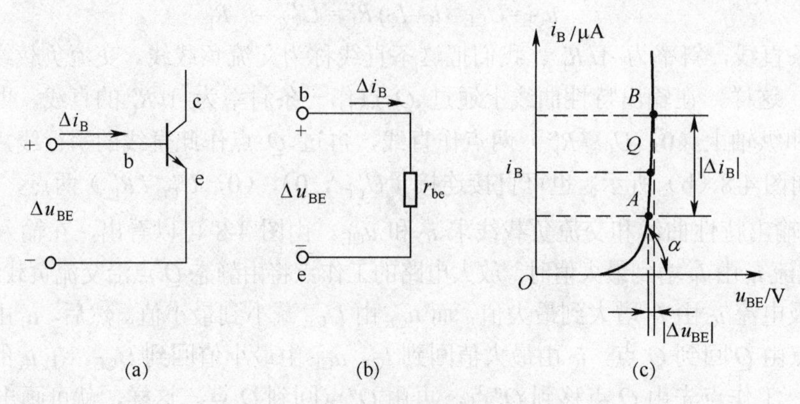

图 4-9　求三极管的等效输入电阻

（a）三极管输入回路；（b）等效后的输入回路；（c）三极管的输入特性曲线

式中，r_{be} 称为晶体管的动态输入电阻，上式也可写成

$$r_{be}=u_{be}/i_b \tag{4-16}$$

式中，u_{be}、i_b 代表交流量的瞬时值。这样，从整体上看晶体管的输入特性是一条曲线，但在 Q 点附近的小范围内，却可用一段直线来表示。

从晶体管的输入特性曲线上还可以看出：不同的静态工作点，其 r_{be} 值可能不同，i_b 值愈小时，输入特性曲线的斜率越小，r_{be} 值愈大。因此，实际计算时不宜采用手册上提供的数据，而应当用测试仪测出。但对于低频小功率管，通常 r_{be} 可近似认为是一个常数，允许用下式进行估算，有

$$r_{be}\approx 200\Omega+(1+\beta)\frac{26(\text{mV})}{I_E(\text{mA})} \tag{4-17}$$

式中，I_E 为发射极电流静态值，200Ω 是晶体管的基区电阻。

从晶体管的输出特性曲线上看，当晶体管工作于放大区时，其输出特性曲线近似为一组与横轴平行的直线，即当 I_B 一定时，I_C 近似为直线且与 u_{CE} 几乎无关。但实际输出特性曲线在放大区随着 u_{CE} 的增大而稍有上斜，即 I_C 稍有增加，且 $\Delta u_{CE}/\Delta i_C$ 为一常数，通常用 r_{ce} 表示，称为晶体管输入端交流开路时的输出电阻。但由于斜线接近水平，很大的 Δu_{CE} 只能引起很小的 Δi_C，故 r_{ce} 值很大，工程上常将其视为开路，一般不予考虑。

对于输出特性，当 I_B 值不同时，I_C 值也不同。由 3.3 节关于电流放大系数的定义，有

$$\frac{\Delta I_C}{\Delta I_B}=\frac{i_c}{i_b}=\beta \tag{4-18}$$

若特性曲线的间距相等，则 β 为一常数。

这样，晶体管的输入和输出特性在一定范围内可以近似地用 r_{be} 和 β 两个参数来表示。综合前面的讨论，可得晶体管各电极交流电压、电流关系式为

$$u_{be}=i_b r_{be} \tag{4-19}$$

$$i_c=\beta i_b \tag{4-20}$$

$$i_e=i_b+i_c \tag{4-21}$$

由这一组方程式可以作出相应的晶体管的微变等效电路，如图 4-10 所示。该电路把晶体管的输入端等效为一个电阻元件 r_{be}；输出端等效为一个受控电流源（βi_b）。用这个简化了的线性电路模型来分析放大电路的各个指标时，已可满足工程的需要。

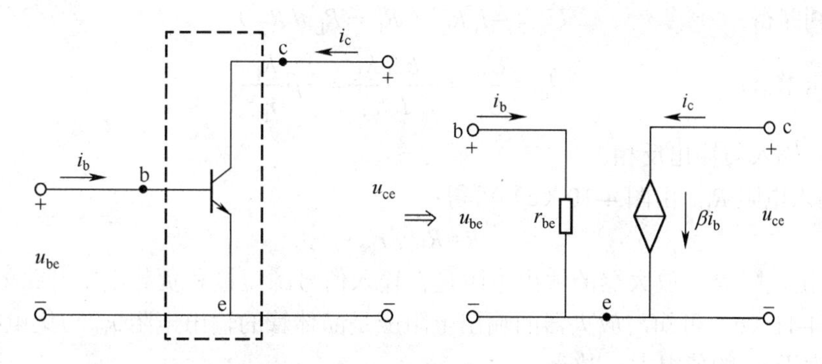

图 4-10　晶体管的微变等效电路

2．共射放大电路的微变等效电路分析

建立了晶体管的微变等效电路模型后，就可以方便地得到放大电路的等效电路，从而利用求解线性电路的方法来分析放大电路的输出电压、电压增益等指标。下面以图 4-11（a）所示电路为例来加以说明。

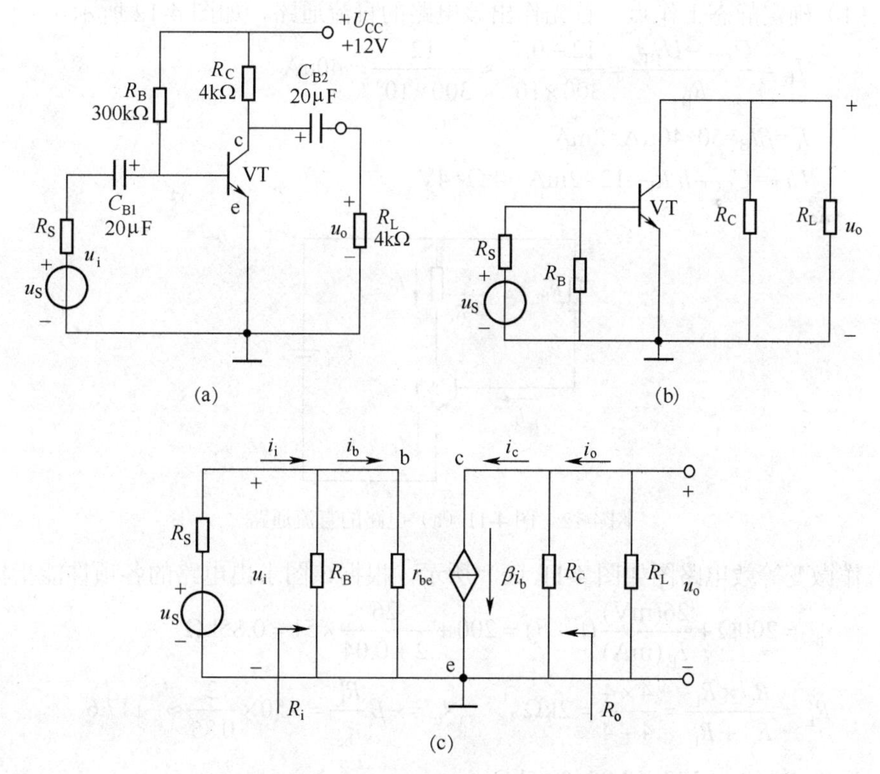

图 4-11　共射放大电路的微变等效电路
（a）电路图；（b）交流通路；（c）微变等效电路

因微变等效电路只能用来分析交流分量，故首先要画出该电路的交流通路，如图 4-11（b）

所示。然后再将交流通路中的晶体管用上述模型代替，即可得到图 4-11（c）所示的微变等效电路。

作出微变等效电路后，即可利用求解线性电路的方法计算放大电路的主要性能指标。

（1）电压增益 A_u。由输入回路得： $\dot{U}_i = \dot{I}_b r_{be}$

由输出回路得： $\dot{U}_o = -\dot{I}_c R'_L$ （ $R'_L = R_L // R_C$ ）

所以电压增益：

$$\dot{A}_u = \frac{\dot{U}_o}{\dot{U}_i} = -\frac{\beta I_b R'_L}{I_b r_{be}} = -\beta \frac{R'_L}{r_{be}} \tag{4-22}$$

负号表示输入与输出反相。

（2）输入电阻 R_i。由图 4-10（c）可得：

$$R_i = R_B // r_{be} \tag{4-23}$$

（3）输出电阻 R_o。放大器的输出电阻是在输入信号源短接和负载电阻开路的条件下求得的，故从图 4-11（c）可知，放大器的输出电阻应是晶体管的输出电阻 r_{ce} 与集电极电阻 R_C 的并联值，但由于 r_{ce} 的值很大，故有

$$R_o = R_C // r_{ce} \approx R_C \tag{4-24}$$

例 4-1 图 4-11（a）所示电路中，已知 U_{CC}=12V，R_C=4kΩ，R_B=300kΩ，R_L=4kΩ，β=50。计算：

（1）静态工作点 I_B、I_C、U_{CE}；

（2）电压增益 A_u、输入电阻 R_i 和输出电阻 R_o。

解 （1）确定静态工作点。首先作出该电路的直流通路，如图 4-12 所示。

$$I_B = \frac{U_{CC} - U_{BE}}{R_B} = \frac{12 - 0.7}{300 \times 10^3} \approx \frac{12}{300 \times 10^3} = 40\mu A$$

$$I_C = \beta I_B = 50 \times 40\mu A = 2mA$$

$$U_{CE} = U_{CC} - I_C R_C = 12 - 2mA \times 4k\Omega = 4V$$

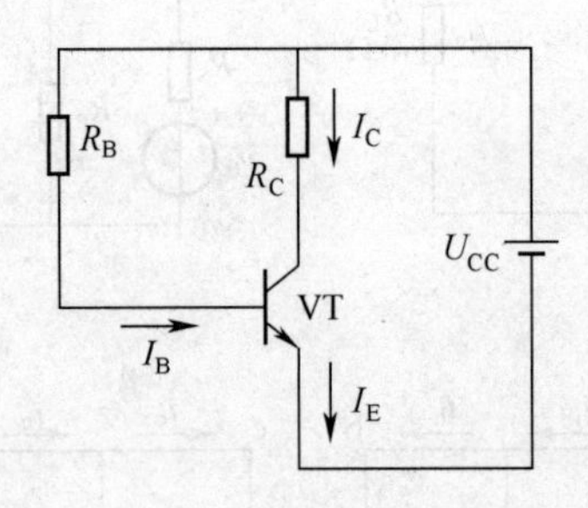

图 4-12 图 4-11（a）电路的直流通路

（2）作微变等效电路图如图 4-11（c）所示，根据该图求出电路的各项性能指标如下：

$$r_{be} = 200\Omega + \frac{26(mV)}{I_E(mA)}(1+\beta) = 200 + \frac{26}{2+0.04} \times 51 = 0.85k\Omega$$

$$R'_L = \frac{R_C \times R_L}{R_C + R_L} = \frac{4 \times 4}{4+4} = 2k\Omega, \quad A_u = -\beta \frac{R'_L}{r_{be}} = -50 \times \frac{2}{0.85} \approx -117.6$$

$$R_i = R_B // r_{be} = 300 // 0.85 \approx 0.85k\Omega$$

$$R_o \approx R_C = 4k\Omega$$

4.4　共射极放大电路静态工作点的稳定

前面图 4-3 所示的电路代表了放大电路的基本结构。这种电路结构简单、使用元件少、调试方便，只要调整 R_B 就可获得一个合适的静态工作点，其工作过程的分析也适用于其他较复杂的单管放大电路。该电路中，$I_B=(U_{BB}-U_{BE})/R_B$，偏流是“固定”的，故称“固定偏流式放大电路”。正是由于偏流被固定，使得这个电路出现了缺点，那就是稳定性能差。当更换管子或是环境温度变化而引起管子参数变化时，电路的工作点就会移动，使放大信号产生失真，严重时甚至无法工作。为此，还必须对图 4-3 所示的固定偏流电路加以改进，设法使静态工作点稳定。

4.4.1　温度对静态工作点的影响

温度到底对静态工作点有什么影响呢？我们已知道，固定偏流电路的静态工作点 Q 是由基极偏流 I_B 和直流负载线共同确定的，虽然 I_B 和直流负载线的斜率都不随温度变化，但是，集电极电流 I_C 是随温度上升而增大的，这是因为晶体管的穿透电流 I_{CEO} 随着温度的升高而增加很快，同时晶体管的电流放大系数 β 也会随温度的升高而略有增大。这两方面的影响都集中表现在集电极电流 I_C 随温度的升高而增大，使晶体管的整个输出特性曲线向上平移，如图 4-13 的虚线所示，有可能使工作点 Q 接近临界饱和点，而进入突变区。当输入信号较大时，必将出现饱和失真，更严重时，放大器可能完全失去放大功能。

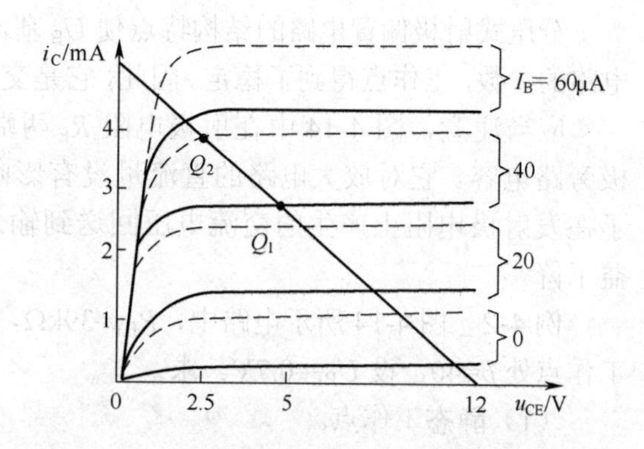

图 4-13　静态工作点受温度影响而移动

4.4.2　分压式偏置电路

在实用放大电路中，除了选择受温度影响比较小的硅管和改善工作环境温度这两种办法来减小不稳定因素之外，最主要的是设计一种能够自动调整工作点位置的偏置电路，以使工作点能够稳定在合适的位置。其基本思想是：当温度变化时，设法使集电极电流 I_C 尽可能维持恒定。因 I_C 是受基极电流 I_B 控制的，若 I_C 因温度升高而增大时，设法使 I_B 自动地减少而牵制 I_C 的增大。图 4-14 所示的分压式偏置电路（通常也叫射极偏置电路）就能达到这种目的。它是在固定式偏流电路的基础上采取了以下两个措施：

（1）利用 R_{B1} 和 R_{B2} 组成分压器，向三极管提供基极电流 I_B，显然有 $I_{R1}=I_{R2}+I_B$，如果选择 R_{B1}、R_{B2} 的数值能使得 $I_R=I_{R1}\approx I_{R2}>>I_B$，（通常使硅管的 I_R=（5～10）I_B，使锗管的 I_R=（10～20）I_B），则通过 R_{B1}、R_{B2} 的电流 I_R 和基极电位 U_B 均可认为基本上是固定不变的，即有

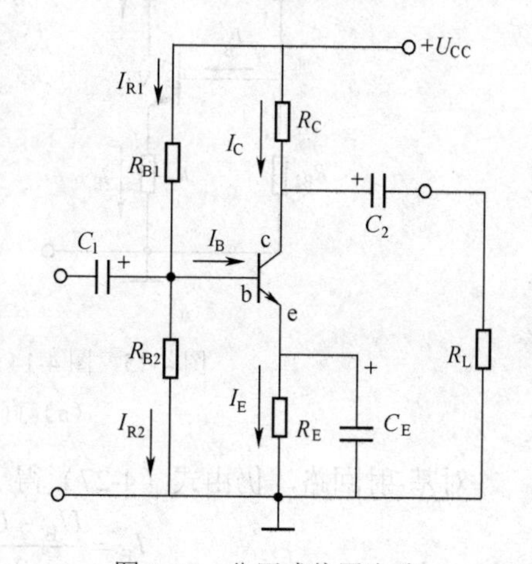

图 4-14　分压式偏置电路

$$U_{\mathrm{B}}=I_{\mathrm{R}}R_{\mathrm{B2}}=\frac{U_{\mathrm{CC}}}{R_{\mathrm{B1}}+R_{\mathrm{B2}}}R_{\mathrm{B2}} \tag{4-25}$$

（2）利用发射极电流 I_{E} 在发射极电阻 R_{E} 上产生的压降 U_{E}（即所谓射极偏置电压）回送到输入回路。因 $U_{\mathrm{E}}=U_{\mathrm{B}}-U_{\mathrm{BE}}$，当 $U_{\mathrm{B}}>>U_{\mathrm{BE}}$ 时，可得

$$I_{\mathrm{E}}=\frac{U_{\mathrm{B}}-U_{\mathrm{BE}}}{R_{\mathrm{E}}}\approx\frac{U_{\mathrm{B}}}{R_{\mathrm{E}}} \tag{4-26}$$

若温度升高，I_{C} 增大时，I_{E} 也增大，在 R_{E} 上产生的压降 $U_{\mathrm{E}}=I_{\mathrm{E}}R_{\mathrm{E}}$ 也要增加。U_{E} 的增加部分回送到输入回路去控制 U_{BE}，由基尔霍夫回路电压定律得

$$U_{\mathrm{BE}}=U_{\mathrm{B}}-U_{\mathrm{E}}=U_{\mathrm{B}}-I_{\mathrm{E}}R_{\mathrm{E}} \tag{4-27}$$

可知：因 U_{B} 是恒定的，当 $U_{\mathrm{E}}=I_{\mathrm{E}}R_{\mathrm{E}}$ 增加时，使 U_{BE} 减小，于是 I_{B} 必然自动减小，这就牵制了 I_{C} 的增大，从而保持 I_{C} 近似恒定，达到稳定静态工作点的目的。同理，当温度下降，I_{C} 减小时，同样可以牵制 I_{C} 的减小，使工作点稳定。

分压式射极偏置电路的结构特点使 U_{B} 基本恒定，它们与三极管的参数无关，只取决于外电路的参数，工作点得到了稳定。因此，它是交流放大电路中应用最广泛的一种基本单元电路。

应当注意，图 4-14 中在射极电阻 R_{E} 两端并联了一个电容 C_{E}，这是十分必要的，为射极旁路电容。它对放大电路的直流量没有影响，对交流信号则相当于将 R_{E} 短接，这就避免了在发射极电阻上产生的交流电压回送到输入回路而抑制交流输入 i_{b}，从而导致电路的增益下降。

例 4-2 图 4-14 所示电路中，R_{B1}=39kΩ，R_{B2}=7.5kΩ，R_{E}=1kΩ，R_{C}=9kΩ，R_{L}=6kΩ，若在工作点处 β=40，设 U_{BE}=0.7V。求：

（1）静态工作点。

（2）电压增益 A_{u}、输入电阻 R_{i} 和输出电阻 R_{o}。

（3）若 C_{E} 开路，求 A_{u}、R_{i}、R_{o}。

解 （1）求静态工作点。先作该图的直流通路如图 4-15（a）所示。

$$U_{\mathrm{B}}=\frac{R_{\mathrm{B2}}}{R_{\mathrm{B1}}+R_{\mathrm{B2}}}U_{\mathrm{CC}}=\frac{7.5}{7.5+39}\times 12=1.935\,\mathrm{V}$$

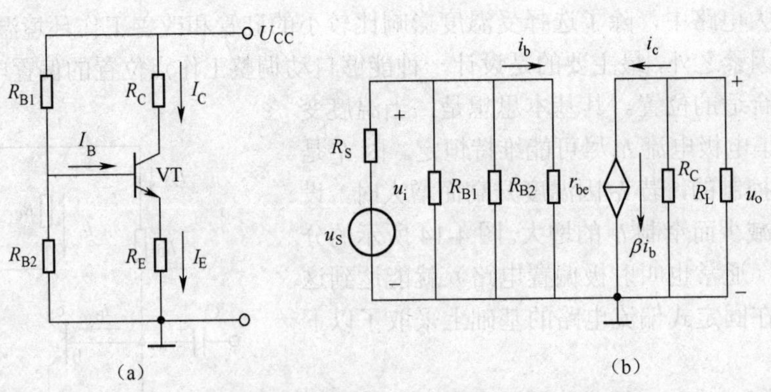

图 4-15 图 4-14 所示电路的直流通路及微变等效电路

（a）直流通路；（b）微变等效电路

对基-射回路，仍由式（4-27）得

$$I_{\mathrm{E}}=\frac{U_{\mathrm{B}}-U_{\mathrm{BE}}}{R_{\mathrm{E}}}=\frac{1.935-0.7}{1000}=1.235\,\mathrm{mA}$$

因 $I_E=I_B+I_C$，而 $I_C=\beta I_B$，于是得

$$I_B=\frac{I_E}{1+\beta}=\frac{1.235(\text{mA})}{1+40}=0.03\text{mA}=30\mu\text{A}$$

$$I_C=\beta I_B=40\times0.03=1.2\text{mA}$$

对集-射回路，根据基尔霍夫回路电压定律得

$$U_{CE}=U_{CC}-(I_CR_C+I_ER_E)=12-(1.2\times3+1.235\times1)=7.165\text{V}$$

（2）作出该电路的微变等效电路如图 4-15（b）所示。注意：由于电容 C_E 容量较大，对交流电的容抗接近为零，故可认为 C_E 交流短路，这时可看成是发射极直接接地。根据微变等效电路得

$$r_{be}=200+(1+\beta)\frac{26}{I_E}=200+41\times\frac{26}{1.235}=1.063\,\text{k}\Omega$$

$$R'_L=\frac{3\times6}{3+6}=2\text{k}\Omega$$

$$A_u=-\beta\frac{R'_L}{r_{be}}=-40\times\frac{2}{1.063}=-75.3$$

$$R_i=R_{B1}//R_{B2}//r_{be}=39//7.5//1.063=0.91\text{k}\Omega$$

$$R_o=R_C=3\text{k}\Omega$$

（3）当 C_E 开路时，微变等效电路如图 4-16 所示。由图可得

$$\dot{U}_i=\dot{I}_b\cdot r_{be}+\dot{I}_e\cdot R_E=\dot{I}_b[r_{be}+(1+\beta)R_E]$$

$$\dot{U}_o=-\dot{I}_CR'_L=-\beta I_bR'_L$$

$$\dot{A}_u=\frac{\dot{U}_o}{\dot{U}_i}=\frac{-\beta R'_L}{r_{be}+(1+\beta)R_E}=\frac{-40\times2}{1.063+41\times1}=-1.90$$

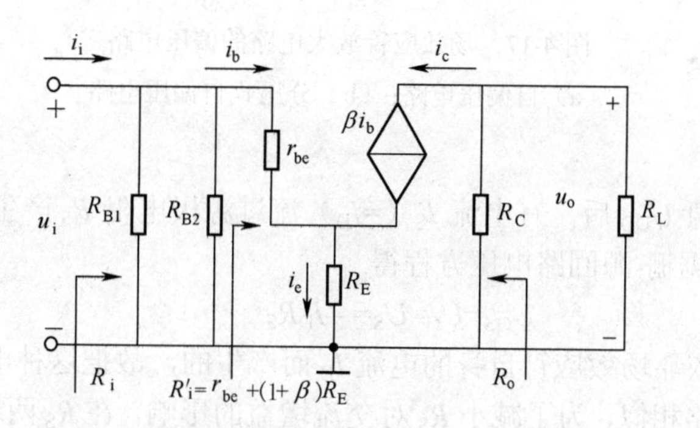

图 4-16　C_E 开路时的微变等效电路

由此可见，当 C_E 开路时，电压增益下降了很多。

求输入电阻 R_i 之前，应先求出等效输入电阻 R'_i。由图 4-16 可知，

$$R'_i=\frac{\dot{U}_i}{\dot{I}_b}=r_{be}+(1+\beta)R_E=1.063+41\times1=42.063\text{k}\Omega$$

所以

$$R_i=R_{B1}//R_{B2}//R'_i=39//7.5//42.063=5.47\text{k}\Omega$$

由此可见，加入射极电阻后，若断开射极旁路电容，会使放大电路的输入电阻提高，这对改善放大器的性能有利，但放大器的增益却减小了。

输出电阻　$R_o=R_C=3\text{k}\Omega$。

4.5 场效应管放大电路

由于场效应管的电极与晶体管的电极相对应：栅极 g 与基极 b、源极 s 与发射极 e、漏极 d 与集电极 c 相对应。所以，场效应管放大电路的组成也和晶体管放大电路相似，也要建立合适的 Q 点。所不同的是场效应管为电压控制元件，因此它需要有合适的栅极电压。通常偏置的形式有自偏置和分压器式自偏置两种，下面以 N 沟道结型场效应管为例加以说明。

4.5.1 自偏压电路

与晶体管的共射放大电路相似，在源极接入源极电阻 R_S，就可组成如图 4-17（a）所示的自偏压电路。为了保证场效应管工作在放大区，电路必须满足下列条件：①预先给栅极一个负偏压（对于 N 沟道 JFET，始终要保持 $u_{GS}<0$）。因为场效应管的输入电阻很高，栅极几乎不取用电流，所以必须使栅源极间的 PN 结反向偏置；②漏源电压 u_{DS} 必须为正。

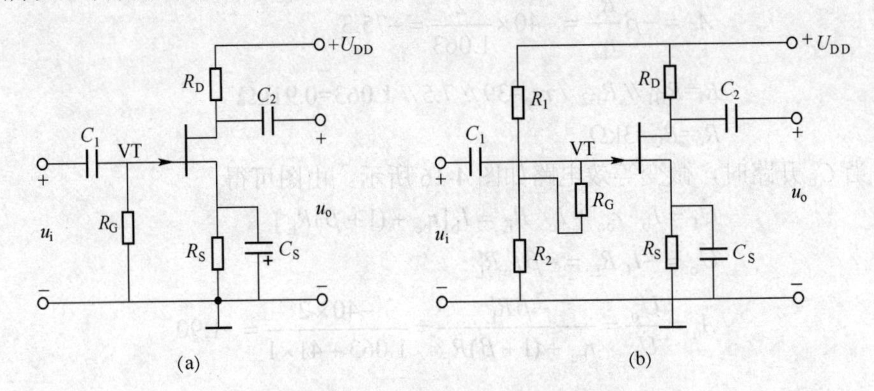

图 4-17 场效应管放大电路的偏压电路

（a）自偏压电路；（b）分压式自偏压电路

1. 偏压的获得

该电路在接通电源 U_{DD} 后，有电流 I_S（$=I_D$）流过源极电阻 R_S 产生压降 U_S，由于栅极不取用电流，$U_G=0$，根据栅-源回路电压方程得

$$U_{GS}=U_G-U_S=-I_DR_S \tag{4-28}$$

可见，负偏压 U_{GS} 是依靠场效应管自身的电流 I_D 而产生的，故把这种电路称为自偏压电路。

与晶体管放大电路相似，为了减小 R_S 对交流增益的影响，在 R_S 两端同样也并联一个旁路电容 C_S。

2. 静态工作点 Q 的确定

场效应管放大电路的静态值（U_{GS}、I_D 和 U_{DS}）可采用图解法求得或用公式计算。图解的原理与晶体管放大电路相似。用公式计算的过程如下。

根据式（3-4）有

$$I_D=I_{DSS}\left(1-\frac{U_{GS}}{U_{GS(off)}}\right)^2$$

根据漏-源回路电压方程有

$$U_{DS}=U_{DD}-I_D(R_D+R_S) \tag{4-29}$$

可先根据式（3-4）和式（4-28）联立求解出 I_D 和 U_{GS}，再用式（4-29）求得 U_{DS}。这样，

静态工作点 Q 也就确定了。

4.5.2　分压式自偏压电路

自偏压电路比较简单，本身也有一定的稳定工作点的作用，但 R_S 的选择范围很小。随着 R_S 的增大，U_{GS} 将愈来愈负，其结果会使净输入信号减小，增益下降。为了解决这个矛盾，可采用图 4-17（b）所示的分压式自偏压电路。它是利用电阻 R_1、R_2 组成分压器，经电阻 R_G 供给栅极一个固定的正电位 U_G。因此可以把 R_S 选得较大，U_{GS} 又不致负值过高而影响放大倍数。

静态时加到场效应管上的栅源电压为

$$U_{GS}=U_G-U_S=\frac{R_2}{R_1+R_2}U_{DD}-I_DR_S=-\left(I_DR_S-\frac{R_2}{R_1+R_2}U_{DD}\right) \tag{4-30}$$

对于分压式自偏压电路，可用式（3-4）和式（4-30）联立求解出 I_D 和 U_{GS}，再用式（4-29）求得 U_{DS}，这样，静态工作点 Q 也就确定了。

这种电路的另一特点是它也适用于增强型绝缘栅场效应管。

例 4-3　场效应管放大电路如图 4-17（b）所示，R_1=2MΩ，R_2=47kΩ，R_G=10MΩ，R_D=30kΩ，R_S=2kΩ，U_{DD}=18V，$U_{GS(off)}$=−1V，I_{DSS}=0.5mA，试确定静态工作点 Q。

解　由式（3-4）得

$$I_D=0.5\left(1-\frac{U_{GS}}{-1}\right)^2\text{ mA} \qquad ①$$

由式（4-30）得

$$U_{GS}=-\left(I_D\times 2-\frac{47}{2000+47}\times 18\right)=(0.4-2I_D)\text{ V} \qquad ②$$

将②代入①并整理得

$$2I_D^2-3.82I_D+0.994=0$$

解之，得　I_D=（0.955±0.644）mA

由于 I_D 不应大于 I_{DSS}（I_{DDS}=0.5mA），所以

$$I_D=(0.955-0.644)\text{ mA}=0.311\text{mA}$$

代入②得　　U_{GS}=0.41−2×0.311=0.212 V

根据式（4-29）得　U_{DS}=8.048 V

4.6　多级放大电路

在实际应用中，被放大的信号往往是很微弱的。要把微弱信号放大到足够大，单靠一级放大器往往不能满足要求。这就需要把几个单级放大电路级联起来构成多级放大电路。

4.6.1　多级放大电路的级间耦合方式

由于每个单级放大电路的晶体管的工作点是由偏置电路来固定的，如果简单地把前级晶体管的集电极与后级晶体管的基极直接连接起来，就会造成两级之间直流工作点的互相影响。为了保证每级放大电路均能正常工作，使信号不失真地逐级放大和传送，级与级之间要采用合适的连接方式，也称为耦合方式。常见的交流放大器有阻容耦合、变压器耦合和直接耦合三种级间耦合方式。

阻容耦合因其最简单、经济，是分离元件组成的放大电路中普遍采用的一种耦合方式，

如图 4-18 所示。

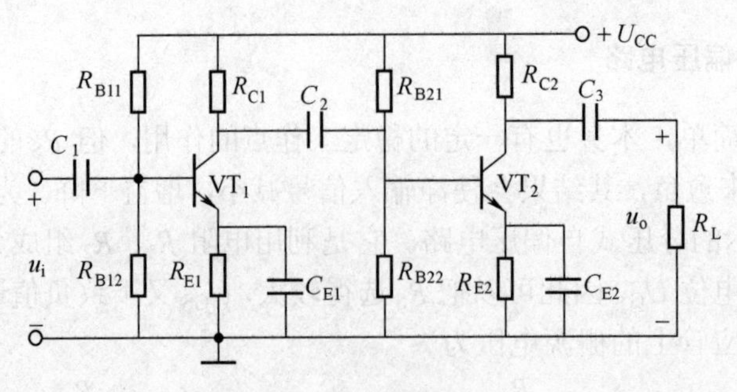

图 4-18　阻容耦合方式

级间用变压器耦合时，各级的静态工作点彼此独立计算；改变变压器的匝数比，可进行最佳阻抗匹配，获得最大输出功率，故常用在功率放大场合或需要电压隔离的场合（见图 4-19）。

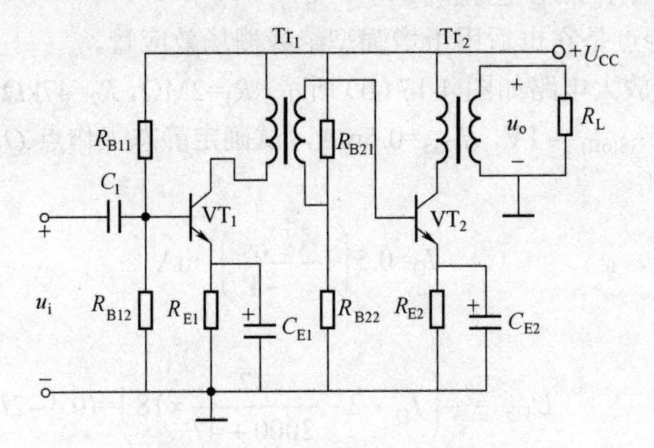

图 4-19　变压器耦合方式

尽管直接耦合方式对各级的静态工作点会相互影响，但由于它不仅能放大交流信号，还能放大直流和缓变信号，同时使电路体积大大缩小，因而在集成电路中被广泛采用。图 4-20 给出了几种直接耦合方式，供读者参阅。

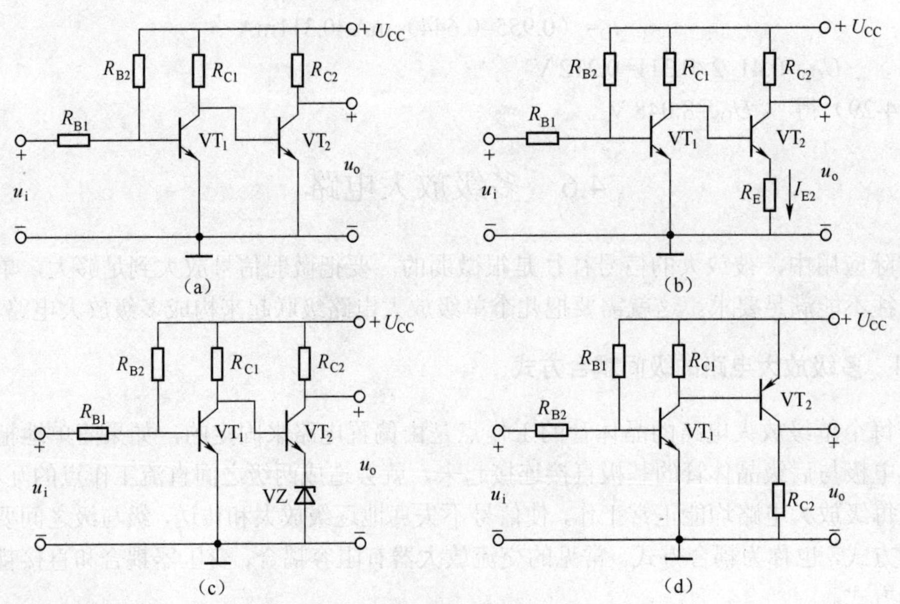

图 4-20　几种直接耦合方式

下面着重讨论阻容耦合多级放大电路。

4.6.2　多级放大电路的性能分析

图 4-21 是一个两级阻容耦合放大电路。图中第二级输出端的电阻 R_L 可以是实际负载电阻，也可以是后一级放大电路的输入电阻。C_2、C_3 为级间耦合电容。由于级间耦合电容不能通过直流，故多级放大电路中各级静态工作状态的分析和单级放大电路的相同，这里不再重复。下面仅分析这种电路的动态性能。

1．电压增益

图 4-21 的微变等效电路如图 4-22 所示。在图 4-22 中，每一级增益的计算与前面讨论的单级放大电路相同。因前一级的输出为后一级的输入，即 $U_{o1}=U_{i2}$，故前一级的负载电阻应包括后一级的输入电阻。设两管 β 值相同，即 $\beta_1=\beta_2$，根据式（4-22），第一级的增益为

$$A_1=\frac{U_{o1}}{U_{i1}}=-\frac{\beta R'_{L1}}{r_{be1}+(1+\beta)R_{E11}} \tag{4-31}$$

式中，$R'_{L1}=R_{C1}//R_{i2}$，且 $R_{i2}=R_{B21}//R_{B22}//r_{be2}$。

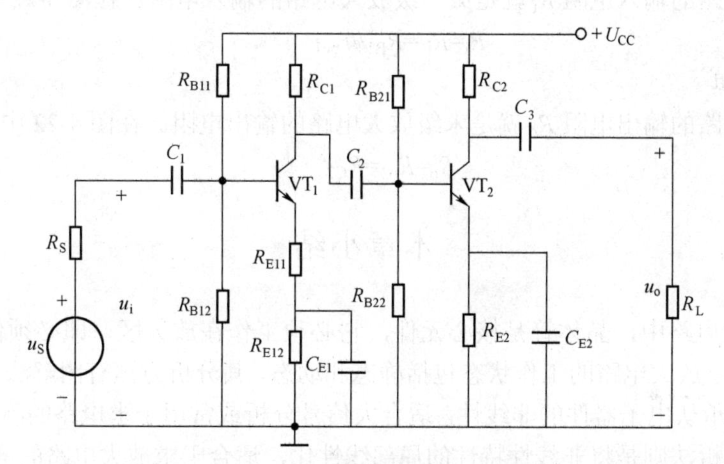

图 4-21　两级阻容耦合放大电路

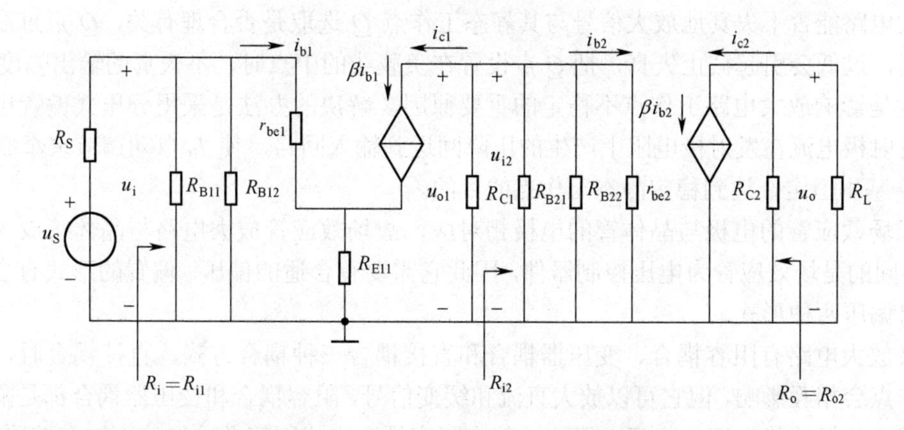

图 4-22　图 4-21 所示电路的微变等效电路

第二级的增益为

$$A_2=\frac{U_{o2}}{U_{i2}}=-\beta_1\frac{R'_{L2}}{r_{be2}} \tag{4-32}$$

式中，$R'_{L2}=R_{C2}//R_L$。

由于多级放大电路是逐级连续地进行放大，若以相量表示，则其总增益为

$$\dot{A}=\frac{\dot{U}_{o2}}{\dot{U}_{i1}}=\frac{\dot{U}_{o1}}{\dot{U}_{i1}}\cdot\frac{\dot{U}_{o2}}{\dot{U}_{i2}}=\dot{A}_1\dot{A}_2 \tag{4-33}$$

对图（4-21）所示电路，因两级放大器均为共射组态，故在中频范围内，每级输出电压与输入电压的相位差均可认为是 180°，故上式可写为

$$\dot{A}=\dot{A}_1\times\dot{A}_2=A_1\angle\pi\cdot A_2\angle\pi=A_1A_2\angle 2\pi \tag{4-34}$$

此式表明：两级放大电路总的增益的模为每级增益的模相乘。对上述两级放大电路，输入信号和输出信号的相位差为 2π，故相位相同。

推广到一般情况，n 级电压放大电路总的增益为

$$\dot{A}=\dot{A}_1\dot{A}_2\cdots\dot{A}_n \tag{4-35}$$

若 n 为偶数，则输出信号与输入信号同相，若 n 为奇数，则反相。

2. 输入电阻

多级放大电路的输入电阻 R_i 就是第一级放大电路的输入电阻。在图 4-22 中，

$$R_i=R_{i1}=R_{B1}//r_{be1} \tag{4-36}$$

3. 输出电阻

多级放大电路的输出电阻 R_o 就是末级放大电路的输出电阻。在图 4-22 中，

$$R_o=R_{o2}=R_{C2} \tag{4-37}$$

本章小结

晶体管放大电路中，晶体管是核心元件，它必须工作在放大区，即必须保证其发射结正偏而集电结反偏。放大电路的工作状态包括静态和动态，其分析方法有图解法和微变等效电路分析法，图解法承认电子器件的非线性，适合大信号分析或常用于求电路的静态工作点 Q；而微变等效电路分析法则是将非线性特性的局部线性化，适合于求放大电路的增益、输入电阻、输出电阻等动态性能指标。

放大电路能否不失真地放大信号与其静态工作点 Q 选取是否合理有关，Q 点过高会引起饱和失真，过低会引起截止失真，把 Q 点设置在负载线的中点时，不失真的输出幅度最大。

温度是影响放大电路工作点不稳定的重要原因，解决的办法是采用分压式偏置电路，它是利用发射极电流在发射极电阻上产生的压降回送到输入回路，使 I_B 自动调节来牵制 I_C，从而保持 I_C 基本恒定，达到稳定静态工作点的目的。

由于场效应管的电极与晶体管的电极相对应，故场效应管放大电路与晶体管放大电路相仿。所不同的是场效应管为电压控制器件，因此它需要有合适的偏压。偏置的形式有自偏压和分压式自偏压两种形式。

多级放大电路有阻容耦合、变压器耦合和直接耦合三种耦合方式。直接耦合时，各级的静态工作点会相互影响，但它可以放大直流和缓变信号，阻容耦合和变压器耦合都是隔直流传交流，因而各级的静态工作点互不影响。其中阻容耦合方式因简单、经济而被普遍采用。

多级放大电路的总增益的模是各级增益模的乘积，相位是各级相位差的和。输入电阻是第一级放大电路的输入电阻，输出电阻是末级放大电路的输出电阻。

本章知识逻辑线索图

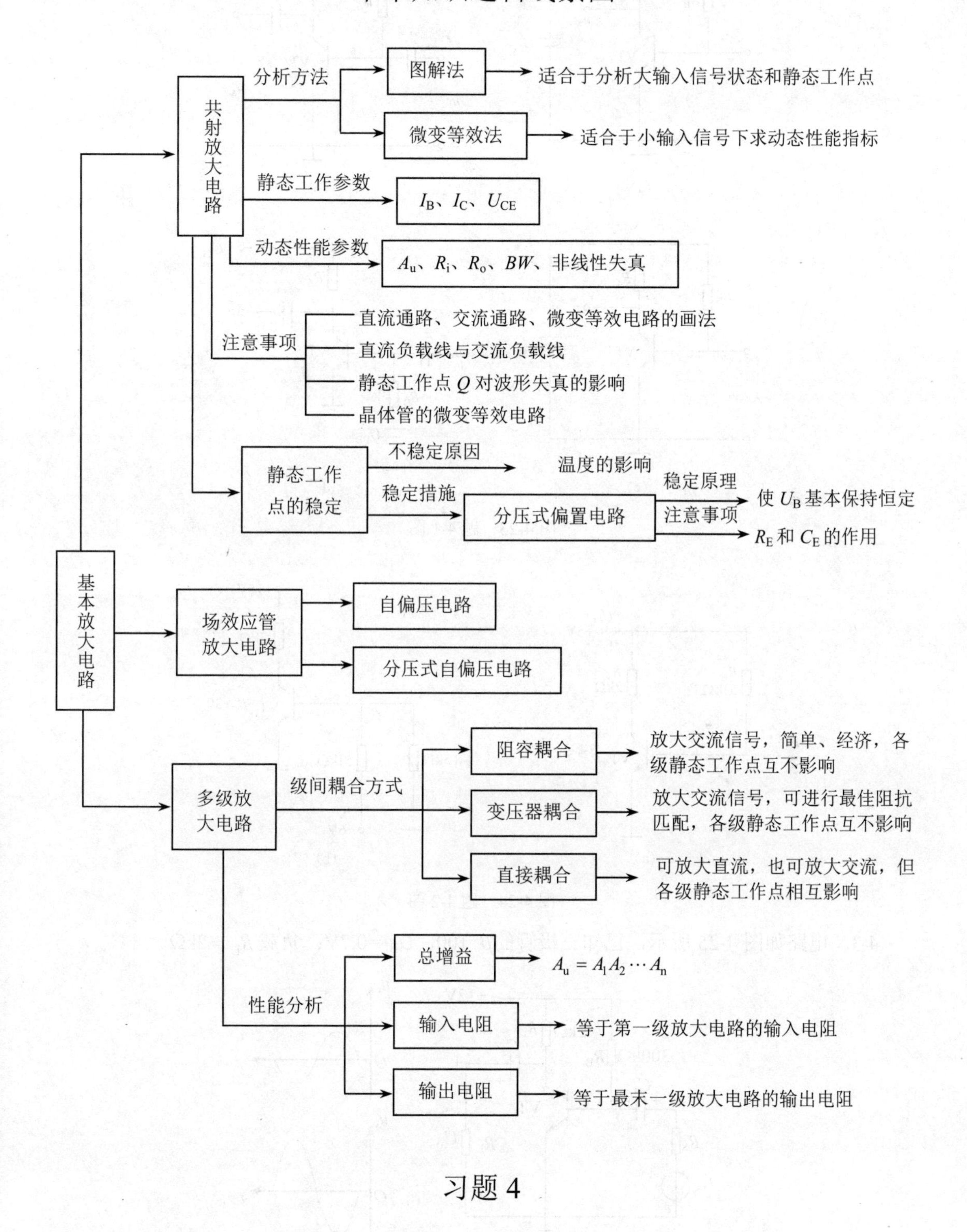

习题 4

4-1　说明图 4-23 所示电路能否正常工作？若不能则说明原因，并加以改正。

4-2　判断图 4-24 所示三极管电路的静态工作点位于哪个区？

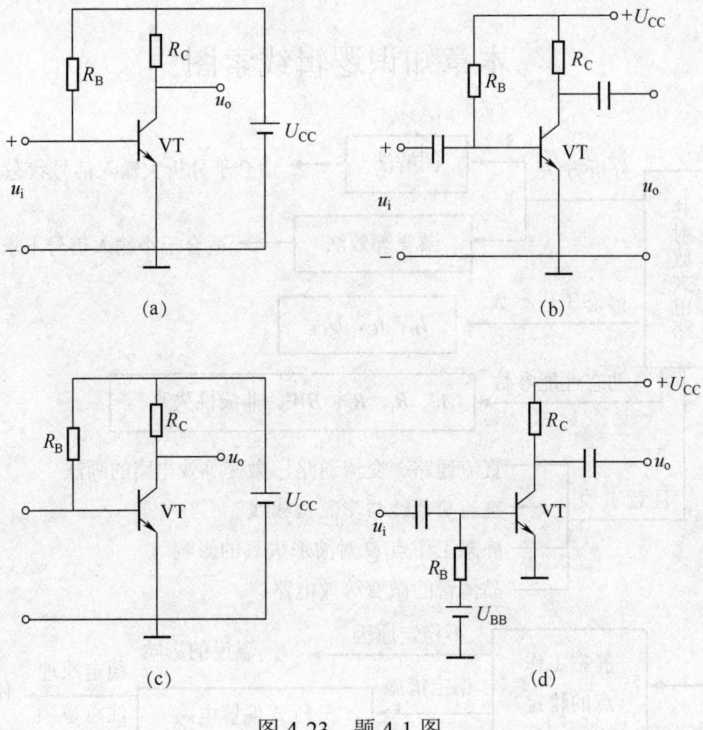

图 4-23　题 4-1 图

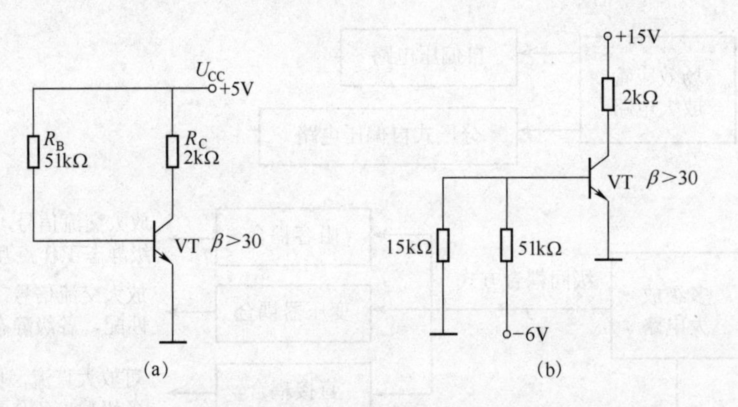

图 4-24　题 4-2 图

4-3　电路如图 4-25 所示，已知三极管的β=100，U_{BE}=0.7V；负载 R_L = 2kΩ。

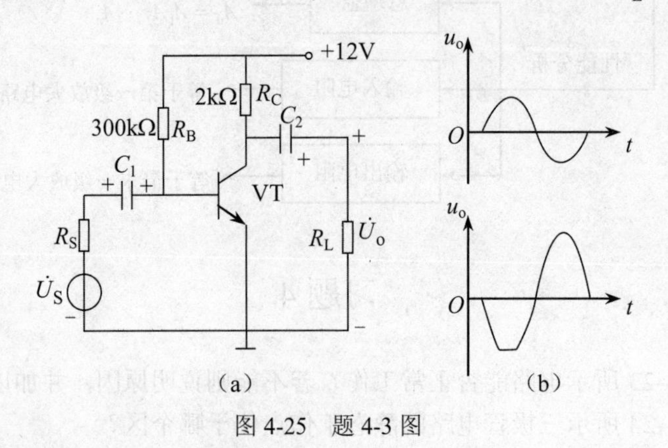

图 4-25　题 4-3 图

（1）估算该电路的 Q 点。

（2）画出微变等效电路，并求 A_u，R_i 及 R_o。

（3）若 u_o 中交流成分出现如图 4-25（b）所示波形，问：是哪一种失真？要消除失真，应调整哪个元件？

4-4　放大电路如图 4-26 所示，β=80，R_{B1}=30kΩ，R_{B2}=10kΩ，R_C=5.1kΩ，R_{E1}=100Ω，R_{E2}=2kΩ，R_L=5.1kΩ，R_S=600Ω，估算：

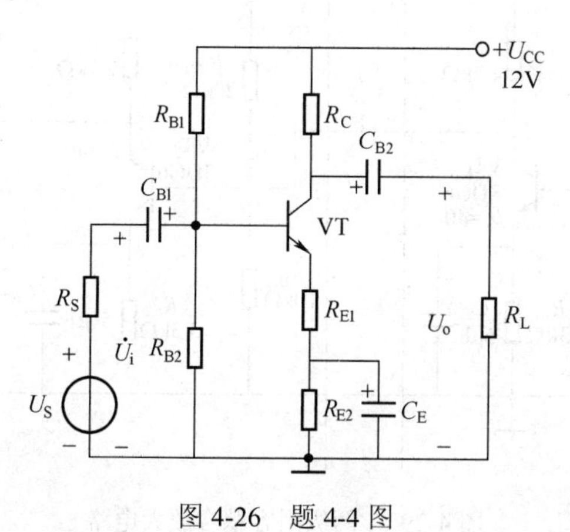

图 4-26　题 4-4 图

（1）放大电路静态工作点。

（2）求放大电路的输入、输出电阻。

（3）今测得 U_o=400mV，计算 U_S 为多少？

4-5　如图 4-27 所示射极输出器，试求：

（1）静态工作点。

（2）电压增益 A_u，输入电阻 R_i 和输出电阻 R_o（设管子的 β=60）。

4-6　在图 4-28 所示电路中，已知 U_{DD}=20V，U_{GS}=−2V，管子参数 I_{DSS}=4mA，$U_{GS(off)}$=−4V。设 C_1、C_2 在交流通路中可视为短路。求：

（1）电阻 R_1 和电路的静态工作点。

（2）正常放大条件下 R_2 可能的最大值（提示：正常放大时，工作点应落在恒流区）。

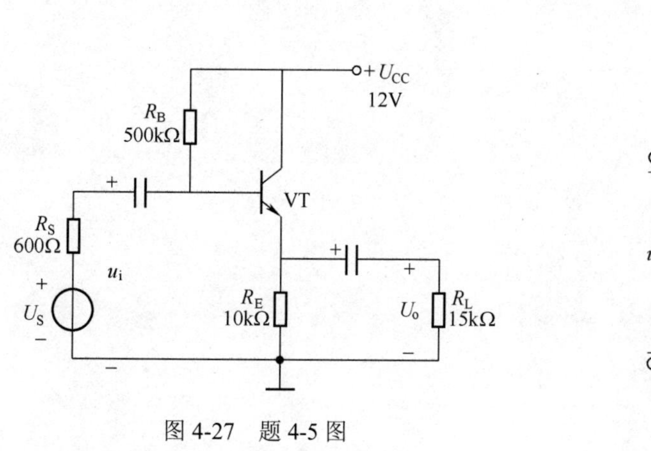

图 4-27　题 4-5 图

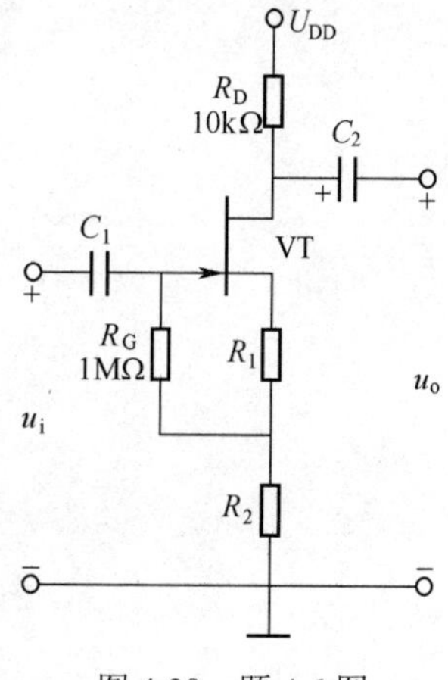

图 4-28　题 4-6 图

4-7　如图 4-29 所示的两级阻容耦合放大电路，设电路的参数 r_{be1}=r_{be2}=1kΩ，其余如图 4-10

所示。画出该放大电路的微变等效电路，并求出该电路总的放大倍数 A_u 及输入电阻 R_i 与输出电阻 R_o。

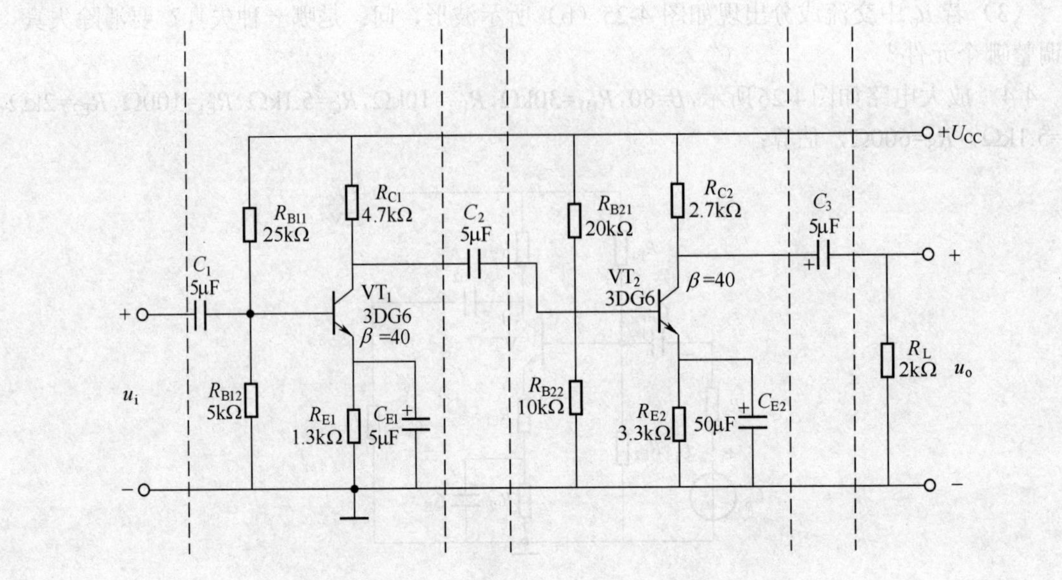

图 4-29 两级阻容耦合放大电路

第 5 章　几种常用的放大电路

本章首先介绍负反馈及其在放大电路中的应用，接着讲解直流放大电路和功率放大电路。

由于负反馈已在放大电路中（包括基本电压放大电路）得到普遍应用，故本章先讨论负反馈的概念、负反馈的类型（也称组态）及负反馈在放大电路中的应用。然后讨论几种常用的放大电路。在对信号进行放大时，根据信号特征的不同，需要分别采用不同类型的放大电路。若需要放大微弱的交流电压（mV 级）信号，则采用低频小信号放大器或称为电压放大器（如第 4 章讲过的基本电压放大电路，往往为整个电子线路的第一级或前几级）；如果输入信号是随时间极其缓慢变化的（例如温度、压力、位移等非电量经传感器转换成的电信号），则需要用直流放大器；当信号电压值虽然已比较大，但带动执行机构的功率还不够时，则要用低频功率放大电路（往往为整个电子线路的末级或最后两级）。

5.1　负反馈放大电路

在电子放大电路中普遍引用负反馈。在放大电路中引入直流负反馈能稳定静态工作点，引入交流负反馈能改善放大电路的性能。

5.1.1　反馈的基本概念

如果将电子电路中输出回路的电量（电压或电流）的一部分或全部，经过一定的元件（或网络）回送到电路的输入端，让这一回送信号（称反馈信号）与外加输入信号共同参与控制作用，这种输出量的回送过程就称为反馈，这样的元件（或网络）称作反馈元件（或网络），整个电路称为闭环电路。如果由输出回路反送到输入回路的信号（称为反馈信号）使加到电路输入端的净输入信号削弱，则称为负反馈。如果反馈信号使加到电路输入端的净输入信号加强，则称为正反馈。负反馈在放大电路中应用普遍，而正反馈主要应用于振荡电路和比较器电路中。在第 4 章中介绍的稳定工作点的分压式射极偏置电路（见图 4-14）中就引入了反馈，发射极电阻 R_E 就是反馈元件（或网络）。

5.1.2　负反馈放大电路的一般方框图和基本关系式

一个负反馈放大电路，一般是由基本放大电路和反馈网络组成。基本放大电路是无反馈的放大电路，反馈网络也叫反馈电路，是联系放大电路的输出回路和输入回路的环节。负反馈放大电路的方框图如图 5-1 所示。为便于分析，以下各量均以相量形式表示。图中，$\dot{X}$ 表示信号，可以是电压，也可以是电流；箭头表示信号传递方向；$\dot{X}_i$ 和 $\dot{X}_o$ 分别表示输入和输出信号，$\dot{X}_{id}$ 表示基本放大电路的净输入信号，$\dot{X}_f$ 表示反馈信号。

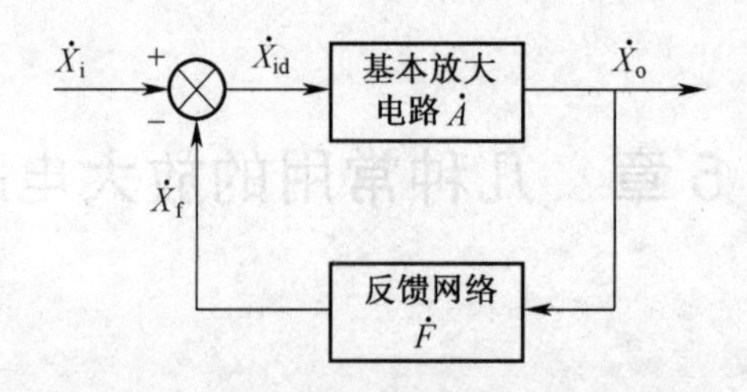

图 5-1　负反馈放大电路的方框图

该方框图中，设基本放大电路的增益为 $\dot{A}$（又称为开环放大倍数），则有

$$\dot{X}_o = \dot{A}\dot{X}_{id} \tag{5-1}$$

反馈网络从输出信号 $\dot{X}_o$ 中取出一部分或全部送回到输入回路，称之为反馈信号 $\dot{X}_f$，其中 $\dot{X}_f$ 与 $\dot{X}_o$ 之比称为反馈系数，用 $\dot{F}$ 表示，即 $\dot{F}=\dfrac{\dot{X}_f}{\dot{X}_o}$，所以

$$\dot{X}_f = \dot{F}\dot{X}_o \tag{5-2}$$

反馈信号 $\dot{X}_f$ 送回到输入回路与输入信号 $\dot{X}_i$ 相比较（相加或相减），得到的差值信号称为净输入信号，即 $\dot{X}_{id}=\dot{X}_i \mp \dot{X}_f$，该差值信号去控制输出信号 $\dot{X}_o$。若以负反馈为例，则有

$$\dot{X}_{id} = \dot{X}_i - \dot{X}_f \tag{5-3}$$

将式（5-1）、式（5-2）、式（5-3）联立，可得

$$\dot{X}_o = \frac{\dot{A}\dot{X}_i}{1+\dot{F}\dot{A}} \tag{5-4}$$

设 $\dot{A}_f$ 为负反馈放大电路的闭环增益，则有

$$\dot{A}_f = \frac{\dot{X}_o}{\dot{X}_i} = \frac{\dot{A}}{1+\dot{F}\dot{A}} \tag{5-5}$$

式（5-5）表明了负反馈放大电路的闭环增益与基本放大电路的开环增益、反馈系数之间的关系。在电子学中，把该式中的$(1+\dot{F}\dot{A})$称为反馈深度，其值的大小反映了电路中施加负反馈的程度。负反馈放大电路所有性能的变化都与$(1+\dot{F}\dot{A})$有关。

5.1.3　负反馈的四种基本组态与判别

根据反馈网络从基本放大电路输出信号中采集的反馈量是直流量还是交流量，有直流反馈与交流反馈之分；从采集的反馈量为电压信号还是电流信号来看，有电压反馈与电流反馈之分。当反馈网络跨接于输出电压两端，反馈信号取自输出电压，这种反馈方式称为电压反馈。当反馈网络串接于输出回路，反馈信号取自输出电流，这种反馈方式称为电流反馈。

从反馈网络与基本放大电路输入回路的连接方式看，有串联反馈与并联反馈之分。反馈网络串接于基本放大电路的输入回路时，称为串联反馈。当反馈网络并联接于输入回路时，称为并联反馈。

因此，在负反馈放大电路中，可得到四种形式（或四种组态）的反馈放大电路，即：①电压串联反馈；②电压并联反馈；③电流串联反馈；④电流并联反馈。

反馈的判别，首先是判别电路有无反馈；若有，再判别其是交流反馈还是直流反馈，是正反馈还是负反馈，然后再进一步判别是属于上述四种组态（或基本类型）中的哪一种。现以图 4-14 所示电路为例来说明反馈判别的具体步骤和方法。

1. 判别电路中有无反馈

方法是找电路中有无联系输出回路与输入回路的元件（即找反馈网络），若有，则可判定电路有反馈，否则电路无反馈。

以图 4-14 所示电路为例，由图可知，R_E 既在输出回路中，又在输入回路中，它是联系输出回路与输入回路的元件，因而可以肯定该电路有反馈。事实上，输出电流 I_C 流过发射极电阻 R_E（设 C_E 断开），产生电压降 $U_E=I_ER_E$，由于 U_E 也在输入回路中，这样，就把输出回路的电量 I_C 送回到了输入回路，这就是反馈。

2. 判断是交流反馈还是直流反馈

在图 4-14 电路中，若在发射极电阻 R_E 两端并联上旁路电容 C_E，在 C_E 的容量足够大时，可认为交流量全部被 C_E 旁路，使 R_E 两端只有直流电压降 $U_E=I_ER_E$，这时仅有输出回路的直流量 I_C 反送回到输入回路，称为直流反馈。图 4-14 所示电路中，如前所述把 C_E 去掉，则在 R_E 上不仅有直流电压降，而且还有交流电压降，这时电路既有直流反馈，又有交流反馈（由输出回路反送到输入回路的电量是交流量，称为交流反馈）。

因此，直流或交流反馈的判别可根据电路中是否采用电容器把交流信号短路为依据。在电路中，为了实现直流反馈，多采用电容器把交流信号短路，使反馈信号中仅含直流分量；为了实现交流反馈，则可以不用电容器把交流分量短路，使反馈信号中既有直流信号，又有交流信号；也可以利用电容器把直流信号隔断，使反馈信号中只有交流成分。

3. 判别是正反馈还是负反馈

通常采用瞬时极性法进行判别。具体步骤是，某瞬时在电路输入端加上一个对地为正的交变信号，根据电路组态（即三极管的连接方式），依次判定在该瞬时电路中有关各点的信号极性，从而找到反馈信号的极性，若反馈信号使净输入信号削弱，则为负反馈，若反馈信号使净输入信号增强，则为正反馈。

若某瞬时在图 4-14 所示电路的输入端加上对地为正的交流信号时，因隔直电容的容量足够大，其容抗很小，可视为短路。故三极管基极电位 $\dot{U}_B$ 升高，其瞬时极性为（+）。基极电位升高使得 $\dot{I}_B$ 增加，导致 $\dot{I}_C$ 增加，集电极瞬时电位 $\dot{U}_C$ 下降，故 c 极瞬时电位极性为（–）；而 $\dot{I}_B$、$\dot{I}_C$ 的增加导致 $\dot{I}_E$ 增加。根据 $\dot{U}_E=\dot{I}_ER_E$ 知，发射极电位 $\dot{U}_E$ 也增加，e 极瞬时电位极性为（+）。这样，反馈作用使得净输入信号 $\dot{U}_{BE}=\dot{U}_B-\dot{U}_E$ 削弱。由此看出，电路中引入的是负反馈。

4. 判别是串联反馈还是并联反馈

可根据反馈网络是串接于输入回路还是并接于输入回路来判别。在图 4-14 中，反馈网络 R_E 明显地串接于输入回路，因而是串联反馈。

在判别是串联反馈还是并联反馈时，还可以采用直观法。即：若输入端和反馈端不在一处，则为串联反馈；若输入端和反馈端在一处，则为并联反馈。

5. 判别是电压反馈还是电流反馈

可根据反馈网络是跨接于输出电压两端还是串接于输出回路来判别，跨接于输出电压两端时为电压反馈，串接于输出回路时为电流反馈。图 4-14 所示电路中的 R_E 串接于输出回路，所以是电流反馈。

在判别是电压反馈还是电流反馈时，还可以采用输出假想短路法。即：假想负载 R_L 短接，若这时反馈信号等于零，则为电压反馈；不等于零则为电流反馈。

综合上述分析表明，图 4-14 所示电路是电流串联负反馈电路。

例 5-1　试判别图 5-2 所示电路中的反馈。

解 （1）判别电路中有无反馈。该电路中，电阻 R_f 将输出与输入回路相联系，因而存在反馈。

（2）判别是交流反馈还是直流反馈。反馈电阻 R_f 两端没有旁路电容短路交流信号，也无电容隔离直流信号，所以，该电路既有直流反馈，又有交流反馈。

（3）判别是正反馈还是负反馈。在某瞬时输入端加入对地为（+）信号时，因为三极管 VT 为共射极放大组态，其输出与输入反相，故晶体管 c 极瞬时极性为（–），e 极瞬时极性为（+），反馈信号使净输入削弱，所以是负反馈。

（4）判别是串联反馈还是并联反馈。输入端和反馈端在一处，所以该电路是并联反馈。

（5）判别是电压反馈还是电流反馈。假想负载 R_L 短接（即令 u_o=0），此时反馈信号消失，所以是电压反馈。

综上所述，该电路为电压并联负反馈电路。

例 5-2 试判别图 5-3 所示电路中的级间反馈。

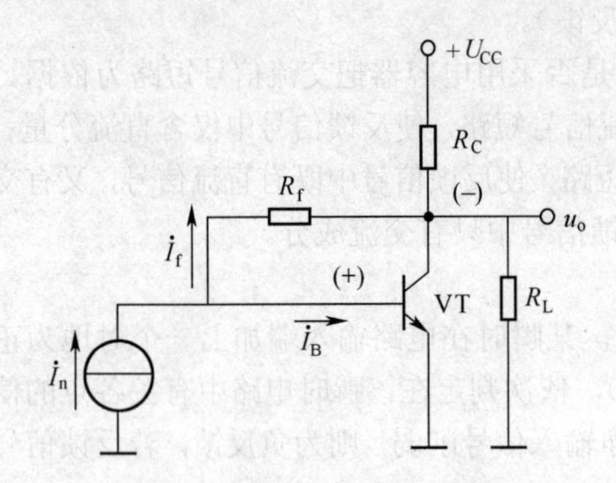

图 5-2 例 5-1 题图（电压并联）

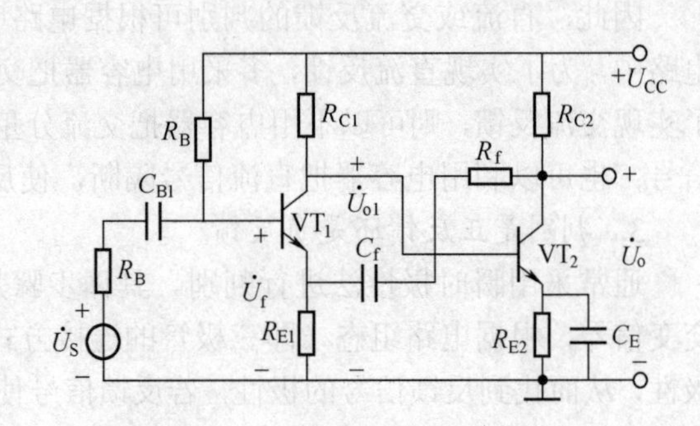

图 5-3 例 5-2 题图（电压串联负反馈）

解 （1）判别有无级间反馈。该电路由两级共射放大电路组成，R_f、R_{E1} 和 C_f 把第二级的输出回路与第一级的输入回路联系起来，因此级间有反馈。R_{E1}、R_{E2} 还是本级反馈元件。

（2）判别是交流反馈还是直流反馈。电路中采用了电容 C_f 隔离直流，所以 R_f 和 C_f 构成交流反馈。R_{E1} 构成第一级本级交流反馈，R_{E2} 构成第二级本级直流反馈。

（3）判别反馈极性。设某瞬时所加的输入信号 $\dot{U}_S$ 的极性对地为（+），C_{B1} 容量足够大，可以认为 C_{B1} 对信号相当于短路，故输入信号相当于直接加到晶体管 VT_1 的基极，由于 VT_1、VT_2 均为共射极组态，故晶体管的集电极信号与基极信号是反相关系，可得到晶体管 VT_2 的集电极信号极性为（+），即输出信号该瞬时的极性为（+）。反馈回到 R_{E1} 上的信号 $\dot{U}_f$ 在该瞬时的极性是上（+）下（–）。因此，净输入信号 $\dot{U}_{BE1}=\dot{U}_i-\dot{U}_f$，使净输入信号削弱，故为负反馈。

（4）判别是串联反馈还是并联反馈。反馈端和输入端不在一起，所以该电路是串联反馈。

（5）判别是电压反馈还是电流反馈。若假想输出短路，这时由第二级输出回送到第一级输入回路的信号为零，说明反馈信号与输出信号有关，故为电压反馈。

注意：输出假想短路后，$\dot{U}_o=0$，但 R_{E1} 上仍会有电流流过，不过这不是由第二级的输出回路反馈回来的信号，即不是级间的反馈信号，而是第一级的信号。

5.1.4 负反馈对放大器性能的影响

放大电路引入负反馈后，会使其性能发生变化。负反馈对放大电路性能的主要影响如下。

1. 降低了增益，但可以提高其稳定性

从前面导出的基本关系式（5-5）看，在负反馈情况下，$\dot{X}_f$ 与 $\dot{X}_{id}$ 是同种物理量（同是电压或电流），而且相位相同，故 $\dot{F}\dot{A}$ 是正实数，并有 $1+\dot{F}\dot{A}>1$。可见，$\dot{A}_f<\dot{A}$，放大电路引入负反馈后，增益下降了。

如果式（5-5）中的 $\dot{F}\dot{A}>>1$（例如 $\dot{F}\dot{A}\geqslant 10$），则认为反馈加得很深，或叫作深度负反馈。这时式（5-5）可简化为

$$\dot{A}_f=\frac{1}{\dot{F}} \tag{5-6}$$

式（5-6）表明，在深度负反馈时，闭环增益与晶体管或组件的参数无关，而仅与反馈系数有关。反馈系数是由反馈网络的结构和参数决定，反馈网络一般由电阻、电容等线性元件组成，反馈系数的稳定性可以做得很高，所以，深度负反馈放大电路的闭环增益是非常稳定的。由此可见，负反馈可以提高放大器增益的稳定性。

2. 展宽通频带

放大电路都有一定的频带宽度，这在第 4 章已讲到，如图 4-2 所示，若基本放大电路的通频带为 $BW=f_H-f_L$，则在保持输入信号幅值不变的情况下，当频率升高到 f_H 以上（或下降到 f_L 以下）时，增益的下降会比中频增益 A_0 的 0.707 倍更多。但在引入负反馈后，频率上升到 f_H 以上（或下降到 f_L 以下）时，输出信号 $\dot{X}_o$ 的下降会使得反馈信号 $\dot{X}_f$ 也下降，在输入信号 $\dot{X}_i$ 不变的情况下，净输入信号 $\dot{X}_{id}$ 必然上升，从而使输出信号 $\dot{X}_o$ 有所上升，增益仍然在中频增益的 0.707 倍范围之内。这也就是说，放大电路引入负反馈后，通频带加宽了。

3. 减小非线性失真

由于放大电路内部存在晶体管等非线性元件，若工作点选择不合适，或输入信号很大，都会使输出信号产生失真。引入负反馈后，可以利用负反馈的自动调节作用起到改善波形的效果。若输入信号 $\dot{X}_i$ 为正弦波，经过放大电路后，输出波形失真，假设 $\dot{X}_o$ 的负半周大而正半周小，如图 5-4 所示。引入负反馈后，送回到输入端的反馈信号 $\dot{X}_f$ 的波形与 $\dot{X}_o$ 波形相似，于是就会对输入信号波形的负半周削弱较多，正半周削弱较小，结果使净输入信号负半周小而正半周大，再经过放大电路放大，输出波形的失真就得到了一定程度的修正。

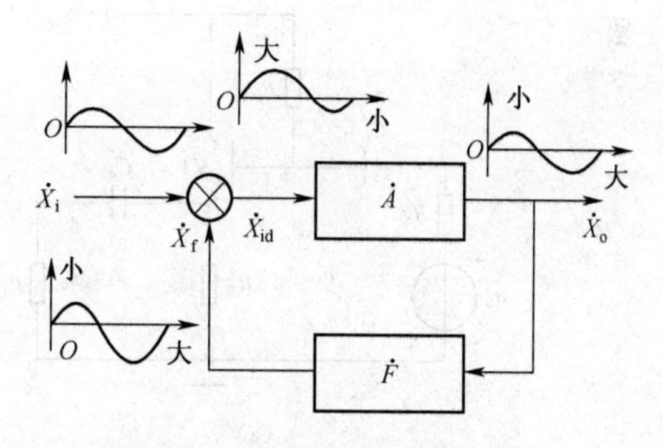

图 5-4 负反馈对波形失真的改善

应当注意，负反馈减小非线性失真是指减小放大电路内部的原因引起的失真，对于输入信号源本身的非线性失真，负反馈是无法改善的。

4. 抑制噪声

外界因素（如电源纹波、其他杂散电磁场等）使放大器输出端出现不规则的信号称为干扰输出，而放大电路中元器件内部载流子的不规则热运动，也会使放大器输出端出现不规则的信号，常称为噪声输出。引入负反馈后，可以抑制噪声。其原理是：加了负反馈后，放大电路的输出信号幅值和噪声幅值都减小了。为了提高信噪比，使放大电路输出信号的幅值不变，必须人为地加大输入信号来弥补，而电路的固有噪声是不变的，因而提高了电路的信噪比。

应当注意，负反馈可以抑制噪声，但必须增加输入。

5. 对输入电阻的影响

放大电路引入负反馈后，会对输入电阻造成影响。其影响情况取决于所加负反馈是串联的还是并联的。串联反馈可以提高输入电阻，而并联反馈则会减小输入电阻。这主要是因为：串联负反馈的信号总是以电压的形式送回到输入回路，因此，实际加到放大元件上的净输入信号 u_{id} 比输入信号 u_i 要小，输入电流 i_i 也必然减小，从输入电阻的定义 $R_i=u_i/i_i$ 看，相当于输入电阻增大了；而采用并联负反馈，则相当于在输入回路增加了一个并联支路，于是 i_i 增加，相当于输入电阻减小了。

6. 对输出电阻的影响

负反馈对放大电路输出电阻的影响情况，取决于所加负反馈是电压反馈还是电流反馈，电压负反馈可稳定输出电压，电路近似恒压源，恒压源的内阻应很小，因而使输出电阻降低。同理，电流负反馈起稳定输出电流的作用，电路近似恒流源，恒流源的内阻应很大，因而使输出电阻提高。

综上分析，放大电路引入负反馈后，其性能得到了改善，这是以降低增益为代价换取的。增益的降低可以用增加放大电路的级数来弥补，而上述各种优点很难用别的办法来获得。所以，负反馈在放大电路中得到了极为广泛的应用。

负反馈也有一个潜在的缺点，那就是有可能使放大电路产生自激振荡，这需要在电路设计时加以考虑。

5.1.5 负反馈放大电路的特例——射极输出器

射极输出器的电路如图 5-5（a）所示。它的输出信号不是从晶体管的集电极取出，而是由发射极取出，即把负载由集电极移到发射极，因此，把它取名为射极输出器。从晶体管的接法上看，它是共集电极接法的电路，这是因为放大器的直流电源 U_{CC} 对交流信号相当于短路，如图 5-5（b）所示，集电极成为输入信号与输出信号的公共端，故称为共集电极电路。

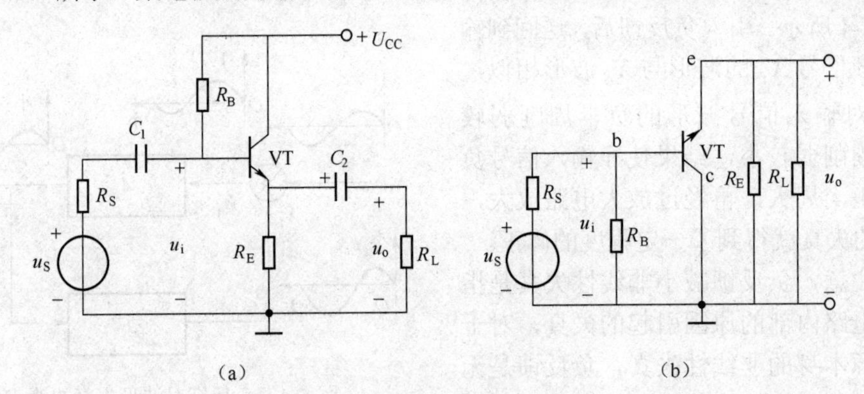

图 5-5 射极输出器

（a）电路图；（b）微变等效电路

由图 5-5 可见，射极输出器的反馈电压 $\dot{U}_f$ 就是输出电压 $\dot{U}_o$，因此，输出电压全部反馈到了输入回路，$\dot{U}_f$ 与输入电压 $\dot{U}_i$ 串联后加在三极管基极与发射极之间，且极性相反，所以，它是一种电压串联负反馈电路。

射极输出器的主要特点如下：

1. 电压增益近似等于 1

由图 5-5（a）可知，加到基极和发射极之间的电压为

$$\dot{U}_{be}=\dot{U}_i-\dot{U}_f=\dot{U}_i-\dot{U}_o$$

或
$$\dot{U}_o=\dot{U}_i-\dot{U}_{be}$$

因$\dot{U}_{be}=\dot{I}_b r_{be}$很小，可忽略不计，故电压增益

$$\dot{A}_u=\frac{\dot{U}_o}{\dot{U}_i}\approx 1$$

可见，该电路输出电压随着输入电压的变化而变化，大小近似相等，且相位一致，因此又称该电路为射极跟随器。

虽然该电路的电压增益$\dot{A}_u\approx 1$，但从另一方面看，射极电流为

$$\dot{I}_e=\dot{I}_b+\dot{I}_c=(1+\beta)\dot{I}_b \tag{5-7}$$

上式说明射极电流是基极电流的$(1+\beta)$倍，具有电流放大作用。也就是说，虽然射极输出器不能作电压放大，但它仍可进行信号的功率放大。

2. 输入电阻大

从图5-5中知

$$\dot{U}_i=\dot{U}_{be}+\dot{U}_f=\dot{U}_{be}+\dot{U}_o=\dot{I}_b r_{be}+\dot{I}_e R_L'=\dot{I}_b[r_{be}+(1+\beta)R_L']$$

式中，R_L'为发射极电阻R_E与负载电阻R_L并联电阻，即$R_L'=R_E//R_L$，

令
$$R_i'=\frac{\dot{U}_i}{\dot{I}_b}=r_{be}+(1+\beta)R_L'$$

故输入电阻为

$$R_i=R_B//R_i'=R_B//[r_{be}+(1+\beta)R_L'] \tag{5-8}$$

可见，射极输出器的输入电阻比共射极放大电路的输入电阻大大提高了，通常可达几十千欧至几百千欧，而共射极放大电路的输入电阻约为几百欧至几千欧。

3. 输出电阻小

为便于分析输出电阻，射极输出器的微变等效电路可改画成图5-6所示形式（注意：放大电路的输出电阻定义为输出开路、输入信号源短接时，从输出端看过去的电路的内阻）。由图可知，$\dot{U}_o\approx 0$，$\dot{I}_b=\dot{U}_o/r_{be}$，$\dot{I}_e=(1+\beta)\dot{I}_b=(1+\beta)\dot{U}_o/r_{be}$，所以有

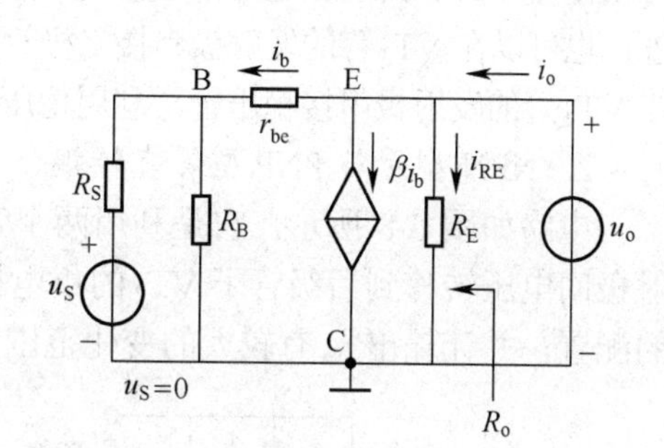

图5-6　分析输出电阻的微变等效电路

$$r_{ec}=\frac{\dot{U}_o}{\dot{I}_e}=\frac{r_{be}}{1+\beta} \tag{5-9}$$

输出电阻为

$$R_o=R_E//r_{ec}=R_E//\left(\frac{r_{be}}{1+\beta}\right) \tag{5-10}$$

由于r_{be}很小，于是有$r_{be}/(1+\beta)<<R_E$，上式可写为

$$R_o\approx\frac{r_{be}}{1+\beta} \tag{5-11}$$

由式（5-11）可看出，射极输出器的输出电阻是很小的。

正由于射极输出器具有上述特点，才使它在电子设备中得到了广泛的应用。把它用作测

量仪器的输入级时，由于其输入电阻大，对被测电路的影响小，可保证测量结果的准确度；用它作放大电路的输出级时，可利用其输出电阻小的特点来提高电路带负载的能力；在多级放大电路中，把它接在两级之间，可以隔离前后级之间的相互影响。

5.2 直流放大电路

在直流放大电路中，为了能让直流信号畅通无阻，就不能采用阻容耦合或变压器耦合方式，而不得不采用直接耦合的方式，如图 5-7 所示。但是，采用直接耦合方式后，带来了两个问题：一是各级静态工作点的配置问题，因为任何一级工作点的变动都会影响其他各级；二是零点漂移问题，即当输入信号为零时，输出信号出现不为零的现象称为零点漂移。如何抑制零点漂移是直流放大电路的一个突出问题。

5.2.1 直接耦合电路静态工作点的配置

图 5-7 所示电路中，VT_2 管的基极直接与 VT_1 管的集电极相连。若 VT_2 管处在放大状态，则 VT_1 管的集电极电位 U_{C1} 必须与 VT_2 的基极电位相等，只有 0.7V 左右，这会使 VT_1 的工作点处在临界饱和状态或突变区，电路无法起到放大作用。若要求 VT_1 管有较大的输出范围，就必须提高 U_{C1}，但 U_{C1} 又受到 U_{B2} 的限制而不能提高，所以，两级静态工作点互相影响，很难配置合适。

为了使前后级的静态工作点配置都合适，常采用如下措施。

1. 设法提高后一级中 VT_2 管发射极的静态电位

可在 VT_2 管的发射极串接电阻 R_{E2}，利用 R_{E2} 上的静态压降提高 VT_2 管的发射极电位，这样就可以提高 VT_2 管的基极电位，也就是提高了 VT_1 管的集电极电位，使 VT_1 管的输出范围扩大。此外，也可以在 VT_2 管的发射极串接二极管，利用二极管的正向压降提高 VT_2 管的发射极电位，或在 VT_2 管的发射极串接稳压管，利用稳压管的稳定电压来提高 VT_2 管的发射极电位。

2. NPN 型管与 PNP 型管直接耦合

电路如图 5-8 所示，它是利用两个管子要求不同偏置极性的特点，把前级 VT_1 较高的集-射极间电压转移到后级管子 VT_2 的集电极负载电阻 R_{C2} 上，可使前后级静态工作点都有较合适的配置，并让输出 u_o 有较大的变化范围。

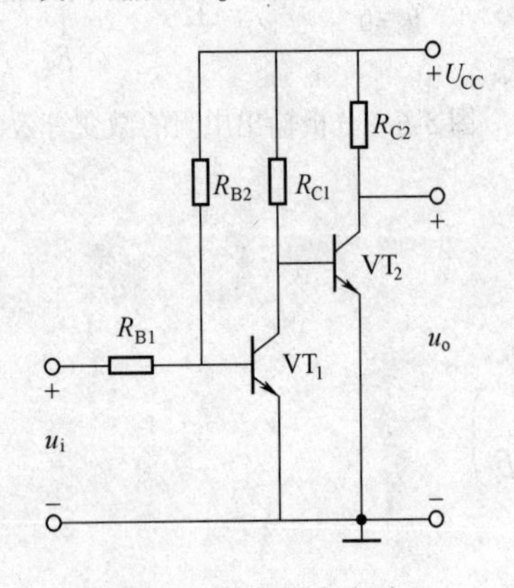

图 5-7　直接耦合电路

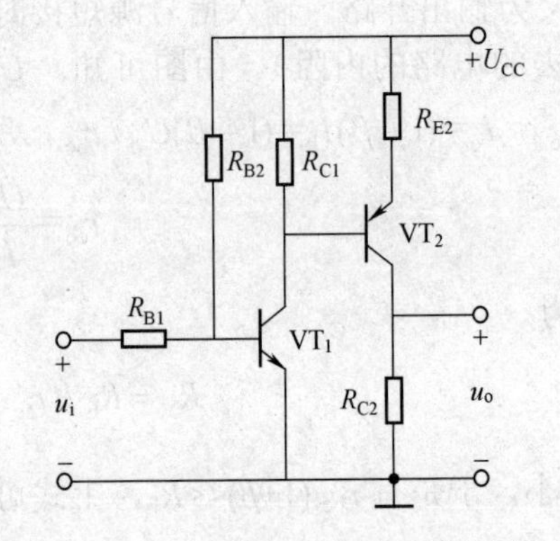

图 5-8　NPN 型和 PNP 型管直接耦合的电路

3. 采用复合管电路

当我们希望管子有较高的电流放大系数，也就是说，在较小的基极电流驱动下，希望能得到较大的集电极电流时，可以把两个管子直接耦合起来等效成一个管子，称为复合管。复合管的应用非常广泛。用两个管子通过不同组合可以构成四种有用的复合管形式，如图 5-9 所示。

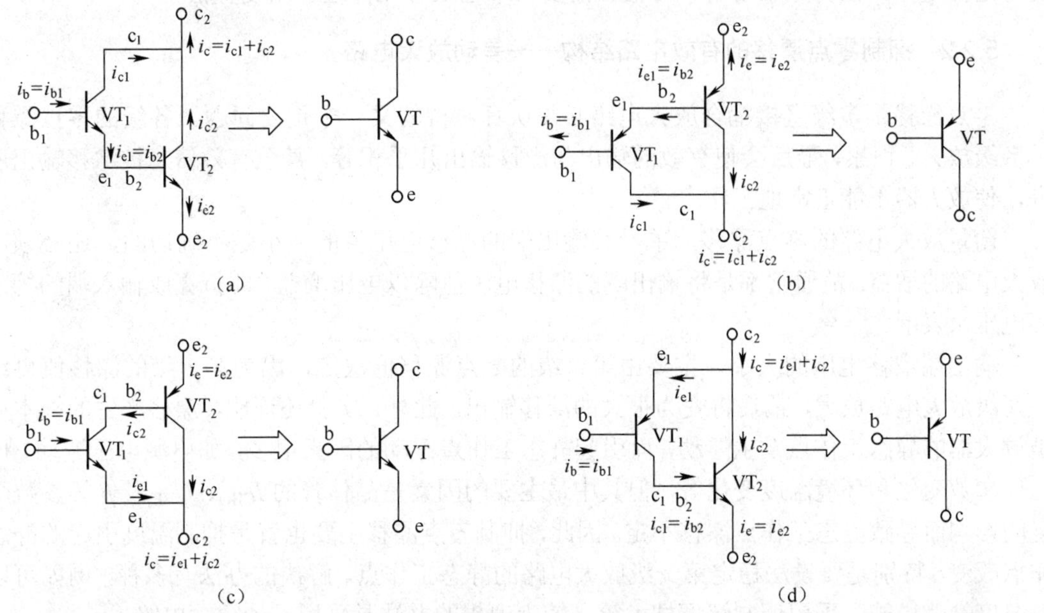

图 5-9　四种有用的复合管形式

（a）NPN 同型复合管；（b）PNP 同型复合管；（c）NPN-PNP 异型复合管；（d）PNP-NPN 异型复合管

分析图 5-9（a），可得该复合管各极电流为

$$i_b=i_{b1} \tag{5-12}$$

$$i_e=i_{e2} \tag{5-13}$$

$$\begin{aligned} i_c&=i_{c1}+i_{c2}=\beta_1 i_{b1}+\beta_2 i_{b2} \\ &=\beta_1 i_{b1}+(1+\beta_1)\beta_2 i_{b1} \\ &=(\beta_1+\beta_2+\beta_1\beta_2)i_b \end{aligned} \tag{5-14}$$

可见，复合管的电流放大系数为

$$\beta=\beta_1+\beta_2+\beta_1\beta_2\approx\beta_1\beta_2 \tag{5-15}$$

该复合管的输入电阻为

$$R_i=r_{be1}+(1+\beta_1)r_{be2} \tag{5-16}$$

用同样方法进行分析，可得图 5-9（b）至图 5-9（d）形式的复合管的电流放大系数 β 和输入电阻 R_i。

通过对图 5-9 所示复合管的分析，可以得出如下几点结论：

（1）外加电压的极性必须使复合管的每个管子都能正常工作，即应使复合管中的每个管子发射极正偏，集电极反偏。否则管子无法工作。

（2）在两个管子的连接上，应保证前级管的输出电流和后级管的输入电流形成一个适当的通路，否则复合管无法正常工作，如图 5-9 所示。

以上两点是组成有用复合管的条件。

（3）两个不同类型的晶体管组成复合管时，该复合管的类型与第一个晶体管的类型相同。

（4）两个晶体管组成复合管后，该复合管的电流放大系数 $\beta\approx\beta_1\beta_2$。

（5）由两个相同类型的晶体管（同是 NPN 型或 PNP 型）组成复合管（又称达林顿管）时，该复合管的等效输入电阻为 $R_i=r_{be1}+(1+\beta_1)r_{be2}$。

（6）图 5-9 中的四种复合管，因为第一个管子的穿透电流要被第二个管子放大，所以温度稳定性较差，在实际应用中，可根据需要引入电阻等元件进行温度补偿。

5.2.2 抑制零点漂移的有效电路结构——差动放大电路

零点漂移是多级直接耦合放大电路必须认真对待的又一个重要问题。各级的零点漂移经过多级放大、积累，最后会使有效的输出与漂移输出几乎相等，甚至有效信息被漂移输出所淹没，使放大器不能正常地工作。

衡量放大电路的零点漂移，单看其输出端的漂移电压值的大小是不确切的，还必须考虑放大电路的增益。故通常都是将输出端的漂移电压值除以电压增益，即折算成输入端的等效漂移电压来表示。

输出端漂移电压的大小，主要由第一级的零点漂移值决定，因为第一级的漂移值再经后面几级放大电路放大，最后将变为很大的漂移输出。此外，实验还证明，漂移产生的根本原因是放大器的静态工作点发生浮动，而引起静态工作点浮动的因素很多，如电源电压波动、电路元件参数变化和环境温度变化等。但其中最主要的因素是晶体管的 I_{CBO}、U_{BE} 及 β 等参数受温度的影响而导致静态工作点漂移不定。因此，抑制零点漂移主要也就是抑制温度引起的静态工作点改变，特别是要设法稳定第一级放大电路的静态工作点。解决的办法有多种，例如可以采取温度补偿措施，采用调制解调技术等。较为理想的办法是采用差动放大电路。

1. *差动放大电路抑制零点漂移的基本原理*

图 5-10 是差动放大电路的基本形式，它由两个特性完全相同的单管放大电路组合而成。信号由两个晶体管的基极输入，输出电压 u_o 则取自两管的集电极之间，两边对应元件参数的选择应尽可能做到完全相同。

将该电路两边的输入端短路，即令 $u_{i1}=u_{i2}=0$，由于电路两边完全对称，故两边的集电极电流和集电极电位都相同，即：$I_{C1}=I_{C2}$、$U_{C1}=U_{C2}$，输出电压 $U_o=U_{C1}-U_{C2}=0$。当环境温度变化或电源电压波动时，两管的集电极电流和电压都会按同等量级发生变化，即：$\Delta I_{C1}=\Delta I_{C2}$、$\Delta U_{C1}=\Delta U_{C2}$，由于输出电压是取自两管的集电极之间，则有：$U_o=(U_{C1}+\Delta U_{C1})-(U_{C2}+\Delta U_{C2})=0$。这说明对于完全对称的差动电路，在两个管子的集电极之间取出信号时，对两管产生的零漂具有完全的抑制作用。

2. *差动放大电路的动态分析*

差动放大电路有两个输入端，当有信号输入时，它有几种工作情况。

（1）共模输入。若两个输入端的输入信号有 $u_{i1}=u_{i2}$，即两个输入电压信号的大小相等，极性相同。通常把这样的一对输入信号称为共模信号，这种输入方式叫做共模输入。

共模输入方式的差动放大电路可看成如图 5-11 所示。显然，在这种输入方式下，由于电路两边的对称性，晶体管 VT_1、VT_2 的基极电位变化相同，集电极电位变化也相同，因而输出电压为零，即对共模信号无放大作用。从而可知，完全对称的差动放大电路，其共模电压增益为

$$\dot{A}_{uc}=\frac{u_o}{u_i}=0 \tag{5-17}$$

式中，u_i 表示从两个输入端来看的输入电压，共模输入时，$u_i=u_{i1}-u_{i2}=0$。

（2）差模输入。若两个输入端的输入信号有 $u_{i1}=-u_{i2}$，即两个输入电压信号的大小相等，极性相反。通常把这样的一对输入信号称为差模信号，这种输入方式叫做差模输入。

输入差模信号 u_{i1}、u_{i2} 后，由于发射极公共电阻 R_E 上流过大小相等、方向相反的差模信号电流，压降互相抵消，所以 R_E 两端差模电压为零，即电阻 R_E 对差模信号无负反馈作用，可视

为交流短路。

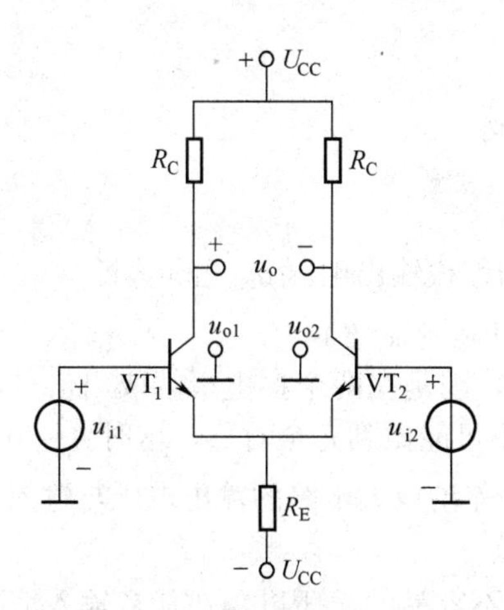

图 5-10　差动放大电路的基本形式

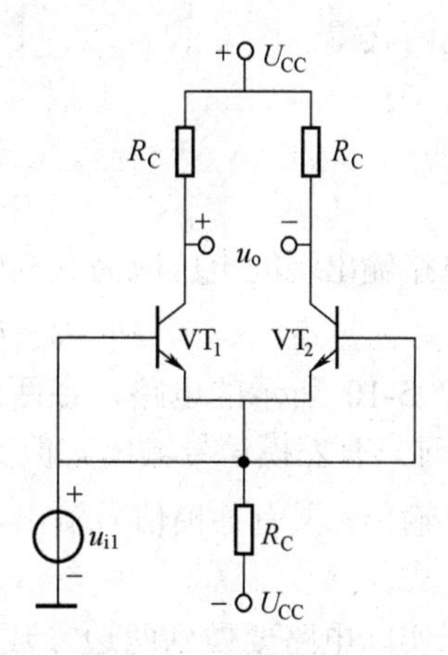

图 5-11　共模输入

设两管集电极对地电压分别为 u_{o1} 和 u_{o2}，则有

$$u_{o1}=-\frac{\beta R_C}{r_{be}}u_{i1}$$

$$u_{o2}=-\frac{\beta R_C}{r_{be}}u_{i2}$$

两管集电极之间的输出电压为

$$u_o=u_{o1}-u_{o2}=-\frac{\beta R_C}{r_{be}}(u_{i1}-u_{i2})=-\frac{\beta R_C}{r_{be}}u_i \tag{5-18}$$

式中，$u_i=u_{i1}-u_{i2}=2u_{i1}$，它表示从两个输入端来看的输入电压信号。

电路的差模电压增益为

$$\dot{A}_{ud}=\frac{u_o}{u_i}=-\frac{\beta R_C}{r_{be}} \tag{5-19}$$

由此可见，这种双端输入、双端输出、完全对称的差动放大电路对差模输入信号有放大作用，其差模电压增益与单管基本放大电路的电压增益相同。

在输出端接有负载 R_L 时，其差模电压增益为

$$\dot{A}_{ud}=-\beta\frac{R'_L}{r_{be}} \tag{5-20}$$

由于电路完全对称，负载 R_L 两端的电位极性相反，且变化量相等。可见，在 $R_L/2$ 处必然是信号的零电位，所以，式（5-20）中的 R'_L 应为

$$R'_L=R_C//(R_L/2) \tag{5-21}$$

（3）既有差模输入又有共模输入。当 u_{i1} 和 u_{i2} 的大小和极性都任意时，这样的输入信号可以把它等效地分解为一个共模输入信号和一个差模输入信号。

设两输入端的共模输入信号分别为 u_{ic1} 和 u_{ic2}，两输入端的差模输入信号分别为 u_{id1} 和 u_{id2}，两输入端的任意输入信号分别为 u_{i1} 和 u_{i2}，两输入端之间的信号差为 $u_i=u_{id}=u_{i1}-u_{i2}$。则有 $u_{ic1}=u_{ic2}=u_{ic}$，$u_{id1}=-u_{id2}=u_{id}/2$。于是得

$$u_{i1}=u_{ic1}+u_{id1}=u_{ic}+\frac{1}{2}u_{id} \tag{5-22}$$

$$u_{i2}=u_{ic2}+u_{id2}=u_{ic}-\frac{1}{2}u_{id} \tag{5-23}$$

联立解上列两式得

$$u_{ic}=\frac{u_{i1}+u_{i2}}{2} \tag{5-24}$$

$$u_{id}=u_{i1}-u_{i2} \tag{5-25}$$

放大电路输出端的电压应为共模输出电压 u_{oc} 与差模输出电压 u_{od} 之和，即

$$u_o=u_{oc}+u_{od}=\dot{A}_{uc}\cdot u_{ic}+\dot{A}_{ud}\cdot u_{id} \tag{5-26}$$

对于图 5-10 所示的电路，在两边完全对称时，因是在两个集电极端取出信号，所以有 $\dot{A}_{uc}=0$，这时只有差模信号输出。但实际电路往往不可能做到完全对称，这时 $\dot{A}_{uc}\neq 0$，电路既有差模信号输出，又有共模信号输出。式（5-26）是差动放大电路的输出电压与输入电压关系的一般表达式。

正由于实际电路要做到两边参数完全对称是很不容易的，所以，在任意输入情况下，人们总是希望差动放大电路的差模电压增益越大越好，而共模电压增益则是越小越好。为了反映放大电路的质量，常用共模抑制比来作为其性能指标。共模抑制比定义为

$$K_{CMR}=\left|\frac{\dot{A}_{ud}}{\dot{A}_{uc}}\right| \tag{5-27}$$

式（5-27）表明，差模增益越大，共模增益越小，则 K_{CMR} 越大，共模抑制功能越强。

有时，共模抑制比也用分贝（dB）来表示，即

$$K_{CMR}=20\lg\left|\frac{\dot{A}_{ud}}{\dot{A}_{uc}}\right|\text{（dB）} \tag{5-28}$$

在理想情况下，$\dot{A}_{uc}=0$，$K_{CMR}\to\infty$。一般 K_{CMR} 在 60dB（即 $\left|\frac{\dot{A}_{ud}}{\dot{A}_{uc}}\right|=1000$）左右，高质量的电路，$K_{CMR}$ 可达（80～90）dB。

3．*差动放大电路的输入输出方式*

差动放大电路通常有四种输入输出方式：

（1）双端输入、双端输出方式。前面分析的图 5-10 所示电路就是这种输入输出方式，它适用于对称输入、对称输出，输入输出不需要接地的场合。

（2）双端输入、单端输出方式。在图 5-10 所示电路中，如输出电压取自其中一管的集电极（u_{o1} 或 u_{o2}），则变成为双端输入、单端输出方式。由于只取出一管的集电极电压变化量，所以这时的差模电压增益只是双端输出时的一半，即

$$\dot{A}_{ud1}=\frac{1}{2}\dot{A}_{ud}=-\frac{\beta R_C}{2r_{be}} \tag{5-29}$$

这种接法常用于将双端输入信号转换为单端输出信号，即要求输出信号有一端接地的场合。

（3）单端输入、双端输出方式。在实际系统中，有时要求放大电路的输入电路有一端接地，这时可在图 5-10 所示的电路中，令 $u_{i1}=u_{id}$，$u_{i2}=0$（即把 VT_2 管的基极接地），就把电路变成为单端输入、双端输出方式。通过对该电路的交流通路的分析可知，单端输入时电路的工作状态与双端输入时近似一致，故其差模增益及其他性能指标也与双端输入、双端输出方式近似一致。它适用于单端输入变为双端输出的场合。

（4）单端输入、单端输出方式。在图 5-10 所示电路中，将 VT_2 管的基极接地，同时输出

电压又仅取自其中一管的集电极，该电路则变成为单端输入、单端输出方式。由于只取出一管的集电极电压变化量，所以这时的差模电压增益只是双端输出时的一半。它适用于输入输出都需要接地的场合。

5.3 功率放大电路

功率放大电路大多处于多级放大电路的末级，其基本要求是向负载提供一定的不失真（或轻度失真）的输出功率，通常是在大信号状态下工作。因此，功率放大电路中出现了一些与电压放大电路不同的特殊问题。由于输出功率大，所以直流电源消耗的功率也大，于是效率问题就成为功率放大电路的重要问题。所谓效率高，也就是负载得到的有用信号功率与电源供给的直流功率的比值大。由于在大信号状态下工作，难免会产生非线性失真，而且对于同一功放管，其输出功率越大非线性失真往往越严重。这就使得输出功率与非线性失真成为一对矛盾。但在不同的场合下，对非线性失真的要求可以是不同的。例如，对于测量系统和电声设备，对非线性失真有很高的要求，而在控制电动机的伺服放大器中，主要是要求有较大的功率输出，对非线性失真可以作为次要问题来考虑。

功率放大电路中，有相当大的功率消耗在管子的集电极上，使结温和管壳温度升高。为了充分利用允许的管耗而使管子能输出足够大的功率，功放管的散热问题就显得很重要。另外，要使功放管有尽可能大的输出功率，它所承受的电压就要高，电流就要尽可能大，因而功放管损坏的可能性也大，保护问题也就不能忽视。

在分析方法上，因放大器件工作在大信号状态甚至在极限运用状态，因而微变等效电路分析法已不再适用，而往往要采用图解分析法。

5.3.1 功率放大电路的分类

功率放大电路实质上是一个功率变换器，即将直流电源的直流电功率变换为负载所需的信号功率。从控制的角度看，功率放大电路也可看成是一个功率控制器，它将信号源或前级的弱小功率经过功放电路的控制，在负载上得到较大的信号功率，从这个意义上讲，功率被放大了。当然，输出功率的能源是直流电源，功率放大电路本身不仅不能产生任何功率，相反，在工作过程中还要消耗一定的功率。这主要是功放管的管耗，即在没有输入信号的情况下，直流电源依然不断地为电路输送功率，这些功率主要消耗在功放管和电阻上，并转换成热量而散发出去。

功率放大电路从总体上讲有两种类型：变压器耦合功放电路和无变压器功放电路。由于后者具有体积小、效率高、频率响应好、易于集成化等优点，因而目前无论是在分离元件的功放电路中还是在集成功放电路中都获得了广泛应用。

根据信号电流流过功放管的情况不同，功率放大电路又可分为三种类型，如图 5-12 所示。在输入为正弦信号的情况下通过功放管集电极的电流 i_C 不出现截止状态的称为甲类；在正弦信号一个周期中，功率三极管导通角等于π的称为乙类；导通角大于π而小于 2π的称为甲乙类。对于上述三类功放电路，有些资料上也被称为 A 类、B 类和 AB 类。

甲类功放电路中，为保证功放管的电流 i_C 不出现截止，对功放管静态工作点 Q 的设置，应保证 I_{CQ} 大于或至少等于功放管输出最大集电极电流交流分量的一半。可见甲类电路虽然失真最小，但静态功耗大，效率低。

乙类电路则把静态工作点 Q 设置在截止点上，即 $I_{CQ}=0$，这就使得输入信号等于零时，电源输出功率也等于零（或接近于零，主要用于消耗在电阻上）；输入信号增大时，电源供给的功率也随之增大。可见乙类电路的静态功耗最小，效率高。但由于在输入信号一个周期的变化中，功放管只有半个周期导通，故而波形失真严重。

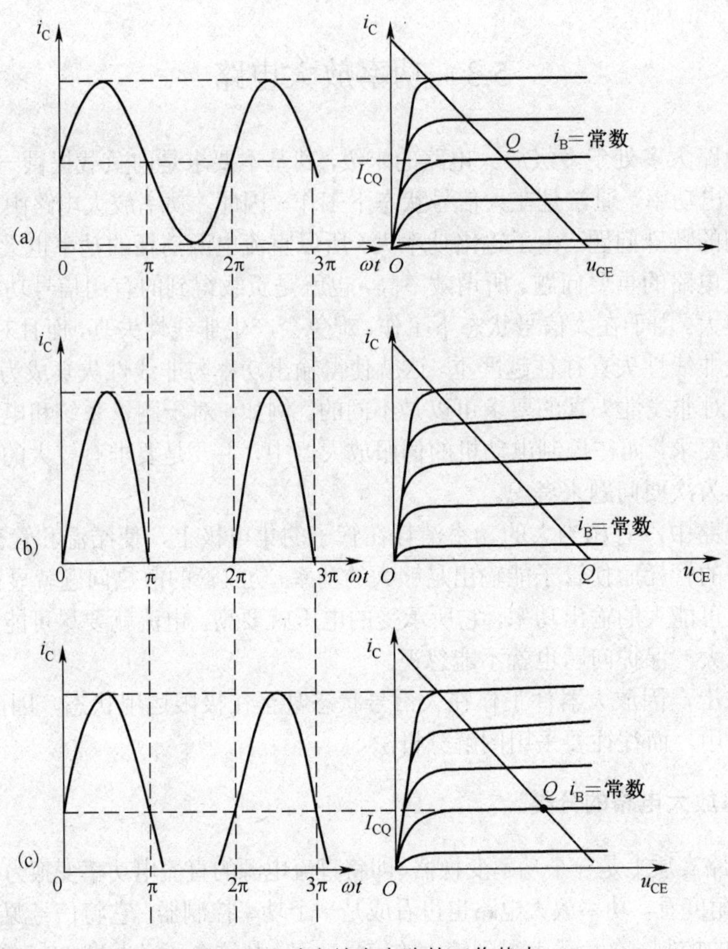

图 5-12　功率放大电路的工作状态

（a）甲类；（b）乙类；（c）甲乙类

甲乙类电路的静态工作点 Q 安排在接近截止区，其静态功耗和失真均介于甲类和乙类电路之间。

由单管组成的乙类、甲乙类功放电路，虽然减小了静态功耗，提高了效率，但都出现了严重的波形失真。因此，既要保持静态功耗小，又要使波形失真不太严重，这就需要在电路结构上采取措施。切实可行的办法是选用两个功放管组成乙类或甲乙类互补对称式功率放大电路。

5.3.2　乙类互补对称功率放大电路

1. OCL 乙类互补对称电路

这是一种乙类双电源互补对称功率放大电路，即选用两个功放管，使之都工作在乙类放大状态，但一个在正弦信号的正半周工作，而另一个在负半周工作，并同时使这两个输出波形都能叠加到负载上，从而在负载上得到完整的波形。

基本 OCL 电路如图 5-13（a）所示。VT_1、VT_2 分别为 NPN 型管和 PNP 型管，两管的基极和发射极相互连接在一起，信号从基极输入，从射极输出，R_L 为负载。这个电路可以看成是由图 5-13（b）和图 5-13（c）两个射极输出器组合而成。由于晶体三极管发射结处于正向偏置时才导电，因此，当输入信号 u_i=0 时，两个三极管均截止，无电流流过负载 R_L；当输入信号 u_i 处于正弦信号的正半周时 VT_1 导通，VT_2 截止，有电流（$i_L=i_{C1}$）流过负载 R_L；而当输入信号处于负半周时，VT_1 截止，VT_2 导通，则有电流 $i_L=-i_{C1}$ 流过负载 R_L。这样，就实现了静态（u_i=0）时功耗最小，而在有输入信号时，VT_1 和 VT_2 轮流导通，性能对称，互补对方的不足，从而在负载上得到一个完整的正弦波形。

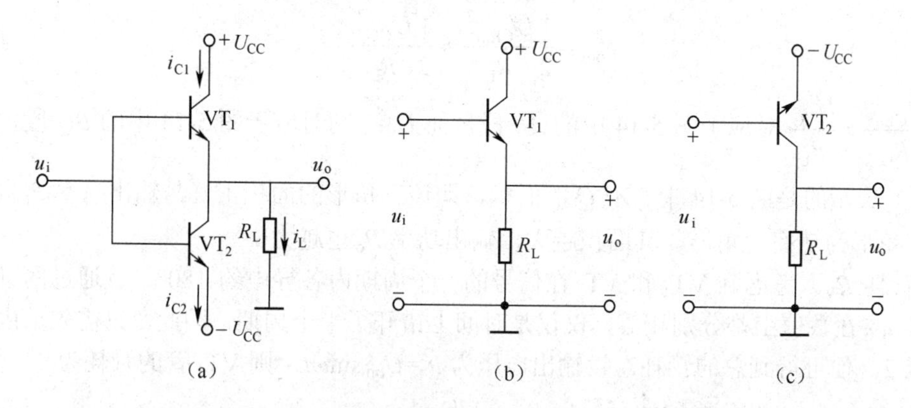

图 5-13 由两射极输出器组成的基本 OCL 电路

（a）基本 OCL 电路；（b）由 NPN 管组成的射极输出器；（c）由 PNP 管组成的射极输出器

由于这种电路采用双电源供电，输出端与负载之间可直接连接，不需要再增加耦合电容，因而称为 OCL 电路，亦称为无输出电容器（Output Capacitor-Less，OCL）电路。

（1）分析计算。现用图解法对 OCL 基本电路进行分析讨论。以 VT_1 管工作的正半周为例，当 u_i=0 时，有 $i_{B1}=I_B=0$，$i_{C1}=I_C=0$ 和 $u_{CE1}=U_{CC}$，电路工作在 Q 点，如图 5-14 所示。当 $u_i \neq 0$ 时，交流负载线的斜率为$-1/R_L$，因此，过 Q 点且斜率为$-1/R_L$ 的直线即为交流负载线。如果输入信号 u_i 足够大，则可求出 i_C 的最大幅值 I_{Cm} 和 u_{CE} 的最大幅值 U_{CEm}，有 $U_{CEm}=U_{CC}-U_{CES}=I_{Cm}R_L$，如果忽略晶体管的饱和压降 U_{CES}，则 $U_{CEm}=I_{Cm}R_L \approx U_{CC}$。当 u_i 为负半周时，分析 VT_2 管的工作可得到类似结果。

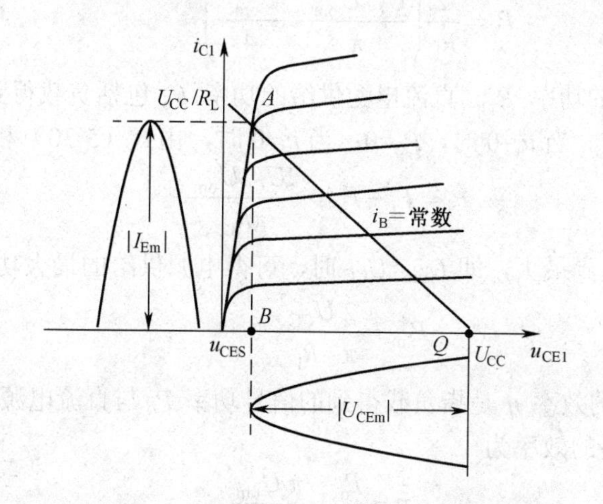

图 5-14 u_i 为正半周时，OCL 电路图解分析

根据以上分析，不难求出基本 OCL 互补对称电路的输出功率、管耗、直流电源供给的功

率及该电路的效率。

1）输出功率 P_o。输出功率 P_o 用输出电压有效值 U_o 和输出电流有效值 I_o 的乘积来表示。设输出电压的幅值为 U_{om}，则

$$P_o = I_o U_o = \frac{U_{om}}{\sqrt{2}R_L}\frac{U_{om}}{\sqrt{2}} = \frac{1}{2}\frac{U_{om}^2}{R_L} \tag{5-30}$$

当输入信号足够大，并忽略管子的饱和压降 U_{CES} 时，即

$U_{om}=U_{CEm}=U_{CC}-U_{CES}\approx U_{CC}$，$I_{om}=I_{Cm}=U_{CC}/R_L$ 时，可获得最大输出功率

$$P_{om}=\frac{1}{2}\frac{U_{CEm}^2}{R_L}\approx\frac{1}{2}\frac{U_{CC}^2}{R_L} \tag{5-31}$$

式中，$\dfrac{U_{CEm}}{R_L}\approx\dfrac{U_{CC}}{R_L}$ 对应于图 5-14 中的 AB 段，而 U_{CEm} 则对应于图 5-14 中的 BQ 段，可见，式（5-31）表示的是图 5-14 中△ABQ 的面积，即该三角形的面积正好与输出功率 P_o 相对应，故称此三角形为功率三角形，其面积越大，输出功率 P_o 也越大。

2）管耗 P_V。考虑到 VT_1 和 VT_2 在信号的一个周期内各导电约 180°，且通过两管的电流 i_L 和电压 u_{CE} 在数值上都分别相等，仅仅是时间上错开了半个周期，因此，只需先求出单管损耗再乘以 2，便可得到总的管耗。设输出电压为 $u_o=U_{om}\sin\omega t$，则 VT_1 管的管耗为

$$\begin{aligned}
P_{V1} &= \frac{1}{2\pi}\int_0^{\pi}(U_{CC}-u_o)\frac{u_o}{R_L}\mathrm{d}(\omega t)\\
&= \frac{1}{2\pi}\int_0^{\pi}(U_{CC}-U_{om}\sin\omega t)\frac{U_{om}\sin\omega t}{R_L}\mathrm{d}(\omega t)\\
&= \frac{1}{2\pi}\int_0^{\pi}\left(\frac{U_{CC}U_{om}}{R_L}\sin\omega t-\frac{U_{om}^2}{R_L}\sin^2\omega t\right)\mathrm{d}(\omega t)\\
&= \frac{1}{R_L}\left(\frac{U_{CC}U_{om}}{\pi}-\frac{U_{om}^2}{4}\right)
\end{aligned} \tag{5-32}$$

两管的总损耗为

$$P_V=\frac{2}{R_L}\left(\frac{U_{CC}U_{om}}{\pi}-\frac{U_{om}^2}{4}\right) \tag{5-33}$$

3）直流电源供给的功率 P_S。直流电源供给的功率 P_S 包括负载得到的功率和 VT_1、VT_2 两管消耗的功率两部分。当 $u_i=0$ 时，$P_S=0$；当 $u_i\neq 0$ 时，由式（5-30）和式（5-32）得

$$P_S = P_o + P_V = \frac{2U_{CC}U_{om}}{\pi R_L} \tag{5-34}$$

当输出电压幅值达到最大，即 $U_{om}\approx U_{CC}$ 时，可得电源供给的最大功率为

$$P_{Sm} = \frac{2}{\pi}\frac{U_{CC}^2}{R_L} \tag{5-35}$$

4）效率 η。电路的效率 η 是指负载得到的信号功率 P_o 与直流电源提供的功率 P_S 之比。在一般情况下，该电路的效率为

$$\eta = \frac{P_o}{P_S} = \frac{\pi}{4}\frac{U_{om}}{U_{CC}} \tag{5-36}$$

当 $U_{om}\approx U_{CC}$ 时效率最大，即

$$\eta_{\max}=\frac{\pi}{4}=78.5\%\tag{5-37}$$

这个理想的最大效率是假定 OCL 电路工作在乙类，并忽略了三极管的饱和压降 U_{CES} 和输入信号足够大（$U_{im}≈U_{om}≈U_{CC}$）的情况下得到的，实际效率总是比这个数值要低些。

（2）功率三极管的选择。工作在乙类的基本 OCL 互补对称电路，在静态时，管耗接近于零，当输入信号较小时，管耗也较小。但是否随着输入信号的增大，管耗也越来越大呢？

由式（5-32）知，管耗 P_{V1} 是 U_{om} 的函数，若求最大管耗，可用求极值的方法求解。令 $\frac{dP_{V1}}{dP_{om}}=0$，则有

$$\frac{dP_{V1}}{dP_{om}}=\frac{1}{R_L}\left(\frac{U_{CC}}{\pi}-\frac{U_{om}}{2}\right)=0$$

得

$$U_{om}=\frac{2}{\pi}U_{CC}\tag{5-38}$$

可见，当 $U_{om}=\frac{2}{\pi}U_{CC}$（而不是 $U_{om}\approx U_{CC}$）时每个三极管具有最大的管耗，其值为

$$P_{V1m}=\frac{1}{R_L}\left[\frac{U_{CC}\frac{2}{\pi}U_{CC}}{\pi}-\frac{\left(\frac{2}{\pi}U_{CC}\right)^2}{4}\right]=\frac{1}{R_L}\left[\frac{2U_{CC}{}^2}{\pi^2}-\frac{U_{CC}{}^2}{\pi^2}\right]=\frac{1}{\pi^2}\frac{U_{CC}{}^2}{R_L}\tag{5-39}$$

由于电路的最大输出功率 $P_{om}\approx\frac{1}{2}\frac{U_{CC}{}^2}{R_L}$，则每个管子的最大管耗与电路的最大输出功率之间具有如下关系

$$P_{V1m}=\frac{1}{\pi^2}\frac{U_{CC}{}^2}{R_L}=\frac{2}{\pi^2}P_{om}\approx 0.2P_{om}\tag{5-40}$$

综合上面的分析，不难看出，当 U_{CC} 和 R_L 一定时，基本 OCL 电路中功率管的选择应满足以下条件：

1）每只晶体管的最大允许管耗 P_{Cm} 必须大于 $P_{V1m}≈0.2P_{om}$，即

$$P_{Cm}\geqslant 0.2P_{om}\tag{5-41}$$

2）由于在一管导通时，另一管的 u_{CE1} 具有最大值 $2U_{CC}$，因而应选用基极开路，且集—射反向击穿电压大于 $2U_{CC}$ 的管子，即

$$BV_{(BR)CEO}\geqslant 2U_{CC}\tag{5-42}$$

3）所选晶体管的最大集电极电流 I_{Cm} 不应低于 U_{CC}/R_L，即

$$I_{Cm}\geqslant\frac{U_{CC}}{R_L}\tag{5-43}$$

2. OTL 乙类互补对称电路

OTL 乙类互补对称电路如图 5-15 所示，与图 5-13（a）相比，它采用单电源供电，省去了一个负电源，但在射极输出与负载 R_L 之间增加了一个耦合电容 C。

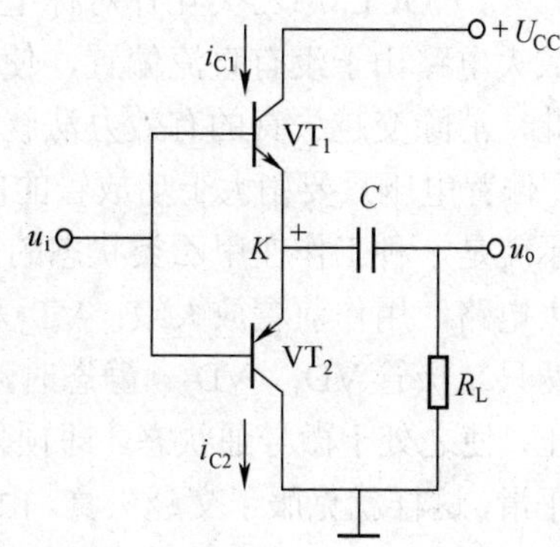

图 5-15　OTL 乙类互补对称电路

当接上输入信号，在 u_i 为正半周时，VT_1 导通，VT_2 截止，电源 $+U_{CC}$ 通过 VT_1 对电容 C 充电。由于两晶体管射极连接端 K 点的电位为 $U_{CC}/2$，电

容器 C 上的电压也充电至 $U_{CC}/2$，有电流通过负载 R_L，在 R_L 上获得正半周的输出电压。如果时间常数 R_LC 足够大（比信号的最大周期还大得多）则电容两端的电压 $U_C=U_{CC}/2$ 基本不变。在 u_i 为负半周时，VT_1 截止，VT_2 导通，这时电容 C 起负电源的作用，即 VT_2 的电流不是依靠 U_{CC} 供给，而是通过电容 C 的放电来提供，在 R_L 上仍有电流流过，并获得负半周的输出电压。

单电源供电的功率放大电路，输出与负载之间的连接，过去常采用变压器耦合，但这种电路则采用电容 C 耦合，省去了变压器，故称为无输出变压器（Output Transformer-Less，OTL）功率放大电路。

图 5-15 所示 OTL 电路中，每个功率管输出的电压为 $U_{CC}/2$，所以其最大输出功率为

$$P_{om}=\frac{\left(\frac{U_{CC}}{2}-U_{CES}\right)^2}{2R_L} \tag{5-44}$$

忽略晶体管的饱和压降 U_{CES}，则有

$$P_{om}\approx\frac{P_{CC}{}^2}{8R_L} \tag{5-45}$$

5.3.3 交越失真与电路的改进措施

1. 交越失真

处于乙类工作状态的 OCL 和 OTL 互补对称功率放大电路，虽然能降低功耗，提高效率，而且也可以在负载上获得完整的波形，但实际上负载上获得的波形并不能很好地反映输入的变化。这是由于电路中功放管的静态工作点 Q 设置在理论截止点上，而实际上晶体管必须在 $|U_{BE}|$ 大于某一数值（即门限电压，NPN 硅管约为 0.5V，PNP 锗管约为 0.1V）时才能导通，当 u_i 低于这个数值时，VT_1 和 VT_2 两个功放管均截止，i_{C1} 和 i_{C2} 基本为零，负载 R_L 上无电流通过，出现了两晶体管交替导通衔接不好的现象，电路的输出电压 u_o 和电流 i_L 波形如图 5-16 所示。这种现象称为交越失真。输入信号电压幅值越小，交越失真越严重，故又称之为“小信号失真”。

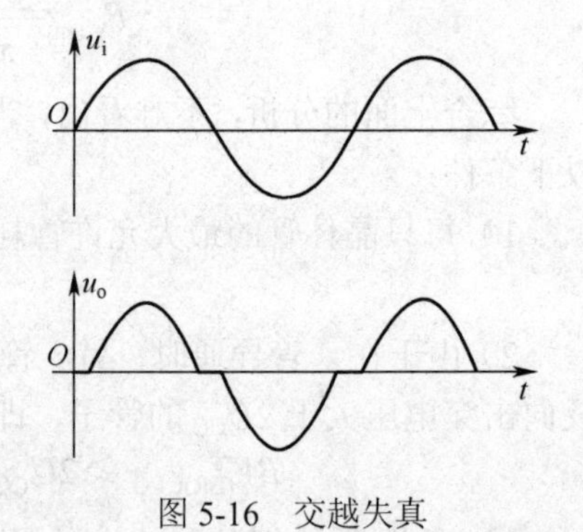

图 5-16 交越失真

2. 电路的改进措施

（1）OCL 甲乙类互补对称电路。乙类互补对称功率放大电路由于没有直流偏置，使之产生了交越失真。因此，消除交越失真的有效办法就是建立一定的直流偏置，偏置电压只要稍大于功放管的门限电压即可。这时，功放管处于甲乙类工作状态。图 5-17 所示就是一种工作在甲乙类状态的 OCL 互补对称功率放大电路。图中，VT_1 组成典型的甲类放大电路，用作前置放大级；VT_2 和 VT_3 则组成互补功率放大级。在 VT_2 和 VT_3 的基极间加了两只二极管 VD_1、VD_2。静态时，VD_1 和 VD_2 上产生的压降为 VT_2、VT_3 提供了一个适当的偏压，使之处于微导通状态。即预先给每只功放管以一定的电流，两管轮流导电时，交替得比较平滑，这样就克服了交越失真。由于电路对称，静态时，VT_2 和 VT_3 虽有微导通，但因 $i_{C2}=i_{C3}$，$i_L=0$，$u_o=0$。有输入信号时，即使 u_i 很小，也能使两管轮流导电时交替得较平滑。

上述偏置方法的缺点是其偏置电压不易调整，因而往往也采用图 5-18 所示的 OCL 电路。在图 5-18 中，流入 VT_2 的基极电流远小于流过 R_1、R_2 的电流，由图可求出 $U_{CE2}=U_{BE2}(R_1+R_2)/R_2$，

因此，利用 VT_2 管的 U_{BE2} 基本上是一固定值（硅管约为 0.6～0.7V），只要适当调节 R_1、R_2 的比值，就可改变 VT_3、VT_4 的偏压值。这种方法在集成电路中经常用到。

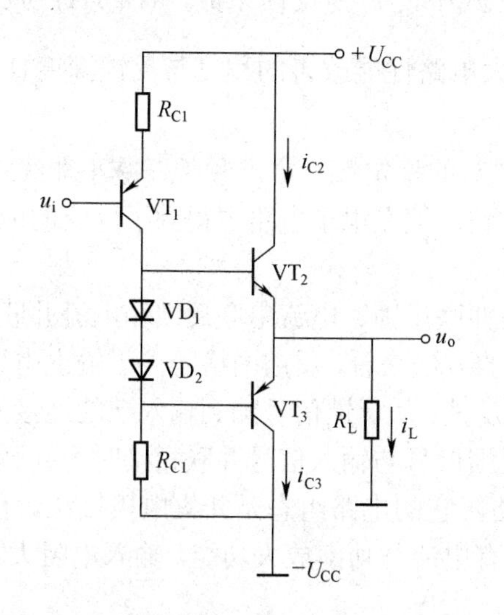

图 5-17　利用二极管进行偏置的 OCL 互补对称电路

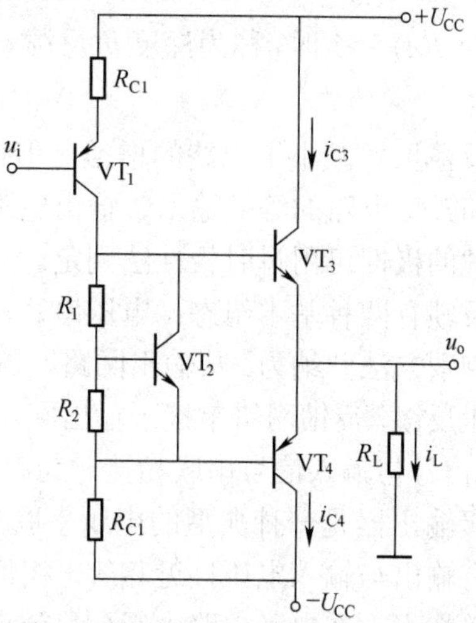

图 5-18　利用 U_{BE} 扩大电路进行偏置的 OCL 互补对称电路

（2）OTL 甲乙类互补对称电路。用单电源供电，工作在甲乙类工作状态的 OTL 电路也可消除交越失真，其电路如图 5-19 所示。在静态时，调节可调电阻 R_2 可以使 K 点电位 $U_K=U_{CC}/2$，推动级 VT_1 的静态电流 I_{C1} 在 VD_1、VD_2 上产生的压降为 VT_2、VT_3 提供适当的偏置，保证 VT_2、VT_3 工作在甲乙类状态。在 VD_1 和 VD_2 两端并联电容 C_2 的目的是在有输入信号 u_i 时，使加到 VT_2、VT_3 上的基极信号相等。

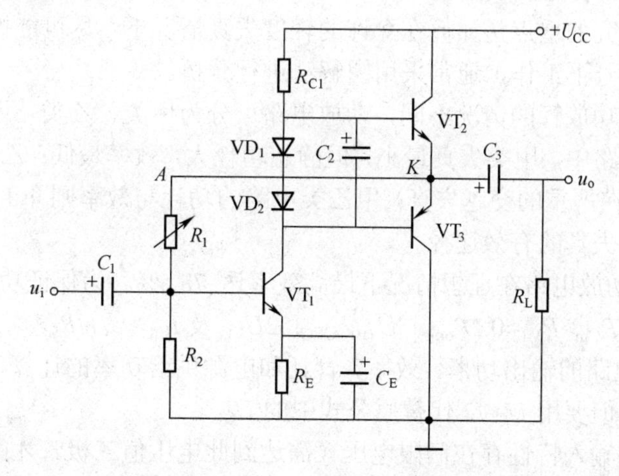

图 5-19　OTL 甲乙类互补对称电路

电路中 K 点与 A 点相连，引入负反馈，使得 U_K 趋于稳定，改善了放大电路的动态性能。

本章小结

在放大电路中，把输出回路的电量（电压或电流）的一部分或全部返回到输入端，以自动调节的方式来改善电路的性能，这个过程称为反馈。若反馈信号削弱了加到电路上的净输入信号，则为负反馈，反之为正反馈。

负反馈放大电路的基本关系式为 $\dot{A}_f=\dfrac{\dot{A}}{1+\dot{F}\dot{A}}$，式中，$\dot{F}$ 为反馈系数，$(1+\dot{F}\dot{A})$ 为反馈深度，当 $(1+\dot{F}\dot{A})>>1$ 时，称为深度负反馈。负反馈放大电路性能改善的程度与反馈深度 $(1+\dot{F}\dot{A})$ 有关。

负反馈虽然减小了电路的增益，但可以提高增益的稳定性，扩展频带，减小非线性，抑制噪声和改变电路的等效输入、输出电阻。因此，负反馈在电子电路中得到了广泛的应用。

反馈的极性可用瞬时极性法判定。

负反馈有四种基本组态：电压串联反馈、电压并联反馈、电流串联反馈和电流并联反馈。它们的判别方法归纳为：从输出回路取得反馈信号的方法来看，反馈网络跨接于输出电压两端时为电压反馈，反馈网络串接于输出回路时为电流反馈；从反馈信号加到输入端的连接方式来看，反馈信号与输入信号串联相接时为串联反馈，反馈信号与输入信号并联相接时为并联反馈。

射极输出器是一种典型的电压串联负反馈电路，它的电路组态是共集电极接法。由于该电路具有输出与输入电压接近相等，相位相同，具有电流与功率放大功能，输入电阻大，输出电阻小等特点，在电子电路中得到广泛应用。

直流放大电路需要采用直接耦合方式，这就会出现两个方面的问题：一是静态工作点的配置问题，二是如何抑制零点漂移的问题。

使前后级静态工作点都合适的方法通常是设法提高后一级晶体管发射极的静态电位，或采用 NPN 管与 PNP 管直接耦合。抑制零漂的有效办法是采用差动放大电路。

差动放大电路还具有抑制共模信号，放大差模电压信号的作用，理想情况（电路两边的参数完全对称）下，其共模增益为零，差模增益趋于无穷大；而实际电路不可能做得完全对称，故要用共模抑制比来评价电路的性能。

功率放大电路研究的重点是如何在允许的轻度失真情况下，尽可能提高输出功率和效率。功率放大电路在大信号下工作，通常采用图解法进行分析。

按信号电流经过功放管的情况不同，功放电路可分为甲类、乙类、甲乙类三种工作状态。由单管组成的功放电路中，甲类失真最小，但静态功耗大，效率最低；乙类电路的理想功耗为零；效率最高，但存在严重的交越失真；甲乙类电路的功耗与效率则介于二者之间。采用互补对称电路是减小交越失真的有效途径。

OCL 互补对称功放电路在理想情况下最高效率达 78.5%。为保证功放管的安全工作，其极限参数必须满足：$P_{Cm}>P_{V1}\approx0.2P_{om}$，$|U_{(BR)CEO}|>2U_{CC}$ 及 $I_{Cm}>U_{CC}/R_L$。

OTL 互补对称电路的输出功率、效率、管耗和电源供给功率的计算，可借用 OCL 互补对称电路的计算公式，但要用 $U_{CC}/2$ 代替原公式中的 U_{CC}。

由于晶体三极管输入特性存在门限电压（需达到此电压值三极管才能导通），工作在乙类的 OCL 和 OTL 互补对称电路将会出现交越失真。克服交越失真的方法是让静态工作点偏置，采用工作在甲乙类（接近乙类）的 OCL 或 OTL 互补对称电路。通常可用二极管或 U_{BE} 扩大电路进行偏置。

本章知识逻辑线索图

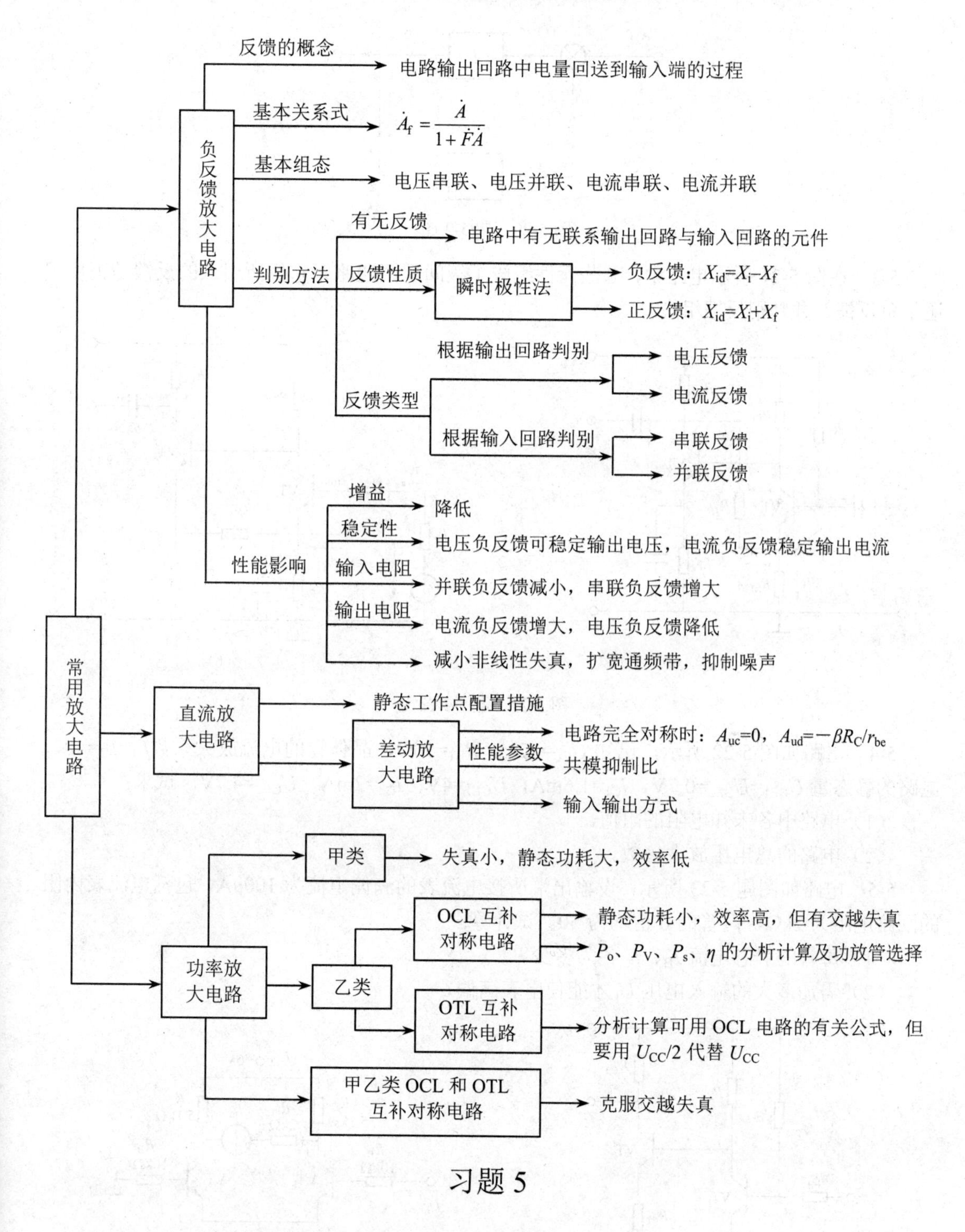

习题 5

5-1　一个放大电路的开环增益 $A=120$，输入电压 $U_i=50\text{mV}$，若反馈系数 $F=0.1$，问此负反馈放大电路的闭环增益是多少？若要获得与未加负反馈前相同的输出电压，问输入电压应增加多少？

5-2 某反馈放大电路的框图如图 5-20 所示，已知其开环电压增益 A_u=2000，反馈系数 F=0.0495。若输出电压 U_o=2V，求输入电压 U_i，反馈电压 U_f 和净输入电压 U_{id} 的值。

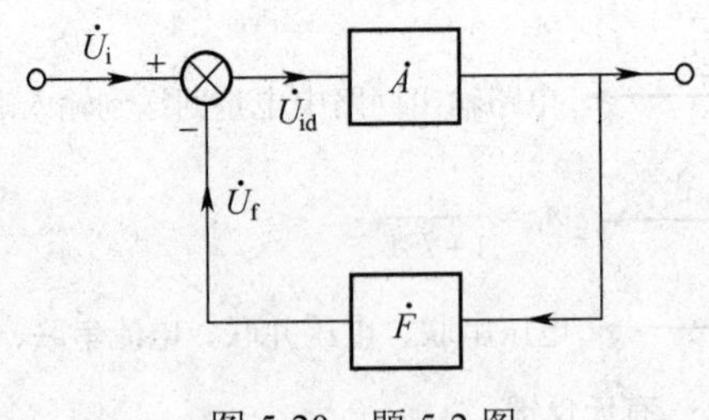

图 5-20 题 5-2 图

5-3 在图 5-21 所示电路中，哪些元件组成了级间反馈通路？它们所引入的反馈是正反馈还是负反馈？并判别反馈组态。

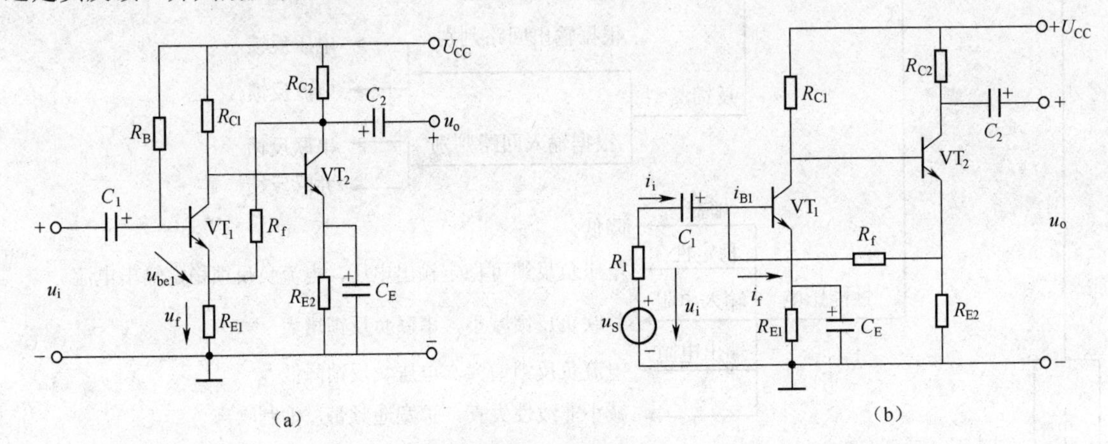

图 5-21 题 5-3 图

5-4 电路如图 5-22 所示，已知 U_{CC}=12V，R_{B1}=50Ω，晶体管的电流放大系数 β_1=β_2=40，电路的静态量 U_{BE1}=U_{BE2}=0.7V，I_{C1}=1.6mA，U_{CE1}=4V；I_{C2}=2mA，U_{CE2}=4.7V。试求：

（1）电路中各未知电阻的阻值。

（2）电路的总电压放大倍数。

5-5 电路如图题 5-23 所示，设输出端所接电流表的满偏电流为 100μA，包括电流表内阻的回路电阻为 2kΩ，两管的 β 值均为 50。试计算：

（1）每管的静态电流 I_B、I_C 各为多少？

（2）需加多大的输入电压 U_i 才能使电表满偏？

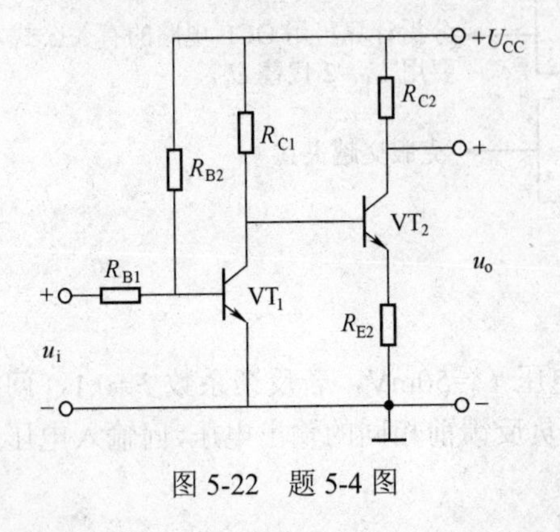

图 5-22 题 5-4 图

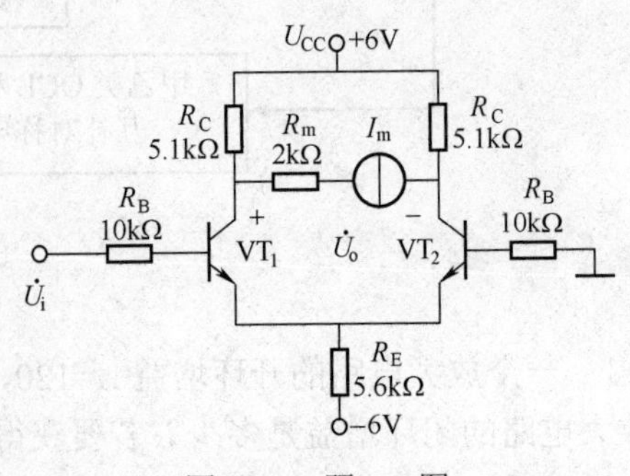

图 5-23 题 5-5 图

5-6　功率放大电路如图 5-24 所示，设 U_{CC}=12V，R_L=8Ω，三极管的极限参数为 I_{CM}=2A，$|U_{(BR)CEO}|$=30V，P_{CM}=5W。试求：

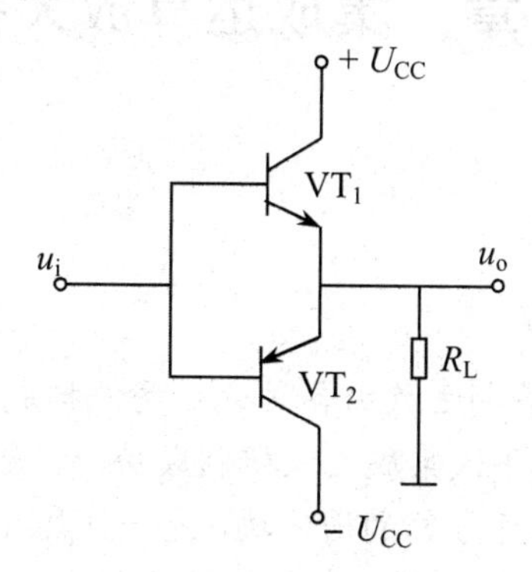

图 5-24　题 5-6 图

（1）最大输出功率 P_{om} 的值，并检验所给三极管是否安全？

（2）放大电路在 η=60%时的最大输出功率 P_{om} 值。

5-7　OCL 电路如图 5-25 所示（VT_1 管的偏置电路未画出），输入 u_i 为正弦波，电源电压 U_{CC}=24V，负载电阻 R_L=8Ω，假定 VT_1 管的电压放大倍数为 $\Delta u_{C1}/\Delta u_{B1}=-10$，射极输出器的电压增益为 1。忽略 VT_2、VT_3 两管的饱和压降，试求当输入电压的有效值 U_i=1V 时，电路的输出功率 P_o、电源供给的功率 P_S、两管的管耗 P_V 及效率 η。

5-8　OTL 电路如图 5-26 所示，已知 U_{CC}=35V，R_L=35Ω，流过负载电阻的电流 $i_o=0.45\sin\omega t$（A）。求：

（1）负载上所能得到的功率 P_o。

（2）电源供给的功率 P_S。

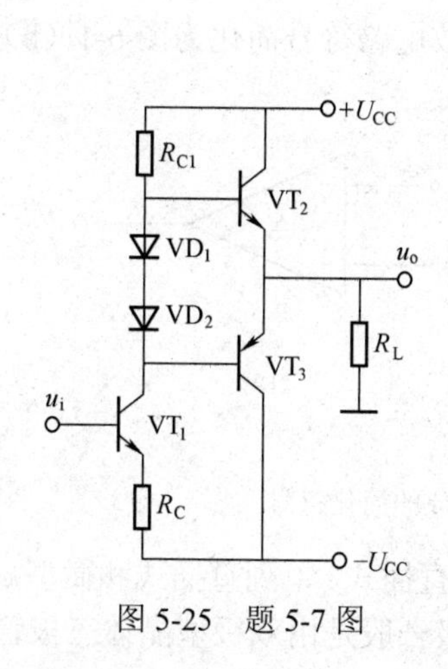

图 5-25　题 5-7 图

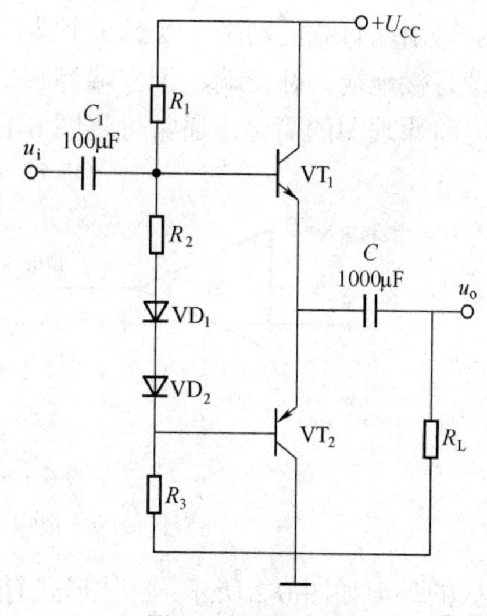

图 5-26　题 5-8 图

第6章　集成运算放大器

集成运算放大器简称运放。早期运放由各种分立元件构成，用于模拟计算机进行数学运算的电路，故而得名。20世纪60年代集成运放研制成功，它是把晶体管、电阻、连接导线等做在一小块半导体基片上，形成不可分割的固体块，是一种具有差动输入和多级直接耦合电路的高电压增益、宽频带、高输入电阻和低输出电阻的放大器。现在已广泛应用于通信、测量、控制、音响、电视等诸多领域中。

本章先讨论运放的基本结构和主要性能参数；接着介绍运放在信号运算和处理方面的典型应用；最后对运放在使用过程中应注意的若干实际问题作简要介绍。

6.1　运放的基本结构和主要性能参数

6.1.1　运放的电路符号与基本结构

运放是一个多端器件，典型运放的一般电路符号如图 6-1（a）所示。它有两个输入端，用“–”和“+”表示，分别代表反相输入端和同相输入端；一个对地输出端 u_o；还有一对施加直流电压的端口 U_+和 U_-，分别接入正、负电压源，用以提供运放内部各元件所需要的功率和传送给输出端负载的功率。以上5个端口是任何一种运放都必备的主要端口。另外，还有一些运放设有接地端、补偿端、调零端等端口。

为电路原理图的简化，通常可将图 6-1（a）所示运放电路符号简化为图 6-1（b）所示。

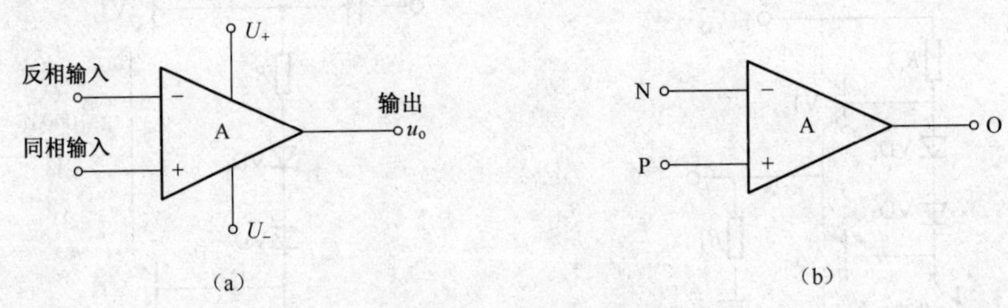

图 6-1　运放的电路符号

（a）运放的一般电路符号；（b）运放的简化符号

运放的外形如图 6-2 所示：封装形式有圆壳式、双列直插式、单列直插式和微型扁平式等。

图 6-3 表示运放的内部电路原理框图。图中的输入级一般是由双极型晶体三极管（BJT）、结型场效应管（JFET）或金属-氧化物-半导体场效应管（MOSFET）组成的差动放大电路，利用它的对称性可以提高整个电路的共模抑制比，减小零点漂移和改善其他方面的性能。它的两个输入端口构成整个电路的反相输入端和同相输入端。中间级也叫做电压放大级，其主要作用是提高电压增益，它可由一级或多级带有源负载的共射极或共基极放大电路组成，其有源负载

可用电流源电路实现。输出级一般由电压跟随器或互补电压跟随器所组成，以降低输出电阻，提高带负载能力。偏置电路的作用是为各级提供合适而稳定的工作电流，一般由各种形式的电流源电路组成。此外，运放内部还可能设置一些辅助环节，如电平移动电路、过载保护电路及高频补偿环节等。

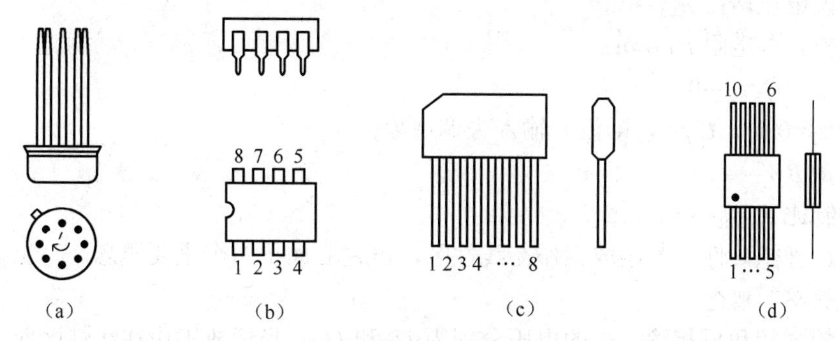

图 6-2　运放的外形结构

（a）圆壳式；（b）双列直插式；（c）单列直插式；（d）微型扁平式

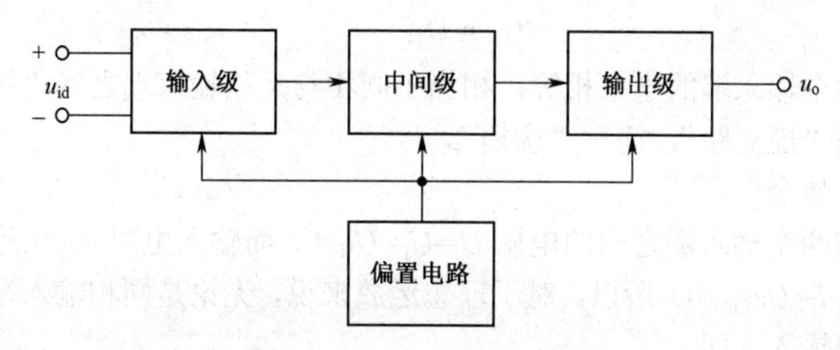

图 6-3　运放内部组成原理框图

典型的 741 型通用运放的内部电路如图 6-4 所示。它由 24 个晶体管、10 个电阻和一个电容所组成。

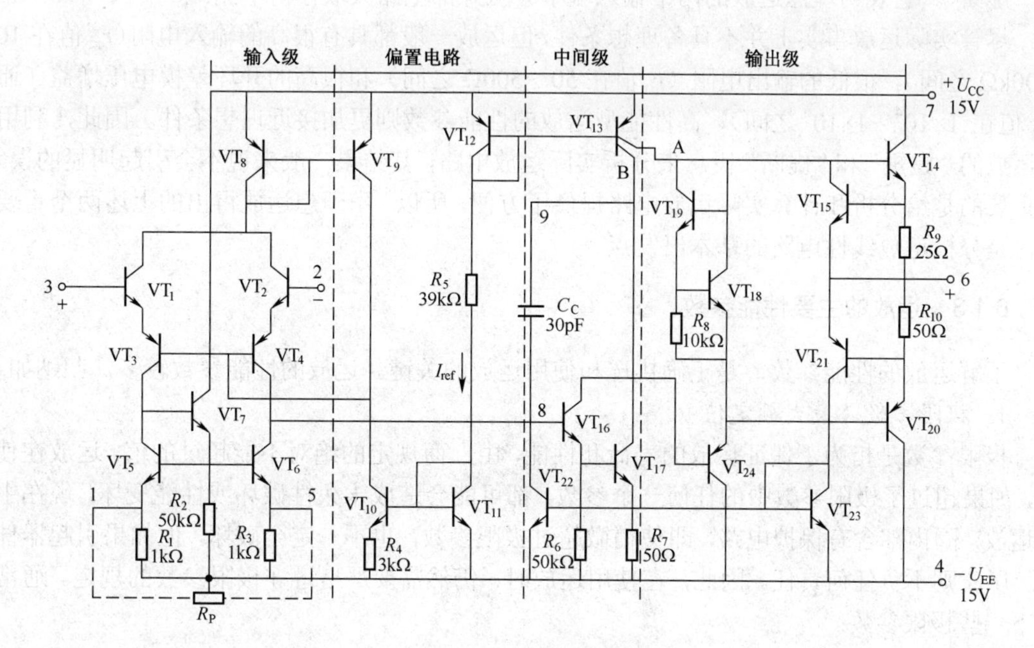

图 6-4　741 运放的内部电路图

图中标示出输入级、偏置电路、中间级和输出级的构成。

6.1.2 理想运放的特性

理想运放，也就是其主要性能参数都应当具有理想值的运放。其理想化条件主要有：

开环差模电压增益 $A_{uo}\to\infty$；

开环差模输入电阻 $r_{id}\to\infty$；

开环输出电阻 $r_o\to 0$；

当 $U_N=U_P=0$ 时，$U_o=0$，即没有输入失调现象；

开环带宽 $BW\to\infty$；

共模抑制比 $K_{CMR}\to\infty$。

根据上述理想条件，若运放工作在线性区，可建立如下两个重要概念。

1. “虚短路”概念

设运放的同相和反相输入端的电压分别为 U_P 和 U_N。当运放工作在线性区时，有

$$U_o = A_{uo}(U_P - U_N) \tag{6-1}$$

由于 U_o 为有限值，而理想运放的 A_{uo} 为无限大，故有 U_i=（U_P-U_N）=0，即

$$U_P = U_N \tag{6-2}$$

这说明理想运放两个输入端的电位相等，相当于同相与反相输入端之间“短路”，但又不是真正的短路，故称为“虚短路”，简称“虚短”。

2. “虚断路”概念

由于理想运放两个输入端之间的电压 $U_i=U_P-U_N=0$，而输入电阻 r_{id} 为无限大，根据欧姆定律可知，输入电流 $I_i=U_i/r_{id}=0$。所以，对于理想运放来说，无论是同相输入端还是反相输入端，都不会有信号电流输入。即

$$I_P=I_N=0 \tag{6-3}$$

这相当于运放的两个输入端之间“断路”，但又不是真正的断路，故称为“虚断路”，简称“虚断”。它表明理想运放的两个输入端不会从外部电路吸取任何电流。

尽管实际运放事实上并不具备理想条件，但运放一般都具有很高的输入电阻（r_{id} 值在 10～1000kΩ 之间），很低的输出电阻（r_o 值在 50～500Ω 之间）和很高的开环差模电压增益（通常 A_{uo} 值在 1×10^4～1×10^6 之间），高性能型运放的性能参数则更加接近理想条件。因此，利用理想运放的“虚短”和“虚断”概念来分析实际运放电路，其结果一般来说不会引起明显的误差，更重要的是给分析和计算实际运放电路提供了方便。所以，由理想运放得出的上述两个重要概念，是分析运放线性电路的基本出发点。

6.1.3 运放的主要性能参数

了解运放的性能参数，是正确挑选和使用运放的关键。运放的性能参数较多，归纳如下。

1. 极限参数（最大额定值）

极限参数是指为了保证运放的寿命和性能，由厂商规定的绝对不能超过的值。运放在使用中，如果超过了极限参数中的任何一个参数，都可能会造成永久性破坏或性能变坏。现在生产的运放，因内部含有保护电路，即使稍微超过极限参数，也不一定会破坏，但如果引起器件异常，厂商则不负任何责任。因此，在使用运放时，仍然需要严格遵守极限参数的规定。通常有如下一些极限参数：

（1）电源电压。这是指能施加于运放电源端子的最大直流电源值。有两种表示方法：

①用正、负两种电压表示；②用正电压与负电压的差值表示。

（2）最大差模输入电压 U_{idmax}。这是指运放的反相输入端和同相输入端之间能承受的最大电压值。

（3）最大共模输入电压 U_{icmax}。这是指在保证运放能正常工作而不被破坏的条件下，运放的反相或同相输入端与地之间能够承受的最大电压值。

（4）允许功耗 P_{co}。这是指运放有输入信号和接上负载时，在不引起热破坏的条件下允许消耗的最大功率。

（5）最大输出电流 I_{omax}。这是指运放所能输出的正向或负向的峰值电流。通常给出输出端短路的电流。

（6）工作温度范围。

2. 输入失调参数

（1）输入失调电压 U_{io}。理想的运放，当输入电压为零时其输出电压也应当为零。但实际上运放的差动输入级很难做到完全对称，因而在输入为零时其输出通常并不为零，而必须在输入端加上某一数量的微小差模电压，方能使输出电压为零。在室温（25℃）及标准电源电压下，这个外加的微小差模电压值，称为输入失调电压 U_{io}。实际上是指输入电压为零时，输出电压 U_o 折合到输入端的电压的负值，即

$$U_{io} = -U_o / A_{uo} \tag{6-4}$$

式中，A_{uo} 为运放的开环差模电压增益。

U_{io} 的大小反映了运放制造中电路的对称程度和电位配合情况，其值愈大，说明电路的对称程度愈差。一般约为±（1～10）mV。

（2）输入偏置电流 I_{iB}。运放的两个输入端是差动对管的基极，因此，两个输入端总需要一定的电流 I_{BN} 和 I_{BP}（分别代表运放反相和同相输入端的输入电流）。输入偏置电流是指运放的输出电压为零时，两个输入端静态电流的平均值，即

$$I_{iB} = (I_{BN} + I_{BP})/2 \tag{6-5}$$

I_{iB} 的大小反映了运放输入级的性能。从使用角度看，I_{iB} 值愈小，由于信号源内阻变化引起的输出电压变化也愈小，这说明器件的质量愈好。一般 I_{IB} 值在 10nA～1μA 范围之内。

（3）输入失调电流 I_{io}。这是指当运放的输出电压为零时流入两个输入端的静态基极电流之差，即

$$I_{io} = |I_{BP} - I_{BN}| \tag{6-6}$$

I_{io} 的存在将在输入回路电阻上产生一个附加电压，这就破坏了放大器的平衡，使得运放在输入信号为零时，其输出电压不为零。所以，希望 I_{io} 值愈小愈好。一般约为 1nA～0.1μA。

3. 差模特性参数

这是运放处于开环状态时，加入差模信号后的特性参数。

（1）开环差模电压增益 A_{uo}。这是指运放工作在线性区，接入规定的负载后，在无负反馈的情况下的差模电压增益，也就是运放在开环情况下（实际上就是指运放本身），输出电压与差模输入电压的比值，即

$$A_{uo}=U_o/U_{id} \tag{6-7}$$

或用分贝表示为

$$G=20\lg A_{uo} \tag{6-8}$$

开环差模电压增益反映了运放对输入到其两输入端信号差值的放大能力，一般希望 A_{uo} 值越大越好。通常 $A_{uo} \geqslant 1\times10^5$，或 $G \geqslant 100$dB，高质量的运放 G 值可达 170dB 以上。应当注意，

A_{uo} 值通常指的是直流放大倍数，所以手册上给出的值都是常数。但实际上运放的 A_{uo} 值不但与输出电压 U_o 有关，而且在输入交流信号的情况下，还会随输入信号频率的变化而改变。图 6-5 表示为 741 型运放 A_{uo} 的频率响应曲线。由于运放的频带有较大宽度，在低频交流信号输入时，其交流电压增益和直流电压增益基本上是一致的。所以，为了克服运放因失调而带来的测量误差，A_{uo} 值的测定实际上是在规定输出电压的幅值（例如 $U_o=\pm 10V$），且输入为低频交流信号的情况下进行的。

（2）开环带宽 BW（f_H）。开环带宽 BW 又称为-3dB 带宽，是指开环差模电压增益下降 3dB 时对应的频率 f_H。如 741 型运放，其 A_{uo} 的频率响应如图 6-5 所示。从图中可见，其 f_H 约为 7Hz。

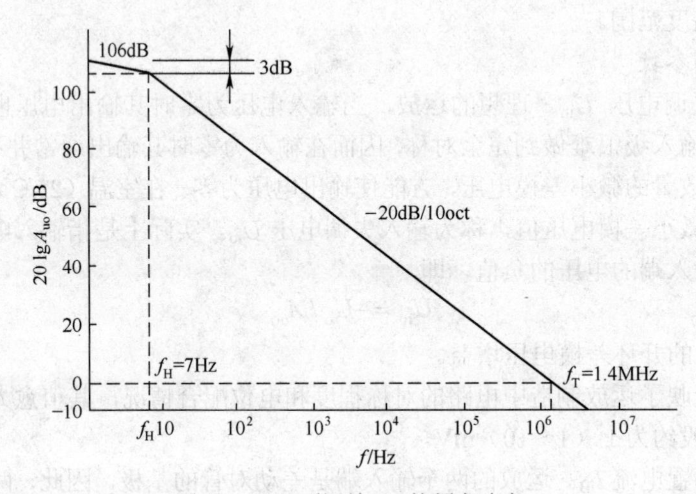

图 6-5 741 型运放 A_{uo} 的频率响应

（3）单位增益带宽 BW_G（f_T）。对应于开环差模电压增益 A_{uo} 的频率响应曲线上，其增益下降到 0dB 时所对应的频率，即 $A_{uo}=1$ 所对应的频率 f_T 称为单位增益带宽 BW_G。图 6-5 所示的 741 型运放，其单位增益带宽 BW_G 约为 1.4MHz。f_T 也可称为剪切频率，它和 f_H 之间的关系为：$f_T=A_{uo}f_H$。即

$$BW_G=A_{uo}BW \tag{6-9}$$

式中，$A_{uo}BW$ 也称为运放的增益带宽积，或叫做开环带宽积。

（4）差模输入电阻 r_{id}。差模输入电阻是从两个输入端看进去的交流等效电阻。也就是运放在开环状态时，正、负输入端之间的差模电压变化量与由它引起的输入电流变化量之比，即

$$r_{id}=\Delta U_{id}/\Delta I_{id} \tag{6-10}$$

r_{id} 越大，运放的性能越好。一般 r_{id} 值大约在几百千欧至几兆欧之间，对于高输入阻抗的运放，r_{id} 值可达 $1\times10^{12}\Omega$ 以上。

（5）输出电阻 r_o。输出电阻是指运放在开环状态，且不接负载时输出端对地的交流等效电阻。也就是输出电压与输出电流之比。r_o 数值的大小，反映了运放带负载能力的弱或强。由于运放的输出级常采用互补对称电路，所以，无论是正向还是反向输出，其 r_o 值相同且较小，一般在几十欧至几百欧之间。

4. 共模特性参数

这是运放处于开环状态时，加入共模信号后的特性参数。

（1）共模电压增益 A_{uc}。在运放的两个输入端同时对地加入相同的信号时，其输出电压与共模输入电压之比值，称为共模电压增益 A_{uc}。理想情况下，A_{uc} 应为零。

（2）共模输入电阻 r_{ic}。这是指运放在共模信号输入的情况下，从输入端和地看进去的交流等效电阻。通常，运放的共模输入电阻 A_{uc} 要比其差模输入电阻 A_{ud} 高两个数量级以上。一般手册上往往只给出 A_{ud} 值。

（3）共模抑制比 K_{CMR}。共模抑制比定义为运放的开环差模电压增益与共模电压增益的比值，即

$$K_{CMR}=\left|A_{ud}/A_{uc}\right| \tag{6-11}$$

或用分贝表示为 $20\lg\left|A_{ud}/A_{uc}\right|$。

K_{CMR} 用来衡量运放对共模信号的抑制能力，其大小也反映了输入级各参数对称的程度。在理想情况下，因 $A_{uc}=0$，故 $K_{CMR}=\infty$。可见，共模抑制比的值越大越好。一般 K_{CMR} 约为 1×10^4～1×10^5，或 80～100dB。高质量的运放可达 1×10^8，即 160dB。

5. *温度漂移*

参数随外界温度的变化而变化的现象称为该参数存在温度漂移。运放的温度漂移主要有输入失调电压温漂 $\Delta U_{io}/\Delta t$ 和输入失调电流温漂 $\Delta I_{io}/\Delta t$，前者反映在规定温度范围内 U_{io} 受温度影响的程度，其值一般约为±（10～20）μV/℃；后者反映 I_{io} 受温度影响的程度，其值一般在几十至几百 pA/℃之间。

6. *转换速率 S_R*

转换速率 S_R 是指运放在闭环状态、输入为大信号（例如阶跃信号）时，其输出电压对时间的最大变化率，即

$$S_R=\left.\frac{\mathrm{d}u_o(t)}{\mathrm{d}t}\right|_{max} \tag{6-12}$$

运放的频率响应和瞬态响应在大信号输入时与小信号输入有很大的差别。在大信号输入时，特别是大的阶跃信号输入时，运放将工作在非线性区域，通常它的输入级会产生瞬时饱和或截止现象。从频率响应来看，大信号输入时其频带宽度总要比小信号输入时为窄；从瞬态响应来看，大信号输入时将使运放的输出电压不能即时地跟随阶跃输入电压变化。输出电压的变化如图 6-6 所示，它的斜率决定了信号的转换速率。由于转换速率与闭环电压增益有关，因此，一般规定用运放在单位闭环电压增益的条件下，单位时间内输出电压的变化值来标定转换速率 S_R。

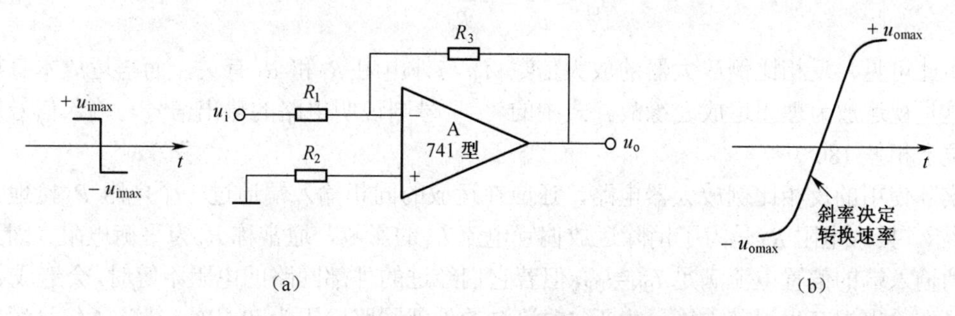

图 6-6　输出电压波形受转换速率限制的情况

S_R 是用来描述运放在大信号和高频信号工作时输出对输入信号的跟随能力的一个重要参数。只有当 S_R 值大于输出信号变化斜率的绝对值时，运放的输出才有可能按线性规律变化。

例如，在运放的输入端加一正弦电压为 $u_i=U_{om}\sin\omega t$，输出电压为 $u_o=-U_{om}\sin\omega t$，那么，输出信号的变化速率为

$$S_{\rm R}=\frac{{\rm d}u_{\rm o}}{{\rm d}t}\bigg|_{t=0}=U_{\rm om}\cdot\omega\cdot\cos\omega t\big|_{t=0}=2\pi fU_{\rm om}$$

为了使输出电压波形不因 $S_{\rm R}$ 的限制而产生失真，必须使运放的 $S_{\rm R}\geqslant 2\pi fU_{\rm om}$。若选用 741 型运放，其 $S_{\rm R}$=0.5V/μs，当输出电压幅值 $U_{\rm om}$=10V 时，它的最大不失真频率为

$$f\leqslant S_{\rm R}/(2\pi U_{\rm om})=0.5/(2\pi\times 10)=7958{\rm H_Z}\approx 8{\rm kHz}$$

$S_{\rm R}$ 值越大，运放的高频特性越好。一般运放的 $S_{\rm R}$ 值在 1V/μs 以下。对于一些特殊的使用场所，如雷达和电视中使用的运放，往往要求 $S_{\rm R}$ 值达到 500V/μs。

7. 静态功耗 $P_{\rm W}$

静态功耗 $P_{\rm W}$ 是指运放在输入信号为零，输出端未接负载、接入额定电源电压的条件下，本身消耗的正、负电源的总功率。一般运放 $P_{\rm W}$ 为几十毫瓦。低功耗型运放在 50mW 以下，一些专用的微功耗型运放可在 1mW 以下。

6.2 运放构成的基本电路

6.2.1 比例放大器

实现输出信号与输入信号成比例的放大电路，称为比例放大器。有反相输入和同相输入两种形式。

1. 反相比例放大器

图 6-7 是反相比例放大器的电路图。信号电压 $u_{\rm S}$ 从运放反相端输入，$R_{\rm f}$ 引入电压并联负反馈。根据理想运放“虚短”和“虚断”的概念，且由于同相输入端接地，故有 $u_{\rm N}=u_{\rm P}=0$，$I_{\rm N}=I_{\rm P}=0$。而 $I_{\rm N}=I_{\rm i}-I_{\rm f}=\dfrac{u_{\rm S}-u_{\rm N}}{R_1}-\dfrac{u_{\rm N}-u_{\rm o}}{R_{\rm f}}$。解上述联立方程得

$$u_{\rm o}=-\frac{R_{\rm f}}{R_1}u_{\rm S} \tag{6-13}$$

反相比例放大器的闭环增益为

$$A_{\rm uf}=\frac{u_{\rm o}}{u_{\rm S}}=-\frac{R_{\rm f}}{R_1} \tag{6-14}$$

由此可见，反相比例放大器的放大倍数 $A_{\rm uf}$ 与外电阻 $R_{\rm f}$ 和 R_1 有关，而与运放本身特性无关，这是视运放为理想运放之缘故。式中的“–”号则说明电路的输出信号与输入信号反相，在相位上相差 180°。

实际使用的反相比例放大器电路，还应在运放的同相输入端通过一个电阻 R_2 接地，如图 6-8 所示。接入电阻 R_2 是为了消除运放偏置电流 $I_{\rm iB}$ 的影响，通常称 R_2 为平衡电阻。因为即使运放两输入端的偏置电流满足 $I_{\rm BN}=I_{\rm BP}$，但若它们经过的外部回路的电阻不等时，会造成 $u_{\rm N}\neq u_{\rm P}$，从而导致输出端产生误差电压。由于 $I_{\rm BN}$ 流过的外部回路电阻为 $R_1//R_{\rm f}$（忽略了信号源内阻和运放的输出电阻），而 $I_{\rm BP}$ 流过的外部回路电阻是 R_2，所以，对于平衡电阻 R_2 的取值应为

$$R_2=R_1//R_{\rm f} \tag{6-15}$$

在实际电路中，R_1 的取值既不能太小，也不能太大。因为若 R_1 太小，将会从信号源取走较大电流，使得信号源内阻上产生压降，造成传输误差；同时，R_1 太小还限制了 $u_{\rm S}$ 的最大幅值，因为若 $u_{\rm S}$ 过大时，由于 R_1 很小，流过 R_1 的电流 I_1 必然很大，该电流也必定流经运放的输出级，这就有可能烧坏运放的输出管。若 R_1 过大，则因为阻值大的电阻，其热稳定性相对

较差，内部噪声也大，同时还会加大运放的失调电流及漂移的影响。

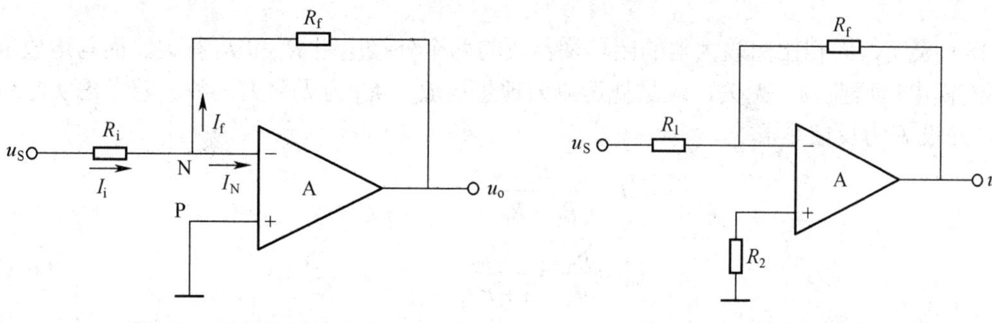

图 6-7　反相比例放大器　　　　图 6-8　实际反相比例放大器

由于运放的开环增益 A_{uo} 实际上为有限值，为了保证闭环增益 A_{uf} 的精度和稳定性，通常 A_{uf} 宜在 0.1～100 的范围内选取，这就限制了 R_f 的取值范围。

综上所述，R_1 和 R_f 两电阻较合适的取值范围为 1kΩ～1MΩ。为使 R_1 和 R_f 都不超出此范围，设计实际电路时，往往是先根据运放的差模输入电阻 r_{id}、输出电阻 r_o 及初定的闭环增益 A_{uf} 来确定 R_f 值。最佳反馈电阻值为

$$R_f=\sqrt{\frac{r_{id}r_o(1-A_{uf})}{2}} \tag{6-16}$$

求出 R_f 之后，再根据 $A_{uf}=-R_f/R_1$ 来求 R_1，最后计算出平衡电阻 R_2（$R_2=R_1//R_f$）。

值得注意的是，若信号源的输出阻抗不为零，则应把该阻抗值计入 R_1 内。另外，为减少运放失调参数漂移的影响，闭环增益 A_{uf} 不要选得太高。

反相比例放大器的输入电阻 $R_i=R_1$，由于 $U_N=U_P=0$，运放的共模输入近似为零。所以对运放的共模抑制比要求较低。

2. 同相比例放大器

同相比例放大器的电路原理如图 6-9 所示。

信号电压 u_S 从同相输入端接入，并令反相输入端接地，R_f 则引入电压串联负反馈。根据理想运放“虚短”和“虚断”的概念，有

$$I_P=I_N=0$$

$$u_o=\frac{U_N}{R_1}(R_1+R_f)$$

$$U_N=U_P=I_SR_2=\frac{U_S}{r_S+R_2}R_2$$

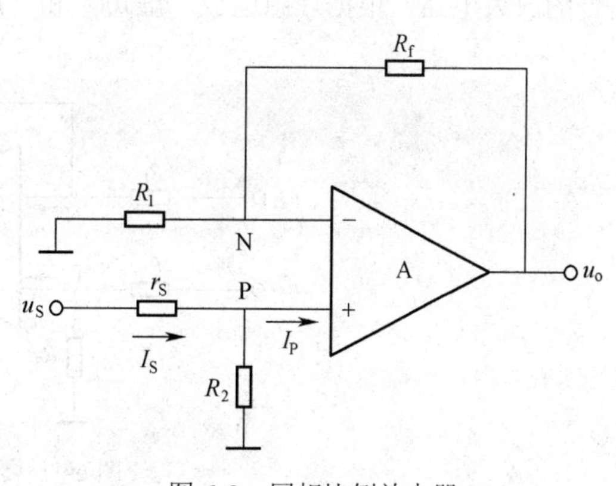

图 6-9　同相比例放大器

所以

$$u_o=\frac{R_1+R_f}{R_1}\frac{R_2}{r_S+R_2}u_S \tag{6-17}$$

式中，r_S 通常也就是信号源的输出电阻，其值很小，满足 $r_S<<R_2$，因而有 $R_2/(r_S+R_2)\approx 1$。于是可得同相比例放大器的闭环增益为

$$A_{uf}=\frac{u_o}{u_S}=1+\frac{R_f}{R_1} \tag{6-18}$$

式（6-18）表明，同相比例放大器的闭环增益仅与两个外接电阻 R_1 和 R_f 有关，而与运放本身的开环差模电压增益 A_{uo} 无关，这是视运放为理想运放，A_{uo} 为无穷大之故。若考虑实际运放的 A_{uo}，并设 F 为反馈系数

$$F=\frac{R_1}{R_1+R_f}$$

则有

$$A_{uf}=\frac{u_o}{u_S}=\frac{A_{uo}}{1+FA_{uo}} \tag{6-19}$$

在 A_{uo} 比 A_{uf} 大得多的条件下，有 $A_{uf}\approx1/F=1+(R_f/R_1)$。可见，只要取 A_{uf} 比 A_{uo} 小得多，则用式（6-18）来计算增益是足够精确的。

同相比例放大器的输入电阻基本上由 R_2 确定。由于电路引入了电压串联负反馈，输入电阻可以很高。另外，由于 $u_P=u_N=u_s\neq0$，故运放的共模信号大，要求运放具有较大的共模抑制比。

在式（6-18）中，若取 $R_1=\infty$，即 R_1 开路，如图 6-10，则 $u_o=u_i$，就构成了电压跟随器，由于 R_2 上无压降，可令其短接，不影响跟随关系。

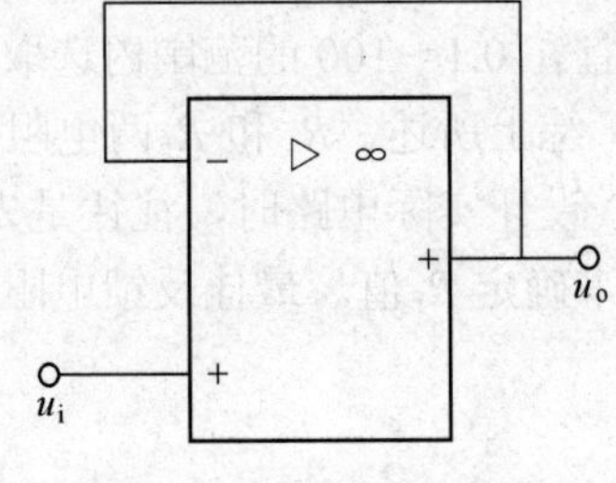

图 6-10 电压跟随器

注意：图 6-10 中的电路符号是集成运放的另一种画法。

6.2.2 差分式放大器

差分式放大器的电路原理如图 6-11 所示。从电路结构上来看，它是反相输入和同相输入相结合的放大电路。根据理想运放"虚短"和"虚断"的概念，由于 $I_N=I_P=0$，可得下列方程组：

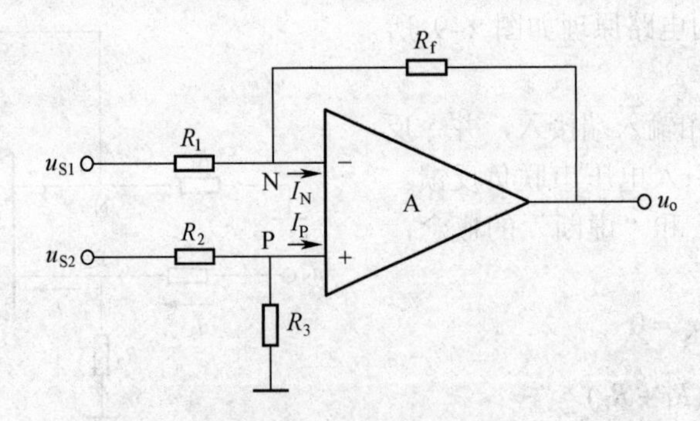

图 6-11 差分式放大器

$$\frac{u_{S1}-u_N}{R_1}=\frac{u_N-u_o}{R_f}$$

$$\frac{u_{S2}-u_P}{R_2}=\frac{u_P}{R_3}$$

$$u_P=u_N$$

解上述联立方程可得

$$u_o=\left(\frac{R_3}{R_2+R_3}\right)\cdot\left(\frac{R_1+R_f}{R_1}\right)\cdot u_{S2}-\frac{R_f}{R_1}\cdot u_{S1} \tag{6-20}$$

式（6-20）还可改写为

$$u_o = \frac{\left(R_3/R_2\right)\cdot\left[1+\left(R_f/R_1\right)\right]}{1+\left(R_3/R_2\right)}\cdot u_{S2} - \frac{R_f}{R_1}\cdot u_{S1}$$

很显然，如果选取电阻满足 $R_3/R_2=R_f/R_1$，或简单地选取 $R_1=R_2=R$，$R_3=R_f$，则输出电压可简化为

$$u_o = \frac{R_f}{R}(u_{S2}-u_{S1}) \tag{6-21}$$

式（6-21）表明，图 6-11 所示电路的输出电压与运放正、负两输入端的输入电压之差（$u_{S2}-u_{S1}$）成比例。若进一步选取 $R_f = R_1 = R_2 = R_3$，则式（6-21）成为

$$u_o = u_{S2} - u_{S1} \tag{6-22}$$

这时差分放大器成了减法运算器。

值得注意的是，由于电路存在共模电压，应当选用共模抑制比较高的运放来组成差分式放大电路。

6.3　运放在信号运算方面的应用

6.3.1　求和运算

若要将两个信号电压相加，可在反相比例放大器的基础上增加一个输入端，构成如图 6-12 所示的电路来实现。利用 $I_N=0$，$u_N=u_P=0$ 的概念，对反相输入节点可写出下列方程

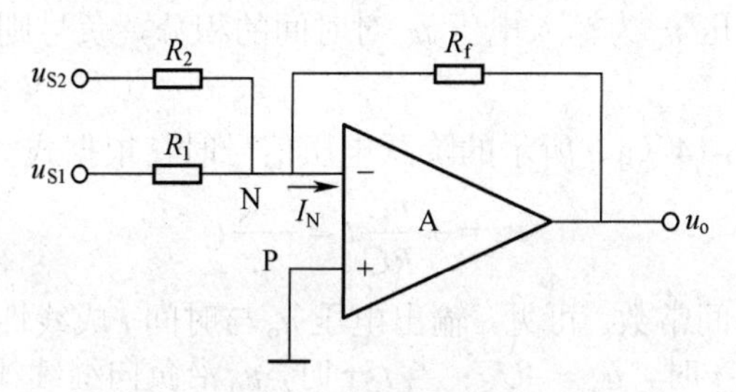

图 6-12　反相加法器

$$\frac{u_{S1}-u_N}{R_1}+\frac{u_{S2}-u_N}{R_2}=\frac{u_N-u_o}{R_f}$$

由于 $u_N=0$，有

$$\frac{u_{S1}}{R_1}+\frac{u_{S2}}{R_2}=-\frac{u_o}{R_f}$$

由此得

$$u_o = -\left(\frac{R_f}{R_1}u_{S1}+\frac{R_f}{R_2}u_{S2}\right) \tag{6-23}$$

若取 $R_1=R_2=R$，则式（6-23）变为

$$u_o = -\frac{R_f}{R}(u_{S1}+u_{S2}) \tag{6-24}$$

式（6-24）表明，图 6-12 所示电路的输出电压 u_o 与两输入信号电压 u_{S1}、u_{S2} 的和成比例，实现了两信号相加运算的目的，并同时可对其进行放大，其放大倍数由 R_f/R 决定。式中的“-”

号则是因反相输入所引起的。若取 $R_f=R_1$，并在图 6-12 的输出端再接一级反相比例放大器，则可消除负号，则式（6-24）成为

$$u_o=u_{S1}+u_{S2} \tag{6-25}$$

实现了完全符合常规的算术加法运算。

该电路为反相输入结构，故对运放的共模抑制比要求低，电路的设计和调节方便，但输入电阻小。实际电路也需在同相输入端加接平衡电阻，其阻值为 $R_1 /\!/ R_2 /\!/ R_f$。

加法运算器还可扩展为多个输入电压相加；也可利用同相比例放大器来组成。请读者自行分析。

6.3.2 积分运算

将反相比例放大器中的反馈电阻 R_f 换成电容 C，就构成了基本的积分运算器，如图 6-13 所示。根据理想运放“虚短”和“虚断”的概念，由于没有电流流进或流出运放的任何一个输入端，电容 C 就以电流 $i=u_o/R$ 进行充电。假设电容 C 的初始电压为零，则

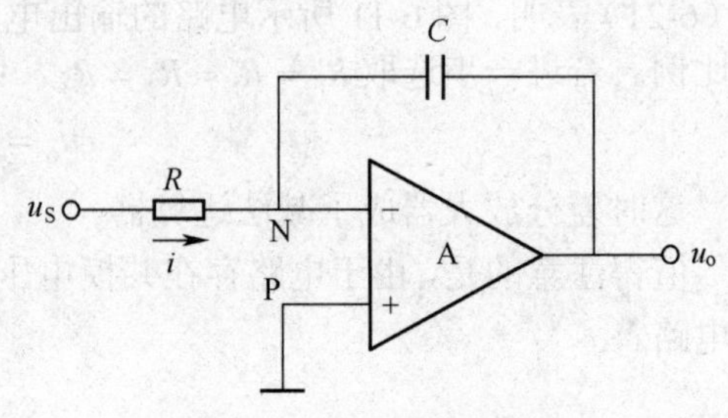

图 6-13 基本积分运算器

$$u_N-u_o=\frac{1}{C}\int i\,\mathrm{d}t=\frac{1}{C}\int\frac{u_S}{R}\mathrm{d}t$$

由于 $u_N=u_P=0$，有

$$u_o=-\frac{1}{RC}\int u_S\mathrm{d}t \tag{6-26}$$

式（6-26）表明，输出电压 u_o 为输入电压 u_S 对时间的积分，负号则表示输出信号与输入信号反相。

当输入信号 u_S 为图 6-14（a）所示的阶跃电压信号时，根据式（6-26）可得

$$u_o=-\frac{u_S}{RC}t=-\frac{u_S}{\tau}t \tag{6-27}$$

式中，$\tau=RC$，称为积分时间常数。可见，输出电压 u_o 与时间 t 成线性关系，其斜率为 $-u_S/(RC)$，如图 6-14（b）所示。当 $t=\tau$ 时，$u_o=-U_S$；当 $t>\tau$ 时，u_o 沿负向继续线性增长，直到 $u_o=-U_{om}$，即运放输出电压的最大值 U_{om} 受直流电源电压的限制，致使运放进入饱和状态，u_o 保持不变而停止积分。

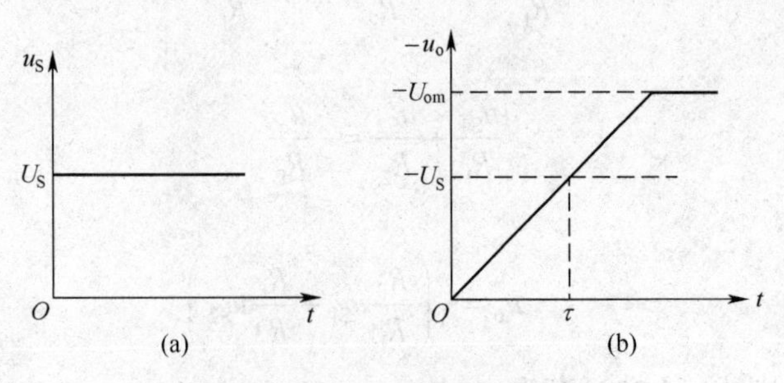

图 6-14 积分运算器的阶跃响应

（a）输入波形；（b）输出波形

实际上用这种积分器作积分运算时，由于运放的输入失调电压、输入偏置电流和失调电流的影响，常常会出现积分误差。为此，应选用 U_{io}、I_{iB}、I_{io} 小和低漂移的运放，同时也应在

同相输入端加接平衡电阻。

在基本积分运算器的反相输入端在增加一个输入端口，构成如图 6-15 所示电路，则可实现两信号的求和积分。不难证明，该电路的输出输入关系为

$$u_o = -\frac{1}{C}\int\left(\frac{u_{S1}}{R_1}+\frac{u_{S2}}{R_2}\right)dt \tag{6-28}$$

当取 $R_1=R_2=R$ 时，上式可写成

$$u_o = -\frac{1}{RC}\int(u_{S1}+u_{S2})dt \tag{6-29}$$

例 6-1　设如图 6-13 所示的积分运算器中，R=10kΩ，C=5nF，输入电压 u_S 为图 6-16（a）所示的方波信号，在 t=0 时，电容器 C 的初始电压为零。试画出输出电压 u_o 稳态的波形，并标出 u_o 的幅值。

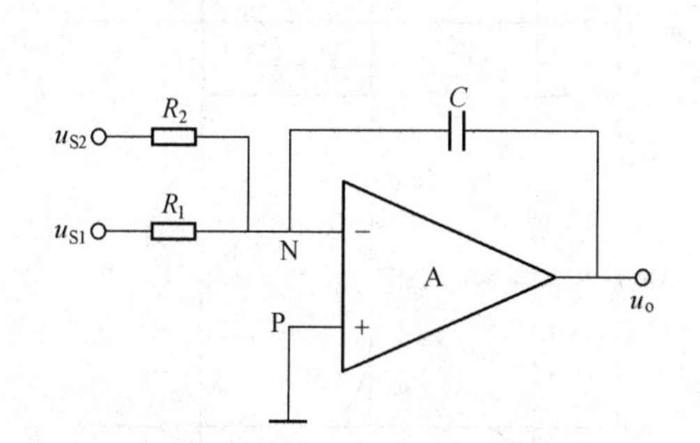

图 6-15　求和积分运算器

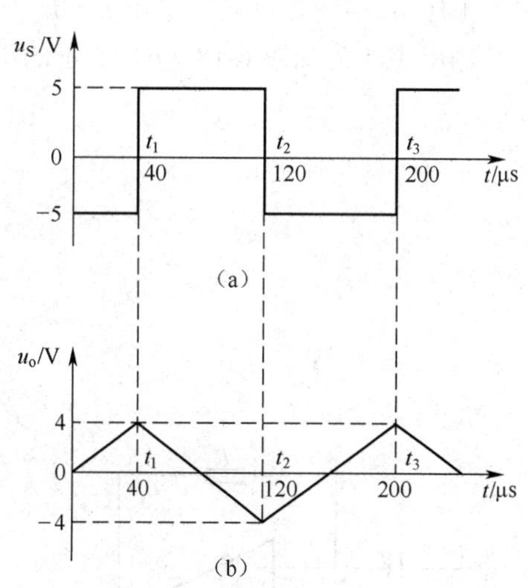

图 6-16　例 6－1 的积分器输入、输出波形

（a）输入波形；（b）输出波形

解　当 t=0 时，u_o=0；

当 $t=t_1$=40μs 时，

$$u_o(t_1) = -\frac{u_S}{RC}t_1 = -\frac{5\times 40\times 10^{-6}}{10\times 10^3\times 5\times 10^{-9}} = -4\text{V}$$

当 $t=t_2$=120μs 时，

$$u_o(t_2) = u_o(t_1) - \frac{u_S}{RC}(t_2-t_1)$$

$$= 4 - \frac{5\times(120-40)\times 10^{-6}}{10\times 10^3\times 5\times 10^{-9}} = -4\text{ V}$$

当 $t=t_3$=200μs 时，

$$u_o(t_3) = u_o(t_2) - \frac{u_S}{RC}(t_3-t_2)$$

$$= -4 - \frac{5\times(200-120)\times 10^{-6}}{10\times 10^3\times 5\times 10^{-9}} = 4\text{ V}$$

如此周而复始，输出电压 u_o 变为三角波，其输出的稳态波形如图 6-16（b）所示。

6.3.3 微分运算

将图 6-13 所示积分运算器中的电阻 R 和电容 C 的位置对换，就变成了微分运算器，如图 6-17 所示。

设 t=0 时，电容器 C 的初始电压为零，当 u_S 接入后，便有 $i=C\dfrac{\mathrm{d}u_S}{\mathrm{d}t}$。在这个电路中，同样根据理想运放“虚短”和“虚断”的概念有 $I_N=I_P=0$，$u_N=u_P=0$，从而得

$$u_o=-iR=-RC\frac{\mathrm{d}u_S}{\mathrm{d}t} \tag{6-30}$$

式（6-30）表明，该电路的输出电压与输入电压的微分成比例。

考虑到信号源存在内阻及运放的饱和特性，在输入电压 u_S 跳变时，输出电压为有限值；而在输入电压 u_S 不变时，输出电压 u_o=0。所以，当输入信号 u_S 为图 6-18（a）所示的方波信号时，其输出电压为如图 6-18（b）所示的正、负相间的尖顶脉冲波。

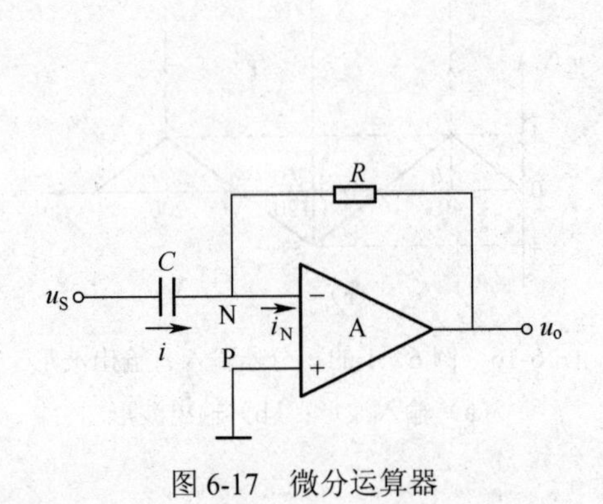

图 6-17 微分运算器

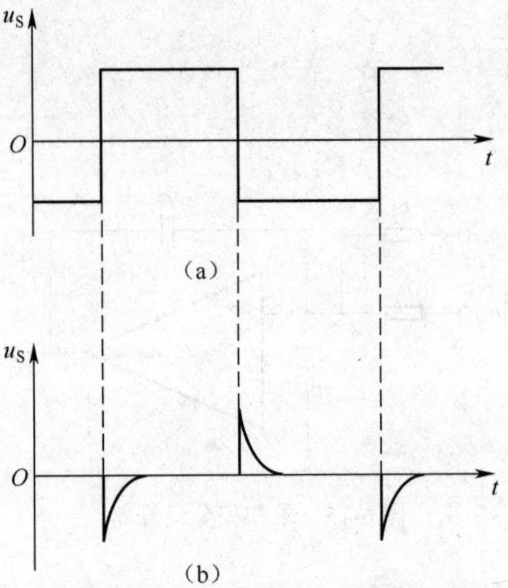

图 6-18 微分运算器输入、输出波形

（a）输入波形；（b）输出波形

如果输入信号是正弦波 $u_S=\sin\omega t$，则输出信号为 $u_o=-RC\omega\cos\omega t$。此式表明，输出电压 u_o 的幅度将随频率的增高而线性地增大。因此，微分运算器对高频噪声特别敏感，甚至有可能导致高频噪声输出完全淹没了微分信号。

微分运算器应用很广，除了可作微分运算外，在数字电路中还常用作波形变换，如将矩形波变换成尖顶脉冲波等。

6.3.4 对数运算

基本的对数运算器如图 6-19 所示。它是利用半导体 PN 结的指数型伏安特性，把晶体管放在反馈支路中来实现对数运算。实用过程中，如使 NPN 型晶体管的 U_{CB}>0（但接近于零），U_{BE}>0，则 i_C 与 u_{BE} 之间有如下关系（即 PN 结的伏安特性方程）

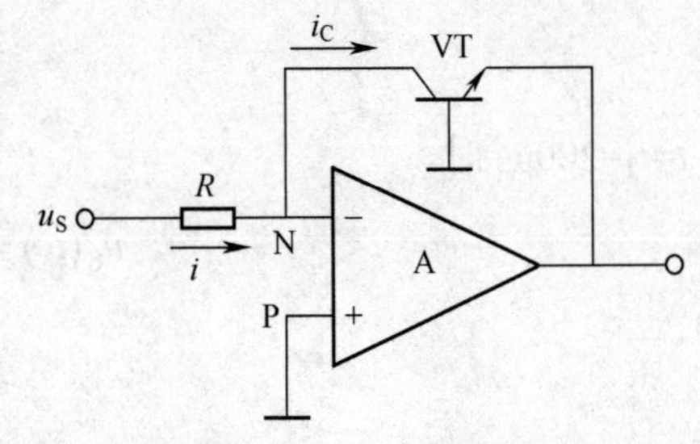

图 6-19 对数运算器

$$i_C \approx i_E = I_{ES}\left(e^{\frac{u_{BE}}{U_T}} - 1\right) \tag{6-31}$$

式中，I_{ES}是发射结反向饱和电流；U_T是温度电压当量，室温（27℃）时，U_T≈26mV。由于通常有u_{BE}>>U_T，即$e^{\left(u_{BE}/U_T\right)}$>>1，故式（6-31）可简化为

$$i_C \approx i_E \approx I_{ES} \cdot e^{\left(\frac{u_{BE}}{U_T}\right)} \tag{6-32}$$

由式（6-32）可得

$$u_{BE} = U_T \cdot \ln\frac{i_C}{I_{ES}} \tag{6-33}$$

在图6-19中，根据理想运放“虚短”和“虚断”的概念，有

$$i = i_C = \frac{u_S}{R} \tag{6-34}$$

$$u_o = -u_{CE} = -u_{BE} \tag{6-35}$$

故由式（6-35）和式（6-33）、式（6-34）可得

$$u_o = -U_T \cdot \ln\frac{u}{RI_{ES}} \tag{6-36}$$

式（6-36）表明，图6-19所示电路的输出电压与输入电压的对数成比例。但应当注意：只有当u_S>0时，该电路才能正常工作。

6.3.5 反对数运算

把图6-19中的电阻R和晶体管VT的位置互换，便得到图6-20所示的反对数运算器。考虑到u_{BE}≈u_S，同样利用晶体管i_C-u_{BE}关系和理想运放的“虚短”、“虚断”概念，可得

$$i_F = i_E = I_{ES}e^{\left(\frac{u_S}{U_T}\right)}$$

所以

$$u_o = -i_f R = -RI_{ES}e^{\left(\frac{u_S}{U_T}\right)} \tag{6-37}$$

式（6-37）表明，图6-20所示电路的输出电压与输入电压成反对数（指数）关系。注意：也只有当u_S>0时，该电路才能正常工作。

由于晶体管的I_{ES}和U_T都随温度的变化而变化，即晶体管的温度稳定性差，所以在实际的应用电路中，还需要加上温度补偿电路，以提高运算精度和稳定性。

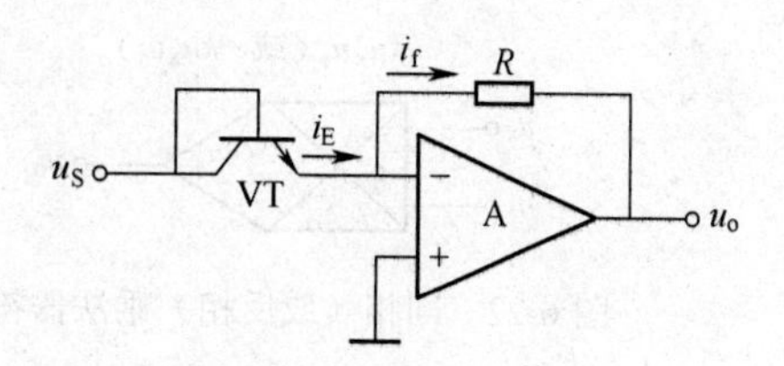

图6-20 反对数运算器

6.3.6 高级运算

将对数运算器、反对数运算器、加法运算器、减法运算器等相结合，可以实现乘、除、乘方、开方等运算。

乘法器在非线性的运算器中是非常重要的，它与运放组合亦可实现除法、平方、开方、倍频等各种运算关系。它在自动控制系统、模拟计算机和通信设备中应用非常普遍。

1. 对数乘法器原理

形成乘法器的原理很多，这里仅介绍利用对数运算器和反对数运算器形成的模拟乘法器的原理。

按照两数相乘的对数等于两数的对数相加的原理，就可以利用两个对数运算器、加法器和反对数运算器组合来实现乘法运算。其原理框图如图 6-21 所示。由该图可以得到输出与输入的关系为

$$u_o = k u_x u_y \tag{6-38}$$

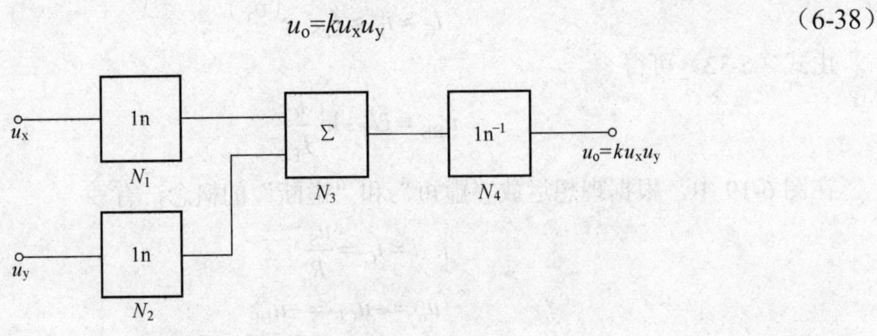

图 6-21 模拟乘法器的一种方框图

若图 6-21 中，N_3 改为减法运算放大器时，则输出与输入之间将构成除法运算关系

$$u_o = k\frac{u_x}{u_y} \tag{6-39}$$

乘法器的简化符号如图 6-22 所示。

2. 除法运算电路

图 6-23 所示为除法运算电路。利用理想运放“虚短”和“虚断”的概念，有

$$\frac{u_{x1}}{R_1} + \frac{u_2}{R_2} = 0 \tag{6-40}$$

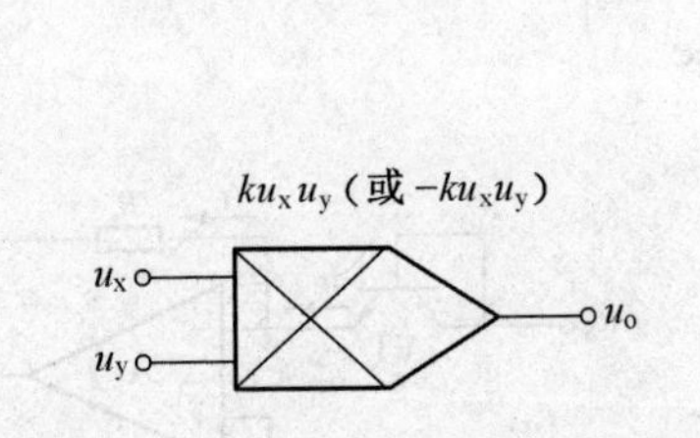

图 6-22 同相（或反相）乘法器符号

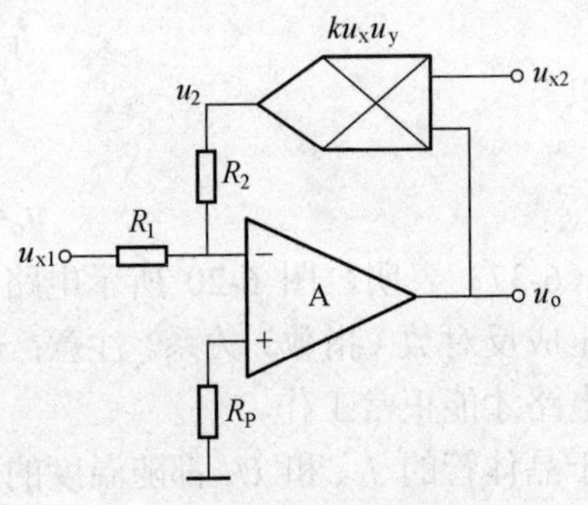

图 6-23 除法运算电路

又据乘法器的功能，有

$$u_2 = k u_o u_{x2} \tag{6-41}$$

因此得

$$u_o = -\frac{R_2}{KR_1}\cdot\frac{u_{x1}}{u_{x2}} \tag{6-42}$$

式（6-42）表明该电路的输出电压与两输入电压 u_{x1}、u_{x2} 的比成比例，实现了除法运算。应当指出，在该电路中，只有当 u_{x2} 为正极性时，才能保证运放是处于负反馈工作状态，而 u_{x1} 则可正可负。若 u_{x2} 为负值时，还需要在反馈电路中引入一反相电路。

3. 开平方电路

在图 6-24 所示电路中，根据理想运放的“虚短”和“虚断”概念，有 $\frac{u_2}{R}+\frac{u_1}{R}=0$，或可写成：

$$u_2=-u_1$$

又根据乘法器功能得：

$$u_2=ku_o^2$$

于是有

$$u_o=\sqrt{-\frac{u_1}{k}} \tag{6-43}$$

由式（6-43）可见，u_o 是 $-u_1$ 的平方根，输入电压 u_1 必为负值。若 u_1 为正电压，则无论 u_o 是正或负，乘法器输出电压均为正值，这就会导致运放的反馈极性变正，使运放不能正常工作。所以，还必须将乘法器输出电压 u_2 经过一反相器 A_2 加到运放 A_1 的输入端，电路如图 6-25 所示。由图可得

$$u_o=\sqrt{\frac{R_2u_1}{KR_1}} \tag{6-44}$$

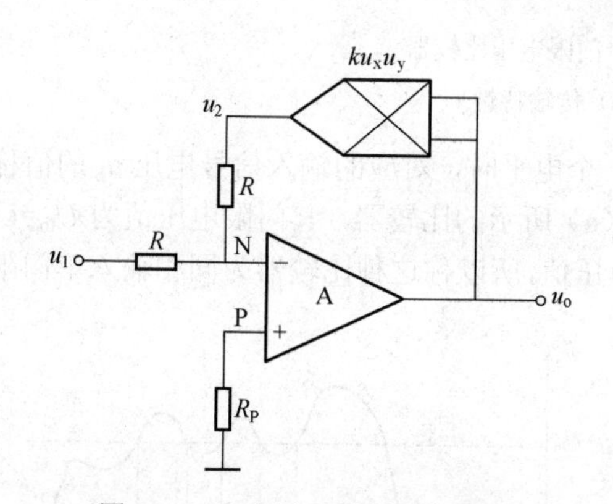

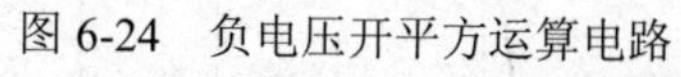
图 6-24　负电压开平方运算电路

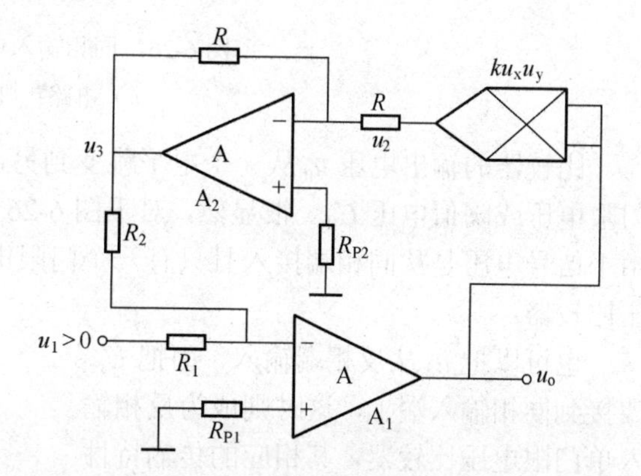

图 6-25　正电压开平方运算电路

同理，在运放的反馈电路中串入多个乘法器，还可以得到开高次方的运算电路，这里就不再赘述。

6.4　运放其他应用示例

运放的应用非常广泛，除了能用运放构成不同形式的电路来实现模拟信号的各种运算之外，在信号处理方面的应用也很广，如电压比较、测量放大、有源滤波和采样保持等；在信号产生方面也有广泛应用。这里仅对信号处理方面的典型应用作简要介绍。信号产生方面的应用将在第 7 章加以讨论。

6.4.1　比较器

比较器用来比较两个电压值的大小。比较结果以两种不同的电平输出，即输出高电平或低电平，常用于测量、控制和信号处理等电路中。

比较器中的运放通常处于开环或接成正反馈，主要工作在饱和区。

1. 单门限电压比较器

图 6-26（a）所示是这种比较器的基本电路。参考电压 U_{ref} 加于运放的反相输入端，它可以是正值、负值或零，此图中给出的是正值。输入信号电压 u_S 则加于运放的同相输入端。输出电压 u_o 表示 u_S 与 U_{ref} 比较的结果。

由于运放处于开环工作状态，具有很高的开环差模电压增益，所以当 $u_S<U_{ref}$，即差模电压 $u_{id}=u_S-U_{ref}<0$ 时，运放处于负饱和状态，$u_o=U_{oL}$。当 $u_{id}=u_S-U_{ref}>0$ 时，运放立即转入正饱和状态，$u_o=U_{oH}$。其传输特性如图 6-26（b）的实线所示。

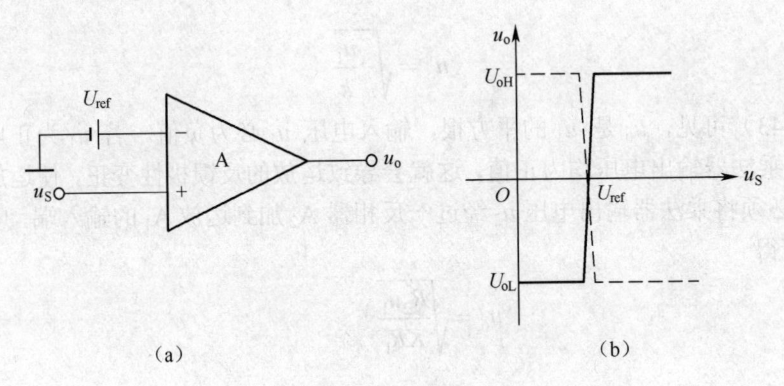

图 6-26 同相输入单门限电压比较器

（a）电路；（b）传输特性

比较器的输出电压 u_o 从一个电平跳变到另一个电平时，对应的输入信号电压 u_S 的值称为门限电压或阈值电压 U_{th}。很显然，对于图 6-26（a）所示的比较器，其门限电压值为 $U_{th}=U_{ref}$。由于信号电压是从同相端接入且只有一个门限电压值，所以称这种比较器为同相输入单门限电压比较器。

也可以把 u_S 从反相端输入，而把 U_{ref} 改接到同相输入端上，这时则成为反相输入单门限电压比较器，其相应的传输特性如图 6-26（b）中的虚线所示。

当参考电压 $U_{ref}=0$ 时，则输入信号电压 u_S 每次过零，其输出电压 u_o 都会发生跳变。这种比较器称为过零比较器。

2. 迟滞比较器

单门限电压比较器虽然电路简单，灵敏度高，但它的抗干扰能力却很差。例如，图 6-26（a）所示的同相输入单门限电压比较器，当其输入信号 u_S 中含有噪声干扰，其波形如图 6-27（a）所示时，由于在 $u_S=U_{th}=U_{ref}$ 附近出现干扰，比较器的输出 u_o 将不稳定，时而为 U_{oH}，时而为 U_{oL}，其输出波形如图 6-27（b）所示。若把此输出作为控制信号去控制继电器，则继电器会出现频繁的误动作，这种现象是不允

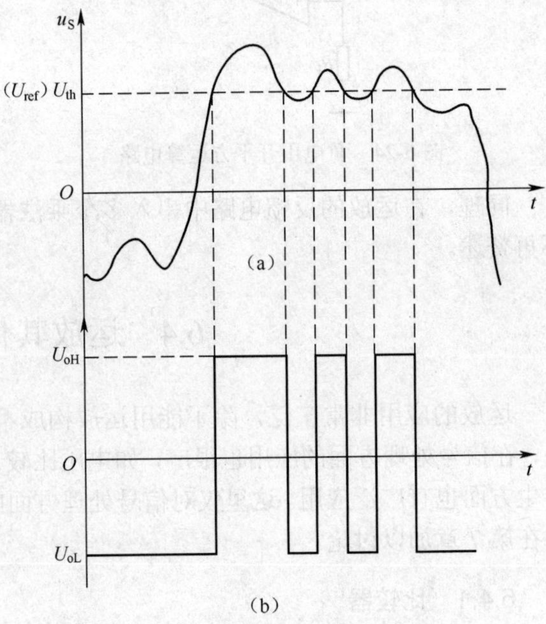

图 6-27 单门限电压比较器抗干扰能力分析

（a）串入干扰信号的输入波形；

（b）单门限电压比较器的输出波形

许的。采用迟滞比较器就是一种提高抗干扰能力的有效方案。

图6-28（a）是反相输入迟滞比较器的基本电路。它是在反相输入单门限电压比较器的基础上引入正反馈网络而构成。如果把 u_S 与 U_{ref} 位置互换，也就组成了同相输入迟滞比较器。由于正反馈的作用，这种比较器具有双门限电压值，门限电压值随输出电压 u_o 的变化而改变。虽然灵敏度低一些，但抗干扰能力却大大提高了，只要干扰信号的变化量不超过两个门限电压值之差，其输出电压就不会发生反复变化。

由于运放处于正反馈状态，因此主要仍工作于饱和区，输出电压 u_o 跳变的临界条件是 $u_P=u_N=u_S$，即当 $u_S>u_P$ 时，输出电压 u_o 为低电平 U_{oL}；反之，u_o 为高电平 U_{oH}。显然，这里的 u_P 值实际上就是门限电压 U_{th}。设运放是理想的，由图6-28（a）利用叠加原理有

$$u_P = U_{th} = \frac{R_f U_{ref}}{R_2 + R_f} + \frac{R_2 u_o}{R_2 + R_f} \tag{6-45}$$

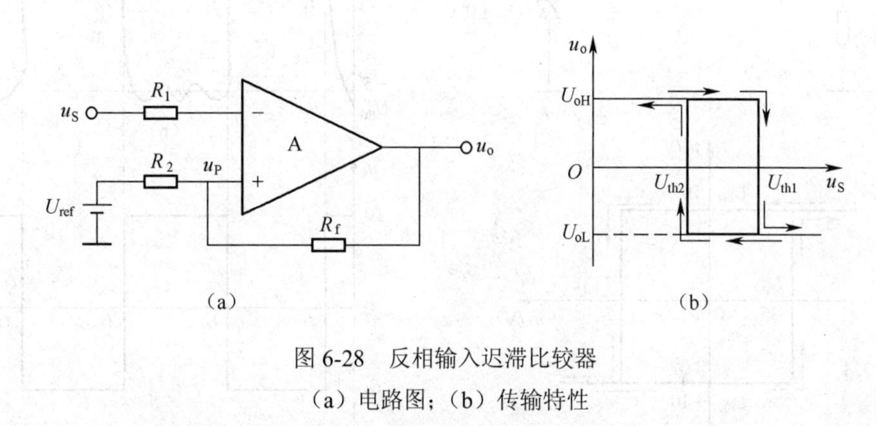

图6-28 反相输入迟滞比较器

（a）电路图；（b）传输特性

根据输出电压 u_o 的不同值 U_{oH} 和 U_{ol}，可得上门限电压 U_{th1} 和下门限电压 U_{th2} 的值分别为

$$U_{th1} = \frac{R_f U_{ref}}{R_2 + R_f} + \frac{R_2 U_{oH}}{R_2 + R_f} \tag{6-46}$$

$$U_{th2} = \frac{R_f U_{ref}}{R_2 + R_f} + \frac{R_2 U_{oL}}{R_2 + R_f} \tag{6-47}$$

式（6-46）和式（6-47）表明，当输出电压 u_o 为高电平 U_{oH} 时（此时 $u_S<u_P=U_{th1}$），发生跳变的临界条件为上门限电压值 U_{th1}；而输出电压 u_o 为低电平 U_{oL} 时（此时 $u_S>u_P=U_{th2}$），发生跳变的临界条件为下门限电压值 U_{th2}。电路两种状态的转换出现了迟滞，迟滞比较器也因此得名。这种比较器的传输特性如图6-28（b）所示。两个跳变点的电压之差称为门限宽度或迟滞电压（又称回差电压）ΔU_{th}，其值为

$$\Delta U_{th} = U_{th1} - U_{th2} = \frac{R_2(U_{oH} - U_{oL})}{R_2 + R_f} \tag{6-48}$$

门限宽度 ΔU_{th} 表明，当输出状态一经转换后，只要在跳变点电压值附近的干扰电压不超过 ΔU_{th} 值，输出电压的值就稳定不变。

迟滞比较器也称为施密特触发器，广泛应用于波形的产生、整形、幅度的鉴别以及控制系统等场合。

例6-2 设电路参数如图6-28（a）所示，输入信号如图6-29（b）所示。试画出该电路的传输特性和输出电压 u_o 的波形。

解 根据式（6-46）和式（6-47）得

$$u_{\text{th1}} = 0 + \frac{20 \times 10^3 \times 10}{20 \times 10^3 + 20 \times 10^3} = 5\text{V}$$

$$u_{\text{th2}} = 0 + \frac{20 \times 10^3 \times (-10)}{20 \times 10^3 + 20 \times 10^3} = -5\text{V}$$

可见，此电路的上门限电压和下门限电压对称于纵轴，其门限宽度 ΔU_{th}=5–(–5)=10V。据此可画出其传输特性，如图 6-29（c）所示。

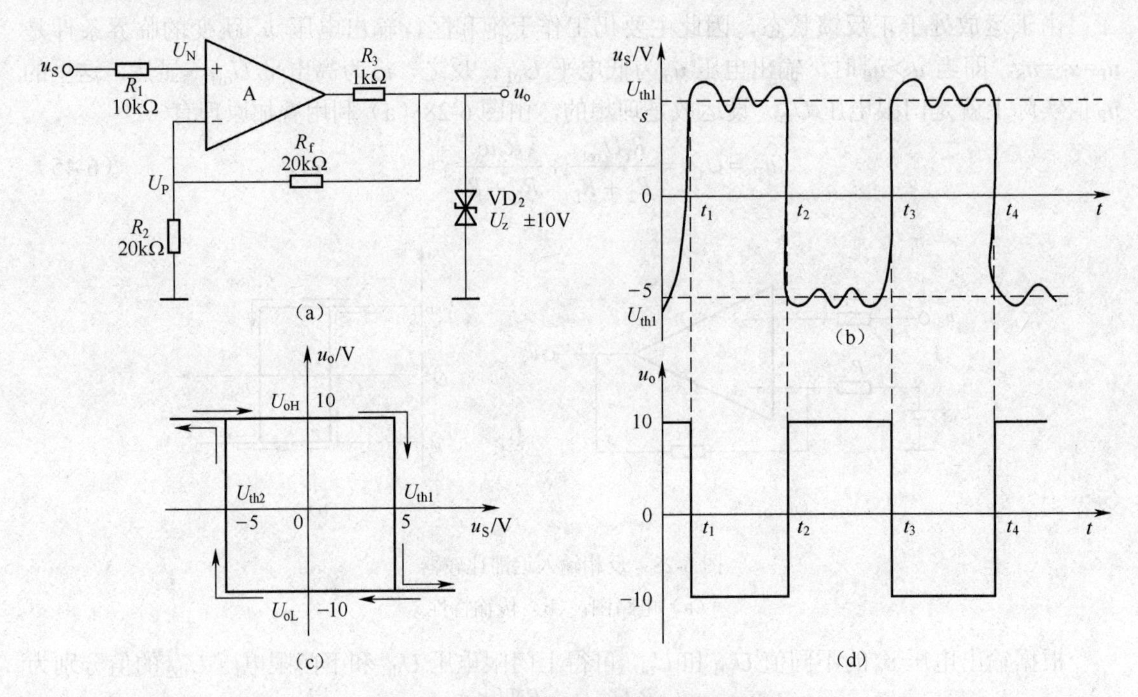

图 6-29 例 6-2 迟滞比较器的电路和波形

（a）电路；（b）输入 u_S 波形；（c）传输特性；（d）输出 u_o

根据其传输特性，当 t=0 时，由波形图知 $u_S<U_{\text{th2}}$，所以输出应为 u_o=10V，而 $u_P=U_{\text{th1}}$=5V，以后 u_S 在小于 5V 的范围内变化，u_o 都保持为 10V 而不致翻转。

当 $t=t_1$ 时，由于 $u_S \geqslant U_{\text{th1}}$=5V，$u_o$ 由 10V 翻转到–10V，而 u_P 则变为 U_{th2}=–5V，以后在 u_S>–5V 的范围内变化，u_o 都保持在–10V 不变。

当 $t=t_2$ 时，又出现 $u_S \leqslant U_{\text{th2}}$=–5V，$u_o$ 又出现跳变，由–10V 翻转到 10V，而 $u_P=U_{\text{th1}}$=5V。

依此类推，便可画出输出电压 u_o 的波形如图 6-29（d）所示。

由此例可见，迟滞比较器可实现波形整形。此外，可以想象，只要适当调整 U_{th1}、U_{th2} 和 ΔU_{th} 三个参数，还可以实现多种不同的功能。

3. 集成电压比较器

将比较器作为一类独立的集成器件，现在已有多种产品问世。按器件内部所包含的比较器数目分类，有单电压比较器（如 CJ0311 型）、双电压比较器（如 CJ1414 型）和四电压比较器（如 CJ0339 型）等。按比较器的响应速度分类，可分为高速型（如 CJ0710 型）和现已趋于淘汰的中速型。此外，还可根据其特性参数分为精密电压比较器、高灵敏度电压比较器、低功耗电压比较器、低失调电压比较器和高阻抗电压比较器等。

6.4.2　测量放大器

在对非电量的物理量进行测量时，常用电桥电路来把压力、应变、温度等物理量转换成电量。电桥的桥臂为传感器的敏感元件（如电阻应变片）。当被测物理量变化引起桥臂阻抗变化时，电桥的输出电压也随之变化。但是，电桥的输出电压一般只有毫伏数量级。为满足测量、显示或控制的需要，必须加放大环节对该信号进行放大。在实际应用中，往往是传感器离放大器较远，这样，由于空间电磁波的干扰和两地（测量电桥的接“地”端和放大器的接“地”端）之间产生的地回路电流干扰的存在，即使测量电桥无输出信号，在放大器的输入端也会有差模和共模信号存在。而且，当需要作多点测量（如巡回检测）时，每个待测点处的电阻也不一定相同。为了避免干扰信号的影响和提高测量精度，这就需要配用具有高输入阻抗和具有高共模抑制能力的放大器（称为测量放大器，也叫数据放大器或仪表放大器），并且还应选用具有屏蔽的双股导线来传送信号。

图 6-30 是一种典型的通用测量放大器电路原理图。它由运放 A_1、A_2 组成第一级差分式电路，A_3 组成第二级差分式电路。在第一级电路中，u_{S1}、u_{S2} 分别加到 A_1 和 A_2 的同相端，R_1 和两个 R_2 组成反馈网络，引入深度电压串联负反馈。

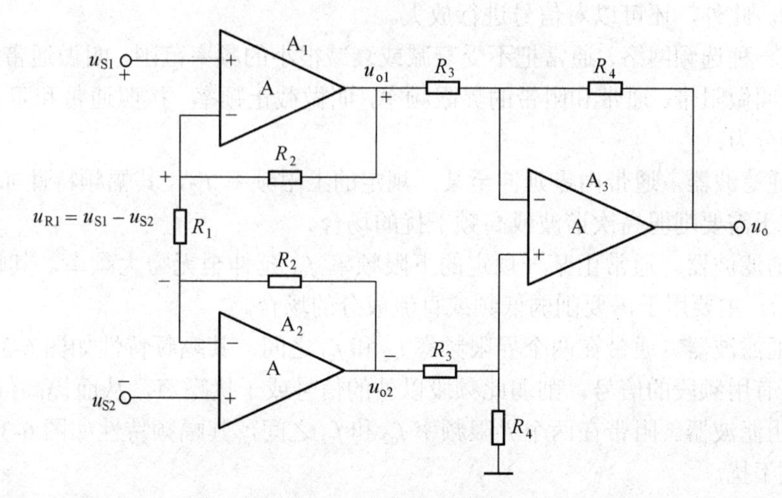

图 6-30　测量放大器

根据理想运放“虚短”和“虚断”的概念，有

$$u_{R1} = u_{S1} - u_{S2}$$

$$\frac{u_{R1}}{R_1} = \frac{u_{o1} - u_{o2}}{2R_2 + R_1}$$

于是可得

$$u_{o1} - u_{o2} = \frac{2R_2 + R_1}{R_1} \cdot u_{R1} = \left(1 + \frac{2R_2}{R_1}\right)(u_{S1} - u_{S2})$$

再根据第二级差分式放大器的输入输出关系式得

$$u_o = \frac{R_4}{R_3}(u_{o2} - u_{o1}) = -\frac{R_4}{R_3} \cdot \left(1 + \frac{2R_2}{R_1}\right)(u_{S1} - u_{S2}) \tag{6-49}$$

分析该电路：由于第一级是由两个对称的同相放大器组成差分式电路，且引入深度电压串联负反馈，所以它的输入电阻很高；若 A_1、A_2 两运放的特性完全相同，两个 R_2 和两个 R_3

的阻值也完全相等，则它们的共模输出电压和零点漂移电压也都相等，再通过 A_3 组成的差分式电路，可以互相抵消，故该电路有很强的共模抑制能力和较小的输出漂移电压；调节 R_1 或改变 R_4 与 R_3 的比值均可以改变该电路的差模电压增益，且电路由两级放大器组成，具有较高的差模电压增益。

目前，测量放大器已有多种型号的单片集成电路，如国产的 ZF650 型，美国 AD 公司的 AD521 型、AD522 型、AD612 型和美国半导体公司的 LH0036、LH0038 型等。

※6.4.3 有源滤波器

在电子电路中，往往需要把信号中一些无用的信号成分衰减到足够小的程度，或者说把有用的信号成分挑选出来。为此，常采用具有选频功能的电路装置，让指定频段内的信号没有衰减或衰减很小地通过，而其他频段内的信号则产生很大衰减，几乎不能通过，这样一类装置称为滤波器。

早期的滤波器，主要由电阻、电容和电感组成，称为无源滤波器。随着运放的出现，在 20 世纪 60 年代以后，出现了由 R、C 和运放共同构成的滤波器，称为有源滤波器。有源滤波器的优点是：不用电感，体积小，重量轻，输入阻抗高，输出阻抗低，输入与输出之间具有良好的隔离作用。此外，还可以对信号进行放大。

滤波器是一种选频网络，通常把不受衰减或衰减很小的频率范围，叫做通带；经受很大衰减的频率范围叫做阻带。通带和阻带的界限频率，叫做截止频率。按照通带和阻带相互位置的不同，滤波器分为：

（1）低通滤波器。通带由零延伸至某一规定的上限频率 f_{c2}，其幅频特性如图 6-31（a）所示。主要用于需要削弱高次谐波或高频干扰的场合。

（2）高通滤波器。通常由某一规定的下限频率 f_{c1} 延伸至无穷大频率，其幅频特性如图 6-31（b）所示。主要用于需要削弱低频或直流成分的场合。

（3）带通滤波器。通带在两个界限频率 f_{c2} 和 f_{c1} 之间，其幅频特性如图 6-31（c）所示。主要用来突出有用频段的信号，削弱此频段以外的信号或干扰噪声，从而提高信噪比。

（4）带阻滤波器。阻带在两个界限频率 f_{c2} 和 f_{c1} 之间，其幅频特性如图 6-31（d）所示。主要用于抑制干扰。

（5）全通滤波器。通带由零延伸至无穷大频率。其幅频特性如图 6-31（e）所示。用于相位均衡，校正相频特性。

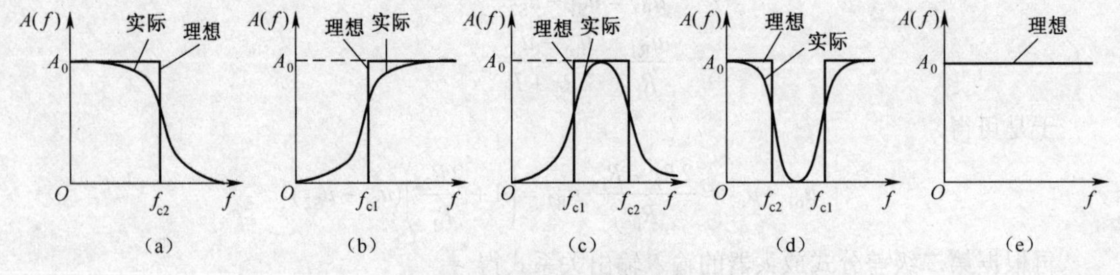

图 6-31 各种滤波器的幅频特性

（a）低通；（b）高通；（c）带通；（d）带阻；（e）全通

各种滤波器的实际频响特性与理想情况是有差别的，只能是向理想特性逼近。实际滤波器通带和阻带的界限频率（即截止频率）定义为幅频特性，等于 $A_0/\sqrt{2}$ 所对应的频率。以 A_0

为参考值，$A_0/\sqrt{2}$ 对应于–3dB 点，即相对于 A_0 衰减–3dB。若以信号幅值的平方表示信号的功率，则对应的点正好是半功率点。

6.5 运放的调零与补偿

6.5.1 调零

运放由于失调电压和失调电流的存在，当输入信号为零时，输出不为零。为补偿输入失调造成的不良影响，使用时大都要采取调零措施。运放通常都有规定的调零端子、调零电位器的阻值及连接方法。例如 741 型运放，就规定①脚和⑤脚为调零端子，调零电位器阻值为 10kΩ，电位器滑动触头与负电源相连接。一般情况下，按规定要求调零都能满足要求。若某些运放按规定要求调零仍不能满足要求时，还可采取如下措施。

（1）将电位器的滑动触头改接到电源正极性上，或适当加大调零电位器的阻值。但应注意，随着调零电位器阻值的增大，会使得运放的温度指标变差，甚至会影响级间配合。

（2）辅助调零。图 6-32 是一种辅助调零电路。它是利用正、负电源通过电位器 R_P 引入一个电压到运放的同相输入端，调节电位器 R_P 可以补偿输入失调对输出的影响。该调零措施的优点是电路简单，适应性广。但电源电压不稳定则会使输出引进附加漂移。

如果利用正、负电源通过电位器引入一个电压到运放的反相输入端，同样也可起到辅助调零效果。

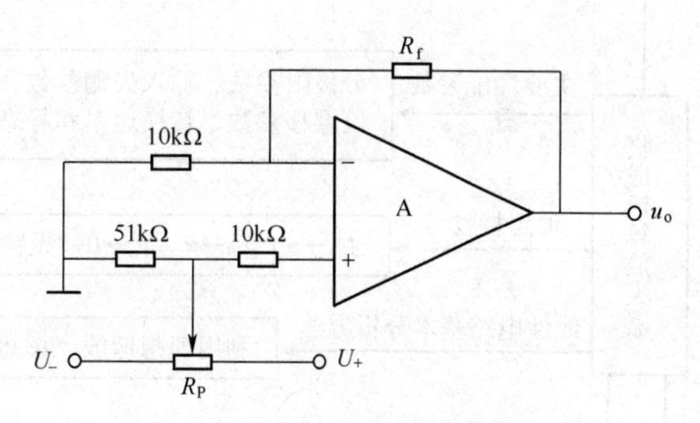

图 6-32 辅助调零电路

6.5.2 补偿

运放是一种高增益的多级直接耦合放大器件。在其负反馈应用电路中，若引入较深的负反馈，当信号频率大大低于或高于中频范围时，由于放大电路级间耦合电容以及晶体管极间电容等的影响，往往容易引起自激振荡，使电路无法正常工作。为此，在应用中，要对电路进行频率补偿和相位补偿，以便消除自激振荡，使电路能稳定地工作。

目前，已有一些运放产品将消除自激振荡用的补偿电容做在运放内部，称为内补偿型集成电路。按正常要求使用这些元件，一般都不会出现自激振荡。

另外一些运放属外补偿型，它需要外接电容或外接电容和电阻来达到消除自激振荡的目的。这类运放有规定的补偿端子、补偿元件及元件的参数值，只要按照规定连接，一般可以消除自激振荡。但这样做会使电路的某些指标变差。

具有外接消振电容的外补偿型运放，虽然在使用中稍微麻烦一些，但可以通过改变电容的数值方便地改变运放的频响，使之从直流到相当高的频率范围内都具有较理想的增益特性。

本章小结

集成运算放大器是一种应用极为广泛的模拟集成电路，是具有高电压增益的直接耦合多级放大器。它一般由输入级、中间级、输出级和偏置电路四部分组成。对运放内部电路的分析和工作原理只要求作定性了解，目的在于掌握它的主要性能参数。

运放构成的基本电路是反相比例放大器、同相比例放大器和差分式放大器。运放在信号的运算和处理方面的典型应用电路中，各种运算器和有源滤波器中的运放均接成负反馈，工作在线性区。分析这类电路的基本出发点是利用理想运放的“虚短路”和“虚断路”概念。

比较器中的运放为开环状态或接成正反馈，主要工作在饱和区。“虚断路”的概念仍然成立，但是，运放的输出电压 u_O 只有高电平和低电平两种状态，$u_N=u_P$ 是输出电平跳变的临界条件。

运放在使用过程中应注意掌握调零和频率补偿方法，以便消除输入失调造成的不良影响和自激振荡。

本章知识逻辑线索图

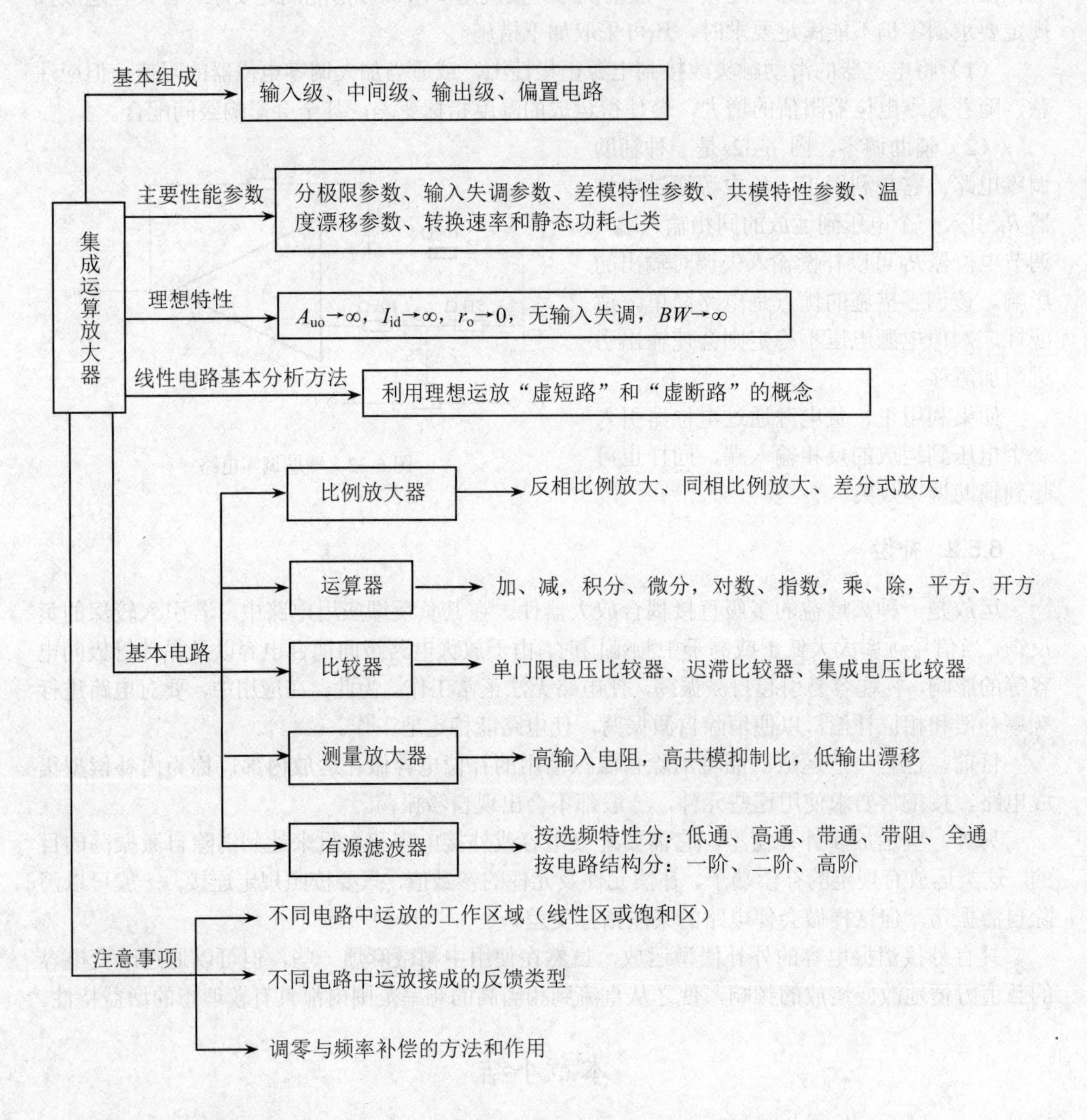

习题 6

6-1　运放的输入失调电压 U_{io}、输入失调电流 I_{io} 和输入偏置电流 I_{iB} 是如何定义的？它们对运放的工作产生什么影响？

6-2　如图 6-33 所示电路中，电源电压为 $U_+=15V$，$U_-=-15V$，若 $u_{s1}=2mV$，$u_{s2}=1.5mV$，$A_{uo}=1\times10^5$，试求输出电压 u_o 的值。

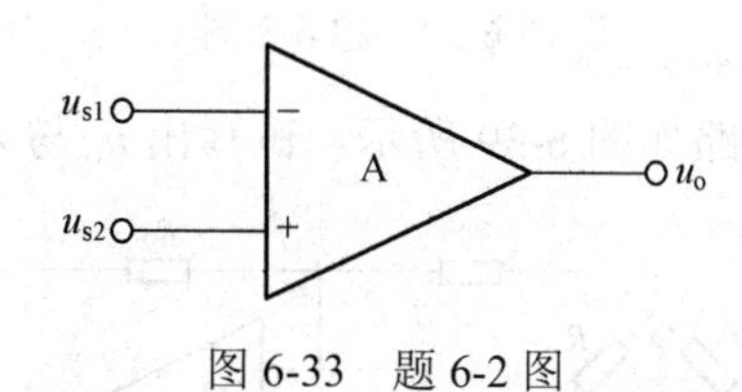

图 6-33　题 6-2 图

6-3　741 型运放的 $S_R=0.5V/\mu s$，当信号工作频率为 10kHz 时，它的最大不失真输出电压幅值为多少？

6-4　如图 6-34 所示电路中，已知运放的差模输入电阻 $r_{id}=1M\Omega$，输出电阻 $r_o=200\Omega$，要求闭环增益 $A_{uf}=-100$。试设计电路元件 R_1、R_2 和 R_f 的最佳值，并求电路的输入电阻 R_i。

6-5　为提高反相比例放大器的输入电阻，常采用一 T 型网络来代替 R_f，如图 6-35 所示。现要求输入电阻 $R_i=100k\Omega$，闭环增益 $A_{uf}=-100$，并已选定 $R_2=R_3=100k\Omega$。求 R_4 的值。

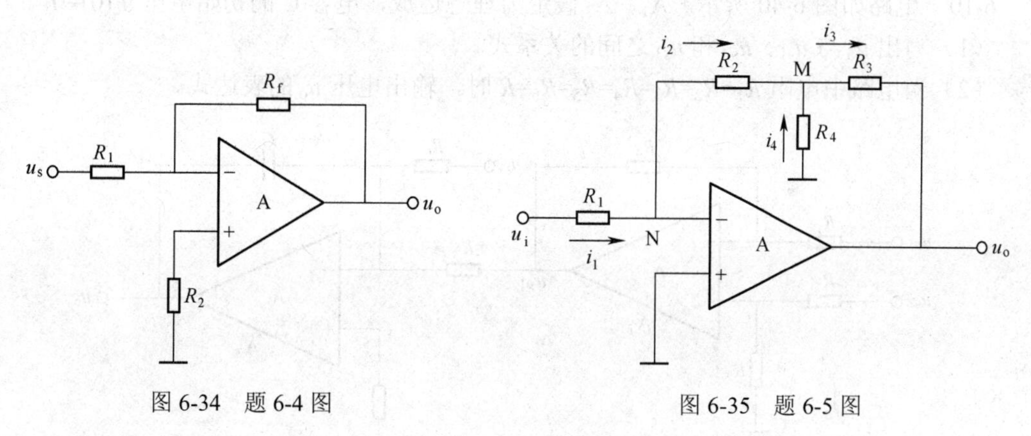

图 6-34　题 6-4 图　　　　图 6-35　题 6-5 图

6-6　如图 6-36 所示电路中，当 $u_s=20mV$ 时，输出电压 u_o 为多少？

6-7　用如图 6-37 所示电路完成 $u_o=-2u_{s1}-5u_{s2}$ 的运算，若已选定 $R_f=100k\Omega$。试确定电路元件 R_1、R_2 和 R_3 的值。

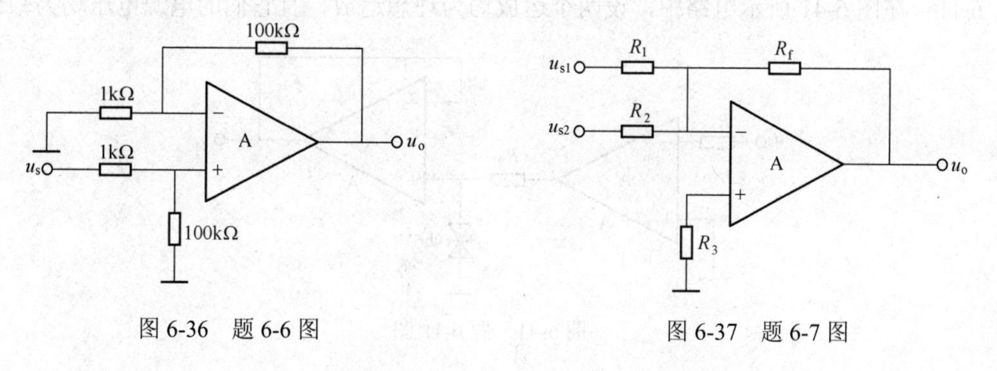

图 6-36　题 6-6 图　　　　图 6-37　题 6-7 图

6-8 同相输入加法器如图 6-38 所示，求输出电压 u_o 的表达式。当 $R_1=R_2=R_3=R_f$ 时，求 u_o。

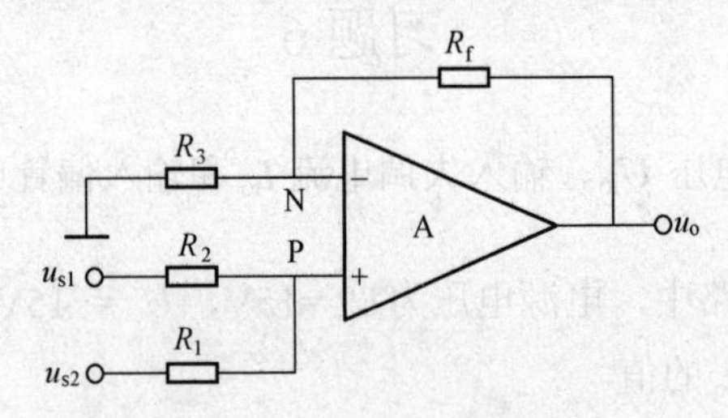

图 6-38 题 6-8 图

6-9 一测量电桥的放大电路如图 6-39 所示。试写出 u_o 与 $\Delta R/R$ 之间的表达式。

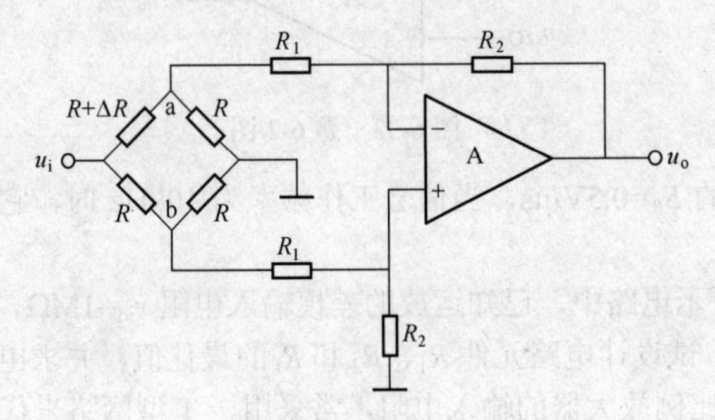

图 6-39 题 6-9 图

6-10 电路如图 6-40 所示。A_1、A_2 假定为理想运放，电容 C 的初始电压 $u_c(0)=0$。

（1）写出 u_o 与 u_{s1}、u_{s2} 和 u_{s3} 之间的关系式。

（2）当电路中电阻 $R_1=R_2=R_3=R_4=R_5=R_6=R$ 时，输出电压 u_o 的表达式。

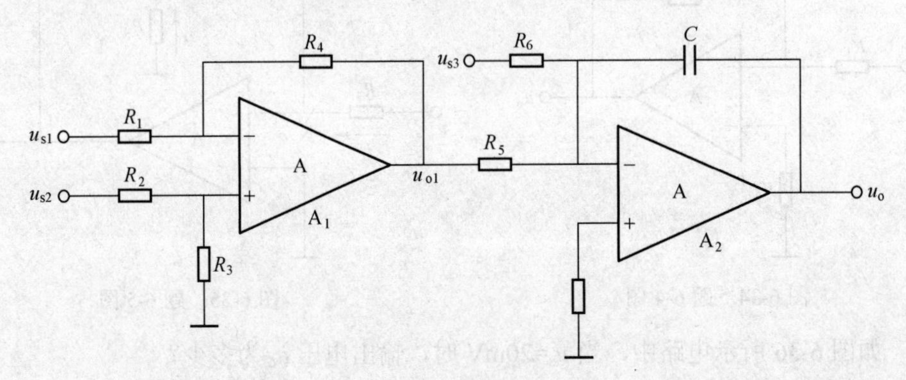

图 6-40 题 6-10 图

6-11 在图 6-41 所示电路中，设两个运放均为理想运放，且它们的电源电压均为±15V。

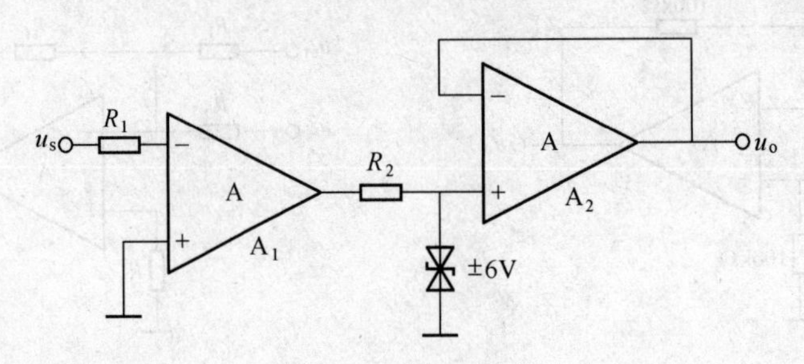

图 6-41 题 6-11 图

（1）试问 A_1 和 A_2 各组成何种电路？它们工作在线性区还是非线性区？

（2）若输入信号 $u_s=12\sin\omega t$（V），画出 u_s 和 u_o 的对应波形，并在图上标出有关电压值。

6-12　电路如图 6-42（a）所示，其输入电压的波形如图题 6-42（b）所示。已知输出电压的最大幅值为±10V，运放是理想的。试画出输出电压 u_o 的波形。

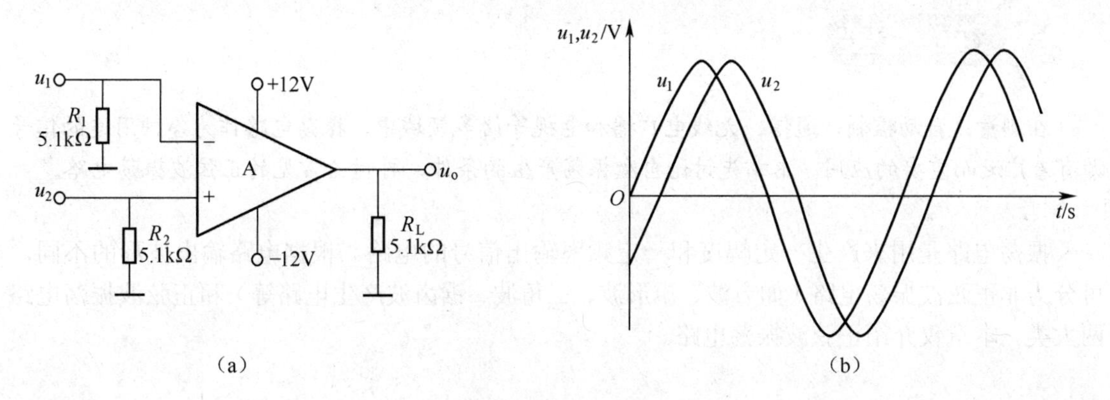

图 6-42　题 6-12 图

6-13　运放为理想器件，试求图 6-43 所示电压比较器的门限电压，并画出它的传输特性。

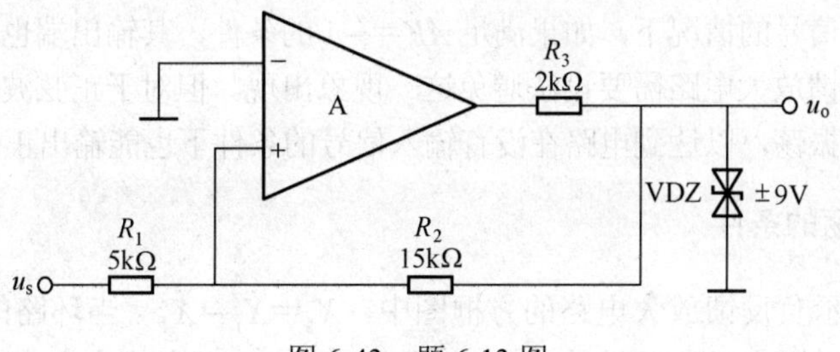

图 6-43　题 6-13 图

第7章　正弦波振荡电路

在测量、自动控制、通信、无线电广播和电视等诸多领域中，振荡电路作为各种用途的信号源有着广泛而重要的应用。本章先讨论自激振荡产生的条件，再讨论常见的正弦波振荡电路。

振荡电路是用来产生一定幅度和一定频率输出信号的电路。根据电路输出波形的不同，可分为非正弦波振荡电路（如方波、矩形波、三角波、锯齿波产生电路等）和正弦波振荡电路两大类。本章仅介绍正弦波振荡电路。

7.1　概述

在第5章讨论负反馈放大电路时，曾经提到可能会产生自激振荡的问题。它是指负反馈放大电路即使在没有输入信号的情况下，如果满足 $\dot{A}\dot{F}=-1$ 的条件，其输出端也会有某些频率的输出信号这一现象。负反馈放大电路需要设法避免这一现象出现。但对于正弦波振荡电路来说，则恰恰需要设法产生自激振荡，以达到电路在没有输入信号的条件下也能输出正弦波的目的。

7.1.1　自激振荡的条件

在图7-1（a）所示负反馈放大电路的方框图中，$\dot{X}_a=\dot{X}_i-\dot{X}_f$。当环路的附加相移为±π时，$\dot{X}_f$ 反相，电路由负反馈变成正反馈。$\dot{X}_i=0$ 时，有 $\dot{X}_a=\dot{X}_f$，电路会产生自激振荡。所以，负反馈放大器产生自激振荡的实质是：$\dot{A}\dot{F}=-1$ 时，使得采用负反馈的手段的电路得到一个正反馈的效果。

如果在电路中有意地按图7-1（b）引入正反馈，一般来说会更容易满足 $\dot{X}_a=\dot{X}_f$ 的条件，使电路产生自激。因此，正弦波振荡电路的方框图实际上也就类似于正反馈放大电路的方框图，只不过输入信号 $\dot{X}_i=0$ 而已，其电路框图如图7-1（c）所示。

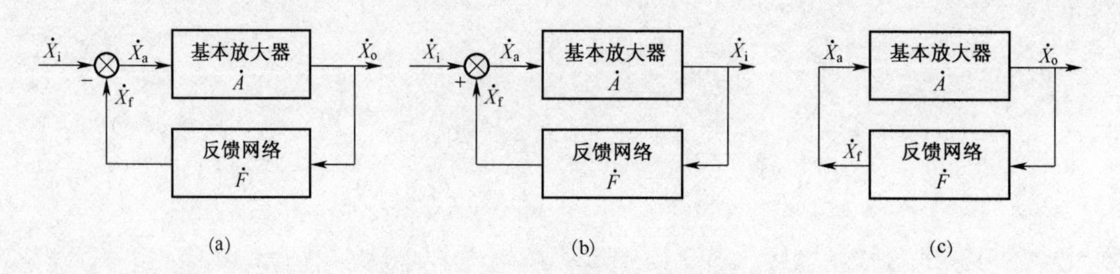

图7-1　正弦波振荡电路方框图推导

（a）负反馈放大电路方框图；（b）正反馈放大电路方框图；（c）正弦波振荡电路方框图

显而易见，正弦波振荡电路的环路增益仍为 $\dot{A}\dot{F}$。由于电路无外加输入信号，完全靠反馈信号来维持有一定的正弦波电压 $\dot{X}_o$ 的输出。设电路处于稳定工作状态，在电路结构和参数确定不变的情况下，要维持 $\dot{X}_o$ 不变，必须 $\dot{X}_a = \dot{X}_f$ 不变，才有 $\dot{X}_o = \dot{A}\dot{X}_a = \dot{A}\dot{X}_f = \dot{A}\dot{F}\dot{X}_o$。由此可得到电路产生稳定自激振荡的条件为

$$\dot{A}\dot{F}=1 \tag{7-1}$$

式（7-1）中，设 $\dot{A} = A\angle\varphi_A$，$\dot{F} = F\angle\varphi_F$，则有

$$\dot{A}\dot{F} = AF(\angle\varphi_A + \angle\varphi_F) = 1$$

由此可得正弦波振荡电路稳定振荡的两个基本条件分别为

振幅条件 $$|\dot{A}\dot{F}| = AF = 1 \tag{7-2}$$

相位条件 $$\varphi_A + \varphi_F = 2n\pi\text{ ，}n=0，1，2，\cdots \tag{7-3}$$

式（7-2）和式（7-3）表明，在稳定状态时，振荡电路必须同时满足其环路增益等于 1，环路总相移为 2π 的整数倍这两个条件，振荡才得以维持。这是分析任何一种振荡电路的理论基础。

7.1.2　自激振荡的建立和振幅的稳定过程

正弦波振荡电路稳定工作是依靠 $\dot{X}_a = \dot{X}_f$ 来维持振荡电路输出的。振荡电路不需要输入信号，起振是靠接通电源的瞬间电扰动在放大电路的输入端造成一个小的输入信号电压 $\dot{X}'_a$，经电路反馈后得到反馈电压 $\dot{X}'_f$，若这时满足 $|\dot{A}\dot{F}| = AF = 1$，$\varphi_A + \varphi_F = 2n\pi$，则电路的输出电压不会增大，而是维持开始时的微弱输出幅值不变。要使电路的振荡幅度逐渐增大，起振条件应当是 $\varphi_A + \varphi_F = 2n\pi$，$|\dot{A}\dot{F}| = AF > 1$。只有这样，才能在接通电源时，电扰动中的某个频率成分被放大，每经过一次反馈，$\dot{X}_a$、$\dot{X}_o$ 和 $\dot{X}_f$ 的值都比前一次大，使振荡幅度逐渐增大。当振荡幅度达到一定程度后，放大器的工作范围将会进入非线性区域，从而使 $|\dot{A}|$ 下降，直到 $|\dot{A}\dot{F}| = 1$，达到自动将振幅稳定在较大幅度上的目的。

这种方法，效果不是很理想。为了更好地稳幅，往往还需要单独的稳幅环节。

由于接通电源时的电扰动（由接通电源时的电冲击和电路元件内部的噪声提供）有着宽广的频率范围，为了从中选取所需某一频率的信号通过并逐渐放大输出，因此，正弦波振荡电路还要求在 $\dot{A}\dot{F}$ 环路中包含有一个具有选频特性的网络来对电扰动频率成分加以选择，从而可产生满足要求的任一频率的正弦波。

选频网络可以设置在基本放大电路 $\dot{A}$ 中，也可以设置在反馈网络 $\dot{F}$ 中。它可以用电阻 R 和电容 C 组成，也可以用电感 L 和电容 C 来组成。选频网络由 R 和 C 组成的振荡电路称为 RC 振荡器，一般用来产生 1Hz～1MHz 范围内的低频信号；选频网络由 L 和 C 组成的振荡电路称为 LC 振荡器，常用来产生 1MHz 以上的高频信号。

7.1.3　正弦波振荡电路的组成

根据上面的分析可见，一个完整的正弦波振荡电路，必须包括如下几个组成部分：

（1）放大器。用于放大弱小扰动信号，建立和维持振荡电路的输出。

（2）选频网络。从干扰和噪声这类频谱极宽的扰动输入中，选出所需频率分量，同时衰减不需要的频率分量，以产生单一频率的正弦波输出。

（3）正反馈。为了满足建立和维持正弦波振荡电路稳定振荡的条件，$\dot{F}$ 网络的输出到 $\dot{A}$ 的输入之间必须符合正反馈要求。

（4）稳幅环节。在满足 $\varphi_A + \varphi_F = 2n\pi$ 相位条件的基础上，要求振幅条件从起振时的 $|\dot{A}\dot{F}| = AF > 1$ 到稳定振荡输出时的 $|\dot{A}\dot{F}| = AF = 1$，并保证输出幅度稳定，这就要有稳幅环节。

7.2 RC 振荡器

由 RC 网络担任选频网络构成的 RC 正弦波振荡器分为桥式振荡器、移相式振荡器和双 T 形网络式振荡器等。由于它们存在一定的共性，这里着重讨论 RC 桥式振荡器，简要介绍移相式振荡器。

7.2.1 RC 桥式振荡器

1. 电路原理图

图 7-2（a）是 RC 桥式振荡器的原理电路图，它包含放大器 $\dot{A}$ 和选频网络 $\dot{F}$ 两部分。$\dot{A}$ 是由集成运放所组成的同相比例放大器，具有输入阻抗高、输出阻抗低、频带宽、非线性失真小及放大倍数稳定等特点；$\dot{F}$ 则是由 RC 串联网络组成。它同时兼选频和正反馈两大功能。如果将图 7-2（a）改画成图 7-2（b）的形式，可以看到，由 RC 串并联网络构成的 Z_1、Z_2 与运放的负反馈支路 R_f 和 R_1 恰好组成一个四臂电桥，电桥的对角线顶点接到运放的两个输入端。因此，这种电路称为桥式振荡器，通常也称为文氏电桥（Wien-bridge）振荡器。

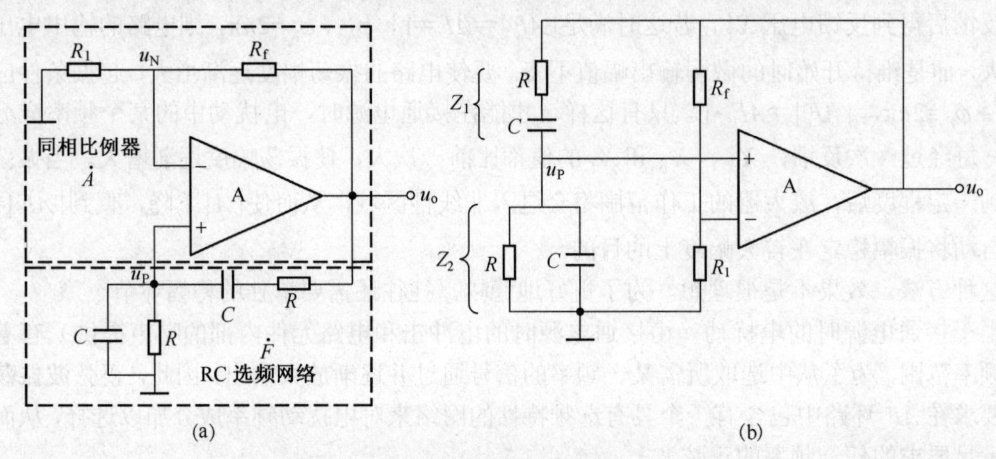

图 7-2 RC 桥式振荡电路

（a）串并联 RC 振荡器电路图；（b）桥式结构电路

2. RC 串并联网络的选频特性

图 7-2 中的 RC 串并联网络，既是振荡器的选频网络，也是其正反馈网络。振荡器的输出 u_o 为该网络的输入信号，运放正输入端口上的 u_P 为网络的输出信号。现把它单独取出来分析，可等效为图 7-3（a）所示电路，并且有

$$Z_1 = R + \frac{1}{j\omega C} = \frac{1 + j\omega RC}{j\omega C} \tag{7-4}$$

$$Z_2 = \frac{R(1/j\omega C)}{R + (1/j\omega C)} = \frac{R}{1 + j\omega RC} \tag{7-5}$$

$$u_P = \frac{u_o}{Z_1 + Z_2} \cdot Z_2 \tag{7-6}$$

可得网络的频率响应为

$$F(\mathrm{j}\omega)=\dot{F}=\frac{u_{\mathrm{P}}}{u_{\mathrm{o}}}=\frac{Z_2}{Z_1+Z_2} \tag{7-7}$$

将式（7-4）和式（7-5）代入式（7-7）并整理可得

$$\dot{F}=\frac{\mathrm{j}\omega RC}{1-\omega^2R^2C^2+\mathrm{j}3\omega RC} \tag{7-8}$$

如果令 $\omega_0=\dfrac{1}{RC}$，则式（7-8）变为

$$\dot{F}=\frac{1}{3+\mathrm{j}\left(\dfrac{\omega}{\omega_0}-\dfrac{\omega_0}{\omega}\right)} \tag{7-9}$$

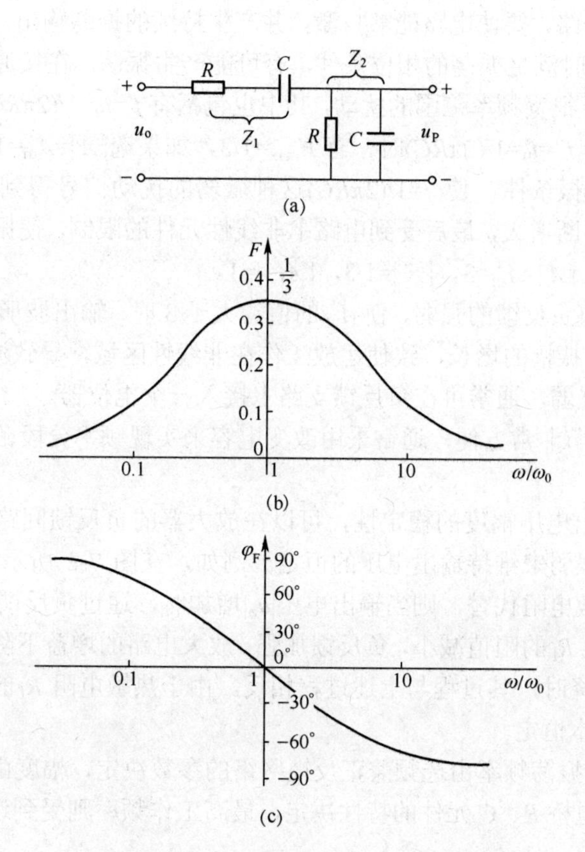

图 7-3　RC 串并联选频网络及其频率响应

（a）RC 串并联网络；（b）幅频特性曲线；（c）相频特性曲线

由此可得 RC 串并联网络的幅频和相频响应特性为

$$|\dot{F}|=F=\frac{1}{\sqrt{3^2+\left(\dfrac{\omega}{\omega_0}-\dfrac{\omega_0}{\omega}\right)^2}} \tag{7-10}$$

$$\varphi_{\mathrm{F}}=-\arctan\frac{\left(\dfrac{\omega}{\omega_0}-\dfrac{\omega_0}{\omega}\right)}{3} \tag{7-11}$$

由式（7-10）和式（7-11）可得幅频特性和相频特性曲线如图 7-3（b）和图 7-3（c）所示。

并且可知，当 $\omega=\omega_0=1/(RC)$，或 $f=f_0=1/(2\pi RC)$时，幅频响应有最大值，而相频响应的相位角为零，即

$$F_{\max}=\frac{1}{3} \tag{7-12}$$

$$\varphi_F=0 \tag{7-13}$$

这说明当 $f=f_0=1/(2\pi RC)$时，经 RC 选频网络传输到运放同相输入端的电压幅值最大，为 u_o 的 1/3；而经 RC 选频网络传输到运放同相输入端的电压 u_P 又恰好与 u_o 同相，放大器 $\dot{A}$ 本身为同相比例放大器。于是有 $\varphi_A=0$，$\varphi_F=0$，$\varphi_A+\varphi_F=2n\pi$，$n=0$。这样，放大器 $\dot{A}$ 与 Z_1，Z_2 组成的 RC 网络恰好形成正反馈系统，可以满足式（7-3）的相位条件，因而振荡器有可能振荡。

3．振荡的建立与稳幅

对于图 7-2 所示电路，要使电路能够自激，并产生持续的振荡输出，前面已分析，只要选 $f=f_0=1/(2\pi RC)$，由于此时满足振荡的相位条件，有可能产生振荡。在接通电源时，电冲击及电路元件内部噪声提供了很宽频率范围的扰动，其中也包括有 $f=f_0=1/(2\pi RC)$这样一个频率成分。根据式（7-12）知，当 $f=f_0=1/(2\pi RC)$时，有 $F_{\max}=1/3$，如果选$|\dot{A}|=A_{uf}=1+(R_f/R_1)$约大于 3，则满足$|\dot{A}\dot{F}|=AF>1$ 的起振条件，使 $f=1/(2\pi RC)$这种微弱的扰动信号得到放大，正反馈，再放大……，其输出幅度不断增大，最后受到电路中非线性元件的限制，使振荡幅度自动地稳定下来。达到稳定状态时，$|\dot{A}|=A_{uf}=3$，$|\dot{F}|=1/3$，$|\dot{A}\dot{F}|=1$。

应当注意适当调整负反馈的强弱，使 A_{uf} 的值约大于 3 时，输出波形为正弦波。但如果 A_{uf} 的值远大于 3，则会因振幅的增长，致使运放工作在非线性区域，导致波形产生非线性失真。为方便调整负反馈的强弱，通常可在负反馈支路上接入一个电位器。

振荡频率 f_0 的调节非常方便，通常采用改变电容来实现频率分段范围的初调，改变电阻来实现频率细调。

为进一步提高输出电压幅度的稳定性，可以在放大器的负反馈回路里采用非线性元件，以自动调整负反馈的强弱来维持输出电压的恒定。例如，在图 7-2 所示电路中，将 R_f 用一个具有负温度系数的热敏电阻代替，则当输出电压$|u_o|$增加时，通过负反馈回路的电流 I_f 也随之增加，结果使热敏电阻 R_f 的阻值减小，负反馈加强，放大电路的增益下降，从而使输出电压$|u_o|$下降；反之，当$|u_o|$下降时，其过程与上述过程相反。由于热敏电阻 R_f 的自动调整作用，可以维持输出电压$|u_o|$的基本恒定。

RC 桥式振荡器的振荡频率由选频兼正反馈网络的参数决定，幅度由负反馈决定，频率的精度和稳定度由文氏电桥 R、C 元件的特性决定，最高工作频率则受到运放转换速率 S_R 限制。

7.2.2 RC 移相振荡器

图 7-4 所示是一个 RC 移相式振荡器的原理电路图，它包括一个反相比例放大器和一个由三级 RC 移相网络构成的反馈网络。一级 RC 移相网络相当于一个无源 RC 高通滤波器，能够产生 0～90°的相移，三级 RC 移相网络便可以产生 0～270°的相移，有可能在特定频率 f_0 下移相 180°，即 $\varphi_F=180°$，而且在三级移相 180°时，网络的幅频特性不等于零。由于运放接成反相比例放大器形式，放大电路本身的相移 $\varphi_A=180°$，所以有 $\varphi_A+\varphi_F=360°$或 0°，满足

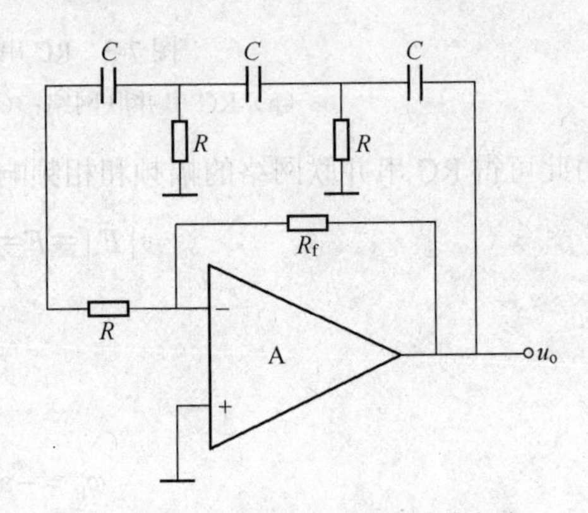

图 7-4　RC 移相式正弦波振荡电路

$\varphi_A+\varphi_F=2n\pi$ 的相位条件。显然，只要适当调节 R_f 的值，使 A_{uf} 适当，就可同时满足自激振荡的相位条件 $\varphi_A+\varphi_F=2n\pi$ 和起振幅值条件 $|\dot{A}\dot{F}|>1$，使电路产生正弦振荡。

可以证明，这种振荡电路的振荡频率 $f_0\approx1/(2\pi\sqrt{6}RC)$。

7.3　LC 振荡器

前面介绍的 RC 正弦波振荡器，一般用来产生 1Hz～1MHz 的低频信号。大于 1MHz 高频信号的正弦波振荡器，可由 LC 并联谐振回路来担任选频网络，这种振荡器称为 LC 振荡器，它的最高振荡频率可达 1000MHz。由于普通运放的频带宽度往往不够宽，因此，LC 振荡器与 RC 振荡器相比较，尽管产生正弦信号的原理基本相同，但在结构上却有区别。除选频网络的构成不同之外，LC 振荡器的放大器也往往由分离元件组成。常见的 LC 振荡器有变压器反馈式、电感三点式和电容三点式三种。

下面先讨论 LC 并联谐振回路的特性，再分别介绍三种 LC 振荡器。

7.3.1　LC 并联谐振回路的特性

图 7-5 所示的 LC 并联谐振回路是 LC 振荡器选频网络中常用的一种。图 7-5 中 R 表示回路的等效损耗电阻（包括电容漏电、电感的直流电阻等）。由图可知，LC 并联谐振回路的复阻抗为

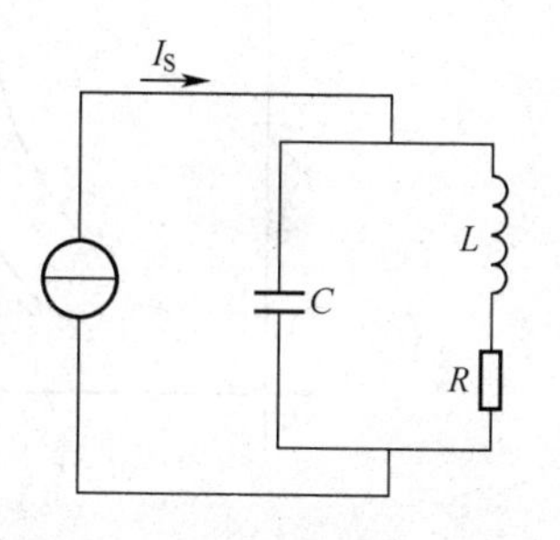

图 7-5　LC 并联谐振回路

$$Z=\frac{\frac{1}{\mathrm{j}\omega C}(R+\mathrm{j}\omega L)}{\frac{1}{\mathrm{j}\omega C}+(R+\mathrm{j}\omega L)}=\frac{-\mathrm{j}\frac{1}{\omega C}(R+\mathrm{j}\omega L)}{R+\mathrm{j}\left(\omega L-\frac{1}{\omega C}\right)} \tag{7-14}$$

考虑到通常有 $R<<\omega L$，所以式（7-14）分子中的 R 可忽略，于是

$$Z\approx\frac{\frac{L}{C}}{R+\mathrm{j}\left(\omega L-\frac{1}{\omega C}\right)} \tag{7-15}$$

由式（7-15）可知，当 $\omega L-1/(\omega C)=0$ 时，并联回路处于谐振状态。谐振时的阻抗最大，有

$$Z=Z_0=Z_{\max}=\frac{L}{RC} \tag{7-16}$$

电路呈纯阻性。由 $\omega L-1/(\omega C)=0$ 可得谐振频率为

$$\omega=\omega_0=\frac{1}{\sqrt{LC}}$$

或

$$f=f_0=\frac{1}{2\pi\sqrt{LC}} \tag{7-17}$$

于是，式（7-15）又可写成下列形式

$$Z=\frac{\frac{L}{RC}}{1+\mathrm{j}\frac{\omega_0 L}{R}\left(\frac{\omega}{\omega_0}-\frac{\omega_0}{\omega}\right)}=\frac{Z_0}{1+\mathrm{j}Q\left(\frac{f}{f_0}-\frac{f_0}{f}\right)} \tag{7-18}$$

式中，$Q=\omega_0\frac{L}{R}=\frac{1}{R}\cdot\sqrt{\frac{L}{C}}$，称为品质因数。由式（7-18）可得

$$|Z|=\frac{Z_0}{\sqrt{1+Q^2\left(\frac{f}{f_0}-\frac{f_0}{f}\right)}} \tag{7-19}$$

$$\varphi_Z=-\arctan\left[Q\left(\frac{f}{f_0}-\frac{f_0}{f}\right)\right] \tag{7-20}$$

根据式（7-19）和式（7-20），可画出 LC 并联谐振回路阻抗 Z 的频率响应曲线如图 7-6 所示。从图中可以看出，在谐振频率 $f=f_0$ 处，并联电路阻抗 Z 的幅值最大，且相移为零。Q 值对曲线形状有影响，Q 值越大，谐振时的阻抗 Z_0 越大，Z 的幅频特性曲线越尖锐。在 $f=f_0$ 附近，相频特性变化快，即对于相同的 $\Delta\varphi_Z$ 来说，Q 值越大，对应的频率变化 Δf 越小，这说明电路的选频特性好，稳定性高。

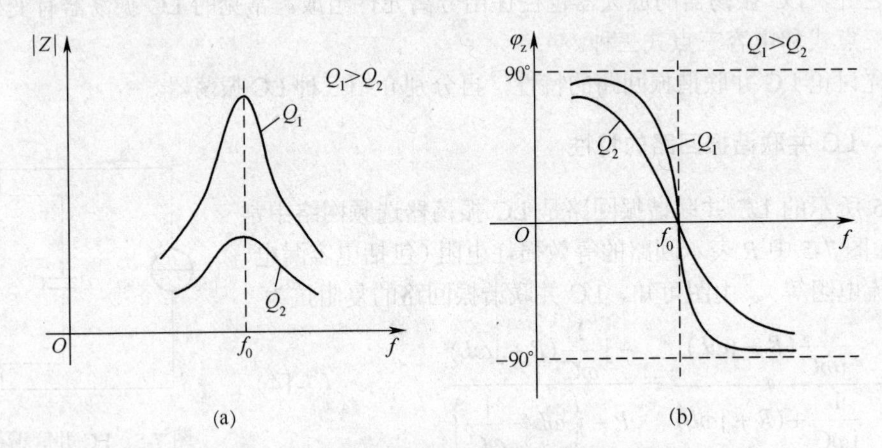

图 7-6 LC 并联谐振回路的阻抗的频率响应

（a）幅频特性；（b）相频特性

7.3.2 变压器反馈式振荡器

图 7-7（a）所示是一种典型的变压器反馈式 LC 振荡器。LC 并联谐振回路接到晶体管的集电极，通过变压器的倒相作用，将共射放大器的集电极输出信号经变压器初级线圈 L_1 反相 180°后反馈到晶体管的基极输入端。

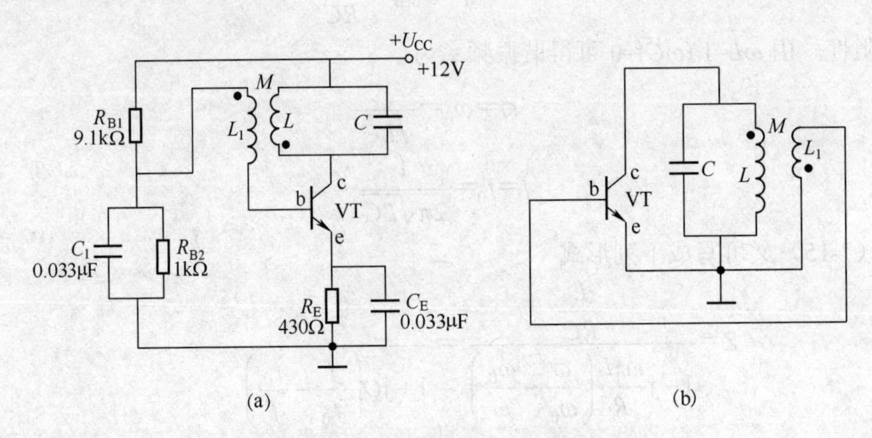

图 7-7 变压器反馈式 LC 振荡器

（a）电路图；（b）交流等效电路

在该电路中，R_{B1}、R_{B2}、R_E是偏置电阻，用来稳定晶体管的静态工作点，C_1和C_E是交流旁路电容。偏置电压通过线圈L_1加到基极形成偏置电流。电源U_{CC}，线圈L，三极管的c、e极及R_E构成集电极直流通路，因L的直流电阻很小，其上的直流压降很小，故可认为是直流短路。

在分析交流通路时，与放大电路考虑的原则一样，旁路电容与直流电源均可视为交流短路。因此，可画出该振荡器的交流等效电路如图 7-7（b）所示。

由于电路接成共射组态，在谐振频率$f_0=1/(2\pi\sqrt{LC})$的情况下，LC 回路呈纯电阻性质，并且数值最大（$|Z|=\dfrac{L}{RC}$），其集电极输出电压与基极输入电压的相位反相，即$\varphi_A=180°$，为了使从输出端反馈过去的信号与基极输入信号起相加的作用（即起正反馈作用），还必须使它在反馈线路中再产生 180°相移。按图中标出的变压器同名端符号“•”那样连接，便能引入 180°相移，即$\varphi_F=180°$。这样，整个闭合环路的相移为$\varphi_A+\varphi_F=180°+180°=360°$，满足$\varphi_A+\varphi_F=2n\pi$的相位条件，电路有可能产生自激振荡。

为了满足振幅起振条件$|\dot{A}\dot{F}|>1$，可选用β较大的三级管（例如选$\beta>50$），或增加变压器初级、次级之间的互感系数M，或增加反馈线圈L_1的匝数。

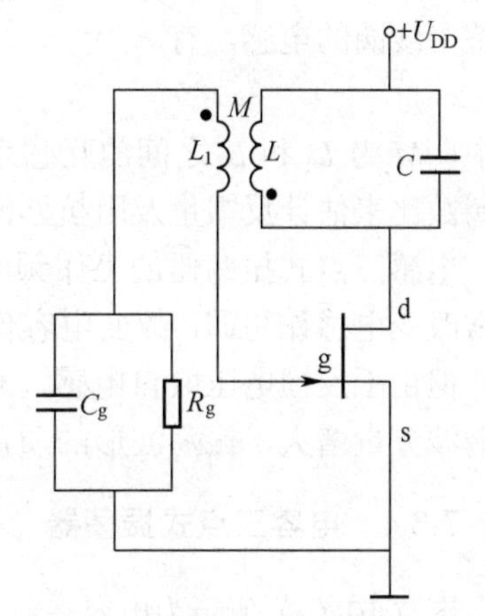

图 7-8　采用结型场效应管的变压器反馈式 LC 振荡器

图 7-8 所示是一种采用结型场效应管的变压器反馈式 LC 振荡器，其分析方法与采用晶体管的变压器反馈式 LC 振荡器相类似。由于场效应管具有输入阻抗高、噪声低、热稳定性好等优点相应的 LC 振荡器也比晶体管的 LC 振荡器性能更优越。

变压器反馈式 LC 振荡器，电路结构简单，容易起振，改变电容C的大小可以方便地调节频率。但由于变压器分布参数的影响，振荡频率不能做得很高，一般在几兆赫的范围内。另外，这种振荡器输出的正弦波形还不是很理想。

7.3.3　电感三点式振荡器

图 7-9（a）是电感三点式振荡器的原理图，图 7-9（b）是其交流等效电路。由图可知，这种电路的 LC 并联谐振回路中的电感L有首端、中间抽头和尾端三个端点，其交流通路分别与放大电路的基极、发射极（地）和集电极相连，反馈信号取自电感L_2上的电压。因此，习惯上将这种电路称为电感三点式 LC 振荡器，或叫电感反馈式振荡器，也称为哈特莱（Hartley）振荡器。

不难看出，这是一个共射振荡电路，其 b、c 极间有反相关系。假定基极信号为正的半周，那么，三极管集电极信号电压就为负的半周。又因为电感线圈的 2 端交流接地，根据自耦变压器的极性关系可知，此时 1 端的信号电压对地来说应为正的半周，与原假定基极信号的相位一致，满足振荡的相位条件。

由图 7-9 还可以看出，电感线圈L_2这一部分是向三极管 b、e 极间提供反馈信号的。L_2圈数的多少决定反馈量的大小，这也就关系到振幅起振条件。

在绕制电感线圈L时，只要在 1/4～1/8 处抽个头（2 端）即可，至于在何处抽头最好，要结合整个电路共同考虑，最后还要在实践中反复调试决定。

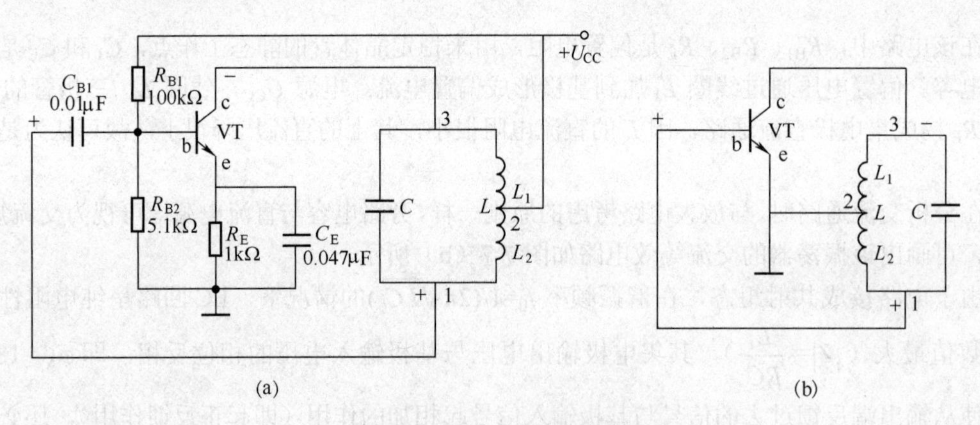

图 7-9 电感三点式振荡器

（a）电路图；（b）交流等效电路

实际使用中，其振荡频率仍可按 $f_0=1/(2\pi\sqrt{LC})$这一公式进行计算，但应注意，这里的 L 是整个线圈的电感，有

$$L=L_1+L_2+2M \tag{7-21}$$

式中，M 为 L_1 和 L_2 之间的互感系数。在制作时往往只用总电感量 L 来计算频率，用 L_1 和 L_2 的圈数比来估计反馈量及阻抗匹配的关系。

电感三点式振荡器的工作频率范围可从数百千赫到数十兆赫，其振荡频率调节十分方便，通常改变电感作初调，改变电容作细调。因此，在收音机、电视机、高频信号发生器中应用很广。但由于反馈电压取自电感，对高次谐波（相对于 f_0 而言）阻抗大，因而引起振荡回路输出谐波分量增大，振荡波形的质量不是太好。

7.3.4 电容三点式振荡器

图 7-10（a）所示为电容三点式振荡器原理图。直流电源通过 R_E 加到三极管集电极，C_{B1} 是隔直耦合电容，C_E 是发射极旁路电容。L 和 C_1、C_2 组成的振荡回路接在集电极与基极之间，C_2 接在集电极与发射极之间。因此，C_1、C_2 串联后既是 LC 回路的总电容，又构成了由 C_1、C_2 分压的反馈电容，反馈信号从 C_2 上取出。从图 7-10（b）所示的交流通路可见，C_1 和 C_2 串联后也是三个端点分别与三极管的三个极相连，因此成为电容三点式振荡器，或叫电容反馈式振荡器。

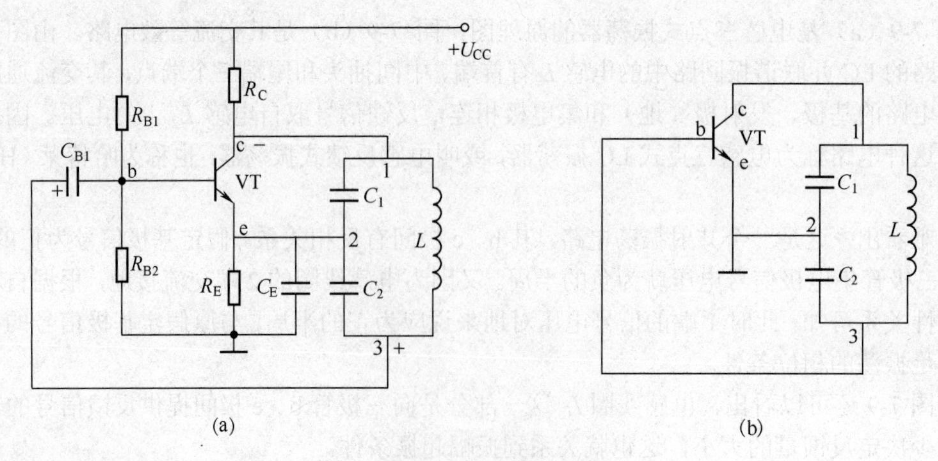

图 7-10 电容三点式振荡器

（a）电路图；（b）交流等效电路

电容三点式振荡器与电感三点式振荡器一样，都是接成共射振荡电路，都具有 LC 并联回路。电容 C_1、C_2 中的三个端点和相位关系与电感三点式也相似，故满足振荡的相位条件。

至于振幅起振条件，只要将晶体管的 β 值适当选大一些，并适当选取比值 C_2/C_1，就有利于起振。一般常取 C_2/C_1=0.01～0.5，在实用上，有时为了方便，也有取 C_1=C_2 的。

这种振荡器的振荡频率仍可按 $f_0=1/(2\pi\sqrt{LC})$这一公式进行计算，其中，C 是 C_1 和 C_2 的串联值，即

$$C=\frac{C_1C_2}{C_1+C_2} \tag{7-22}$$

调节 L 或 C_1、C_2 都可以改变振荡频率，但调节 C_1 或 C_2 会使 C_2 与 C_1 的比值改变，影响反馈信号的大小，甚至造成停振。所以，在实用电路中，通常采用如图 7-11（a）或图 7-11（b）所示的改进型选频网络，这就可解决上述矛盾，并在很大程度上克服了它们之间的相互牵制，使电路调节方便。例如，若采用图 7-11（a）所示的选频网络，则振荡频率仍按 $f_0=1/(2\pi\sqrt{LC})$ 计算时，其中 $1/C=1/C_1+1/C_2+1/C_3$，通常取 C_3 远小于 C_1 和 C_2，则 C_1 和 C_2 对频率的影响甚微，完全可以通过调节 C_3 来调节振荡频率的高低。

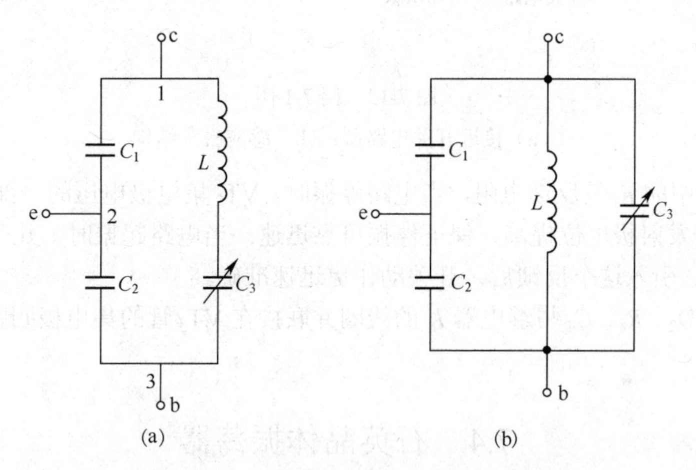

图 7-11　电容三点式振荡器改进型选频网络

（a）串联电容 C_3；（b）并联电容 C_3

由于电容对高次谐波呈低阻抗，高次谐波分量受到抑制，因而输出波形好，这种振荡器的工作频率范围可从数百千赫到一百兆赫以上，在调幅和调频接收机或要求高的高频信号发生器中得到广泛应用。

例 7-1　图 7-12（a）是一种半导体接近开关电路，由 LC 振荡器、开关电路和输出级三部分组成。图 7-12（b）表示感应磁头结构，三个电感线圈绕在同一个磁芯上。图上移动的金属体代表接近开关的接近体（如机床上的挡块）。试分析该接近开关的工作原理。

解　接近开关是一种当被测物（金属体）接近（而不是接触）它到一定距离时，能自动发出动作信号的电器。由于它具有不接触、使用寿命长、稳定可靠等优点，在工业控制等场合已被广泛采用。

LC 振荡器是接近开关电路的主要部分，其中 L_2C 组成选频网络，L_1 是反馈线圈，L_3 是输出线圈。三个线圈绕在感应磁头的同一个磁芯上。当没有金属体靠近感应磁头时，振荡电路维持振荡，在 L_3 上感应出正弦交流电压，经二极管 VD_1 整流后，在三极管 VT_2 的基极和发射极间得到一个正向电压，使 VT_2 处于饱和状态，$u_{CE2}\approx0$，导致 VT_3 截止，输出级无电流输出，继

电器 K 释放。当有金属体靠近感应磁头时，在金属体内感应有无涡流，由于涡流的去磁作用，使 L_1 上的反馈电压下降，迫使振荡停止，L_3 无交流输出，VT_2 截止，VT_2 集电极上的高电位使 VT_3 导通，继电器 K 吸合。当金属体离开感应磁头时，振荡器又恢复振荡。继电器的释放与吸合使其触头断开与闭合，从而可以达到控制、测量及安全保护的目的。

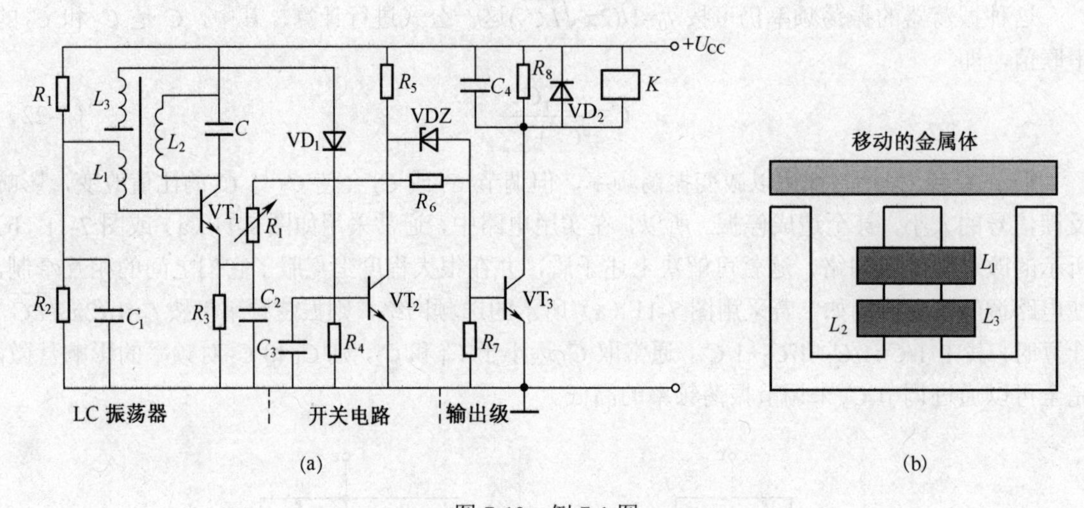

图 7-12　例 7-1 图

（a）接近开关电路图；（b）感应磁头结构

图 7-12（a）中的 R_f 是反馈电阻，当电路停振时，VT_2 集电极电压的一部分通过 R_f 反馈到 R_3 上，使 VT_1 的发射极电位提高，保证停振可靠迅速。当电路起振时，几乎没有反馈，使振荡电路起振迅速。引入这个反馈后，开关动作更迅速准确。

图 7-12 中 VD_2、R_8、C_4 与继电器 K 的线圈并联接在 VT_3 管的集电极回路，起到保护输出级的作用。

7.4　石英晶体振荡器

在工程应用中，有时要求正弦波振荡器的振荡频率非常稳定，如通信系统中的射频振荡器、数字系统的时钟产生电路等。因此，需要引用“频率稳定度”来作为衡量振荡器的质量指标之一。频率稳定度一般用频率的相对变化量来表示，即用 $\Delta f/f_0$ 表示，有时附加时间条件，如一小时或一天内的频率相对变化量。

不难看出，对于 LC 振荡器，LC 谐振回路的 Q 值对频率的稳定度有较大影响。Q 值愈大，频率稳定度愈高。因为 $Q=\omega_0 L/R=(1/R)\cdot\sqrt{L/C}$。所以，为了提高 Q 值，应尽量减少回路的损耗电阻 R，并加大 L/C 值。但对于 LC 振荡器来说，其 Q 值只能达到数百，稳定度一般只能达 1×10^{-4}。如果要求获得更好的稳定度，往往需采用石英晶体振荡器，它可达 1×10^{-9}～1×10^{-11}。

石英晶体振荡器，就是用石英晶体谐振器取代 LC 振荡器中的 L、C 元件所组成的正弦波振荡器。

7.4.1　石英晶体谐振器的阻抗特性

石英晶体是一种各向异性的结晶体，其化学成分是二氧化硅（SiO_2）。石英晶体谐振器也简称为“晶振”，它的结构如图 7-13 所示，中间部分是在一块石英晶片上按一定方位角切下的薄片，称之为“晶片”。晶片的两个对应表面上涂敷银层并装上一对金属极板，一般再用金属外壳密封（也有用玻璃壳或塑料壳密封的）。

假如在晶片上作用一机械力，则石英晶片的表面会带电荷，产生电场。反之，若在石英晶片上加一电场，则晶片会产生机械变形。这种物理现象称为压电效应。若在极板间施加交变电压，则会在石英晶片内产生与电场频率相同的机械变形振动；同时，机械变形振动又会引起晶片表面产生交变的电荷。当用石英晶体谐振器构成回路时，回路中若有交变电流经晶片流通，晶片的机械变形振动幅值将与此电流有关。一般来说，这种机械振动的振幅是极微小的，而其振动频率则是很稳定的。但当外加交变电场的频率与晶片的固有频率（取决于晶片的尺寸）相等时，机械振动的幅度将急剧增加，回路的交流电流达到最大值。这种现象称为压电谐振，这个振动频率称为石英晶体谐振器的谐振频率。

石英晶体谐振器的压电谐振现象可用图 7-13（b）所示的等效电路来模拟。等效电路中的 C_0 为晶片与金属板构成的静电电容，L 和 C 分别模拟晶体的质量（代表惯性）和弹性，晶片振动时，因摩擦而造成的损耗则用电阻 R 来等效。石英晶体具有很高的质量与弹性的比值（等效于 L/C），因而它的品质因素 Q 很高，可达 1×10^4～5×10^5。例如，一个 4MHz 的石英晶体谐振器，其典型参数为：L=100mH，C=0.05pF，C_0=5pF，R=100Ω，Q=25000。

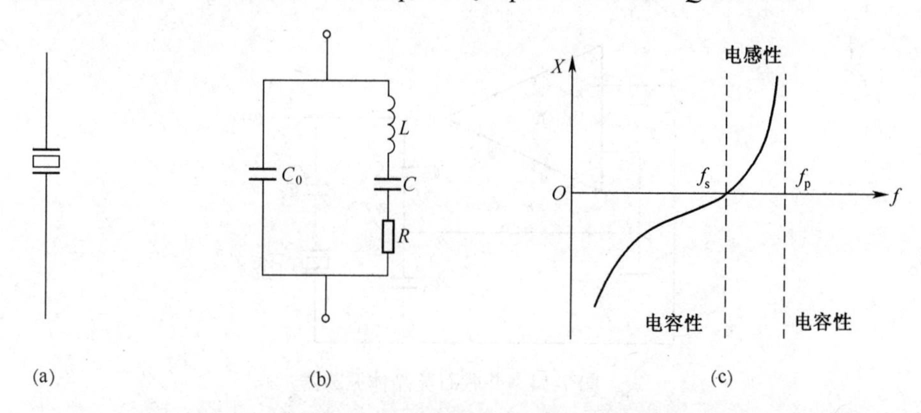

图 7-13　石英晶体谐振器的等效电路与阻抗特性

（a）代表符号；（b）等效电路；（c）阻抗-频率响应特性

石英晶体谐振器在电路中的作用，可用其阻抗特性来表示。图 7-13（c）表示了它的电抗－频率响应特性。可以看出，当频率很低时，两个支路（见图 7-13（b））的容抗很大，因此等效电抗的性质由电容起支配作用，故是电容性电抗。随着频率的增加，容抗减小，当 $f=f_s$，即等于晶片的固有频率时，R、L、C 支路产生串联谐振，此时电抗 $X=0$，当 $f>f_s$，等效电抗的性质由电感起支配作用，变成电感性电抗。当 $f=f_p$ 时，两个支路的容抗 $1/(\omega_p C_0)$和感抗 $\omega_p L-(1/\omega_p C)$大小相等，产生并联谐振，即电抗 $X\to\infty$；当 $f>f_p$ 时，C_0 的容抗起支配作用，故等效电抗又变成电容性电抗。

综上所述，可知石英晶体谐振器有两个谐振频率：

（1）当 R，L，C 支路发生串联谐振时，其谐振频率为

$$f_s=\frac{1}{2\pi\sqrt{LC}} \tag{7-23}$$

（2）当 R，L，C 支路与 C_0 发生并联谐振时，其谐振频率为

$$f_p=\frac{1}{2\pi\sqrt{LC}}\cdot\sqrt{1+\frac{C}{C_0}}=f_s\cdot\sqrt{1+\frac{C}{C_0}} \tag{7-24}$$

由于 $C<<C_0$，因此，f_s与f_p很接近。在这两个谐振点范围内，石英晶体谐振器是电感性的，故晶体可作为一个电感元件参与振荡器工作。且它的 Q 值很高，性能稳定，频率的稳定度很好。

7.4.2 典型石英晶体振荡器

石英晶体振荡器电路的形式是多种多样的，但归结起来，其基本电路只有两类，即并联晶体振荡器和串联晶体振荡器。前者石英晶体以并联谐振的形式出现，它是利用晶体作为一个高 Q 值的电感组成振荡电路；而后者则以串联谐振的形式出现，它是利用晶体工作在 f_s 时阻抗最小的特点（此时相当于纯电阻元件），作为电阻组成振荡器。

图 7-14 所示电路是一个典型的并联石英晶体振荡器。结合参看图 7-13（c）可知，从振荡的相位条件出发来分析，这个电路的振荡频率必须在 f_s 与 f_p 之间，也就是说，晶体在电路中起电感作用。显然，图 7-14 所示振荡器属于电容三点式 LC 振荡器，振荡频率由谐振回路的参数（C_1、C_2、C_s 和石英晶体的等效电感 L_{eq}）决定。但由于通常都要求 $C_1>>C_s$，$C_2>>C_s$，所以，振荡频率主要取决于石英晶体与 C_s 的谐振频率。由于石英晶体在频率为 f_s 与 f_p 之间作为一个等效电感，其值 L_{eq} 很大，而 C_s 又很小，因而使得谐振回路的 Q 值很高，故频率稳定度很好。

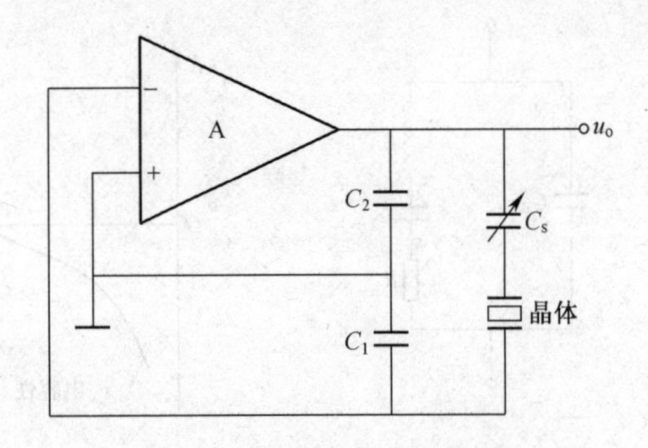

图 7-14 并联石英晶体振荡器

把图 7-2 所示 RC 桥式振荡电路中串并联选频网络的串联电阻 R 用石英晶体谐振器取代，并选并联电阻 R 的值等于晶体串联谐振时的等效电阻值，就构成了一个典型的串联石英晶体振荡器。

本章小结

正弦波振荡器由放大电路、反馈网络、选频网络和稳幅环节组成。电路产生稳定自激振荡的条件为 $\dot{A}\dot{F}=1$，即必须同时满足振幅条件 $|\dot{A}\dot{F}|=1$ 和相位条件 $\varphi_A+\varphi_F=2n\pi$ （$n=0$，1，2，…），才能维持正弦振荡。起振条件则除 $\varphi_A+\varphi_F=2n\pi$ 外，还必须满足 $\dot{A}\dot{F}>1$。放大电路 $\dot{A}$ 主要为满足振幅起振条件和维持振荡稳定的条件，反馈网络 $\dot{F}$ 主要是为满足振荡的相位条件。其中，$\dot{A}$ 或 $\dot{F}$ 兼有选频特性。按选频网络所用元件的不同分为 RC、LC 和石英晶体三种正弦波振荡器。

串并联 RC 振荡器用串并联 RC 电路作选频网络，振荡频率为 $f_0=1/(2\pi RC)$，起振条件是 $A\geqslant3$。常用于产生低频正弦波信号。

LC 振荡器采用 LC 谐振回路作选频网络，振荡频率较高，振荡频率近似为谐振回路的谐振频率 $f_0=1/(2\pi\sqrt{LC})$。这种振荡器有变压器反馈式、电感三点式和电容三点式三种。

石英晶体振荡器有并联石英晶体振荡器和串联石英晶体振荡器两类，由于晶体等效谐振回路的 Q 值很高，因而振荡频率有很好的稳定度。

本章知识逻辑线索图

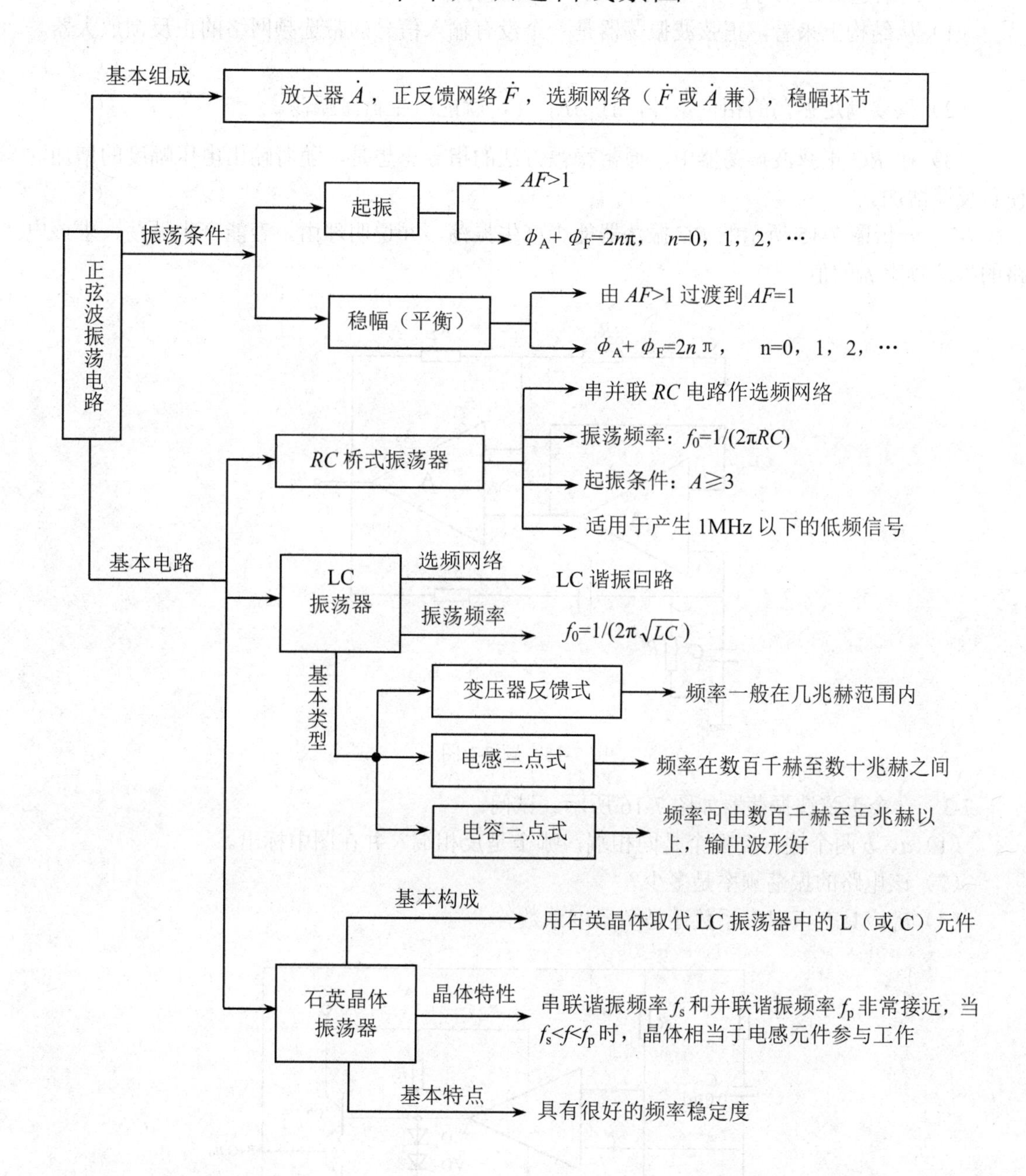

习题 7

7-1 判断题（在括号内正确的打“√”，错误的打“×”）。

（1）从结构上来看，正弦波振荡器是一个没有输入信号的带选频网络的正反馈放大器。（ ）

（2）只要满足振荡的相位条件，且$\left|\dot{A}\dot{F}\right|=1$，就能产生自激振荡。（ ）

（3）在 RC 正弦波振荡器中，通常稳幅方法的指导思想是，随着输出电压幅度的增加，使负反馈增加。（ ）

7-2 分析图 7-15 所示的 RC 振荡器能否产生振荡，并说明理由。若能产生振荡，求该电路的振荡频率 f_0 的值。

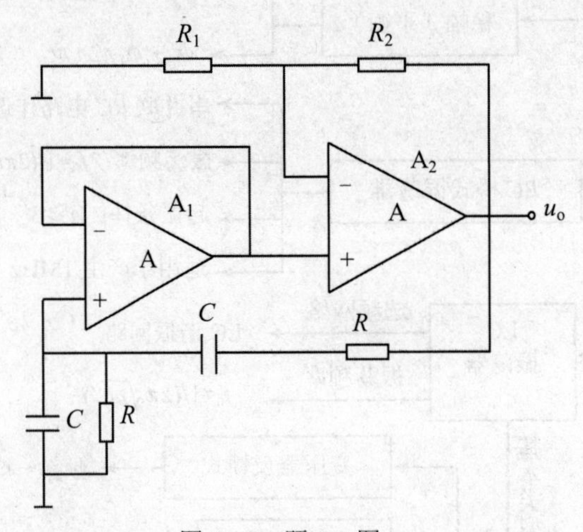

图 7-15 题 7-2 图

7-3 一个正弦波振荡器如图 7-16 所示。试问：

（1）a、b 两个输入端哪个是同相端，哪个是反相端？并在图中标出。

（2）该电路的振荡频率是多少？

（3）R_t 应具有正温度系数还是负温度系数？

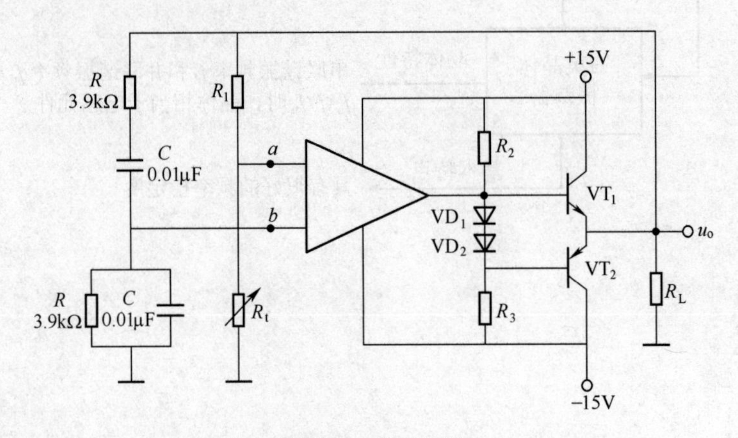

图 7-16 题 7-3 图

7-4 试分析图 7-17 所示正弦波振荡电路是否有错误？如有错误请改正。

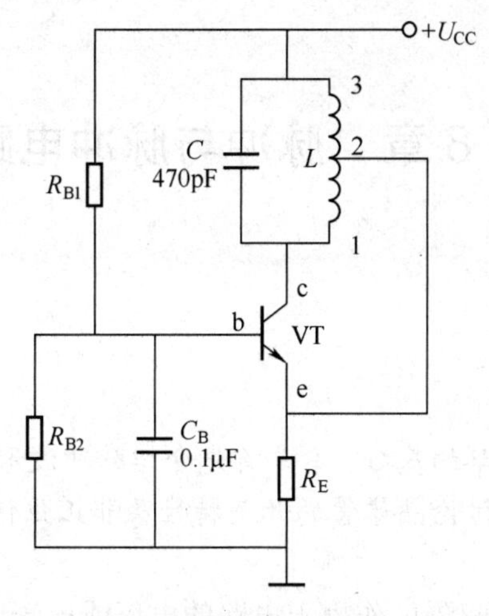

图 7-17　题 7-4 图

7-5　设图 7-18 所示电路的运放是理想器件。试分析电路是否可能产生正弦振荡？如能振荡，晶体在电路中作为什么元件（电阻、电感、电容）参与工作？能满足起振振幅条件的 R_f 最小值是多少？

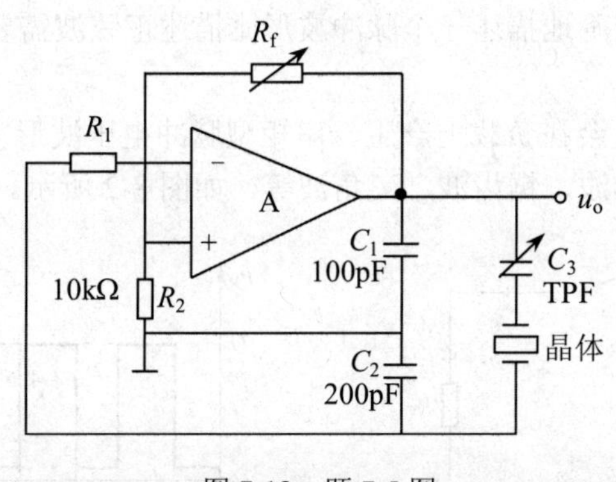

图 7-18　题 7-5 图

第 8 章　脉冲与脉冲电路

脉冲和脉冲电路是数字电路的基础。本章首先介绍脉冲波形及其参数，继而讨论 RC 电路的充放电规律及其应用，最后讨论晶体管的开关特性及非正弦信号频谱。

脉冲信号是指短暂的时间间隔内作用于电路的电压或电流。广义而言，凡按非正弦规律变化的电压和电流都可称为脉冲波。

8.1　脉冲波形及其参数

脉冲波形多种多样，准确地描述一个脉冲波形比描述正弦波需要更多的参数。

1. 常见的脉冲波形

一个不断开合的电键，会在负载上产生一串矩型脉冲电压波形（见图 8-1）。脉形波形很多，常见的还有方波、梯形波、锯齿波、三角波等，如图 8-2 所示。

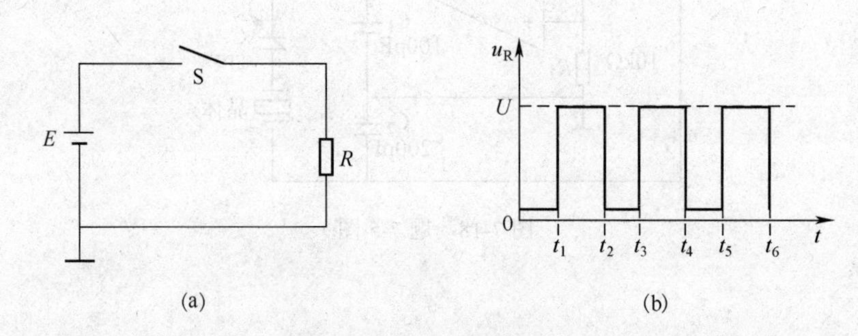

图 8-1　简单的脉冲电路

（a）电路；（b）脉冲波形

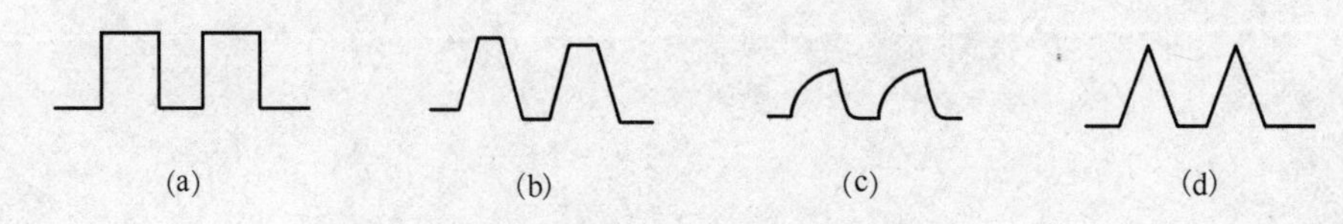

图 8-2　几种常见脉冲波形

（a）方波；（b）梯形波；（c）锯齿波；（d）三角波

2. 波形的主要参数

理想的脉冲波形只有三个参数，如图 8-3（a）所示，即脉冲幅度 E、脉冲周期 T 和脉冲宽度 T_w。

实际的脉冲波形要复杂一些，描述它的参数有以下几种，参见图 8-3。

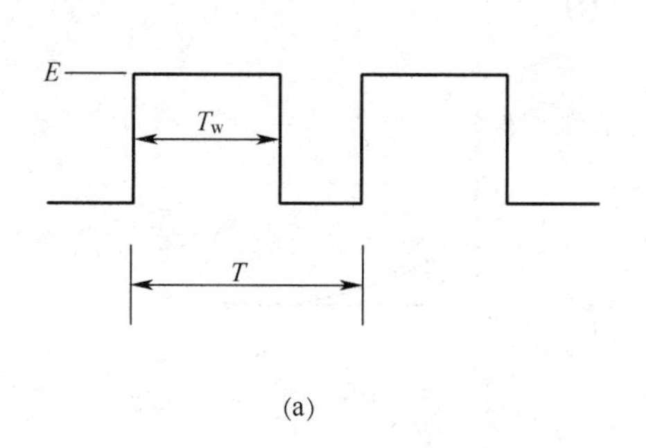

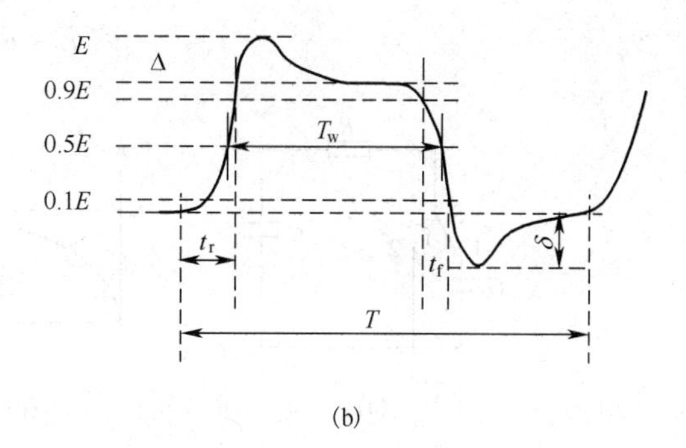

图 8-3 脉冲波形的参数

（a）理想脉冲波形；（b）实际脉冲波形及其参数

（1）脉冲幅值 E——脉冲从起始值到峰值之间的变化量称为脉冲幅值。

（2）脉冲上升时间 t_r——指脉冲由起始值上升到峰值所需时间，但较严格的定义是由 0.1E 上升到 0.9E 所需要的时间，t_r 愈短，脉冲上升得愈快。

（3）脉冲下降时间 t_f——指脉冲在脉冲后沿由 0.9E 下降至 0.1E 所需时间，t_f 愈短，脉冲下降得愈快。

（4）脉冲周期 T——对于周期性重复脉冲，指前后相邻脉冲的间隔时间，其倒数为脉冲重复的频率。

（5）脉冲宽度 T_w——指脉冲前沿与脉冲后沿的 0.5E 处两点间的时间间隔，又称脉冲持续期。

（6）占空比 ρ——指脉冲宽度 T_w 与脉冲周期 T 的比值，有

$$\rho=\frac{T_w}{T}$$

（7）前冲 Δ——指脉冲前沿越过 E 的部分。

（8）后冲 δ——指脉冲后沿低过起始值的部分。

一般希望 Δ 和 δ 越小越好。

8.2 RC 电路的过渡过程

利用 RC 电路的充放电过程，可以对脉冲波形进行变换。

8.2.1 电容的充放电现象

如图 8-4 所示电容充放电电路，设开关 S 在位置“2”时，电容 C 未储存电荷，两端电压 $u_c=0$，当开关 S 从“2”位置转换到位置“1”时，电路接通，电源 G 对电容 C 充电。其动态过程是：当电路接通电源瞬间，$t=0_+$ 由于电容 C 上无电荷，其两端电压 u_c 为零，相当于短路，此时，充电电流 $i_c(t)$最大，为 $i_c(t)=\dfrac{E}{R}$，E 为电源 G 的电动势，电阻两端电压 $u_R=E$。随着时间的推移，电容器上电荷逐渐积累，其两端电压 u_c 也逐渐升高，充电电流 $i_c(t)=\dfrac{E-u_c}{R}$ 却随之下降，同时 u_R 也随之下降。待到电容电荷充满，电容两端电压达到最大值，即 $u_c=E$，充电电流降为零，u_R 也为零，电容充电完毕，电路进入稳态。以上过程的充电曲线见图 8-4（b）。充电过程可以用数学作以下的描述

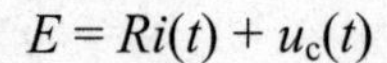

$$E = Ri(t) + u_c(t)$$

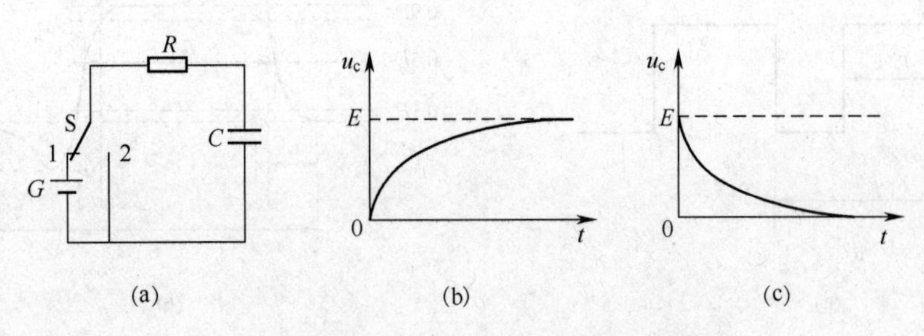

图 8-4　电容充放电电路和充放电曲线

（a）电容充放电电路；（b）充电曲线；（c）放电曲线

而 $i(t) = C\dfrac{\mathrm{d}u_c(t)}{\mathrm{d}t}$，故有微分方程

$$RC\frac{\mathrm{d}u_c}{\mathrm{d}t} + u_c = E \tag{8-1}$$

分离变量得

$$\frac{\mathrm{d}(u_c - E)}{(u_c - E)} = -\frac{1}{RC}\mathrm{d}t$$

解得

$$u_c = E(1 - \mathrm{e}^{-\frac{t}{RC}})$$

$$i_c(t) = C\frac{\mathrm{d}u_c}{\mathrm{d}t} = \frac{E}{R}\mathrm{e}^{-\frac{t}{RC}}$$

$$u_R = E - u_c = E\mathrm{e}^{-\frac{t}{RC}} \quad (t \geqslant 0)$$

电容器充电完毕后，如果把开关 S 转换到位置“2”，则电容会通过电阻 R 放电，电容放电电流和充电电流方向相反。仿照上述分析方法分析放电过程可得

$$u_c = E\mathrm{e}^{-\frac{t}{RC}} \quad (t \geqslant 0) \tag{8-2}$$

$u_c(t)$随 t 变化的曲线，称为放电曲线，见图 8-4（c）。

充电过程和放电过程都是动态过程，也称为过渡过程。

RC 称为充放电时间常数，用 τ 表示，τ 越大，充电或放电时间越长，一般为 $3\tau \sim 4\tau$。

8.2.2　RC 电路的应用

RC 电路是脉冲波形变换的基本电路，保持脉冲波形在传输过程中减少失真也常用到 RC 电路。下面对此作一简介。

1．RC 微分电路

如图 8-5（a）所示的 RC 电路，输入端加一理想方波，输出电压 u_o 由电阻两端取出。如果时间常数 $\tau <<$ 脉冲宽度 T_w，则此电路称为微分电路，在它的输出端将得到正负相间的尖脉冲，如图 8-5（b）所示。

在 $t=t_1$ 时，输入电压 u_i 由 0 突变为 u_m，在这一瞬间，电容上无电荷，相当于短路，$u_c=0$，输入电压 u_i 全部降在电阻 R 上，则输出电压 u_o 产生一个正跳变，即为 u_m 值。随后（$t>t_1$）电容上电压按指数规律快速上升，输出电压 u_o 随之按指数规律相应地下降。当时间经过 $3\tau \sim 4\tau$ 时，电容充电已满，电容电压接近稳态值 u_m，输出电压 u_o 相应地下降为零。$\tau=RC$ 的值愈小，上述过程进行得愈快，输出的正尖脉冲也愈窄。

当 $t=t_2$ 时，输入电压 u_i 由 u_m 向下跳变到 0，这样，整个电路在输入端突然被短路，电容两端电压全部加到电阻 R 上，此时电容的正端恰好接地，则 $u_o=-u_m$。接着电容沿 RC 回路放电，其端电压 u_c 按指数规律减小，输出电压 u_o 则按指数规律上升，同样，经过时间 $3\tau \sim 4\tau$，放电完毕，输出端得到一个负的尖脉冲。

要将输入端矩形波变为尖脉冲，要求 $\tau = 0.1T_w \sim 0.2T_w$。

比较输出与输入电压间的关系，显然有

$$u_o(t) \propto \frac{du_i(t)}{dt}$$

因为当 u_i 从 0 跳到 u_m，则 $\frac{du_i}{dt} \to \infty$，即形成正向冲激尖脉冲，当 u_i 又从 u_m 降到 0 时，则 $\frac{du_i}{dt} \to -\infty$，形成负向冲激尖脉冲。这就是“微分电路”称呼的来由。

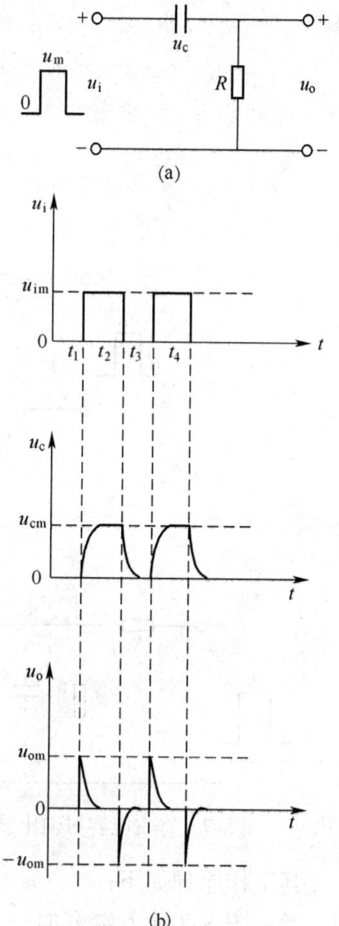

图 8-5　RC 微分电路及波形图

（a）微分电路；（b）波形图

2. RC 积分电路

如果将 RC 电路的输出取自电容两端，如图 8-6（a）所示，而且 $\tau >> T_w$，则称此电路为积分电路，它能将输入矩形脉冲变为锯齿波。

在 $t=t_1$ 时，输入电压 u_i 由 0 突变到 u_m，类似前面的分析。电容两端电压不能突变，$u_c(0)=0$。当 $T_w+t_1>t>t_1$ 时，电容充电，由于 $\tau >> T_w$，u_c 虽按指数规律上升，但速度缓慢，近似于一斜升直线。在 $t=t_2$ 时，电容器上电荷尚未充满，$u_c<u_m$，但 u_i 已从 u_m 跳回到 0，此时电容开始放电，输出电压 u_o 将按指数规律缓慢下降。

因此从电容两端电压变化过程来看，u_o 为锯齿波如图 8-6（b）所示。u_o 的一个充放电波形下的面积近似为一个直角三角形（将放电部分沿纵轴翻转 180°粘贴到充电部分上端），与输入 u_i（见图 8-6（b））对时间的积分结果相近。即

$$u_o \approx \int_{t_1}^{t_3} u_i dt$$

说明输出 u_o 与输入 u_i 之间有积分关系，这就是“积分电路”称呼的由来。

3. RC 脉冲分压器

在脉冲信号传输过程中，为了控制脉冲信号的强弱，通常在电路中接入一个脉冲衰减器，即脉冲分压器。脉冲分压器不能采用简单的电阻分压关系，否则电路会产生波形失真，这是因为其输出端存在着由导线分布和其他原因产生的寄生电容 C_0，并联于输出端（如图 8-7 所示），类似于图 8-6 所示的积分电路，使输入的阶跃信号变成了锯齿信号，波形失真。

为此，人们设计了如图 8-8 所示的脉冲分压器电路，它是电阻 R_1 上并联一个补偿电容 C_1，用 C_1 来补偿寄生电容 C_0 的不良影响。

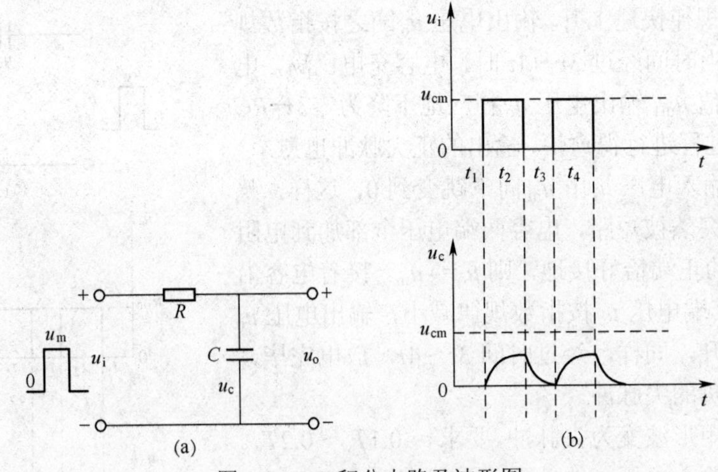

图 8-6 RC 积分电路及波形图

（a）积分电路；（b）波形图

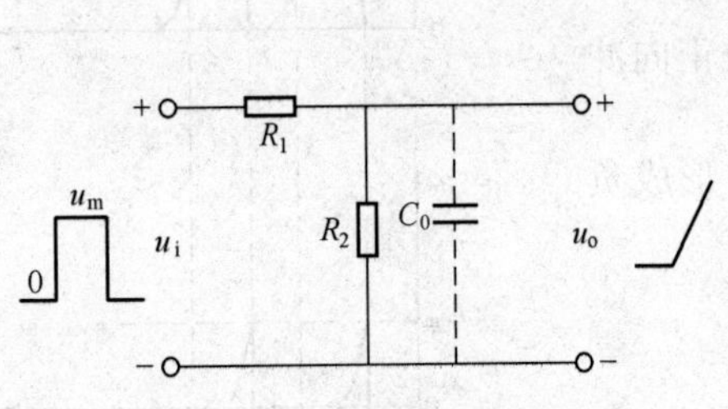

图 8-7 寄生电容对输出波形的影响

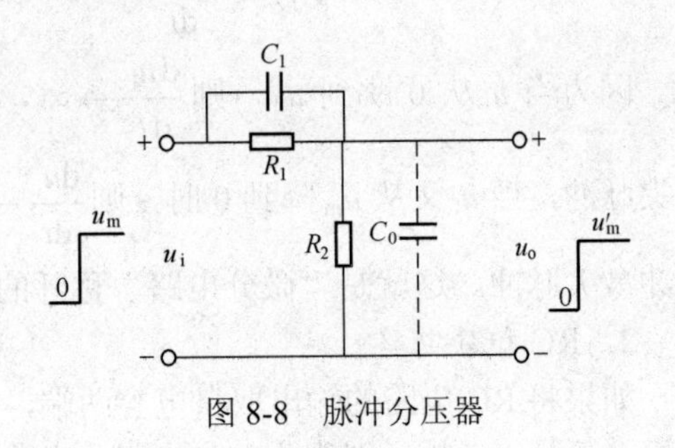

图 8-8 脉冲分压器

其工作原理如下：

当在图 8-8 输入端突加一个正跳变脉冲电压 u_i，在 u_i 由零跳变到 u_m 瞬间，由于 C_1 和 C_0 此时相当于短路，必有一充电电流经 C_1 和 C_0 充电，R_1 和 R_2 中通过电流几乎为零，依电容分压规律，此时输出电压 u_o 为

$$u_o = \frac{C_1}{C_1 + C_2} u_m$$

当输入正跳变脉冲进入平顶阶段后，电容器充电结束（设 $t \leqslant T_W$），C_1 和 C_0 无电流流过，可视为开路。此时电路相当于一个电阻分压器，故有

$$u'_o = \frac{R_2}{R_1 + R_2} u_m$$

如果让上述两个时刻的输出电压相等，输出电压 u_o 就会跟踪输入脉冲电压 u_i 变化，不会产生波形失真。当然，条件是

$$\frac{C_1}{C_1 + C_0} u_m = \frac{R_2}{R_1 + R_2} u_m$$

化简得

$$R_1 C_1 = R_2 C_0$$

故选择补偿电容 C_1 的最佳值是

$$C_1 = \frac{R_2}{R_1} C_0 \tag{8-3}$$

实际上，C_0 牵涉到多方面的因素，无法估值。C_1 是通过实验加以调整（在输出端加示波

器）C_1过小，补偿不足，C_1过大又会出现过补偿现象（波形起始段出现正向尖脉冲）。

4. RC 耦合电路

RC 耦合电路就是 RC 微分电路图 8-5（a），把它接在前级电路与后级电路中间，就成为 RC 耦合电路，不过为了不失真地传送信号，应选取时间常数$\tau \geqslant T_w$。其工作过程如下：

在输入电压u_i由 0 跳到u_m瞬间，电容C相当于短路，u_m全部降落到输出端的电阻R上，如图 8-9 所示，随后，由于时间常数$t \geqslant T_w$，电容缓慢地按指数规律充电，其两端电压缓升，于是输出电压u_o由u_m缓降，形成一个缓降斜坡，当$\tau = T_w$时，u_o仅从u_m下降了$\varDelta \approx \frac{T_w}{(3 \sim 4)\tau} u_m$。此时，$u_i$产生了由$u_m$向 0 的负跃变，$u_o$也从$u_m - \varDelta$负跳到$-\varDelta$，等于电容上的充电电压。此后，电容缓慢放电，输出电压u_o又从$-\varDelta$缓升到接近于零。电容尚未放电完毕，第二个脉冲又到来了，电容又被充电，如此周而复始，电路输出端就输出了一串和输入的一串矩形脉冲对应的直流电平略有倾斜的脉冲，如图 8-9 所示。为说明问题，图中倾斜度画得大些。

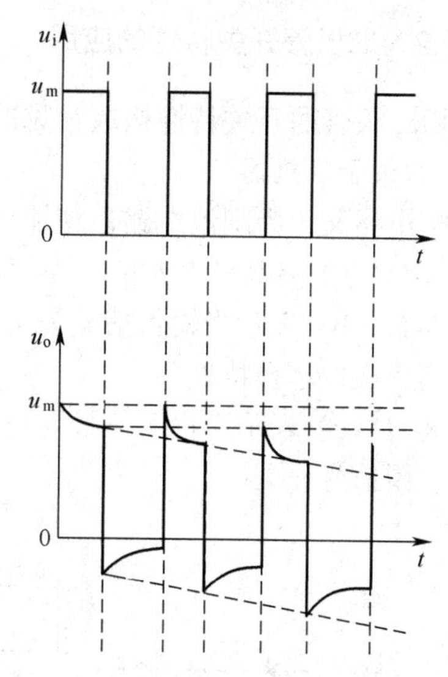

图 8-9 矩形脉冲串作用于电路时稳态渐移过程

8.3 晶体管的开关特性

在脉冲与数字电路中，开关频率很高，机械式开关是无法胜任的，经常使用二极管和三极管作为“开关”。本节讨论晶体二极管和三极管的开关特性。

8.3.1 晶体二极管的开关特性

已在第 3 章中研究过二极管的伏安特性，它可以简化为折线特性，如图 8-10（a）所示。由此可得二极管的开关等效电路，如图 8-10（b）、图 8-10（c）所示。折线特性中的u_T称为二极管开启电压，只有当外加电压大于此电压时。二极管才正向导通。通常硅管的u_T为 0.5～0.7V，而锗管的为 0.1～0.3V，二极管正向导通，$R_0 = \Delta u / \Delta I$很小，如图 8-10（b）所示。二相管导通后，二极管上总压降u_D略大于u_T，硅管为 0.7V，锗管为 0.3V。当外加电压小于u_T或加反向电压时，二极管截止，反向电流甚微，相当于“开路”，如图 8-10（c）所示。这就是二极管的开关特性。

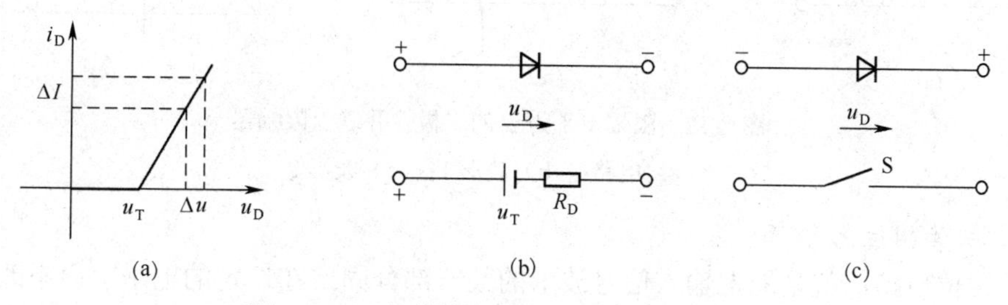

图 8-10 二极管的折线特性及开关等效电路

（a）二极管的折线特性；（b）二极管正向导通；（c）二极管反向截止

8.3.2 二极管开关特性的应用

利用二极管的开关特性构成常见的波形变换电路有限幅电路和钳位电路等。

1. 二极管限幅器

限幅电路又称为削波电路，使输出电压波形的幅度限制在规定电平上。

图 8-11 为限幅电平为 E 的二极管串联下限幅电路及输入输出波形。

图 8-11（b）表示当输入信号为上下尖脉冲，输出限幅的情况。去掉了负向尖脉冲，这样的电路具有极性选择特性。

图 8-11（c）表示当输入信号为正弦信号限幅的情况。实现了波形选择，从杂乱信号中检拾出了有用信号。

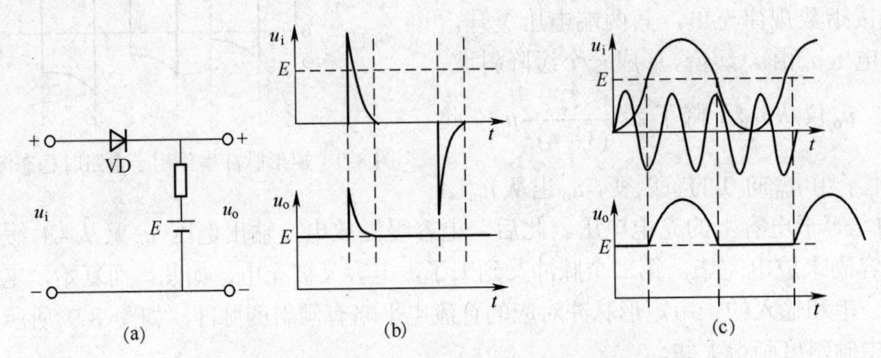

图 8-11 限幅电平为 E 的二极管串联下限幅器

（a）电路；（b）波形 1；（c）波形 2

图 8-12 为限幅电平为 E 的二极管并联上限幅电路及其输入输出波形。

图 8-12（b）表示当输入信号为上下尖脉冲，输出限幅的情况，输出仅对正向尖脉冲加以限幅。图 8-12（c）表示对输入信号进行波形变换，将不太规则的正弦波变成了梯形脉冲，并去掉了输入信号顶部的纹波。

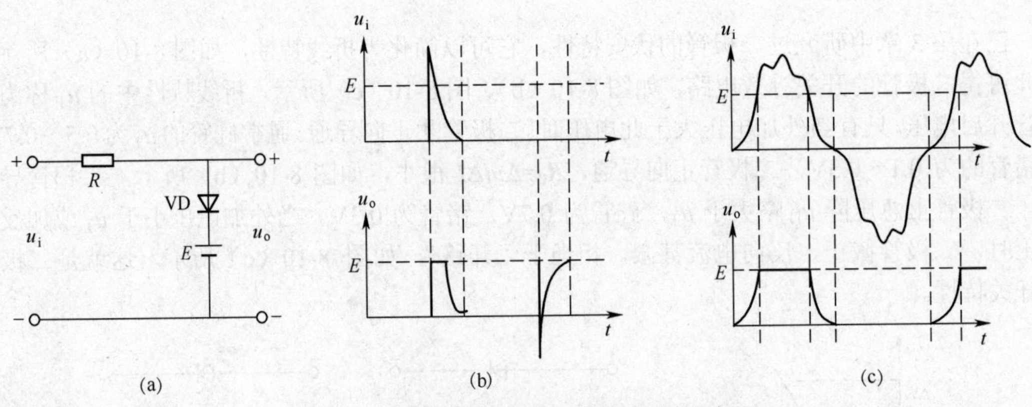

图 8-12 限幅电平为 E 的二极管并联上限幅器

（a）电路；（b）波形 1；（c）波形 2

2. 二极管钳位器

所谓钳位电路，就是能把输入信号波形的某一部分固定在选定的电平上而不改变信号波形形状的电路。图 8-13 是一个基本的钳位电路及其工作波形。钳位电路的元件参数须满足以下条件（记$\tau_{放}$为放电时间常数，$\tau_{充}$为充电时间常数）：

（1）$R>>r_D$（二极管正向电阻）；

（2）输入脉冲宽度 $T_w>3\tau_{充}$；

（3）输入脉冲休止期 $T-T_w<<\tau_{放}$。

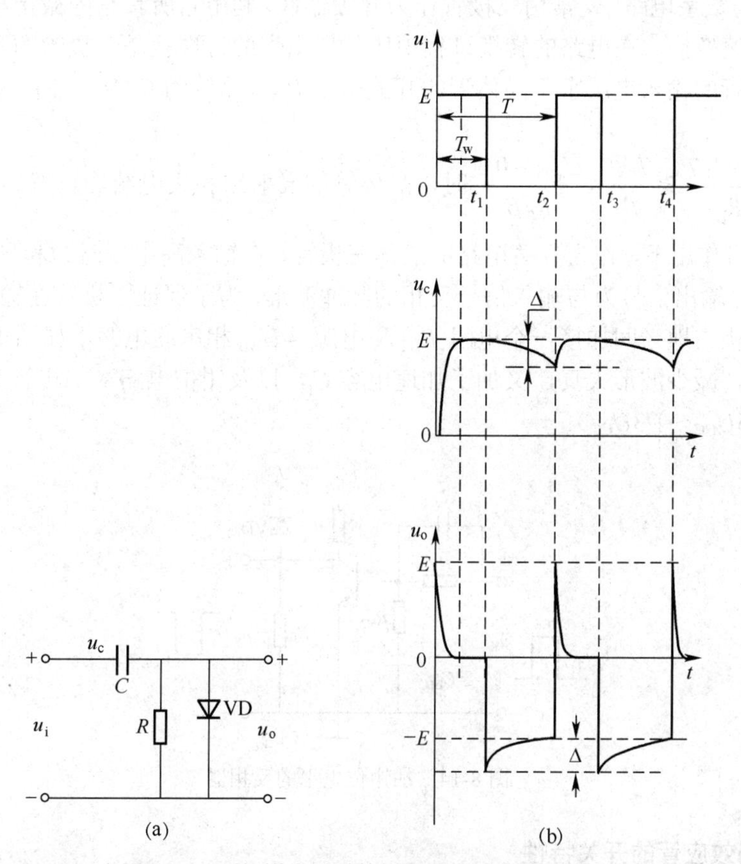

图 8-13　顶部钳位于零的钳位器电路及波形图

（a）电路；（b）波形图

电路的特点是充电快、放电慢。如果输入电压 u_i 为矩形脉冲输入电压，工作过程如下：

当 $t = 0$ 瞬间，u_i 从 0 跃变到 E，电容尚未充电，其电压 $u_C=0$，u_o 也从 0 跃变到 E，二极管 VD 开始正向导通。在 0~ t_1 期间，电容通过 r_D 迅速充电（因 $T_w>3\tau_{充}\approx 3\ r_D\cdot C$），当 $u_C=E$ 时，$u_o= 0$，即在 C 充电过程中，u_o 迅速按指数规律下降到 0，这种情况一直保持到 $t=t_1$。

当 $t=t_1$ 瞬间，u_i 从 u_E 跃变为 0，于是 u_o 由 0 跃变为 $u_o= -u_C = -E$，二极管 VD 截止，电容 C 通过电阻 R 放电，$\tau_{放}\approx RC>>T_w$，在 t_1~t_2 期间，u_c 变化很小一个 Δ，而 u_o 只上升一个 Δ，$u_o= -E+\Delta$。

当 $t=t_2$ 时，u_i 又从 0 上跳到 E，u_o 也随之上跳，增加了 E 幅值，$u_o=\Delta$，输出波形出现幅度为 Δ 的上冲，二极管 VD 又导通，C 又很快充电完毕，u_o 迅速接指数规律下降为 0。

此后再周期性地重复，输出波形形成钳位于零电平的矩形波。

放电回路电阻 R 愈大，放电时间常数愈长，输出波形上形成的上冲幅度 Δu 愈小，波形失真也愈小。

从以上分析可知：

（1）二极管导通时起钳位作用，二极管截止时，电路起耦合作用。

（2）输出波形和输入波形相比略有失真，这是由于电路中电容的充、放电引起的，产生

了 Δ 的偏差，$\tau_{充}$愈小，$\tau_{放}$愈大，这种失真就愈小。

8.3.3 三极管开关特性

已在第 3 章中讨论了晶体三极管。晶体三极管有三个工作区域，即截止区、放大区、饱和区。在脉冲与数字电路中，常用三极管作为开关器件，利用它所具有的截止与饱和工作状态，使电路进行快速换接，在电路的转换过程中所体现出来的特性就是三极管的开关特性。

只要三极管的输入电压小于晶体管的开关电压 U_{th}（锗管为 0.1V，硅管为 0.5V），就工作在截止状态。

当 $i_B=\dfrac{U_i-0.7}{R_B}\geqslant\dfrac{I_{CS}}{\beta}=\dfrac{U_{CC}-0.3}{R_C\beta}$ 时，晶体管的发射结和集电结均正偏，处于饱和导通状态。在脉冲信号作用下，作为开关电路的晶体三极管，在输入高电平时饱和导通，在输入低电平时截止。并且输出信号为与输入信号反相的脉冲波形，为了保证三极管在输入低电平时可靠地截止，在基极与地之间加接一个电阻 R_{B2} 和电源 $-U_{BB}$ 相串联电路，如图 8-14 所示；为了提高工作速度，减少波形失真，又加了加速电容 C_j，以及钳位电路（二极管 VD 和电源 U_{CG}，U_{CG} 一般取 $1/5U_{CC}$～$1/3U_{CC}$）。

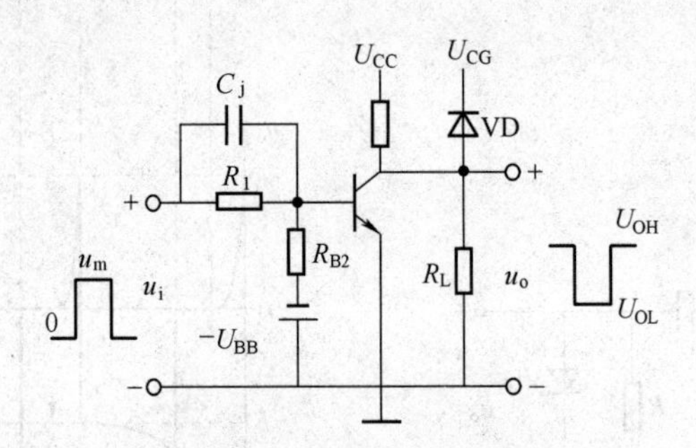

图 8-14 加钳位电平的反相器

8.3.4 场效应管的开关特性

在第 3 章中已讨论过场效应管，场效应管作开关应用时，可以以 MOS 管为例，画出其等效电路如图 8-15（b）所示。

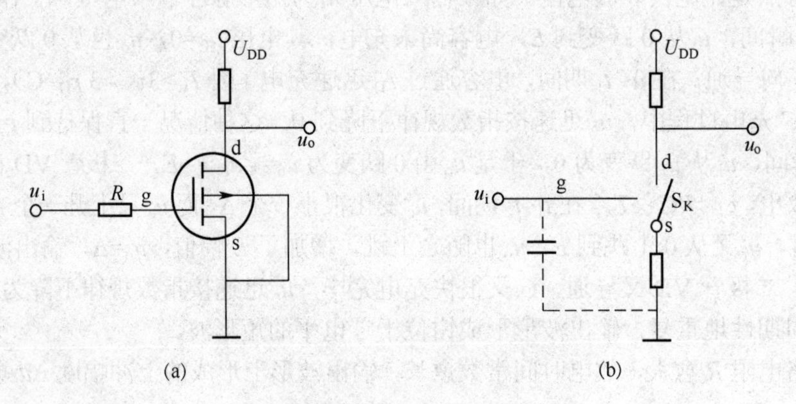

图 8-15 场效应管等效开关原理

（a）PMOS 管原理图；（b）等效电路图

下面讨论其开关特性：

（1）当 NMOS 管 $u_{GS}<U_{TN}$（或 PMOS 管 $u_{GS}>U_{TP}$）时，图 8-15（b）中开关 S_K 断开，d、s 之间相当于断开的开关。

（2）当 NMOS 管 $u_{GS}\geqslant U_{TN}$（或 PMOS 管 $u_{GS}\leqslant U_{TP}$）时，图 8-15（b）中开关 S_K 闭合，d、s 之间导通，导通电阻相当于 r_{DS}，约为几百欧姆。

如果让 u_i 为一序列脉冲，则场效应管就可起开关作用，其幅度在 $0\sim U_T$，$U_T\geqslant|U_{TN}|$或$|U_{TP}|$，那么，u_o 端就会输出类似的序列脉冲。

※8.4　非正弦信号的频谱及选频网络

非正弦信号，不管是否为周期信号，均可按照傅里叶级数，分解为一系列不同频率的正弦量（又称谐波分量）之和。将各次谐波分量的振幅依其频率变化的顺序排列起来，就可以得到信号的振幅频谱。从振幅的频谱上可以清楚看到构成信号的各次谐被分量及其振幅的相对大小。相应的，信号还有相位频谱及能量频谱。

8.4.1　非正弦周期信号的频谱分析

非正弦周期函数频谱中的所有频率都是基波频率 ω 的倍数。如图 8-16 所示。图 8-16（a）中的矩形脉冲的频谱如图 8-16（b）中粗线所示。矩形脉冲的傅里叶展开式为

$$f(t)=\frac{a}{2}+\frac{2a}{\pi}\left(\sin\omega t+\frac{1}{3}\sin 3\omega t+\frac{1}{5}\sin 5\omega t+\cdots\right)=\frac{a}{2}+\sum_{n=0}^{\infty}A_n\sin\omega t$$

式中，A_n 表示各次谐波的振幅；$a/2$ 为直流分量。

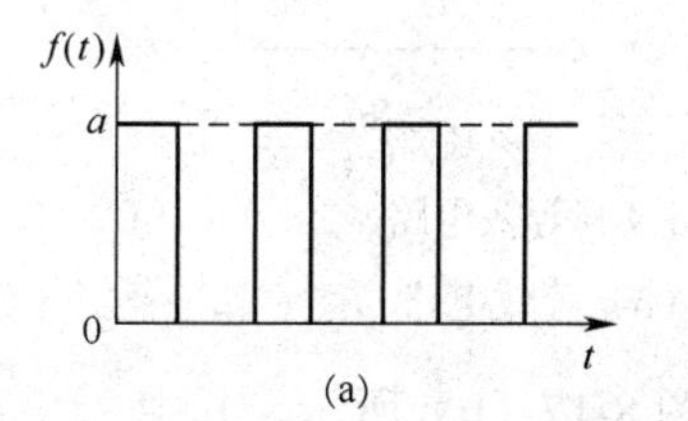

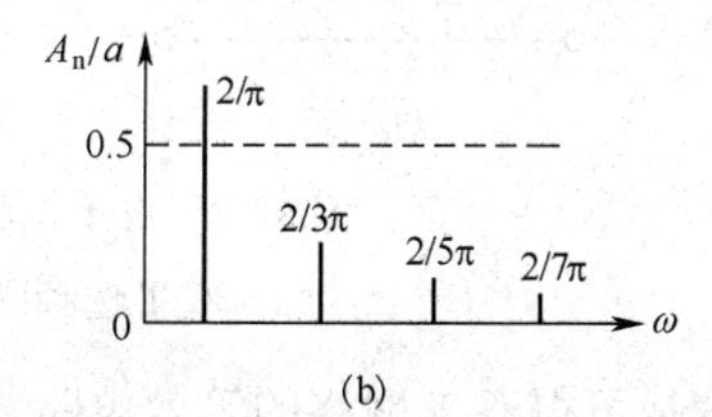

图 8-16　矩形脉冲及其频谱

一般地，任意非正弦信号，可以按傅里叶级数展开为

$$f(t)=A_0+\sum_{n=0}^{\infty}A_n\sin n\omega t+\sum_{n=0}^{\infty}B_n\cos n\omega t$$

在工程技术中，大量遇到的是非周期函数。对于非周期函数，其周期 T 趋于无穷大，其基频 $\omega=\dfrac{2\pi}{T}$ 趋于零，因而频率是连续变化的，其频谱图形是一条连续曲线，称为连续频谱。对应的级数展开式变为积分变换式，称为傅里叶变换。这里不予详述。

下面讨论非正弦周期波的平均功率的计算。

理论和实践证明，非正弦周期信号作用的电路，其平均功率应为直流分量、基波以及每一高次谐波单独产生的平均功率的总和。具体说，若非正弦周期电压，电流为

$$u(t)=U_0+U_{m1}\sin\omega t+U_{m2}\sin 2\omega t+\cdots+U_{mn}\sin n\omega t+\cdots$$

$$i(t)=I_0+I_{m1}\sin(\omega t+\varphi_1)+I_{m2}\sin(2\omega t+\varphi_2)+\cdots+I_{mn}\sin(n\omega t+\varphi_n)$$

则总的平均功率为

$$P = P_0 + P_1 + P_2 + \cdots + P_n + \cdots \tag{8-4}$$

式中，$P_0 = U_0 I_0$，为直流分量单独产生的功率；$P_n = U_n I_n \cos\varphi_n = 1/2 U_{mn} I_{mn} \cos\varphi_n$ 为基波（$n=1$）或 n 次谐波（$n=2$，3，…）各分量单独产生的功率（$n=1$，2，…）。

再依交流电的有效值的定义和叠加原理，可得非正弦周期电压电流的有效值的计算公式

$$I = \sqrt{I_0^2 + I_1^2 + I_2^2 + \cdots} \tag{8-5}$$

$$U = \sqrt{U_0^2 + U_1^2 + U_2^2 + \cdots} \tag{8-6}$$

8.4.2 RC 低通、高通滤波网络

从非正弦周期信号中选出有用的频率成分的电路，称为选频网络或滤波网络。前面讲过的 RC 微分电路和 RC 积分电路就是最简单的选频网络。从物理意义上来讲，是容易理解的。由于电容的容抗 $X_C=1/(\omega C)$，故频率越高，ω 越大，容抗越小，因此，当有非正弦周期信号输入时，对于微分电路，高频分量容易通过；对于积分电路，低频分量容易通过，高频分量被电容短路。故 RC 微分电络为高通网络，RC 积分电路为低通网络。

较为理想的选频网络为 RC 双 T 选频网络，如图 8-17 所示，它由两个 RC 的 T 型网络并联而成，具有较好的选频特性，在一个较窄的频带内具有显著的滤波作用。它可以使频率为 $\omega_0=1/(RC)$的信号完全被“吸收”，无输出，而释放出其他频率的信号，又称为“陷波”电路。

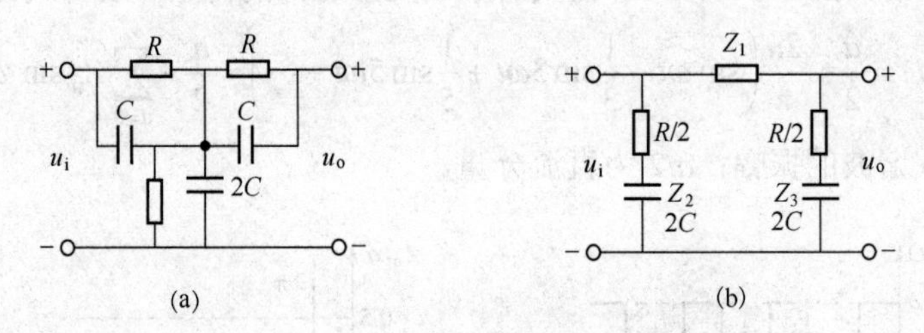

图 8-17 双 T 选频网络及其等效电路

（a）双 T 选频网络；（b）等效电路

利用 Y-Δ 变换可得双 T 网络的等效电路，如图 8-17（b）所示。其中

$$Z_1 = \frac{2R(1 + \mathrm{j}\omega RC)}{1 - \omega^2 R^2 C^2}$$

$$Z_2 = Z_3 = \frac{1}{2}\left(R + \frac{1}{\mathrm{j}\omega C}\right)$$

双 T 选频网络的特性，可结合图 8-17（a）作如下物理上的解释：当信号 $\omega<\omega_0$ 时，低频信号可以从阻抗较小的两个串联电阻 R 上通过；当 $\omega>\omega_0$ 时，高频信号可以从阻抗较小的两个串联电容 C 上通过；对信号中 $\omega=\omega_0=1/(RC)$的分量，由图 8-17（b）和上述 Z_1 公式，阻抗 $Z_1 \to \infty$，信号不能通过双 T 网络。这一点就体现了双 T 网络的选频作用。

本章小结

本章要在了解脉冲波形及其参数的基础上，掌握 RC 电路的充放电规律及其应用，理解晶体管的开关特性；了解非正弦信号频谱的概念。

本章知识逻辑线索图

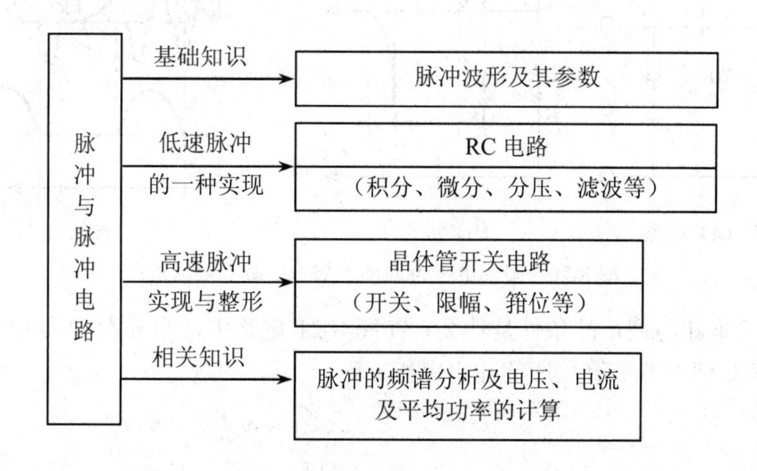

习题 8

8-1　什么是脉冲信号？简述矩形波的主要参数。

8-2　什么是 *RC* 电路的时间常数？它的物理意义是什么？

8-3　在图 8-18 中，若 U_{CC}=10V，C=1μF，电容器开始无储能，把开关 S 由“2”转向“1”时，经过 20ms 后，充电达到 5V，试求电阻 R_1 的值。接着再把开关 S 由“1”转向“2”时，电容器开始放电，初始放电电流为 0.1mA，试求电阻 R_2 的值。

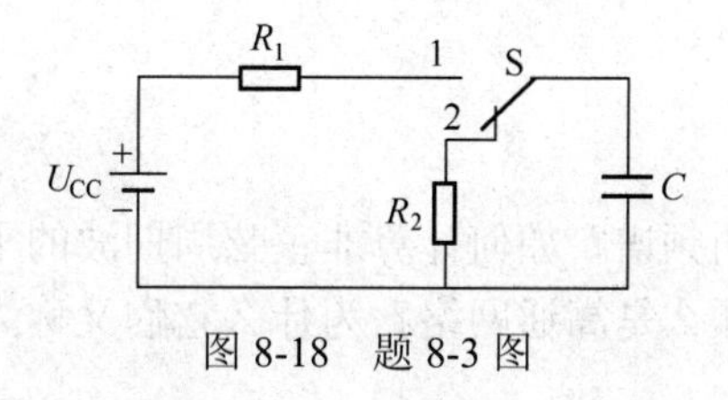

图 8-18　题 8-3 图

8-4　如图 8-19 所示的微分与积分电路中，如果输入矩形脉冲，输出信号的波形是怎样的？微分与积分电路在结构上有什么特征？

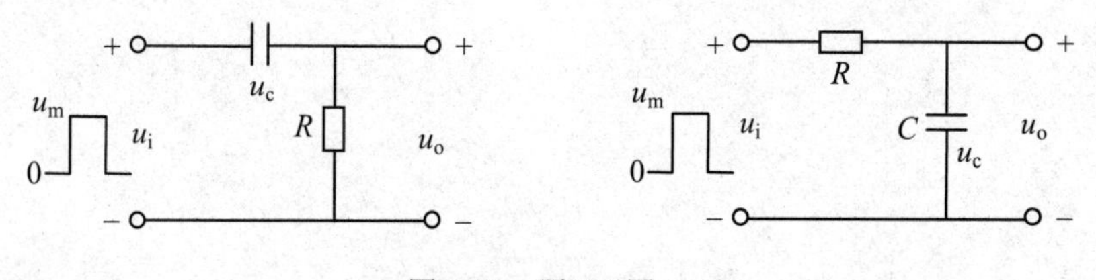

图 8-19　题 8-4 图

8-5　如图 8-20（a）中的二极管的接法作如下改动，请考虑限幅的情况：

（1）二极管 VD 反接。

（2）*E* 短接，即 *E*=0。

（3）*E* 反接。

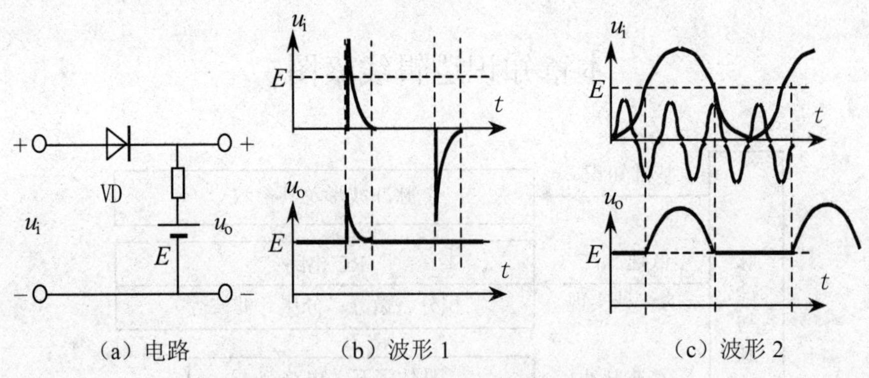

（a）电路　　（b）波形 1　　（c）波形 2

图 8-20　限幅电平为 E 的二极管串联下限幅器

8-6　三极管饱和与截止的条件是什么？在图 8-21 电路中，当 u_i 分别为 0V 和 3V 时，三极管的工作状态如何？并估算相应的输出电压 u_o。

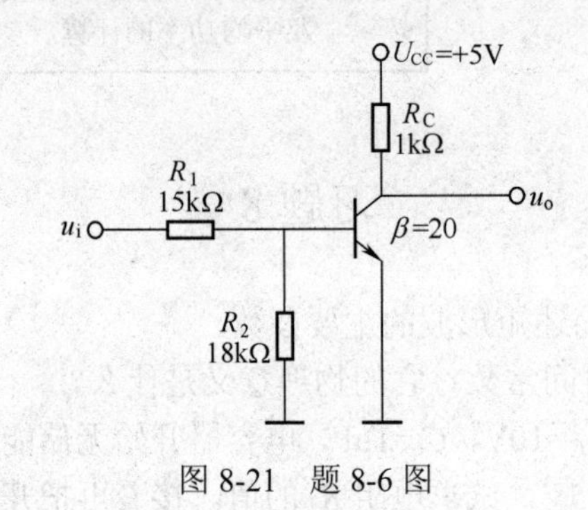

图 8-21　题 8-6 图

8-7　解释三极管开关电路中下列元件的作用：

（1）R_2 和 $-U_{BB}$。

（2）C_j。

（3）VD 和 U_{CG}。

8-8　什么是非周期信号的频谱？如何计算非正弦周期波的平均功率？

8-9　什么是低通网络？什么是高通网络？为什么它们又称为滤波网络？

第9章　数字变量与逻辑函数

上一章讨论了脉冲和脉冲电路，为本章的学习打下了基础。本章讨论数字电路的基本知识，从数制与编码入手，进而讨论基本逻辑函数和基本门电路。再讨论复杂逻辑函数及其简化，以及其门电路的实现，为后两章的学习做好准备。

用于电子电路的信号分为两类：模拟信号与数字信号。所谓模拟信号是在时间上和数值上连续变化的信号。可以用来模拟各种物理量的变化，如：如声音的高低、温度的大小、压力的强弱、变化的电压或电流等。对于模拟信号，它所讨论的是放大增益、频率特性及非线性失真等指标。所谓数字信号常见的定义是一种离散信号，它在时间上和幅值都是不连续的，只发生在一系列离散的时间上。较为严格的定义是幅值被限制在有限个数值之内的信号，如二进制代码信号。可以用来反映物理量的两种差别较大的状态，如电路的通断、机械的动作与否、电位的突变、声音的有无。在电路中表现为信号电流的有无，或信号电平的高低，并用数字“0”和“1”表示。处理模拟信号的电路称为模拟电路，处理数字电路的信号称为数字电路。

数字电路具有极高的可靠性和稳定性。数字信号“0”和“1”易于物理实现和长期存储，并易于用二进制实现编码和运算，因而使数字电路与数字电子技术得以广泛应用，用于航天航空、自动控制、现代生物技术、信息处理与传输、电子计算机等领域。因此数字电子技术也已成为计算机专业的重要课程。

9.1　数制与编码

9.1.1　数制

数字信号的“0”和“1”表示，决定了数字电路用开关元件表现事物的两种状态。诸多的开关元件可以表现0和1按时间顺序组成的序列，这个序列在计算机内部，常采用二进制数。而人们的生活和生产以及社会活动中常用十进制、八进制、十六进制，因此它们之间的相互转换是免不了的。为此，下面详细讨论。

1．数制的基本概念

表示数值大小的各种计数方法称计数体制，简称数制。

用数字量表示物理量的大小时，仅用一位数码往往不够用，因此经常需要用进位计数的方法组成多位数码使用，数制规定了多位数码中每一位的构成方法以及从低位向高位的进位规则。

十进制数有10个数码0～9，逢十进一；八进制有8个数码0～7，逢八进一；十六进制有 16 个数码，0、1、2、…、9、A、B、C、D、E、F，逢十六进一；其中，A 就是十进制的 10，B 就是十进制的 11，依此类推。而二进制数只用两个数码：0、1，并且逢二进一，即 1+1=10（读作壹零）。

总之，r 进制数有 r 个数码，从 0～（r–1），且逢 r 进一。

数码的序列表示一个数，数码在序列中的位置称为“数位”。

位权：每一个数码在不同的数位上代表的数值不同，在某一数位上 1 所代表的值称为该数位的权。例如：十进制的“十”位上的“1”代表“10”，十进制的“十”位上的“3”代表“30”，所以，十进制的“十”位上的“1”的位权是“10”。

一般地，以自然数 0，1，2，…，（r–1）为数码的有 n 位整数位和 m 位小数位 r 进制数可以表示为

$$(N)_{\mathrm{r}} = a_{\mathrm{n-1}}r^{\mathrm{n-1}} + a_{\mathrm{n-2}}r^{\mathrm{n-2}} + \cdots + a_1r^1 + a_0r^0 + a_{-1}r^{-1} + a_{-2}r^{-2} + \cdots a_{-\mathrm{m}}r^{-\mathrm{m}} = \sum_{\mathrm{i}=-\mathrm{m}}^{\mathrm{n}-1} a_{\mathrm{i}}r^{\mathrm{i}} \qquad (9\text{-}1)$$

如：

$$(821.5)_{10} = 8\times10^2 + 2\times10 + 1\times10^0 + 5\times10^{-1}$$

$$(11011.101)_2 = 1\times2^4 + 1\times2^3 + 1\times2^1 + 1\times2^0 + 1\times2^{-1} + 1\times2^{-3}$$

$$(753.57)_8 = 7\times8^2 + 5\times8 + 3\times8^0 + 5\times8^{-1} + 7\times8^{-2}$$

$$(\mathrm{A9.CE})_{16} = 10\times16 + 9\times16^0 + 12\times16^{-1} + 14\times16^{-2}$$

在式（9-1）中，r 称为该进制数基数，a_i 称为该进制数中第 i 位上的数码，r^i 为其第 i 位的位权，a_ir^i 表示该位的位值，如 8×10^2 表示十进数整数第三位上的位值是 800。当 i 为负整数时，r^i 表示该进制小数位上的位权。

2. 不同进制数之间的转换

（1）任意进制数化为十进制数。式（9-1）给出了任意进制数化为十进制数的公式（即方法），如

$$(11011.101)_2 = (16+8+2+1+0.5+0.125)_{10} = (27.625)_{10}$$

$$(753.57)_8 = 7\times64 + 5\times8 + 3 + \frac{5}{8} + \frac{7}{64} = 491\frac{47}{64}$$

$$=(491.734375)_{10}$$

$$(\mathrm{A9.CE})_{16} = 10\times16 + 9 + 12\times\frac{1}{16} + 14\times\frac{1}{16^2} = 169\frac{12\times16+14}{16\times16}$$

$$= 169\frac{206}{256} = (169.8046875)_{10}$$

（2）十进制化为其他进制。将十进制数化为其他进制数的方法可以归纳为一个口诀：整数部分：“除基取余，由低到高（即将某十进制数连续除以其进制的基数 r，直到商为 0 为止，所得余数按余数顺序从低位到高位排列，即为所求取的其进制的整数部分）”；小数部分：“乘基取整，由高到低（即将该十进制的小数部分连续乘以其进制的基数 r，每次取积的整数部分，不断依序从高位到低位排列，直到满足精度要求为止，所得即为该十进制小数部分化为其进制的小数部分）”。

例 9-1 将十进制数 $(35.17)_{10}$ 分别化为二、八、十六进制数（要求到小数后 3 位）。

解 取 $(35.17)_{10}$ 的整数部分 35 和小数部分 0.17 分别依照口诀如下运算：

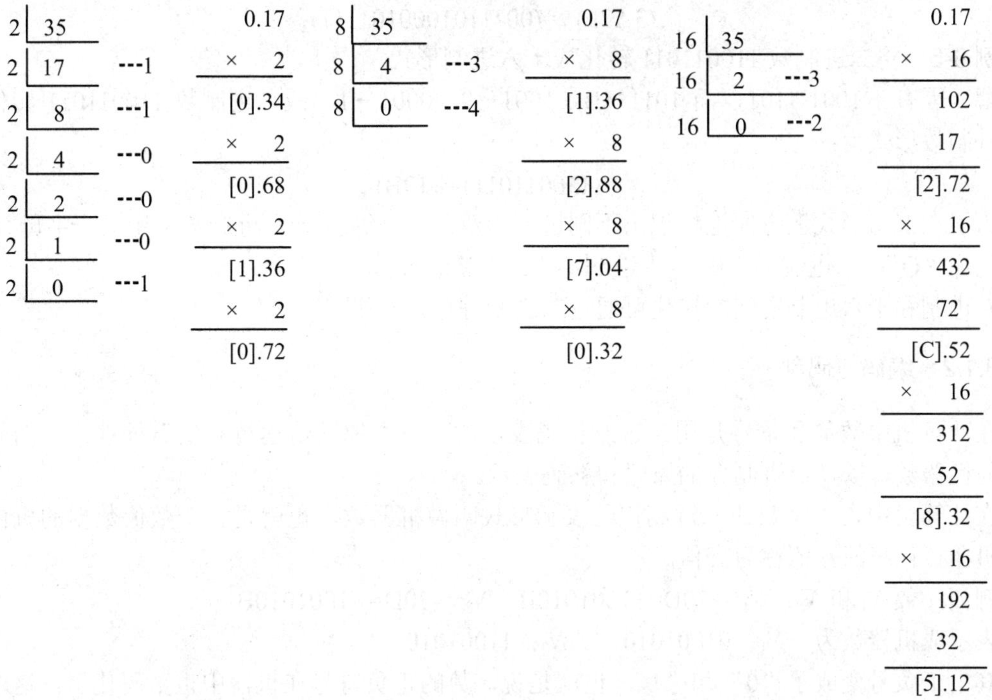

```
2 | 35                 0.17        8 | 35                 0.17        16 | 35                 0.17
2 | 17   ---1        ×    2        8 | 4    ---3        ×    8        16 | 2   ---3       ×    16
2 | 8    ---1        [0].34        8 | 0    ---4        [1].36        16 | 0   ---2            102
2 | 4    ---0        ×    2                             ×    8                                   17
2 | 2    ---0        [0].68                             [2].88                               [2].72
2 | 1    ---0        ×    2                             ×    8                              ×    16
2 | 0    ---1        [1].36                             [7].04                                  432
                     ×    2                             ×    8                                   72
                     [0].72                             [0].32                               [C].52
                                                                                            ×    16
                                                                                                312
                                                                                                 52
                                                                                             [8].32
                                                                                            ×    16
                                                                                                192
                                                                                                 32
                                                                                             [5].12
```

依据运算结果，可得：

$$(35.17)_{10}=(100011.001)_2$$

$$(35.17)_{10}=(43.127)_8$$

$$(35.17)_{10}=(23.2C85)_{16}$$

（3）八、十六进制与二进制之间的特殊转化关系。由于八进制、十六进制与二进制之间具有简单的转化关系，所以一个二进制数据在用八进制或十六进制表示时一方面缩短了书写长度，同时又能直观地看出它的二进制形式，故而在计算机的外部数据表示形式上被广泛采用。下面就来看一看八、十六进制与二进制之间的特殊转化关系。

八进制与二进制之间的转化方法可以简单地记为“一对三”，即只要顺序将一个八进制数的每一位分别写成其三位二进制形式就可得到该数的二进制形式。反之，一个二进制数只要从小数点开始，分别向前、向后每三位（不够添零）转换成一位八进制数，即得到其八进制形式。

例 9-2　将八进制数 327 转成二进制形式。

解　因 3→011，2→010，7→111。故将八进制数 327 转成二进制数形式为：

$$(327)_8=(011010111)_2$$

例 9-3　将二进制数 11010001 转化成八进制形式。

解　因 11’010’001，而 001→1，010→2，011→3。故二进制数 11010001 转化成八进制数形式为：

$$(11010001)_2=(321)_8$$

十六进制与二进制之间的转化可简单地记为“一对四”，即只要顺序将一个十六进制数的每一位分别写成其四位二进制形式就可得到该数的二进制形式。反之，一个二进制数只要从从小数点开始，分别向前、向后每四位（不够添零）转换成一位十六进制数即得到其十六进制形式。

例 9-4　将十六进制数 3A2F 转成二进制形式

解　因 3→0011，A→1010，2→0010，F→1111。故将十六进制数 3A2F 转为二进制数形式为：

$$(3A2F)_{16}=(0011101000101111)_2$$

例 9-5 将二进制数 110011011 转化成十六进制形式。

解 因有 1’1001’1101，而 1011→B，1001→9，0001→1。故二进制数 110011011 转化成十六进制数形式为：

$$(110011011)_2=(19B)_{16}$$

为了在书写形式上方便地标识出不同进制的数，一般约定：十六进制数末尾加一字母“H”；八进制加“Q”；二进制加“B”；十进制加“D”或无标志。

八进制和十六进制之间的转化可通过二进制进行。

9.1.2 编码与码制

在计算机中数值和符号是用二进制代码表示的，以方便数值运算和信息处理，下面介绍真值与机器数，以及二进制数的原码和补码表示。

在计算机中，一个数的二进制代码表示形式叫做机器数，也就是一个数值数据的机内编码，机器数代表的数值称为真值。

例如：数 N_1 和 N_2：N_1=+70D=+1001010B　N_2=−70D=−1001010B

表示成机器数为：N_1：01001010　　N_2：11001010

其中正负号变成了“0”和“1”，也就是说，数的正负符号在机器中也数码化了。这就产生了一个问题：正负符号和数值都变成了数码，计算机在进行运算操作时，二者如何区分呢？为此，就出现了把正负符号位和数值位一起写成机器数，即进行编码的几种方法。这就是原码、反码和补码等编码的表示方法。这些编码都由两个部分组成，前面是正负符号位，并且正数总是用“0”表示，负数总是用“1”表示；接着就是数值位，正数的数值位保持不变，而负数的数值位随不同的编码有所不同。这些表示一个数的大小和正负符号的方法，称为码制。

对于**正数**，无论是原码、反码或是补码，其数值位总是保持原状，而正负符号位置为“0”。也就是说，正数的原码、反码和补码都是一样的形式。例如：$N=+1001010$，则其原码、反码或补码均为：在原数值 1001010 前面加“0”，即

$$[N]_{原码}=[N]_{反码}=[N]_{补码}=01001010$$

对于**负数**，其原码、反码或补码的数值位，有很大的不同，但正负符号位均置为“1”。详述如下：

负数的原码：将真数数值位不动，在最左边正负符号位上加“1”。例如：$N=-1001010$ 的原码是：

$$[N]_{原码}=11001010$$

负数的反码：将真数数值位按位求反，在最左边正负符号位上加“1”。例如：$N=-1001010$ 的反码是：

$$[N]_{反码}=10110101$$

负数的补码：将真数数值位按位求反，再在末位加“1”，最左边正负符号位上加“1”。例如：$N=-1001010$ 的补码是：

$$[N]_{补码}=10110101+00000001=10110110$$

注意：（1）按上述编码方法，数值“0”的原码，反码或补码，比较特殊：

$$\begin{cases}[+0]_{原码}=[+0]_{反码}=0.000\cdots0\\ [-0]_{原码}=[-0]_{反码}=1.000\cdots0\end{cases}$$

$$[0]_{补码}=[+0\ ]_{补码}=[-0\ ]_{补码}=0.000\cdots0$$

（2）反码的反码为原码；补码的补码也为原码。即：

$$[[N]_{反码}]_{反码} = [N]_{原码} \quad [[N]_{补码}]_{补码} = [N]_{原码}$$

（3）可以证明：两个补码形式的数（无论正负）相加，只要按二进制运算规则运算，得到的结果就是其和的补码。即有：

$$[X+Y]_{补}=[X]_{补}+[Y]_{补}$$

但对原码和反码上式则不成立。

因此，引入了补码后，带符号数的加法运算根本无须考虑结果的符号位以及事实上是加还是减（只要不溢出），只要按二进制运算，其结果就是正确的补码形式。所以引入补码后之后大大减化了加法运算的逻辑电路。

（4）另外，对于补码还有：

$$[X]_{补}-[Y]_{补}=[X]_{补}+[-Y]_{补}$$

所以引入补码的更重要意义在于可把加减法都统一到加法上来，从而使运算器中根本无须设计减法器，简化了运算器的结构。在计算机中，有符号数一般是用补码形式表示的。

9.1.3　定点数与浮点数

在实际应用中存在大量带小数点的数。因此，计算机表示数值的另一个问题就是如何标出小数点的位置。表示小数点的位置有两种方法：定点表示法与浮点表示法。

1. 定点表示法

所谓定点表示法，是指计算机中小数点位置是固定不变的。根据小数点位置的固定方法不同，又可分为定点整数及定点小数表示法。前者小数点固定在数的最低位之后，后者小数点固定在数的最高位之前。

显而易见，计算机采用定点表示时，它只能表示整数或纯小数。两种表示法无原则区别，只是比例因子的选取不同罢了。

但在实际问题中，数不可能总是整数或纯小数，这就需要在用机器解题之前对非整数或纯小数进行必要的加工，以变为适于机器表示的形式。

2. 浮点表示法

所谓浮点表示法，指计算机中的小数点在数中的位置不是固定的，而是“浮动”的。采用浮点数是为了扩大数的表示范围。

浮点数的一般表示形式为阶码表示法

$$N = 2^{\pm j} \times (\pm S)$$

浮点数由两部分组成：第一部分是指数部分，表示小数点的浮点的位置；第二部分是尾数部分，表示数的符号和有效数位。其中，S 为数 N 的尾数，是一个二进制正小数，S 前的“±”称为尾符。j 表示数 N 的阶码，是一个二进制正整数，j 前的“±”称为阶符；2 为阶码的基数。

阶码反映了小数点的位置，当基数为 2 时，小数点每右移一位，阶码减少 1；反之，阶码加 1。

例如：$N = +1010$ 可写为 $N = 2^{+100}\times(+0.1010)$或 $N = 2^{+101}\times(+0.0101)$，表示方式如图 9-1 所示。图中阶符表示阶码的正负，尾符表示尾数（也就是数本身）的正负号，阶符和尾符均用“0”表示“正”，“1”表示“负”。

并请注意，尾数的最高位必须为 1，即采用规格化的表示形式，这是为了提高运算精度，避免有效数字丢失。于是，上图中第二种表示方法是不采用的。

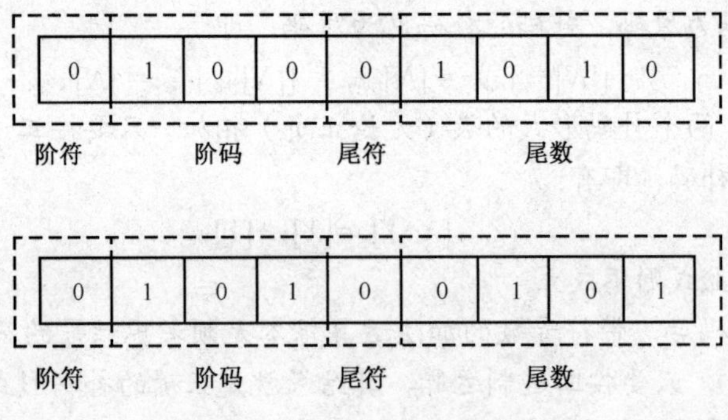

图 9-1 数的浮点表示示意图

例如：$N=-1010$ 可写为 $N=2^{+100}\times(-0.1010)$，表示方式为 010011010。

$N=-0.0001010$ 可写为 $N=2^{-11}\times(-0.1010)$，表示方式为 101111010。

9.1.4 计算机中的编码

上面讨论的数据仅仅是二进制数值型数据在计算机中的表示方法，非二进制的数值型数据以及所有非数值型数据（例如：十进制数值、字符、汉字、图形、声音等）在机内需要用二进制形式的编码表示，即用只含 0、1 的代码表示。计算机中常用的编码有很多，不同的编码，其编码规则不同，具有不同的特性及应用场合。下面仅对十进制数、字符、汉字的编码作简单介绍。

1. 十进制数的编码

计算机中采用二进制，但二进制书写冗长，阅读不便，所以在输入输出时人们仍习惯使用十进制。这就出现了十进制数与二进制数的相互转换的问题，即十进制数的编码问题。表 9-1 给出了几种常用的十进制数的编码。

表 9-1 十进制数码的二进制代码

十进制数码	8421 BCD 码	余 3 码	格雷码
0	0000	0011	0000
1	0001	0100	0001
2	0010	0101	0011
3	0011	0110	0010
4	0100	0111	0110
5	0101	1000	0111
6	0110	1001	0101
7	0111	1010	0100
8	1000	1011	1100
9	1001	1100	1101
10	—	—	1111
11	—	—	1110
12	—	—	1010
13	—	—	1011
14	—	—	1001
15	—	—	1000

下面分别介绍几种常用编码。

（1）8421 BCD 码。如果计算量不大，可采用二进制数对每一位十进制数字进行编码的方法来表示一个十进制数，这种数叫做 BCD 码。由于在机内采用 BCD 码进行运算绕过了二、十进制间的复杂转化环节，从而节省了机器时间。

显然，BCD 码不是被编码十进制数的等值二进制数，例如 27 的 BCD 码是 00100111，它是 2 的代码 0010 和 7 的代码 0111 的组合。而 27 等值的二进制数是 11011。但在一般机器中都提供了 BCD 码的调整指令，可使 BCD 码直接按二进制运算规则运算，而得到的结果经过调整就是正确的 BCD 码形式。

一个 BCD 形式的运算结果如果以 BCD 形式输出显然也是不直观的，但要将其转化成十进制形式输出要比从二进制数到十进制数的转化方便得多。

BCD 码有多种形式，最常用的是 8421 BCD 码，它是用 4 位二进制数对十进制数的每一位进行编码，并按位序依次排列。例如：7 的 BCD 码是 0111，67 的 BCD 码是 01100111。显然，8421 BCD 码是有权码，每一组 4 位二进制数的各位权重从高位到低位依次是 8、4、2、1（$8=2^3$、$4=2^2$、$2=2^1$、$1=2^0$）。如 0110 表示：$0110=0\times8+1\times4+1\times2+0\times1=6$。

利用 8421 BCD 码很容易实现二-十进制代码的转换，显然偶数的 8421 码尾数是 0，奇数的 8421 码尾数是 1，因此，采用 8421 码容易辨别奇偶。

必须指出的是：在 8421 BCD 码中，不允许出现 1010～1111 这几个代码，因为在十进制中，没有数码同它们对应。

采用 8421 BCD 码构成的电路工作时易出现“毛刺”信号，并且设备利用率不高。

（2）余 3 码。余 3 码是由 8421 码加 3 得到的。余 3 码是无权码，与十进制数之间不存在规律性的对应关系，它不如有权码易于识别，且容易出错。但它有自己的特点，它是一种自反代码，如将这种代码的每位取反（0 变 1，1 变 0），就会给出对应十进制的反码（如 0 变 9，3 变 6 等）。还有一个特点是，两个余 3 码相加，所产生的进位相当于十进制数的进位。如余 3 码 1000（十进制数 5）与 1011（十进制数 8）相加，其结果如下：1000+1011=10011，其中最高位的 1 是进位数，而 $5+8=13$，其中最高位的 1 也是进位数，这样，运算后的结果中 0011 已不是余 3 码，而是 8421 BCD 码了。至于进位数的处理比较复杂，这里不加讨论。

2. 可靠性编码

代码在形成或传输时都可能出错，为了易于发现和纠错，人们采用了可靠性编码，如格雷（Gray）码和奇偶校验码。

（1）格雷码。在数字电路中，要使两个输出端同时发生电平转换，是很难做到的，如要实现十进制数 5 到 6 的转换，相应的二进制代码为 0101 和 0110，就有两位需同时发生变化，在计数过程中就可能短暂地出现只改变一位的代码（如 0111 或 0100），这种误码是不允许的，可能会导致电路状态错误或输出错误。为了避免这种错误，人们设计了循环码（又称格雷码）。这种码的特点是，任意两个相邻代码之间，仅有一位不同。这样形成的码还有如下特点：①首尾循环，即首 0 和尾 15 的代码也只有一位不同；②将 0～15 从中间分开，以中间为对称的两个代码也只有一位不同，并且是最高位相反，其余各位相同。称之为“反射性”；③采用格雷码构成的计数电路工作时，不会出现 8421 码工作时的干扰“毛刺”信号。

（2）奇偶校验码。奇偶校验码是在计算机存储器中广泛采用的一种可靠性代码，它比其他形式的代码多了一位校验位，根据电路采用奇校验还是偶校验，使整个代码中 1 的个数为奇数或为偶数。如果事先约定存入计算机中存储器的二进制数都以偶校验码存入，那么当从存储器取出二进制数时，检测到的“1”的个数不是偶数，则说明该二进制数在存入或取出时发生了错误，显而易见，若代码在存入或取出过程中发生了两位错误，这种代码是查不出来的，另外，它虽然能查出错误，但哪一位出错，却不能定，因此不具备自动校正的能力。

采用奇偶校验码，电路上的硬件需增加形成校验位的电路和检验码的电路。表 9-2 给出了十进制数码的奇偶校验码。

表 9-2 十进制数的奇偶校验码

十进制数码	带奇校验的 8421 BCD 码		带偶校验的 8421 BCD 码	
	信息位	校验位	信息位	校验位
0	0000	1	0000	0
1	0001	0	0001	1
2	0010	0	0010	1
3	0011	1	0011	0
4	0100	0	0100	1
5	0101	1	0101	0
6	0110	1	0110	0
7	0111	0	0111	1
8	1000	0	1000	1
9	1001	1	1001	0

3. 字符代码

计算机处理的数据不仅有数字，还有字母及标点符号、运算符号及其他特殊符号。这些数字、字母和符号统称为“字符”。这些字符的二进制代码统称为“字符代码”。

为了统一，人们制定了编码标准。字符代码有五单位、六单位、七单位和八单位几种。

目前，国际上采用的 ASCII 码（美国标准信息交换码）就是一种七单位字符代码。它用七位二进制数表示 128 种不同的字符，编号从$(0000000)_2$到$(1111111)_2$。其中有 96 个图形字符，它们是 26 个大写英文字母和 26 个小写英文字母，10 个数字符号，34 个专用符号，此外，还有 32 个控制字符，从 0000000（00H）到 0011111（1FH），即前 32 个 ASCII 码为控制符号的编码。详见表 9-3。

表 9-3 七位 ASCII 码编码表

	000	001	010	011	100	101	110	111
0000	NUL	DLF	空格	0	@	P	`	p
0001	SOH	DC1	!	1	A	Q	a	q
0010	STX	DC2	”	2	B	R	b	r
0011	ETX	DC3	#	3	C	S	c	s
0100	EOT	DC4	$	4	D	T	d	t
0101	ENQ	NAK	%	5	E	U	e	u
0110	ACK	SYN	&	6	F	V	f	v
0111	BEL	ETB	’	7	G	W	g	w
1000	BS	CAN	(	8	H	X	h	x
1001	HT	EM	)	9	I	Y	i	y

续表

	000	001	010	011	100	101	110	111
1010	LF	SUB	*	:	J	Z	j	z
1011	VT	ESC	+	;	K	[	k	{
1100	FF	FS	,	<	L	\	l	|
1101	CR	GS	-	=	M	]	m	}
1110	SO	RS	.	>	N	^	n	~
1111	SI	US	/	?	O	_	o	DEL

值得指出的是：ASCII 码虽然是 7 位码，但由于存储器一般是以字节（8 个二进制位为一个字节）为单位组织的，故一个字符在机内存储器时仍然用一字节来存储，空出的一位一般置为 0，而在通信中一般用作奇偶校验位。

在微型机中，目前经常使用扩展的 ASCII 码编码方案，它用 8 位二进制码表示一个字符，其中前 128 个字符正是标准 ASCII 码方案中的 128 个字符，只是其编码多出了一个最高位 0，由 7 位码变成了 8 位码，后 128 个字符是一些扩充的字符，即标准 ASCII 方案中没有的字符，包括一些制表符等，这些编码的最高位均是 1。目前，这种扩展的 ASCII 码方案有多种，它们的后 128 个扩充字符不完全相同。

我国广泛使用的信息交换国家标准码为 GB1988—80，除少数图形字符外，与 ASCII 码基本相似。

4. 汉字的编码

计算机要处理汉字信息，就必须首先解决汉字的表示问题。同英文字符一样，汉字的表示也只能采用二进制编码形式，目前使用比较普遍的是我国制定的汉字编码标准 GB2312—80，该标准共包含一、二级汉字 6763 个，其他符号 682 个，每个符号都是用 14 位（两个 7 位）二进制数进行编码，通常叫做国标码。如“啊”的国标码为 1110000,1100001。新的国标汉字库已包括两万多个汉字和字符。

在机内存储时每个汉字实际占两个字节，它是在 14 位码的每一个 7 位前增加一个最高位 1 形成的，以区别标准 ASCII 码。

9.2　逻辑函数和基本逻辑门电路

数字电路用来解决输入信号与输出信号之间的因果关系，反映这种因果关系的数学工具是逻辑代数，是 1847 年英国数学家乔治 • 布尔（G.Boole）创始的。因此也称布尔代数。

下面介绍逻辑代数的基本概念、基本定理和基本规则。

9.2.1　逻辑变量和逻辑函数

逻辑是表示事物前因后果之间所遵循的规律，表示这种因果关系的数学形式就称为逻辑函数。例如，在照明电路中开关的闭合与断开，决定了灯泡的亮与暗。这里，开关的闭合与断开，灯泡的亮与暗，是事物包括相互对立又相互联系的两个方面，为描述事物的这两个对立的逻辑状态采用仅有两个取值的变量来表示，这种二值变量称为逻辑变量。

在逻辑函数中通常把表示条件的变量称为输入变量，表示结果的变量称为输出变量，在二值逻辑中，逻辑变量取值只有 1 和 0 两种，而这里的 1 和 0 不是表示数值的大小，而是代表逻辑变量的两种状态。例如，1 代表开关的开和灯泡的亮，0 代表开关断开和灯泡的暗。

逻辑代数的基本运算只有“与”、“或”、“非”三种，下面结合灯控制电路这一最简单的基本逻辑电路为例分别进行讨论。

1. 与逻辑运算（逻辑乘）

图 9-2 给出了两开关串联控制灯电路，只有当开关 A 和 B 全闭合时，灯 F 才会亮，否则，灯不亮。

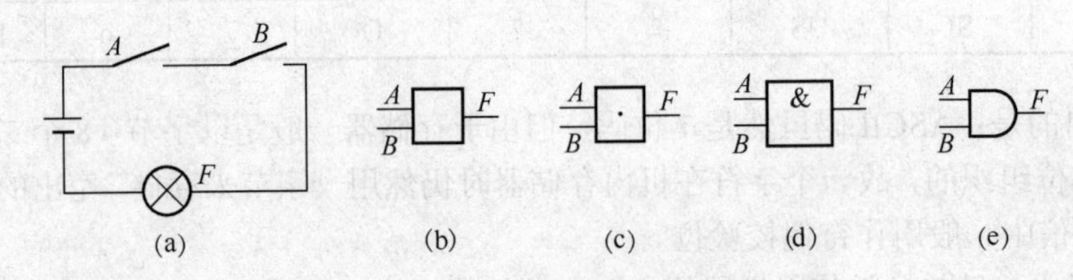

图 9-2 “与”逻辑关系电路及逻辑符号

此电路反映了“与”逻辑关系。

只有当决定某一事件的全部条件同时具备时，这个事件才会发生。这种因果关系叫作逻辑与，或者叫逻辑相乘。

我们用输入逻辑变量 A、B 表示开关的状态，用逻辑变量 F 表示灯泡的状态，并以 1 表示开关接通或灯亮，以 0 表示开关断开或灯熄（以下均采用此规定），则可将“与”运算的规则用下式表示：

$$A \cdot B = F \quad \text{或} \quad A \wedge B = F \quad \text{或} \quad A \cap B = F \tag{9-2}$$

也叫逻辑乘法运算。运算符号为“·”，“∧”或“∩”均可，也可直接写成

$$F = AB \tag{9-3}$$

运算规则也可以用真值表（见表 9-4）表示出来，在真值表中列出了各输入变量及输出变量的各种可能的取值，反映了输出变量与输入变量的逻辑关系。

表 9-4 “与”运算真值表

A	B	$F = A \cdot B$
0	0	0
0	1	0
1	0	0
1	1	1

由表 9-4 可看出如下的“0”与“1”与运算规则：

$$0 \cdot 0 = 0，0 \cdot 1 = 0$$

$$1 \cdot 0 = 0，1 \cdot 1 = 1$$

显然，“与”运算可推广至多个输入变量的情形，即 $F = A \cdot B \cdot C \cdots$

实现逻辑运算的电路称为“逻辑门电路”，简称“门电路”，并有相应的逻辑符号。“与”逻辑门电路的符号见图 9-2（b）、（c）、（d）和（e），其中图 9-2（b）、（c）为我国以前的国家标准符号，图（d）为现行国家标准符号，图（e）为常见于国外一些书刊和资料上的符号。

2. 或逻辑运算（逻辑加）

图 9-3 给出了两开关并联灯控制电路，只要两开关 A、B 有一闭合时，或两个均接通，灯

F 都会亮；如果两开关均不接通，则灯熄。此电路反映了“或逻辑”关系。

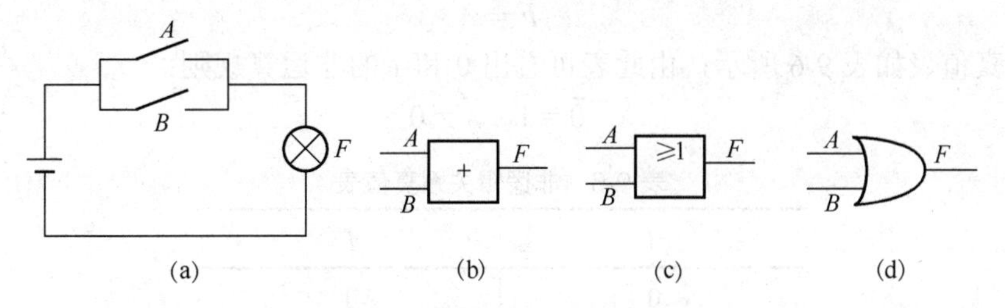

图 9-3　“或”逻辑关系电路及逻辑符号

决定某一事件的诸条件中，只要满足一个或一个以上时，这个事件就会发生；否则，这事件不会发生。这种因果关系叫作逻辑或，也叫逻辑相加。

或逻辑关系的运算规则是：

$$A+B=F \tag{9-4}$$

或运算对应的真值表见表 9-5。

表 9-5　“或”运算真值表

A	B	$F=A+B$
0	0	0
0	1	1
1	0	1
1	1	1

由表 9-4 可看出如下的“0”与“1”的“或”运算规则：

$$0+0=0，1+0=1$$
$$0+1=1，1+1=1$$

或逻辑运算也可推广至多个输入变量的情形，即：

$$F=A+B+C+\cdots$$

“或”逻辑及“或”逻辑门电路的符号见图 9-3 中的（b）、（c）和（d），其中图 9-3（b）为我国以前的国家标准符号，图（c）为现行国家标准符号，图（d）为常见于国外一些书刊和资料上的符号。

3．非逻辑（逻辑反）

图 9-4 所示电路给出了逻辑非运算电路，当开关 A 接通时，灯熄；当开关 A 断开时，灯亮。它所反映的逻辑关系是：一件事的发生是以对另一事件的否定为条件的。

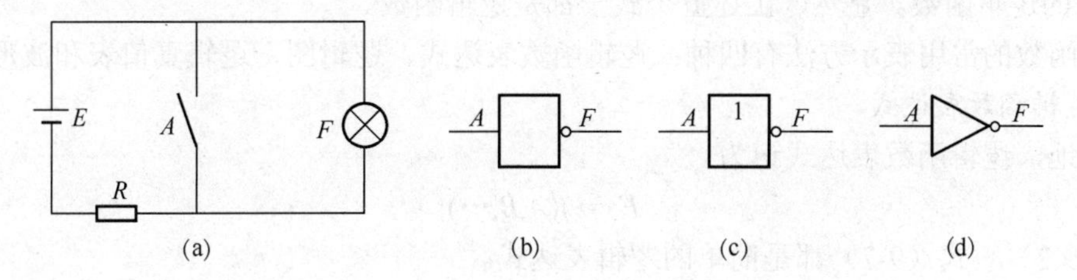

图 9-4　“非”逻辑关系电路及逻辑符号

这种因果关系叫作逻辑非，也叫逻辑反。

非逻辑的运算规则是求反运算，在变量上方加一横线表示。

$$F = \overline{A} \tag{9-5}$$

对应的真值表如表 9-6 所示，由此表可看出 0 和 1 的非运算规则：

$$\overline{0} = 1, \quad \overline{1} = 0$$

表 9-6　非逻辑关系真值表

A	F
0	1
1	0

非逻辑门电路符号见图 9-4 中的（b）、（c）和（d），图中小圈表示“非运算”，其中图（b）为我国以前的国家标准符号，图（c）为现行国家标准符号。图 9-4（d）为国外一些书刊和资料上的符号。

9.2.2　逻辑函数及其表示方法

根据基本逻辑运算规则，将基本门进行组合，可扩大其逻辑功能，得到具有复合逻辑运算功能的复合门电路。如 A 和 B 先“与”后“非”，可构成“与非”运算，记作

$$F = \overline{A \cdot B} \tag{9-6}$$

又如 A 和 B 先“或”后“非”，可构成“或非”运算，记作

$$F = \overline{A + B} \tag{9-7}$$

“与非”“或非”逻辑门电路符号见图 9-4 中的（a）、（b），图中小圈表示“非运算”，其中图 9-5（a）为现行国家标准符号。图 9-5（b）为国外一些书刊和资料上的符号。

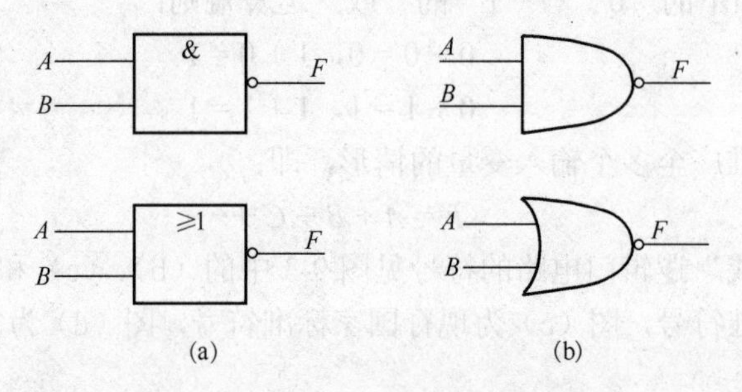

图 9-5　“与非”、“或非”逻辑符号

至此，已得到了式（9-2）至式（9-6）共五个逻辑运算表达式，它们共同的特点是：输出变量 F 是由输入变量 A，B 经过有限个基本逻辑运算确定的，我们把输出变量 F 称为输入变量 A，B，…的逻辑函数。显然，上述五个式子都是逻辑函数。

逻辑函数的常用表示方法有四种：逻辑函数表达式、逻辑图、逻辑真值表和波形图。

1. 逻辑函数表达式

一般地，逻辑函数表达式记为

$$F = f(A,B,\cdots) \tag{9-8}$$

式（9-2）～式（9-7）都是简单的逻辑表达式。

2. 逻辑真值表

表 9-4、表 9-5、表 9-6 都是已讲过的逻辑真值表。不难看出，真值表是用数字符号表示逻辑函数的一种方法。一个确定的逻辑函数只有一个逻辑真值表。

逻辑真值表能够直观、明了地反映变量取值和函数值的对应关系。通常给出问题之后，比较容易直接列出真值表，但它不像逻辑运算式，不便推演变换。另外变量多时，列表比较烦琐。

例 9-6　一个楼梯灯控制电路如图 9-6 所示，两个单刀双掷开关 A 和 B 分别装在楼上和楼下，无论在楼上或楼下都能单独控制开灯和关灯。试分析灯的状态 F 和 A、B 开关所处状态之间的逻辑关系。

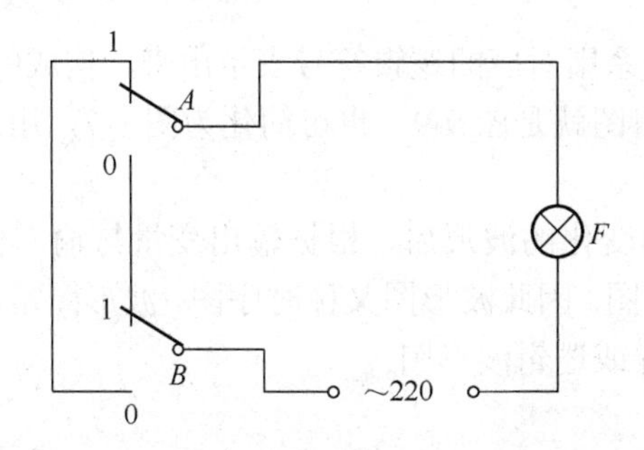

图 9-6　楼梯灯控制电路——异或逻辑电路

解　根据电路可以作出 A、B 和 F 之间关系的真值表 9-7。

表 9-7　异或逻辑真值表

A	B	F
0	0	0
0	1	1
1	0	1
1	1	0

从表 9-7 可以看出，只有 A 和 B 之中有一个为 1 状态时，才有 $F=1$，灯亮，故得逻辑表达式

$$F=\overline{A}B+A\overline{B}=A\oplus B \tag{9-9}$$

式（9-9）反映的是一种复合逻辑运算，称为“异或”运算。其逻辑功能是：当决定一件事的两个条件互异时，事件才会发生。异或逻辑门符号如图 9-7 所示，图 9-7（a）是我国以前的国家标准符号，图（b）为现行国家标准符号，图（c）为国外一些书刊和资料上的符号。

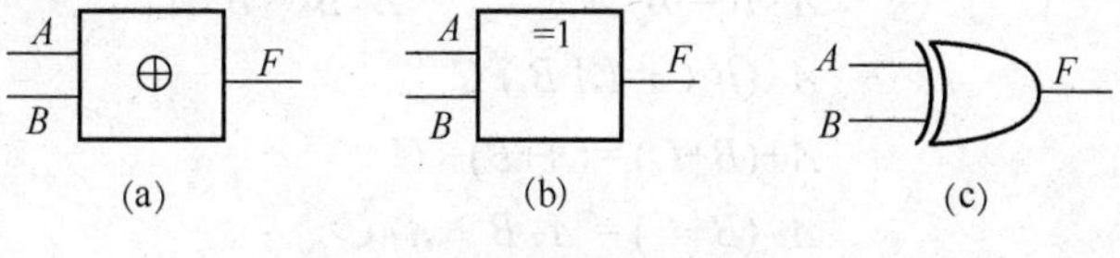

图 9-7　异或逻辑电路符号

相应地，还有同或逻辑，逻辑表达式为

$$F=AB+\overline{A}\,\overline{B} \tag{9-10}$$

其逻辑功能是：当决定一件事的两个条件相同时，事件才会发生。

同或逻辑门的符号如图 9-8 所示。图 9-8（a）为我国以前的国家标准符号，图 9-8（b）为现行国家标准符号，图 9-8（c）为国外一些书刊和资料上的符号。可以证明：

$$A\oplus B=\overline{A\odot B}\qquad A\odot B=\overline{A\oplus B} \tag{9-11}$$

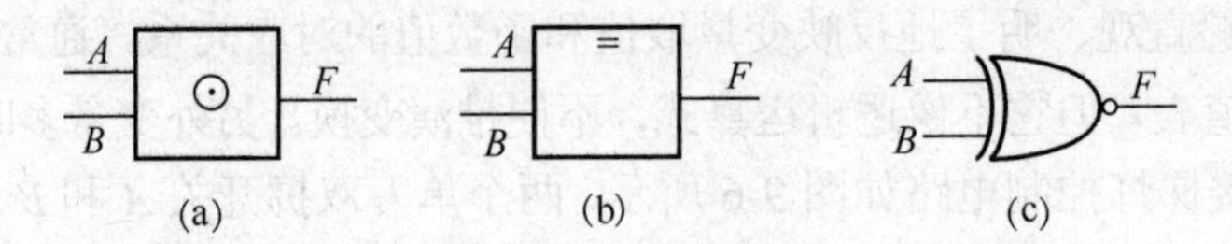

图 9-8 同或逻辑电路符号

3. 逻辑图

将逻辑函数式的运算关系用对应的逻辑符号表示出来，构成的图称为函数的逻辑图。

式（9-9）所对应的逻辑图就是图 9-9，也可简化为图 9-7，用一个逻辑符号表示。

4. 波形图

在给出输入变量随时间变化的波形后，根据输出变量与输入变量的关系，即可找出输出变量随时间变化规律的波形图。因此波形图又称时序图。波形图常用于数字电路的分析检测和设计调试中。图 9-10 即为异或逻辑波形图。

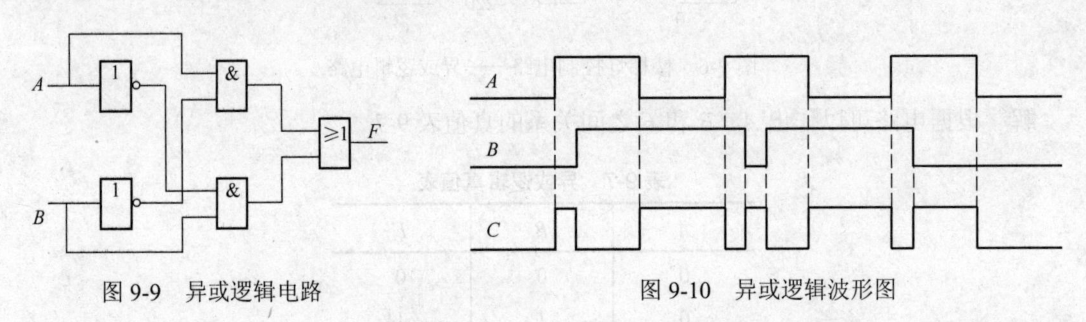

图 9-9 异或逻辑电路　　　　图 9-10 异或逻辑波形图

显然，上述四种表示法是可以相互转换的。

9.3 逻辑代数的基本定律和运算规则

1. 逻辑代数的基本定律

根据“与”、“或”、“非”三种基本逻辑规则，可得出逻辑运算的一些基本定律：

重叠律　$A\cdot A=A$　　$A+A=A$

互补律　$A\cdot\overline{A}=0$　　$A+\overline{A}=1$

交换律　$A\cdot B=B\cdot A$　　$A+B=B+A$

结合律　$A\cdot(B\cdot C)=(A\cdot B)\cdot C$

$A+(B+C)=(A+B)+C$

分配律　$A\cdot(B+C)=A\cdot B+A\cdot C$

$A+(B\cdot C)=(A+B)(A+C)$

反演律（德·摩根定律）　$\overline{A\cdot B}=\overline{A}+\overline{B}$，　$\overline{A+B}=\overline{A}\cdot\overline{B}$

还原律　$\overline{\overline{A}}=A$

另外，0 和 1 与逻辑变量 A 相互作用有如下规则：

$$A\cdot 0=0,\ A+0=A,\ A+1=1,\ A\cdot 1=A$$

2. 若干常用公式（由基本公式推得，可统称为吸收律）

$AB+A\overline{B}=A$　　$A+AB=A$

$A+\overline{A}B=A+B$　　$AB+\overline{A}C+BC=AB+\overline{A}C$

3．逻辑函数的相等

输入 n 个逻辑变量时，对于这 n 个逻辑变量的 2^n 种组合中的任一组输入，两个不同的逻辑函数的输出值都相同，则此两个逻辑函数相等。因此，证明两个逻辑函数相等，只要证明两个逻辑函数的任一种表示形式相同，如真值表相同，或逻辑式相同即可。

4．逻辑函数的运算顺序

（1）逻辑运算顺序是首先括号，再“与”（逻辑乘）后“或”（逻辑加）。

（2）逻辑乘号“·”一般可以省略，逻辑或求反时可以不再加括号。

如：$\overline{(A\cdot B+C)}+\overline{(D+E)}\cdot F$ 可以写成 $\overline{AB+C}+\overline{D+E}F$ 。

（3）对于先“或”后“与”的运算式，“或”运算要加括号。

如：$(A+B)\cdot(C+D)$不能写成 $A+B\cdot C+D$ 。

5．逻辑代数的运算规则

（1）代入规则。在任何一个逻辑等式中，将式中某一变量均用另一函数式替代，等式仍然成立。

利用代入规则可以扩展公式，也可用来证明恒等式。

（2）反演规则。对于任一逻辑式 F，若把其中的“与”运算和“或”运算互换，原变量和反变量互换，0 和 1 互换，并保证原来的运算顺序不变，即得该逻辑式的反演式 $\overline{F}$ 。

例 9-7　求函数 $Y=(AB+C)\cdot\overline{CD}$ 的 $\overline{Y}$ 。

解　根据反演规则，有

$$\overline{Y}=(\overline{A}+\overline{B})\cdot\overline{C}+\overline{\overline{C}+\overline{D}}=\overline{A}\overline{C}+\overline{B}\overline{C}+CD$$

或把 CD 当作一个变量，则可直接写出

$$\overline{Y}=(\overline{A}+\overline{B})\cdot\overline{C}+CD=\overline{A}\,\overline{C}+\overline{B}\overline{C}+CD$$

切不可写作

$$\overline{Y}=(\overline{A}+\overline{B})\cdot C+D=\overline{A}\overline{C}+\overline{B}\overline{C}+C+D$$

（3）对偶规则。如果两个逻辑式相等，则它们的对偶式也相等，这就是对偶规则。

逻辑式 F 的对偶式是这样构成的，把 F 中的“与”运算和“或”运算对换，0 和 1 互换，并保证原来的运算顺序不变。

例 9-8　证明等式$(A+B)(A+\overline{B})=A$。

解　分别求等式两边的对偶式，左边$=A\cdot B+A\cdot\overline{B}=A$，右边$=A$，左右相等，根据对偶规则，原等式成立。

9.4　逻辑函数的化简法

根据逻辑代数的公式和运算规则，可以对任何一个逻辑函数式进行推演和变换。当然，也可以用来化简逻辑函数，使变量间的逻辑关系更加明显，也便于用最简的电路实现该函数并提高电路工作的可靠性。

一个逻辑函数的表达式可以有多种形式，最基本的是“与或”表达式和“或与”表达式。例如：“与或”表达式 $F=AC+BD$ 利用分配律，F 可以写成“或与”表达式

$$F=(AC+B)(AC+D)=(A+B)(B+C)(A+D)(C+D)$$

任何一个逻辑函数都易写成“与或”表达式，在使用定理和公式方面又大体符合普通代数的习惯，易于进行化简操作。故下面主要讨论“与或”式的化简。

所谓最简与或式，是指含有乘积项最少，同时每个乘积项包含的变量数也最少的“与或”

表达式。有了最简与或式之后，可以根据需要，再通过公式变换求得其他形式的表达式。

9.4.1 逻辑函数的公式化简法

常用的有如下几种方法。

1. 并项吸收法

运用公式 $A+\overline{A}=1$ 或 $A+AB=A$，消去多余乘积项。

例 9-9 化简函数 $Y=ABC+AB\overline{C}+A\overline{B}$

解 $$Y=ABC+AB\overline{C}+A\overline{B}=AB(C+\overline{C})+A\overline{B}=AB+A\overline{B}$$
$$=A(B+\overline{B})=A$$

例 9-10 化简函数 $Y=\overline{AB}+\overline{A}C+\overline{B}D$。

解 $$Y=\overline{AB}+\overline{A}C+\overline{B}D=\overline{A}+\overline{B}+\overline{A}C+\overline{B}D=\overline{A}+\overline{B}$$

2. 消去多余因子法

利用 $A+\overline{A}B=A+B$，消去多余因子。

例 9-11 化简函数 $Y=AB+\overline{A}C+\overline{B}C$。

解 先利用反演律将后两项进行变换，然后利用消去多余因子法化简。

$$Y=AB+\overline{A}C+\overline{B}C=AB+(\overline{A}+\overline{B})C=AB+\overline{AB}C=AB+C$$

3. 配项法

利用公式 $A+\overline{A}=1$，$A+A=A$ 或 $AB+\overline{A}C+BC=AB+\overline{A}C$，在函数式中加上多余项，进行化简。

例 9-12 化简 $Y=\overline{A}B+B\overline{C}+\overline{A}C+\overline{A}BC$。

解 $$Y=\overline{A}B+B\overline{C}+\overline{A}C+\overline{A}BC=\overline{A}B+B\overline{C}+\overline{A}C$$
$$=\overline{A}B（C+\overline{C}）+B\overline{C}+\overline{A}C=\overline{A}BC+\overline{A}C+\overline{A}B\overline{C}+B\overline{C}$$
$$=\overline{A}C+B\overline{C}$$

4. 综合法

与普通代数式的化简类似，化简复杂的逻辑式，需要灵巧地综合运用基本公式。

例 9-13 化简 $F=ABC+AB\overline{C}+A\overline{C}+B\overline{C}+\overline{B}C+\overline{B}D+B\overline{D}+ADF$

解 （1）用并项法，将 F 中的 $ABC+AB\overline{C}$ 合并为 AB，得 $F=AB+A\overline{C}+B\overline{C}+\overline{B}C+\overline{B}D+B\overline{D}+ADF$。

（2）根据德·摩根定律，将上式中前两项作变换，即 $AB+A\overline{C}=A\overline{\overline{B}C}$。

（3）用消去多余因式法，有

$$A\overline{\overline{B}C}+\overline{B}C=A+\overline{B}C，则$$
$$F=A+\overline{B}C+B\overline{C}+\overline{B}D+B\overline{D}+ADF$$

（4）用并项法，将上式中 $A+ADF$ 合并为 A，得

$$F=A+\overline{B}C+B\overline{C}+\overline{B}D+B\overline{D}$$

（5）用配项法，继续化简

$$F=A+\overline{B}C(D+\overline{D})+B\overline{C}+\overline{B}D+B\overline{D}(C+\overline{C})$$
$$=A+(\overline{B}CD+\overline{B}D)+(\overline{B}C\overline{D}+BC\overline{D})+(B\overline{C}+B\overline{C}\,\overline{D})$$
$$=A+\overline{B}D+C\overline{D}+B\overline{C}$$

可见，用公式法化简逻辑函数式有一定难度，并且难以判定化简结果是否最简。为此，下面讲解卡诺图法，它可以简便直观地得到最简逻辑表达式。

9.4.2　逻辑函数化简的卡诺图法

先介绍逻辑函数的最小项表达式。请看逻辑函数式

$$F(ABC)=AB+\overline{A}C$$

把它改写为

$$F(ABC)=AB(C+\overline{C})+\overline{A}(B+\overline{B})C=ABC+AB\overline{C}+\overline{A}BC+\overline{A}\,\overline{B}C$$

改写后的式子具有如下特点：

（1）F 中的每一“与”项都含有所有输入变量因子 A、B、C。

（2）在各乘积项中，每个变量都以原变量或反变量的形式作为因子，出现且仅出现一次。

把具有上述特点的每一项称为逻辑函数的最小项，而把由最小项之和写成的逻辑式称为最小项表达式。

为了叙述方便，可将最小项加以编号，方法是将每个最小项看成二进制代码（原变量因子设为 1，反变量因子设为 0），例如 $\overline{A}BC$ 看成 011，将此二进制代码对应的十进制数 3 当成该最小项的编号，如 $\overline{A}BC$ 的编号为 3，或记作为 m_3 等。这样，上式可写成

$$F(ABC)=m_1+m_3+m_6+m_7=\Sigma m(1,3,6,7)$$

n 个逻辑变量可以组成 2^n 个最小项。

在这些最小项中，如果两个最小项仅有一个因子不同，则称这两个最小项为逻辑相邻项。例如 ABC 和 $AB\overline{C}$ 是相邻项，$ABC+AB\overline{C}=AB$，两个相邻项可以合并为简单的逻辑项，这就是利用卡诺图化简逻辑函数的道理。

卡诺图是用于化简逻辑函数的方格图，是由美国工程师卡诺（Karnaugh）设计的，他把逻辑相邻项安排在相邻的位置上。

两个变量、三个变量、四个变量的卡诺图分别如图 9-11（a）、图 9-11（b）、图 9-11（c）所示。

A \ B	0	1
0	m_0	m_1
1	m_2	m_3

（a）

A \ BC	00	01	11	10
0	m_0	m_1	m_3	m_2
1	m_4	m_5	m_7	m_6

（b）

AB \ CD	0 0	0 1	1 1	1 0
0 0	m_0	m_1	m_3	m_2
0 1	m_4	m_5	m_7	m_6
1 1	m_{12}	m_{13}	m_{15}	m_{14}
1 0	m_8	m_9	m_{11}	m_{10}

（c）

图 9-11　两个变量、三个变量、四个变量的卡诺图

从图 9-11 所示的组合方法可知，除位置上直接相邻的项外，卡诺图还有循环邻接性，如图 9-11（c）中的 m_0、m_8、m_2、m_{10} 均为相邻项；m_4、m_6、m_{12}、m_{14} 也为相邻项。其他所有不满足上述条件的项，如 m_0 与 m_{12}、m_6 和 m_{10} 均为非相邻项。

下面讨论用卡诺图化简逻辑式的方法和步骤。

（1）根据卡诺图的构造规则，画出 n 变量卡诺图。

当变量较多时，构造卡诺图不太容易。为此，建议读者采用图 9-12 所示的组合方法：0，1 上下对称排列，然后从 0 开始，先按由上到下顺序写出 000…，001…，011…，010…，填写卡诺图的上半部；再从 1 开始，按由下到上顺序写出 100…，101…，111…，110…，填写卡诺图的下半部。

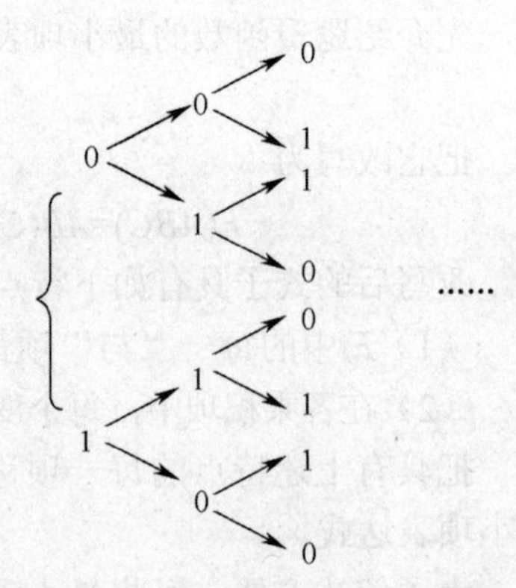

图 9-12　卡诺图中各项位置构建的组合方法

（2）在 n 变量函数中包含的各最小项，在卡诺图对应位置上填入“1”，函数中不包含的各最小项填入“0”或空白。

（3）合并相邻最小项：将卡诺图中各组相邻为 1 的最小项一组组圈起来，并将每组最小项之和化简成一个最简乘积项。

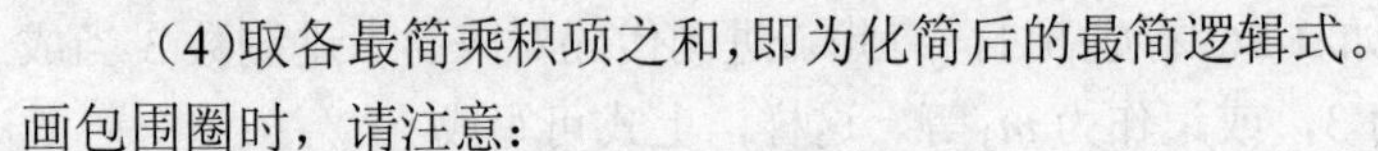

（4）取各最简乘积项之和，即为化简后的最简逻辑式。

画包围圈时，请注意：

1）每个包围圈包围的最小项的个数，应是 2^k 个，即 2、4、8…，不应出现 3、6、12、…等其他数字，这是由相邻最小项的特点所决定的。

2）包围圈尽可能大一些，这样可使最简乘积项含有的因子数（变量数）最少。

3）包围圈数要少（这是与包围圈尽可能大相关联的），可使最简逻辑式含最简乘积项最少。

4）包围圈彼此间可以重叠，但每个圈内至少应有一个最小项只被圈过一次。

5）所有的最小项都要至少被圈过一次，不得遗漏。

例 9-14　化简 $F(ABCD)=\Sigma m(0,1,4,5,9,10,11,13,15)$。

解　作 F 的卡诺图，如图 9-13 所示，将各组相邻最小项围起来，共四组，写出化简结果：

$$F=\overline{A}\,\overline{C}+\overline{C}D+AD+A\overline{B}C$$

其中，$\overline{C}D$ 为多余项，因含 m_3、m_5、m_{13}、m_9 的圈与其他圈重叠，所有元素均被圈过两次。故化简结果为

$$F=\overline{A}\,\overline{C}+AD+A\overline{B}C$$

AB \ CD	00	01	11	10
00	1	1	0	0
01	1	1	0	0
11	0	1	1	0
10	0	1	1	1

图 9-13　例 9-14 的卡诺图

例 9-15　化简 $F=\Sigma m(0,1,4,5,6,11,12,14,16,20,22,28,30,31)$。

解　显然，因 $31<32=2^5$，故变量数目 n 满足 $4<n<5$，选 $n=5$，作 F 的卡诺图，如图 9-14 所示，将各组相邻最小项包围起来，共五组，写出化简结果：

$$F=C\overline{E}+\overline{B}\,\overline{D}\,\overline{E}+\overline{A}\,\overline{B}\,\overline{D}+ABCD+\overline{A}B\overline{C}DE$$

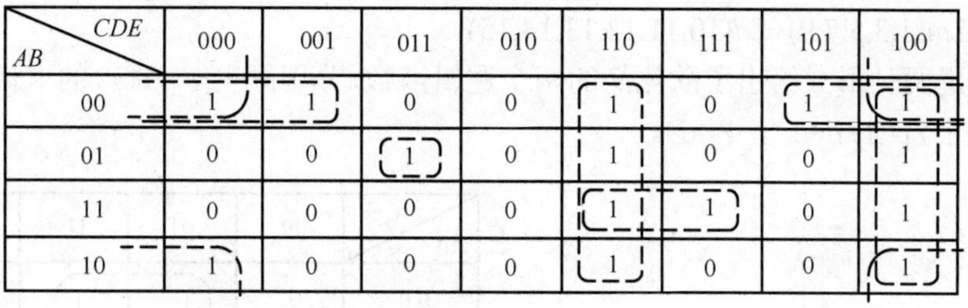

AB \ CDE	000	001	011	010	110	111	101	100
00	1	1	0	0	1	0	1	1
01	0	0	1	0	1	0	0	1
11	0	0	0	0	1	1	0	1
10	1	0	0	0	1	0	0	1

图 9-14　例 9-15 的卡诺图

9.4.3　具有无关项逻辑函数的化简

在一些逻辑函数中，由于逻辑变量之间具有一定的约束关系，使变量取值的某些组合不可能或不允许出现，它所对应的最小项恒等于零，通常称为约束项。

例如：由真值表 9-8 所描述的交通信号灯电路，只允许有三种输出表示：红灯亮，暂停；绿灯亮，通行；黄灯亮，某时段禁行。其余情况，如红绿灯同时亮等均不允许。因此有：

$$ABC=\overline{A}BC=A\overline{B}C=AB\overline{C}=\overline{A}\,\overline{B}\,\overline{C}=0$$

或记作 $m(0,3,5,6,7)=0$，称为约束条件。

表 9-8　真值表

红 A	绿 B	黄 C	F	
0	0	0	0	
0	0	1	1	禁行
0	1	0	1	通车
0	1	1	0	
1	0	0	1	停车
1	0	1	0	
1	1	0	0	
1	1	1	0	

还有一种情况，是在某些变量取值下，函数值是 0 或 1 均可，并不影响电路的功能，所对应的最小项称为任意项。

例如一个“拒绝伪码”的 8421 码的译码电路，除输入变量取值为 0000～1001 时，电路译码为 0～9，信号输出；对于其余 1010，1011，1100，1101，1110 和 1111 所对应的六种“伪码”（10～15），电路无译码输出。后六种取值所对应的最小项，无论其值是 1 还是 0，对译码电路都无影响，这后六项就称为任意项。

约束项和任意项统称为无关项。在逻辑表达式中，无关项通常用$\Sigma d(\cdots)$表示，在真值表或卡诺图中，用“×”表示。例如前述信号灯电路，其逻辑式为

$$F=m(1,2,4)+d(0,3,5,6,7)$$

下面讨论具有逻辑无关项逻辑函数的化简。

因为无关项无论取值是 1 或 0，都不影响逻辑功能，所以在化简时，可以根据化简的需要，让某些无关项取 1，另一些无关项取 0，使化简结果最简。

例 9-16　化简下列逻辑函数：

（1）$\begin{cases} Y_1=\overline{A}\,\overline{B}\,\overline{C}+A\overline{B}+\overline{A}B \\ AB+AC=0 \end{cases}$

（2）$Y_2=\Sigma m(1,3,5,7,9)+\Sigma d(10,11,12,13,14,15)$

解 题目用两种形式给出了欲化简的两个逻辑函数，分别画出 Y_1 和 Y_2 的卡诺图 9-15 和图 9-16，可以求得 $Y_1=A+B+\overline{C}$，$Y_2=D$。

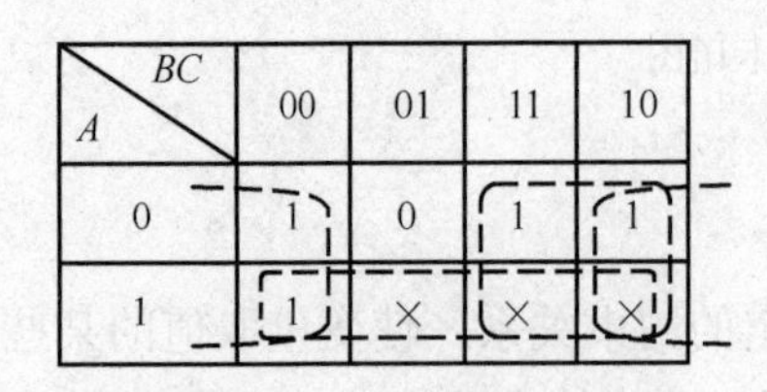

图 9-15 例 9-16 Y_1 的卡诺图

AB \ CD	00	01	11	10
00	0	1	1	0
01	0	1	1	0
11	×	×	×	×
10	0	1	×	×

图 9-16 例 9-16 Y_2 的卡诺图

9.4.4 多输出逻辑函数的化简

在实际应用中，往往会出现由同一组输入变量产生多个输出的问题。这时的化简就不能简单地化简每个逻辑函数，还要考虑函数间“共享”的成分，使整体电路简化，节省设备。

例 9-17 用卡诺图化简多输出函数

$$F_1(ABCD)=m(2,3,5,7,8,9,10,11,13,15)$$
$$F_2(ABCD)=m(2,3,5,6,7,10,11,14,15)$$
$$F_3(ABCD)=m(6,7,8,9,13,14,15)$$

解 画出三个函数的卡诺图 9-17、图 9-18、图 9-19。

AB \ CD	00	01	11	10
00	0	0	1	1
01	0	1	1	0
11	0	1	1	0
10	1	1	1	1

图 9-17 例 9-17 F_1 的卡诺图

AB \ CD	00	01	11	10
00	0	0	1	1
01	0	1	1	1
11	0	0	1	1
10	0	0	1	1

图 9-18 例 9-17 F_2 的卡诺图

首先，按单个函数的卡诺图化简法，分别化简 F_1、F_2、F_3。

$$F_1(ABCD)=BD+\overline{B}C+A\overline{B}$$
$$F_2(ABCD)=C+\overline{A}BD$$
$$F_3(ABCD)=BC+A\overline{B}\,\overline{C}+ABD$$

AB \ CD	00	01	11	10
00	0	0	0	0
01	0	0	1	1
11	0	1	1	1
10	1	1	0	0

图 9-19 例 9-17 F_3 的卡诺图

对比三个卡诺图，发现 F_1 和 F_2“共享”0101、0111；F_1 和 F_3“共享”1101、1111 及 1000、1001，这样，化简结果可修改为：

$$F_1(ABCD)=\overline{A}BD+ABD+\overline{B}C+A\overline{B}\,\overline{C}+A\overline{B}C$$
$$F_2(ABCD)=BC+\overline{B}C+\overline{A}BD$$

$$F_3(ABCD)=BC+A\overline{B}\,\overline{C}+ABD$$

对比两次结果，原来有 8 个不同的与项，减少为 6 个不同的与项，各函数共享的逻辑项增多。虽然表面上 F 变复杂了，但整体上变简单了，因而电路实现也简单了。

9.5　逻辑函数的门电路实现

逻辑函数是事物间逻辑关系的数学描述，并可用逻辑门电路来实现。逻辑门电路是构成数字电路的基本单元。我们已经学习过三种基本的逻辑运算和由开关构成的“或”、“与”、“非”门。实际上，所谓“门”实际上都是一种开关，它有多个输入端，一个输出端，并能按照一定的条件去控制信号的通断，起到对信号的控制和传递作用，并完成一定的逻辑运算。

逻辑函数的门电路实现，可以用分立元件，如二极管、三极管和电阻构成，如图 9-20 所示。

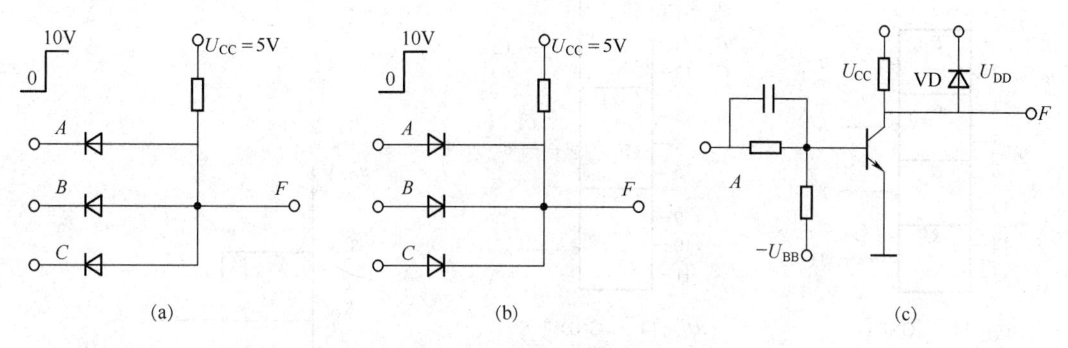

图 9-20　分立元件门电路

（a）二极管与门；（b）二极管或门；（c）三极管非门

采用分立元件构成门电路功耗大，可靠性差，严重时，会造成逻辑混乱。故数字电路中门电路多由集成电路构成，集成电路具有体积小，功耗低，可靠性高等优点。在数字电路中主要有 TTL 门电路和 MOS 门电路两大类。TTL 集成门电路的输入端和输出端的结构形式都采用了晶体三极管，所以一般称为晶体管-晶体管逻辑电路（Transistor-Transistor-Logic），简称为 TTL 门电路，由双极型器件构成。以 MOS 管为开关元件的门电路称为 MOS 门电路，由单极型器件构成。

9.5.1　TTL 门电路

1. 引脚排列及符号

TTL 电路一般采用 14 根引脚分双列封装，外有扁平矩形塑料壳。引脚的识别方法是把集成块正面（印有型号的一面）朝上横放，使塑壳边缘的“缺口”或“小圆点”位于左侧，然后从左下角开始，按逆时针方向对引脚编号，如图 9-21 所示。通常 14 脚为电源端 U_{CC}，第 7 脚为接地端 GND。其余引脚就是门电路的输入端和输出端。

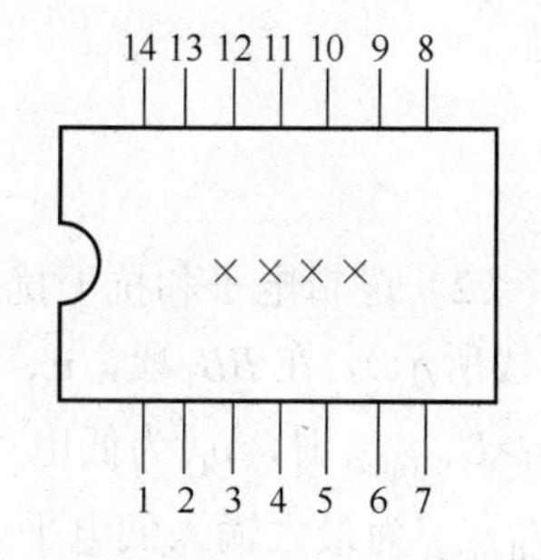

图 9-21　外形及引脚排列

这种表示方法是惯用的国家标准，在集成电路手册上都用这种符号表示。为了更明显地反映集成块内部器件的逻辑功能及信息流向，国家制定了新的图形符号标准，如图 9-22 所示。14 脚和 7 脚约定俗成，不标出，其余按一个元件一个元件的输入和输出及逻辑功能标识。图 9-22（a）所示是四个二输入与非门集成电路，图 9-22（b）为三个三输入或非门集成电路的符号。

2. TTL 集成门电路的主要性能指标

元器件的参数决定于对其功能实现状况的要求。要合理选择与使用元器件，必须依据元件使用条件选择参数匹配的元器件，因此了解元件的参数是十分重要的。下面以 TTL 与非门集成电路的参数为例加以说明。

（1）电压传输特性。TTL 与非门的逻辑功能就是实现“与非”逻辑，其电压传输特性，即输出电压 u_O 随输入电压 u_I 变化的特性，最理想的应如图 9-23 所示。设 U_{IH} 为输入高电平，U_{OH} 为输出高电平，U_{OL} 为输出低电平，则当 $u_I<U_{IH}$ 时，$u_O=U_{OH}$；当 $u_I>U_{IH}$ 时，$u_O=U_{OL}$。但实测的 TTL 与非门传输特性却并不理想，如图 9-24（a）所示。

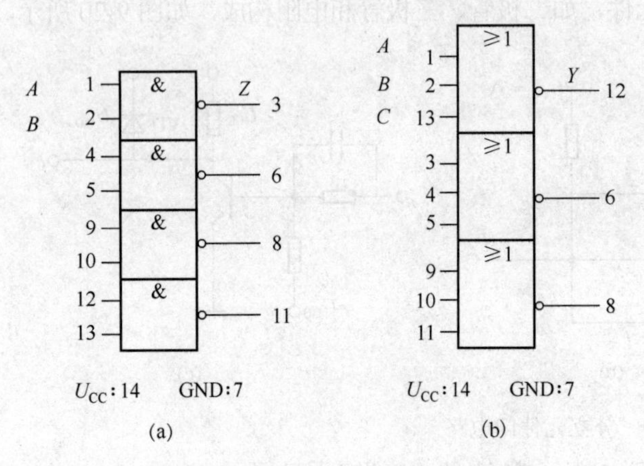

图 9-22 集成电路国家符号标准示例

（a）7466($Z=\overline{AB}$)；（b）7427($Y=\overline{A+B+C}$)

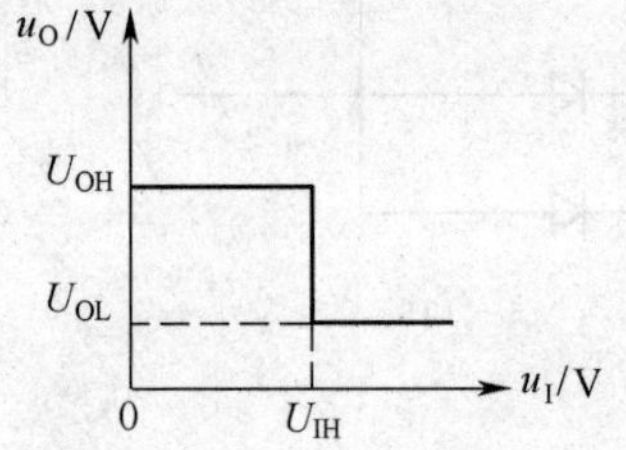

图 9-23 TTL 与非门的理想电压传输特性

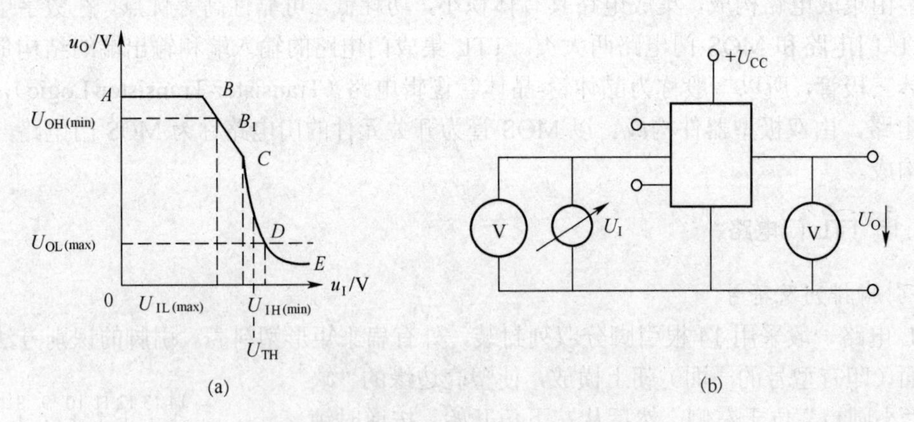

图 9-24 TTL 与非门的电压传输特性

（a）实测传输特性；（b）测试电路

（2）逻辑电平和抗干扰能力。从图 9-24 可知，当 $u_I<U_{IL(max)}$ 时，u_O 为高电平（AB 及 BB_1 段所示），在 BB_1 段，u_O 下降至输出高电平 U_{OH} 的最小值 $U_{OH(min)}$。$U_{OH(min)}$ 为 U_{OH} 的 0.9；当 $u_I>U_{IH(min)}$ 时，u_O 为低电平（DE 段所示），$U_{OL(max)}$ 为输出低电平 U_{OL} 的最大值。对应地，称 $U_{IL(max)}$ 为最大输入低电平或叫关门电平 U_{OFF}，而 $U_{IH(min)}$ 为最小输入高电平，也称开门电平 U_{ON}。传输特性上的 C 点是输出高低电平 u_O 的转折点，CD 线段的中点所对应的输入电平

称为阈值电压或门限电压U_{TH}。

在数字电路中，常用“噪声容限”描述一个门电路抗干扰信号能力的强弱。所谓噪声容限，是指门电路所能承受的最大干扰电平。显然，低电平噪声容限U_{NL}应满足公式：

$$U_{NL}+U_{IL} \leqslant U_{IL(max)}\text{（即 }U_{OFF}\text{）}$$

即

$$U_{NL} \leqslant U_{IL(max)}-U_{IL} \tag{9-12}$$

而高电平噪声容限U_{NH}应满足公式：

$$U_{NH}+U_{IH} \geqslant U_{IH(min)}\text{（即 }U_{ON}\text{）}$$

即

$$U_{NH} \geqslant U_{IH(min)}-U_{IH} \tag{9-13}$$

若由手册上查出

$$U_{OH(min)}=3.0V，U_{OL(max)}=0.35V，$$

$$U_{OFF}=0.8V，U_{ON}=4.2V$$

在数字电路中，前一级电路的输出就是后一级电路的输入，所以后一级的$U_{IH(min)}$就是前一级的$U_{OH(min)}$，后一级的$U_{IL(max)}$就是前一级的$U_{OL(max)}$，考虑到极限情况，于是有：

$$U_{IL(max)}=0.8V；U_{IL(max)}=4.2V；U_{IL}=0.35V；U_{IH}=3.0V$$

由上公式可算得：

$$U_{NL} \leqslant 0.45V，U_{NH} \geqslant 1.2V$$

各种 TTL 组件都遵循着电源+5V，高电平为 2.4～5V，低电平为 0～0.4V 这样一个统一的规定。

（3）输入短路电流I_{IL}和输入漏电流I_{IH}。当与非门一个输入端接地，其余输入端开路时，流过此接地输入端的电流称为输入短路电流I_{IL}，也记作I_{IS}。

在实际运用时，往往看成整个与非门的外接低电平（或接地）时的输入电流。例如某 TTL 与非门有四个输入端，其中两个悬空，另两个并接低电平，则I_{IL}是流过两接低电平端的总电流，这个总电流不能认为是 $2I_{IL}$；又若其中的两个接地，另两个并接低电平（<0.4V），则认为这四端近似并联，流入的总电流是I_{IL}，其中每两个输入端流过电流$I_{IL}/2$。

输入漏电流I_{IH}是当与非门一个输入端接高电平，其余输入端接地时，流进接高电平输入端的电流。

在实际运用中，TTL 与非门的多个输入端中，有 n 个接高平，其余接地时，流入 TTL 的总电流为 nI_{IH}，即认为I_{IH}是流过每个接高电平输入端的电流。

I_{IL}和I_{IH}是根据测试方法定义的，在实际运用时不能限制于一个输入端。详见例 9-18。手册上会提供各种型号 TTL 门电路的I_{IL}和I_{IH}指标。

（4）带负载能力。TTL 与非门的输出端接负载后，有两种情况：当 TTL 输出高电平时，向负载送出电流，此时负载称为“拉”电流负载；当 TTL 输出低电平时，电流由负载“灌入”，此时负载称为“灌电流负载”。

衡量一个门电路带负载能力的参数是扇出系数 N, N 表示门电路可驱动同类型门电路的最大数目。

图 9-25 表示 TTL 与非门驱动同类型与非门的情况。为了简单起见，这里仅画出驱动门的输出级和负载门的输入级（因为 N 考虑“最大数目”，故每个负载门只画了一个输入端）。

当驱动门输出高电平时，输出（拉出）电流为I_{OH}，其中最大值为I_{OHM}（一般只有 400μA）每个负载门输入电流I_{IH}，故输出高电平时扇出系数

$$N_H=\frac{I_{OHM}}{I_{IH}}$$

当驱动门输出低电平时，输出（灌入）电流为I_{OL}，其中最大值受功耗限制（一般为十几毫安以上）设为I_{OLM}，故输出低电平时，扇入系数N_L为：

$$N_L = \frac{I_{OLM}}{I_{IL}} \tag{9-14}$$

但I_{IH}只有几十微安，I_{IL}在毫安级，通常$N_H > N_L$，综合考虑，取TTL与非门的扇出系数$N = N_L$。

（5）开关速度（平均传输延迟时间）。TTL与非门的平均传输延迟时间t_{pd}是指一个矩形脉冲从其输入端输入，经过门电路再从其输出端输出所延长的时间，它是电路开关速度的重要表征。平均传输时间t_{pd}的定义为（参考图9-26，虚线在波形转折处的中点）：

$$t_{pd}=(t_{pdH}+t_{pdL})/2 \tag{9-15}$$

其中，t_{pdH}为导通延迟时间，t_{pdL}为截止延迟时间。

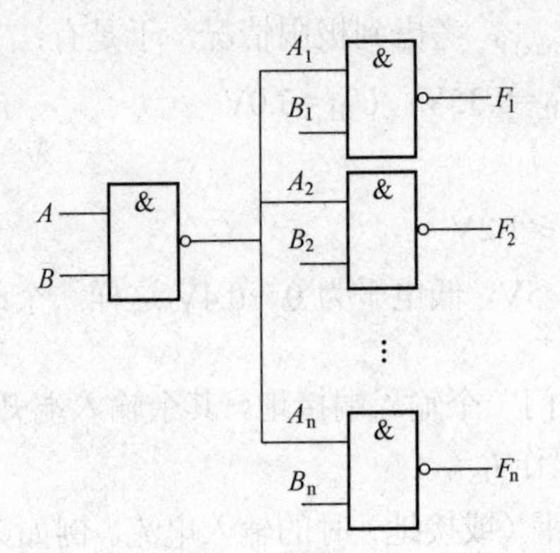

图9-25 TTL与非门驱动同类型与非门的情况

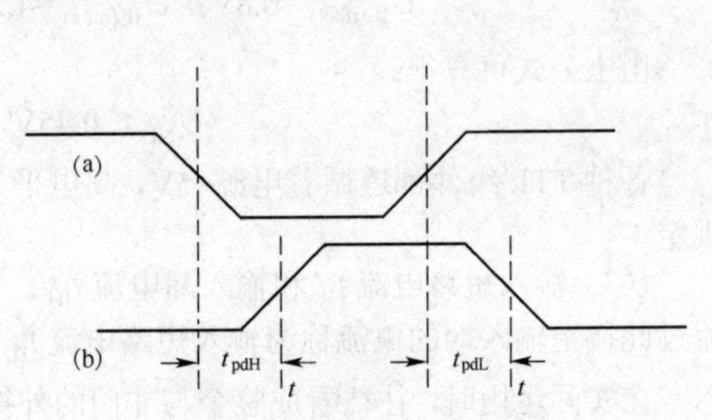

图9-26 TTL与非门传输时间

（a）输入波形；（b）输出波形

TTL与非门的平均传输延迟时间的典型值约10～20ns。

（6）空载导通功耗p_h。输出端空载，TTL与非门输出低电平时电路的功耗称为空载导通功耗p_h，其典型值为32mW。

（7）输入负载特性。对于TTL与非门电路，如果输入端接有负载电阻，则随着R_i的增大，输入电压u_i也增大，但开始增大得快，后逐渐缓增。当R_I增大到2kΩ以上时，u_I将被限制在1.4V左右，相当于输入电压为高电平。

例9-18 已知双4输入与非门T063组成的电路如图9-27所示。电路参数为：I_{IH}=20μA，I_{IL}=–1.6mA，I_{OH}=–400μA，I_{OL}=12.8mA，U_{OL}=0.2V，U_{OH}=3.4V。

试求：

（1）当u_A=u_B=U_{IH}时，各输出端电压；

（2）当u_A=U_{IH}，u_B=U_{IL}时，各输出端电压；

（3）门D_1的扇出系数N_o是多少。

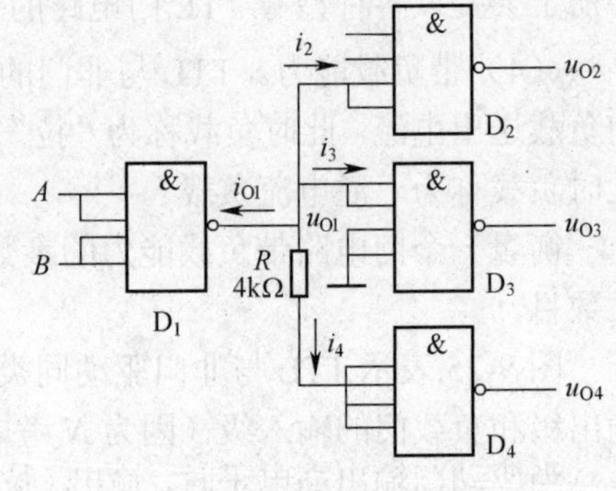

图9-27 例9-18图

解 （1）当u_A=u_B=U_{IH}时，门D_1输出端低电平，此时负载电流为

$$i_{O1} = -(i_2+i_3+i_4)$$

门D_2有两个输入端悬空，另两个接低电平，所以，i_2=I_{IL}= –1.6mA；门D_3有两个输入端接低电平，另两个接地，每个输入端电流近似相等，所以i_3=I_{IL}/2= –0.8mA；门D_4输入端接4kΩ

电阻，由输入负载特性，故 $u_{I4}\approx 1.4V$，所以 $i_4=-(u_{I4}-u_{O1})/R=-(1.4-0.2)/4=-0.3mA$，可求得

$$i_{O1}=1.6+0.8+0.3=2.7mA$$

因为 $i_{O1}<I_{OL}$，所以，门 D_1 能正常工作，考虑到与非门的功能，门 D_1 和 D_4 输入全为高电平，门 D_2 和 D_3 输入有低电平，故门 D_1 和 D_4 输出低电平；门 D_2 和 D_3 输出高电平，所以，有

$$u_{O1}=u_{O4}=U_{OL}=0.2V$$

$$u_{O2}=u_{O3}=U_{OH}=3.4V$$

（2）当 $u_A=U_{IH}$，$u_B=U_{IL}$ 时，门 D_1 输出高电平，门 D_2 两个输入端漏电流为 $i_2=2I_{IH}=40\mu A$，同样门 D_3 两个输入端漏电流为 $i_3=2I_{IH}=40\mu A$，门 D_4 中的 $i_4=4I_{IH}=80\mu A$，故

$$i_{O1}=-(40+40+80)=-160\mu A$$

因为 $|i_{O1}|<|I_{OH}|$，所以，门 D_1 能正常工作，考虑到非门的功能，门 D_1 和 D_3 两输入端各有一个低电平，门 D_2 和 D_4 输入端都是高电平，故门 D_1 和 D_3 输出高电平，门 D_2 和 D_4 输出低电平

$$u_{O1}=u_{O3}=U_{OH}=3.4V$$

$$u_{O2}=u_{O4}=U_{OL}=0.2V$$

（3）门 D_1 的扇出系数由两种输出情况决定。

当输出高电平时

$$N_1=|I_{OH}|/I_{IH}=400/20=20$$

当输出低电平时

$$N_2=I_{OL}/|I_{IL}|=12.8/1.6=8$$

故门 D_1 的扇出系数应取较小的 $N_2\leqslant 8$。

3. 其他类型的 TTL 门电路

TTL 门电路的种类很多，除与非门之外，还有与门、或门、非门、与或门、与或非门、异或门等，它们都是在 TTL 与非门的基础上设计的，它们的工作原理和分析方法，以及它们的主要性能参数都和 TTL 与非门电路相似。下面重点介绍两种特殊的 TTL 门电路。

（1）集电极开路与非门（OC 门）。一般的 TTL 与非门不能将两个输出端直接并接在一起，即不能“线与”。原因是如果一个门 1 输出高电平，另一个门 2 输出低电平，必有一个很大的电流从输出高电平的那个门 1 流向输出低电平的那个门 2，结果会使门 2 的低电平上升，而破坏逻辑关系，还有可能因功耗过大而损坏门 1。为了实现线与连接，必须使用集电极开路与非门。

集电极开路与非门是将 TTL 与非门集成电路的输出级中的晶体管集电极与连接电源的部分断开，这样其输出端的晶体管集电极是悬空的，所以称这种门电路为集电极开路与非门或者 OC 门，以图 9-28 所示的符号表示。图 9-28（a）我国过去惯用符号，图（b）为国际符号，也是我国现行标准符号。

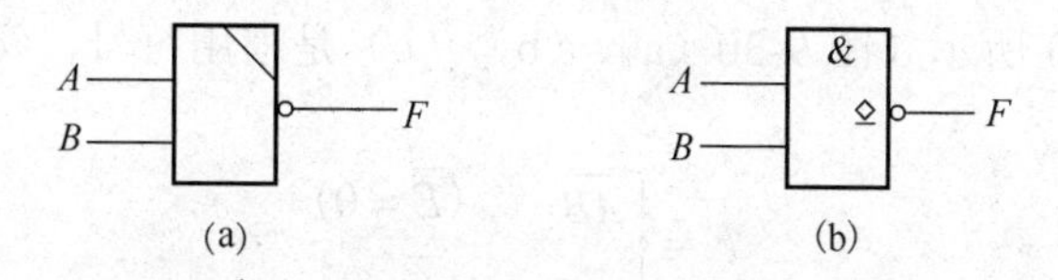

图 9-28　集电极开路与非门（OC 门）符号

OC 门单独使用时，为与非门；并联使用时，可作为与或非门，但需通过一电阻 R_L 接电源 U_{CC}。此电阻称为上拉电阻，只要此电阻阻值和电源电压值选择得当（见图 9-29）。做到既不会损坏元器件，又能保证输出的高低电平符合要求。

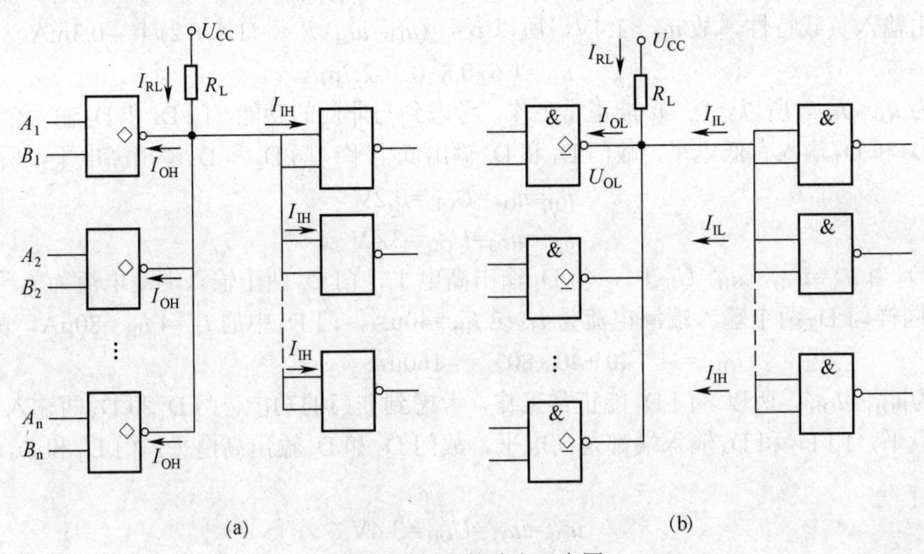

图 9-29 R_L 的确定示意图

（a）R_{Lmax} 的确定；（b）R_{Lmin} 的确定

假定将 n 个 OC 门的输出端并联使用，负载是 m 个 TTL 与门非输入端。当所有 OC 门同时输出高电平，为确保输出高电平不低于规定的高电平 $U_{OH(min)}$，R_L 的阻值的最大值可由下式选取

$$R_{Lmax}=\frac{U_{CC}-U_{OH(min)}}{nI_{OH}+mI_{IH}} \tag{9-16}$$

当 OC 门中只要有一个输出低电平时，根据“线与”关系的要求，OC 门并联输出端应维持低电平。从最不利的情况考虑，假定只有一个 OC 门输出低电平，其他 OC 门均被“截止”，那么全部负载门的电流都应流入这一个 OC 门，并且流入这个 OC 门的电流不得超过最大允许值 $I_{OL(max)}$，因此：

$$R_{Lmin}=\frac{U_{CC}-U_{OL(max)}}{I_{OL(max)}-mI_{IL}} \tag{9-17}$$

综合式（9-17）和式（9-18），有

$$R_{Lmin}\leqslant R_L\leqslant R_{Lmax} \tag{9-18}$$

OC 门器件中，除去有与非门之外，还有反相器、或非门、与门、或门等。它们的输出端都可以“线与”连接，如果选择不同的外接电源电压，还可以实现逻辑电平转换，用来驱动有不同电平或电流要求的负载。

（2）三态门。三态门也是由 TTL 与非门变化来的，它比与非门多了一个反相器和二极管。它的逻辑符号如图 9-30 所示（图 9-30（a）、（b）、（c）是惯用符号，（d）是国际符号）。其逻辑功能是

$$F=\begin{cases}\overline{AB} & (\overline{E}=0)\\ Z & (\overline{E}=1)\end{cases} \tag{9-19}$$

即控制端（也叫使能端）$\overline{E}$ 低电平有效，输出 $F=\overline{AB}$，执行与非功能；当 $\overline{E}$ 高电平时，输出端开路，相当于电路处于高阻（或说禁止）状态。注意：E 上加一横线，$\overline{E}$ 输入端有一小圈，都表示控制端低电平有效。故三态门有三种输出状态：高电平（A，B 至少有一个为 0 时），低电平（A，B 均为 1 时）和高阻态，这就是三态门称呼的由来。

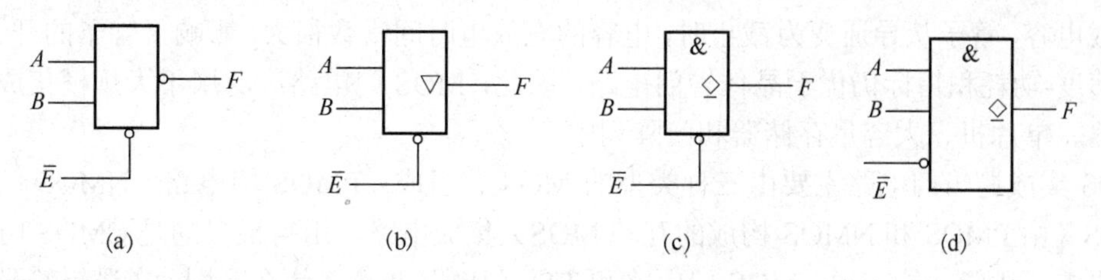

图 9-30　三态门

三态门可用作两路开关（如图 9-31（a）所示），也可用作双向传输的总线接收器（如图 9-31（b）所示）。图（a）中，$\overline{E}$=0 时，门 D_1 传送信号 A，门 D_2 输出开路，$F=\overline{A}$；$\overline{E}$=1 时，门 D_2 传送信号 B，$F=\overline{B}$。图（b）中，$\overline{E}$=0 时，门 D_1 传输信号 A，门 D_2 被禁止，信号由 A 传到 B；$\overline{E}$=1 时，门 D_2 传输信号 B，门 D_1 被禁止，信号由 B 传到 A。

三态门最重要的应用是在计算机中，利用三态门向同一个总线轮流传输多路信号，在同一时刻只允许有一个三态门工作，如图 9-31（c）所示。

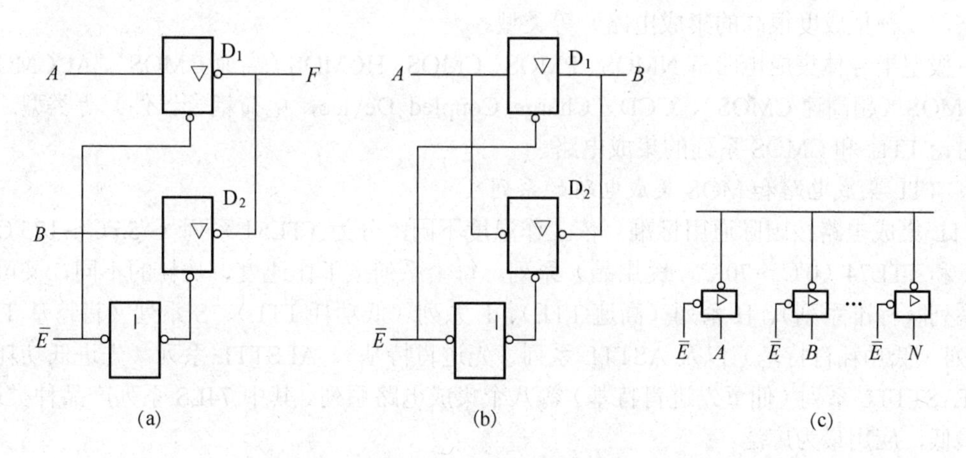

图 9-31　三态门的应用

（a）两路开关；（b）双向传输电路；（c）多路分时传递

实际上三态门也可让 E 高电平有效（输出端不加非门），不过在 E=1 有效时，输出 $F=AB$ 而已，如图 9-32 所示。

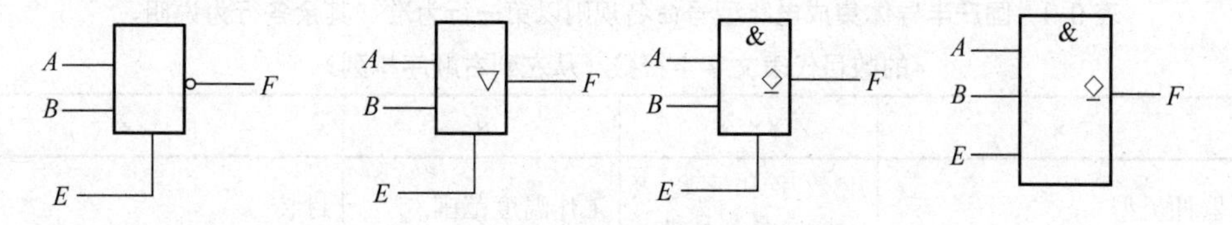

图 9-32　三态门的其他形式

9.5.2　MOS 金属半导体场效应管门电路

以 MOS 管作为开关元件的门电路称为 MOS 门电路。其特点如下：MOS 管占用芯片面积比晶体管小而集成度高，可以用 MOS 管代替一般电阻作为负载（有源负载）使制造工艺简化；工作电源电压范围宽而逻辑摆幅大；输入阻抗高使其易于与其他电路相连；抗干扰能力强；带负载能力强；温度稳定性好；功耗低等。但 MOS 管导通电阻大，当考虑到电路存在着分布电容和负载电容，管子从导通变为截止时，电容的充放电时间常数很大，影响了管子的开关速度。但它的速度-功耗积指标仍优于晶体管门电路。因此，MOS 门电路广泛用于大规模集成电路如微处理器、单片机、大容量存储器和门阵列中。

MOS 集成逻辑门电路主要由三种类型的 MOS 管组成：PMOS 门电路、NMOS 门电路以及 CMOS（由 PMOS 和 NMOS 构成的互补 MOS）集成电路，用得最多的是 CMOS 门电路。

如果单从逻辑功能来说，MOS 门电路和 TTL 门电路并没有什么区别，在逻辑符号上可以通用。不再深入讨论。

9.5.3 TTL 集成电路和 MOS 集成电路的系列、性能比较及使用方法

集成电路按材料来分有两大类：双极型半导体集成电路和单极型半导体集成电路。

双极型半导体集成电路除 TTL 外，还有 ECL（Emitter Coupled Logic，射极耦合逻辑电路，一种新型的高速数字集成电路），HTL（High Threshold Logic，高阈值集成电路，一种噪声容限较大，抗干扰能力较强的数字集成电路），以及 I^{2}L（Integrated Injection Logic，集成注入逻辑电路，一种集成度很高的集成电路）等类型。

单极型半导体集成电路有 NMOS、PMOS、CMOS、HCMOS（高速 CMOS）、ACCMOS 与 ACTCMOS（超高速 CMOS）、CCD（Charge Coupled Device，电荷耦合器件）等类型。下面主要讨论 TTL 和 CMOS 系列的集成电路。

1. TTL 集成电路和 MOS 集成电路的系列

TTL 集成电路按国际通用标准，依工作温度不同，分为 TTL54 系列（–55℃～125℃，军用品）和 TTL74（0℃～70℃，民用品）系列。每一系列按工作速度、功耗的不同，又可分为通用系列（标准系列）、H 系列（高速 TTL）、L 系列（低功耗 TTL）、S 系列（肖特基 TTL）、LS 系列（低功耗肖特基）以及 ASTTL 系列（先进肖特基）、ALSTTL 系列（先进低功耗肖特基）、FASTTTL 系列（仙童先进肖特基）等八个集成电路系列。其中 74LS 系列产品种类最全，价格最低，应用最为广泛。

国产 TTL 集成电路由 T0000 系列依次发展到 T1000、T2000、T3000、T4000 系列，分别相当于国际 SN54/74 通用系列、国际 SN54H/74H 高速系列、国际 SN54S/74S 肖特基系列、国际 SN54LS/74LS 低功耗肖特基系列。现在，国产半导体集成电路采用了与国际标准统一的型号命名方法，详见表 9-9。

表 9-9 国产半导体集成电路型号命名规则以第一行为准，其余各行为说明，×的数目代表文字字符数（从左到右顺序排列）

C	×	××…	×	×
国标产品	器件类型	用数字和字母表示器件系列品种	工作温度范围	封装
	T：TTL 电路	TTL 类	C：0℃～70℃	F：陶瓷扁平
	H：HTL 电路	54/74×××	G：–25℃～70℃	B：塑料扁平
	E：ECL 电路	54/74H×××	L：–25℃～85℃	H：黑瓷扁平（陶瓷熔封扁平）
	C：CMOS 电路	54/74L×××	E：–40℃～85℃	
	M：存储器	54/74S×××	R：–55℃～85℃	D：陶瓷双列直插
	μ：微型机	54/74LS×××	M：–55℃～125℃	J：陶瓷熔封双列直插（黑瓷双列）
	F：运算放大器	54/74AS×××		

续表

C	×	××…	×	×
国标产品	W：稳压器	54/74ALS×××		P：塑料双列直插
	D：音响，电视机电路	54/74F×××		S：塑料单列直插
	J：接口电路	CMOS 类 CD4000 系列		T：金属圆壳
	AD：A/D 转换器			K：金属菱形
	DA：D/A 转换器	54/74HC×××		C：陶瓷无引线片式载体封装
	SC：通信专用电路	54/74HCT×××		
	SW：钟表电路			E：塑料片式载体封装
	SJ：机电仪表电路			
	SF：复印机电路			SOIC：小引线封装
				PCC：塑料芯片载体封装
				LCC：陶瓷芯片载体封装

我国生产的 CMOS 门电路有 C000 系列、CC40000 系列、高速 CMOS（HCMOS）54/74 系列。54 表示军用品系列，74 表示民用品系列。C000 系列是我国早期的 CMOS 集成电路，工作电压为 7～5V，CC40000 系列的工作电压为 3～18V，能和 TTL 电路共用电源，分别与国际上的 CD 系列、MC1 系列对应。值得注意的是，74HC 系列 CMOS 门电路和 TTL 电路的 74LS 系列的管脚排列及工作频率、电压特性相仿，但其静态功耗只有其 1/100～1/1000，可以直接取代 74LS 系列 TTL 电路。国际上通用的 CMOS 逻辑电路还可分为 A 系列、B 系列和 UB 系列，A 系列电路工作电压为 3～15V，B 系列和 UB 系列电路的工作电压为 3～18V，B 系列和 UB 系列电路的主要区别是：UB 系列电路在输入和输出之间加一简单反相器，这样降低了增益，适用于振荡器、单稳态触发器和放大器等。

2. TTL 门电路和 MOS 门电路的性能指标

（1）两种门电路共同的性能指标。

两种门电路共同的性能指标有：

输入高电平 U_{IH}：对于 TTL，在 2.4～3.4V；对于 CMOS 在 3.5V 左右。

输入低电平 U_{IL}：对于 TTL，在 0.8V 左右；对于 CMOS，在 1.5～4.5V 左右。

输入高电平 U_{OH}。

输出低电平 U_{OL}。

电源电压 U_{CC} 或 U_{DD} 及电源电流 I_s。

最高工作频率 f_{max}。

传输延迟时间 t_{PHL} 和 t_{PLH}。

输入输出电流的参数参数有：

低电平输入电流 I_{LL}。

高电平输入电流 I_{IH}。

低电平输出电流 I_{OL}。

高电平输出电流 I_{OH}。

由于 MOS 门电路是由电压控制的开关元件，所以没有 TTL 门电路的输入输出电流的参数要求，但实际运用中应按照手册提供的参数要求使用它们，各种集成电路的参数见表 9-10。

表 9-10　数字集成接口电路的有关参数

电路类型		电源电压范围（V）		输入电平（V）		输出电平（V）		输入电流（μA）		输出电流（mA）	
		U_{CC} 或 U_{DD}		U_{IH}	U_{IL}	U_{OH}	U_{OL}	I_{IH}	I_{IL}	I_{OH}	I_{OL}
TTL	标准	5±（0.25～0.5）		2	0.8	2.7	0.4	40	1600	0.4	16
	LS	5±（0.25～0.5）		2	0.8	2.7	0.4	20	400	0.4	4
HTL①		15±（0.75～1.5）		9	6.5	13.5	2	10	1500	0.1	16
CMOS（4000系列）		3～18	5	3.5	1.5	4.5	0.5	1	1	1.5	1.5
			10	7	3	9.5	0.5	1	1	2.6	2.6
			15	10.5	4.5	13.5	1.5	1	1	6.8	6.8
HCMOS②		2～6		3.5	1	4.2	0.4	1	1	4.0	0.4
NMOS		1, –5		5	0.8	6	0.45	5	5	0.1	0.3
PMOSD		–24±2.4		–3	–9	–2	–12	1	1	0.3	0.1

①HTL 是高阈值集成电路，因为它的阈电压比较高，一般在 7～8V 之间，所以具有噪声的容限大，抗干扰能力强的优点，但它的工作速度较低。

②HCMOS 是高速 CMOS 集成电路，其工作速度已达到 LS 型 TTL 电路。

满足集成电路的各项性能参数，才能使集成电路长期、稳定、可靠地工作。

（2）TTL 门电路与 MOS 门电路的性能比较。

TTL 集成电路对电源的纹波和稳走度要求较高，一般在±2.5%～±10%的范围内，电源电压的起伏，会影响 TTL 电路的工作状态的变化，还会影响电路参数变化。一般情况下，电源电压升高时，门电路的输出高电平 U_{OH} 要明显上升，使负载加重，功耗增大；反之，U_{OH} 会明显下降，使高电平噪声容限减小。然而，只要电源电压符合要求，TTL 电路的所有电参数都应符合产品的规范要求。

CMOS 集成电路对电源的稳定度要求不高，在电源的直流功率足够大的情况下，对电流线和地线上的噪声也不敏感。但是，如果噪声尖锋与输入信号刚好同步，则 CMOS 电路对噪声也会变得比较敏感，通常要用退耦电容分别对电源线和地线引入的干扰进行退耦。

集成电路的电源极性不能接反，否则可能造成损失。

从表 9-10 可知，TTL 集成电路的电源电压是统一的+5V，而 MOS 集成电路电源电压的大小和极性是随电路的类型而变化的，即 PMOS 集成电路使用的是负电源，一般为-20V，NMOS 集成电路用的是正电源，一般为+5V，+10V 或+15V 等。

在电气性能方面，CMOS 电路具有比 TTL 电路更多的优点，主要体现在以下几点：

1）静态功耗低，TTL 集成电路中，每个与非门消耗的功率大约是 2mW，而 CMOS 电路只有 0.01mW，两者相差约 200 倍，这样内部发热量小，其集成度可以高于 TTL。

2）输出高低电平的差值大（即信号幅度大），例如 CMOS 电路在 U_{DD}=10V 时，U_{OH}=9.95V，U_{OL}=0.05V，差值有 9.9V，而 TTL 电路的 U_{OH}=2.7V，U_{OL}=0.5V，差值只有 2.2V。因此 CMOS 电路具有较强的抗干扰能力。

3）扇出系数大，CMOS 门电路的输入阻抗极高，可达 $10^8\Omega$ 以上，输入阻抗低，所以它带动同类型负载的能力很强。一般 CMOS 电路的扇出系数都在 50 以上，而 TTL 电路的扇出系数通常只有 10。当然，随着频率的升高，功耗增大，带负载能力也会下降。

4）CMOS 集成电路的温度稳定性好，抗辐射能力强，适合于特殊环境下工作。

5）由于 CMOS 管的导通内阻比 BJT 的大，所以 CMOS 电路的开关工作速度比 TTL 电路的低，其平均传输时间 t_{pd} 较大。

3. TTL 门电路与 CMOS 门电路使用注意事项

（1）对于各种集成电路，应注意查技术手册，在手册所给出的各主要参数的工作条件范围内使用，否则会导致性能下降或损坏器件。焊接时，应采用 20W 以下内热式电烙铁，并将烙铁头接地。

（2）由于 CMOS 电路的输入阻抗高，使其容易受静电感应的高电压击穿，虽然在其内部设置了保护电路，但在使用和存放时应注意静电屏蔽，用铝箔包好，放于屏蔽盒内。焊接时电烙铁应接地良好，功率以不大于 20W 为好。尤其是电路的多余输入端不能悬空，应根据需要接地或接电源。

（3）调试时，最容易超出门电路的各种极限条件而损坏器件，如对 TTL 集成电路，电源电压应在 4.75～5.25V 范围内。输入高电平不得高于 6V，输入低电平不要低于−0.7V，否则易过热损坏。输出高电平时，输出端不得碰地，输出低电平时，输出端不能碰+5V 电源，否则，都有可能损坏。对 MOS 电路，一切测试仪器和被测电路本身必须有良好的接地，以免由于漏电造成器件的栅极击穿。

（4）多余输入端的处理。集成门电路的多余输入端的处理需要谨慎，以不改变电路的工作状态及稳定可靠为原则，一般不采用悬空的办法（虽然 TTL 与门、与非门的多余输入端可以悬空，表示接高电平，注意 TTL 或门、或非门以及 MOS 门电路绝不能这样做，TTL 或门、或非门的多余输入端只能接低电平），因为这样输入端对地呈现阻抗很高，信号易从悬空输入端引入，容易受到外界干扰。对于 MOS 电路还可能在栅极感应出很高的电压，造成栅极击穿。常用两种办法：一是根据逻辑功能的要求接高低电平，接高低电平的方法是通过限流电阻接正电源或地，有的也可以直接和正电源或地相连；二是将多余的输入端与使用的输入端并起来使用（在不改变逻辑状态的前提下），其优点是不影响电路的噪声容限，缺点是增加了前级门输出低电平时的灌电流和前级门输出高电平时的拉电流（仅对 TTL 电流而言），这就要求增大信号驱动电流。而且，几个输入端并联后，输入电容也并在一起了，这就增加了推动级的负载电容，降低了开关速度。当对工作（开关）速度无要求时，这两种办法均可采用。

可将上述归纳为：集成门电路输入端的处理：MOS 门电路不可悬空。如果是与门、与非门，则其多余输入端作如下处理：①接高电平；②与信号的输入端并联；③通过大电阻接地。如果是或门、或非门，则应将其多余输入端：①接地；②通过小于 1kΩ 的电阻接地。

（5）输出端的使用。除 OC 门之外，一般逻辑门电路的输出端不能“线与”连接，任何门电路输出端均不要和电源或地短路。所带负载的大小应符合电路输出特性的指标，即负载电流 $I_L \leqslant I_{OL}$ 或 $|I_{OH}|$。

普通 CMOS 电路 I_{OL} 和 $|I_{OH}|$ 都比较小（0.5～3.5mA），驱动大电流负载，如发光二极管、指示灯等时，需加缓冲驱动器或三极管电路。TTL 电路一般 $|I_{OH}|$ 都比较小（0.4mA），而 I_{OL} 较大（10～20mA）。驱动上述大电流负载时，可用灌电流负载连接形式，详见下面叙述。

4. 集成门电路的接口电路

在数字电路中，为了优化电路结构，提高电路性能，往往要用到多种类型的集成门电路，还要使用二极管、晶体管、场效应管、晶闸管，甚至会用到继电器、机械开关、显示器等元器件。那么，这些不同的元器件，不同电路之间的电平转换和功能驱动匹配就要由相应的“中介电路”来完成，这些“中介电路”就称为“接口电路”。

（1）接口电路的基本要求。无论接口电路充当驱动电路或是作为另外电路的负载，首先要考虑逻辑电平的配合。其次要考虑负载电流的配合，即前级电路的输出电流应大于后级电路的输入电流，并不会造成对器件的损坏。

（2）TTL 电路驱动 CMOS 电路。在 $U_{CC}=U_{DD}=5V$ 的情况下，TTL 电路可以直接驱动 CMOS 电路，由表 9-10 可知，TTL 电路的 $U_{OL}=0.4V$，小于 CMOS 电路的 $U_{IL}\approx1.5V$，完全满足 CMOS 电路输入低电平的要求。但是由于 TTL 的 $U_{OH}\approx2.7V$，小于 CMOS 电路的 $U_{IH}\approx3.5V$，为了确保电路可靠地工作，一般在 TTL 输出端加一个上拉电阻 R_X，如图 9-33（a）所示，这里的“上拉”是将 TTL 电路的输出电平向上拉高的意思。适当选择 R_X 的值，可以调节 TTL 电路的输出信号电平与 CMOS 电路的输入电平相配合。R_X 的大小主要由 TTL 电路的输出电流 I_{OH} 值决定。因此，不同 I_{OH} 值的 TTL 电路应取不同的 R_X 值。前面也讨论过类似的问题。表 9-11 列出了各种系列 TTL 电路对应的 R_X 的取值范围。具体的电路还必须做仔细调整。R_X 值增大，输出电平下降，R_X 值减小，输出电平上升。

表 9-11 各种系列 TTL 电路对应的 R_X 值

TTL 系列	T1000	T2000	T3000	T4000
R_X（Ω）	390～4700	270～4700	270～4700	8200～12000

如果 $U_{DD}=3\sim18V$，特别是 $U_{DD}>U_{CC}$ 时，为保证 CMOS 高电平输入的需要，TTL 电路可改用 OC 门，如图 9-33（b）所示。或采用具有电平移动功能的 CMOS 电路（如 CC4504、CC40109 和 BH017）作接口电路来完成 TTL 对 CMOS 门的驱动功能，其连接电路图如图 9-33（c）所示。

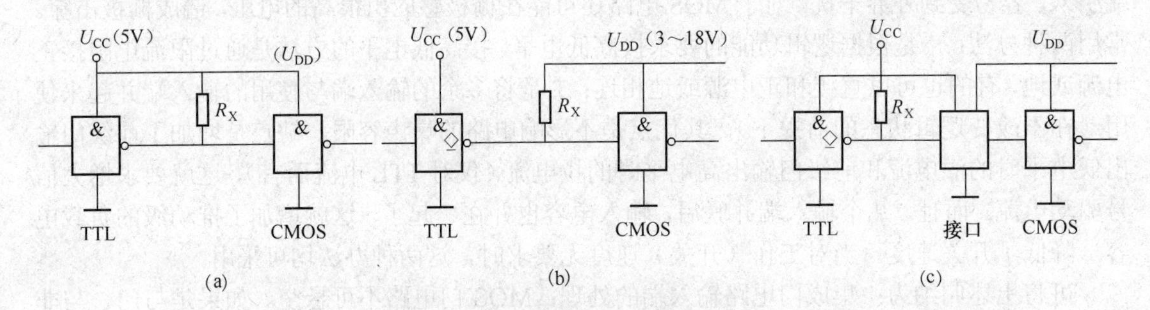

图 9-33 TTL 电路驱动 CMOS 电路

（a）加上拉电阻；（b）用 OC 门；（c）用接口电路

对于 TTL 门电路使用 OC 门的情况，可以方便地实现 TTL 和 CMOS 电路的连接，上拉电阻 R_X 的确定和 TTL OC 门线与的情况类似，不同的是 CMOS 的 $I_{IL}\approx I_{IH}\approx0$，可以忽略，$U_{IL}$ 和 U_{IH} 与 TTL 电路有区别（见表 9-10），其他的计算方法完全一样。一般 R_X 取值为数百千欧，R_X 较大时，便于减小集电极开路门的功耗，但在一定程度上会影响电路的工作速度。通常，R_X 可取 47kΩ～220kΩ，但在中高速工作场合，应取 20kΩ 以下较为合适，由于 TTL 电路的输出电流比 CMOS 电路的输入电流大得多，因此 TTL 电路驱动 CMOS 电路不存在电流匹配的问题。

（3）CMOS 电路驱动 TTL 电路。由表 9-10 中可以看出，当 CMOS 电路的 U_{DD} 和 TTL 电路的 U_{CC} 相等，即 $U_{DD}=U_{CC}=5V$ 时，其 $U_{OH}=4.5V$，比 TTL 电路的 $U_{IH}=2V$ 要高得多；而 CMOS 的 $U_{OL}=0.5V$，小于 TTL 电路的 $U_{IL}=0.8V$，因此不存在 CMOS 电路的输出与 TTL 电路的输入之间电平匹配的问题，因此 CMOS 电路一般可直接驱动一个 TTL 门电路。但是当被驱动的 TTL

门电路较多时，因为 CMOS 电路的 I_{OH}=I_{OL}≤1.5mA，而 TTL 电路的 I_{IL}=1.6mA，I_{IH}≤40mA，所以需要解决 CMOS 电路低电平输出时吸收负载（TTL 门电路）的大输入电流的问题。通常可采用的办法是：用同一芯片的多个 CMOS 门并联使用，如图 9-34（a）所示，或采用增加一级 CMOS 驱动器，如图 9-34（b）所示。最方便的方法是直接采用 CMOS 缓冲/电平变换器，如图 9-34（c）、图 9-34（d）所示，不过这种电路有反相、同相之分，例如 CC4049 是反相型六缓冲/电平转换器，而 CC4050 是同相型六缓冲/电平转换器，使用时要注意相位问题。

另一种 CMOS-TTL 接口专用电路如图 9-34（e）所示。常用的有六反相缓冲/变换器 CC4009，还有六同相缓冲 CC4010 等。这种接口电路的应用也很方便，但需要使用双电源，集成块上有两个电源引脚，使用时不能连接错误，否则不但不能实现正常的电平转换，还有可能会损坏器件。必要时要查阅有关的资料，凡是标有 U_{CC} 的引脚都是接 TTL 电源+5V，标有 U_{DD} 的引脚是接 CMOS 电源 5～15V。采用这类电源接口时，要保证 U_{DD} 比 U_{CC} 先接通，至少也应同时接通，否则应在 U_{DD} 端串入限流二极管 VD，如图 9-34（e）所示，以防止 U_{CC} 回路的电流过大而损坏器件。

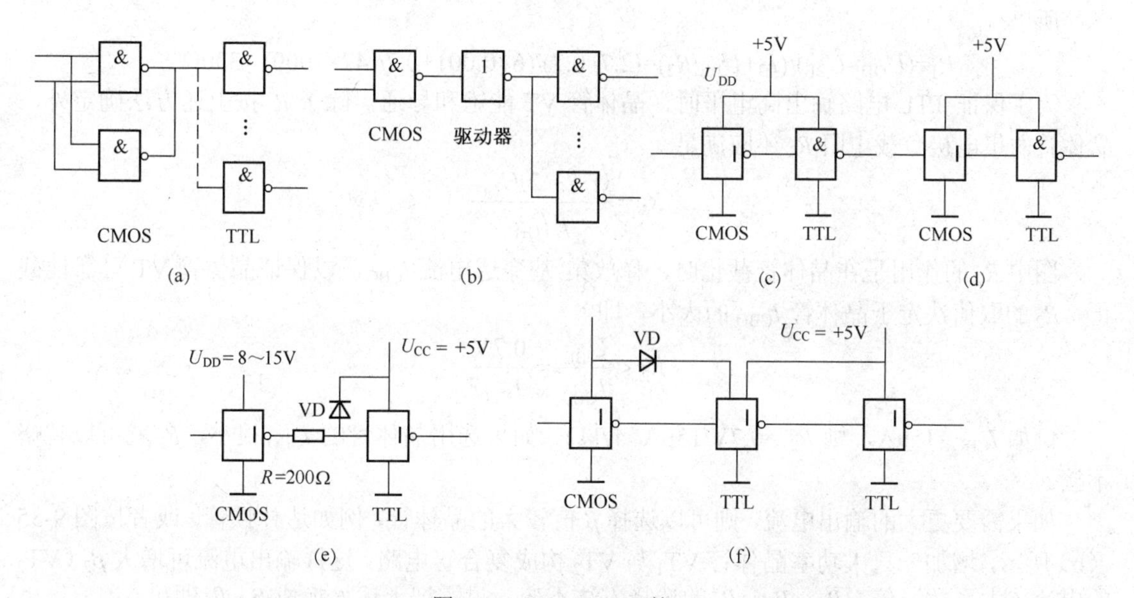

图 9-34　CMOS-TTL 接口

（a）U_{DD}=U_{CC}=5V 省略未画；（b）U_{DD}=U_{CC}=5V 省略未画；（c）其中 CMOS 为反相缓冲/电平转换器；（d）其中 CMOS 为同相缓冲/电平转换器；（e）反相缓冲/电平转换器采用钳位电路；（f）其中 CMOS 为反相缓冲/电平转换器，中间 TTL 为电平转换器

图 9-34（f）是又一种采用双电源的接口电路，它是利用钳位二极管 VD 使 TTL 电路的输入电压不超过 U_{CC}，串联电阻 R 的作用是限制流过二极管的电流。凡是采用双电源供电的接口电路，一般都通过提高 U_{DD} 值来增大 CMOS 的输出电流，以满足 TTL 电路的大输入电流的要求。

（4）TTL 和晶体管的接口电路。在需要高电压、大电流的应用场合，TTL 电路通常不能满足要求，但是可以借助晶体三极管来实现。

1）TTL-晶体管电路的接口。由 TTL 驱动晶体管的基本电路，如图 9-35（a）所示。图中 R_1 用于限制 TTL 电路输出高电平时的输出电流，所以

$$R_1 = \frac{U_{OH} - U_{BE}}{I_B + U_{BE}/R_2}$$

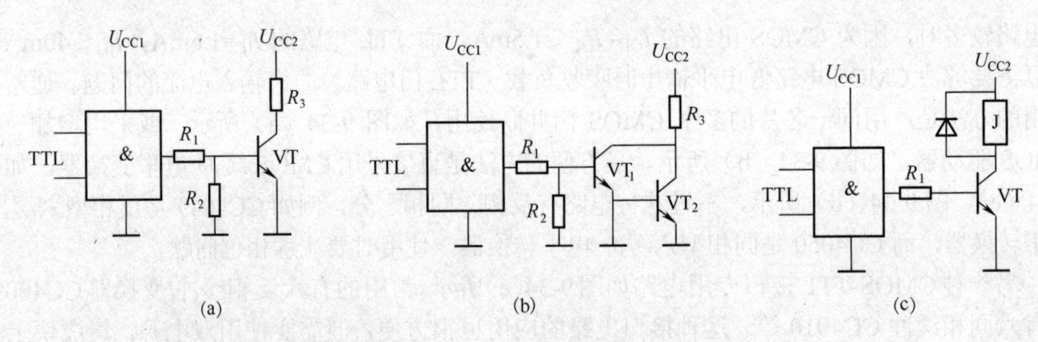

图 9-35　TTL 与晶体管的接口电路

假设要求晶体管的输出电流为 I_C=150mA，晶体管的 $\beta \geqslant 25$，若取 R_2=47kΩ，TTL 电路的 U_{OH}=2.7V，晶体管的 U_{BE}=0.7V，又因为

$$I_B = \frac{I_C}{\beta} = \frac{150\text{mA}}{25} = 6\text{mA}$$

所以

$$R_1=(U_{OH}-U_{BE})/(I_B+U_{BE}/R_2)=(2.7-0.7)/(6\times 0.001+0.7/(47\times 1000)) \approx 330\Omega$$

为了保证 TTL 电路输出高电平时，晶体管 VT 能饱和导通，除了 R_1 按上述方法确定外，晶体管的集电极负载电阻 R_3 还应满足

$$R_3 = \frac{(1.5 \sim 2)U_{CC}}{\beta I_{OH}}$$

图中 R_2 的作用是在晶体管截止时，释放集-基穿透电流 I_{CBO}，以保证晶体管 VT 可靠地截止。R_2 的取值决定于晶体管 I_{CBO} 的大小，即

$$R_2 < \frac{U_{BE}}{I_{CEO}} = \frac{0.7\text{V}}{I_{CEO}}$$

例如 I_{CBO}=15μA，则 R_2 =0.7V/15μA≈47kΩ。如果选用晶体管的 I_{CBO} 很小，R_2 就可以省略不接。

如果需要更大的输出电流，则可以选择 β 值较大的晶体管，例如达林顿管，或者按图 9-35（b）所示，增加一只大功率晶体管 VT_1 与 VT_2 构成复合管电路，这样输出电流可增大 β_2（VT_2 的电流放大系数）倍。R_1、R_2、R_3 的选择方法不变，只需把上述 β 换成 $\beta_1 \cdot \beta_2$ 即可。

由以上分析可知，TTL-晶体管的接口电路一般用于驱动较大功率的负载。因为晶体管可以工作在高电压、大电流的情况下，所以用它可以方便地驱动诸多电磁阀、继电器等感性负载，如图 9-35（c）所示。当继电器从接通到断开的转换瞬间，其线包（线圈）本身的电感将产生反电动势，使晶体管 VT 集电极承受大约 2～3 倍于电源的电压，而且驱动电流愈大，反电动势也愈大。为了避免因反电动势过大而击穿晶体管 VT_1，通常在继电器线包两端并联一个阻尼二极管 VD，用于吸收继电器断开时线包产生的反电动势。图 9-35（c）中 R_1 阻值的选取是很关键的，正确的 R_1 阻值应使晶体管 VT_1 能够获得足够的基极电流而达到饱和导通（在 TTL 输出为高电平时），同时又要保证器件不因过流而损坏。当晶体管饱和时，其基极电流为

$$I_B=I_C/\beta$$

晶体管集电极电流 I_C 应等于继电器的额定工作电流。图 9-35（c）中 JQX-7M 继电器额定电流为 27mA，若 $\beta \geqslant 25$，则

$$I_B=I_C/\beta=27/25=1.1\text{mA}$$

而

$$R_1=(U_{OH}-U_{BE})/I_B$$

若取 TTL 电路的输出高电平为 2.7V，则

$$R_1=(2.7\text{V}-0.7\text{V})/1.1\text{mA}\approx1.8\text{k}\Omega$$

2）晶体管-TTL 电路的接口。晶体管电路驱动 TTL 电路的一般接口电路如图 9-36 所示。图中晶体管 VT 接成共发射开关电路，利用其导通时集电极输出的低电平和截止时集电极输出的高电平控制 TTL 电路工作。电路是否正常工作的关键在于 R_1、R_2 的取值，R_1 是根据输入信号 U_1 的幅度确定的，R_2 要由后接 TTL 电路的负载及其脉冲电平幅度确定。下面就以图 9-36 为例说明之。

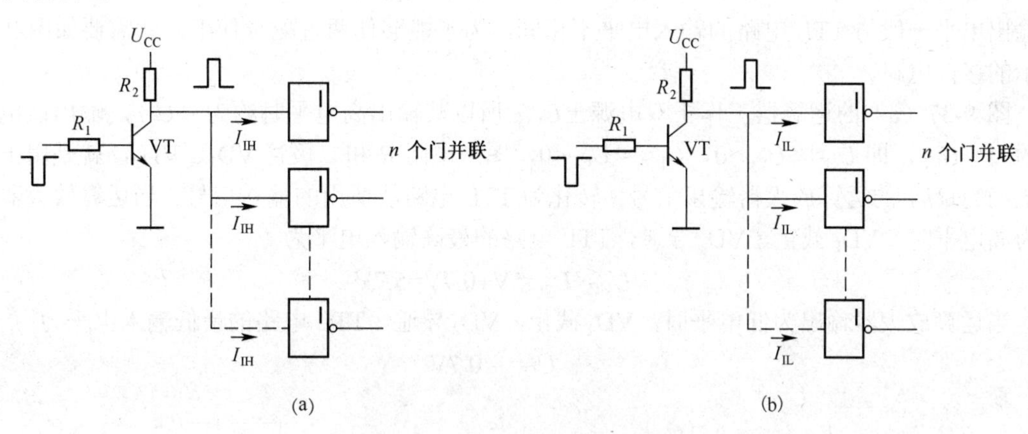

图 9-36　晶体管和 TTL 电路的接口

（a）VT 截止；（b）VT 导通

由表 9-10 可知，TTL 电路 I_{IL}=1.6mA，I_{IH}=40μA，U_{IH}=2V，U_{IL}=0.8V，若设晶体管 VT 的 $\beta\geqslant20$，输入电平 U_1 的幅度为 3.5V，推动 TTL 电路的个数 n=10，那么，当 VT 截止时，也就是晶体管输出高电平时，其集电极输出电压必须不小于 TTL 电路所需要的输入高电平的最低值 U_{IH}，根据图 9-36（a）可得

$$U_{CC}-nI_{IH}R_2\geqslant U_{IH}$$

所以 $R_2\leqslant(U_{CC}-U_{IH})/nI_{IH}=(5-2)/(10\times40\times0.001)=7.5\text{k}\Omega$

当 VT 导通时，晶体管输出低电平，其集电极输出电压必须小于 TTL 电路所需的输入电平的最大值 U_{IL}，根据图 9-36（b）可得

$$U_{CC}-(I_C+nI_{IL})R_2\leqslant U_{IL}$$

式中，I_C 是晶体管 VT 的集电极电流，所以把 $I_C=\beta I_B$ 代入上式并整理得

$$\beta I_B\geqslant nI_{IL}-\frac{U_{CC}-U_{IL}}{R_2}$$

即可求得

$$I_B\geqslant0.772\text{mA}$$

因为

$$I_B=\frac{U_1-U_{BE}}{R_1}$$

所以

$$R_1\approx3.5\text{k}\Omega$$

取

$$R_1=3.3\text{k}\Omega$$

因

$$I_C=\beta I_B=20\times0.83=16.6\text{mA},\quad U_{CC}=5\text{V}$$

所以，几乎所有的开关晶体管都可满足上述要求。对于工作频率较高的场合，晶体管的

开关时间选小一些好。

（5）CMOS 和晶体管的接口电路。CMOS 和晶体管的接口电路与 TTL 电路的基本相同，限流电阻和负载电阻的计算都一样，仅是 CMOS 的输入、输出参数有所不同，这可以根据表 9-10 所列的有关内容进行计算，因此其他的内容就不必再重复了。

（6）TTL 和运算放大器的接口电路。运算放大器是一种线性集成电路，其应用领域非常广泛。这里仅分析用运算放大器驱动 TTL 电路的情况。

由于运算放大器有双电源和单电源之分，而且电源电压范围往往很宽，因此运算放大器的输出电平一般与 TTL 电路的输入电平不相同。为了能够使两者配合使用，就需要如图 9-37 所示的接口电路。

图 9-37（a）的运算器工作于双电源$\pm U_{CC}$ 所以其输出高电平时约为 $+U_{CC}$，输出低电平时约为 $-U_{CC}$，即 $U_H\approx +U_{CC}>0$，$U_L\approx -U_{CC}<0$，图中电阻 R 和二极管 VD_1、VD_2，就是用于将摆幅约为$\pm U_{CC}$的运算放大器输出信号，转化为 TTL 电路能适用的输入信号。当运算放大器输出为高电平时，VD_2 截止，VD_1 导通，TTL 电路的最高输入电平为

$$U_{CC}+U_D=5V+0.7V=5.7V$$

当运算放大器输出为低电平时，VD_1 截止，VD_2 导通，TTL 电路的最低输入电平为

$$U_D=-0.7V$$

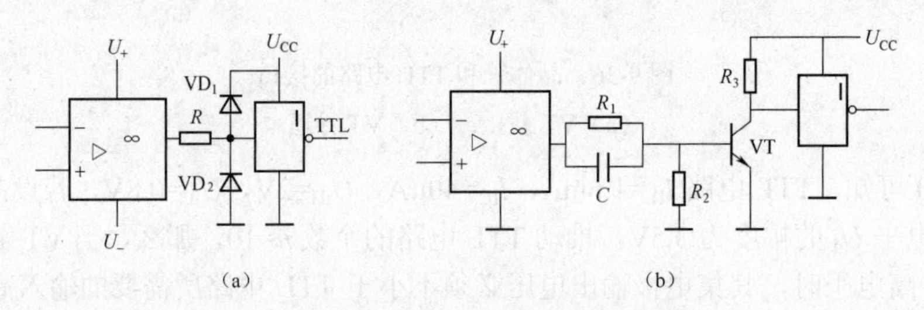

图 9-37　TTL 与运算放大器的接口

电阻 R 的作用是限制可能影响运算器正常工作的大电流，其取值范围为 1～10kΩ 之间。

图 9-37（b）的运算放大器工作于单电源，当运算放大器输出高电平时，$U_H\approx U_{CC}$，通过电阻 R_1 给晶体管 VT 提供正向偏置电流，使晶体管 VT 导通，相当于 TTL 电路输入低电平；当运算放大器输出为低电平时，$U_L=0$，晶体管因零偏置而截止，集电极输出高电平，即 TTL 电路输入高电平。R_1 、R_2、R_3 的选择与图 9-36（a）完全相同。

（7）CMOS 和运算放大器的接口电路。一般而言，运算放大器可直接驱动 CMOS 电路。当运算放大器用±15V 电源电压供电，CMOS 电路用±10V 电源电压供电时，典型的接口如图 9-38（a）所示，但电阻 R 的阻值可以适当取大些，一般在 15kΩ 左右。若运算放大器和 CMOS 电路共用+10V 电源供电，则典型的连接电路如图 9-38（b）所示。

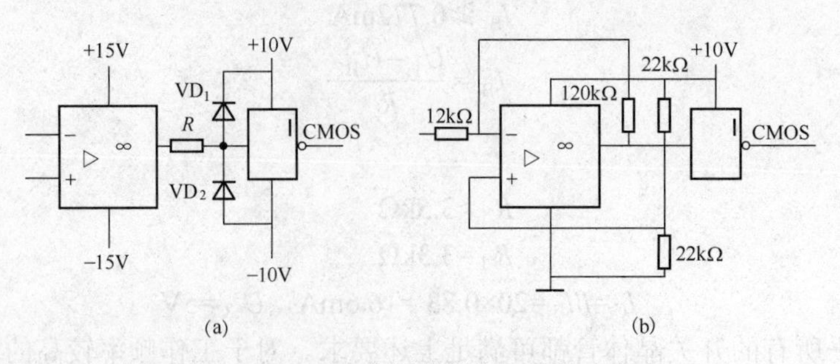

图 9-38　CMOS 与运算放大器的接口电路

9.6 集成门电路在脉冲电路中的应用

下面讨论集成门电路构成的脉冲触发器和振荡器。

9.6.1 单稳态触发器

1. 微分型单稳态触发器

单稳态微分型触发器的工作状态有两个：稳态和暂稳态。它在外加触发脉冲作用下，能从稳态翻到暂稳态。在暂稳态维持一段时间后，又返回到稳态。暂稳态维持时间的长短取决于电路本身的参数，与触发脉冲的宽度无关。

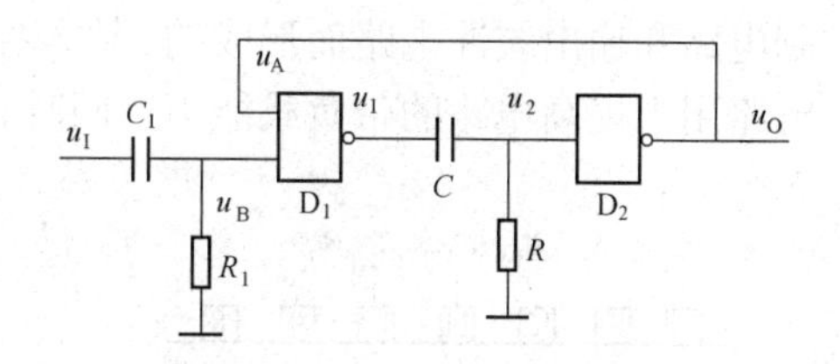

图 9-39 单稳态微分型触发器电路

图 9-39 为单稳态微分型触发器电路图，它由 TTL 与非门 D_1 和 D_2 及 RC 电路构成。D_1 和 D_2 之间采用 RC 微分电路耦合。RC 为定时元件。电路输入端由 R_1C_1 微分电路构成。

当外来触发信号 u_I 从零电平的负跳变到来时，经 R_1C_1 的微分作用，u_B 产生一负向尖脉冲，门 D_1 必然输出 u_1 为高电平，电容两端电压不能突变，于是 u_2 亦为高电平，再经反相器 D_2 输出 u_O 为低电平并反馈到门 D_1 的输入端，这时即使 u_I 的负脉冲消失，电路也能维持 u_O 输出低电平。电路进入暂稳态。随着 u_1 的高电平通过 RC 微分电路对 C 充电，电容两端电压 u_c 逐渐升高，u_2 逐渐下降，当 u_2 下降到门 D_2 的阈值电平 U_T 以下时，门 D_2 由饱和导通转为截止，输出 u_O 跳到高电平。而此时若输入 u_I 的负脉冲已经过去并跳回到零电平时（显然，应有 $R_1C_1 \geqslant RC$），u_B 产生一正向尖脉冲，这样，门 D_1 的两个输入端均为高电平，使门 D_1 饱和导通，输出 u_1 由高电平 U_H 跳回低电平 U_L，再经过电容 C 降压（因电容 C 上充有电压 u_c），迫使 u_2 产生一个幅度相同（U_H-U_L）的下跳，因而电容必通过 RC 微分电路放电，电路进入稳态。直到下一个 u_I 负跳变到来时，重复上述过程，不断地把一个脉冲序列变为需要宽度的脉冲序列，其宽度就是暂稳态持续时间 T_W，$T_W \approx 0.78RC$。图 9-40 为单稳态微分型触发器电路中各点电压波形图。

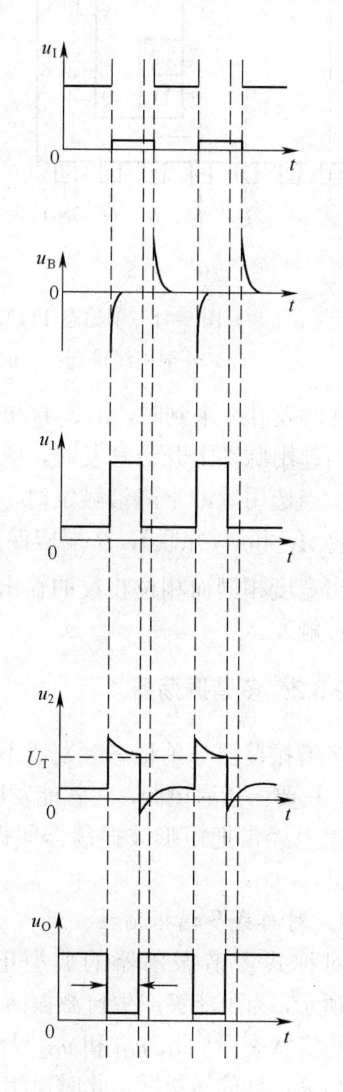

图 9-40 TTL 微分型单稳态触发器电路的各点电压波形

若触发脉冲本来就很窄，则可以去掉 R_1C_1，直接送到门 D_1 的输入端；若要增大 T_W 的调节范围，可在 RC 和门 D_2 之间加射极跟随器。

单稳态微分型触发器也可由 CMOS 或非门 D_1

和 D_2 及 RC 电路构成，D_2 的输入端并联，电阻 R 不接地，而是接电源 U_{DD}。

单稳态触发器还有积分型，也可由 TTL 与非门 D_1 和 D_2 及 RC 电路构成；或者由 CMOS 或非门 D_1 和 D_2 及 RC 电路构成，只不过它的 R、C 互换了位置。它比微分型单稳态触发器抗干扰能力强，因为它对数字电路中经常出现的尖峰脉冲反应迟钝。

2. 集成单稳态触发器

集成单稳态触发器应用十分广泛，图 9-41 为单稳态 T1122 型号触发器的外部引线排列和使用时的接线方法。单稳态 T1122 型号触发器的电路是在图 9-39 所示的电路中增加了输入控制电路和输出缓冲电路而形成的。输入控制电路用于选择上升沿触发或下降沿触发；输出缓冲电路用于提高电路的带负载能力，同时有改善输出波形的作用。

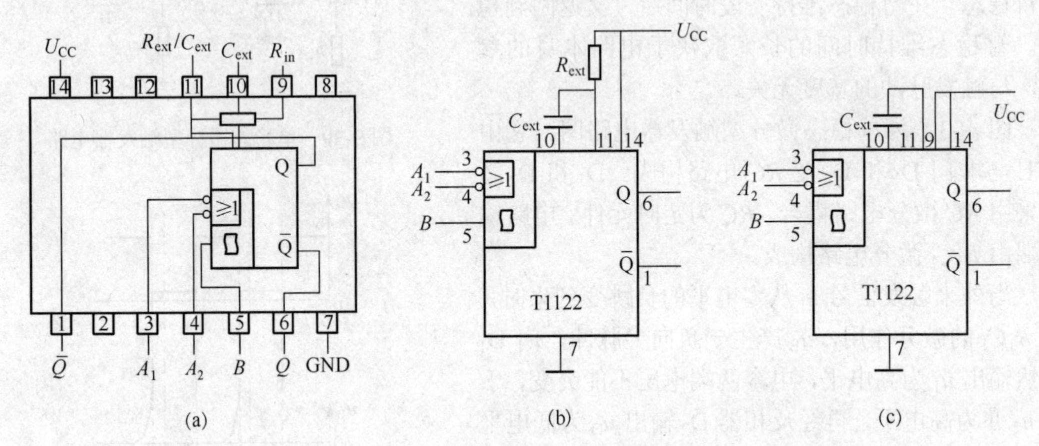

图 9-41 单稳态 T1122 型号触发器的外部引线排列和使用时的接线方法

（a）外部引线排列；（b）不利用内部电阻的接法；（c）利用内部电阻的接法

在触发脉冲未到时，A_1、A_2 和 B 的任何组态都不会使电路触发。

当选用脉冲上升沿触发时，应将触发脉冲接到 B 端，A_1 和 A_2 之间至少有一个保持为低电平。当选用脉冲下降沿触发时，应将触发脉冲接到 A_1 或 A_2 上（另一个必须接高电平，也可以将 A_1 和 A_2 并联），B 端应保持为高电平。Q 和 $\bar{Q}$ 两个输出端，在触发脉冲作用下将同时给出宽度相同而相位相反的输出脉冲。电路在暂稳态是不接收脉冲信号的，只在稳态下才可能被触发。

9.6.2 多谐振荡器

多谐振荡器与单稳态触发器不同，它是一种自激振荡电路，工作时不需要任何外加触发信号，只要一接通电源，它就能发出矩形脉冲信号。因为矩形波中含有多种高次谐波成分，所以习惯上经常把矩形波振荡器叫做多谐振荡器。

1. 对称式多谐振荡器

对称式多谐振荡器的典型电路如图 9-42 所示，为了能够产生自激振荡，电路不能有稳定状态。因此，u_{O1} 和 u_{O2} 只能工作在电压传输特性的转折区，此时反相器 D_1 和 D_2 工作在放大状态，输入电压的微小变化

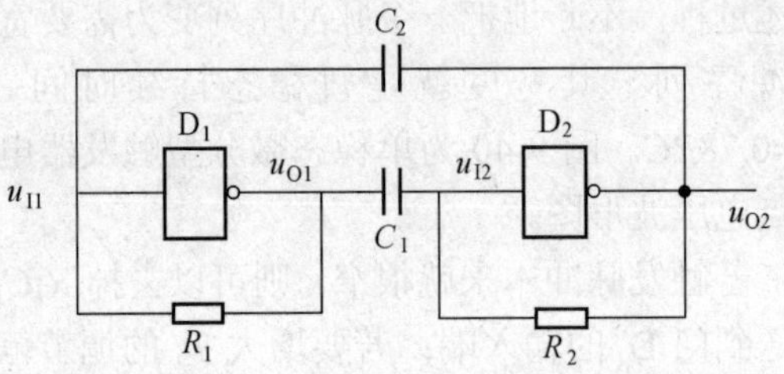

图 9-42 对移式多谐振荡器

即可引起输出电压的较大变化。

假定由于某种原因（例如外界的干扰，电路内部的噪声或电源的波动）使 u_{I1} 产生了微小的正跳变，则由于 D_1 的放大作用，使得 u_{O1} 产生了放大了的负跳变。因为电容两端的电压不能突变，使得 u_{I2} 也产生同样的负跳变，再经过 D_2 的放大反相，使 u_{O2} 获得更大的正跳变。这个正跳变又反馈到 D_1 的输入端（同时对电容 C_2 充电），使得 u_{O1} 产生更大的负跳变，如此循环往复，引发了正反馈过程，使 u_{O1} 迅速跳至低电平，而 u_{O2} 迅速跳至高电平，电路进入第一个暂稳态。与此同时，u_{O2} 开始经 R_2 向 C_1 充电，C_2 经 R_1 开始放电。

这个暂稳态是不能持久的。随着 C_1 的充电（同时 C_2 的放电），u_{I2} 逐渐上升到 D_2 的阈值电压 U_{TH} 时，u_{O2} 下降并引起另一个正反馈过程：u_{O2} 下降，u_{I1} 下降，u_{O1} 上升，u_{I2} 上升，u_{O2} 进一步下降，循环往复，使得 u_{O2} 迅速跳至低电平，而 u_{O1} 迅速跳至高电平，电路进入第二个暂稳态。

第二个暂稳态同样是不能持久的。随着 C_2 的充电（C_1 的放电），当 u_{I1} 逐渐上升到 D_1 的阈值电压 U_{TH} 时，又返回到第一个暂稳态。因此，电路不停地在两个暂稳态之间往复振荡，并输出序列矩形脉冲。脉冲的周期等于两个暂稳态持续时间之和。若取 C_1=C_2，近似有 $T\approx1.4RC$。

2. 环形多谐振荡器

环形多谐振荡器与对称式多谐振荡器不同，它利用闭环电路的延迟负反馈作用产生自激振荡的矩形脉冲。其电路如图 9-43 所示，它由大于 3 或等于 3 的奇数个门电路首尾相连，构成最简单的环形多谐振荡器。其工作原理（以 3 个为例）是：假定由于某种原因，使 u_{I1} 产生了微小的正跳变，则由于 D_1 的放大作用，经过 D_1 的传输延迟时间 t_1，使得 u_{I2} 产生较大的负跳变，再经过 D_2 的延迟传输时间 t_2，放大反相，使 u_{I3} 获得更大的正跳变。又经过 D_3 的延迟传输时间 t_3，使得 u_O 和 u_{I1} 产生了更大的负跳变。电路输出 u_O 为低电平，反馈到输入端 u_{I1} 也为低电平；这就是说，经过三个反相器的延迟时间以后，输入端 u_{I1} 是一个反方向的跳变。不难想象，再经过三个反相器的延迟时间以后，电路输出 u_O 为高电平，反馈到输入端 u_{I1} 也为高电平；如此循环往复，使 u_O 输出矩形脉冲波。脉冲波的半周期等于三个延迟时间之和，如图 9-44 所示。这样的电路并不实用，因为振荡周期短，并且不能调节，为此，可在任意两个门电路之间加入 RC 延迟电路，通过改变 R、C 的参数很容易实现对振荡频率的调节。如图 9-45 所示为 RC 环形振荡器电路图。

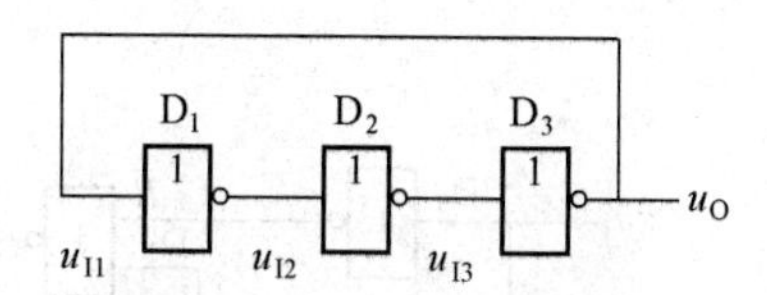

图 9-43　环形多谐振荡器电路图

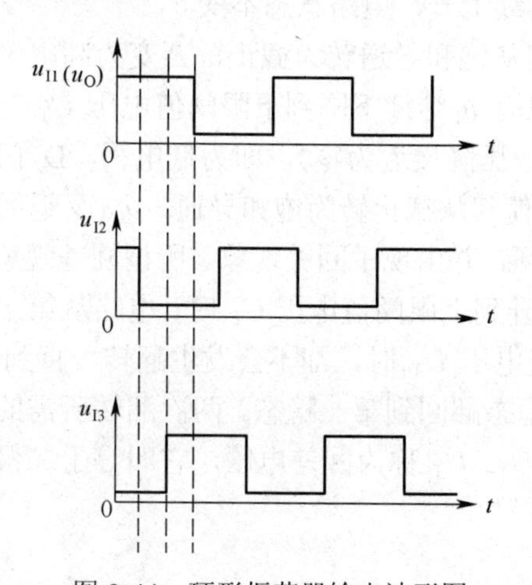

图 9-44　环形振荡器输出波形图

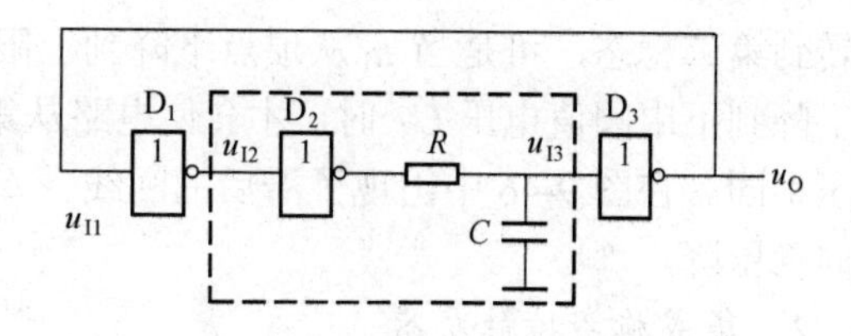

图 9-45　RC 环形振荡器电路图

9.6.3 施密特触发器

1. 施密特触发器（Schmitt Trigger）

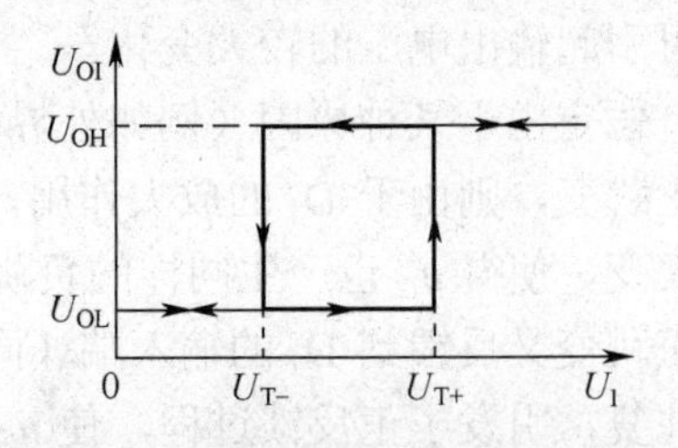

图 9-46 施密特触发器的传输特性

施密特触发器具有类似于磁滞回线形状的电压传输特性，如图 9-46 所示。图 9-47 所示是用三个与非门构成的施密特触发器的电路及其波形图，其中 D_1 和 D_2 组成基本 RS 触发器（详见第 10 章，这里从与非门的逻辑功能进行分析，不影响对施密特触发器电路的理解），D_3 是反相器，二极管 VD 起电平转移作用，先定性分析它的工作原理。图 9-48 所示是施密特触发器的电压输入输出波形。

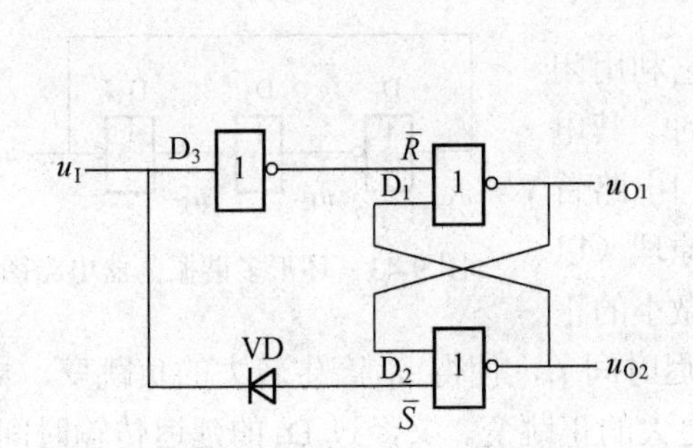

图 9-47 施密特触发器电路图

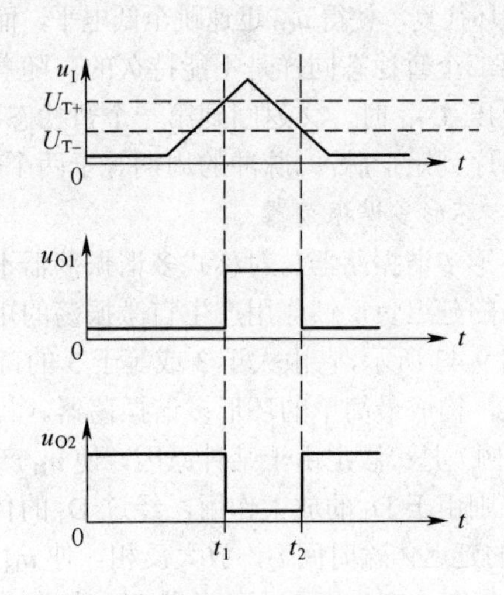

图 9-48 施密特触发器输出波形图

设输入信号 u_I 为三角波，当输入信号 u_I=0 时，D_3 门和 D_2 门截止，输出 $\overline{R}$ 和 u_{O2} 为高电平，经交叉耦合到 D_1 门，使其饱和导通，u_{O1} 为低电平，电路处于第一稳态。

当在 t_1 时刻 u_I 上升到 D_3 门的上限阈值电压 U_{T+}，D_3 门从截止转为饱和导通，$\overline{R}$ 变为低电平；D_1 门截止，u_{O1} 变为高电平，又经交叉耦合到 D_2 门。此时由于二极管 VD 的钳位作用，使 $\overline{S}$ 端的电平为 $U_{T+}+U_D$（U_D 为二极管的管压降），即为高电平。D_2 门从截止转为饱和导通，u_{O2} 变为低电平，电路翻转到第二稳态。此后，u_I 继续上升，电路状态不变。

当 u_I 从顶点下降到上限阈值电压 U_{T+}时，D_3 门从饱和导通转为截止，$\overline{R}$ 变为高电平，但此时 u_{O2} 端仍为低电平，故 D_2 门仍然饱和导通，只有 u_I 继续下降到下限阈值电压 U_{T-}时（在 t_2 时刻），使 $\overline{S}$ 端的电平变为 U_{T-}（因二极管已导通，压降接近为零），即为低电平，D_2 门才会转为截止，u_{O2} 端转为高电平，经交叉耦合到 D_1 门使其从截止转为饱和导通，u_{O1} 又返回到低电平，电路再次处于第一稳态。如此完成了一个循环，并出现了回差现象。所谓回差现象（也称滞后现象）是指当施密特触发器的输入信号 u_I 上升到上限阈值电压 U_{T+}时，电路从第一稳态翻转到第二稳态，可是当 u_I 从顶点下降到上限阈值电压 U_{T+}时，却不会发生翻转。直到 u_I 继续下降到下限阈值电压 U_{T-}时，才会使电路从第二稳态翻回到第一稳态。两次翻转所需的输入电压不同。在图 9-46 中出现了滞后的回线。$\Delta U = U_{T+}-U_{T-}$称为回差电压，它即等于二极管的反向管压降。

2. 集成施密特触发器

集成施密特触发器有 TTL 和 CMOS 两大系列。图 9-49 所示为国产 T1132（或 LS132）的逻辑符号和外部引线排列，从图中可以看出，此集成施密特触发器芯片中有 4 个施密特触发器。集成施密特触发器的参数 U_{T+}、U_{T-}可以从产品手册查出。CMOS 集成施密特触发器的参数 U_{T+}、U_{T-}还与电源电压 U_{DD} 的大小有关，相应数据也可以从产品手册中查出。

3. 施密特触发器的应用举例

在前述施密特触发器的工作原理中，已经看到了如何将一个三角波变换为矩形脉冲，由此不难理解怎样将一正弦波或锯齿波变换成矩形脉冲（见图 9-50 和图 9-51）；怎样消除干扰噪声（见图 9-52 和图 9-53）；怎样在一系列幅度不同的脉冲信号中鉴别出那些信号的幅度大于 U_{T+}（称为鉴频）的脉冲（见图 9-54）。

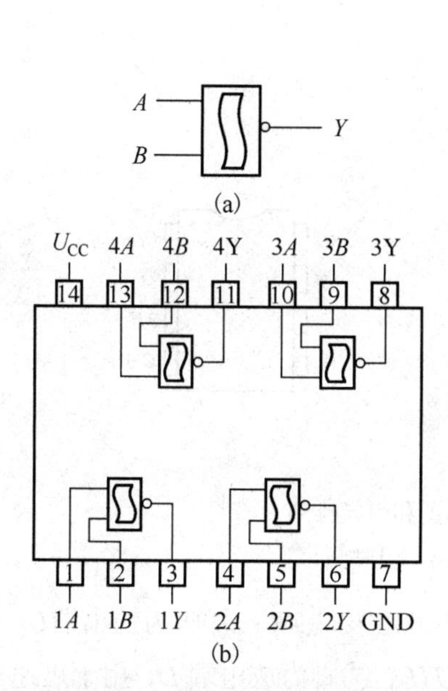

图 9-49　集成施密特触发器的逻辑符号和外部引线排列

（a）逻辑符号；（b）外部引线排列

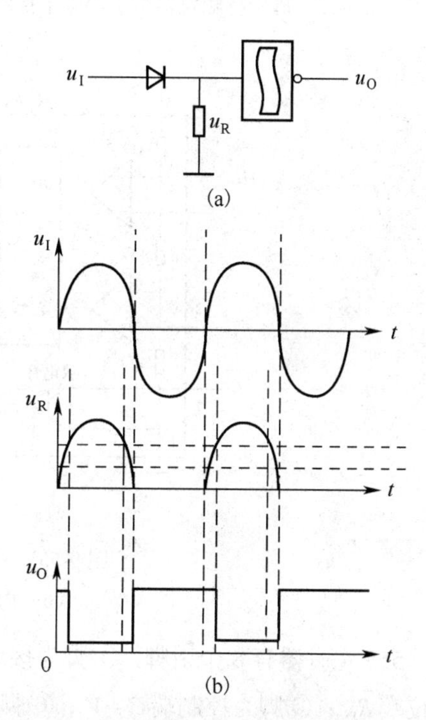

图 9-50　施密特触发器转换波形图

（a）波形变换电路；（b）正弦波波形变换

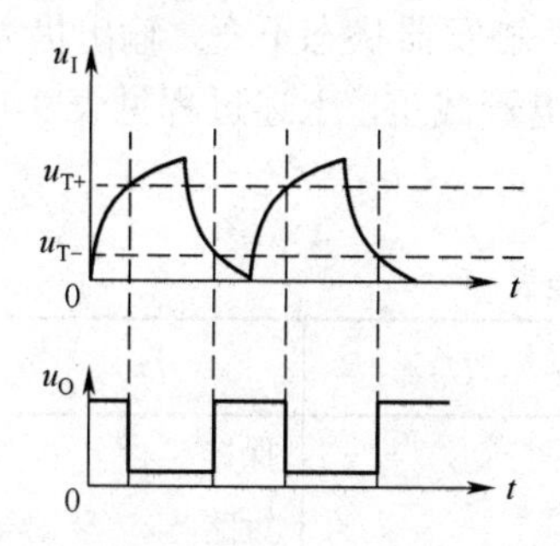

图 9-51　施密特触发器用于锯齿波波形变换

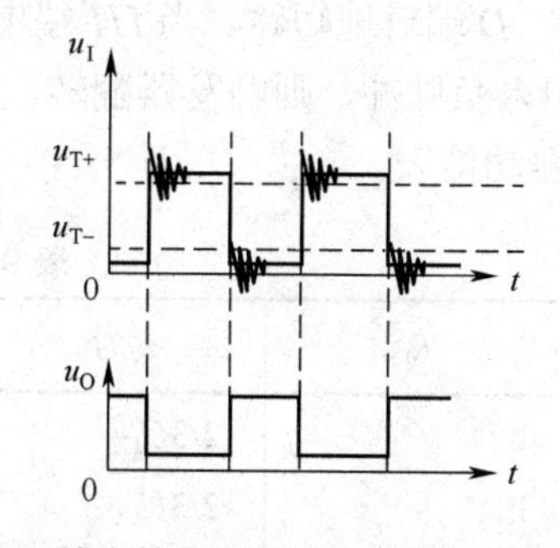

图 9-52　施密特触发器用于消除干扰噪声例一

9.6.4　555 定时器

555 定时器是模拟数字混合的集成电路，其等效逻辑图和引脚排列如图 9-55 所示。由于电路中有三个 5kΩ 精密电阻，所以称之为 555 定时器。

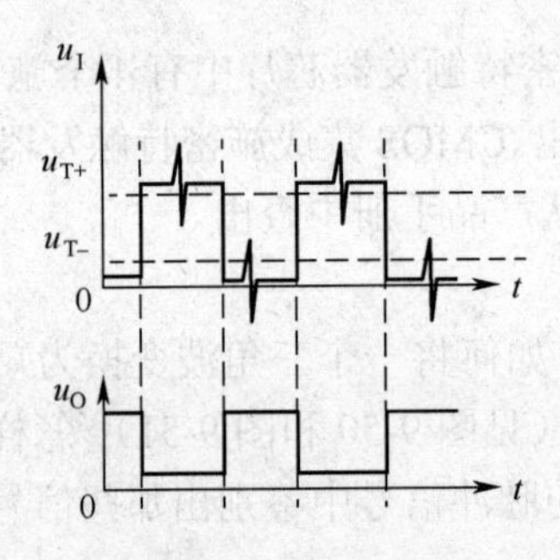

图 9-53 施密特触发器用于消除干扰噪声例二

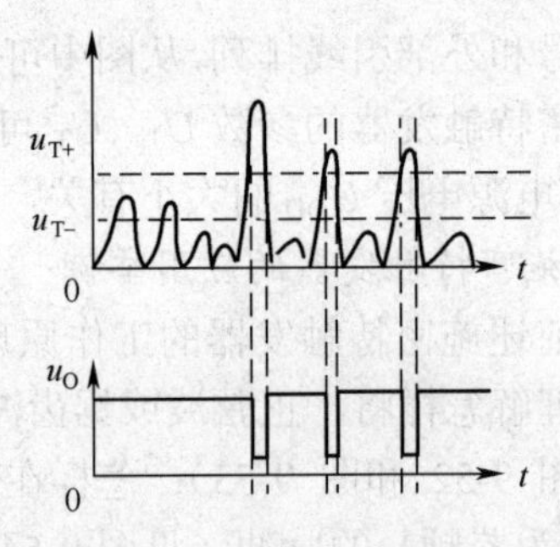

图 9-54 施密特触发器用于鉴频

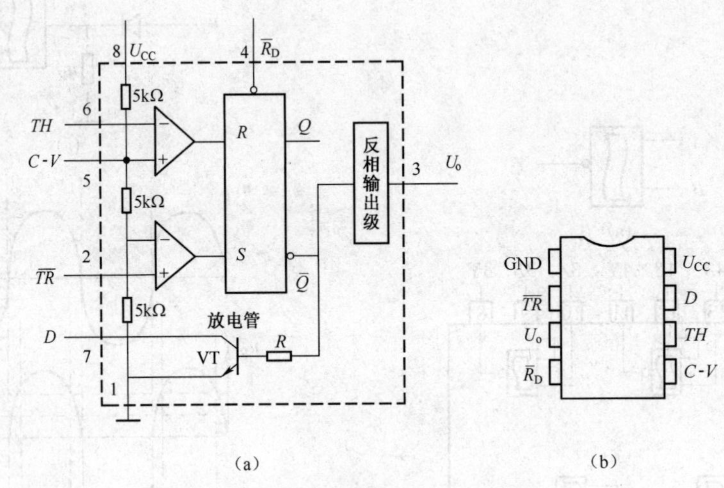

图 9-55 555 定时器逻辑图和引脚排列

（a）内部逻辑图；（b）引脚图

555 定时器有 8 个引脚，①脚为接地端；②脚为低触发端$\overline{TR}$；③脚为输出端U_o；④脚为复位端$\overline{R_D}$；⑤脚为控制端$C-V$；⑥脚为高触发端TH；⑦脚为放电端D，用于迅速对电容器进行放电；⑧脚为电源电压U_{CC}端。

当TH端电压>2/3U_{CC}，TR端电压>1/3U_{CC}时，$R=1$，$S=0$，触发器被置0，则$U_o=0$，放电导通，D端对地短路。当TH端电压下降到<2/3U_{CC}，触发器状态不变，输出仍为低电平。如果$\overline{TR}$引入负脉冲，则触发器翻转，输出为高电平，放电管截止，上述过程见表 9-12 所示的 555 定时器功能表。

表 9-12 555 定时器功能表

$\overline{R_D}$	TH	$\overline{TR}$	U_o	D
1	<2/3U_{CC}	>1/3U_{CC}	保持	保持
1	>2/3U_{CC}	>1/3U_{CC}	0	短路
1	<2/3U_{CC}	<1/3U_{CC}	1	断路
1	>2/3U_{CC}	<1/3U_{CC}	不定	不定
0	×	×	0	短路

设$TH<2/3U_{CC}$为 0，$TH>2/3U_{CC}$为 1，$\overline{TR}<1/3U_{CC}$为 0，$\overline{TR}>1/3U_{CC}$为 1，不允许出现

$TH<2/3U_{CC}$，$\overline{TR}<1/3U_{CC}$的情况。则555定时器可视为时钟RS触发器，用图9-56逻辑图表示，图中$\overline{TR}$端的小圆圈表示该端为低有效，即当$\overline{TR}=0$时，经非号后，$S=1$；而当$\overline{TR}=1$时，经非号后$S=0$，可以更易理解555定时器的功能。为便于记忆，可总结为"有1有0，Q、S一致"。

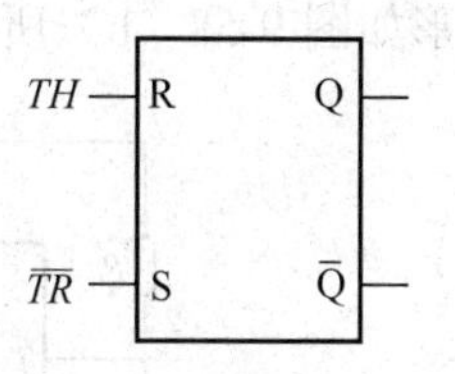

图9-56　用555定时器构造时钟触发器

9.6.5　555定时器构成的单稳态触发器

由555构成的单稳态触发器如图9-57（a）所示。电源接通瞬间，电容上电压u_c=0，输入信号u_i为高平，则有TH（⑥脚）$<2/3U_{CC}$，$\overline{TR}>1/3U_{CC}$。由555功能表知道，这时u_o保持不变即为0。D端对地短路，电容C不能充电，电路处于稳定状态。

当u_i下跳时（负跳变），则$\overline{TR}<1/3U_{CC}$，$TH<2/3U_{CC}$。由555功能表知道，$u_o=1$，D端对地开路，电源通过R向C充电。当充电到$u_c\geqslant 2/3U_{CC}$时，u_o从"1"变为"0"（注意，在u_C上升到$2/3U_{CC}$以前，u_i已经变为高电平）。其工作波形如图9-57（b）所示。

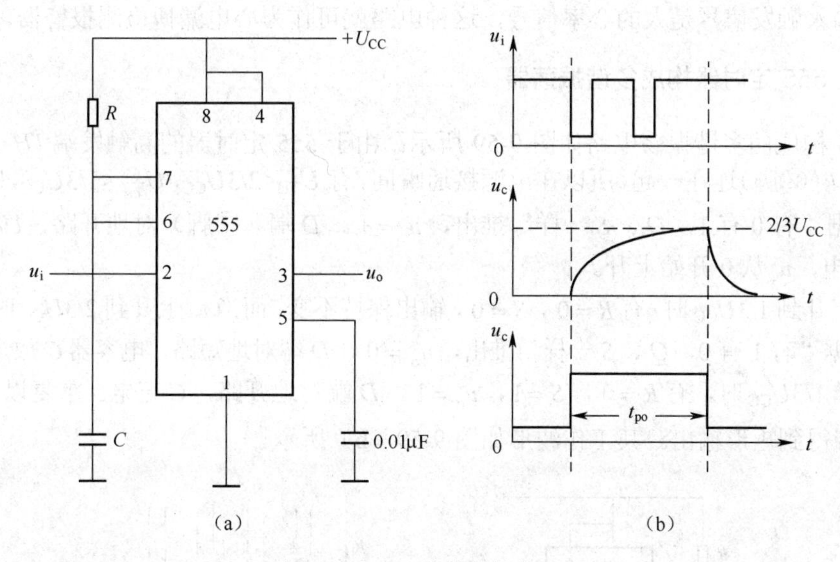

图9-57　555单稳态触发器

（a）电路图；（b）工作波形

在电容C充电期间，如果再有负脉冲外加信号触发，电路输出状态不会改变，所以这种单稳态触发器称为不可重复触发单稳态触发器。

输出脉宽t_{po}的计算如下：

$$t_{po}=RC\ln\frac{u_c(\infty)-u_c(0)}{u_c(\infty)-u_c(t_{po})}=RC\ln\frac{U_{CC}-0}{U_{CC}-2/3U_{CC}}=RC\ln 3\approx 1.1RC$$

可见，输出脉宽与R、C元件参数有关，改变R、C元件参数，就可以得到不同宽度的输出脉冲。

图9-58（a）所示为可重复触发的单稳态触发器。它是在不可重复触发的单稳态触发器的基础上加上一个开关三极管VT与电容C并联构成。

只要保证输入u_i脉冲周期小于$1.1RC$，则u_i就不可能充到$2/3U_{CC}$，电路将永远处于暂稳态而无法返回稳态。一旦输入信号失掉一个脉冲，u_C就可以充到$2/3U_{CC}$，电路将返回稳态。

其工作波形如图 9-58（b）所示。这种电路可以作为失落脉冲检出器。

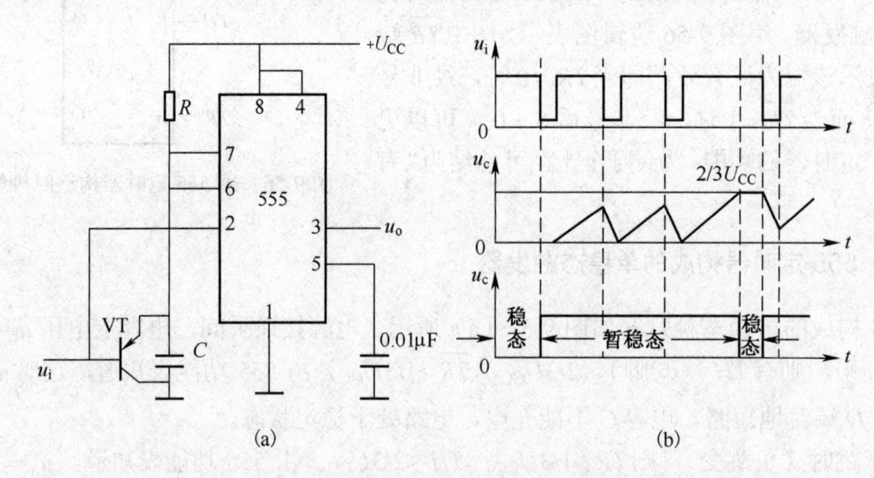

图 9-58 用 555 定时器构造的可重复触发的单稳态触发器

（a）电路图；（b）工作波形

如果输入触发信号是人的心率信号，这种电路就可作为心电漏搏检测报警器。

9.6.6 555 定时器构成多谐振荡器

用 555 构成的多谐振荡电路如图 9-59 所示。由于 555 定时器的高触发端 TH（⑥脚）和低触发端 $\overline{TR}$（②脚）连在一起，所以在电源接通瞬间，有 $U_{TH}<2/3U_{CC}$，$U_{\overline{TR}}<1/3U_{CC}$，即有 $R=0$，$S=1$。根据"有 0 有 1，Q、S 一样"推出，$u_o=1$。D 端（⑦脚）对地开路，U_{CC} 通过 R_1、R_2 对 C 充电，u_c 从 0 开始上升。

当 u_c 上升到 $1/3U_{CC}$ 时，有 $R=0$，$S=0$，输出保持不变；而当 u_c 上升到 $2/3U_{CC}$ 时，有 $R=1$，$S=0$。根据"有 1 有 0，Q、S 一样"推出，$u_o=0$。D 端对地短路，电容器 C 放电。u_c 下降。

u_c 下降 $1/3U_{CC}$ 时，有 $R=0$，$S=1$，$u_o=1$。D 端对地开路，C 充电。重复以上过程，从而在输出端得到矩形输出。其工作波形如图 9-59（b）所示。

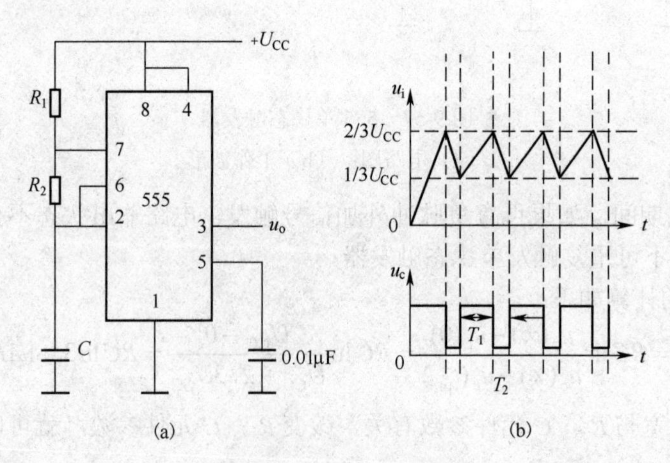

图 9-59 555 多谐振荡器

（a）电路图；（b）工作波形

振荡周期的计算如下：

$$T_1=(R_1+R_2)C\ln\frac{u_c(\infty)-u_c(0)}{u_c(\infty)-u_c(t_3)}=(R_1+R_2)C\ln\frac{U_{CC}-1/3U_{CC}}{U_{CC}-2/3U_{CC}}=0.7(R_1+R_2)C$$

$$T_2=R_2C\ln\frac{u_c(\infty)-u_c(0)}{u_c(\infty)-u_c(t_2)}=R_2C\ln\frac{0-2/3U_{CC}}{0-1/3U_{CC}}=0.7R_2C$$

$$T=T_1+T_2=0.7(R_1+2R_2)C$$

振荡输出波形的占空比 $\rho=\dfrac{T_1}{T_1+T_2}=\dfrac{R_1+R_2}{R_1+2R_2}$，改变 R_1 或 R_2，就可以改变波形的占空比。

9.6.7　555 定时器构成施密特触发器

这种由 555 定时器构成的施密特触发器的电路如图 9-60 所示。它是将 555 的高触发端 TH 和低触发端 $\overline{TR}$ 连接在一起，作为输入端。其工作原理简述如下。

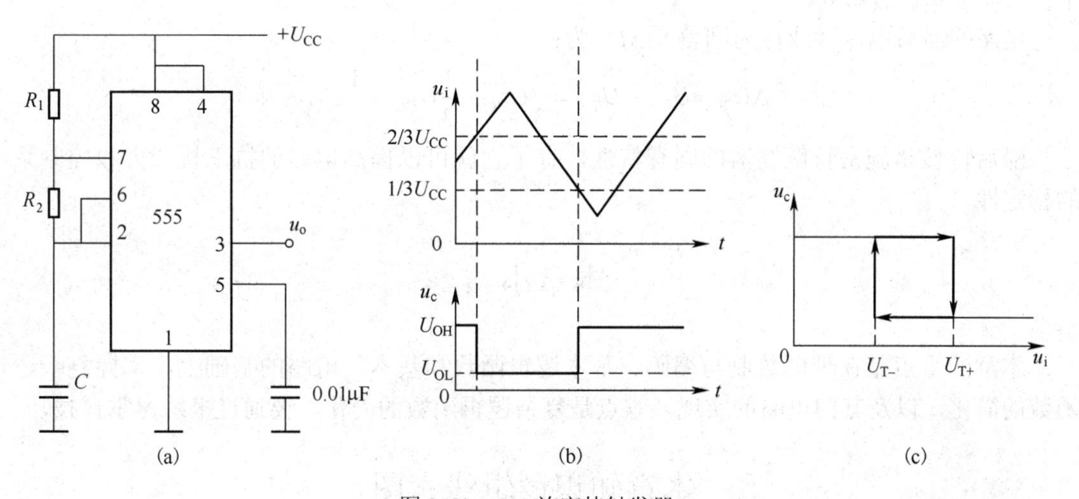

图 9-60　555 施密特触发器

（a）电路图；（b）工作波形；（c）施密特触发器的滞回特性

分析该电路的工作原理，一定要记住 555 的功能（见表 9-12），特别要记住，以 RS 触发器功能来理解 555 的功能，就能快速理解施密特触发器的功能。

（1）u_i 从低到高变化。当 u_i 从低到高变化，但还小于 $\frac{1}{3}U_{CC}$ 时，有 $R=0$，$S=1$。根据“有 0 有 1，Q、S 一样”推出，u_o=1。

当 u_i 上升到大于 $\frac{1}{3}U_{CC}$ 时，但又小于 $\frac{2}{3}U_{CC}$ 时，有 $R=0$，$S=0$。根据“全 0 不变”，u_o 保持为 1。

当 u_i 上升到≥$\frac{1}{3}U_{CC}$ 时，有 $R=1$，$S=0$。根据“有 0 有 1，Q、S 一样”，推出，u_o=0。这时该电路发生翻转。$\frac{2}{3}U_{CC}$ 称为高触发电平 U_{T+}。

当 u_i 继续升高时，电路将保持 $u_o=0$ 不变。

（2）u_i 从高到低变化。当 u_i 下降到≤$\frac{2}{3}U_{CC}$ 时，但还大于 $\frac{1}{3}U_{CC}$ 时，有 $R=0$，$S=0$。根据“全 0 不变”，u_o 保持为 0。

当 $u_{\text{i}} \leqslant \frac{1}{3}U_{\text{CC}}$ 时，有 $R=0$，$S=1$。根据“有 0 有 1，Q、S 一样”，推出，$u_{\text{o}}=1$。电路发生翻转。$\frac{1}{3}U_{\text{CC}}$ 称为低触发电平 $U_{\text{T}-}$。

当 u_{i} 继续下降时，电路将保持 $u_{\text{o}}=1$ 不变。

当 u_{i} 再次从低到高变化时将重复以上过程。其工作波形见图 9-60（b）。其输出对输入的滞回特性是施密特触发器的固有特性，见图 9-60（c）。施密特触发器有两个重要的特点：

1）对于正向增长和负向增长的输入信号，有着不同的阈值电平，称为正向阈值电平 $U_{\text{T}+}$ 和负向阈值电平 $U_{\text{T}-}$，这里分别是 $U_{\text{T}+}=\frac{2}{3}U_{\text{CC}}$，$U_{\text{T}-}=\frac{1}{3}U_{\text{CC}}$。

2）施密特触发器属于电平触发器件，对缓慢变化的模拟信号，只要信号电平到达触发电平，电路就被触发翻转。

电路的滞后电压（或称为回差）ΔU_{T} 为：

$$\Delta U_{\text{T}}=U_{\text{T}+}-U_{\text{T}-}=\frac{2}{3}U_{\text{CC}}-\frac{1}{3}U_{\text{CC}}=\frac{1}{3}U_{\text{CC}}$$

滞后特性是施密特触发器的固有特性，有了它就可以提高电路的抗干扰能力和控制系统的稳定性。

本章小结

本章的重点是在理解数制与编码、基本逻辑函数和基本门电路的基础上，掌握复杂逻辑函数的简化，以及其门电路的实现。难点是复杂逻辑函数的简化，要通过多练习掌握技巧。

本章知识逻辑线索图

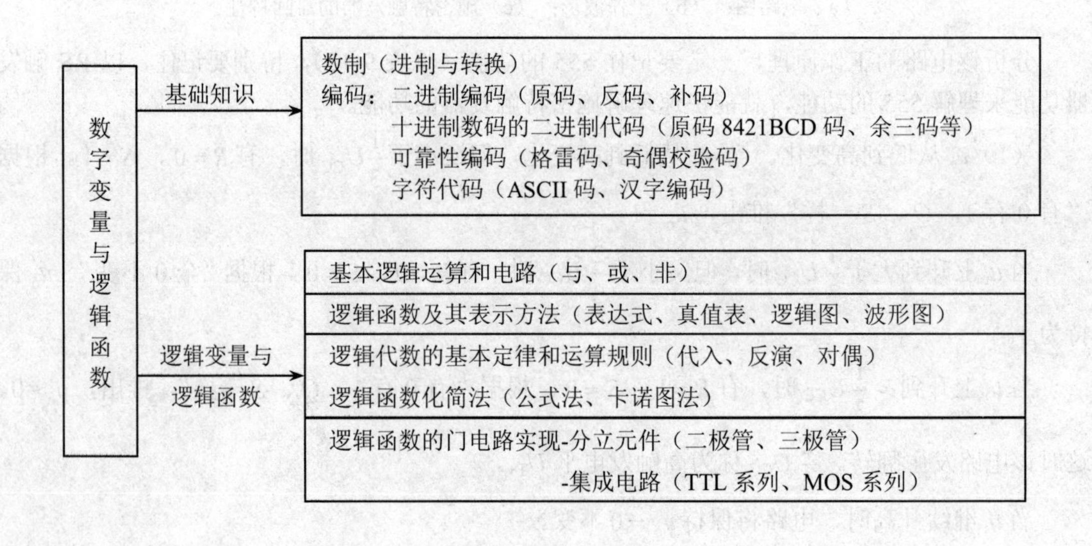

习题 9

9-1　将下列各数按权展开，并转换为十进制数。

（1）1001010111B　　（2）DFC.BA9H　　（3）732.65Q

9-2　找出下列数中的最大数和最小数。

（1）100101B　　（2）D.BA9H　　（3）152Q

9-3　将下列各数转换为二进制数。

（1）65　　（2）DF.B9H（保留到小数 4 位）

（3）72.6Q

9-4　有 32 个零件，用二进制给它们编号，问至少需要多少位的二进制数？若有 33 个零件，又该怎样做？有无多余组合？

9-5　写出下列逻辑函数的对偶式。

（1）$L=(A+\bar{B})(\bar{A}+C)(C+DE)+F$　　（2）$L=\overline{B+\bar{A}C+E}+B\bar{C}+E$

9-6　写出下列逻辑函数的反函数。

（1）$L=(A+\overline{\bar{B}\bar{A}})(C+D\overline{EF})$　　（2）$L=\overline{B+\bar{A}C}+B\bar{C}+\bar{E}$

9-7　用代数法化简下列逻辑函数。

（1）$L=A\bar{B}+\bar{B}\bar{C}+AC$　　（2）$L=(A+B+C)(\bar{A}+\bar{B}+\bar{C})$

（3）$L=A\bar{B}+B\bar{C}+A\overline{\bar{B}\bar{C}}+\bar{A}BC$　　（4）$L=\overline{AC+\bar{A}BC+\bar{B}C}+AB\bar{C}$

（5）$L=A\bar{B}(\bar{A}CD+\overline{AD+\bar{B}\bar{C}})(\bar{A}+B)$

9-8　用卡诺图化简下列逻辑函数。

（1）$L=\bar{A}B\bar{C}+AB\bar{D}+A\bar{C}D+\bar{A}CD$

（2）$L=L=\bar{B}CD+B\bar{C}+\bar{A}\bar{C}D+A\bar{B}C+BCD+A\bar{B}$

（3）$L=\Sigma m(3,5,6,7,10)+\Sigma d(0,1,2,4,8)$

（4）$L=\Sigma m(1,4,7,9,12,15)+\Sigma d(6,14)$

（5）$L=\Sigma m(2,3,4,7,12,14)+\Sigma d(5,6,8,10,11)$

9-9　根据图 9-61 所示的给定输入信号 A、B 的波形，画出下列各门电路的输出波形。

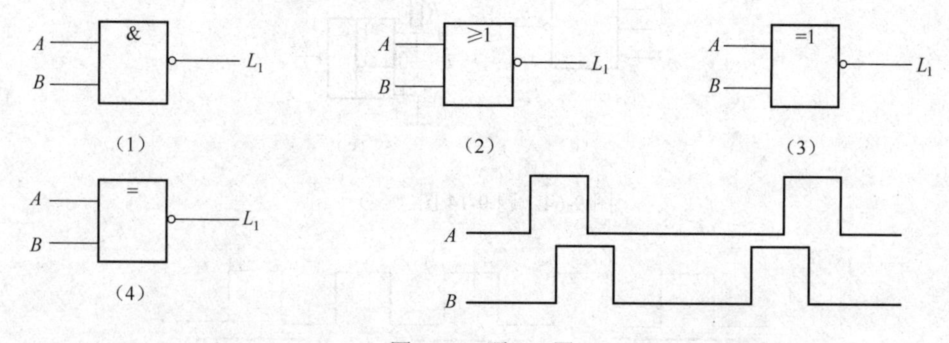

图 9-61　题 9-9 图

9-10　试用与非门和反相器实现下列逻辑函数，画出逻辑图。

（1）$L=\overline{AB\bar{C}+A\bar{B}C+\bar{A}BC}$　　（2）$L=(\bar{A}+B)(A+\bar{B})+\overline{BC}$

9-11　写出图 9-62 所示的逻辑图的逻辑函数表达式，列出真值表，说明该逻辑电路的功能。

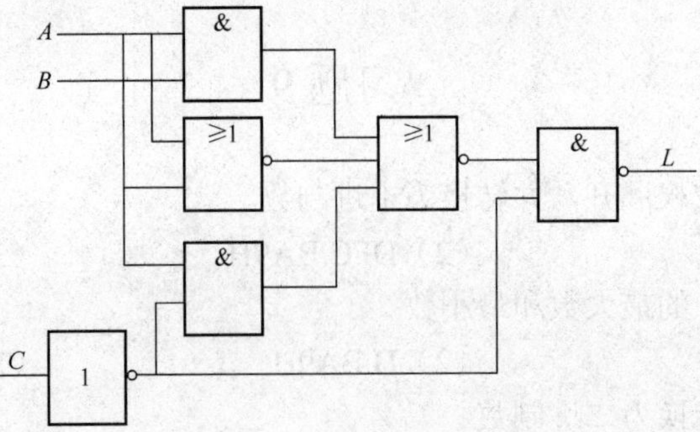

图 9-62　题 9-11 图

9-12　在举重比赛中，必须有主裁判在内的两名以上裁判认定运动员动作合格，试举才算成功。现有一名主裁判和两名裁判。试列举该裁判过程的逻辑真值表，写出逻辑表达式，并画出举重裁判过程的逻辑图。

9-13　要实现图 9-63 所示函数表达式所示功能，CMOS 悬空的一个输入端应如何连接？

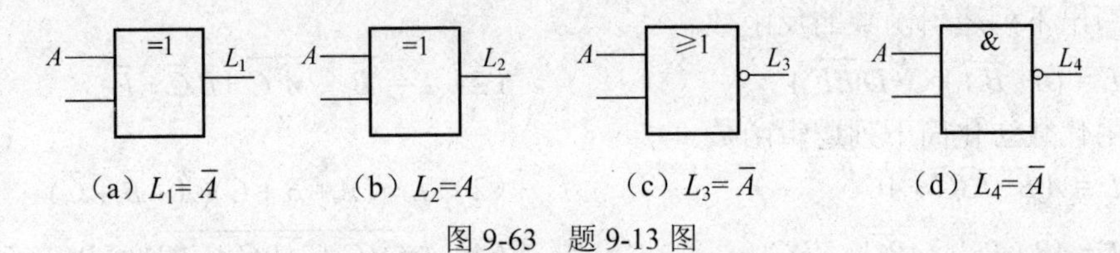

（a）$L_1=\overline{A}$　（b）$L_2=A$　（c）$L_3=\overline{A}$　（d）$L_4=\overline{A}$

图 9-63　题 9-13 图

9-14　写出图 9-64 所示的各 TTL 门电路输出端的函数表达式，并对应输入 A、B、C 的波形（如图 9-65 所示）画出输出端的波形。

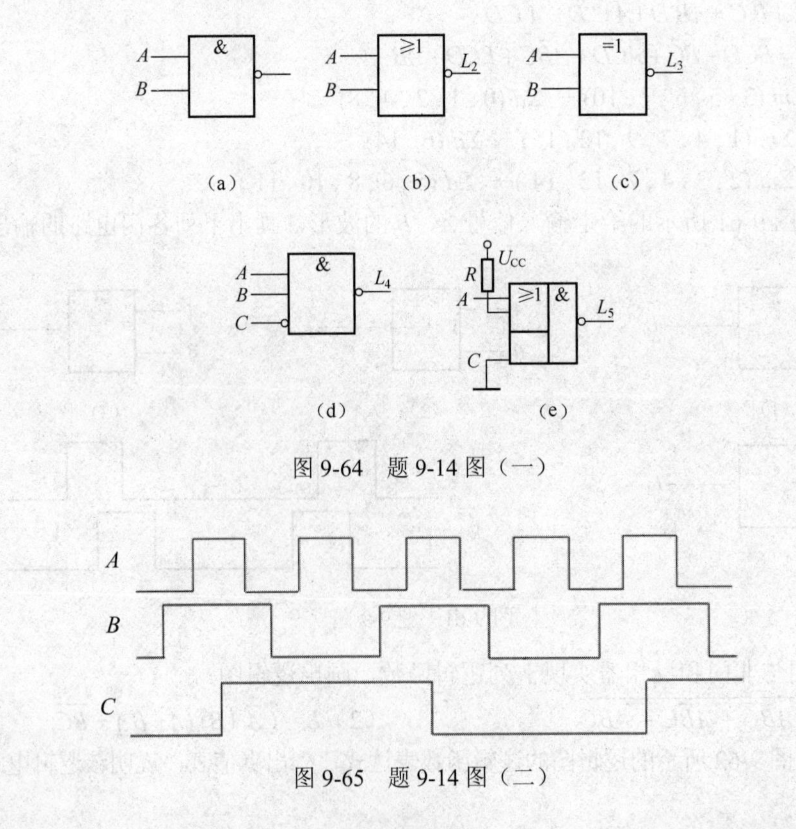

图 9-64　题 9-14 图（一）

图 9-65　题 9-14 图（二）

9-15　写出图 9-66 所示的各 CMOS 门电路输出端的函数表达式，并对应输入 A、B、C 的波形（如图 9-67 所示）画出输出端的波形。

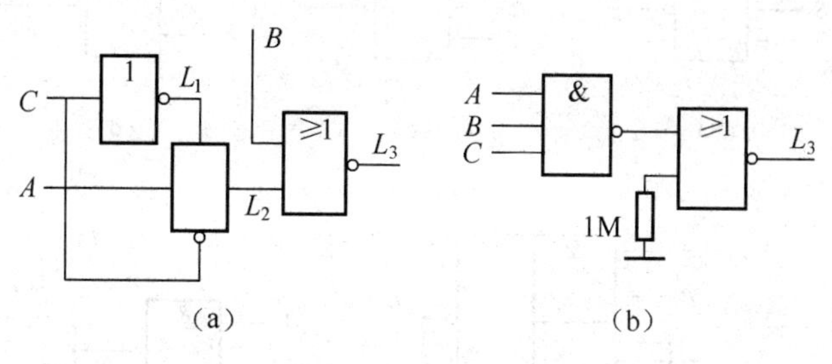

图 9-66　题 9-15 图（一）

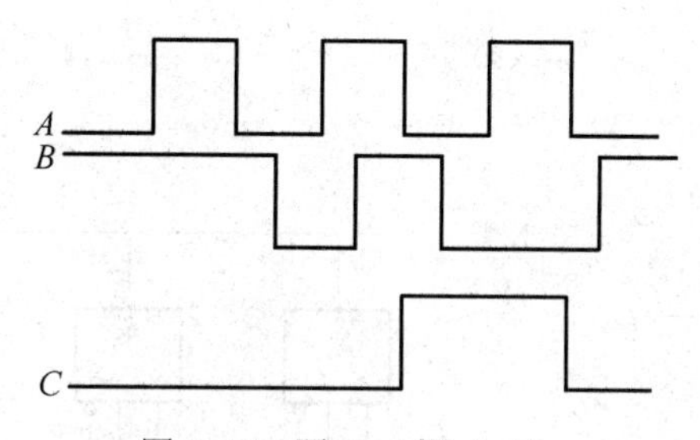

图 9-67　题 9-15 图（二）

9-16　选择图 9-68 所示电路中 R_L 的合适阻值。已知 L_1、L_2 为 OC 门，高电平输出时，每个 OC 门的漏电流为 $I_{OH} = 200\mu A$，低电平时每个门允许流入的最大负载电流 I_{OL}=16mA，每个负载门高电平时输入电流为 I_{IH}=0.04mA，低电平时短路电流为$|I_{IL}|$=1mA，已知 U_{CC} 为 5V，门电路的高、低电平满足 U_{OH}≥3.0V，U_{OL}≤0.35V。

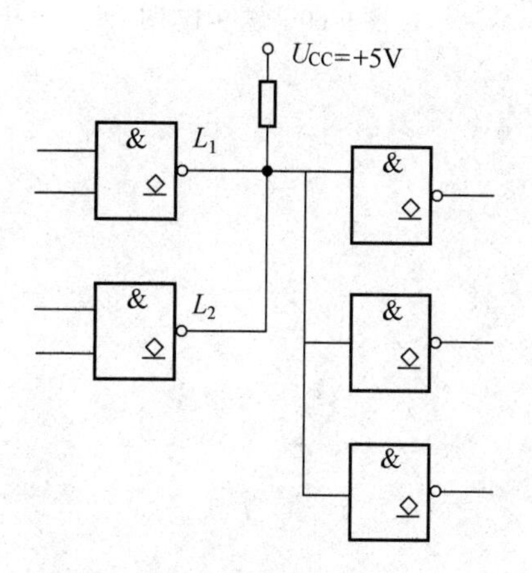

图 9-68　题 9-16 图

9-17　在图 9-69 所示 10 个 TTL 电路及其逻辑表达式中，若有错误请一一改正。

9-18　什么是单稳态触发器？简述其工作原理。

9-19　什么是多谐振荡器？简述其工作原理。

9-20　试述施密特触发器的特征与工作原理。

9-21　简述 555 定时器的各引脚功能。

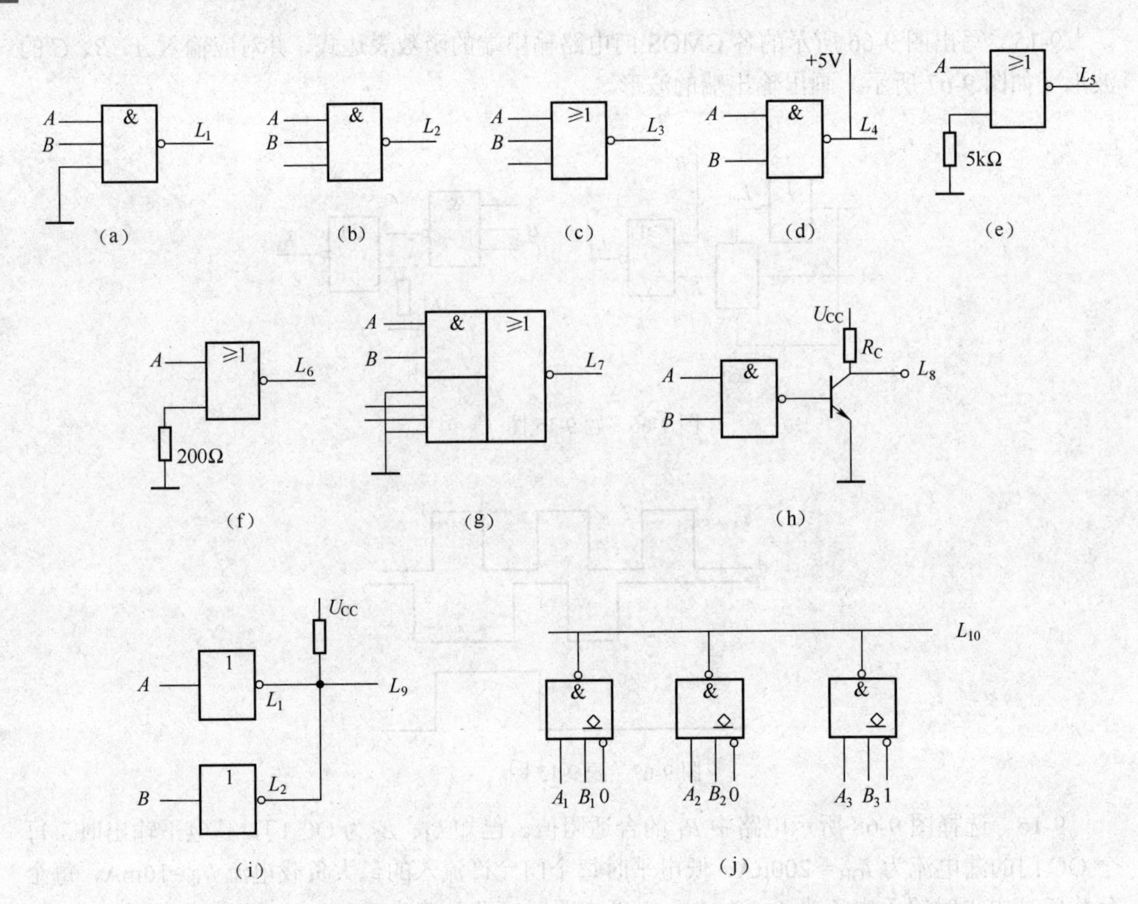

（a）$L_1=\overline{AB}$；（b）$L_2=\overline{AB}$；（c）$L_3=\overline{A+B}$；（d）$L_2=\overline{AB}$；（e）$L_5=\overline{A+B}$；（f）$L_6=\overline{A}$；（g）$L_7=\overline{AB}$；（h）$L_8=AB$；（i）$L_9=A+B$；（j）$L_{10}=\overline{A_3B_3}$

图 9-69　题 9-17 图

第 10 章　组合逻辑电路

通过前面的学习，可对简单的组合逻辑电路进行分析和设计。本章进一步讨论组合逻辑电路的共同特点及其分析和设计的各种方法，从物理概念上说明竞争和险象。

本章介绍几种常见的组合逻辑电路模块：编码器、译码器、多路选择器、数值比较器和加法器。这些电路模块有相应的中规模集成电路产品，本章扼要介绍它们的电路原理及其应用。

在第 9 章已介绍过一些简单的组合逻辑电路，如异或门、异或非门便是较简单的组合逻辑电路。本章进一步讨论组合逻辑电路的共同特点及其分析和设计的各种方法。

10.1　组合逻辑电路的定义及特点

10.1.1　组合逻辑电路的定义

数字逻辑电路可分为两类：一类逻辑电路的输出只与当时输入的逻辑值有关，而与输入信号作用前电路的状态无关，这类逻辑电路称作组合逻辑电路（Combinational Logic Circuit）；另一类逻辑电路的输出不仅和当时的输入逻辑值有关，而且与电路此前输入的逻辑值引发的状态有关，这类逻辑电路叫作时序逻辑电路（Sequential Logic Circuit）。

组合逻辑电路在功能上的特点是：信号传输的单向性，输出状态只与当时输入状态有关，输出不会反过去再影响输入状态。

10.1.2　组合逻辑电路的特点

组合逻辑电路在结构上的特点是：电路中没有反馈构成的环路，不包含存储信号的记忆元件，通常由各种门电路组合而成。

分析和设计组合逻辑电路的数学工具是逻辑代数（含真值表和卡诺图）。

10.2　组合逻辑电路的分析

分析组合逻辑电路的目的是：由给出的逻辑电路图找到其对应的逻辑表达式，列出它的真值表，说明该电路的功能。

分析组合逻辑电路按如下步骤进行：

（1）给电路中每个门以及各自的输出标注符号。

（2）依次求出每个门的输出逻辑表达式。

（3）迭代各逻辑门的输出表达式，并进行化简，直到求出电路最后输出的逻辑表达式，使其仅是电路输入变量的函数。

（4）设定输入状态，求出对应的输出状态，列出反映输出和输入关系的逻辑真值表。

（5）根据真值表，归纳说明电路的逻辑功能。

例 10-1 分析如图 10-1 所示逻辑电路。

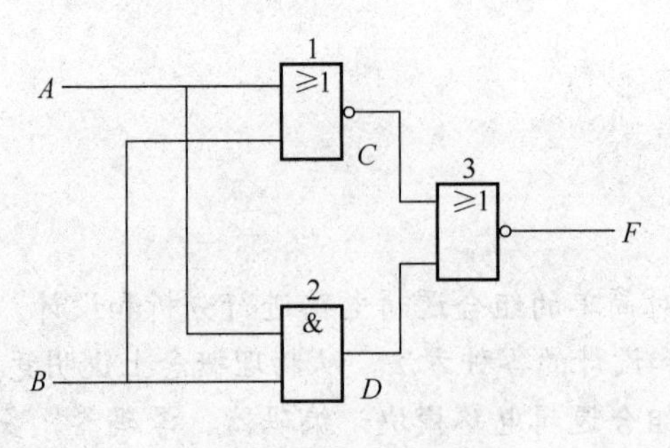

图 10-1 异或门逻辑图

解 （1）在逻辑图上标出门 1 门 2 及其输出符号：C 和 D。

（2）求出每个门输出的逻辑表达式：

$$C=\overline{A+B},\quad D=A\cdot B,\quad F=\overline{C+D}$$

（3）迭代各逻辑表达式，并化简：

$$F=\overline{C+D}=\overline{\overline{A+B}+A\cdot B}=(A+B)\cdot(\overline{A\cdot B})=(A+B)(\overline{A}+\overline{B})=A\overline{B}+\overline{A}B$$

（4）利用 F 的逻辑表达式，求出各种输入组合情况下的 F 值，填写真值表（表 10-1），进而可知图 10-1 电路的功能是完成异或运算。

表 10-1 异或门真值表

A	B	C	D	F
0	0	1	0	0
0	1	0	0	1
1	0	0	0	1
1	1	0	1	0

10.3 组合逻辑电路的设计

设计电路的过程恰好与分析电路的过程相反。设计组合逻辑电路的步骤如图 10-2 所示，首先要根据文字描述的设计要求列出真值表，设计的成败将主要取决于所建的真值表是否正确，而以后的设计步骤可以手工完成，也可以由计算机辅助设计工具完成。

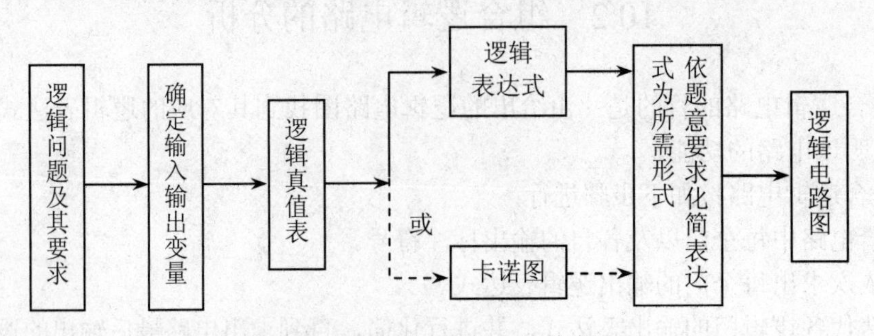

图 10-2 设计组合逻辑电路的步骤

例 10-2　设计一个多数表决电路。该电路有三个输入 A、B 和 C。当输入 A、B 和 C 之中有两个或三个为 1 时，输出 F 为 1；其余情况，输出为 0。

解　（1）根据电路要求列出真值表（表 10-2）。

表 10-2　多数表决电路真值表

输入			输出
A	B	C	F
0	0	0	0
0	0	1	0
0	1	0	0
0	1	1	1
1	0	0	0
1	0	1	1
1	1	0	1
1	1	1	1

真值表的每一行对应一个最小项，可写出逻辑函数的最小项表达式：

$$F(A,B,C)=\sum m(3,5,6,7)$$

（2）由真值表画出卡诺图如图 10-3 所示。这是另一种画法，供读者参考。

（3）由卡诺图求出简化的逻辑表达式：

$$F=AB+BC+AC$$

（4）根据简化的逻辑表达式画出逻辑电路图如图 10-4 所示。

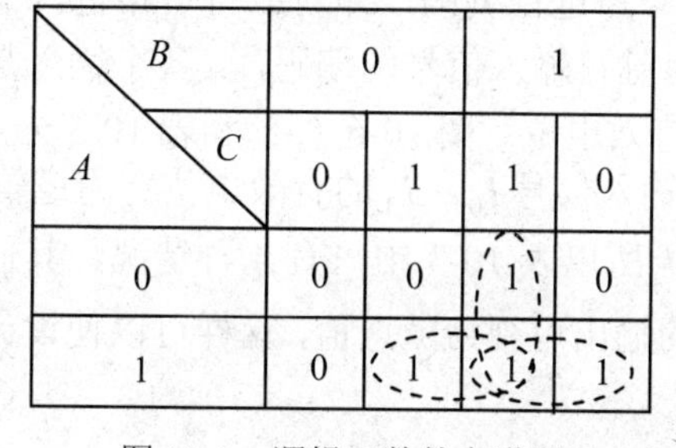

图 10-3　逻辑函数的卡诺图

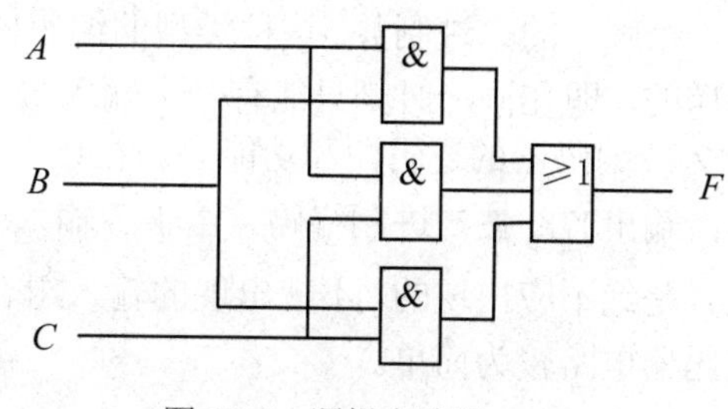

图 10-4　逻辑电路图

10.4　组合逻辑电路中的竞争险象

在 10.2 节和 10.3 节讨论组合逻辑电路时，没有考虑门电路的延时，而实际的门电路对信号的传输有延时现象。在组合电路中，当逻辑门有两个互补输入信号，如 A 和 $\overline{A}$，同时向相反状态变化时，由于器件的传输延时，可能会造成电路的输出端逻辑电平紊乱，产生过渡干扰脉冲的现象。如图 10-5（a）所示电路中，给出一个“或门”电路 D_2。当输入信号 A 由 1 变为 0 时，则门 D_2 的两个输入端，一个由 1 变为 0，另一个 B 由 0 变为 1，输出应该为 F=1。可是由于实际的门电路有传输延时，当输入信号 A 由 1 变为 0 时，而输入信号 B 的变化落后于输入信号 A 的变化，仍保持为 0，输出 F=0，出现了不应该有的负向过渡的干扰脉冲，见图 10-5（b），这种现象就是竞争。但是竞争不一定产生负向过渡的干扰脉冲，如当输入信号 A 由 0 变为 1 时。我们把逻辑门有两个互补输入信号同时向相反状态变化的现象称为竞争；存在竞争现象的电路可能产生过渡干扰脉冲的现象（不一定产生），故称为竞争险象。显然，这种险象是应该避免的。

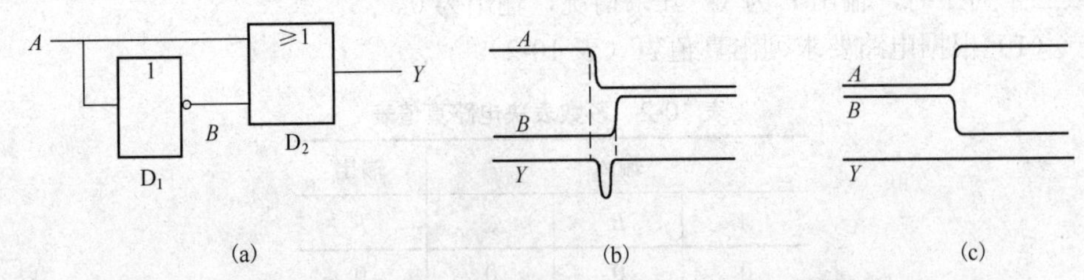

图 10-5　存在竞争现象的电路及其可能产生过渡干扰脉冲
（a）电路；（b）竞争时出现干扰脉冲；（c）竞争时未出现干扰脉冲

10.5　常见的组合逻辑电路

本节介绍几种常见的组合逻辑电路，利用这些实例进一步讨论组合逻辑电路的分析和设计问题，并请特别注意每种电路功能及描述它的真值表（或功能表）的建立过程。

10.5.1　编码器和优先编码器

编码器（Enconder）的功能是将其输入信号转换成对应的二进制代码信号。用输出的代码信号表示相应的输入信号，可便于对其进行存储、传送和运算等处理。例如，在数字通信设备中，首先要对语音信号进行编码，此后才可进行数字式通信。

1. 互斥输入的编码器

本节讨论的编码器对几路二值输入信号中的每一路进行编码，即对应每一路输入信号给出一个唯一的二进制数。这种类型的编码器可用于对键盘输入信号的编码，其各个输入是互相排斥的，即在同一时刻只能有一个输入端的电位为有效电位。图 10-6（a）和表 10-3 分别为 4 线-2 线编码器的逻辑图和功能表。在该编码器中，输入信号 $I_0 \sim I_3$ 的有效电位定为逻辑 1 电位；输出 Y_1Y_0 按二进制编码。由于各输入是互斥的，所以表 10-3 中只有 4 种情况，其他输入组合是绝不应出现的，不应出现的输入组合所对应的输出可视为随意值，这样可以使设计出的编码器电路较为简单。

表 10-3　4 线-2 线编码器功能表

输入				输出		
I_0	I_1	I_2	I_3	Y_1	Y_0	O_{EX}
0	0	0	0	0	0	0
1	0	0	0	0	0	1
0	1	0	0	0	1	1
0	0	1	0	1	0	1
0	0	0	1	1	1	1

O_{EX} 称为编码群输出，它是一个标志位：当输入 $I_0 \sim I_3$ 均为无效的逻辑 0 电位时，O_{EX} 为 0，表示输出 Y_1Y_0 是无效的（见表 10-3 中的第 1 行）；当输入 $I_0 \sim I_3$ 之中有一个为有效的逻辑 1 电位时，O_{EX} 为 1，标志着此时输出 Y_1Y_0 的值是有效的（见表 10-3 中的第 2、3、4、5 行）。

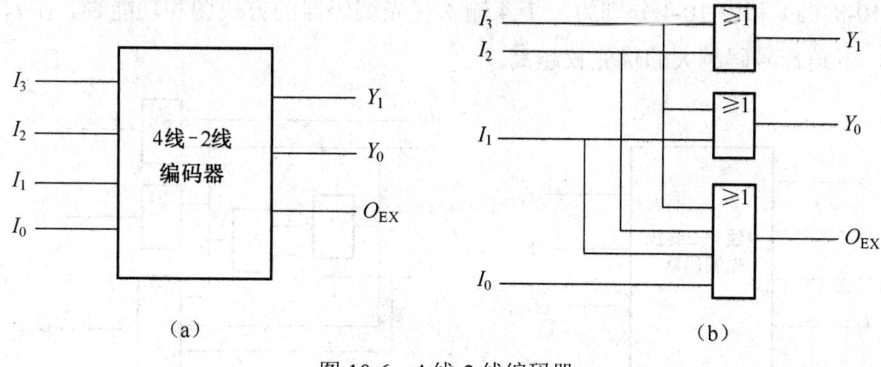

图 10-6　4 线-2 线编码器

（a）方块图；（b）逻辑图

根据表 10-3 可画出如图 10-7 所示卡诺图，图中 ϕ 为随意值，对应着不会出现的输入组合，从而得到：

$$\begin{cases} Y_1 = I_1 + I_3 \\ Y_0 = I_1 + I_3 \\ O_{EX} = I_0 + I_1 + I_2 + I_3 \end{cases} \tag{10-1}$$

$I_0\ I_1$ \ $I_2\ I_3$	00	01	11	10
00	0	1	ϕ	1
01	0	ϕ	ϕ	ϕ
11	ϕ	ϕ	ϕ	ϕ
10	0	ϕ	ϕ	ϕ

（a）

$I_0\ I_1$ \ I_2I_3	00	01	11	10
00	0	1	ϕ	0
01	1	ϕ	ϕ	ϕ
11	ϕ	ϕ	ϕ	ϕ
10	0	ϕ	ϕ	ϕ

（b）

$I_0\ I_1$ \ I_2I_3	00	01	11	10
00	0	1	ϕ	1
01	1	ϕ	ϕ	ϕ
11	ϕ	ϕ	ϕ	ϕ
10	1	ϕ	ϕ	ϕ

（c）

图 10-7　编码器卡诺图

（a）$Y_1=I_2+I_3$；（b）$Y_0=I_1+I_3$；（c）$Q_{EX}=I_0+I_1I_2+I_3$

由 Y_1、Y_0 和 O_{EX} 的逻辑表达式可画出 4 线-2 线编码器的逻辑图（见图 10-6）。也可不考虑任意项，直接由真值表得出以上表达式。

2. 优先编码器

优先编码（Priority Encoder）的各个输入之间不是互相排斥的，但各个输出端的优先权是不同的。当几个输入端同时出现有效信号时，输出端给出优先权较高的那个输入信号所对应的代码。图 10-8（a）和表 10-4 分别为一个 4 输入优先编码器的方块图和功能表。在 $I_0 \sim I_3$ 信号输入端中，下角标号码越大的优先权越高。

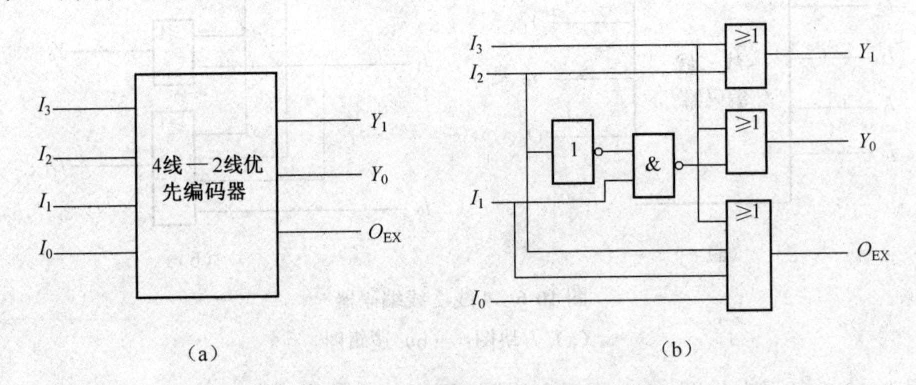

图 10-8 4 线-2 线优先编码器

（a）方块图；（b）逻辑图

表 10-4 4 线-2 线优先编码功能表

输入				输出		
I_0	I_1	I_2	I_3	Y_1	Y_0	O_{EX}
0	0	0	0	0	0	0
ϕ	ϕ	ϕ	1	1	1	1
ϕ	ϕ	1	0	1	0	1
ϕ	1	0	0	0	1	1
1	0	0	0	0	0	1

表 10-4 中，输入信号的有效电平为逻辑 1 电平；输出 Y_1 和 Y_0 按二进制编码；输出 O_{EX} 为标志位。当没有输入信号有效时，输出 O_{EX} 为 0，表示此时的 Y_1Y_0 输出值是无效的；O_{EX} 为 1 时，Y_1Y_0 输出才有效，O_{EX} 称为编码群输出。由表 10-4 可知

$$\begin{cases} Y_1 = I_3 + \overline{I}_3 \cdot I_2 = I_3 + I_2 \\ Y_0 = I_3 + \overline{I}_2 \cdot \overline{I}_1 \\ O_{EX} = I_3 + I_2 + I_1 + I_0 \end{cases} \tag{10-2}$$

从而画出逻辑图，见图 10-8（b）。

10.5.2 译码器

译码是编码逆过程。译码器（Decoder）的功能是将给定的输入代码进行翻译，变换成输出端的一组高、低电平信号。可预先认定高电平为有效电平（当然，也可认定低电平为有效电平，两者必居其一），对每一种可能的输入组合，仅有一个输出端的电平为有效电平。这样，就建立了输入代码和输出端的一一对应关系。有时，人们将一种输入代码变换成另外一种形式的代码输出，也可称为译码，如数字显示译码器。

1. 二进制译码器

二进制译码器的输入是一组 n 位二进制代码，输出有 2^n 种状态，每一种状态为一组高、低电平，仅有一个输出端的信号为有效电平。为了保证输入代码和译码输出端的一一对应关系，

输出端必须有 2^n 个。所以两位二进制译码器有四根输出线，称为 2 线-4 线译码器。常用的集成电路有 2 线-4 线译码器 74LS139（即 T4139）、3 线-8 线译码器 74LS138（即 T4138）和 4 线-16 线译码器 74LS154（即 T4154）等。

图 10-9（a）是 2 线输入、4 线输出的 2 线-4 线二进制译码器的方块图，表 10-5 是其功能表。由功能表看出，该译码器的输出规定逻辑 1 电平为有效电平，并可看出，该译码器的每个输出对应一个最小项，故不难写出逻辑表达式：

$$Y_0 = \overline{A_1}\,\overline{A_0}\ ;\quad Y_1 = \overline{A_1}\,A_0\ ;\quad Y_1 = A_1\,\overline{A_0}\ ;\quad Y_1 = A_1\,A_0$$

从而画出逻辑图（见图 10-9（b））。

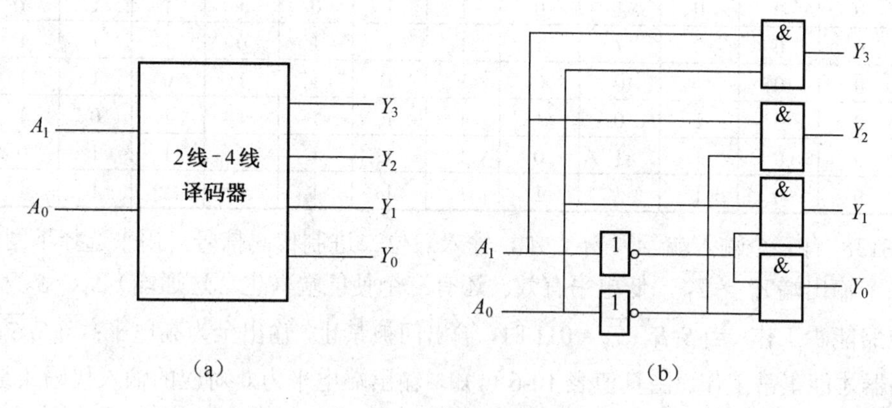

图 10-9　2 线-4 线译码器

（a）方块图；（b）逻辑图

表 10-5　2 线-4 线译码器功能表

输入		输出			
A_1	A_0	Y_0	Y_1	Y_2	Y_3
0	0	1	0	0	0
0	1	0	1	0	0
1	0	0	0	1	0
1	1	0	0	0	1

仿照 2 线-4 线译码器可以构造 3 线-8 线译码器。其真值表见表 10-6。读者依据真值表可以自行写出各输出的逻辑表达式（10-3），作出其逻辑电路图（略）。

$$\begin{cases} Y_0 = \overline{\overline{A_2}\,\overline{A_1}\,\overline{A_0}} = \overline{m}_0 \\ Y_1 = \overline{\overline{A_2}\,\overline{A_1}\,A_0} = \overline{m}_1 \\ Y_2 = \overline{\overline{A_2}\,A_1\,\overline{A_0}} = \overline{m}_2 \\ Y_3 = \overline{\overline{A_2}\,A_1\,A_0} = \overline{m}_3 \\ Y_4 = \overline{A_2\,\overline{A_1}\,\overline{A_0}} = \overline{m}_4 \\ Y_5 = \overline{A_2\,\overline{A_1}\,A_0} = \overline{m}_5 \\ Y_6 = \overline{A_2\,A_1\,\overline{A_0}} = \overline{m}_6 \\ Y_7 = \overline{A_2\,A_1\,A_0} = \overline{m}_7 \end{cases} \qquad (10\text{-}3)$$

表 10-6 3 线-8 线译码器功能表

输入						输出							
S_1	$\overline{S_2}$	$\overline{S_3}$	A_2	A_1	A_0	$\overline{Y_0}$	$\overline{Y_1}$	$\overline{Y_2}$	$\overline{Y_3}$	$\overline{Y_4}$	$\overline{Y_5}$	$\overline{Y_6}$	$\overline{Y_7}$
0	×	×	×	×	×	1	1	1	1	1	1	1	1
1	0	1	×	×	×	1	1	1	1	1	1	1	1
1	1	0	×	×	×	1	1	1	1	1	1	1	1
1	0	0	0	0	0	0	1	1	1	1	1	1	1
1	0	0	0	0	1	1	0	1	1	1	1	1	1
1	0	0	0	1	0	1	1	0	1	1	1	1	1
1	0	0	0	1	1	1	1	1	0	1	1	1	1
1	0	0	1	0	0	1	1	1	1	0	1	1	1
1	0	0	1	0	1	1	1	1	1	1	0	1	1
1	0	0	1	1	0	1	1	1	1	1	1	0	1
1	0	0	1	1	1	1	1	1	1	1	1	1	0

74LS138 有三个输入端 A_2、A_1、A_0，输入三位二进制代码信号，用来选择不同的译码通道号。八个输出端 $\overline{Y_0} \sim \overline{Y_7}$，低电平有效。还有三个使能端（也称选通端）$S_1$、$\overline{S_2}$ 和 $\overline{S_3}$，用来控制电路能否工作：当 $S_1\overline{S_2}\ \overline{S_3}=011$ 时，输出门被禁止，输出全为高电平；当 $S_1\overline{S_2}\ \overline{S_3}=100$ 时，译码器才能正常工作。由真值表 10-6 可知，输出端电平为 0 对应的输入代码才是有效的，其余的输出端电平应全为 1。选通端的合理使用，可以实现片选（芯片选择）功能，也可以扩展译码器输入端的位数。请看下例。

例 10-3 试用两片 3 线-8 线译码器 74LS138 连接成 4 线-16 线译码电路。

解 4 线-16 线译码电路有四个输入端，十六个输出端。故需两片 3 线-8 线译码器接替工作。假设四位二进制代码为 D_3、D_2、D_1、D_0，当此代码为 0000～0111 时，即低三位有效时，第一片 74LS138 工作；当此代码为 1000～1111 时，即涉及到第四位为最高位时，第二片 74LS138 接替工作。为了实现 3 线-8 线译码器向 4 线-16 线译码器的转换，就要考虑两片之间的衔接方法。低三位 D_2、D_1、D_0 分别连接两片译码器的 A_2、A_1、A_0；关键在于，最高位 D_3 如果是 0，那就是 3 线-8 线译码器，须考虑如何让低位片工作，高位片截止。最高位 D_3 如果是 1，要转换成 4 线-16 线译码器，须考虑如何让低位片截止，高位片工作。根据 3 线-8 线译码器功能表 10-6 可知，如果让 D_3 同低位片的 $\overline{S_2}\ \overline{S_3}$ 和高位片的 S_1 相连，让高位片的 $\overline{S_2}\ \overline{S_3}$ 接地，同时低位片的 S_1 与电源相连，就可解决这一问题。当 $D_3=0$ 时，低位片的 $S_1\overline{S_2}\ \overline{S_3}=100$，低位片工作；高位片的 $S_1\overline{S_2}\ \overline{S_3}=000$，高位片截止。当 $D_3=1$ 时，低位片的 $S_1\overline{S_2}\ \overline{S_3}=011$，低位片截止；高位片的 $S_1\overline{S_2}\ \overline{S_3}=100$，高位片工作。译码输出为 $\overline{Z_0} \sim \overline{Z_7}$。具体连线如图 10-10 所示。

2. 数字显示译码器

用七个发光二极管（LED）或液晶（LCD）显示器构成的数字显示器，采用七段字形显示（见图 10-11），配合各种七段显示器专用的七段译码器。表 10-7 给出一种七段译码器的功能表，它接收 8.4.2.1 二-十进制码，输出逻辑 1 为有效电位，即输出为 1 时，对应的字段点亮；输出为 0 时，对应的字段熄灭。显示的字形如图 10-12 所示。由表 10-7，可给出各个字段的最简逻辑表达式。以 a 字段为例，对应的卡诺图如图 10-13 所示。因为该卡诺图中 0 元素较多，所以可采用圈 0 的方法先求出 $\overline{Y_a}$ 的最简逻辑表达式：

$$\overline{Y_a} = \overline{A_3}\ \overline{A_2}\ \overline{A_1}\ A_0 + A_2\ \overline{A_0} + A_3\ A_1$$

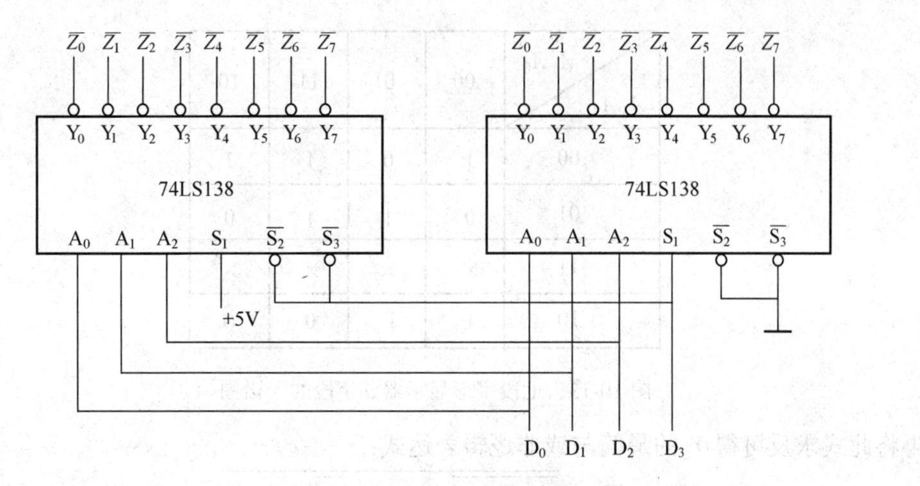

图 10-10　例 10-3 的连线图

图 10-11　七段字形显示数码管

表 10-7　七段显示译码器功能表

输入				输出						
A_3	A_2	A_1	A_0	a	b	c	d	e	f	g
0	0	0	0	1	1	1	1	1	1	0
0	0	0	1	0	1	1	0	0	0	0
0	0	1	0	1	1	0	1	1	0	1
0	0	1	1	1	1	1	1	0	0	1
0	1	0	0	0	1	1	0	0	1	1
0	1	0	1	1	0	1	1	0	1	1
0	1	1	0	0	0	1	1	1	1	1
0	1	1	1	1	1	1	0	0	0	0
1	0	0	0	1	1	1	1	1	1	1
1	0	0	1	1	1	1	0	0	1	1

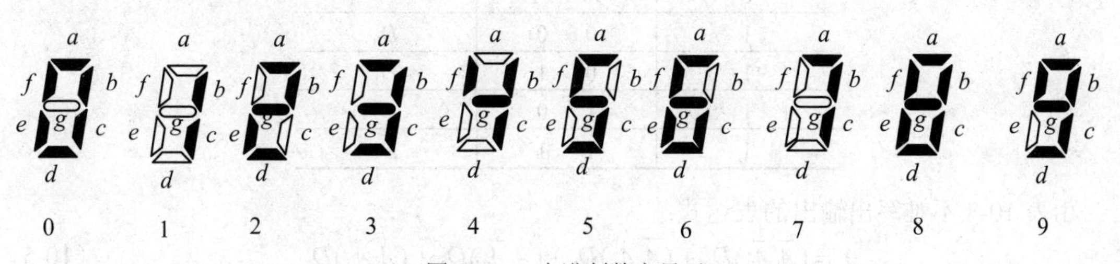

图 10-12　十进制数字显示

A_3A_2 \ A_1A_0	00	01	11	10
00	1	0	1	1
01	0	1	1	0
11	×	×	×	×
10	1	1	0	0

图 10-13　七段字形显示器 *a* 字段的卡诺图

再将此式求反可得 Y_a 的最简与或非逻辑表达式：

$$Y_a = \overline{\overline{A_3}\,\overline{A_2}\,\overline{A_1}\,A_0 + A_2\,\overline{A_0} + A_3\,A_1} \qquad (10\text{-}4)$$

作为练习，其他字段的逻辑表达式读者可自行写出。

10.5.3　数据选择器

多路选择器（Multiplexer）又叫数据选择器（Data Selector）。多路选择器的功能类似一个多掷开关，见图 10-14（b），它在地址码（或称选择控制码）电位的控制下，从几个数据输入源中选择一个，并将其送到一个公共的输出端，但要在使能端 S 为高电平时才能进行，其功能表如表 10-8 所示。在数据传输过程中，有时需要利用多路选择器将几路信号在不同时刻经过同一路信号通道进行传送。

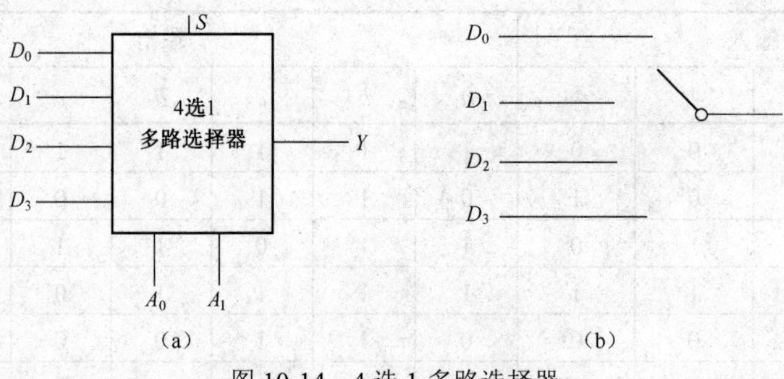

图 10-14　4 选 1 多路选择器

（a）方块图；（b）等效电路

表 10-8　4 选 1 多路选择器功能表

使能端	地址码	输出
S	A_1　A_2	Y
0	×　×	—
1	0　0	D_0
1	0　1	D_1
1	1　0	D_2
1	1　1	D_3

由表 10-8 不难写出输出的表达式：

$$Y = (\overline{A_1}\,\overline{A_0})D_0 + (\overline{A_1}A_0)D_1 + (A_1\overline{A_0})D_2 + (A_1A_0)D_3 \qquad (10\text{-}5)$$

从而可以看出，多路选择器可以用译码器附加一些门电路构成，见图 10-15（a）。将图 10-15

（a）中的 2 线-4 线译码器用图 10-9（b）电路替换，再进行简化可得到图 10-15（b）所示的只用门电路构成的 4 选 1 多路选择器。为了方便读者看清，图 10-15 中未画使能端及其连线。

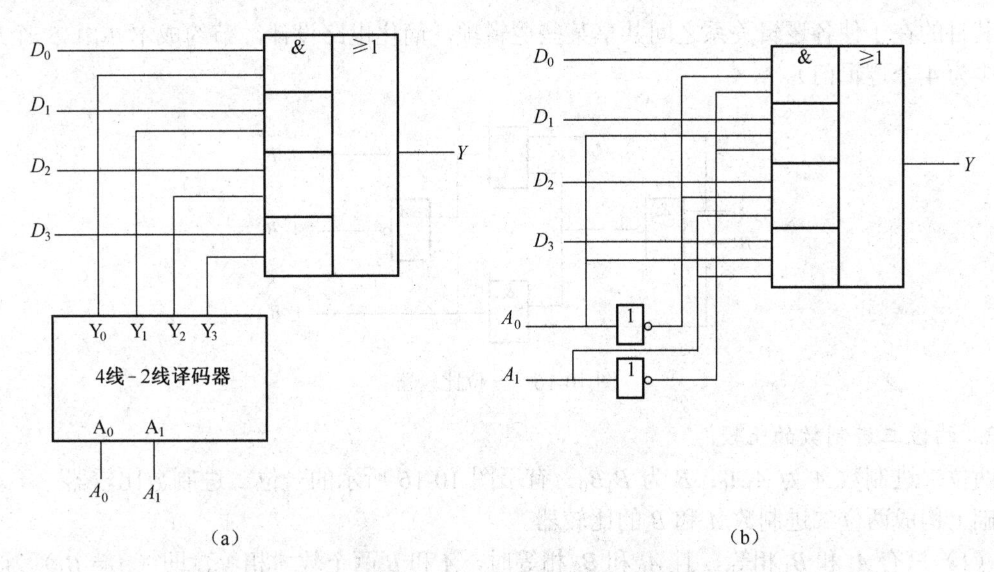

图 10-15　4 选 1 多路选择器

（a）用图 10-9 译码器构成的多路选择器；（b）用门电路实现的多路选择器

10.5.4　数值比较器

1．一位二进制数的比较

两个一位二进制数 A 和 B 之间的大小关系有六种：$A>B$、$A\geqslant B$、$A=B$、$A\leqslant B$、$A<B$、$A\neq B$，如表 10-9 所示。由该表不难得出这些逻辑关系的表达式：

$$
\begin{aligned}
&A>B=A\overline{B}\\
&A<B=\overline{A}B\\
&A\neq B=A\oplus B\\
&A=B=A\odot B\\
&A\geqslant B=\overline{A<B}=\overline{\overline{A}B}=A+\overline{B}\\
&A\leqslant B=\overline{A>B}=\overline{A\overline{B}}=\overline{A}+B
\end{aligned}
\qquad (10\text{-}6)
$$

表 10-9　一位比较器真值表

输入		输出					
A	B	$A>B$	$A\geqslant B$	$A=B$	$A\leqslant B$	$A<B$	$A\neq B$
0	0	0	1	1	1	0	0
0	1	0	0	0	1	1	1
1	0	1	1	0	0	0	1
1	1	0	1	1	1	0	0

图 10-16 示出了两个一位二进制数的比较电路，图中将由表 10-9 得到的各逻辑关系作了如下变换：

$A>B$ 的逻辑关系为：$A\cdot\overline{B}=A\cdot(\overline{A}+\overline{B})=A\cdot\overline{AB}$

$A<B$ 的逻辑关系为：$\overline{A}\cdot B=B\cdot(\overline{A}+\overline{B})=B\cdot\overline{AB}$

$A=B$ 的逻辑关系为：$\overline{A}\overline{B}+AB=A\odot B=\overline{A\oplus B}=\overline{A\cdot\overline{B}+\overline{A}B}=\overline{(A>B)+(A<B)}$

其目的在于使各逻辑关系之间共享某些逻辑项，简化电路设计，节约成本（由 5 个逻辑门减少为 4 个逻辑门）。

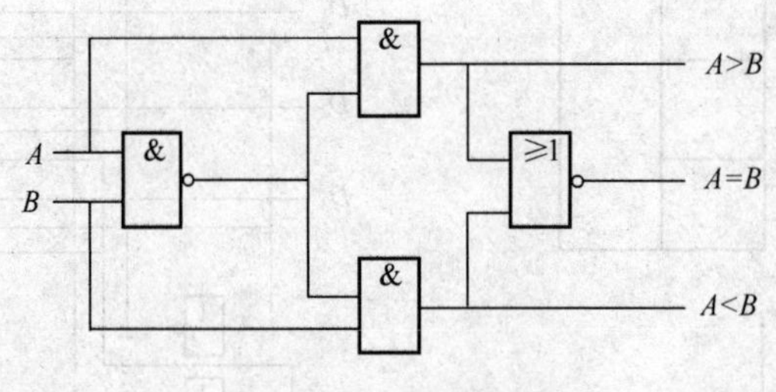

图 10-16　一位比较器

2. 两位二进制数的比较

两位二进制数 A 为 A_1A_0；B 为 B_1B_0。有了图 10-16 所示的一位二进制数比较器，不难在其基础上构成两位二进制数 A 和 B 的比较器。

（1）只有 A_1 和 B_1 相等，且 A_0 和 B_0 相等时，A 和 B 两个数才相等，即（$A_1=B_1$）为 1，且（$A_0=B_0$）为 1 的情况下，（$A=B$）才为 1，故可得（$A=B$）的逻辑关系为：

$$(A_1=B_1)\cdot(A_0=B_0)$$

（2）当下述两种情况之一出现时，A 数大于 B 数，这两种情况是：（$A_1>B_1$），或者（$A_1=B_1$）且（$A_0>B_0$），于是可得：（$A>B$）的逻辑关系为：

$$(A_1>B_1)+(A_1=B_1)\cdot(A_0>B_0)$$

（3）当下述两种情况之一出现时，A 数小于 B 数，这两种情况是：（$A_1<B_1$），或者（$A_1=B_1$）且（$A_0<B_0$），于是可得：（$A<B$）的逻辑关系为：

$$(A_1<B_1)+(A_1=B_1)\cdot(A_0<B_0)$$

综上所述，可画出由两个一位比较器构成两位二进制数值比较器的逻辑图，如图 10-17 所示，图中的一位比较器可采用如图 10-16 所示的电路。如将图 10-17 电路中的一位比较器用图 10-16 所示电路代替，可画出更简单的两位二进制数值比较器。

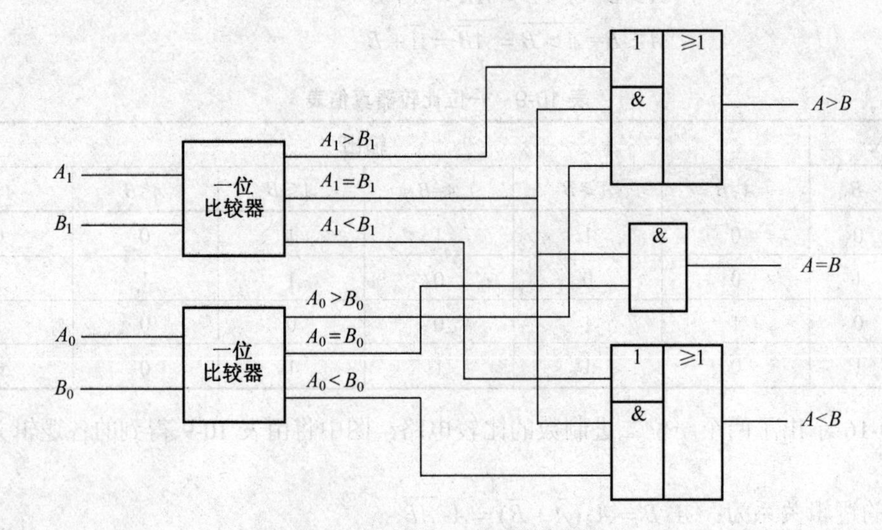

图 10-17　两位二进制数比较器

10.5.5　加法器

实现加法运算的数字电路称为加法器。加法器是计算机的运算器的基本构件。因为减法运算可以用反码或补码作加法完成，乘法、除法可以用连续加法、减法和移位来完成。为了说明简便，先讨论两个一位二进制数相加时的加法器，分为半加器和全加器。

两个一位二进制数相加时，若不考虑低位来的进位，则称为“半加”。实现半加运算的电路叫“半加器（Half Adder）”。“半加”的加法规律如下：

0+0=0，0+1=1，1+0=1，1+1=10（本位和为零，并产生进位 1）

由此可以列出半加器的真值表，如表 10-10 所示，表中 A_n 为被加数，B_n 为加数，S_n 为 A_n 和 B_n 相加的本位和，C 为向高一位的进位。由该表可看出：

$$\begin{cases} S'_n = \overline{A}_n B_n + A_n \overline{B}_n = A_n \oplus B_n \\ C'_n = A_n B_n \end{cases} \tag{10-7}$$

表 10-10　半加器真值表

输入		输出	
A_i	B_n	S'_n	C'_n
0	0	0	0
0	1	1	0
1	0	1	0
1	1	0	1

图 10-18（a）和图 10-18（b）给出了半加器的逻辑符号和逻辑图。

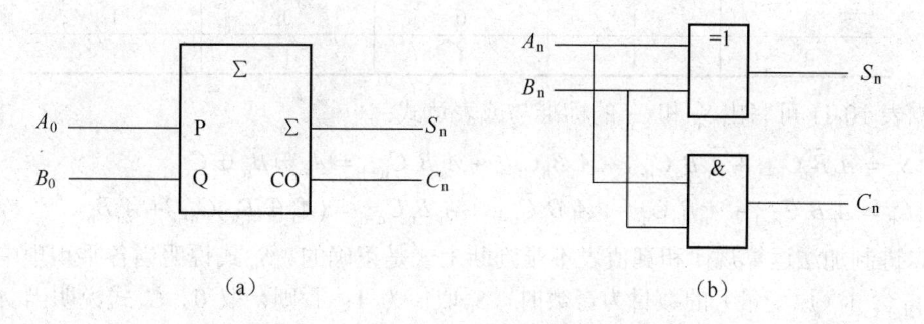

图 10-18　半加器

（a）逻辑符号；（b）逻辑图

在二进制加法运算中只采用半加器是不够的，还应考虑低一位来的进位。加法运算中，必须有进位才能完成正确的运算。考虑低位进位的二进制一位加法器叫全加器（Full Adder）。全加器的逻辑电路和常见的逻辑符号如图 10-19 所示。

全加器的真值表如表 10-11 所示，表中 C_{n-1} 为低一位来的进位，A_n 和 B_n 分别为本位的被加数和加数，S_n 为本位的和，简称本位和，C_n 为向高一位的进位。

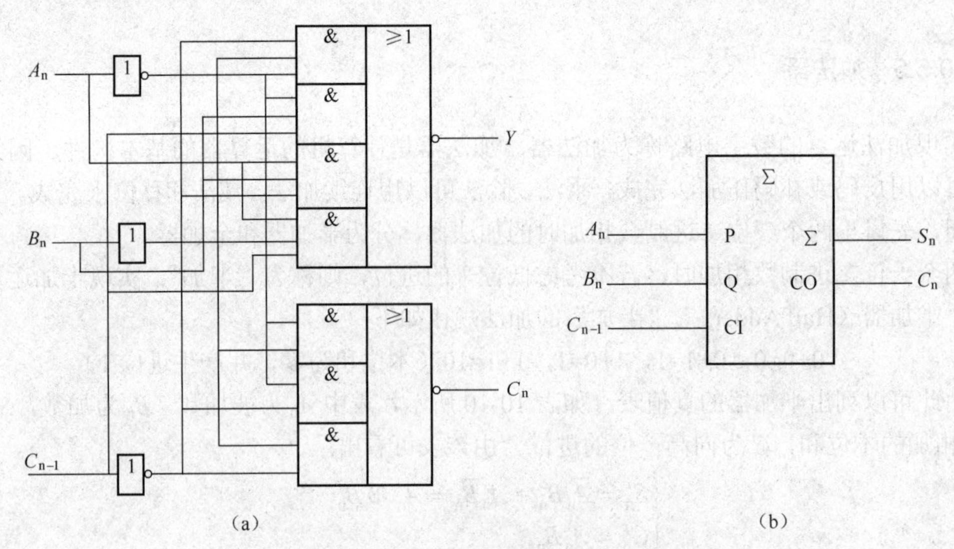

图 10-19 全加器的逻辑图和逻辑符号

（a）逻辑图；（b）逻辑符号

表 10-11 全加器真值表

输入			输出	
A_n	B_n	C_{n-1}	S_n	C_n
0	0	0	0	0
0	0	1	1	0
0	1	0	1	0
0	1	1	0	1
1	0	0	1	0
1	0	1	0	1
1	1	0	0	1
1	1	1	1	1

根据表 10-11 可写出 S_n 和 C_n 的标准与或表达式：

$$\begin{cases} S_n = \overline{A}_n\overline{B}_nC_{n-1} + \overline{A}_nB_n\overline{C}_{n-1} + A_n\overline{B}_n\overline{C}_{n-1} + A_nB_nC_{n-1} = A_n \oplus B_n \oplus C_{n-1} \\ C_n = \overline{A}_nB_nC_{n-1} + A_n\overline{B}_nC_{n-1} + A_nB_n\overline{C}_{n-1} + A_nB_nC_{n-1} = (A_n \oplus B_n)C_{n-1} + A_nB_n \end{cases} \tag{10-8}$$

从二进制加法运算规律和真值表不难判断上式是正确的。S_n 式说明当各乘积项中的 A_n、B_n 和 C_{n-1} 含 1（原变量）的数目为奇数时，S_n 取值为 1；否则，取 0。C_n 式说明当 A_n、B_n 和 C_{n-1} 含 1 的数目多于 2 时，C_n 取值为 1；否则，取 0。

10.6 中规模集合组合逻辑电路（MSI）的应用

上面讲过的编码器和译码器、数值比较器、加法器、数据选择器和数据分配器等常用功能部件均已制作成 MSI，以方便人们的选用。随着 MSI 的迅速发展和普及应用，实际工作中使用 MSI 的产品实现更复杂的组合逻辑电路的做法愈来愈普遍。它不仅可以简化电路、减少连线、提高电路的可靠性，而且使电路的设计工作十分简便。当然，这要求对常用的 MSI 产品性能十分熟悉，才能合理、恰当地选用。本节介绍几种典型 MSI 的应用。

10.6.1　用一位全加器MSI构成多位加法器

T694、T4138 都是由上述一位全加器电路构成的双进位全加器 MSI。它具有两组独立的全加器电路，各有“本位和”及“进位”输出。若把一个全加器进位输出连至另一个全加器进位输入，则可构成两位串行进位的全加器。

实现多位二进制数相加运算的电路称为多位加法器。

1. 串行进位加法器

图 10-20 是由四个全加器组成的四位串行进位的加法器。低位全加器的进位输出端依次连至相邻高位全加器的进位输入端，最低位全加器的进位输入端 C_{-1} 接地，因其无低位进位。

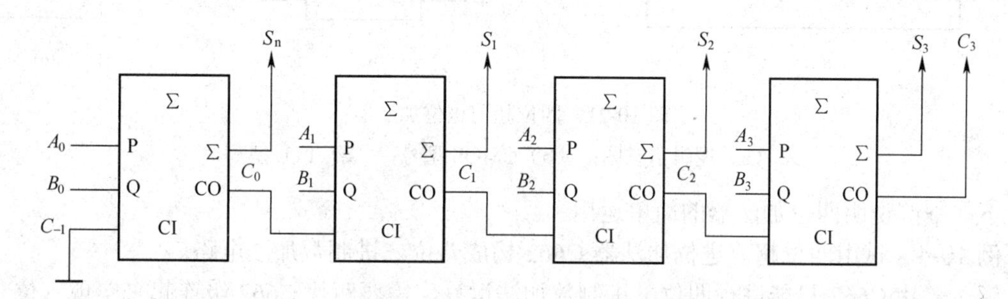

图 10-20　四位串行进位加法器

由图 10-20 可知，两个四位二进制数 $A = A_3A_2A_1A_0$ 和 $B = B_3B_2B_1B_0$ 相加后，输出结果为

$$Y = C_3S_3S_2S_1S_0$$

其中 C_3 是最高位的进位数。

串行进位加法器电路简单，但工作速度较慢。因为高位的运算必须等低位的进位数确定之后才能求出正确结果。所以，从信号输入到最高位的和数输出，需要四级全加器的传输时间。可见，这种电路只适用于运算速度不高的设备中。四位全加器 T692 就属于这种串行加法器。

2. 超前进位加法器

为了提高运算速度，在一些加法器中采用了超前进位的方法。它们在作加运算的同时，利用快速进位电路把各进位数也求出来，从而加快了运算速度。具有这种功能的电路称为超前进位加法器。

下面简要介绍快速进位电路的工作原理。

由全加器进位数 C_n 的标准与或表达式（10-7），作出其卡诺图，然后根据其卡诺图将此 C_n 的标准与或表达式化简，可以得到

$$C_n = A_nB_n + A_nC_{n-1} + B_nC_{n-1} = A_nB_n + (A_n + B_n)C_{n-1} \qquad (10\text{-}9)$$

依此式分别写出四位加法器的进位输出的函数式，分别为

$$C_0 = A_0B_0 + A_0C_{-1} + B_0C_{-1} = A_0B_0 + (A_0 + B_0)C_{-1}$$

$$C_1 = A_1B_1 + (A_1 + B_1)C_0 = A_1B_1 + (A_1 + B_1)[A_0B_0 + (A_0 + B_0)C_{-1}]$$

$$C_2 = A_2B_2 + (A_2 + B_2)C_1 = A_2B_2 + (A_2 + B_2)\{A_1B_1 + (A_1 + B_1)[A_0B_0 + (A_0 + B_0)C_{-1}]\}$$

$$C_3 = A_3B_3 + (A_3 + B_3)C_2 = A_3B_3 + (A_3 + B_3)\{A_2B_2 + (A_2 + B_2)\{A_1B_1 + (A_1 + B_1)[A_0B_0 + (A_0 + B_0)C_{-1}]\}$$

可见，只要 A_3、A_2、A_1、A_0 和 B_3、B_2、B_1、B_0 以及 C_{-1} 给定之后，按上述四式构成超前进位电路，即可同时求出各位的进位数，所以提高了运算速度。四位超前进位加法器就是由四个全加器和超前进位逻辑电路组成，其逻辑示意图和常用的 CMOS、TTL 电路型号和外部引线排列图如图 10-21 所示。

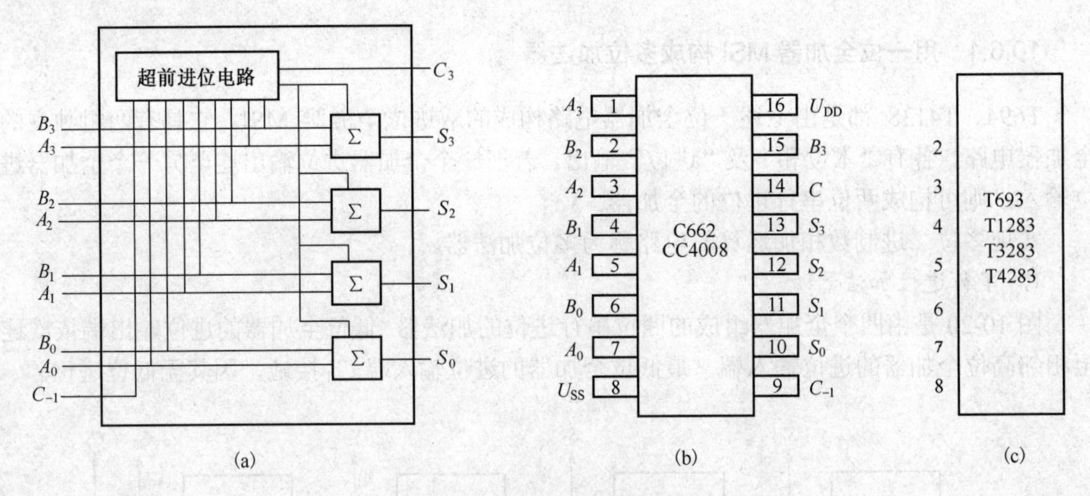

图 10-21　四位超前进位加法器

（a）逻辑示意图；（b）CMOS 型号；（c）TTL 型

下面举例说明四位加法器的简单运用。

例 10-4　试用四位超前进位加法器 C662 构成八位二进制数加法电路。

解　一片 C662 只能进行四位二进制数加法运算，需要两片 C662 级连起来实现八位二进制数加法运算。电路连线如图 10-22 所示。图中两个八位二进制数为 $a_7 \sim a_0$ 和 $b_7 \sim b_0$，求和运算的输出为 $C_7Y_7 \sim Y_0$。

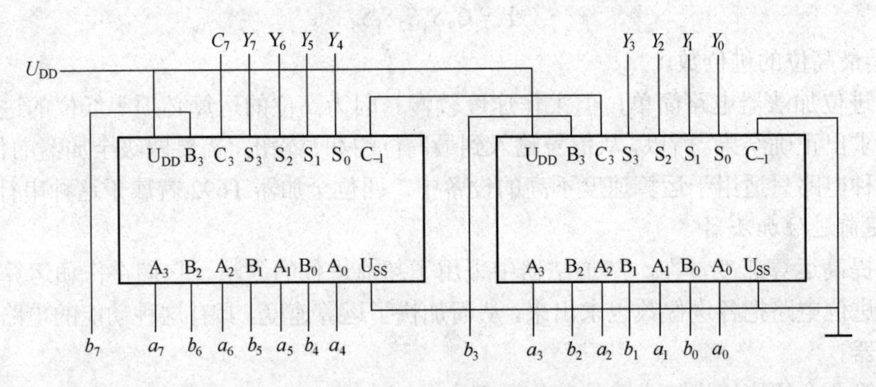

图 10-22　例 10-4 的电路连线图

目前，可以完成加法、减法和其他算术逻辑运算等多种功能的算术逻辑运算单元（ALU）已做成集成电路，如 74LS381/382 等，计算机的中央处理器（CPU）中也集成了算术逻辑运算单元（ALU）。

10.6.2　用 MSI 设计组合电路的一般方法

1. 设计电路的一般方法

设计组合电路最常用的 MSI 器件是数据选择器、译码器、全加器等。从前面介绍的设计步骤和例题，可以归纳出使用 MSI 设计电路的一般方法。

（1）根据给出的实际问题，进行逻辑抽象，确定输入变量和输出变量。

（2）列出函数真值表（卡诺图）或写出逻辑函数最小项表达式。

（3）根据逻辑函数包含的变量数和逻辑功能，选择合适的 MSI 器件。一般单输出函数选用数据选择器，多输出函数选用译码器。

（4）写出所选 MSI 器件的输出函数式。它若比所求函数更加丰富（输入变量多或乘积项多），则可对多余的变量和乘积项作适当处理；若只是所求函数的一部分，则需利用扩展端或增加门电路获得所求函数。

（5）按照求出的结果画出电路连线图。

2. 使用 MSI 器件设计电路举例

例 10-5　试用译码器构成一个全加器电路。

解　（1）由全加器真值表（见表 10-11）可知，全加器本位和 S_i 和进位数 C_i 的表达式为

$$\begin{aligned}S_i &= \overline{A}_i\overline{B}_iC_{i-1}+\overline{A}_iB_i\overline{C}_{i-1}+A_i\overline{B}_i\overline{C}_{i-1}+A_iB_iC_{i-1}\\ &=\overline{\overline{\overline{A}_i\overline{B}_iC_{i-1}}\cdot\overline{\overline{A}_iB_i\overline{C}_{i-1}}\cdot\overline{A_i\overline{B}_i\overline{C}_{i-1}}\cdot\overline{A_iB_iC_{i-1}}}\\ &=\overline{\overline{m}_1\cdot\overline{m}_2\cdot\overline{m}_4\cdot\overline{m}_7}\end{aligned}\tag{10-10}$$

$$C_i=\overline{A}_iB_iC_{i-1}+A_i\overline{B}_iC_{i-1}+A_iB_i\overline{C}_{i-1}+A_iB_iC_{i-1}=\overline{\overline{m}_3\cdot\overline{m}_5\cdot\overline{m}_6\cdot\overline{m}_7}\tag{10-11}$$

（2）因双输出 S_i 和 C_i，故选用 3 线-8 线译码器 74LS138（见图 10-23）构成全加器电路。

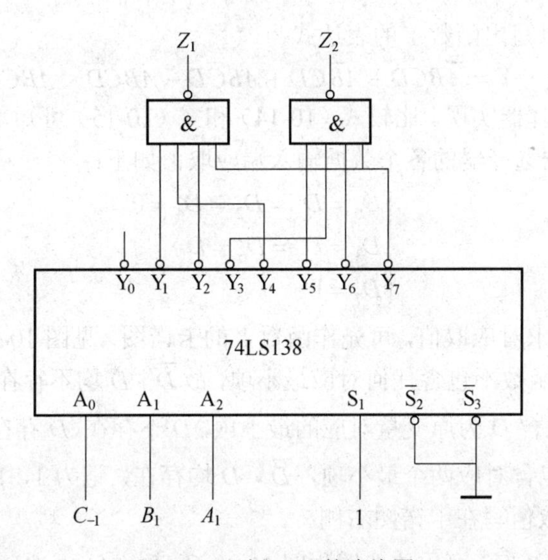

图 10-23　例 10-7 的连线图

令 $A_2=A_i$，$A_1=B_i$，$A_0=C_{i-1}$，且选通端 $S_1=1$，$\overline{S}_2=\overline{S}_3=0$。

（3）由 74LS 138 的译码输出表达式（见式（10-3））可知，可以用译码输出表示 S_i 和 C_i 的逻辑函数，即

$$S_i=\overline{Y_1\cdot Y_2\cdot Y_4\cdot Y_7}\tag{10-12}$$

$$C_i=\overline{Y_3\cdot Y_5\cdot Y_6\cdot Y_7}\tag{10-13}$$

（4）根据式（10-12）和式（10-13），以及译码器输入变量取值情况，画出用 74LS138 构成的全加器连线图，如图 10-23 所示。

例 10-6　试用数据选择器设计一个四人多数表决电路，即要求四人中有三个或四人同意，提案通过，否则提案被否决。

解　（1）假设四人分别用变量 A、B、C、D 表示，提案用 Y 表示；且用 1 表示“同意”和提案“通过”，用 0 表示“不同意”和提案被“否决”。则可列出逻辑函数真值表，见表 10-12。

表 10-12 例 10-8 的真值表

A	B	C	D	Y	A	B	C	D	Y
0	0	0	0	0	1	0	0	0	0
0	0	0	1	0	1	0	0	1	0
0	0	1	0	0	1	0	1	0	0
0	0	1	1	0	1	0	1	1	1
0	1	0	0	0	1	1	0	0	0
0	1	0	1	0	1	1	0	1	1
0	1	1	0	0	1	1	1	0	1
0	1	1	1	1	1	1	1	1	1

（2）由表 10-12 可知，Y 是四变量函数，故选用八选一数据选择器 T4151。它有八条数据输入线 $D_0 \sim D_7$，三个地址输入控制端 $A_2A_1A_0$，一个选通端 $\overline{S}$。其输出函数表达式为

$$W = S(\overline{A}_2\overline{A}_1\overline{A}_0D_0 + \overline{A}_2\overline{A}_1A_0D_1 + \overline{A}_2A_1\overline{A}_0D_2 + \overline{A}_2A_1A_0D_3 + A_2\overline{A}_1\overline{A}_0D_4 + A_2\overline{A}_1A_0D_5 + A_2A_1\overline{A}_0D_6 + A_2A_1A_0D_7) \tag{10-14}$$

根据表 10-12，可以写出函数 Y 的表达式为

$$Y = \overline{A}BCD + A\overline{B}CD + AB\overline{C}D + ABC\overline{D} + ABCD \tag{10-15}$$

单输出选用数据选择器实现。比较式（10-14）和式（10-15）可知，当 $S=1(\overline{S}=0)$，$A_2 = A$，$A_1 = B$，$A_0 = C$ 时，数据选择器的各个数据输入端应取值如下：

$$\begin{cases} D_0 = D_1 = D_2 = D_4 = 0 \\ D_3 = D_5 = D_6 = D \\ D_7 = 1 \end{cases} \tag{10-16}$$

如果用卡诺图方法求对应取值，可先作函数 Y 的卡诺图，见图 10-24。由式（10-15）可知，当 $ABC=000$ 时，Y=0，函数不包含任何对应最小项，故 $\overline{D}$，D 均不存在，记为 0，0，取 $D_0 = 0$；当 $ABC=110$ 时，函数包含 D 为原变量对应的最小项，$\overline{D}$ 不存在，D 存在，记为 0，1，故 $D_6 = D$；当 $ABC=111$ 时，函数包含对应两个最小项，$\overline{D}$，D 均存在，记为 1，1，因 $\overline{D}+D=1$ 故 $D_7 = 1$。依此类推，将 $D_0 \sim D_7$ 取值写在卡诺图右侧。

（3）根据上述取值情况，画出连线图如图 10-25 所示。T4151 选通端 $\overline{S}$ 接地，反码输出 $\overline{W}$ 未用。

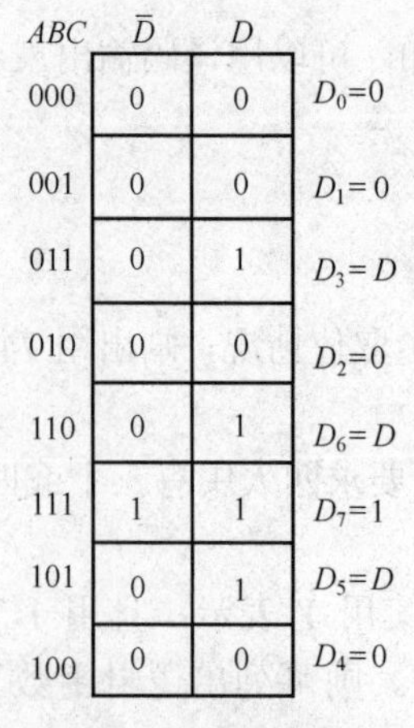

图 10-24 函数 Y 的卡诺图

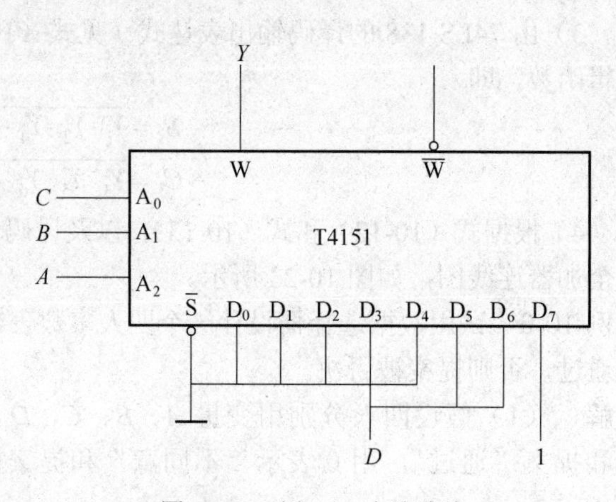

图 10-25 例 10-8 电路连线

例 10-7　试用四位二进制加法器实现二-十进制码的加法运算。

解　（1）题意分析。二-十进制（8421BCD）码是用四位二进制数表示一位十进制数，相邻四位（码）之间又是逢十进一。因此，两个二-十进制码相加的和数大于9（即1001）时，应向高位进一。但是，四位二进制数大于15（即111）时才有进位。所以利用四位二进制加法器作二-十进制码的加法时，为保证和数大于9时有进位，需在和数加6。因此需加修正电路。

（2）设计修正电路。为了求得修正电路，我们比较一下两个BCD码和数与二进制和数的区别：见表10-13。表的右侧显示两个BCD码和数的取值，其中$S_3S_2S_1S_0$为各位和，C_0为十位（进位）的取值。因其和数最大为18，加上0，故有19种取值。表左边是对应二进制和数的值。最左边还注明了相应的十进制数。

表 10-13　二进制和数与要求的 BCD 码和数对比表

十进制数	二进制和数					BCD 码和数				
	A'_4	A'_3	A'_2	A'_1	A'_0	C_0	S_3	S_2	S_1	S_0
0	0	0	0	0	0	0	0	0	0	0
1	0	0	0	0	1	0	0	0	0	1
2	0	0	0	1	0	0	0	0	1	0
3	0	0	0	1	1	0	0	0	1	1
4	0	0	1	0	0	0	0	1	0	0
5	0	0	1	0	1	0	0	1	0	1
6	0	0	1	1	0	0	0	1	1	0
7	0	0	1	1	1	0	0	1	1	1
8	0	1	0	0	0	0	1	0	0	0
9	0	1	0	0	1	0	1	0	0	1
10	0	1	0	1	0	1	0	0	0	0
11	0	1	0	1	1	1	0	0	0	1
12	0	1	1	0	0	1	0	0	1	0
13	0	1	1	0	1	1	0	0	1	1
14	0	1	1	1	0	1	0	1	0	0
15	0	1	1	1	1	1	0	1	0	1
16	1	0	0	0	0	1	0	1	1	0
17	1	0	0	0	1	1	0	1	1	1
18	1	0	0	1	0	1	1	0	0	0

不难发现，当BCD码和数有进位时，$C_0=1$。由表10-13可以求出用$A'_4 \sim A'_0$表示C_0的表达式。为求最简式，画出C_0的五变量卡诺图10-26，表中未出现的最小项作约束项处理，用×表示。利用卡诺图化简函数，可求得C_0的最简式为

$$C_0 = A'_4 + A'_3A'_1 + A'_3A'_2 \tag{10-17}$$

可见，只要将四位二进制加法器输出和数$A'_4A'_3A'_2A'_1A'_0$，通过门电路实现函数关系，即可得到BCD码和数的进位C_0。

但当有进位（$C_0=1$）时，二进制加法求得的和数中需加6（即0110）修正；而和数不足以产生进位（小于9）时，则不需加6修正。因此，需用另一个四位加法器实现6修正。

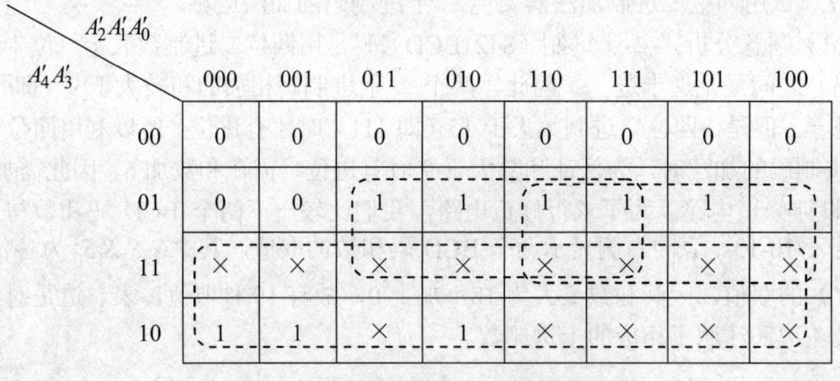

图 10-26 例 10-7 中 C_0 的卡诺图

（3）按上述分析，选用两个四位二进制加法器，即两片 C662。第一片完成两个 BCD 码求和，第二片进行加 6 修正。两片之间的门电路是根据式（10-29）构成的。电路连线图如图 10-27 所示。其中，$A'_4A'_3A'_2A'_1A'_0$ 为两个 BCD 码进行二进制加法所得值的和。当进位 $C_0=1$ 时，则 $B'_3B'_2B'_1B'_0=0110$，再与 $A'_3A'_2A'_1A'_0$ 相加进行加 6 修正；当 $C_0=0$，则 $B'_3B'_2B'_1B'_0=0000$，不进行加 6 修正。电路输出为 $C_0S_3S_2S_1S_0$。

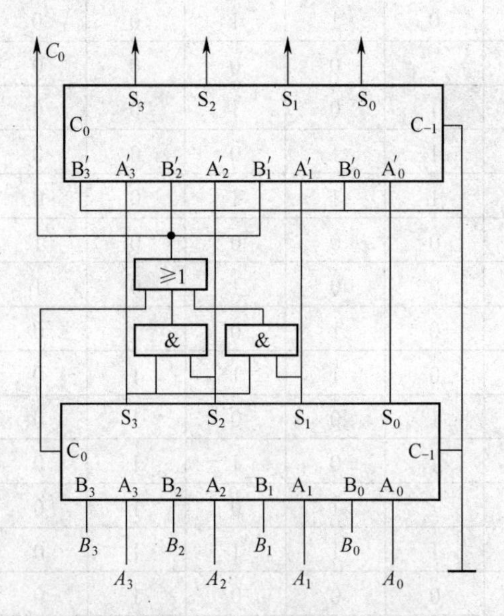

图 10-27 例 10-9 的电路连线图

本章小结

本章在第 9 章学习的基础上，进一步讨论组合逻辑电路的共同特点及其分析和设计的各种方法，并从物理概念上说明竞争和险象问题。

本章介绍了几种常见的组合逻辑电路模块：编码器、译码器、多路选择器、数值比较器和加法器。要理解它们的电路原理及其应用。要从实践上掌握这些电路模块相应的中规模集成电路产品的识别和简单运用。

本章知识逻辑线索图

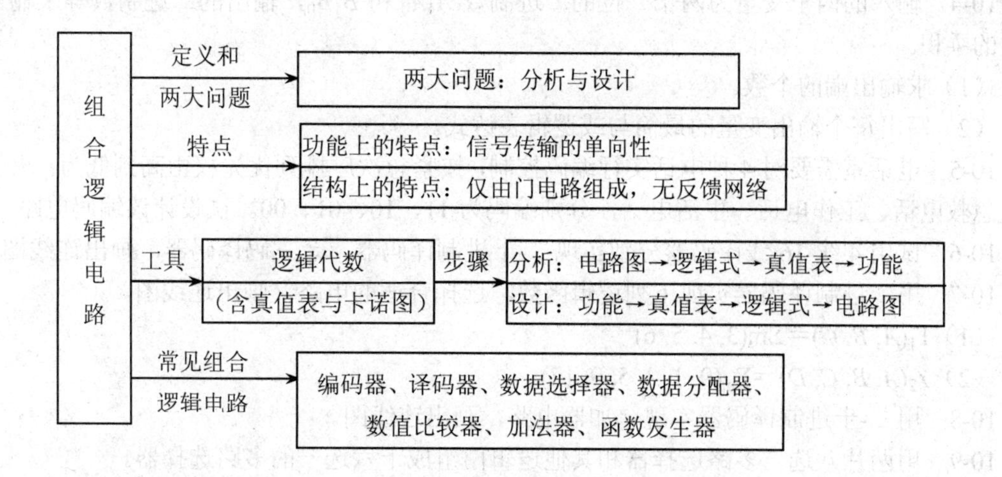

习题 10

10-1　写出图 10-28 电路中输出 F_1～F_6 的逻辑表达式，并说明各电路的逻辑功能。

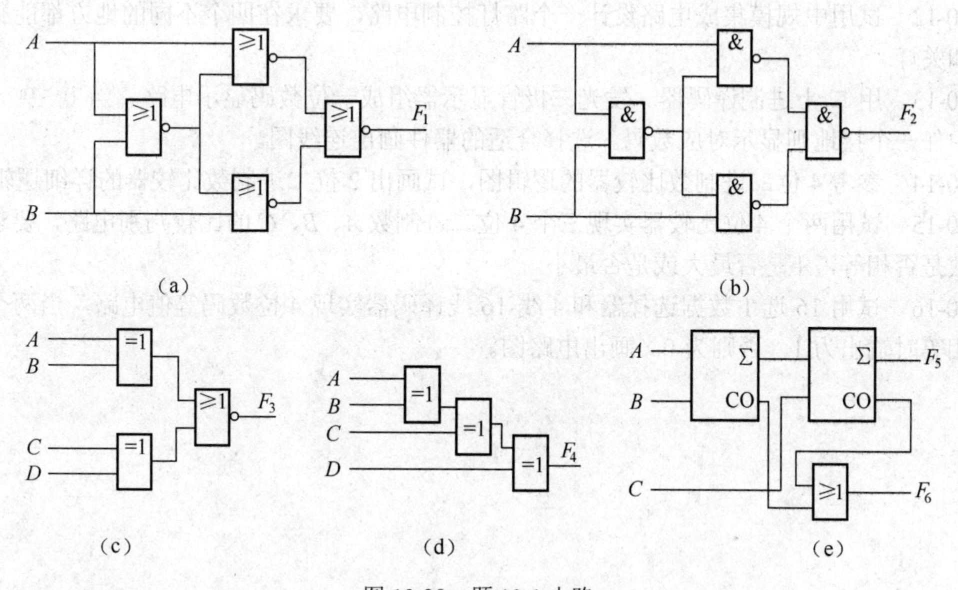

图 10-28　题 10-1 电路

10-2　组合电路有四个输入 A、B、C、D 和一个输出 F。当下面三个条件中任一个成立时，输出 F 都等于 1。

（1）所有输入等于 1。

（2）没有一个输入等于 1。

（3）奇数个输入等于 1。

请列出其真值表，写出该逻辑函数的最简与—或表达式。

10-3　试分别用与非门设计出能实现如下功能的组合逻辑电路。

（1）三变量判奇电路。

（2）四变量多数表决电路。

10-4　输入的四个变量为两个二位的二进制数 A_1A_0 和 B_1B_0，输出的二进制数等于输入两个数的乘积。

（1）求输出端的个数。

（2）写出每个输出变量的最简与或逻辑表达式。

10-5　电话室需要对 4 种电话实行编码控制，按紧急次序排列优先权由高到低为：火警电话、急救电话、工作电话、生活电话，分别编码为 11、10、01、00。试设计该编码电路。

10-6　试用 4 线-16 线译码器分别实现二-十进制译码器、余三码译码器，画出连线图。

10-7　用二进制译码器实现下列逻辑函数，选择合适的电路，画出连线图。

（1）$Y_1(A, B, C)=\Sigma m(3, 4, 5, 6)$

（2）$Y_2(A, B, C, D)=\Sigma_m(0, 1, 3, 5, 9, 12)$

10-8　用二-十进制译码器实现全加器电路，画出连线图。

10-9　用两片八选一多路选择器和其他逻辑门组成十六选一的多路选择器。

10-10　利用四选一多路选择器实现函数：

$$Y = S_1S_0 + S_0V + \overline{S}_0\overline{S}_1\overline{V}$$

10-11　利用四选一多路选择器和其他逻辑门的组合实现函数：

$$Y = S_1\overline{S}_0 + S_0W + VW + S_0\overline{W}$$

10-12　试用中规模集成电路设计一个路灯控制电路，要求在四个不同的地方都能独立的开灯和关灯。

10-13　用二-十进制译码器、发光二极管显示器组成一位数码显示电路。当 0～9 十个输入端中任一个接地则显示对应数码。选择合适的器件画出连线图。

10-14　参考 4 位二进制数比较器的逻辑图，试画出 2 位二进制数比较器的详细逻辑图。

10-15　试用两个 4 位比较器实现三个 4 位二进制数 A、B、C 的比较判别电路，要求判别三个数是否相等，A 是否最大或是否最小。

10-16　试用 16 选 1 数据选择器和 4 线-16 线译码器实现 4 位数码等值电路，当两个 4 位数码相等时输出为 1，否则为 0。画出电路图。

第 11 章　时序逻辑电路

本章介绍时序逻辑电路的特点、功能描述方法，电路的分析、设计方法，着重介绍常用电路单元：计数器、寄存器的功能及在计算机中的应用和使用方法。

11.1　时序逻辑电路的定义和特点

11.1.1　时序逻辑电路的定义

与第 10 章讲述的组合逻辑电路不同，本章介绍的时序逻辑电路，在任一时刻电路的输出状态不仅取决于当前的输入信号的状态，还与电路此前的输入及所引起的电路状态有关。

时序逻辑电路按照其工作方式的不同，又分为同步时序逻辑电路和异步时序逻辑电路。本章着重讨论同步时序逻辑电路。

11.1.2　时序逻辑电路的特点

1. 结构特点

图 11-1 为同步时序逻辑电路的结构框图。从电路结构框图中可以看出时序逻辑电路的两个显著特点。

（1）时序逻辑电路通常包括组合电路和存储电路两部分。时序逻辑电路中的组合电路可以非常简单，甚至不存在，但是必须有存储电路。

（2）存储电路的输出必须反馈到输入端，与电路的输入信号一起决定组合电路的输出。

在图 11-1 中，涉及到四组变量：整个电路的输入信号 X、整个电路的输出信号 Y、存储电路的输入信号（驱动信号）Z、存储电路的输出信号（状态信号）Q。

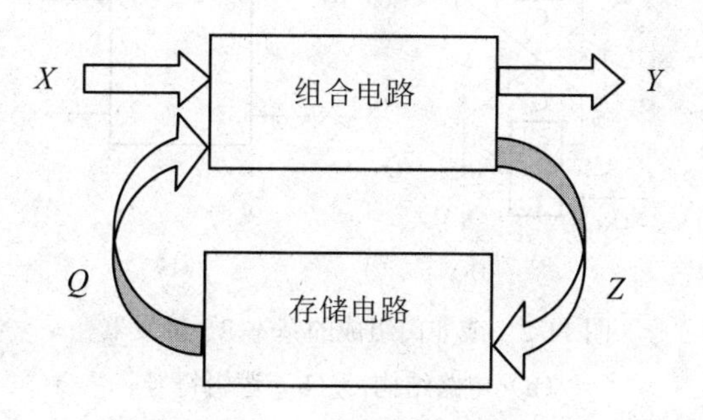

图 11-1　时序逻辑电路结构框图

可以看出，只有输入信号 X 由外电路提供，这四组变量之间的逻辑关系可以用三组方程来描述：

$$\begin{cases} Y = F(X,Q) & \text{（输出方程）} \\ Z = H(X,Q) & \text{（驱动方程）} \\ Q^{n+1} = G'(Z,Q) = G(X,Q) & \text{（状态方程）} \end{cases} \tag{11-1}$$

2. 功能特点

由于电路中存在存储单元和反馈，时序逻辑电路在任一时刻的输出信号与电路原来的输入及状态有关，而不仅仅取决于当时的输入信号。表明时序逻辑电路具有记忆功能，这是它与组合逻辑电路的本质区别。

11.2 触发器

数字电路中，在对二值数字信号进行算术运算和逻辑运算时，经常需要将这些信号和运算结果保存起来。为此，需要使用具有记忆功能的基本逻辑单元——触发器①，它是时序逻辑电路中存储电路的基本单元。

为了实现上述信息存储功能，触发器必须具有以下两个基本特点：

（1）具有两个稳定状态，用来表示存储的二值信号“0”或“1”。

（2）可以根据不同的输入信号将状态设置成“0”或“1”。信号消失后，仍能保持。但输入信号发生变化，输出也可能发生变化，除非有锁存信号控制。

常用的触发器按逻辑功能不同分为 RS 触发器、JK 触发器、D 触发器、T 触发器、T′ 触发器。不同功能的触发器在使用时操作方法不同。

按电路结构不同触发器可分为基本 RS 触发器、同步 RS 触发器、主从触发器、维持阻塞触发器、边沿触发器。不同的电路结构确定了触发器不同的动作特点。

11.2.1 基本触发器

基本 RS 触发器是电路结构最简单的一种，也是构成其他复杂电路结构触发器的一个组成部分。

1. 电路结构和工作原理

基本 RS 触发器可以由两个或非门交叉耦合组成。图 11-2 所示为电路结构和逻辑符号。

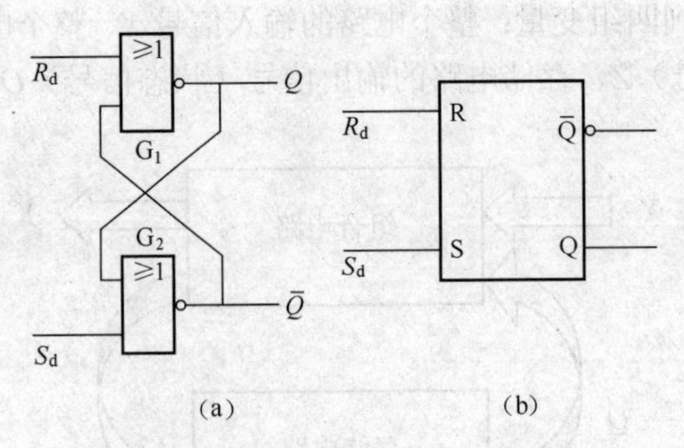

图 11-2 或非门组成的基本 RS 触发器

（a）电路结构；（b）逻辑符号

---

① 近年来，不少教材把由脉冲电平触发的双稳态电路叫做锁存器；将由脉冲边沿触发的双稳态电路称为触发器，本书作者认为欠妥。只有加了锁存信号（如时钟脉冲或使能端信号脉冲）端的双稳态电路，具有锁存功能的，才能称为锁存器。

对于单独一个或非门 G_1，如果一个输入端状态已定，比如接“0”，其输出端 Q 的状态将随另一个输入端 R_d 而改变。R_d 输入高电平，则 $Q=0$；一旦 R_d 高电平消失，门电路输出端 Q 随之变成 1。R_d 输入高电平使 Q 变成的“0”状态在 R_d 的高电平消失后无法保持。

若用另一个或非门 G_2 将 G_1 的输出 Q 反相，则 G_2 的输出 $\overline{Q}$ 与 G_1 的输入信号 R_d 同相。再将 G_2 的输出 $\overline{Q}$ 作为 G_1 的另一个输入，即使原来的输入信号 R_d 高电平消失，由于 G_2 的输出 $\overline{Q}$ 已经变成高电平，门电路 G_1 的输出状态能够自行保持。由于图 11-2 电路结构的对称性，G_2 的输出状态也能够保持。

换言之，该触发器由两个或非门组成。两个门的输出端分别引入对方门的输入端，正常情况下，两输出端 Q 和 $\overline{Q}$ 的状态相反，并以 Q 端的状态作为触发器的状态，当触发器的状态稳定后，即使两输入端 R_d 和 S_d 信号消失，触发器的状态仍然保持不变，即具有记忆性。R_d 称为复位端或清 0 端，S_d 称为置位端或置 1 端，且均为高电平有效。

2. 逻辑功能分析

下面讨论不同的输入信号组合如何确定电路触发器的输出状态。

由或非门组成的基本 RS 触发器，其输入信号端 R_d、S_d 均为高电平有效。即：输入信号为高电平时才执行规定的操作（清 0、置 1 等）。

（1）当 $S_d=0$、$R_d=0$ 时，电路有两个基本状态之一，即

- $Q=0$，$\overline{Q}=1$，记作“0 状态”。
- $Q=1$，$\overline{Q}=0$，记作“1 状态”。

此时电路的输出状态保持此前状态不变，称为“保持”操作。

（2）当 $S_d=1$、$R_d=0$ 时，这时只有 $Q=1$，$\overline{Q}=0$，如果 S_d 端信号消失（即 $S_d=0$），由于 Q 端高电平接到 G_2 门的输入端，所以 $Q=1$ 的状态可以维持。

（3）当 $S_d=0$、$R_d=1$ 时，这时只有 $Q=0$，$\overline{Q}=1$，R_d 端信号消失后，$Q=0$ 的状态不变。

（4）当 $S_d=1$、$R_d=1$ 时，S_d、R_d 同时为高电平时，电路输出为不定状态：$Q=0$，$\overline{Q}=0$。这个状态无法自行保持。当 S_d、R_d 的高电平同时撤消时，触发器的输出状态也无法确定。电路的操作结果无法预料，此为“禁态”或不定状态。

3. 功能描述方法

（1）特性表。触发器的输入、输出之间的逻辑关系可以列成真值表的形式。记 Q^n 或 Q 为原态，Q^{n+1} 为次态，这样得到的真值表又叫特性表。表 11-1 为 RS 触发器的特性表。

表 11-1　RS 触发器的特性表

S_d	R_d	Q^n	Q^{n+1}
0	0	0	0
0	0	1	1
0	1	0	0
0	1	1	0
1	0	0	1
1	0	1	1
1	1	0	不允许
1	1	1	不允许

（2）特性方程。作出表 11-1 对应的 Q^{n+1} 的卡诺图（读者自作）。将表 11-1 中不允许的输入组合 $S_d=1$、$R_d=1$ 作为约束条件，可以将次态 Q^{n+1} 写成输入信号与原态 Q 的函数，并标明约束条件，就得到基本 RS 触发器的特性方程。

$$\begin{cases} Q^{n+1}=S+\overline{R}\,Q \\ R\cdot S=0 \quad （约束条件） \end{cases} \qquad (11\text{-}2)$$

（3）功能表。如果仅考虑输入信号对触发器状态的影响，触发器状态变化规律也可列成功能表。表 11-2 为基本 RS 触发器的功能表。可记忆为：S_d 1 置 1，S_d 0 置 0；双 0 保持，双 1 禁止。

表 11-2　基本 RS 触发器的功能表

S_d	R_d	Q^{n+1}	功能
0	0	Q	保持
0	1	0	清 0（置 0）
1	0	1	置 1
1	1	×	不允许

（4）状态转换图。触发器是组成时序逻辑电路的基本逻辑单元，它们有相同的功能描述方法。时序电路又称状态机，在描述和研究时序逻辑电路时，往往更关心电路的状态转换关系。在状态转换图中，用圆圈表示电路的各个状态，用箭头表示状态之间的转换关系。同时，在箭头旁边标明导致转换的输入信号。图 11-3 为基本 RS 触发器的状态转换图。

（5）时序图。时序逻辑电路在时钟脉冲序列作用下，电路的输入状态、输出状态随时间变化的波形图叫做时序图。有时时序图比其他的方式更能说明电路的功能。图 11-4 为基本 RS 触发器的时序图。

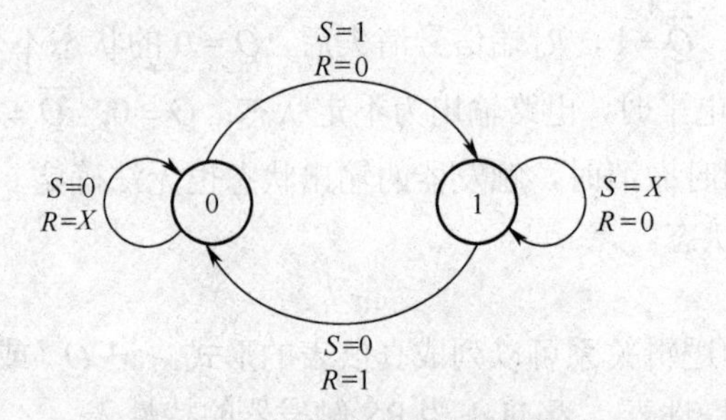

图 11-3　RS 触发器的状态转换图

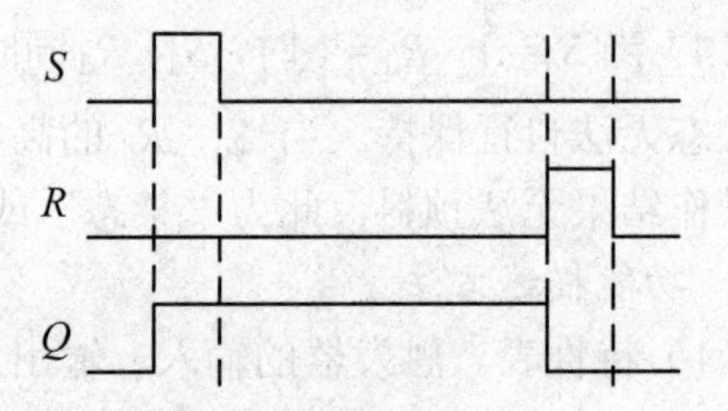

图 11-4　RS 触发器时序图

4. 动作特点

通过前面的分析知道，只要输入信号 R 或 S 出现高电平，基本 RS 触发器的状态立即根据此时的输入信号来改变自己的状态，而不会受到其他信号的限制。我们把这种动作特点称为直接控制。

例 11-1　在图 11-5（a）中，已知基本 RS 触发器输入信号 R_d、S_d 的电压波形，画出触发器输出 Q、$\overline{Q}$ 的波形。

解　本例由已知的输入信号确定触发器的输出信号。可以根据每一段时间里的输入信号的状态，由触发器的功能表得到输出状态，并画出输出波形。

本例中输入信号出现了 R_d=1、S_d=1 的情况，当时触发器的输出为不允许状态 $Q=\overline{Q}=0$，如图 11-5（b）中的阴影部分。但是由于 R_d、S_d 并非同时消失，R_d 先变成 0，所以次态仍然是确定的。

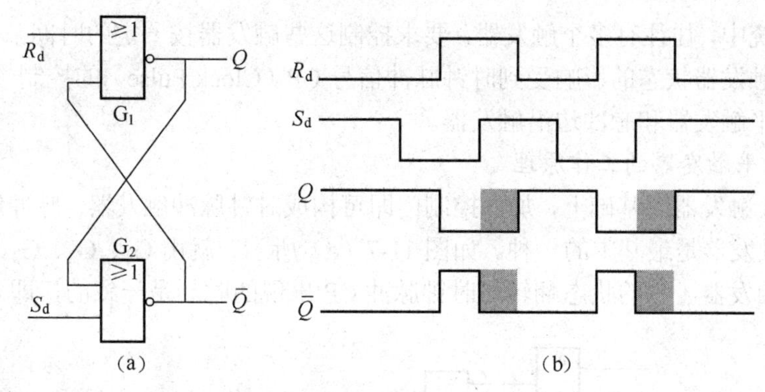

图 11-5　例 11-1 的电路和波形图

基本 RS 触发器也可以由与非门组成，见图 11-6，与非门组成的基本 RS 触发器的功能分析与图 11-2 类似，但是与非门组成的基本 RS 触发器的输入信号是低电平有效。所以用 $\overline{S_d}$ 、$\overline{R_d}$ 表示输入端，并在逻辑符号的输入端处加上小圆圈。由与非门组成的基本 RS 触发器不允许两个输入信号同时为 0。其逻辑功能表见表 11-3。注意到 S_d、R_d 和 $\overline{S_d}$ 、$\overline{R_d}$ 的不同，记忆口诀不变。

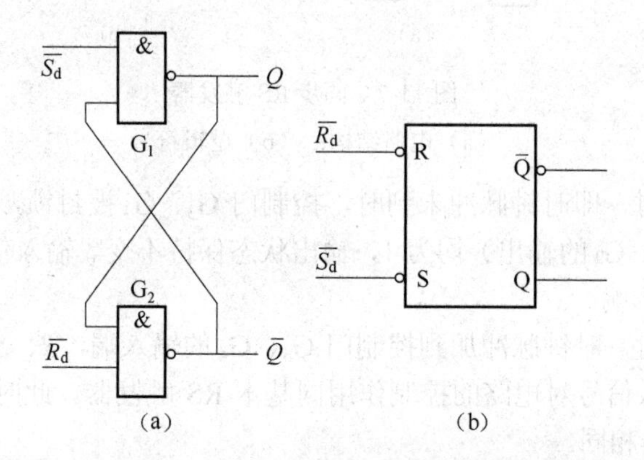

图 11-6　与非门组成的基本 RS 触发器

（a）电路结构；（b）逻辑符号

表 11-3　基本 RS 触发器的功能表

$\overline{S_d}$	$\overline{R_d}$	Q^{n+1}	功能
0	0	×	不允许
0	1	1	置 1
1	0	0	清 0（置 0）
1	1	Q	保持

基本 RS 触发器主要用于预置其他触发器工作之前的初始状态及利用双 0 保持的功能消除机械开关抖动的影响。但基本 RS 触发器不能在 R_d、S_d 输入同一脉冲，没有计数功能。

11.2.2　时钟触发器

前面的讨论表明，基本 RS 触发器状态的变化是直接由 R、S 端输入信号变化引起的。在复杂的数字系统中，往往有多个触发器，要求控制这些触发器按一定的时间节拍协调动作，即让输入信号对触发器状态的影响受到时钟脉冲信号 CP（Clock Pulse）的控制[①]。时钟脉冲触发器分为脉冲电平触发器和脉冲边沿触发器。

1. 脉冲电平触发器的工作原理

在基本 RS 触发器的基础上，加入控制门即可构成时钟脉冲触发器。脉冲触发器的种类很多，同步 RS 触发器是最基本的一种。如图 11-7（a）所示，就由 G_1、G_2、G_3、G_4 组成一个普通的同步 RS 触发器。它的状态翻转与时钟脉冲 CP 出现的时刻是一致的，即“同步”的。

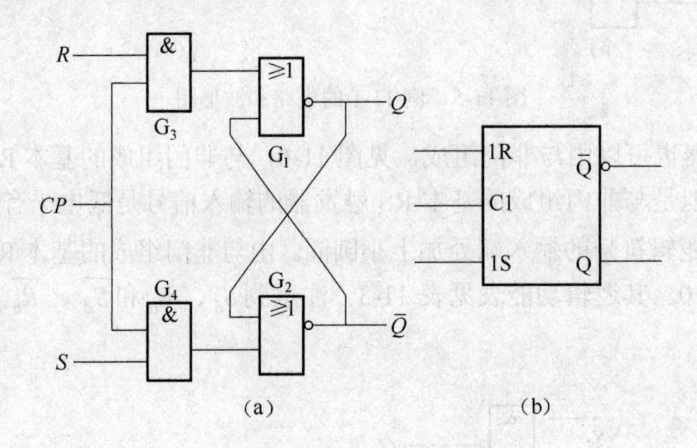

图 11-7 同步 RS 触发器

（a）电路结构；（b）逻辑符号

（1）当 $CP=0$ 时，即时钟脉冲未到时，控制门 G_3、G_4 被封锁，基本 RS 触发器的两个输入端（即控制门 G_3、G_4 的输出）均为 1，输出状态保持不变。输入信号 R、S 对时钟脉冲触发器电路的状态没有影响。

（2）当 $CP=1$ 时，时钟脉冲加到控制门 G_3、G_4 的输入端，R、S 信号经过 G_3、G_4 到达基本 RS 触发器，输入信号对电路的控制作用同基本 RS 触发器。此时脉冲 RS 触发器的逻辑功能与基本 RS 触发器相同。

脉冲 RS 触发器的特性方程和基本 RS 触发器的特性方程（11-2）相同，只是附加了脉冲作用的条件。如式（11-3）所示：

$$\begin{cases} Q^{n+1}=S+\overline{R}\,Q & CP=1\text{ 时有效} \\ R\cdot S=0 & \text{（约束条件）} \end{cases} \tag{11-3}$$

脉冲 RS 触发器的特性表、状态转换图与基本 RS 触发器相同。

2. 动作特点

脉冲 RS 触发器的输入信号仅在 CP=1 期间有效，CP=0 时，触发器保持原来的状态。

脉冲 RS 触发器在一定的程度上解决了基本 RS 触发器的“直接控制”问题，但是，在 CP=1 期间，R、S 的变化都会引起触发器输出状态改变。CP=1 时，仍然存在直接控制时存在的问题。若此时输入信号多次变化，输出也会作出相应的多次变化，这种现象称为触发器的“空翻”。由于脉冲触发器存在“空翻”，多用于数据锁存，而不能用于计数器、移位寄存器、存储器等。

例 11-2 脉冲 RS 触发器的输入信号波形如图 11-8 所示，设触发器的初始状态为 Q=0，画出 Q、$\overline{Q}$ 的波形。

① 将时钟脉冲输入端换为使能信号输入端，可得门控触发器。

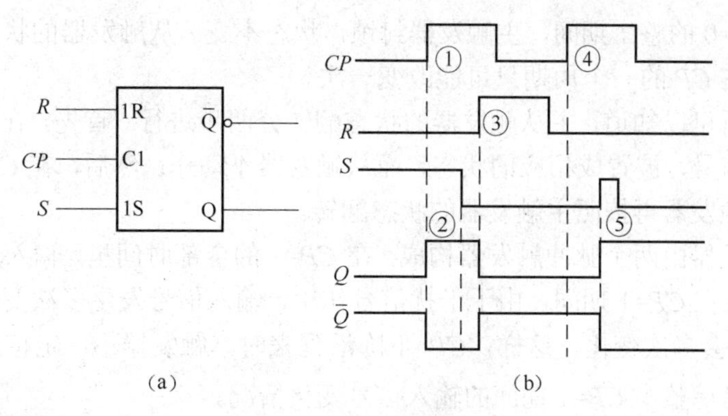

图 11-8　例 11-2 的输出波形

解　与例 11-1 类似，但应该注意本例中的触发器受脉冲信号 *CP* 控制，只有在 *CP* 信号有效期间输入才能影响触发器的输出，而在 *CP* 信号无效期间，输入信号的变化对触发器的输出状态没有影响。

电路初始状态 $Q=0$。在 *CP* 的第一个高电平期间，先是 $S=1$，$R=0$，触发器被置 1；接着 $S=R=0$，触发器状态保持不变；最后 $S=0$，$R=1$，触发器状态被清 0。而当 *CP* 变成 0 后，触发器的 0 状态一直保持不变，不受输入信号的影响。

第二个 *CP* 高电平期间，先是 $S=R=0$，触发器输出状态保持 Q 为 0；然后当 $S=1$，$R=0$ 后，触发器被置 1；最后又有 $S=R=0$，触发器状态 $Q=1$ 保持。以上过程见图 11-8（b）。

11.2.3　主从触发器

为了提高触发器的工作可靠性，要求在 *CP* 的每个周期内，触发器的状态是稳定的，即只能变化一次，克服“空翻”现象。为此，可以由时钟脉冲触发器构成主从结构的触发器。

图 11-9 为主从 RS 触发器的原理图和逻辑符号。主从 RS 触发器由两个相同的时钟脉冲 RS 触发器组成，但它们的时钟信号相位相反。接收输入信号的称为主触发器，产生输出状态的称为从触发器。

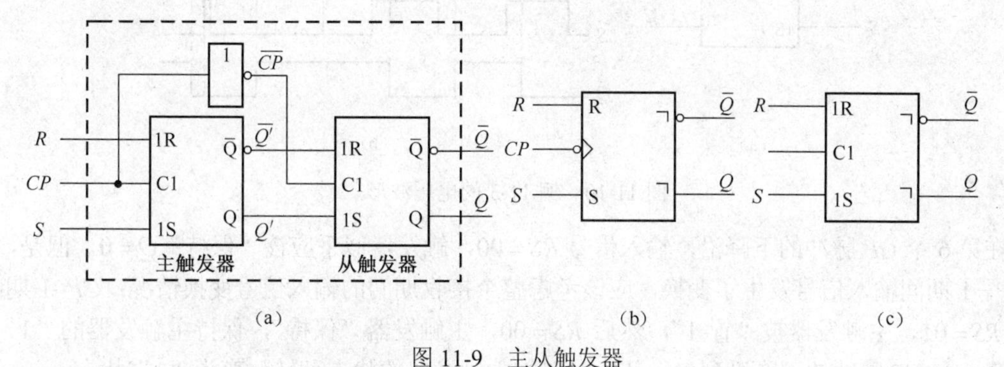

图 11-9　主从触发器

（a）原理图；（b）逻辑符号；（c）国际符号

图 11-9 中，当 $CP=1$ 时，$\overline{CP}=0$，从触发器被封锁，保持原状态不变。这时，主触发器工作，根据输入信号 *R*、*S* 确定 Q'、$\overline{Q'}$ 的状态。但不会影响从触发器的状态。因而在整个 $CP=1$ 期间，从触发器的状态保持不变。

当 *CP* 由 1 变成 0 时，主触发器被封锁，不再受输入信号 *R*、*S* 的影响，但同时，$\overline{CP}$ 由 0 变成 1，从触发器按照主触发器已有的 Q'、$\overline{Q'}$ 的状态翻转，翻转到和主触发器相同的状态。

之后，在 CP=0 的整个期间，主触发器封锁，状态不变。从触发器的状态也保持不变，整个触发器的状态在 CP 的一个周期只可能改变一次。

从上面的分析可以知道，主从触发器的状态翻转分两步进行。首先，在 CP=1 期间主触发器接收输入端的信号，被置成相应的状态，而从触发器不动作。然后，在 CP 从 1 变到 0 的下降沿到来时，从触发器再按照主触发器的状态翻转。

由于主从触发器由两个脉冲触发器构成，在 CP=1 的全部时间里，输入信号都将控制主触发器的状态。如果在 CP=1 期间，由于干扰信号作用，输入信号发生多次变化，主触发器的输出状态 Q' 、$\overline{Q'}$ 也会多次变化。这样，CP 下降沿到来时，触发器不一定按此时的输入信号确定次态，而应该考虑整个 CP=1 期间的输入信号变化情况。

但不管怎样，主从 RS 触发器状态的翻转总发生在 CP 从 1 变化到 0 的时刻。称之为下降沿动作型的主从触发器，它和后面要讲到的边沿触发器不同。

这就是主从触发器的动作特点。

主从 RS 触发器的逻辑功能与脉冲 RS 触发器相同，它们有相同的功能表、特性表、状态转换图、特性方程。但是特性方程作用的条件是 CP 的下降沿。

$$\begin{cases} Q^{n+1} = S + \overline{R}\,Q & CP\text{下降沿时有效} \\ RS = 0 & \text{（约束条件）} \end{cases} \qquad (11\text{-}4)$$

例 11-3 图 11-10 的主从 RS 触发器中，已知输入信号的波形，设触发器的初态为 Q=0，画出对应的输出波形。

解 应该注意这里使用的是主从触发器，其动作特点是“CP 高电平接收，下降沿开始翻转”。所以，在接收期间，输入信号应该保持不变，在翻转时刻触发器按照 CP 下降沿时刻的输入信号引起的 Q'、$\overline{Q'}$ 来确定次态，如图 11-10（b）中的前 5 个脉冲。

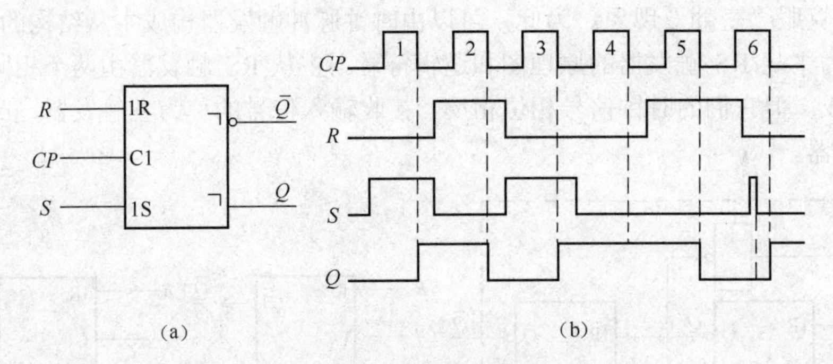

图 11-10 例 11-3 的电压波形

在第 6 个 CP 脉冲的下降沿，输入信号 RS= 00，触发器似乎应该“保持” Q= 0。但是，由于 CP= 1 期间输入信号发生了变换，应该考虑整个接收期间的输入信号变换情况：CP=1 期间，先是 RS= 01，主触发器被“置 1”，然后 RS= 00，主触发器“保持”，保持主触发器的“1”状态，第 6 个 CP 脉冲的下降沿到来，从触发器按主触发器的状态翻转，变为“1”状态。

从这个例子可以看出，主从触发器在使用时，要求在 CP= 1 期间输入信号保持不变。否则，按照 CP 下降沿输入信号确定的触发器次态可能与实际不同。

11.2.4 边沿触发器

主从触发器要求在 CP=1 期间，输入信号保持不变。但由于干扰信号的存在，不易做到。为了提高触发器工作的可靠性，增强使用时的抗干扰能力，希望触发器的次态仅仅由 CP 的下降沿（或上升沿）这一时刻的输入信号状态确定，而与这一时刻之前和之后的输入信号状态无关。为此，研制了各种边沿触发器。市面提供的边沿触发器有维持阻塞触发器、利用门电路传输延迟时间的边沿触发器、使用 CMOS 传输门的边沿触发器等。

TTL 电路中，维持阻塞结构的边沿触发器用得较多，图 11-11 为维持阻塞结构的 RS 触发器。

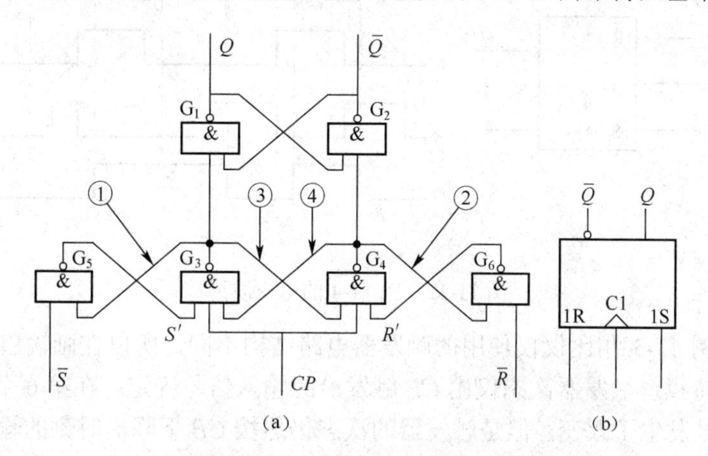

图 11-11　维持阻塞结构的 RS 触发器

（a）电路结构；（b）逻辑符号（上升沿触发）

图 11-11 中，G_1、G_2、G_3、G_4 组成一个普通的同步 RS 触发器。如果使得 CP 由低电平跳变到高电平后输入信号的变化不影响 S'、R'，那么触发器的次态就仅仅由 CP 上升沿时刻的输入信号确定。

在同步 RS 触发器的基础上，增加了两个控制门 G_5、G_6，就构成维持阻塞结构的 RS 触发器。在图 11-11 中，G_3、G_5 组成一个基本 RS 触发器，G_4、G_6 组成另一个基本 RS 触发器。它们用来在 CP=1 期间保持触发器的输入信号。

CP=0 时，门 G_3、G_4 被封锁，G_3=G_4=1，与非门 G_1、G_2 组成的基本 RS 触发器保持原来的状态。

CP 上升沿到来时，这一时刻 $\bar{S}$、$\bar{R}$ 的状态分别被 G_3、G_5，G_4、G_6 组成的两个基本 RS 触发器保持。之后，即使 $\bar{S}$、$\bar{R}$ 的低电平消失，S'、R' 的状态也能维持不变。所以，把①称为“置 1 维持线”，②称为“置 0 维持线”。

在 CP=1 期间，可能 $\bar{S}$、$\bar{R}$ 会先后出现低电平，使得 S'、R' 先后被置成 1。这时若没有③、④两根线，则有 G_3=G_4=0，G_1、G_2 组成的基本 RS 触发器的两个输入信号都为低电平，这是不允许的。增加③、④两根线后，与非门 G_3、G_4 也构成一个基本 RS 触发器，即使在 CP=1 期间，出现 S'=R'=1 的情况，G_3、G_4 的状态仍然保持不变，维持逻辑状态互补。例如，当 CP 上升沿到来时 $\bar{S}=0$、$\bar{R}=1$，这时 S'=1、R'=0、G_3=0、G_4=1，G_1、G_2 组成的基本 RS 触发器被置 1。G_3 输出的低电平同时将 G_4 封锁，阻止 G_4 输出低电平，即阻止输出端的基本 RS 触发器被置 0。所以，③被称为“置 0 阻塞线”。同样的道理，④被称为“置 1 阻塞线”，它的作用是阻塞 G_3，在输出端基本 RS 触发器被置 0 后，禁止 G_3 输出低电平。

由此可知，CP=0 期间，触发器的状态保持不变。在 CP 的上升沿到来时，触发器按这一时刻的输入信号确定次态。CP=1 期间，由于维持阻塞作用产生，输入信号失去作用，不影响触发器的状态，触发器的状态仍然保持不变。图 11-11 的触发器的状态翻转由 CP 的上升沿控制，即上升沿触发。

例 11-4 图 11-12 的边沿 RS 触发器中，已知输入信号的波形，设触发器的初态为 $Q=0$，画出对应的输出波形。

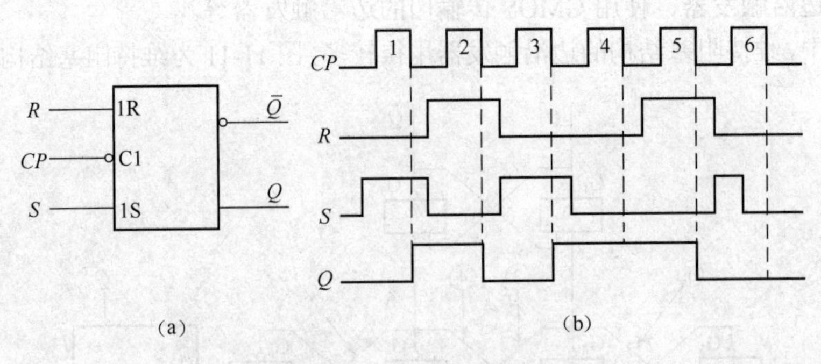

图 11-12 例 11-4 的电压波形

解 本题与例 11-3 相比仅仅使用的触发器电路结构不同，所以在画输出波形时，按照边沿触发器的动作特点，触发器次态仅由 *CP* 触发沿的输入信号确定。在第 6 个 *CP* 脉冲的高电平期间，输入信号发生了改变，但是触发器的次态仍然按 *CP* 下降沿时刻的输入信号确定。注意本例的触发器为下降沿触发。

除了主从触发器、维持阻塞触发器，还有各种其他电路结构的触发器也可以做到边沿触发，它们被笼统地称为边沿触发器，本书对这类电路的结构和原理不做介绍。除非特别说明，后面提到的触发器都是指这种边沿触发器。

应该指出，不同的电路结构会导致触发器不同的动作特点，但对电路的逻辑功能没有影响。也就是说，只要是 RS 触发器，不管采用何种电路结构，都是根据输入信号 *R*、*S* 的不同执行“置 1”、“清 0”、“保持”三种操作。

11.2.5 RS 触发器构成其他逻辑功能的触发器

按逻辑功能的不同特点，通常将触发器分为 RS 触发器、D 触发器、JK 触发器、T 触发器等几种类型。不同功能的触发器，输入信号对触发器的操作方式不一样。在应用中可以根据要求来选用合适的触发器。同时，任何一种触发器的功能都可以从其他类型的触发器转换得到。

以下仅介绍如何由 RS 触发器构成其他逻辑功能的触发器。不同功能触发器之间的任意转换可以参考后面的时序电路设计方法。

1. D 触发器

RS 触发器在 $R=1$、$S=1$ 时次态不确定。为了解决 RS 触发器的输入信号存在约束的问题，可以令 RS 触发器的输入信号在逻辑上始终处于互补状态，如图 11-13 所示。

在图 11-13 中，脉冲 RS 触发器的输入信号为：

$$S=D$$
$$R=\overline{D}$$

代入基本 RS 触发器的特性方程，则有：

$$\begin{aligned} Q^{n+1} &= S+\overline{R}Q \\ &= D+\overline{\overline{D}}Q \\ &= D \end{aligned}$$

这样得到的电路构成另一种触发器——D 触发器。D 触发器仅有一个输入信号，可以根据输入信号的不同进行“置 1”、“清 0”操作。

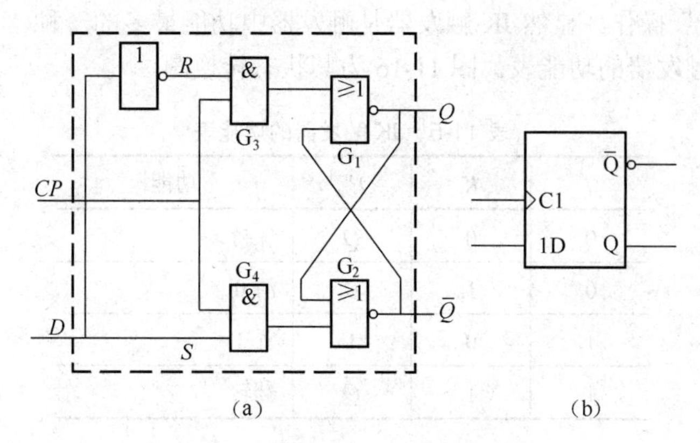

图 11-13　D 触发器原理图及其逻辑符号

D 触发器的特性方程：

$$Q^{n+1} = D \qquad CP\text{上升沿时有效} \tag{11-5}$$

表 11-4 为 D 触发器的功能表。图 11-14 为 D 触发器的状态转换图。

表 11-4　D 触发器的功能表

D	Q^{n+1}	功能
0	0	清 0
1	1	置 1

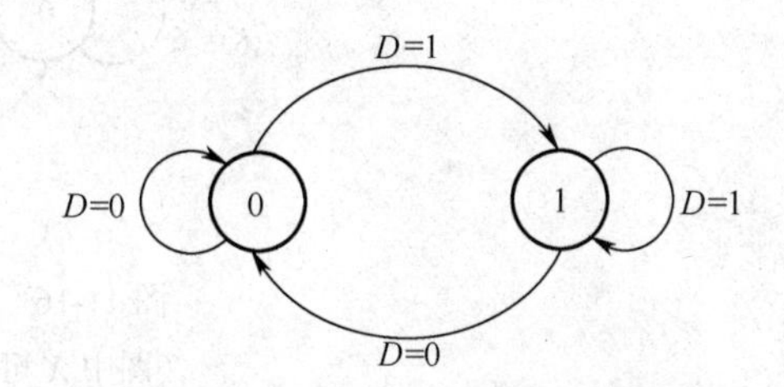

图 11-14　D 触发器的状态转换图

2. JK 触发器

实际应用中，用得最多的还有 JK 触发器。JK 触发器的工作原理图和逻辑符号见图 11-15。

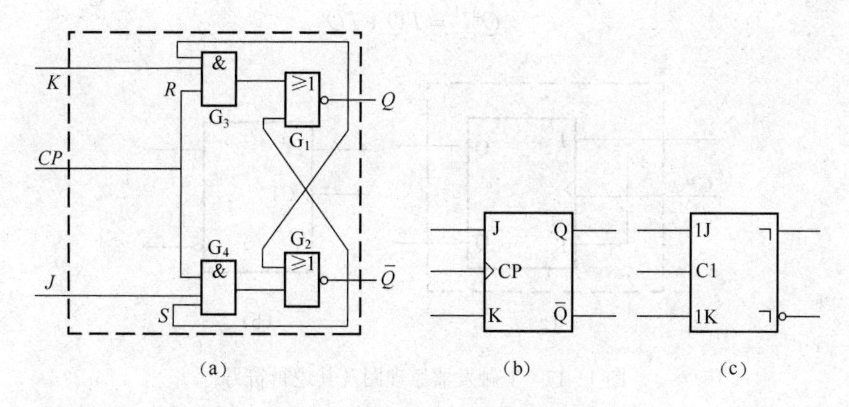

图 11-15　JK 触发器原理图及其逻辑符号

（a）原理图；（b）逻辑符号；（c）国际符号(方框内的“┐”表示延迟输出)

图 11-15 中的 RS 触发器有：

$$S = J\bar{Q}$$

$$R = KQ$$

代入 RS 触发器的特性方程得到 JK 触发器的特性方程：

$$Q^{n+1} = J\bar{Q} + \overline{KQ}\,Q = J\bar{Q} + \bar{K}Q \qquad CP\text{上升沿时有效} \tag{11-6}$$

图 11-5（a）的电路构成 JK 触发器。JK 触发器可以根据输入信号的不同进行“置 1”、“清 0”、“保持”、“翻转”操作。显然 JK 触发器是触发器中功能最多的一种。

表 11-5 为 JK 触发器的功能表，图 11-16 为其状态转换图。

表 11-5　JK 触发器的功能表

J	K	Q^{n+1}	功能
0	0	Q	保持
0	1	0	清 0
1	0	1	置 1
1	1	$\overline{Q}$	翻转

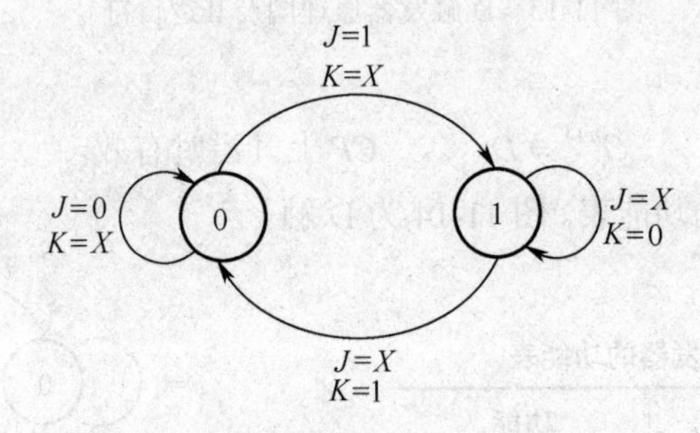

图 11-16　JK 触发器的状态转换图

（图中 X 可为“1”，也可为“0”）

3. T 触发器

将 JK 触发器的两个输入端并联，记为 T，这样就构成 T 触发器，见图 11-17。图中 $J=K=T$，代入 JK 触发器的特性方程，得到 T 触发器的特性方程（CP 上升沿有效）：

$$Q^{n+1} = T\overline{Q} + \overline{T}Q \tag{11-7}$$

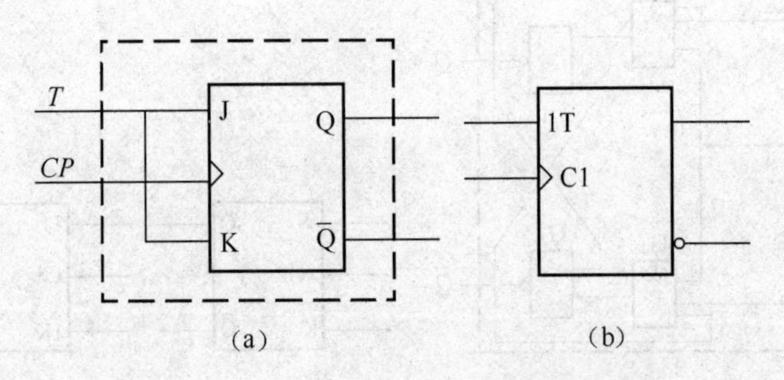

图 11-17　T 触发器原理图及其逻辑符号

表 11-6 为 T 触发器的功能表，图 11-18 为状态转换图。

表 11-6　T 触发器的功能表

T	Q^{n+1}	功能
0	Q	保持
1	$\overline{Q}$	翻转

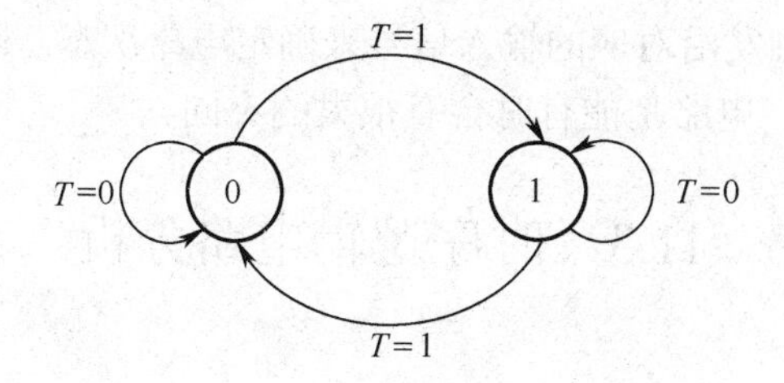

图 11-18 T 触发器的状态转换图

T 触发器可以根据不同的输入信号进行“保持”、“翻转”两种操作。

令 T 触发器的输入信号 T=1，就得到 T′ 触发器。T′ 触发器除了时钟输入信号外，再没有其他信号输入，每次 CP 脉冲到都执行“翻转”操作。

T′ 触发器的特性方程（CP 上升沿有效）：

$$Q^{n+1}=\overline{Q} \tag{11-8}$$

例 11-5 写出图 11-19 电路的次态方程，并画出在给定输入信号作用下的输出波形。假设电路初始状态为 Q=0。

解 仍然根据给定输入信号波形求电路的输出波形。与例 11-1、例 11-2 不同，本例中触发器的输入信号（驱动信号）由门电路将电路的输入信号经过逻辑运算得到。因而不便直接对照触发器功能表来画输出波形。

这类电路的输入信号未直接送到触发器输入端，应该先列出驱动信号（触发器输入信号）的真值表，并计算出与之对应的触发器次态。这样就得到电路不同输入信号组合对电路的操作功能表（表 11-7）。根据表 11-7 中输入信号与触发器次态的关系，很容易画出电路的输出波形，见图 11-19（b）。

表 11-7 例 11-5 的功能表

输入信号		驱动信号		次态
A	B	J	K	Q^{n+1}
0	0	0	0	Q
0	1	1	0	1
1	0	1	0	1
1	1	1	1	$\overline{Q}$

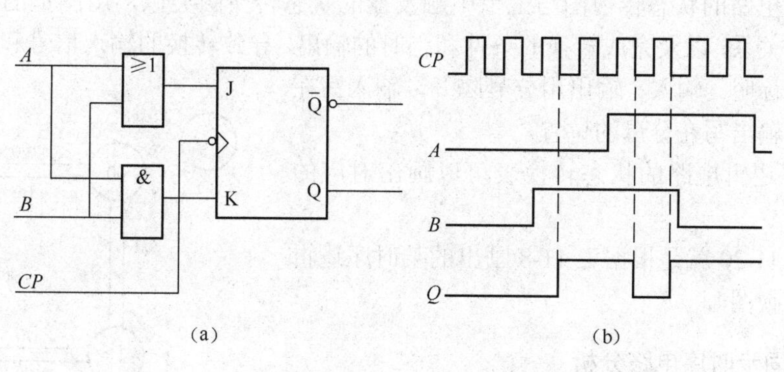

图 11-19 例 11-5 的电路图

画电路的时序逻辑图时，还应该注意触发器的时钟触发沿。通常都会使用边沿触发器来构成电路，必须按照有效触发沿对应的输入信号来确定电路次态。相同的电路，触发器使用上升沿触发还是下降沿触发，电路功能有时会有很大的不同。

11.3 时序逻辑电路分析

11.3.1 时序逻辑电路的功能描述方法

同步时序逻辑电路的逻辑功能可以由图 11-1 或式（11-1）完全表达，但是电路的输入、输出、现态、次态之间的关系并不清晰、直观。为了清楚、直观地描述时序逻辑电路的功能，常常使用状态转换表和状态转换图。

1. 状态转换表

状态转换表采用类似真值表的形式，描述了时序电路的输出和次态是如何由输入与现态确定的。在状态转换表中，现态也和输入信号列在一起，作为确定输出与次态的条件。

根据式（11-1）中的三组方程，可以计算出时序逻辑电路的状态转换表。例如表 11-8 为某时序逻辑电路的状态转换表。

表 11-8 状态转换表

输入	现态		次态		输出
X	Q_1	Q_0	Q_1^{n+1}	Q_0^{n+1}	Y
0	0	0	0	1	0
0	0	1	1	0	0
0	1	0	1	1	0
0	1	1	0	0	1
1	0	0	1	1	1
1	0	1	0	0	0
1	1	0	0	1	0
1	1	1	1	0	0

2. 状态转换图

时序逻辑电路的状态转换图与上节中触发器的状态转换图类似，用图形的方式描述了电路的状态转换关系，以及完成转换的条件和当时的输出。导致转换的输入信号和当时的输出信号在箭头旁边标明。输入、输出用分号隔开，输入写在分子的位置，输出写在分母的位置。

根据时序逻辑电路的状态转换表可以画出对应的状态转换图。

例如，图 11-20 就是根据表 11-8 画出的某时序逻辑电路的状态转换图。

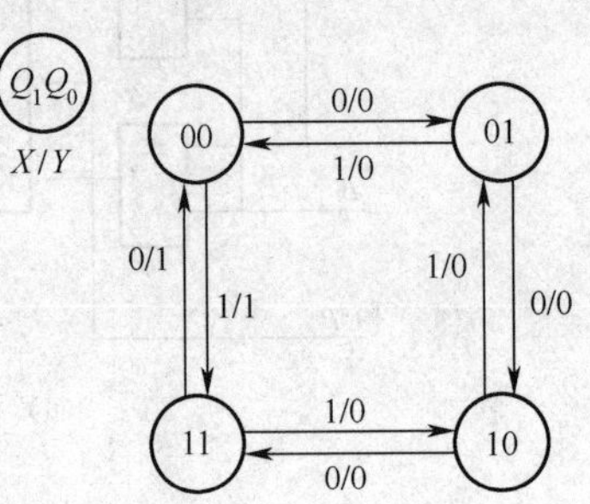

图 11-20 状态转换图

11.3.2 同步时序电路分析

时序逻辑电路分析就是找出给定的时序逻辑电路的逻辑功能，即指出电路的状态以及输出如何随输入信号和时钟信号变化。

在时序逻辑电路的功能描述方法中，说明功能最直观的就是状态转换图。所以，时序逻辑电路分析的任务就是，从给定的时序逻辑电路图出发，求出电路对应的状态转换图。

时序逻辑电路分为同步时序电路和异步时序电路，所谓同步时序逻辑电路，就是它所含有的触发器都在同一个时钟信号的控制下工作。否则为异步时序电路。同步时序逻辑电路的分析方法比异步时序电路简单。同步时序电路分析的具体实现步骤如下：

（1）根据时序逻辑电路图，写出每个触发器的驱动方程（触发器输入信号的逻辑表达式），写出电路的输出方程。

（2）将驱动方程代入对应触发器的特性方程，得到电路的状态方程。

（3）根据状态方程和输出方程计算电路的状态转换表。

（4）根据状态转换表画出状态转换图。

（5）归纳电路的逻辑功能，必要时画出从给定初态开始的时序图。

时序逻辑电路的分析过程可以用图 11-21 的流程表示。

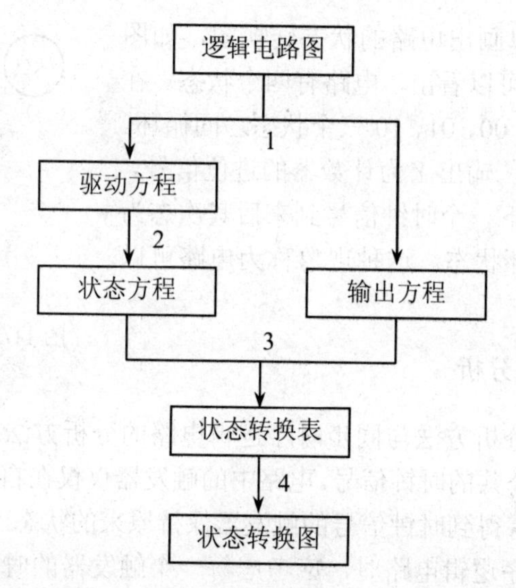

图 11-21　时序逻辑电路分析流程

例 11-6　分析图 11-22 时序逻辑电路的逻辑功能。

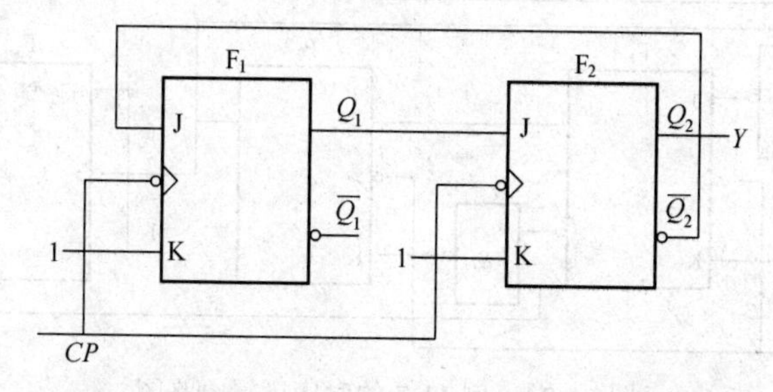

图 11-22　例 11-6 的时序逻辑电路图（下升沿触发）

解　首先列出电路对应的驱动方程，有

$$J_1 = \overline{Q_2} \qquad J_2 = Q_1$$
$$K_1 = 1 \qquad K_2 = 1$$

输出方程： $Y = Q_2$

驱动方程代入 JK 触发器的特性方程，得到电路的状态方程，有

$$Q_1^{n+1} = \overline{Q_2}\,\overline{Q_1} \quad （CP 下降沿有效）$$

$$Q_2^{n+1} = \overline{Q_2}Q_1 \quad （CP 下降沿有效）$$

根据状态方程和输出方程，可以计算出电路的状态转换表，如表 11-9 所示。

表 11-9 例 11-6 的状态转换表

Q_2	Q_1	Q_2^{n+1}	Q_1^{n+1}	Y
0	0	0	1	0
0	1	1	0	0
1	0	0	0	1
1	1	0	0	1

根据状态转换表又可以画出电路的状态转换图，如图 11-23 所示。从状态转换图可以看出，电路有四个状态。在时钟信号的作用下，电路在 00、01、10 三个状态之间循环。电路是一个“模 3 计数器”，输出 Y 为计数器的进位信号。若电路处于无效状态 11，下一个时钟信号到来后其次态为 00，可以自动进入有效循环状态。这种现象称为电路可以自启动。

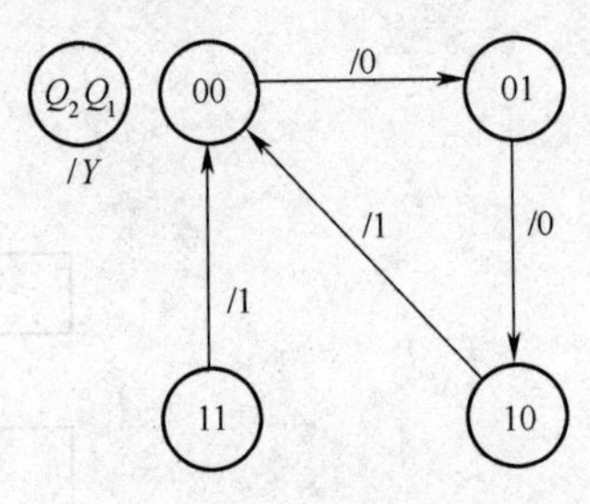

图 11-23 例 11-6 的状态转换图

11.3.3 异步时序电路分析

异步时序逻辑电路的分析方法与同步时序逻辑电路的分析方法基本相同，但是异步时序逻辑电路中的触发器没有公共的时钟信号。电路中的触发器仅仅在自己的时钟触发沿到来时才可能发生状态转换，而没有得到时钟信号的触发器保持原来的状态不变。

所以，在分析异步时序逻辑电路时，应考虑每一个触发器的时钟条件，写出每一个触发器的时钟方程。只有在时钟条件满足的情况下，才需要按状态方程计算电路的次态。

例 11-7 分析图 11-24 时序逻辑电路的逻辑功能。

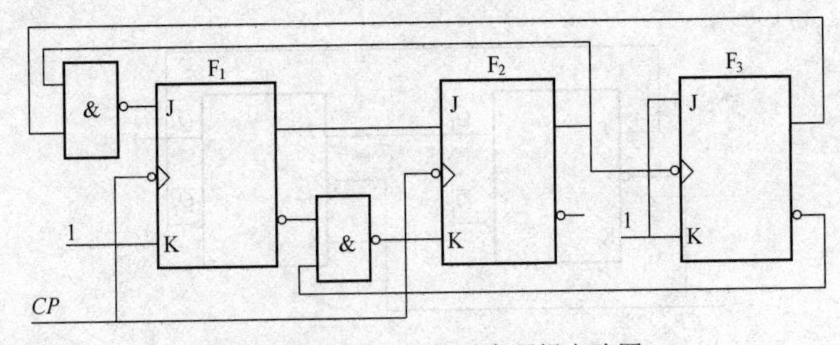

图 11-24 例 11-7 的时序逻辑电路图

解 首先列出电路对应的方程。

时钟方程： $CP_1 = CP_2 = CP$

$CP_3 = Q_2$

驱动方程： $J_1 = \overline{Q_2 Q_3}$ $\qquad K_1 = 1$

$$J_2 = Q_1 \qquad K_2 = \overline{\overline{Q_1}\,\overline{Q_3}}$$

$$J_3 = 1 \qquad K_3 = 1$$

状态方程：

$$Q_1^{n+1} = \overline{Q_2 Q_3}\,\overline{Q_1} \qquad （CP\text{ 下降沿有效}）$$

$$Q_2^{n+1} = Q_1\,\overline{Q_2} + \overline{\overline{Q_1}\,\overline{Q_3}}Q_2 \qquad （CP\text{ 下降沿有效}）$$

$$Q_3^{n+1} = \overline{Q_3} \qquad （Q_2\text{ 下降沿有效}）$$

根据状态方程，考虑时钟条件，可以计算出电路的状态转换表。在表 11-10 中，用 CP=1 表示时钟信号的下降沿到达。仅当时钟条件满足时才需要按状态方程计算次态，时钟条件不满足时触发器保持原来的状态。

表 11-10　例 11-7 的状态转换表

Q_3	Q_2	Q_1	Q_3^{n+1}	Q_2^{n+1}	Q_1^{n+1}	CP_3	CP_2	CP_1
0	0	0	0	0	1	0	1	1
0	0	1	0	1	0	0	1	1
0	1	0	0	1	1	1	1	1
0	1	1	1	0	0	1	1	1
1	0	0	1	0	1	0	1	1
1	0	1	1	1	0	0	1	1
1	1	0	0	0	0	1	1	1
1	1	1	0	0	0	1	1	1

表 11-10 中，先填写所有的现态组合，然后按时钟方程添入 CP_2、CP_1，并按状态方程计算 Q_2^{n+1}、Q_1^{n+1}。再根据表中 Q_2 的状态变化情况填写 CP_3（要根据其变化，确定下降沿到达与否），然后在 CP_3 的下降沿到达时，再根据状态方程计算 Q_3^{n+1}。

根据状态转换表可以画出电路的状态转换图。

从图 11-25 可以看出，电路是一个 7 进制计数器，可以自启动。

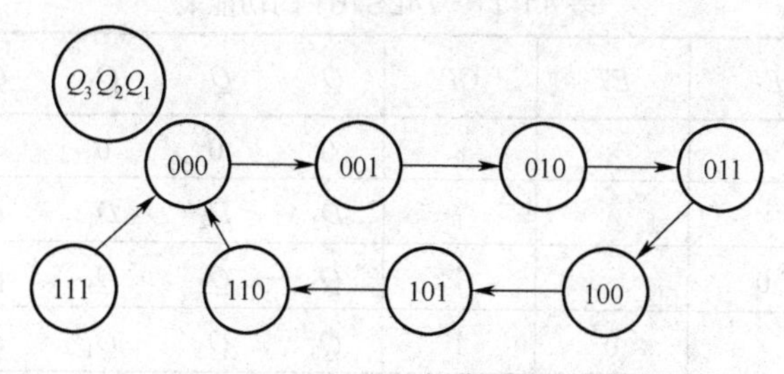

图 11-25　例 11-7 的状态转换图

11.3.4　常用时序电路

1. 计数器及其应用

在计算机和数字系统中，用于累计和存储输入脉冲个数的逻辑部件称为计数器。

计数器的种类很多。按计数器中触发器的动作节拍分，有同步计数器、异步计数器。按计数器输出状态的编码方式分，有二进制计数器、二-十进制计数器、循环码计数器等。按计数器数字的增、减分，有加法、减法计数器。按计数器的计数进制分，有十进制、十六进制、N 进制计数器。在时序逻辑电路设计部分，将会介绍怎样由触发器和门电路构成同步计数器。

这里仅介绍集成电路计数器以及计数器在数字电路和计算机中的应用。74LS161 芯片为 4 位同步二进制计数器，74LS161 除了具有二进制加法计数功能，还有异步清 0、预置数、保持等功能。图 11-26 为 74LS161 的逻辑符号。

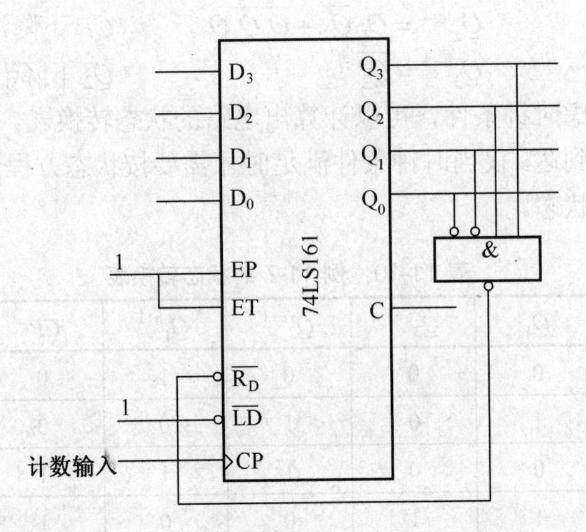

图 11-26　反馈归零法构成十二进制计数器

图中，$D_3D_2D_1D_0$ 为置数输入端，待输入的计数器初始值由此输入。$Q_3Q_2Q_1Q_0$ 为计数器状态输出端。C 为进位信号输出端，仅当计数器状态为 1111 时才会输出高电平进位信号。

$\overline{R_D}$ 为异步清 0 信号，低电平有效。$\overline{LD}$ 为同步置数控制信号，低电平有效，若 $\overline{LD}=0$，在 CP 的上升沿将 $D_3D_2D_1D_0$ 的状态送入计数器。

EP、ET 为计数器工作状态控制端，高电平有效。$\overline{R_D}=1$、$\overline{LD}=1$ 时，EP、ET 只要有一个为 0，计数器工作在“保持”状态，不理会 CP 端输入的脉冲。$\overline{R_D}=1$，$\overline{LD}=1$，且 $EP=ET=1$，计数器工作在“计数”状态，每来一个 CP 脉冲，在 CP 的脉冲上升沿计数器作加法计数。

表 11-11 为 74LS161 的功能表。

表 11-11　74LS161 的功能表

$\overline{R_D}$	$\overline{LD}$	EP	ET	CP	Q_3	Q_2	Q_1	Q_0	说明
0	×	×	×	×	0	0	0	0	清零
1	0	×	×	↑	D_3	D_2	D_1	D_0	送 $D_3D_2D_1D_0$ 状态
1	1	0	×	↑	Q_3	Q_2	Q_1	Q_0	保持
1	1	×	0	↑	Q_3	Q_2	Q_1	Q_0	
1	1	1	1	↑		计数			加法

例 11-8　用反馈归零法实现 12 进制计数器。

74LS161 在正常情况下，输出状态按 4 位二进制数递增。使用反馈归零法可以利用计数器提供的清 0 控制信号，强制电路跳过不需要的状态，构成所需容量的计数器。

在具有异步清零功能的计数器中，使用一个过渡状态 S_M 来产生归零逻辑。当这个过渡状态出现时，计数器状态立即回零。所构成的新的计数器中，由于 S_M 状态出现的时间极短，可以认为 S_M 状态是不存在的，见图 11-27。

反馈归零法实现方法：

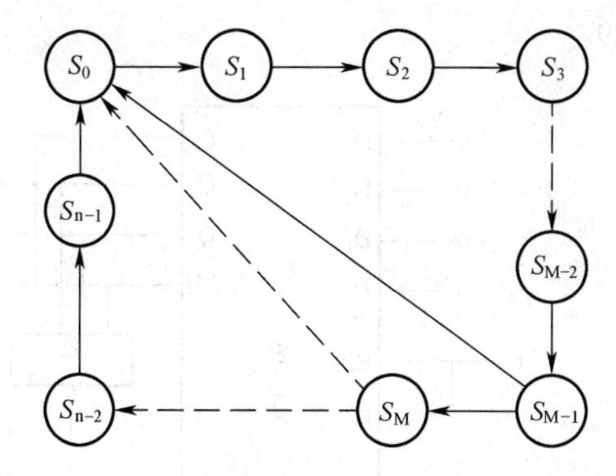

图 11-27　反馈归零法

（1）写出 M 的状态编码 S_M：

$$M=12,\ S_M=1100$$

（2）求出归零逻辑。用 S_M 状态译码产生 $\overline{R_D}$ 要求的归零逻辑。

$$\overline{R_D}=\overline{Q_3Q_2\overline{Q_1}\,\overline{Q_0}}$$

（3）画出电路图。如图 11-26 所示，注意上式是如何实现的。图中，在与非门的输入端用小圆圈表示对相应的信号取反。

例 11-9　用预置数法实现 12 进制计数器。

与反馈归零法类似，利用计时器的置数控制端也可以强迫计时器跳过某些不需要的状态。

与反馈归零法不同的是，74LS161 使用的是同步置数，所以，产生置数逻辑的状态是一个稳定的有效状态，如图 11-28 中的 S_M 状态。图 11-28 中，计时器跳过的状态数为 $M+1-n=16+1-12=5$。

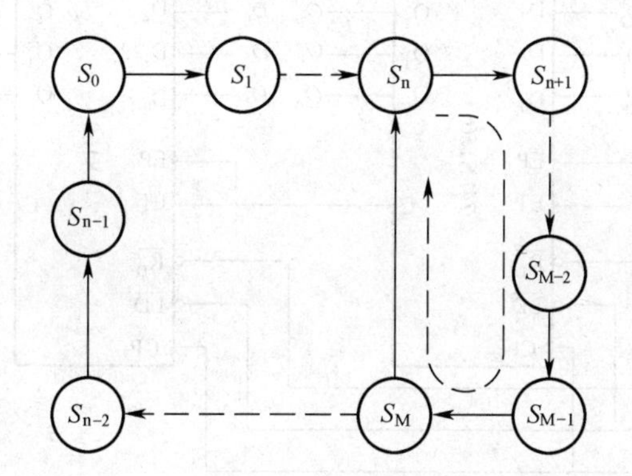

图 11-28　预置数法

同时，还应该将设计要求的 S_M 状态的次态 S_n 的编码送到计数器的置数输入端。这样当 S_M 状态产生置数信号时，在 CP 脉冲的作用下，电路的次态为 S_n，而不是 S_{M+1}。

预置数法实现方法：

（1）写出初始状态 S_n 的状态编码，并送给置数输入端。

$$S_n=0000\ (D_3D_2D_1D_0=0000)$$

（2）写出置数逻辑 S_M 的状态编码，产生置数逻辑。

$$S_M=1011$$

$$\overline{LD}=\overline{Q_3\overline{Q_2}Q_1Q_0}$$

（3）画出电路图 11-29。

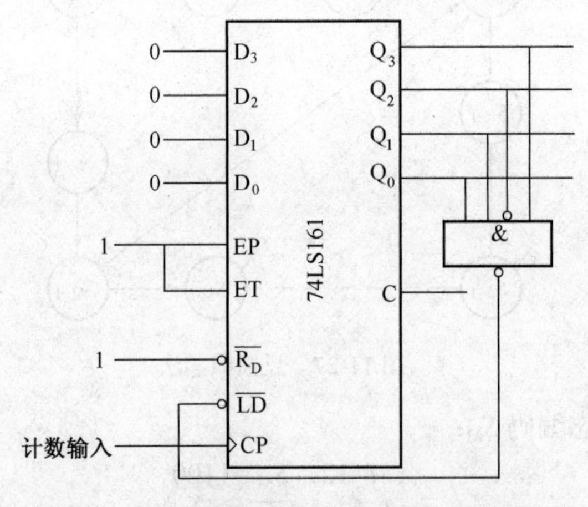

图 11-29 预置数法构成 12 进制计数器

有些计时器的置数控制信号是异步控制。如果是异步控制，那么置数逻辑对应的状态 S_M 就是一个临时的过渡状态，构成的计时器实际状态数会比例 11-9 中的情况少一个。

74LS160 的逻辑符号和功能表与 74LS161 相同，功能和使用方法类似。不过 74LS160 为同步十进制计数器，输出状态为 8421BCD 码，74LS160 在 1001 状态输出进位信号。

例 11-10 74LS160 的扩展。

当计数器容量不够时，可以通过扩展来扩充计数器容量，见图 11-30。

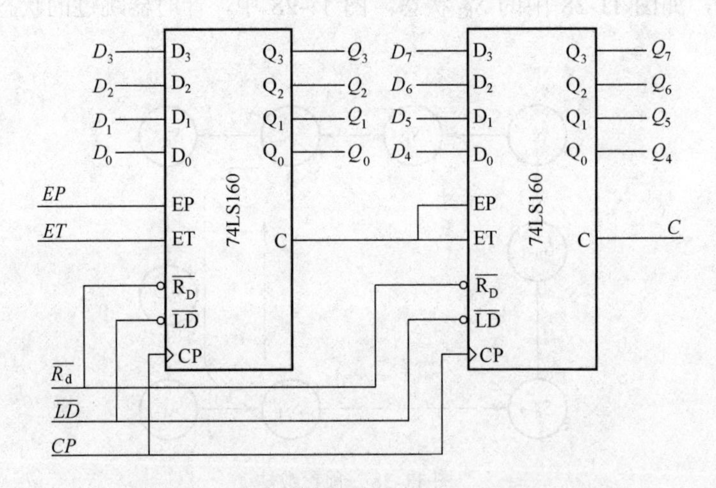

图 11-30 两片 74LS160 构成 100 进制计数器

同样，74LS161 也可以扩展成多位二进制计时器。

2. 寄存器及其应用

寄存器是数字系统中用得很多的一种功能部件，用于存放多位二进制数。寄存器的每一位可以存放一位二进制数字，并且可以根据需要将其状态设为“0”或“1”。当时钟脉冲到来时，数据输入端的信号状态被寄存器保存起来。

前面介绍的触发器可以存放一位二进制数，所以，存放 N 位二进制数可以用 N 个触发器组成。因为寄存器的每一位只要求“清 0”、“置 1”操作，故多半用 D 触发器构成。构成寄存器每一位的触发器使用公共的 CP 信号，CP 信号到来时，输入的数据被寄存器保持起来。

74LS75 是由同步结构的 D 触发器构成的 4 位寄存器（见图 11-31）。CP=1 期间，输出 Q 的状态随输入信号 D 的状态而改变。74LS75 中的 4 个 D 触发器分为两组，分别使用两个时钟信号。D_0、D_1 使用 CP_A，D_2、D_3 使用 CP_B。

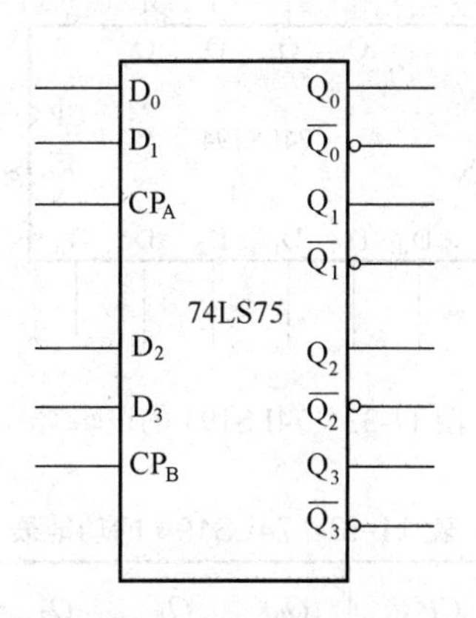

图 11-31　74LS75 的逻辑符号

74LS175 是由维持阻塞触发器组成的 4 位寄存器（见图 11-32），根据 CP 信号上升沿时刻的输入信号确定寄存器的状态。功能表见表 11-12，$\overline{R_D}$ 为异步清 0 信号，低电平有效，不受时钟信号 CP 的限制。只有 $\overline{R_D}$ 为“1”才能实现“数据保持”、“输入信号锁存”的功能。

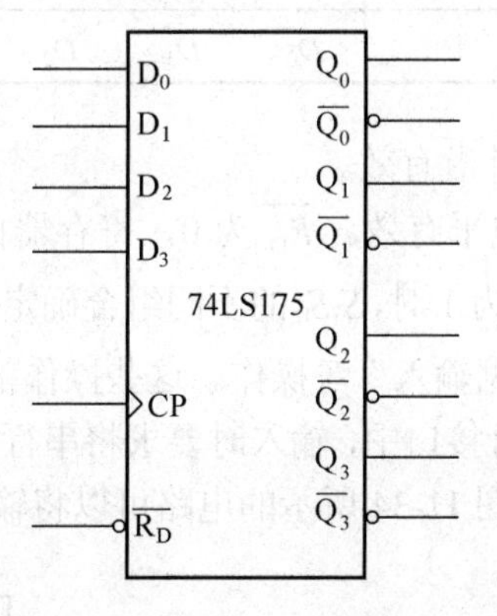

图 11-32　74LS175 的逻辑符号

表 11-12　74LS175 的功能表

$\overline{R_D}$	CP	Q_3	Q_2	Q_1	Q_0	功能
0	×	0	0	0	0	清 0
1	↑	D_3	D_2	D_1	D_0	锁存
1	0	Q_3	Q_2	Q_1	Q_0	保持
1	1	Q_3	Q_2	Q_1	Q_0	保持

芯片 74LS75、74LS175 既能作为 4 位寄存器，也能当作单个的 D 触发器使用。

74LS194 为 4 位双向移位寄存器，除了代码存储功能之外，还可以进行移位操作。其逻辑符号和功能表见图 11-33 和表 11-13。

图中，D_{IL} 为左移串行数据输入端，$D_0D_1D_2D_3$ 为并行数据输入端，D_{IR} 为右移串行数据输入端，$Q_0Q_1Q_2Q_3$ 为寄存器状态并行输出端。

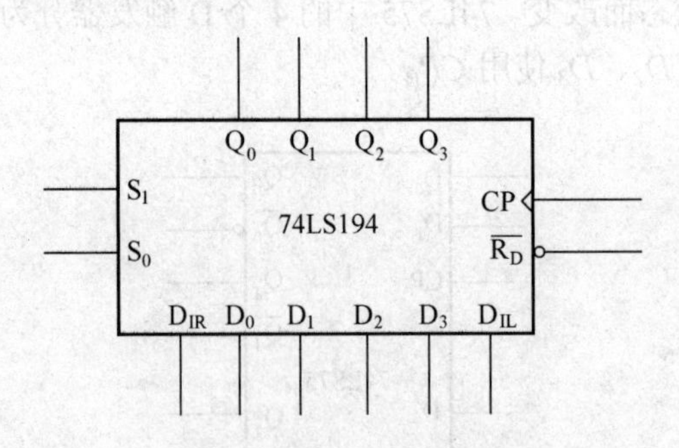

图 11-33　74LS194 的逻辑符号

表 11-13　74LS194 的功能表

$\overline{R_D}$	S_1S_0	CP	Q_0	Q_1	Q_2	Q_3	功能
0	××	×	0	0	0	0	清 0
1	0 0	↑	Q_0	Q_1	Q_2	Q_3	保持
1	0 1	↑	D_{IR}	Q_0	Q_1	Q_2	右移
1	1 0	↑	Q_1	Q_2	Q_3	D_{IL}	左移
1	1 1	↑	D_0	D_1	D_2	D_3	并行数据输入

CP 为时钟信号输入端，上升沿有效。

$\overline{R_D}$ 为“异步清 0”端，低电平有效。$\overline{R_D}$ 为 0，寄存器内容被无条件清 0。

S_1S_0 为工作方式控制端。$\overline{R_D}$ 为 1 时，S_1S_0 的不同组合确定 74LS194 实现数据的“保持”、“数据左移”、“数据右移”、“并行数据输入”等操作。这些操作都在时钟信号 CP 的上升沿进行。

例 11-11　数字系统中的串行接口中，输入时要求将串行数据转换成并行数据，输出时要求将并行数据转换成串行数据。如图 11-34 所示的电路可以将输入的串行数据转换成并行数据。

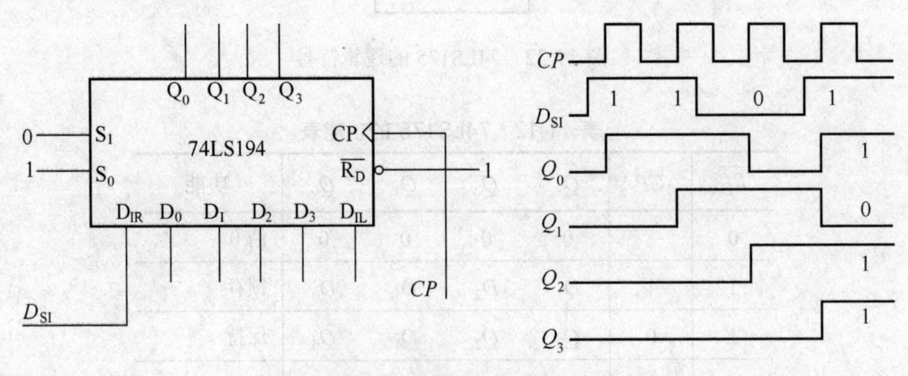

图 11-34　串行数据转换成并行数据

图中，$\overline{R_D}$=1，S_1S_0=01，移位寄存器作右移操作，串行数据由 D_{IR} 端输入。4 个 CP 脉冲后，D_{IR} 端输入的 4 位串行数据“1101”被转换成并行数据，由 $Q_0Q_1Q_2Q_3$ 输出。

例 11-12　用移位寄存器构成环形计数器。

按图 11-35 将移位寄存器首尾相连，令 D_0=Q_3，那么在连续的 CP 脉冲作用下，寄存器中的数据将作循环右移，这样就构成环形计数器。

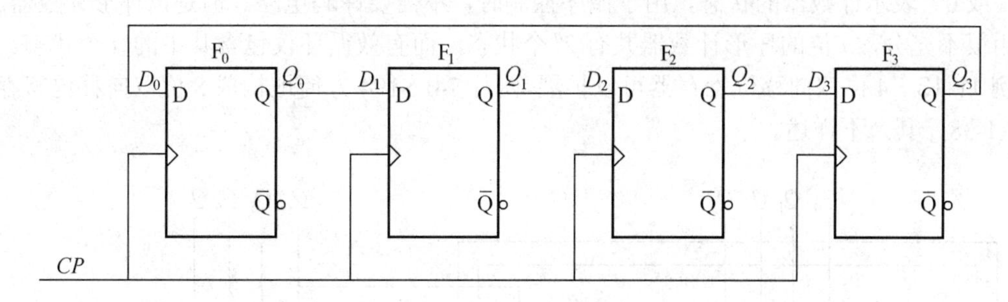

图 11-35　环形计数器

例如，电路的初始状态为 $Q_0Q_1Q_2Q_3$=1000，则连续的时钟脉冲使电路状态按 1000→0100→0010→0001→1000 循环。这里可以用不同的状态记录输入脉冲的数目，该电路就是一个计数器。

根据移位寄存器的功能特点，设定初态即可写出次态，因而可以直接写出电路的状态转换图如图 11-36 所示。

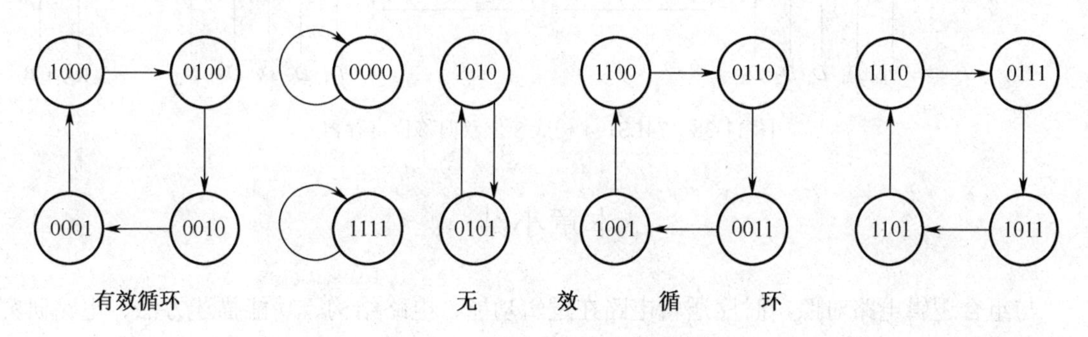

图 11-36　例 11-12 的状态转换图

图中，若取 1000、0100、0010、0001 的状态循环为有效循环，则电路的其余状态存在几种无效循环。电路一旦进入无效循环，无法自动回到有效循环，该电路不能实现自启动。为使电路能够正常工作，必须先给电路输入一个有效状态。

将图 11-35 的电路简单修改即可实现自启动，见图 11-37。只有 $Q_2Q_1Q_0$=000 时，才能输入 D_0=1，否则就输入 D_0=0。这样，总可以保证不超过 3 个时钟周期，电路就可以进入有效状态。

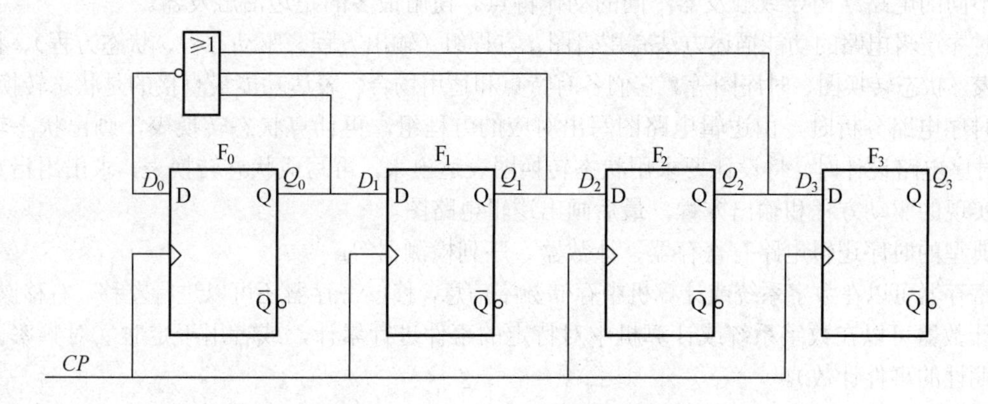

图 11-37　能自启动的环形计数器

环形计数器电路结构简单，若有效状态仅包含一个 1（或 0），可以直接用触发器输出的 1 状态（或 0）表示计数器的状态，用于循序控制时，不需要译码电路。但是，环形计数器的状态利用很不充分，n 位的环形计数器共有 2^n 个状态，而有效循环仅包含其中的 n 个状态。

例 11-13 4 位双向移位寄存器可以扩展，两片 74LS194 方便地构成 8 位双向移位寄存器。见图 11-38，其余不详述。

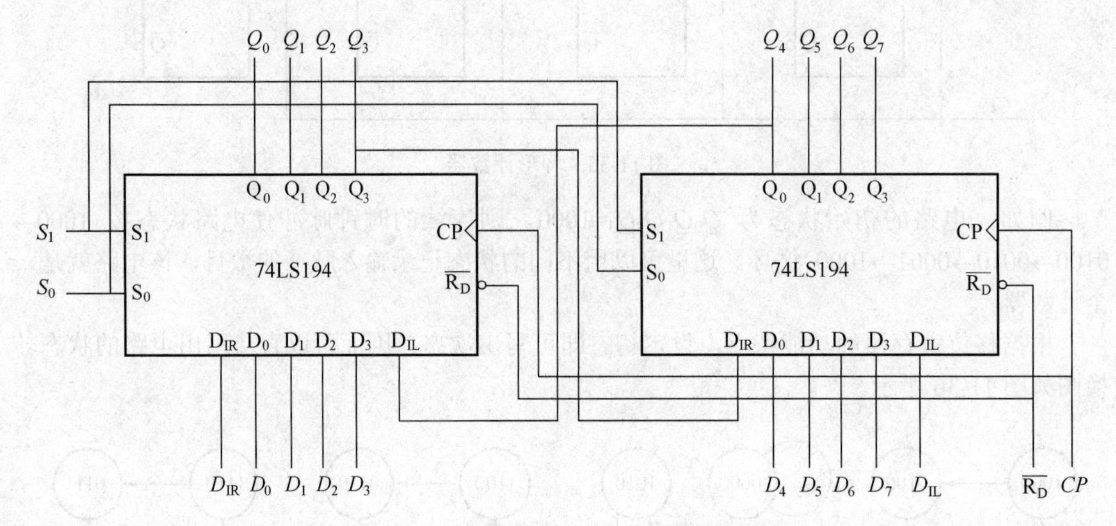

图 11-38　74LS194 构成 8 位双向移位寄存器

本章小结

与组合逻辑电路对照，时序逻辑电路在逻辑功能、电路结构、功能描述方法、电路研究方法上都有较大的不同。

时序逻辑电路在任何时刻的输出不仅取决于当时的输入信号，还与电路原来的状态有关。

时序逻辑电路由组合电路和存储部件组成，组合电路可繁可简，但存储部件不可缺少。

同步时序逻辑电路使用的存储单元为触发器。

按逻辑功能分类有 RS 触发器、D 触发器、JK 触发器、T 触发器、T 触发器，它们根据不同的输入信号可以进行“清 0”、“置 1”、“保持”、“翻转”等逻辑操作。

按触发器的电路结构分类有基本 RS 触发器、同步触发器、主从触发器、维持阻塞触发器等，不同的电路结构导致触发器不同的动作特点。使用最多的是边沿触发器。

时序逻辑电路的功能描述方法有逻辑图、方程组（输出方程、驱动方程、状态方程）、状态转换表、状态转换图、时序图等。它们各有特点和适用场合。表达功能最直接的是状态转换图。

时序电路分析时，由逻辑电路图写出对应的方程组，再计算状态转换表，画出状态转换图。时序电路设计时，将设计要求用状态转换图表达出来，再写成状态转换表，求出用指定触发器实现的驱动方程和输出方程，最后画出逻辑电路图。

典型的时序逻辑电路有寄存器、计数器、序列检测器等。

寄存器可以在数字系统或计算机中存储数字信息，移位寄存器还可以进行左移、右移操作。

计数器可以在数字系统或计算机中对特定的事件进行累计，或者用于定时（对频率已知的周期性的事件计数）。

本章知识逻辑线索图

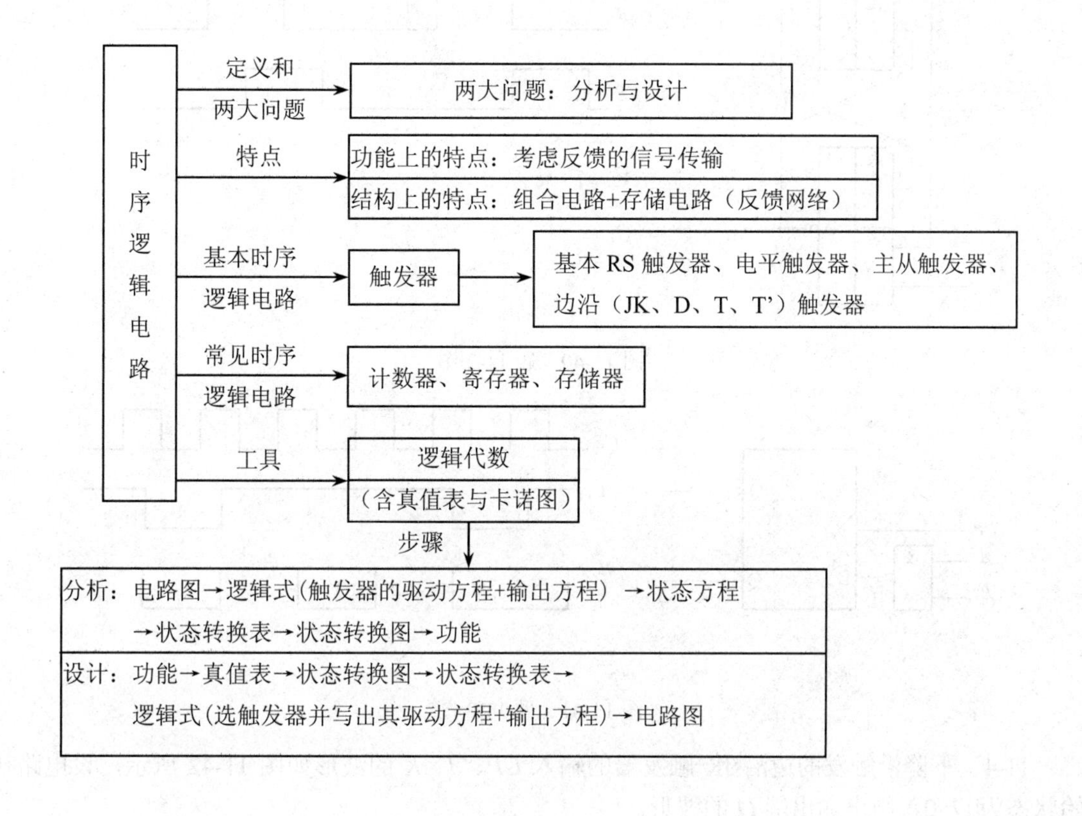

习题 11

11-1　在图 11-39 中，已知由与非门组成的基本 RS 触发器输入信号 $\overline{R}_d$ 、$\overline{S}_d$ 的电压波形，画出触发器输出 Q、$\overline{Q}$ 的波形。

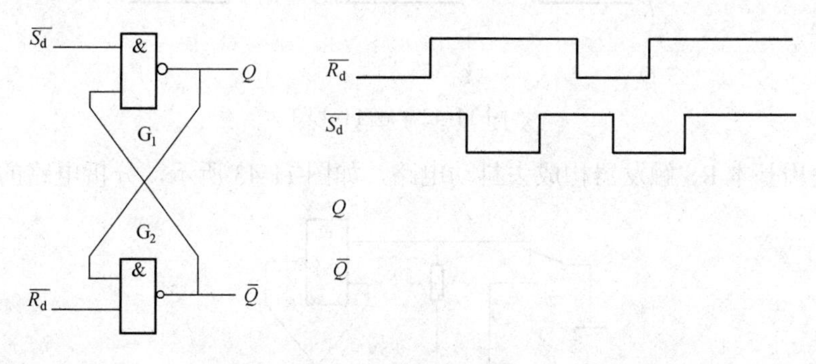

图 11-39　题 11-1 图

11-2　在图 11-40 中，已知输入信号 R、S 的电压波形，设电路初始状态为 $Q = 0$，画出触发器输出 Q、$\overline{Q}$ 的波形。

11-3　在图 11-41 中，已知输入信号 CP、A、B 的电压波形，设电路初始状态为 Q=0，画出 D 触发器输出端 Q 的波形。

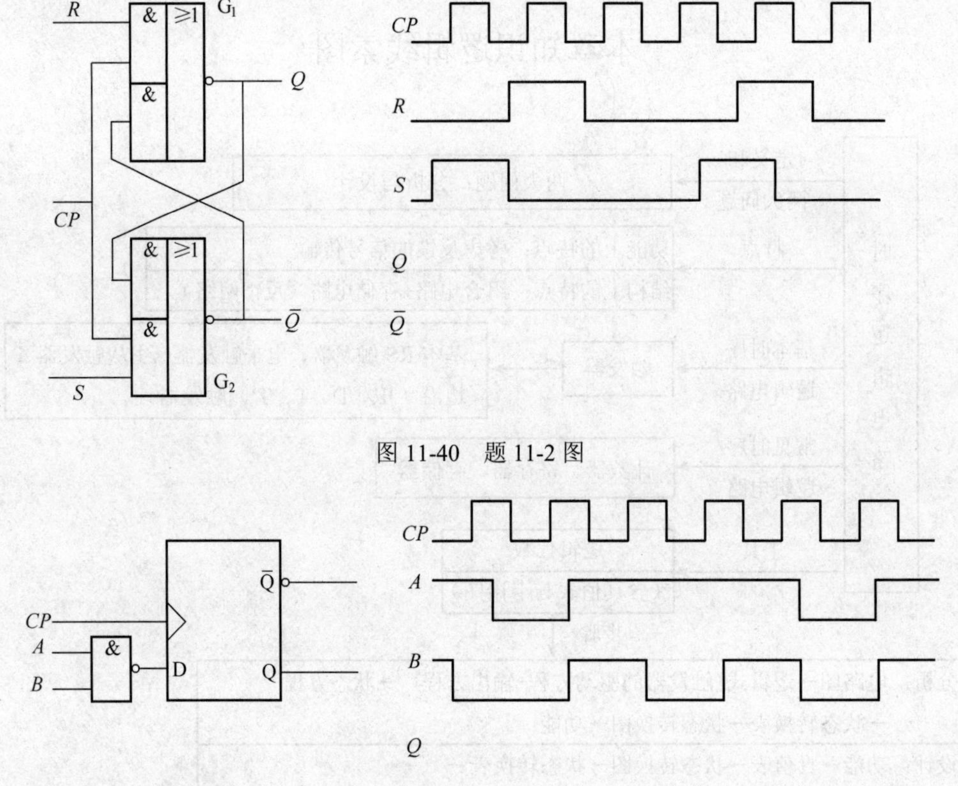

图 11-40　题 11-2 图

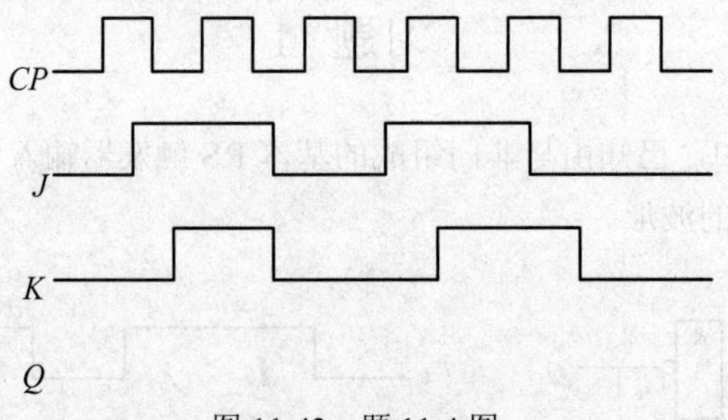

图 11-41　题 11-3 图

11-4　下降沿触发的边沿 JK 触发器的输入 CP、J、K 的波形如图 11-42 所示，设电路初始状态为 Q=0，画出输出端 Q 的波形。

图 11-42　题 11-4 图

11-5　使用基本 RS 触发器构成去抖动电路，如图 11-43 所示，分析电路的工作原理。

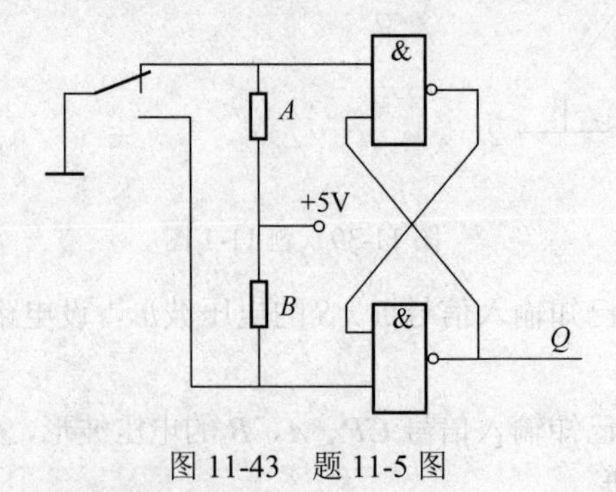

图 11-43　题 11-5 图

11-6　下降沿触发的 JK 触发器组成的电路和电路的输入波形如图 11-44 所示，设电路初始状态为 Q=0，画出输出端 Q 的波形。

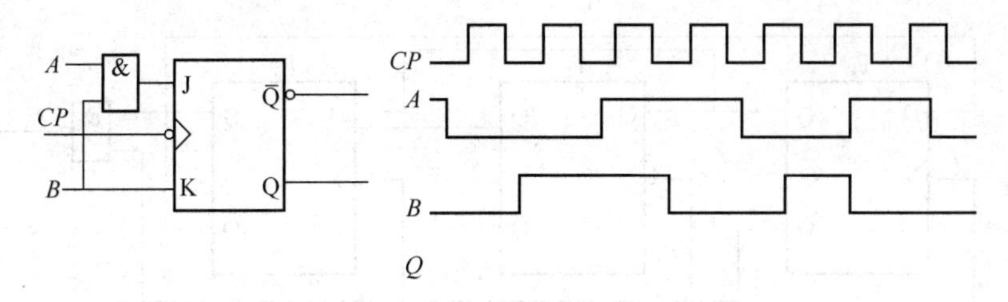

图 11-44　题 11-6 图

11-7　边沿触发的 D 触发器组成的电路如图 11-45 所示，设初始状态为 Q_1Q_2=00，画出在时钟 CP 的作用下 Q_1、Q_2 的波形。

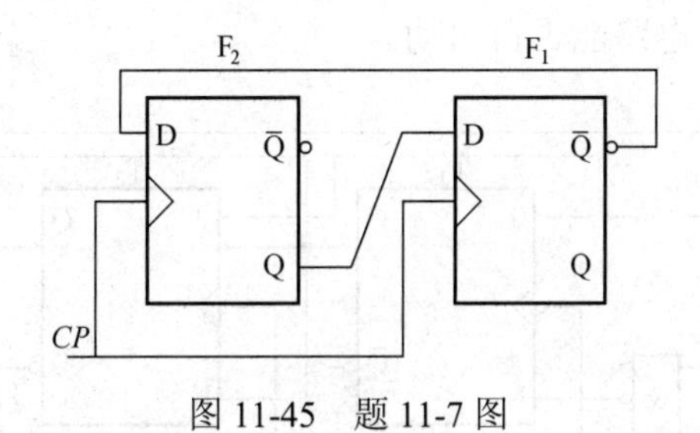

图 11-45　题 11-7 图

11-8　边沿触发的 JK 触发器组成的电路和输入波形如图 11-46 所示，设初始状态为 Q_1Q_2=00，画出在时钟 CP 的作用下 Q_1，Q_2 的波形。

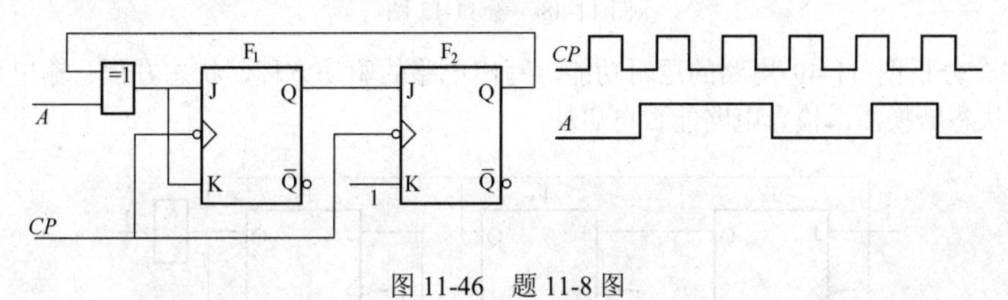

图 11-46　题 11-8 图

11-9　已知某触发器的特性方程为：$Q^{n+1}=(\bar{X}+\bar{Y})\bar{Q}+(X+Y)Q$，试画出其状态转换表及状态转换图。

11-10　已知某触发器的特性表如表 11-14 所示，试画出其状态转换图，写出特性方程。

表 11-14　某触发器的特性表

Q	X	Y	Q^{n+1}
0	0	0	0
0	0	1	1
0	1	0	0
0	1	1	1
1	0	0	0
1	0	1	0
1	1	0	1
1	1	1	1

11-11 分析图 11-47 所示电路的逻辑功能，写出电路的驱动方程、状态方程、输出方程，画出电路的状态转换图，检查电路能否自启动。

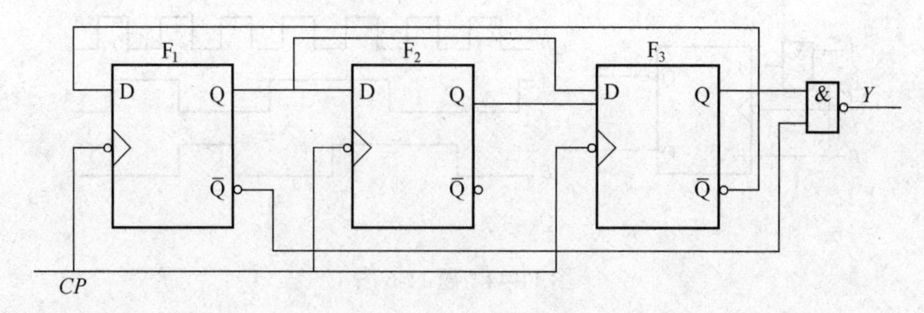

图 11-47 题 11-11 图

11-12 分析图 11-48 电路的逻辑功能，写出电路的驱动方程、状态方程、输出方程，画出电路的状态转换图，检查电路能否自启动。

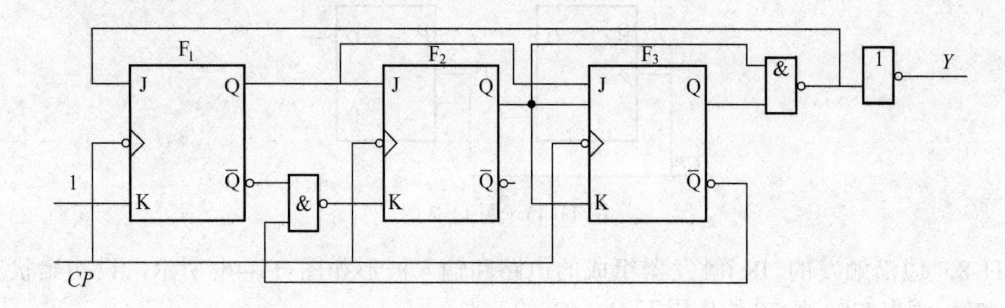

图 11-48 题 11-12 图

11-13 分析图 11-49 电路的逻辑功能，写出电路的驱动方程、状态方程、输出方程，画出电路的状态转换图，检查电路能否自启动。

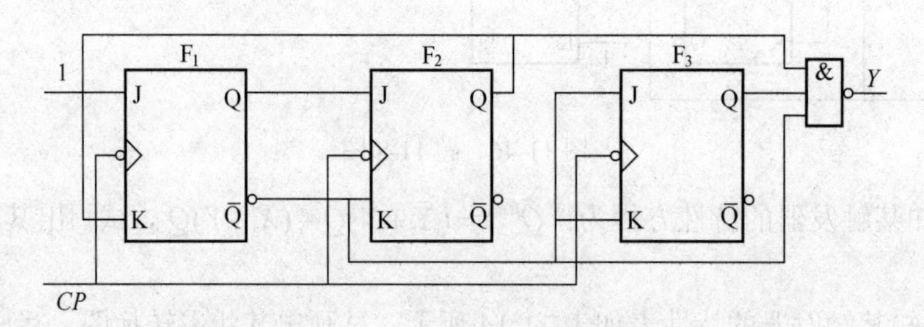

图 11-49 题 11-13 图

11-14 图 11-50 为扭环计数器，写出电路的驱动方程、状态方程，画出电路的状态转换图，检查电路能否自启动。

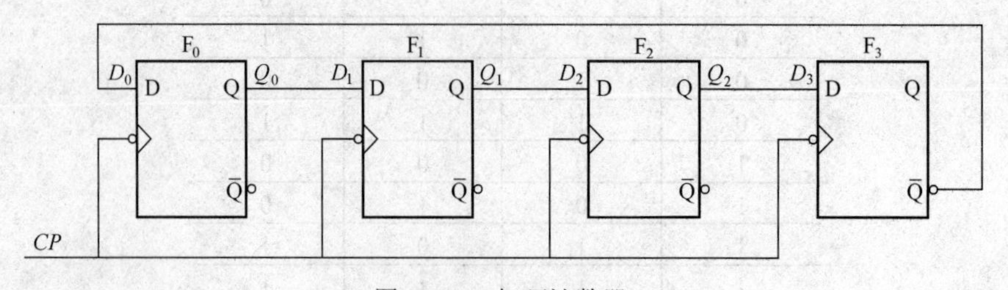

图 11-50 扭环计数器

11-15　图 11-51 是一个自启动扭环计数器，写出电路的驱动方程、状态方程，画出电路的状态转换图。

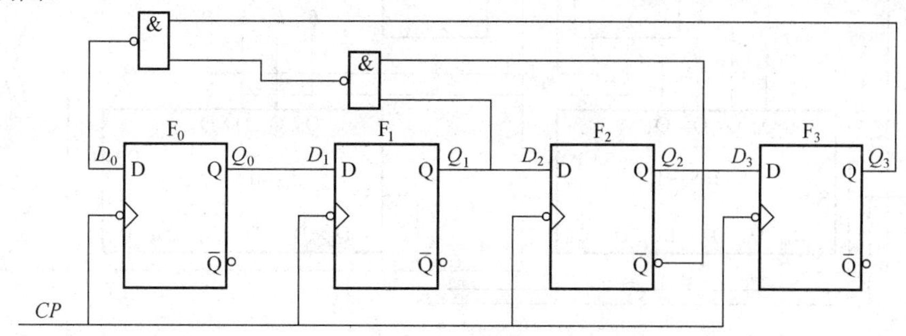

图 11-51　能自启动的扭环计数器

11-16　用两片 74LS161 构成 8 位二进制计数器，画出电路图，说明电路中输入/输出信号的功能。

11-17　分析图 11-52 的计数器电路，画出状态转换图，说明是几进制的计数器。

11-18　图 11-52 中，若将 $\overline{R}_D$ 、$\overline{LD}$ 的输入信号相互交换，情况如何？画出状态转换图。

11-19　设计一个数字计时器，用七段数码管显示当前时间，时间范围为 0 时 0 分到 23 时 59 分。提供 1Hz 的输入信号，使用器件自选。

11-20　设计一个电路，将 8 位二进制数由并行数据转换成串行数据。并说明电路的使用方法（参考题 11-12 和题 11-14）。

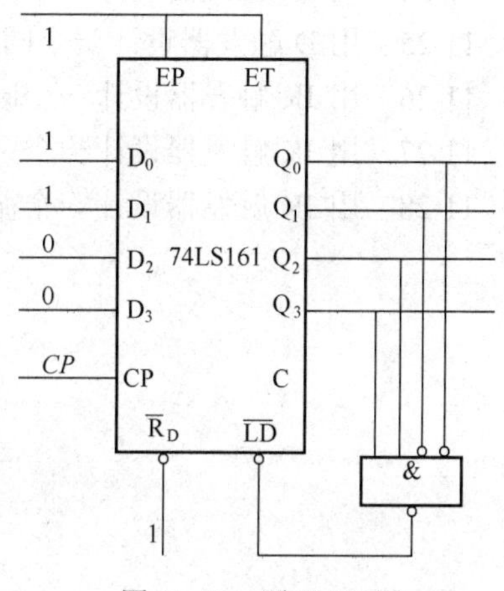

图 11-52　题 11-17 图

11-21　画出图 11-38 所示电路的状态转换图。

11-22　图 11-53 中，设 GATEx=1、C/Tx#=1，定时/计数器对什么信号计数？此时的工作方式是定时还是计数？定时计数器启动的条件是什么？

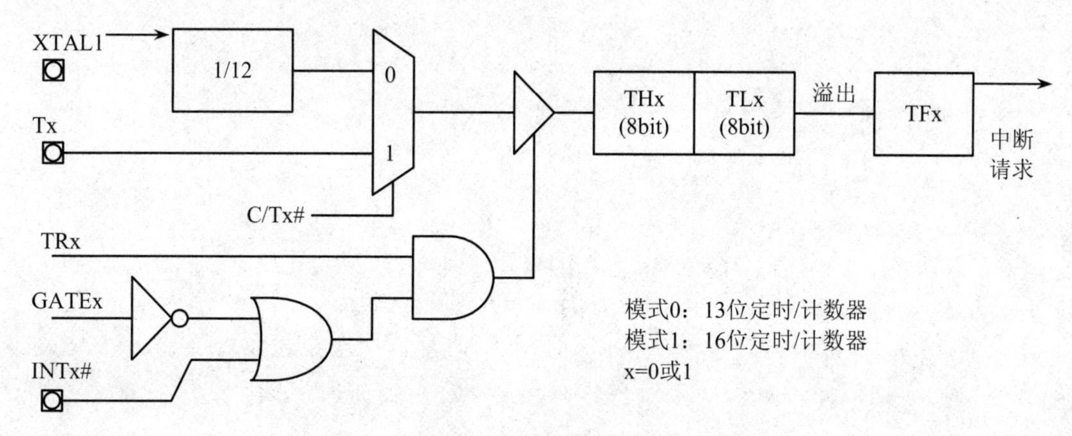

图 11-53　题 11-22 图

11-23　在图 11-54 中，移位寄存器 74LS194 中的初始数据分别为 $A_3A_2A_1A_0$=1010，$B_3B_2B_1B_0$=0011。经过了 4 个 CP 脉冲作用以后，两个寄存器的数据内容如何？这个电路完成什么功能？

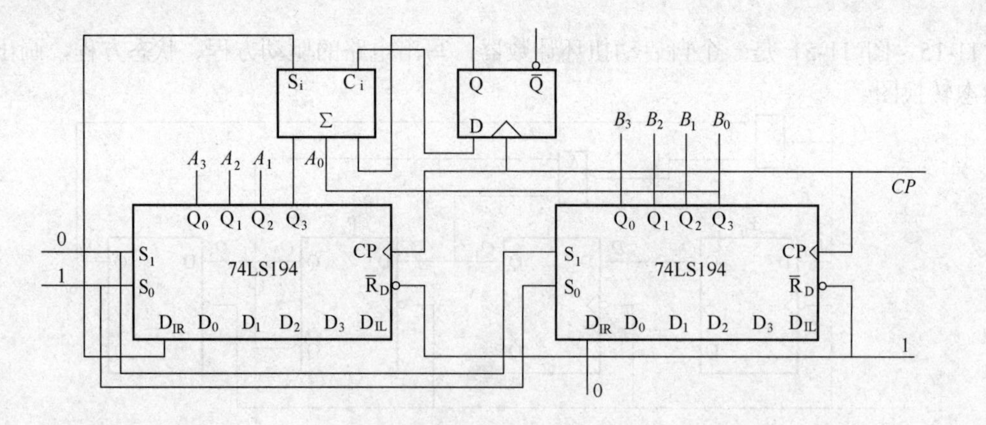

图 11-54 题 11-23 图

11-24 用 JK 触发器设计一个同步五进制计数器，并检查电路能否自启动。

11-25 用 D 触发器设计一个同步六进制计数器，并检查电路能否自启动。

11-26 用 JK 触发器设计一个同步 11 进制计数器，并检查电路能否自启动。

11-27 用 JK 触发器设计一个余 3 码计数器，并检查电路能否自启动。

11-28 用 JK 触发器设计一个循环码计数器，并检查电路能否自启动。

第 12 章　数字信息采集与处理

数字电子计算机及数字控制系统已应用于通信、控制、测量仪表、医疗设备和家用电器等各个技术领域。这些应用都需要对许多参量进行采集、处理和控制。这些参量往往是一些在时间上连续变化的物理量，通常称为模拟量。这些模拟信号通过传感器采集，并经过 A/D 转换器及其他辅助电路转换成计算机及数字系统可以处理的数字信号。

数字信号采集基本单元包含多路转换单元、采样保持单元、模数转换单元、数据输出单元四大部分。

12.1　多路转换单元

在实时控制和实时数据处理系统中，要求同时测量或控制几路甚至几十路信息。常使用公共的一个 A/D、D/A 转换电路，这样，就要求设法解决多个回路和 A/D、D/A 转换器之间的切换问题。通常采用的方法有：多路选择器（从多个输入中选择一个输出）和多路分配器（从多个输出中选择一个来输入信息）。

12.1.1　多路选择器

多路选择器又称数据选择器或多路调制器或多路开关，它在选择控制信号作用下，能从多个输入中选择一个信息送至输出端。第 10 章组合电路中已讨论过四选一电路。多路选择器是目前数字逻辑电路设计中最流行的通用中规模集成电路组件。其示意图如图 12-1 所示。

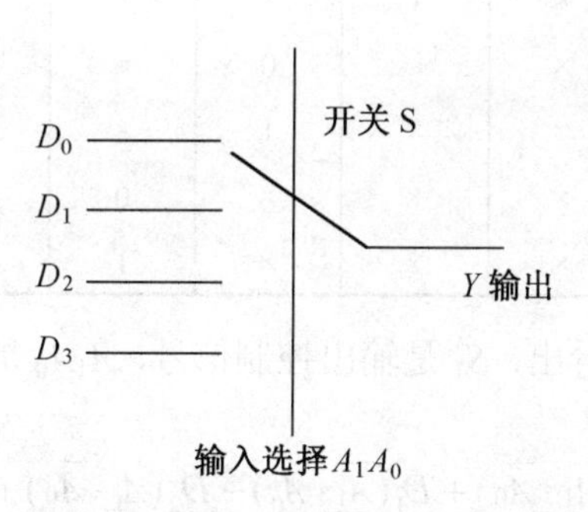

图 12-1　四选一多路选择器示意图

从图 12-1 可以看出，有四个输入信息 D_3、D_2、D_1、D_0，一个输出 Y。输入选择信号控制开关 S 接通的位置，对应的输入信息被选中送至输出。当输入选择信号 A_1A_0=00 时，选择 D_0 输出；A_1A_0= 01 时，选择 D_1 输出；A_1A_0 =10 时，选择 D_2 输出；A_1A_0 =11 时，选择 D_3 输出。

多路选择器按其电路结构，可以分为由门电路阵列和由集成电路构成的多路选择器两种。按功能可以分为十六选一、八选一（双八选一）、双四选一、4×2 二选一等多路选择器，按输出类型又可分为三态或二态多路选择器。

（1）与或门构成多路选择器。由与或门和非门构成的多路选择器的逻辑图如图 12-2 所示。表 12-1 为该电路的功能表，表中符号“×”表示“0”或“1”电平均可。

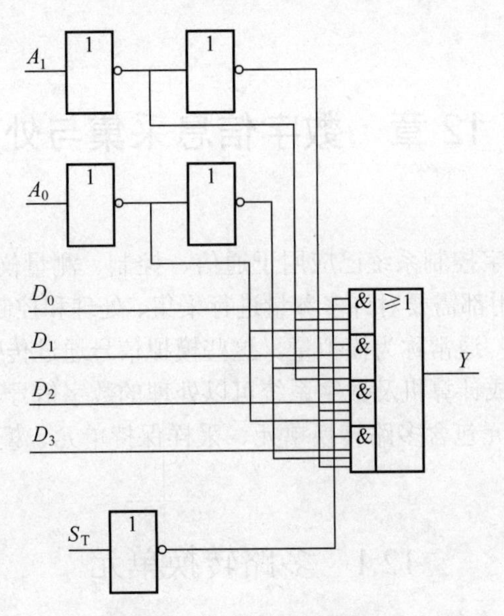

图 12-2　多路选择器逻辑图

表 12-1　多路选择器功能表

输入							输出
A_1	A_0	D_0	D_1	D_2	D_3	S_T	Y
×	×	×	×	×	×	1	0
0	0	0	×	×	×	0	0
0	0	1	×	×	×	0	1
0	1	×	0	×	×	0	0
0	1	×	1	×	×	0	1
1	0	×	×	0	×	0	0
1	0	×	×	1	×	0	1
1	1	×	×	×	0	0	0
1	1	×	×	×	1	0	1

从表 12-1 和图 12-2 可以看出，S_T 是输出控制信号，A_1A_0 是输入信号选择控制信号。数据输出 Y 的逻辑表达式为：

$$Y=\overline{S}_T(D_0(\overline{A_1}\cdot\overline{A_0})+D_1(\overline{A_1}\cdot A_0)+D_2(A_1\cdot\overline{A_0})+D_3(A_1\cdot A_0))$$

当 $S_T=0$ 时，若选择输入 $A_1A_0=00$ 时，$Y=D_0$；$A_1A_0=01$ 时，$Y=D_1$；$A_1A_0=10$ 时，$Y=D_2$；$A_1A_0=11$ 时，$Y=D_3$。当 $S_T=1$ 时，Y 恒为 0。

（2）集成电路多路选择器。集成电路多路选择器的用途很广，除了在选择输入信号控制下，从多个输入数据中选择一个作为输出数据的这样一种基本用途外，它还可以设计成数码比较电路及函数发生器。

图 12-3 给出了利用 74LS151 集成电路多路选择器构成的输入变量的异或函数发生器。D_0～D_7 为输入数据，$A_2A_1A_0$ 为输入数据选择信号，S_T 为输出控制信号，Y 和 W 为输出端且互为反相。

74LS151 的功能表如表 12-2 所示，表中符号“×”表示为任意电平。

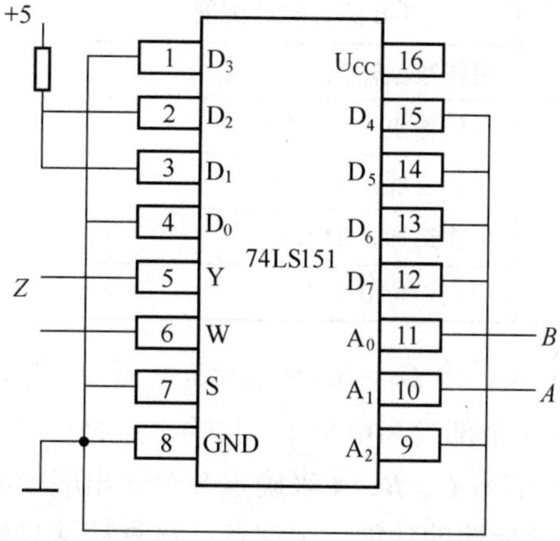

图 12-3　用 74LS151 实现 $Z=\overline{A}B+A\overline{B}$ 接线图

表 12-2　74LS151 逻辑功能表

输入				输出	
选择			选通	Y	W
A_2	A_1	A_0	S_T		
×	×	×	1	0	1
0	0	0	0	D_0	$\overline{D_0}$
0	0	1	0	D_1	$\overline{D_1}$
0	1	0	0	D_2	$\overline{D_2}$
0	1	1	0	D_3	$\overline{D_3}$
1	0	0	0	D_4	$\overline{D_4}$
1	0	1	0	D_5	$\overline{D_5}$
1	1	0	0	D_6	$\overline{D_6}$
1	1	1	0	D_7	$\overline{D_7}$

由表 12-2 可知，当选通输入端 S_T 为 1 时，输入选择信号 $A_2A_1A_0$ 不起作用，使 $Y=0$ 和 $W=1$。当 $S=0$ 时，根据 $A_2A_1A_0$ 排列组合，输出端 Y 只输出由 $A_2A_1A_0$ 选中的某个输入数据，而此时 $W=\overline{Y}$。这是多路选择器的最常见用法。

由图 12-3 的接线可以看出，为了实现 $Z=\overline{A}B+A\overline{B}=A\oplus B$，将 A_2、S_T、D_0、D_3～D_7 等输入端置 0，将 D_1、D_2 输入端置 1，将输入 A、B 分别接至输入选择端 A_1、A_0。参照表 12-2 可以得出：

$A=0$、$B=0$ 时，$Z=Y=D_0=0$;

$A=0$、$B=1$ 时，$Z=Y=D_1=1$;

$A=1$、$B=0$ 时，$Z=Y=D_2=1$;

$A=1$、$B=1$ 时，$Z=Y=D_3=0$。

这样，输出 Z 与输入 A、B 满足异或逻辑关系。

12.1.2　多路分配器

多路分配器的功能和多路选择器恰好相反，多路分配器也称数据分配器或多路解调器，其功能是在数据传输过程中，由选择控制信号给出“地址”，将一个输入信息送至多个输出端中的一个。其示意图如图 12-4 所示。

从图 12-4 可以看出，有一个输入端 D，四个输出端 Y_3、Y_2、Y_1、Y_0。当输出选择信号 A_1A_0=00 时，D 接至输出 Y_0；A_1A_0=01 时，D 接至输出 Y_1；A_1A_0=10 时，D 接至输出 Y_2；A_1A_0=11 时，D 接至输出 Y_3。

同样，分配器按其电路结构可以分为由门电路阵列或由集成电路构成的分配器。按功能可以分为 4-16、4-10、BCD-十进制、3-8、双 2-4 分配器等。按输出类型又可分为 OC 门或非 OC 门分配器。

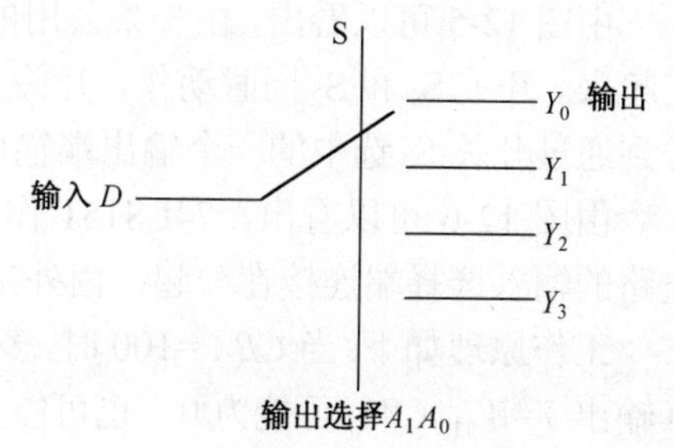

图 12-4　多路分配器示意图

（1）1-8 路数据分配器。在第 10 章中讲过 74LS138 用作 3-8 线译码器，这里还可以利用 74LS138 作为 1-8 路多路分配器。

74LS138 作为译码器和 1-8 路数据分配器两种应用的比较，如表 12-3 所示。

表 12-3 74LS138 两种应用的比较

信号	3-8 译码器	1-8 路数据分配器
Y_0～Y_7	用作译码输出	用作数据输出
$A\ B\ C$	用作译码输入	用作输出选择（即地址）
G_1	用作选通，输入 1	用作选通，输入 1
G_{2A}	用作选通，输入 0	用作选通，输入 0
G_{2B}	用作选通，输入 0	用作一位 0 数据输入

当 74LS138 作为 1-8 路数据分配器时，在表 10-6 中，令 $G_1=S_1$，$G_{2A}=\overline{S_2}$，$G_{2B}=\overline{S_3}$，则允许输入端 G_{2B} 输入数据 $D=1$ 时，所有输出端 Y_0～Y_7 全部为高电平 1，与输出选择信号 C、B、A 无关。只有当输入数据 $D=0$ 时，才由输出选择信号 C、B、A 来确定 8 个输出端中的某一个输出端，将 $D=0$ 的信息输出，实现 1-8 路数据分配器的功能。请注意，这种接法只能将输入为 0 的数据分配到 8 路输出中的一路。

若将输入为 1 的数据分配到 8 路输出中的一路，应用 G_1 作选通信号。

（2）多路信号分时传送。在数据分配中，是把一个数据有选择地传送到多路输出中的某一路去。此外，还可以将多路选择器与数据分配器结合起来，实现多路信号的分时传送。多路信号分时传送的示意图如图 12-5 所示。

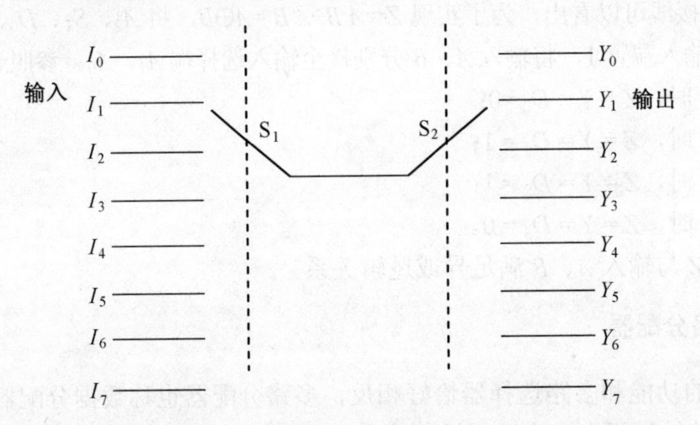

图 12-5 多路信号分时传送电路示意图

由图 12-5 可以看出，由一条公用的信号线，通过开关 S_1 和 S_2 将 8 个输入端和 8 个输出端连起来。开关 S_1 和 S_2 同时动作，开关 S_1 选择 8 个输入信号中的一个，将选中的一路输入信号送到通过开关 S_2 选中的一个输出端输出。多路信号分时传送电路如图 12-6 所示。

由图 12-6 可以看出，74LS151 作为多路选择器，74LS138 作为多路分配器，将两块集成电路的输入选择端连接在一起，由外接控制信号来同时选择输入信号和输出通道。

工作原理如下：当 CBA =100 时，多路选择器 74LS151 选中的是输入端 D_4 的输入信号 W_{41}，其输出 Y=W_{41}（W_{41} 可能为 0，也可能为 1）；同时，作为多路分配器的 74LS138，选中输出端 Y_4 输出信号（因两芯片的选择端 CBA 是并联的），这时只有 Y_4 输出为 0，其余输出为 1。这只有 $G_{2A}=0$、$G_{2B}=0$（即 74LS151 的输出 $Y=0$）时，才能实现。其原因见本书 3-8 译码器。

图 12-6 所示的多路信号分时传送电路的特点是：通过输入选择端 C、B、A 的控制，可以将分配器 74LS151 选中的输入低电平 0 信号，经过选择器 74LS138 选中的输出端输出；选择

器 74LS138 对分配器 74LS151 选中的输入高电平 1 信号不能传送。若要传送此信号，须将 74LS151 输出端 Y 改接 74LS138 的 G_1 端（6 脚）。

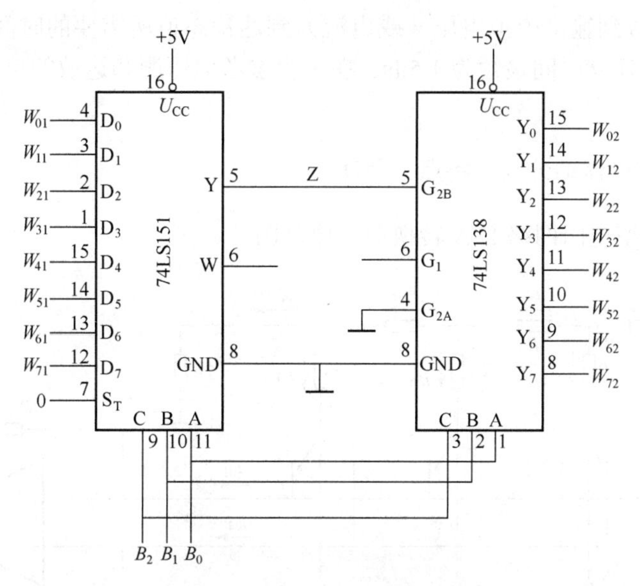

图 12-6　多路信号分时传送电路

12.2　D/A 转换器

将数字信号转换为模拟信号称为数-模转换。数-模转换单元（D/A）即是将时间上不连续的二进制数字量序列转换成时间上幅度连续变化的模拟量的电路，又称数-模转换器（DAC），有时也称解码器。

12.2.1　转换器的基本原理

1. D/A 转换器（DAC）的转换特性

D/A 转换器的转换特性是指其输出模拟量与输入数字量之间的转换关系。理想的 DAC 转换特性应是输出模拟量与输入数字量成正比。即：输出模拟电压 $u_0=K_V\times X$ 或输出模拟电流 $i_0=K_i\times X$。其中，K_V 或 K_i 为电压或电流转换比例系数；X 为输入二进制数所代表的十进制数，若输入为 n 位二进制数，则

$$X=\sum_{i=0}^{n-1}X_i\times 2^i$$

2. 分辨率

DAC 电路所能分辨的最小电压（此时输入的数字代码只有最低有效位为 1，其余各位是 0）与最大输出电压（此时输入数字代码所有各位是 1）之比称为分辨率，它是 DAC 的重要参数之一。例如 n 位 D/A 转换器的分辨率为

$$U_{LSE}/U_{MAX}=1/(2^n-1)$$

其中，U_{LSE} 为最小输出电压，U_{MAX} 为最大输出电压；n 为输入数字量的位数。

由上式可知，分辨率的大小仅决定于输入二进制数字量的位数，因此通常由 DAC 的位数 n 来表示分辨率。当输出模拟电压的最大值一定时，DAC 输入二进制数字量的位数 n 越多，

U_{LSE}越小，即分辨率能力越高。

3. 输出建立时间

从输入数字信号到输出模拟电压（或电流）到达稳态值所需要的时间，称为输出建立时间。目前单片 DAC 建立时间最短为 1.5μs。在不含参考电压源和运放的单片 DAC 中，可短至 0.1μs 以下。

12.2.2 D/A 转换器的分类、特点、用途

图 12-7 是倒 T 型电阻网络 D/A 转换器的原理图。

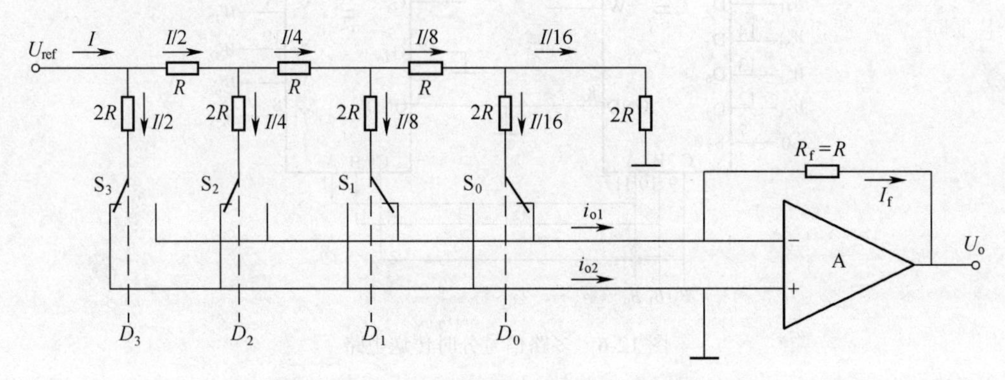

图 12-7 倒 T 型电阻网络的转换原理图

由图 12-7 可以看出，此 DAC 由 R、$2R$ 两种阻值的电阻构成的倒 T 型电阻网络、模拟开关、运算放大电器组成。应用运放虚地的概念，可知所有开关 S_i 下端均接地，组成一个特殊的网络，即每个节点处以左的等效电阻均为 $2R$。由上分析可知，从基准器电压 U_{ref} 输出的总电流是固定的，即 $I = U_{ref}/R$。

电流 I 每经一个节点，等分为两路输出，流过每一支路 $2R$ 的电流依次为 $I/2$、$I/4$、$I/8$ 和 $I/16$。当输入数码 D_i 为高电平时（S_i 接运算放大器输入端，记为"1"），则该支路 $2R$ 中的电流流入运算放大器的反相输入端，当 D_i 为低电平时（S_i 接地，记为"0"），则该支路 $2R$ 中的电流短路到地。因此输出电流 i_{o1} 和各支路电流的关系为（下式中 D_i 不是"0"，就是"1"）

$$i_{o1} = \frac{I}{2} \times D_3 + \frac{I}{4} \times D_2 + \frac{I}{8} \times D_1 + \frac{I}{16} \times D_0$$

$$= \frac{U_{ref}}{R} \times \frac{2^0 \times D_0 + 2^1 \times D_1 + 2^2 \times D_2 + 2^3 \times D_3}{2^4} = \frac{U_{ref}}{2^4 R} \times \sum_{i=0}^{3} 2^i \times D_i$$

由于

$$i_f = i_{o1}$$

所以

$$u_o = -i_{o1} \times R_f = -\frac{U_{ref}}{2^4} \times \sum_{i=0}^{3} 2^i \times D_i$$

当输入为 n 位数字信号时

$$u_o = -\frac{U_{ref}}{2^n} \times \sum_{i=0}^{n-1} 2^i \times D_i$$

倒 T 型电阻网络 D/A 转换器的特点是：模拟电子开关 S_i 不管处于何处，流过各支路 $2R$ 电阻中的电流总是近似恒定值；另外该 D/A 转换器只采用了 R、$2R$ 两种阻值的电阻，故在集

成芯片中应用最为广泛，是目前 D/A 转换器中转换速度最快的一种。

此电路中的电子开关采用 CMOS 管构成，也有采用双极型（BJT）管的。

国产的 5G7520 是一种集成 D/A 转换器，它采用 $n=10$ 的倒 T 型电阻网络和 CMOS 开关。其原理图类似图 12-7。

图 12-8 是 5G7520 中的 CMOS 模拟开关之一，其中 P_1、P_2 和 N_3 组成电平转移电路，使输入信号能与 TTL 电平兼容。P_3、N_4 和 P_4 组成的反相器是模拟开关 N_1 和 N_2 的驱动电路，N_1、N_2 构成单刀双掷开关。当输入端 d_i 为高电平时，P_3、N_4 组成的反相器输出高电平，P_4、N_5 组成的反相器输出低电平，结果使 N_1 截止，N_2 导通将电流引向运放虚地。反之，当输入端 d_i 为低电平时 N_1 导通，N_2 截止，将电流引向地端。

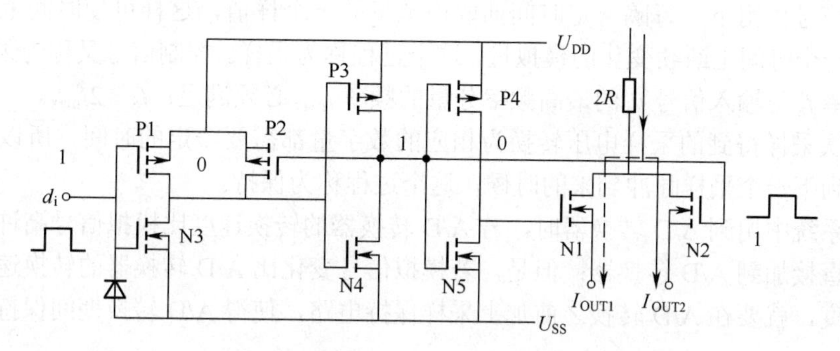

图 12-8　5G7520 的 CMOS 模拟开关电路

12.2.3　D/A 转换器的应用

图 12-9 给出的是 DAC0808 的应用电路图。

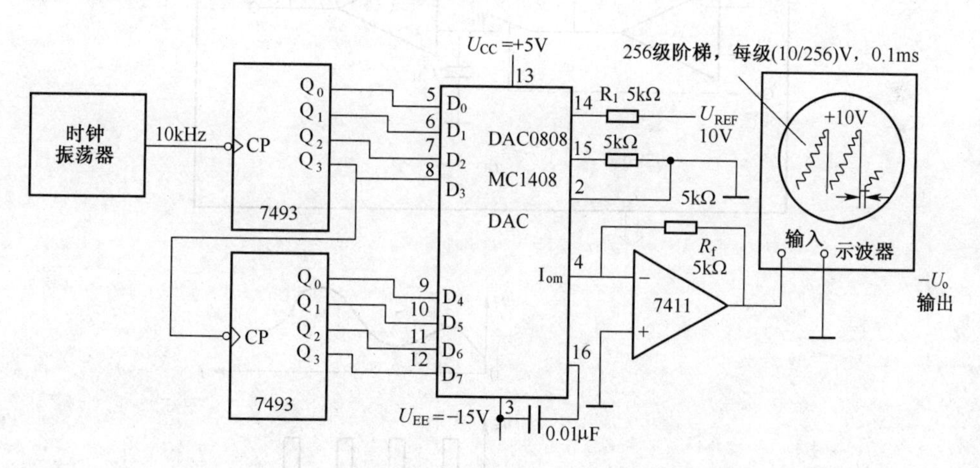

图 12-9　DAC0808 的应用电路

图 12-9 是一个 DAC0808 D/A 转换器八位数字输入、256 级模拟输出的测试电路，电路主要由时钟振荡器、2 个四位计数器 7493、DAC0808 和运算放大器 7411、示波器组成。

在这个电路中，时钟振荡器产生一个 10kHz 的时钟脉冲信号（计数脉冲），示波器用于观察 DAC0808 的模拟电压输出，计数器从 0000 0000 计数到 1111 1111，从而将模拟电压由 0～10V 间分成 $2^n(n=8)=256$ 级，其中每一级的时间宽度为时钟频率的倒数（1/10kHz = 0.1ms），每一级的模拟电压最小变化量（即分辨率）为 10V/256。

12.3 采样保持和模-数转换单元（A/D）

12.3.1 采样保持单元

用计算机处理模拟量时，先对模拟电流或电压进行采样，得到与此电流或电压相对应的离散的模拟信号脉冲序列，然后用模—数转换单元将离散脉冲的电压幅度变为离散的二进制数字序列，这样就完成了模拟量到数字量的转换。把模拟信号转换成数字信号称为 A/D 转换。实现 A/D 转换的电路称为模数转换器（ADC），有时又称为编码器。

在控制信号作用下，每隔一定时间抽取模拟量的一个样值，这样可使时间上连续变化的模拟量变为一个时间上断续变化的模拟量，这个过程称为采样。控制信号又称为采样脉冲。采样脉冲的频率 f_S 与输入信号 u_i 的最高频率分量的频率 f_{max} 必须满足：$f_S \geqslant 2f_{max}$。

由于每次采样得到的采样电压转换为相应的数字量都需要一定的时间，所以每次采样结果必须保持到下一个采样脉冲到来的时候，这个过程称为保持。

在实际系统中用到 A/D 转换器时，若 A/D 转换器的转换速度比模拟信号高许多倍，则模拟信号可以直接加到 A/D 转换器；但是，若模拟信号变化比 A/D 转换器的转换速度快，为了保证转换精度，就要在 A/D 转换之前加上采样保持电路，使得 A/D 转换期间保持输入模拟信号不变。

图 12-10 给出了采样保持电路的原理图和波形图。

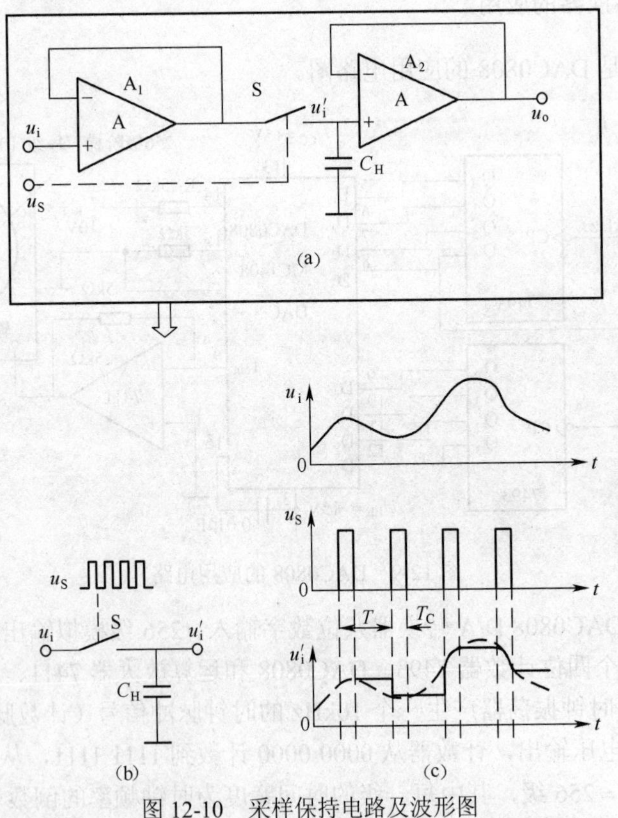

图 12-10 采样保持电路及波形图

（a）电路图；（b）等效电路图；（c）波形图

采样保持电路由输入缓冲放大器 A_1，输出缓冲放大器 A_2，保持电容 C_H 和控制开关 S 组成，两个放大器的增益均为 1。当采样保持电路的开关 S 闭合时，输入放大器（A_1）的输出端给电容快速充电，进行采样。然后进入保持工作方式，此时开关 S 断开，由于运算放大器的输入阻抗很高，所以电容放电而流入 A_2 的电流几乎为 0，这样，电容保持充电时的最终电压值，从而保持电路输出端的电压值维持不变。这就是采样保持电路的采样功能和保持功能。

开关 S 在采样脉冲控制下重复接通、断开。开关 S 接通时，输入模拟电压 $u_i(t)$ 对电容 C 充电，这是采样过程；开关 S 断开时，电容 C 上的电压保持不变，这是保持过程；在保持过程中，采样模拟电压经过 A/D 的数字化编码电路转换成一组 n 位的二进制数输出。随着开关 S 不断地接通、断开，就将输入的模拟电压转换成阶梯信号，每一个阶梯电压值都有一个相应的 n 位的二进制数输出。A/D 转换器转换的精度取决于开关 S 重复接通、断开的次数（即采样脉冲的频率）和编码电路输出的二进制数的位数。采样脉冲频率越高，采样输出的阶梯状模拟电压 $u_i'(t)$ 的轮廓线越接近输入模拟电压 $u_i(t)$ 的波形。数字化编码的二进制数位数越多，采样输出的相邻的阶梯状模拟电压的数字化编码的误差越小。

12.3.2　A/D 转换器及其应用

1. A/D 转换器的分类

A/D 转换器主要由采样保持电路和数字化编码电路组成。A/D 转换器按结构来说主要有两种类型：一种是由 D/A 转换器、计数器及比较器组成，如追踪式 A/D 转换器和逐次逼近型 A/D 转换器；另一种是由比较器、积分器及其他逻辑电路组成，如双积分式 A/D 转换器及并行 A/D 转换器、串并行 A/D 转换器等。按转换的方式来分，有下列几种：

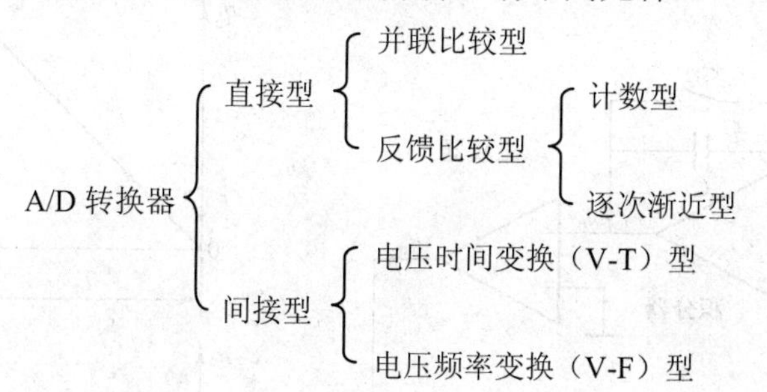

2. A/D 转换器的工作原理

下面分别介绍几种 A/D 转换器的工作原理。

（1）计数型 A/D 转换器。计数器式 A/D 转换器由可逆计数器、D/A 转换器及比较器组成，其原理框图如图 12-11 所示。

在图中，可逆计数器的输出经 D/A 转换后输出的电压 u_C 与模拟输入的信号 u_i 进行比较，当 $u_i > u_C$ 时，u_o=1，计数器作加法计数，反之作减法计数。显然，只有当 $u_o = u_i$ 时计数才会停止。因此，计数器输出的数就是与输入模拟量 u_i 所对应的数字量。

这种电路的特点是结构简单、价格低廉。但是，由于每输入一个脉冲计数器才加 1（或减 1），因此要经过一定的时间后才能逼近 u_i，速度比较慢。所以，目前应用很少，特别在集成电路中几乎不采用。但其原理是其他 A/D 转换器的基础。

（2）双积分式 A/D 转换器。该 A/D 转换器的基本原理是在规定的时段内对被转换的模拟电压 u_i 进行积分，然后用同一个积分器对已知的基准电压 U_{ref} 进行反向积分，当积分器输出的电压到零时停止反向积分，则反向积分所经历的时间与待转换电压的平均值成正比。如果在这段时间里用一计数器对一已知频率的时钟进行计数，则计数器值将正比于被转换电压，从而出现了模数转换。双积分式 A/D 转换器电路框图如图 12-12 所示。

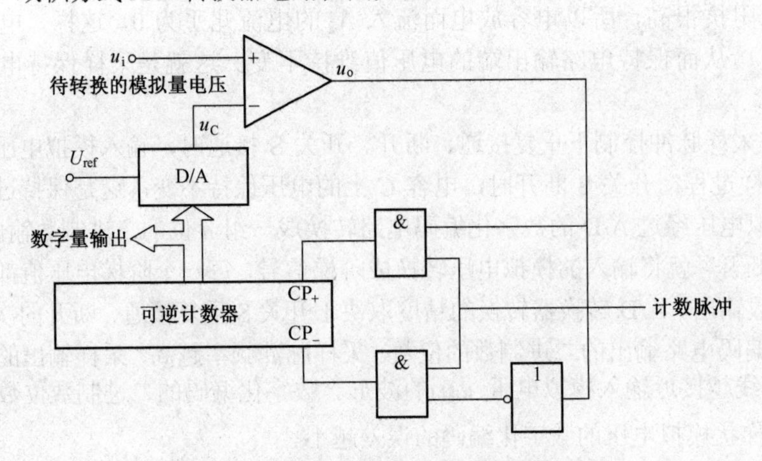

图 12-11　计数器式 A/D 转换器电路框图

该转换器的工作波形图如图 12-13 所示，图中以电容 C 的电量 q_c 表示积分器的积分情况，从 0～t_1 对 u_i 积分，t_1 到 t_2 对 $-u_{ref}$ 积分。对电容器 C 来说，前者是充电，后者是放电，并且充、放电电量相等，即有：

$$\frac{1}{\tau}\int_0^{t_1} u_i \mathrm{d}t = -\frac{1}{\tau}\int_{t_1}^{t_2}(-U_{ref})\mathrm{d}t \quad (\tau = RC) \tag{12-1}$$

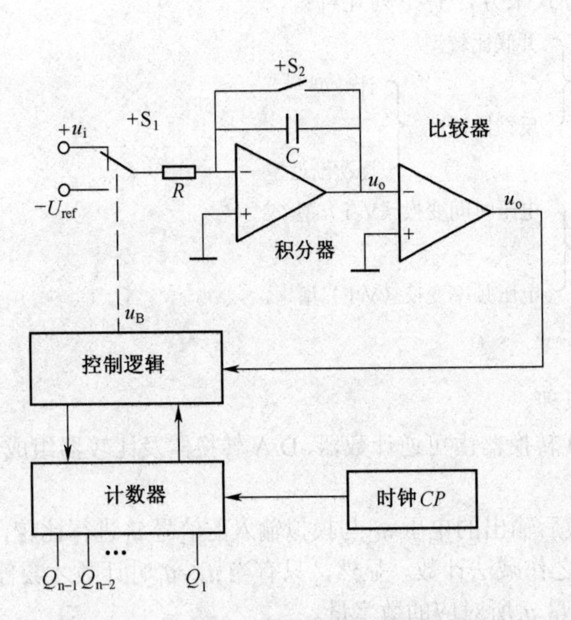

图 12-12　双积分式 A/D 转换器电路框图

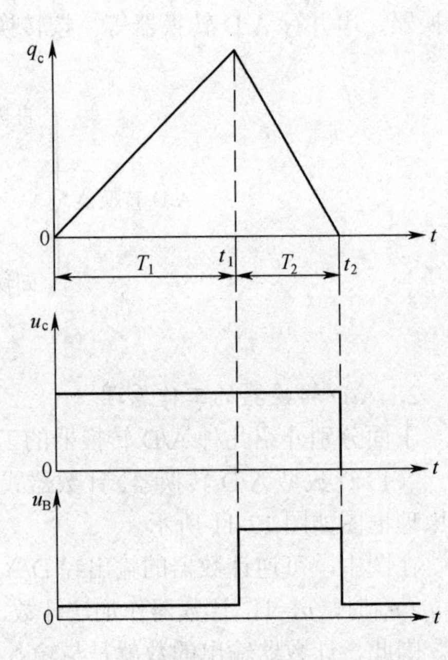

图 12-13　双积分式 A/D 转换器工作波形

设 U_i 为 u_i 在 0～t_1 间的平均值，$-U_{ref}$ 为常数，故上式为：

$$T_1 U_i = T_2 U_{ref}$$

$$T_2 = \frac{T_1}{U_{ref}} U_i \tag{12-2}$$

式中，T_1 用计数器中的数表示，由 12.2.3 可知，对于 n 位计数器有 $T_1=2^n T_C$；T_2 用对应的数值表示为 λT_C，T_C 为计数脉冲宽度，则式（12-2）为：

$$\lambda=\frac{2^n}{U_{ref}}U_i \tag{12-3}$$

如果取 $U_{ref}=2^n$V，则 $\lambda=U_i$，即计数器所积的数值上等于被转换电压值。

图 12-13 中的两条虚线之间表示 u_i 减小时的工作情况。由于必须满足 $T_2<T_1$，则要求 $u_i<|U_{ref}|$。

这种转换器由于采用平均值，所以消除了干扰和噪声，因而精度高；但速度较慢，它主要用于仪器测量中。常见的 $3\frac{1}{2}$ 位、$4\frac{1}{2}$ 位的数字电压表所用的就是这种装置。

（3）逐次逼近式 A/D 转换器。这种 A/D 转换器电路如图 12-14 所示。置数控制逻辑受比较器的输出控制，从高位开始对 N 位寄存器进行试探性置数，即首先使 N 位寄存器的最高位 $D_{n-1}=1$，经 D/A 转换器后，得到的电压 U_c 与模拟输入 U_x 进行比较：若 $U_x>U_c$，则保留这一位；若 $U_x<U_c$，则该位清零。然后再使 $D_{n-2}=1$，与上次结果一起进入 D/A 转换器，转换结果与 U_x 比较……重复以上过程，直至 D_0 位再与 U_x 比较。视比较结果来决定 D_0 是 1 还是 0。

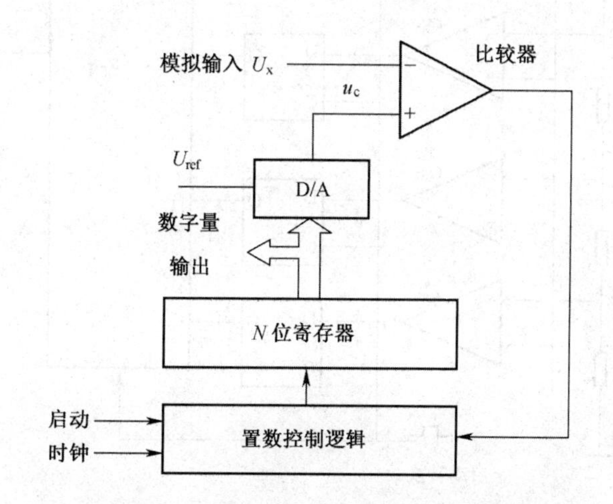

图 12-14　逐渐逼近式 A/D 转换器电路框图

这样经过 N 次比较后，N 位寄存器的状态就是转换后的数字量。这种 A/D 转换器电路不像计数型 A/D 那样一点一点地逼近，而是一开始就置数字最高位为 1 进行试探。对于 N 位寄存器只作 N 次试探就可得出结果，其速度与 U_x 无关，只决定于寄存器的位数和时钟周期。对 N 位寄存器，其转换时间为 $N\ t_{cp}$，t_{cp} 为时钟周期，所以，这种 A/D 转换器的转换速度快。目前广泛应用的 0804、0808、0809ADC 均属于这种 A/D 转换器。

（4）并行 A/D 转换器。为了进一步提高转换速度，人们研制出一种并行比较方法，即各位同时进行比较。它几乎能瞬间完成转换，是所有 A/D 转换电路中速度最快的一种，一般只需 0.1μs（而一般 8 位逐次逼近 A/D 的转换时间为 100μs）。它的缺点是需要的元器件较多。

一种三位的并行 A/D 转换电路如图 12-15 所示。用 8 个电阻构成的分压器对参考电压 U_{ref} 进行量化，把它分为 7 个基本量化单位，作为 7 个电压比较器的基准电压。显然，凡输入模拟电压 U_x 大于其基准电压时，比较器输出为“1”，其他的则输出为“0”。这样，当送来一拍时钟，就将此比较器的输出锁存到由 D 触发器构成的寄存器里，并经编码电路编码后输出相应的三位数字量，编码电路按表 12-4 设计。

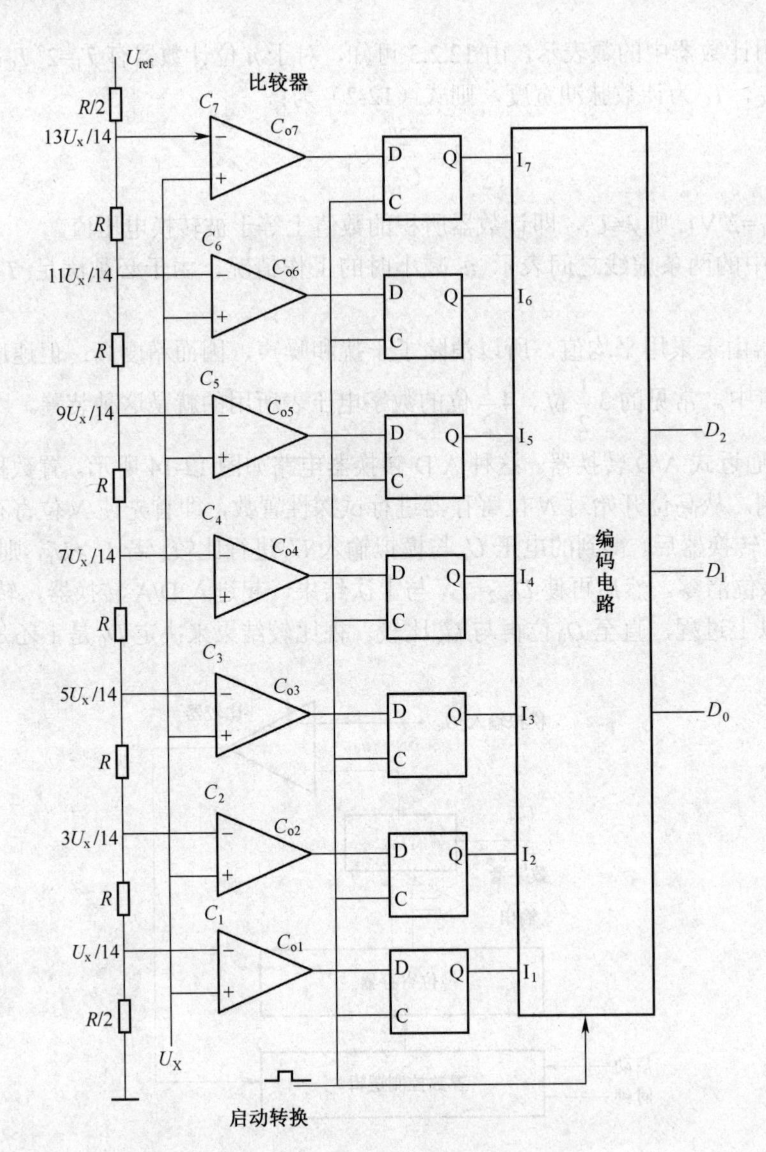

图 12-15　三位并行 A/D 转换电路

由表 12-4 可以看出，要减少量化误差，就需要减少基本量化单位。

表 12-4　三位的并行 A/D 转换器的输入、输出关系表

模拟量输入	比较器输出状态							数字量输出			最大量化误差
	C_{o1}	C_{o2}	C_{o3}	C_{o4}	C_{o5}	C_{o6}	C_{o7}	D_2	D_1	D_0	
$0 \leqslant U_x < \frac{1}{14}U_{ref}$	0	0	0	0	0	0	0	0	0	0	$\frac{1}{14}U_{ref}$
$\frac{1}{14}U_{ref} \leqslant U_x < \frac{3}{14}U_{ref}$	0	0	0	0	0	0	1	0	0	1	
$\frac{3}{14}U_{ref} \leqslant U_x < \frac{5}{14}U_{ref}$	0	0	0	0	0	1	1	0	1	0	$\frac{1}{14}U_{ref}$
$\frac{5}{14}U_{ref} \leqslant U_x < \frac{7}{14}U_{ref}$	0	0	0	0	1	1	1	0	1	1	

续表

模拟量输入	比较器输出状态							数字量输出			最大量化误差
	C_{o1}	C_{o2}	C_{o3}	C_{o4}	C_{o5}	C_{o6}	C_{o7}	D_2	D_1	D_0	
$\frac{7}{14}U_{ref}\leqslant U_x<\frac{9}{14}U_{ref}$	0	0	0	1	1	1	1	1	0	0	$\frac{1}{14}U_{ref}$
$\frac{9}{14}U_{ref}\leqslant U_x<\frac{11}{14}U_{ref}$	0	0	1	1	1	1	1	1	0	1	
$\frac{11}{14}U_{ref}\leqslant U_x<\frac{13}{14}U_{ref}$	0	1	1	1	1	1	1	1	1	0	
$\frac{13}{14}U_{ref}\leqslant U_x<U_{ref}$	1	1	1	1	1	1	1	1	1	1	

3. A/D 转换器的主要技术参数

（1）分辨率（又称转换精度）。以数字化编码电路输出的二进制代码的位数表示分辨率的大小。位数越多，输出的二进制代码最低位变化时所代表的模拟量的变化量就越小，精度越高，说明数字量化误差越小，转换精度越高。如一个 ADC 的输入模拟电压的变化范围为 0～5V，输出 8 位二进制数可以分辨的最小模拟电压为 $5V\times2^{-8}=20mV$。

（2）转换频率（又称转换速率）。对一个输入模拟量，从采样开始到最后输出转换成的二进制数所需的时间，也即开关 S 的频率。转换频率越高，表示完成一次 A/D 转换时间越少。显然在实现 A/D 转换过程中，分辨率越高，ADC 电路越复杂，ADC 的转换频率越低，这是由 ADC 内部电路决定的。

由于 DAC 与 ADC 的工作原理不同，DAC 的输出建立时间要比 ADC 的输出建立时间小得多，并且不受采样脉冲频率的制约，所以同样位数的 DAC 要比同样位数的 ADC 的转换速度快得多。

（3）绝对精度（或绝对误差）。它是指某一数字量对应的模拟量理论值与实际输入模拟量值之差。例如，数字量为 111。模拟量理论值为 U_{ref}，而实际值为$(^{13}/_{14}\sim1)U_{ref}$。取中间值$(\frac{13}{14}+1)U_{ref}/2=27/28U_{ref}$作为实际值，故其绝对误差为 $U_{ref}-27/28U_{ref}=1/28U_{ref}$。

其他参数与 D/A 转换器类似。

4. 常用 A/D 转换器 0809ADC 简介

0809ADC 单片 CMOS A/D 转换器的引脚排列如图 12-16 所示。它是按逐次逼近原理构成的，内部包括梯形电阻网络、开关网络、逐次逼近寄存器、八通道多路模拟开关（由地址锁存器和译码器控制）、比较器、控制逻辑和输出缓冲锁存器（三态）。

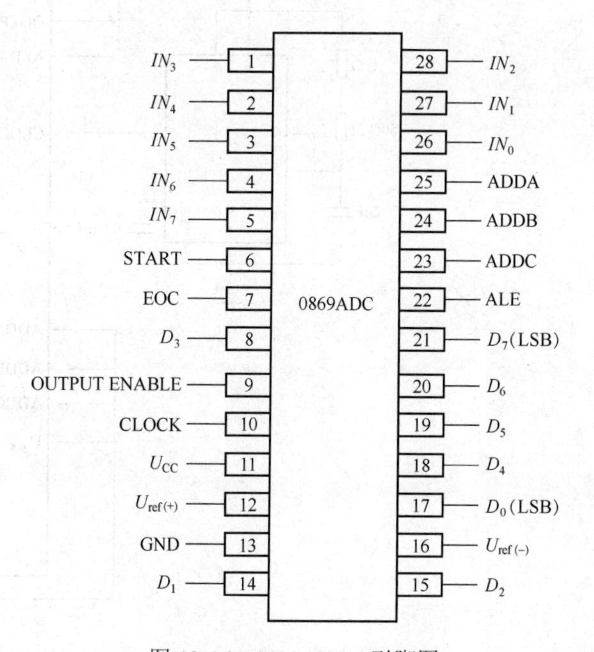

图 12-16　0809ADOC 引脚图

其引脚功能如下：

（1）～（5）、（26）～（28）——IN_0～IN_7：8 个模拟量输入端。

（6）——START：启动信号输入端。START=1 时，A/D 开始转换。

（7）——EOC：转换结束信号。当

A/D 转换结束之后，发出一个正脉冲，表示 A/D 转换结束。

（9）——OUTPUT ENABLE：输出允许信号，也就是片选信号；高有效。此信号被选中时（有效时），才允许从 A/D 转换器锁存器中读取数字量。

（10）——CLOCK：实时时钟，可通过外接 RC 电路改变时钟频率。

（22）——ALE：地址锁存允许，高电平有效。当 ALE 有效时，允许 C、B、A 所示的通道被选中，并且该通道的模拟量接入 A/D 转换器。

（23）～（25）——ADDC、ADDB、ADDA：通道号端子，C 为最高位，A 为最低位。

（8）、（14）、（15）、（17）、（18）～（21）——D_7～D_0：数字量输出端。

（12）、（16）——$U_{ref(+)}$、$U_{ref(-)}$：参考电压端子。用来提供 D/A 转换器权电阻的标准电平。在单极输入时，$U_{ref(+)}$=+5V，$U_{ref(-)}$= 0V。当模拟量为双极性时，$U_{ref(+)}$，$U_{ref(-)}$分别接+、–极性的参考电压。

（11）——U_{CC}：电源电压端，+5V。

（13）——GND：接地端。

5. A/D 转换器的应用

图 12-17 所示为 0809ADC 的应用接线图。先将 OUTPUT ENABLE 接+5V，表示 A/D 转换器被选中；ALE 接+5V，表示允许模拟量输入；参考电平 $U_{ref(+)}$接+5V，$U_{ref(-)}$接地，表示模拟量为单极性输入，模拟量只有一路 IN_0，所以通道 ADDA、ADDB、ADDC 全部接地，表示 0 号通道。时钟信号用一个 555 多谐振荡器产生；转换结束信号 EOC 不用，可以悬空，芯片 U_{CC} 接+5V，GND 接地；启动信号 START 高电平有效，接+5V。8 位数字量输出分别连接 8 个发光二极管，以显示 A/D 转换结果。

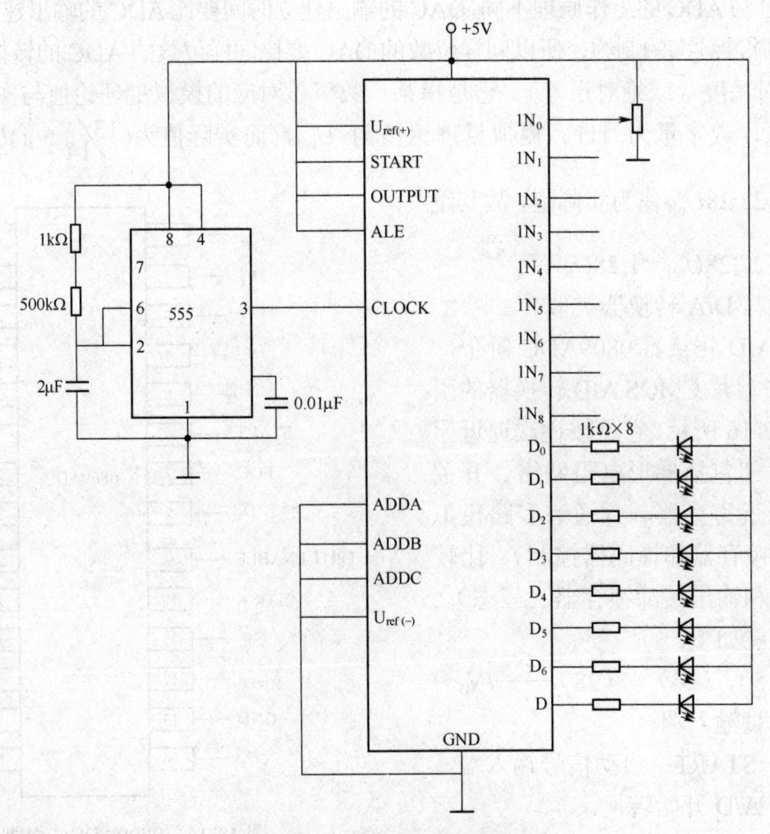

图 12-17 0809 应用接线图

输入模拟电压的变化范围为 0～5V，输出八位数字的每一位变化，相当于输入电压最大值的 $1/2^8=1/256$，即 $5\times1/256=19.5$mV。或者说，小于 19.5mV 的模拟量输入，输出的数字都是 0。

12.4　数据存储单元——存储器

通常把一些数字系统中运算/处理的数据（包括中间结果）和代码（如称序、指令等）存储在数据存储单元中。这些数据存储单元通常可以包括寄存器、锁存器、存储器以及硬盘、软磁盘和磁带等外存储器。

存储器是用来存放二进制信息的大规模数字集成电路，具有集成度高，体积小，功耗低，存取速度快，容量大，价格便宜，便于扩充，应用范围广泛等特点，因此它已成为现代电子计算机及各种数字系统中的重要组成部分。

存储器通常按照内部信息的存取方式，可以分为随机存储器（RAM）和只读存储器（ROM）两大类；按照使用的材料可分为双极性半导体（BJT）存储器和单极性半导体（MOS）存储器；按 RAM 的刷新方式可分为静态存储器 SRAM 和动态存储器 DRAM；按 ROM 数据输入方式可分为掩膜 ROM、可编程 ROM-PROM 和 EPROM 以及 E^2PROM 等。

12.4.1　随机存储器（RAM）

随机存储器 RAM 可以在任意时刻，对任意选中的存储单元进行二进制信息的存入（写入）或取出（读出）的信息操作，故称为随机存取（读写）存储器。已存入的内容不变，除非重写入，但掉电不受保护。RAM 的结构示意图如图 12-18 所示。

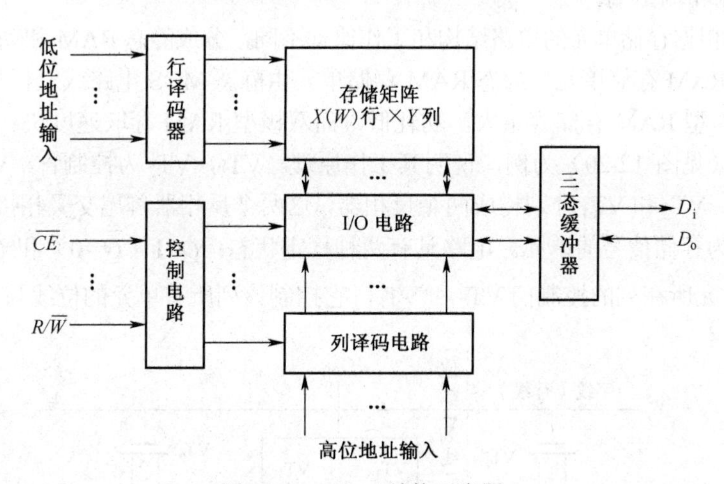

图 12-18　RAM 结构示意图

随机存取存储器由存储矩阵、地址译码器、片选控制电路、输入/输出（I/O）控制电路和缓冲器等组成。

存储矩阵：是存储器的主体，由成千上万个存储单元组成（具体数值取决于存储器的容量大小）。每个存储单元可存放一位二进制信息。通常将这些存储单元排列成方阵的形式，即若干行和若干列，如 32 行、32 列的存储矩阵，有 32 行×32 列=1024 个存储单元。

地址译码器：存储器中存放的大量二进制信息都非常有顺序地存放在地址所对应的存储矩阵中的存储单元。地址分解为低位码和高位码，并分别输入行译码器和列译码器，行译码器

输出 X，选通阵列的行，列译码器输出 Y，选通阵列的列。行列交叉处即为所选单元。再通过输入/输出（I/O）电路写入或读出数据。

片选控制电路、输入/输出控制电路和缓冲器：I/O 电路负责写入和读出数据的工作，读写控制电路（$R/\overline{W}$）控制行、列译码器和 I/O 电路的工作。实际使用时，为了扩充容量，常把多片存储器并联，除片选端 $\overline{CE}$ 外，其他各片的相应功能端并联。$\overline{CE}$ 用于片选，常与高位码译码输出端相连。图 12-19 是一个简单的读/写控制电路，当片选信号 $\overline{CE}=1$ 时，门 D_1、D_2 输出均为零，三态门 D_3、D_4、D_5 处于高阻态。I/O 端与存储器单元隔开。当片选信号 $\overline{CE}=0$ 时，该芯片被选通，根据 $R/\overline{W}$ 的电平决定进行读或写操作。若此时 $R/\overline{W}=0$，门 D_1 输出高电平，控制三态门 D_3、D_4 打开，加到 I/O 端的数据以互补的形式出现在内部数据线 D、$\overline{D}$ 上，完成写操作；门 D_2 输出低电平，三态门 D_5 处于高阻态，不工作。若 $R/\overline{W}=1$，门 D_1 输出低电平 0，三态门 D_3、D_4 处于高阻态，不工作。而门 D_2 输出高电平，三态门 D_5 导通。于是被访问的存储单元所存信息通过 D_5 出现在 I/O 数据线上执行读操作。存储器只有当片选信号有效（通常是低电平有效）时，即当该片存储器被选中时，才能在输入/输出控制信号（读/写控制信号）的作用下，对某一地址对应的存储单元进行读写操作。而输入/输出缓冲器用于传送信息，缓冲器采用三态结构，以实现双向传送。$\overline{OE}$ 为输出允许端（图中未标出），当 $\overline{CE}$ 和 $\overline{OE}$ 均无效时（同时为“1”），缓冲器呈高阻输出态，该片与系统数据总线完全隔离。D_1 和 D_0 是数据输入端和输出端。

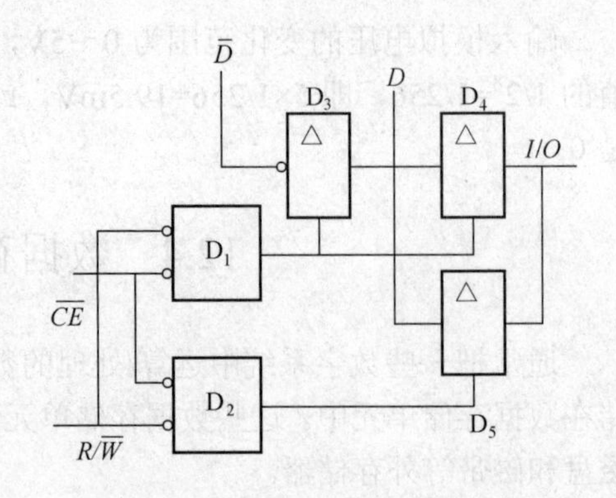

图 12-19　简单的读写控制电路

随机存储器根据存储单元的电路结构和工作原理不同，分成静态 RAM 和动态 RAM 两种。

（1）静态 RAM 存储单元。静态 RAM 存储单元由静态 MOS 电路或双极型（TTL，ECL）电路组成，MOS 型 RAM 存储容量大，功耗低，而双极型 RAM 存取速度快。下面以静态六管 MOS 存储电路（见图 12-20）为例，说明其工作原理。VT_1，VT_2 为控制管，VT_3，VT_4 为负载管。VT_1 和 VT_3、VT_2 和 VT_4 分别构成两个反相器，这两个反相器首尾交叉相接，构成一个基本 RS 触发器，作为存储信号的单元。电路具有两种稳定状态：$Q=1$（$\overline{Q}=0$）和 $Q=0$（$\overline{Q}=1$）。图中还画出了该单元所在列的控制门 VT_7 和 VT_8，它控制该列所有单元的位线与 D、$\overline{D}$ 的通断。

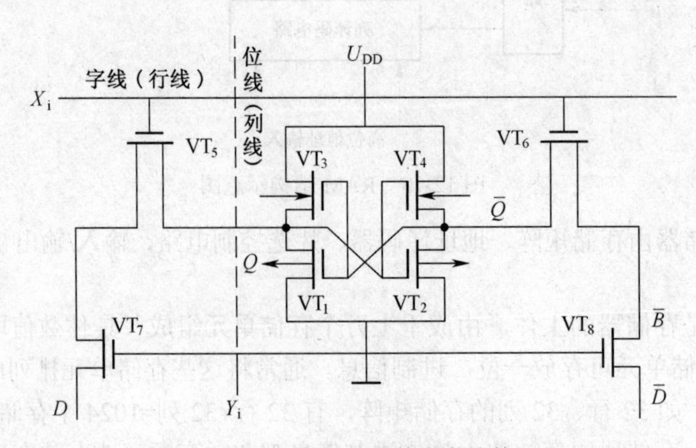

图 12-20　六管 CMOS 静态存储单元

若要对本单元写入数据，例如 $D=1$（$\overline{D}=0$），必须使本单元的行线和列线都为“1”，即

X_i=Y_i=1 时 VT_5、VT_6、VT_7、VT_8 都导通，数据 D =1（$\overline{D}$ =0）就被送入到 Q 和 $\overline{Q}$，使 Q=1（$\overline{Q}$ =0）结果 VT_3 和 VT_2 导通，VT_1 和 VT_4 截止，并保持 Q=1，$\overline{Q}$=0 的稳定状态，信息“1”写入。读出时，也要使 X_i=Y_i=1，选中此单元，原写入的 Q=1（$\overline{Q}$=0）分别经 VT_5、VT_6、VT_7、VT_8 输出到 D，$\overline{D}$ 端。读出后，此单元内的数据不丢失。

当 D =0（$\overline{D}$ =1）时，“写入”的过程可仿上讨论；若已有 Q =0（$\overline{Q}$=1），也可仿上述讨论“读出”的过程。

注意，静态 RAM 失电后，相应存储单元 U_{DD} 失电，则 Q、$\overline{Q}$ 上的 0、1 信息消失；再次通电后，Q、$\overline{Q}$ 的状态不定，需重新写入。

静态 RAM 的一个实例是 Intel 2114，其结构图和逻辑符号如图 12-21 所示，双列直插 18 脚，存储容量为 1KB×4 位。电源电压为+5V，存储时间为 450ns，功耗为 690mW，每个芯片上有 1024 个存储单元（2^{10}），故有 10 根地址线：A_0～A_9，可存储 4 位数据。这样，芯片上共有 4096 个存储单元，排成 64×64 矩阵。

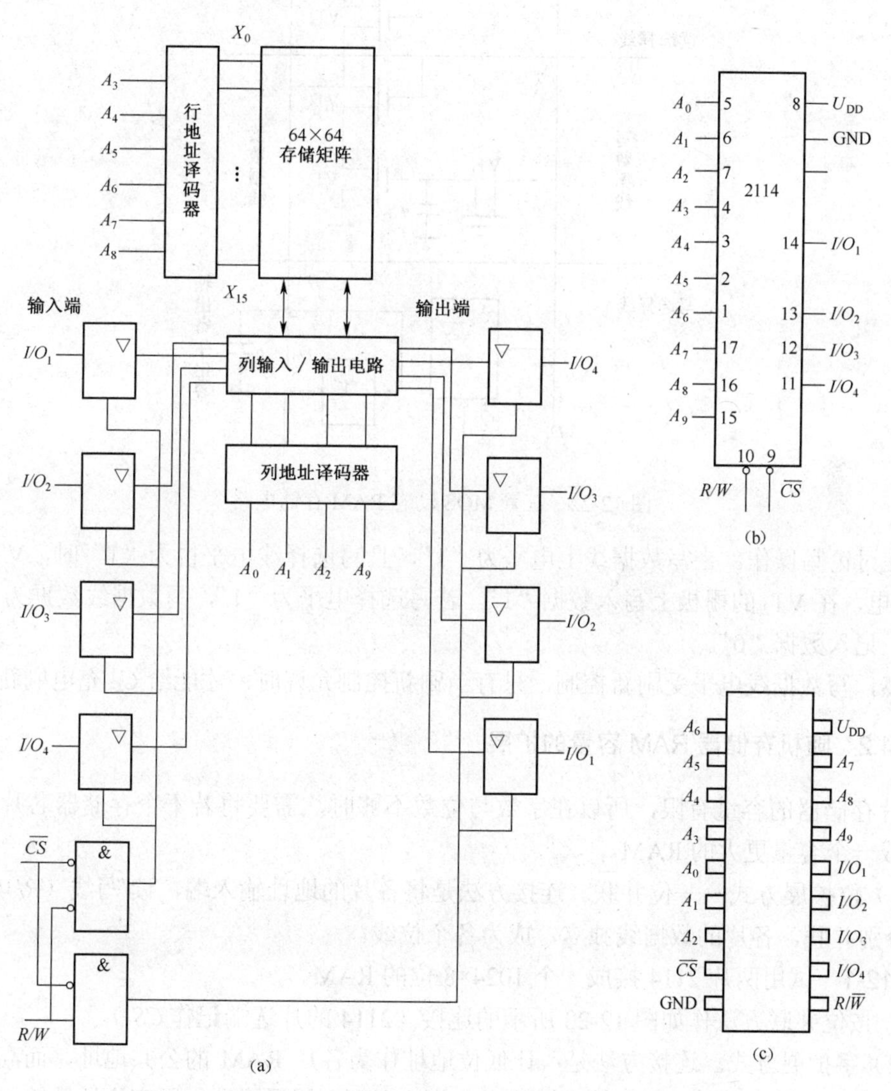

图 12-21　Intel 2114　电路结构图、逻辑符号图和外部引脚图

（a）电路结构图；（b）逻辑符号图；（c）外部引脚图

（2）动态 RAM 存储单元。动态 RAM 存储单元是利用 MOS 栅极电容电路存储效应来存储信息，考虑电容器上的电荷将不可避免地因漏电等因素而损失，为保护原存储信息不变，不间断地对存储信息的电容定时地进行充电（也称刷新）。动态 RAM 只有在读写操作时才消耗功率，因此功耗极低，非常适宜制成超大规模集成电路。

图 12-22 为三管 MOS 动态 RAM 存储电路。其工作原理如下：首先预充电，在 VT_4 栅极上加预充脉冲时 VT_4 导通。给输出寄生电容 C_D 充电，其两端电压为 U_{DD}。当读选择线为高电平“1”时，“读数据”启动，VT_3 导通，此时，如果 VT_2 的栅极电容（VT_2 分布电容 C_G）存有电荷，则 VT_2 栅极为高电平“1”，VT_2 导通，则 C_D 通过 VT_3，VT_2 放电。其两端电压降为零。于是经反相后，数据输出线读出 C_G 存储的信息“1”。如果 C_G 上原有存储信息为“0”（即未充电），则 VT_2 截止。C_D 上有电压 U_{DD}，读数据线电平为“1”，反相后，输出为“0”，读出 C_G 上存储的信息“0”。

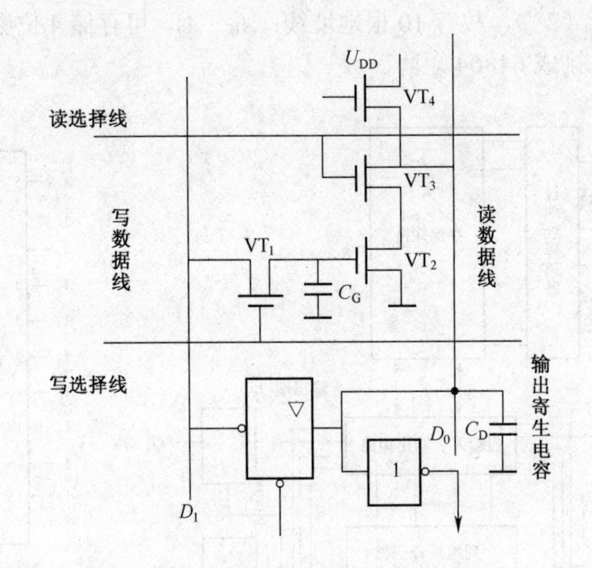

图 12-22　三管 MOS 动态 RAM 存储电路

现在讨论写操作，当写数据线上电平为“1”，且写选择线电平也为“1”时，VT_1 导通并给 C_G 充电，在 VT_2 的栅极上写入数据“1”。若写选择电平为“1”，写数据线数据为 0，在 C_G 未充电，记入数据“0”。

显然，写数据线电平受刷新控制，只有当刷新控制允许时，才能给 C_G 充电刷新。

12.4.2　随机存储器 RAM 容量的扩展

一片存储器的容量有限，所以在字数与位数不够时，需要将若干个存储器芯片组合到一起，接成一个容量更大的 RAM。

（1）位扩展方式——位并联。连接方法是将各片的地址输入端，读/写线（$R/\overline{W}$），片选端 $\overline{CE}$ 分别并联，各片的数据线独立，成为各个位线。

例 12-1　试用两片 2114 接成一个 1024×8 位的 RAM。

解　按位并联方法作如图 12-23 所示的连接（2114 的片选端记作 $\overline{CS}$）。

（2）字扩展方式。连接方法是：让低位地址作为各片 RAM 的公共地址，而高位地址经过外加译码器，控制各片 RAM 轮流被选中工作。也可不用译码器，用高位地址输入代码的不同状态分别去控制各片的 $\overline{CS}$。使高位代码的每一种取值下仅有一片被选中，这仅适用于小倍数扩展的情况。

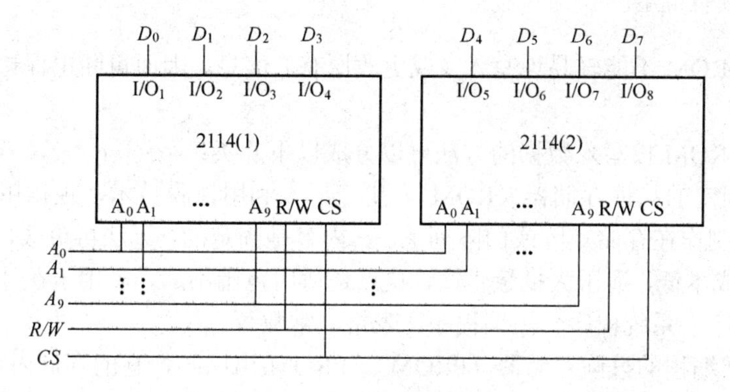

图 12-23　2114 位扩展实例

例 12-2　试用四片 2KB×8 RAM 芯片构成 8KB×8 存储器。

解　连接如图 12-24 所示，图中 $D_0 \cdots D_7$（亦可写成 $I/O_1 \cdots I/O_8$）为信号输入输出端口。

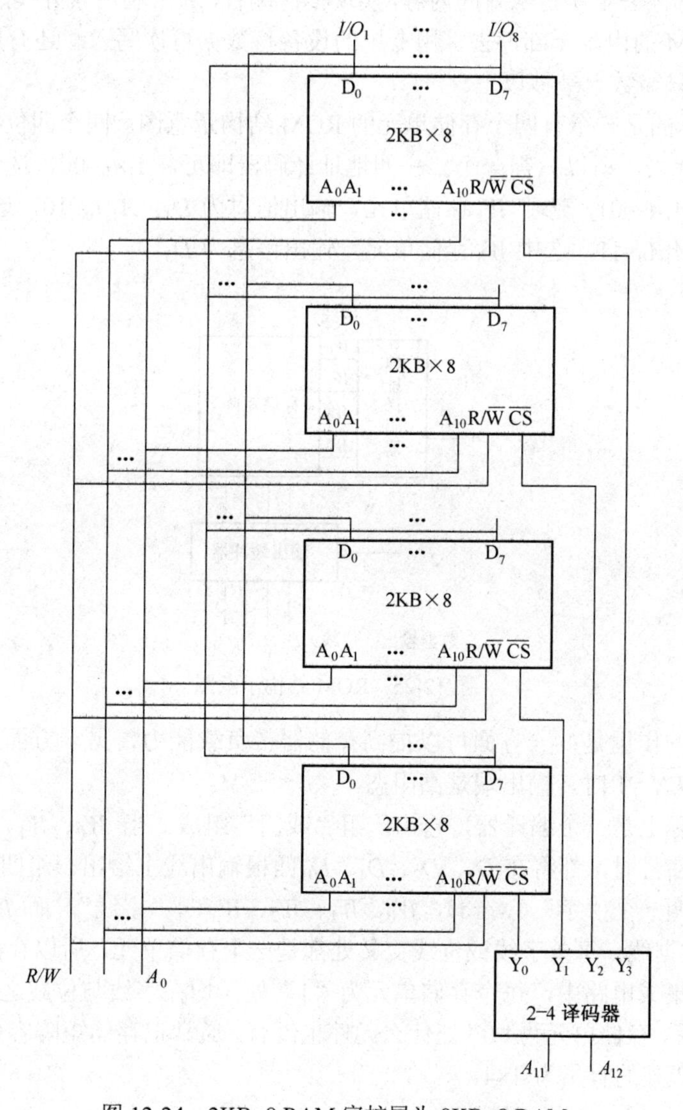

图 12-24　2KB×8 RAM 字扩展为 8KB×8 RAM

12.4.3 只读存储器

只读存储器ROM不能轻易地写入（或更改原有）信息，因而可断电保持，只能进行读出操作。

只读存储器ROM按写入数据的方法可以分成以下几类：

（1）内容固定的只读存储器（ROM）。生产厂家利用掩膜技术，根据用户所提供的存储内容或要求使之制作在存储矩阵或门阵列上，其内容是固定的，无法再更改，其优点是集成度高、可靠性高、成本低，适于大批量生产，缺点是适用范围不广，多用于在计算机中存放固定程序，如监控程序、系统程序、汇编程序、表格、常数等。

（2）可一次编程的只读存储器（PROM）。PROM出厂时，它的存储内容应该全为“1”（熔丝式）或全为“0”（短路式）。用户可根据自己的需要采用专门技术或设备对其进行一次性永远不可恢复的写入，一旦写入完成，其内容也就固定了，只能读出。

（3）可编程只读存储器（EPROM）。EPROM可以根据要求写入信息，进而长期使用，也可将其内容全部擦去重新写入新的内容，实现多次编程。通常利用紫外线照射的方法需10～20min，将EPROM的内容全部擦去，用专用的设备将数据再次写入。还有用电擦除方法的，称为EEPROM，只需数十毫秒以上。

图12-25表示的是一个有四个存储单元的ROM结构示意图。四个四位存储单元，只需两位二进制数就可代表，所以只需一个二—四地址译码器即可，A_1A_0=00，选中W_0存储单元，输出信息为D_0；A_1A_0=01，选中W_1存储单元，输出信息为D_1；A_1A_0=10，选中W_2存储单元，输出信息为D_2；A_1A_0=11，选中W_3存储单元，输出信息为D_3。

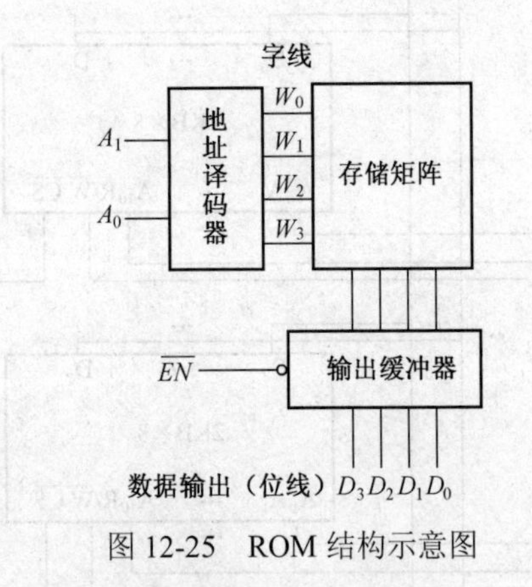

图12-25　ROM结构示意图

输出缓冲器的作用是：一方面可以提高存储器带负载能力，另一方面是实现对输出状态的三态控制。当$\overline{EN}$=1时，输出端是高阻态。

存储矩阵实际上是一个编译器，它由一组“或门”组成。当W_0、W_1、W_2、W_3任何一根线上给出高电平信号时，都将在D_3、D_2、D_1、D_0四根输出线上给出一组四位二进制代码。通常将每一组代码叫一个“字”（word），W_0、W_1、W_2、W_3叫“字线”，而D_3、D_2、D_1、D_0叫“位线”，即位数据线。每条字线或位线交叉处都是一个存储单元，所以存储矩阵实际上是16个存储单元。在集成电路中，每个存储单元为“1”处，均在字线与位线之间接出一个导通的二极管或MOS管，存储单元为“0”处什么元件也没有。通常记存储矩阵容量为“字数×位数”，图12-25中存储矩阵的容量为4×4。

本章小结

数字信息采集主要包括多路转换（包括数据的采样、保持）、数模转换、模数转换和存储器等数字电路。

多路转换器主要用于对多路输入数据的选择输入和对多路输出数据的选择输出。多路转换器主要由各种组合逻辑集成电路构成。根据实际需要，参照手册给出的逻辑功能选用合适的多路转换器集成电路。

A/D 转换器的功能是将输入的模拟量转换成一组多位的二进制数据输出。A/D 转换器的分辨率取决于输入模拟量的最大值和转换输出的二进制的位数，这是 A/D 转换器的分辨率输入模拟量的大小、转换输出的二进制的位数和转换速率的具体要求，选择合适的 A/D 转换器。

D/A 转换器的功能是将输入的二进制数字信号转成相对应的模拟量输出。D/A 转换器的分辨率取决于输入二进制的位数和转换输出模拟量的大小，这是 D/A 转换器的重要参数。

存储器是存放二进制数据的大规模集成电路。存储器按数据存取方式分成随机存取存储器 RAM 和只读存储器 ROM 两大类。存储器地址的位数 n，表示有 2^n 个存储单元；数据的位数 m，表示每个存储单元存储二进制数据的位数，存储器的存储容量为 $2^n \times m$（位）。存储器工作时，先由片选信号选中，通过地址线的代码，确定存储单元，由读/写控制信号决定是从存储单元读（取）出数据或向存储单元写（存）数据。

语音芯片是一种大规模集成数字化功能器件。其随着集成电路工艺的不断提高，正向着功能多样化、系统化发展。由原来的单一语音芯片向着微处理器，编、解码器（合成器），滤波、功放集于一体的方向发展。并且不断优化编码算法，使压缩率更高（模拟信号的数字化压缩量），还原失真度更小，推出适合于各种存储器类型的语音芯片，使其更广泛应用于各个领域。

可编程逻辑器件（Programmable Logic Devices，PLD）是 20 世纪 70 年代发展起来的一种新型逻辑器件。实际上，它主要是一种“与—或”两级结构逻辑器件，用户可以自行设计其逻辑功能。最早制成的 PLD 器件是可编程只读存储器（PROM），其后不断推出的新产品有：可编程逻辑阵列（Programmable Logic Array，PLA）、可编程阵列逻辑（Programmable Array Logic，PAL）、通用阵列逻辑（Generic Array Logic，GAL）、可编程门阵列（Programmable Gate Array，PGA）等。

本章知识逻辑线索图

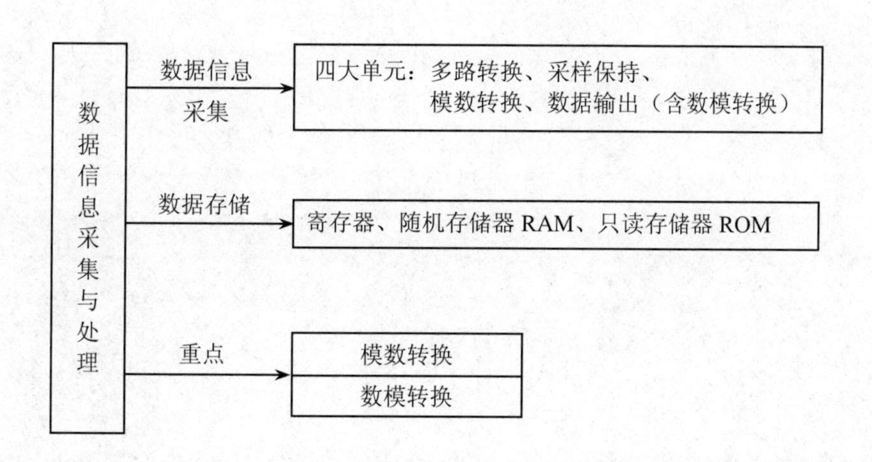

习题 12

12-1 多路选择器和多路分配器的差别是什么？其各自的特点是什么？

12-2 比较器可用于比较任意两个数的大小，对吗？

12-3 常见的 A/D 转换器有哪几种？其各自的特点是什么？

12-4 存储器分为哪几种？各有什么特点？适合应用于什么场合？

12-5 常见的 D/A 转换器有哪几种？其各自的特点是什么？

12-6 什么是可编程逻辑器件？有哪几种？

参考文献

[1] 秦曾煌．电工学．北京：高等教育出版社，2004．

[2] 康华光．电子技术基础．北京：高等教育出版社，2006．

[3] 李翰荪．电路分析基础．北京：高等教育出版社，2006．

[4] 阎石．数字电子技术基础．北京：高等教育出版社，2005．

[5] 宋汉珍．微型计算机原理．北京：高等教育出版社，2001．

[6] 薛文．电子技术基础．北京：高等教育出版社，2001．

[7] 郭培源．电子电路及电子器件．北京：高等教育出版社，2000．

[8] 王岩，王祥桁．电工技术．北京：中央广播电视大学出版社，1991．

[9] 薛瑞福，吴凤贞．电力拖动与控制．北京：机械工业出版社，1988．

[10] 王忠庆．电子技术基础．北京：高等教育出版社，2001．

[11] 任致程等．怎样绘制和识别电子线路图．北京：兵器工业出版社，1993．

[12] 范志忠等．实用数字电子技术．北京：电子工业出版社，1998．

[13] 罗守信．电工学．北京：高等教育出版社，1985．

[14] 北京师范大学出版社编．电子与信息科学基础课程手册．北京：北京师范大学出版社，1983．